W0266855

3. Einfach trainieren

Die Tipps helfen **in drei Stufen zur Lösung**, am Ende mit einem Verweis an die richtige Stelle im Trainingsteil: zum Beispiel **F 9**

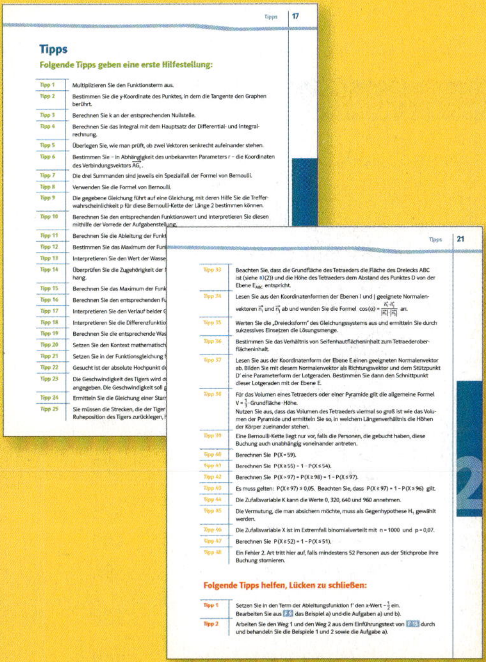
Tipps | 17

Tipps

Folgende Tipps geben eine erste Hilfestellung:

Tipp 1	Multiplizieren Sie den Funktionsterm aus.
Tipp 2	Bestimmen Sie die y-Koordinate des Punktes, in dem die Tangente den Graphen berührt.
Tipp 3	Berechnen Sie k an der entsprechenden Nullstelle.
Tipp 4	Berechnen Sie das Integral mit dem Hauptsatz der Differential- und Integralrechnung.
Tipp 5	Überlegen Sie, wie man prüft, ob zwei Vektoren senkrecht aufeinander stehen.
Tipp 6	Bestimmen Sie – in Abhängigkeit des unbekannten Parameters r – die Koordinaten des Verbindungsvektors $\overrightarrow{AG_r}$.
Tipp 7	Die drei Summanden sind jeweils ein Spezialfall der Formel von Bernoulli.
Tipp 8	Verwenden Sie die Formel von Bernoulli.
Tipp 9	Die gegebene Gleichung führt auf eine Gleichung, mit deren Hilfe Sie die Trefferwahrscheinlichkeit p für diese Bernoulli-Kette der Länge 2 bestimmen können.
Tipp 10	Berechnen Sie den entsprechenden Funktionswert und interpretieren Sie diesen mithilfe der Vorrede der Aufgabenstellung.
Tipp 11	Berechnen Sie die Ableitung der Funkt
Tipp 12	Bestimmen Sie das Maximum der Fun
Tipp 13	Interpretieren Sie den Wert der Wasse
Tipp 14	Überprüfen Sie die Zugehörigkeit der hang.
Tipp 15	Berechnen Sie das Maximum der Funk
Tipp 16	Berechnen Sie den entsprechenden Fu
Tipp 17	Interpretieren Sie den Verlauf beider G
Tipp 18	Interpretieren Sie die Differenzfunktio
Tipp 19	Berechnen Sie die entsprechende Was
Tipp 20	Setzen Sie den Kontext mathematisch
Tipp 21	Setzen Sie in der Funktionsgleichung f
Tipp 22	Gesucht ist der absolute Hochpunkt d
Tipp 23	Die Geschwindigkeit des Tigers wird d angegeben. Die Geschwindigkeit soll g
Tipp 24	Ermitteln Sie die Gleichung einer Stan
Tipp 25	Sie müssen die Strecken, die der Tiger Ruheposition des Tigers zurücklegen,

Tipps | 21

Tipp 33	Beachten Sie, dass die Grundfläche des Tetraeders die Fläche des Dreiecks ABC ist (siehe a)(2)) und die Höhe des Tetraeders dem Abstand des Punktes D von der Ebene E_{ABC} entspricht.
Tipp 34	Lesen Sie aus den Koordinatenformen der Ebenen I und J geeignete Normalenvektoren $\vec{n_I}$ und $\vec{n_J}$ ab und wenden Sie die Formel $\cos(\alpha) = \frac{\vec{n_I} \cdot \vec{n_J}}{\lvert\vec{n_I}\rvert \cdot \lvert\vec{n_J}\rvert}$ an.
Tipp 35	Werten Sie die „Dreiecksform" des Gleichungssystems aus und ermitteln Sie durch sukzessives Einsetzen die Lösungsmenge.
Tipp 36	Bestimmen Sie das Verhältnis von Seifenhautflächeninhalt zum Tetraederoberflächeninhalt.
Tipp 37	Lesen Sie aus der Koordinatenform der Ebene E einen geeigneten Normalenvektor ab. Bilden Sie mit diesem Normalenvektor als Richtungsvektor und dem Stützpunkt D' eine Parameterform der Lotgeraden. Bestimmen Sie dann den Schnittpunkt dieser Lotgeraden mit der Ebene E.
Tipp 38	Für das Volumen eines Tetraeders oder einer Pyramide gilt die allgemeine Formel $V = \frac{1}{3} \cdot \text{Grundfläche} \cdot \text{Höhe}$. Nutzen Sie aus, dass das Volumen des Tetraeders viermal so groß ist wie das Volumen der Pyramide und ermitteln Sie so, in welchem Längenverhältnis die Höhen der Körper zueinander stehen.
Tipp 39	Eine Bernoulli-Kette liegt nur vor, falls die Personen, die gebucht haben, diese Buchung auch unabhängig voneinander antreten.
Tipp 40	Berechnen Sie $P(X = 59)$.
Tipp 41	Berechnen Sie $P(X \geq 55) = 1 - P(X \leq 54)$.
Tipp 42	Berechnen Sie $P(X > 97) = P(X \geq 98) = 1 - P(X \leq 97)$.
Tipp 43	Es muss gelten: $P(X \geq 97) \leq 0{,}05$. Beachten Sie, dass $P(X \geq 97) = 1 - P(X \leq 96)$ gilt.
Tipp 44	Die Zufallsvariable K kann die Werte 0, 320, 640 und 960 annehmen.
Tipp 45	Die Vermutung, die man absichern möchte, muss als Gegenhypothese H_1 gewählt werden.
Tipp 46	Die Zufallsvariable X ist im Extremfall binomialverteilt mit $n = 1000$ und $p = 0{,}07$.
Tipp 47	Berechnen Sie $P(X \geq 52) = 1 - P(X \leq 51)$.
Tipp 48	Ein Fehler 2. Art tritt hier auf, falls mindestens 52 Personen aus der Stichprobe ihre Buchung stornieren.

Folgende Tipps helfen, Lücken zu schließen:

Tipp 1	Setzen Sie in den Term der Ableitungsfunktion f' den x-Wert $-\frac{1}{2}$ ein. Bearbeiten Sie aus [illegible] das Beispiel a) und die Aufgaben a) und b).
Tipp 2	Arbeiten Sie den Weg 1 und den Weg 2 aus dem Einführungstext von [illegible] durch und behandeln Sie die Beispiele 1 und 2 sowie die Aufgabe a).

Hier hilft Mein Abi-Coach beim Training: Erklärungen, passende Beispiele und entsprechende Übungsaufgaben mit Lösungen.

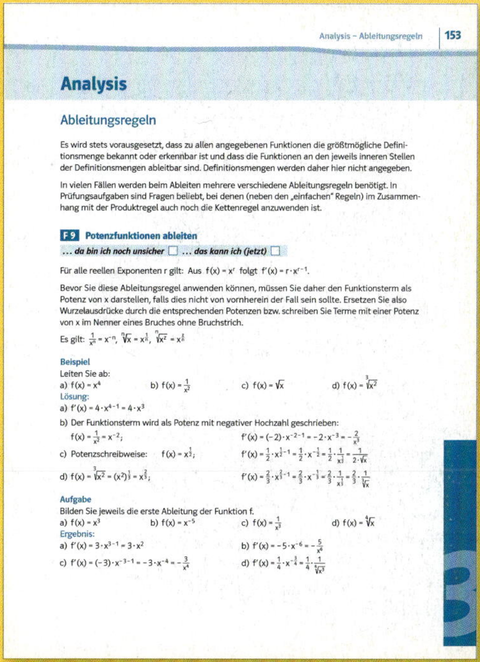
Analysis – Ableitungsregeln | 153

Analysis

Ableitungsregeln

Es wird stets vorausgesetzt, dass zu allen angegebenen Funktionen die größtmögliche Definitionsmenge bekannt oder erkennbar ist und dass die Funktionen an den jeweils inneren Stellen der Definitionsmengen ableitbar sind. Definitionsmengen werden daher hier nicht angegeben.

In vielen Fällen werden beim Ableiten mehrere verschiedene Ableitungsregeln benötigt. In Prüfungsaufgaben sind Fragen beliebt, bei denen (neben den „einfachen" Regeln) im Zusammenhang mit der Produktregel auch noch die Kettenregel anzuwenden ist.

F 9 Potenzfunktionen ableiten

... da bin ich noch unsicher ☐ *... das kann ich (jetzt)* ☐

Für alle reellen Exponenten r gilt: Aus $f(x) = x^r$ folgt $f'(x) = r \cdot x^{r-1}$.

Bevor Sie diese Ableitungsregel anwenden können, müssen Sie daher den Funktionsterm als Potenz von x darstellen, falls dies nicht von vornherein der Fall sein sollte. Ersetzen Sie also Wurzelausdrücke durch die entsprechenden Potenzen bzw. schreiben Sie Terme mit einer Potenz von x im Nenner eines Bruches ohne Bruchstrich.

Es gilt: $\frac{1}{x^n} = x^{-n}$, $\sqrt[n]{x} = x^{\frac{1}{n}}$, $\sqrt[n]{x^z} = x^{\frac{z}{n}}$

Beispiel

Leiten Sie ab:

a) $f(x) = x^4$ b) $f(x) = \frac{1}{x^2}$ c) $f(x) = \sqrt{x}$ d) $f(x) = \sqrt[3]{x^2}$

Lösung:

a) $f'(x) = 4 \cdot x^{4-1} = 4 \cdot x^3$

b) Der Funktionsterm wird als Potenz mit negativer Hochzahl geschrieben:

$f(x) = \frac{1}{x^2} = x^{-2}$; $f'(x) = (-2) \cdot x^{-2-1} = -2 \cdot x^{-3} = -\frac{2}{x^3}$

c) Potenzschreibweise: $f(x) = x^{\frac{1}{2}}$; $f'(x) = \frac{1}{2} \cdot x^{\frac{1}{2}-1} = \frac{1}{2} \cdot x^{-\frac{1}{2}} = \frac{1}{2} \cdot \frac{1}{x^{\frac{1}{2}}} = \frac{1}{2 \cdot \sqrt{x}}$

d) $f(x) = \sqrt[3]{x^2} = (x^2)^{\frac{1}{3}} = x^{\frac{2}{3}}$; $f'(x) = \frac{2}{3} \cdot x^{\frac{2}{3}-1} = \frac{2}{3} \cdot x^{-\frac{1}{3}} = \frac{2}{3} \cdot \frac{1}{x^{\frac{1}{3}}} = \frac{2}{3} \cdot \frac{1}{\sqrt[3]{x}}$

Aufgabe

Bilden Sie jeweils die erste Ableitung der Funktion f.

a) $f(x) = x^3$ b) $f(x) = x^{-5}$ c) $f(x) = \frac{1}{x^3}$ d) $f(x) = \sqrt[4]{x}$

Ergebnis:

a) $f'(x) = 3 \cdot x^{3-1} = 3 \cdot x^2$ b) $f'(x) = -5 \cdot x^{-6} = -\frac{5}{x^6}$

c) $f'(x) = (-3) \cdot x^{-3-1} = -3 \cdot x^{-4} = -\frac{3}{x^4}$ d) $f'(x) = \frac{1}{4} \cdot x^{-\frac{3}{4}} = \frac{1}{4} \cdot \frac{1}{\sqrt[4]{x^3}}$

Abi – mach's einfach!

Mein Abi-Coach führt in drei Schritten zum erfolgreichen Abitur.

Abitur 2021

Inhalt

EINFACH TRAINIEREN

Fertigkeiten 143

Einführung

1. Informationen zum Abitur 2021

Ihr Abitur 2021 wird aus zwei Teilen bestehen, dem Prüfungsteil A und dem Prüfungsteil B. Insgesamt erhalten Sie im Leistungskurs 270 Minuten Bearbeitungszeit hierfür.

Prüfungsteil A (hilfsmittelfrei)
Im hilfsmittelfreien Prüfungsteil A können Sie bis zu 30 Bewertungspunkte erhalten (von 120 Bewertungspunkten für die gesamte Abiturprüfung). Sie dürfen maximal 70 Minuten an diesem Prüfungsteil A arbeiten. Bei der Bearbeitung dieses Prüfungsteils dürfen Sie keine Hilfsmittel außer einem Wörterbuch zur deutschen Rechtschreibung verwenden. Wenn Sie die Bearbeitung dieses Prüfungsteils A abgeschlossen haben, geben Sie diesen ab und erhalten die Hilfsmittel zur Bearbeitung des Prüfungsteils B (mit GTR oder CAS, Formelsammlung). Beachten Sie, dass Sie ab diesem Zeitpunkt also keine Veränderungen oder Ergänzungen am Prüfungsteil A mehr vornehmen können.
Der Prüfungsteil A umfasst eher grundlegende Fragestellungen aus Analysis, analytischer Geometrie und Stochastik.

Prüfungsteil B (mit GTR oder CAS und Formelsammlung)
Im Prüfungsteil B können Sie bis zu 90 Bewertungspunkte erhalten (von 120 Bewertungspunkten für die gesamte Abiturprüfung). Hiervon entfallen 40 Punkte auf die Aufgaben zur Analysis und je 25 Punkte auf die Aufgaben zur analytischen Geometrie bzw. Stochastik. Sie dürfen am Prüfungsteil B 270 Minuten abzüglich der für Teil A aufgewendeten Zeit (also 200 Minuten oder sogar länger) arbeiten.
Aus dem vom Schulministerium vorgegebenen Aufgabensatz mit vier Aufgaben (davon zwei Aufgaben zur Analysis und je eine zur analytischen Geometrie bzw. zur Stochastik) wählen die Lehrkräfte Ihrer Schule eine der beiden Analysis-Aufgaben aus. Somit sind drei Aufgaben im Prüfungsteil B zu bearbeiten.
Eine Aufgabenauswahl durch die Schülerinnen und Schüler ist nicht vorgesehen.
Es wählen also nicht Sie, sondern Ihre Lehrkräfte aus. Bei der Bearbeitung des Prüfungsteils B dürfen Sie nun den GTR (oder das CAS) und die Formelsammlung verwenden.
Die Aufgaben der vergangenen Jahre eignen sich gut, um sich durch deren Bearbeitung auf das Abitur 2021 vorzubereiten. Lediglich die Aufgaben B4 der Jahrgänge 2019 bis 2017 sind weggelassen, da der Themenkreis „Stochastische Prozesse“ dieser früheren B4-Aufgaben künftig im Prüfungsteil B keine Rolle mehr spielt.

2. Aufbau des Abi-Coach

Der Abi-Coach besteht aus **drei** Teilen.

1

In diesem **ersten Teil** „Einführung" erhalten Sie Informationen zum Abitur und Hilfestellungen, wie Sie sich individuell mithilfe dieses Buches auf Ihr Abitur vorbereiten können.

2

Im **zweiten Teil** „Abiture" folgen – jeweils für einen Jahrgang zusammengefasst – Abituraufgaben, Tipps hierzu und Lösungen.
Hier finden Sie Original-Abituraufgaben-Sätze aus Nordrhein-Westfalen für das Fach Mathematik, die in den letzten Jahren vorgelegt wurden. Sie können diese Originalaufgaben bearbeiten und Ihre Ergebnisse anhand der Lösungen überprüfen.

Falls Sie bei der Bearbeitung der Aufgaben jedoch Schwierigkeiten haben, können Sie auf gezielte Tipps des Buchs zurückgreifen. Zu jeder Frage in den Abituraufgaben ist die Nummer eines Tipps angegeben. Hinter jeder dieser Nummern verbergen sich Tipps von drei verschiedenen Stufen. In jedem Tipp der ersten Stufe wird ein eher knapper und allgemein gehaltener Impuls gegeben, mit dem Sie die Aufgabe dann doch vielleicht selbstständig lösen können. Reicht dieser Anstoß nicht aus, dann hilft Ihnen möglicherweise der Tipp der zweiten Stufe. Er ist deutlich konkreter und zeigt einen möglichen Einstieg, um die Fragestellung erfolgreich zu bearbeiten.
Wenn Sie auch damit noch nicht zum Ziel kommen, unterstützt Sie ein Tipp dritter Stufe, der zumeist auch in den dritten Teil des Buches verweist, sodass Sie Lücken schließen können.

Im Anschluss an die Tipps finden Sie ausführliche, schülergerechte Lösungen, gegebenenfalls ergänzende Abbildungen und oft auch alternative Lösungswege. Zur raschen Orientierung sind die Endergebnisse der Teilaufgaben blau hinterlegt gedruckt.
In der Randspalte sind, auf einen Blick erfassbar, die grundlegenden Fertigkeiten aufgeführt, welche Sie für diese Lösungen beherrschen müssen. Somit können Sie z. B. auch vor dem Lösen von Abituraufgaben die benötigten Fertigkeiten wiederholen.

Der **dritte Teil** „Fertigkeiten“ umfasst grundlegende Fertigkeiten, die für eine Bewältigung der Abituraufgaben eine wesentliche Voraussetzung sind.
Sie finden eine große Zahl von Fertigkeiten zur Algebra, Analysis, Geometrie und Stochastik. Diese Fertigkeiten werden verbal beschrieben und inhaltlich erläutert. Anhand von ausführlich dargestellten Beispielen können Sie Ihre eventuell verschütteten Kenntnisse in den genannten Bereichen wieder zielgerichtet auffrischen. Dem dienen auch weitere Übungsaufgaben zur jeweiligen Fertigkeit. Zu allen Aufgaben werden Endergebnisse, in etlichen Fällen auch relevante Zwischenergebnisse, genannt.
An dieser Stelle sei auch auf die Tabelle (unter www.klett.de mit dem Online Code 73673y abrufbar) verwiesen, mit der Sie Ihre Arbeit strukturieren und organisieren können. Die Tabelle macht Ihnen einen Vorschlag, wie Sie das Durcharbeiten der Fertigkeiten auf die bis zum Abitur verbleibende Zeit verteilen können. Hier können Sie angeben, welche Fertigkeiten Sie bereits beherrschen. Das 2. Tabellenblatt zeigt, welche Fertigkeiten für welche Abituraufgaben grundlegend sind und welche Abituraufgaben (oder Teile davon) Sie also bereits bearbeiten können sollten.

3. Abiturvorbereitung mit dem Abi-Coach

Im Folgenden sind drei mögliche Szenarien beschrieben, wie Sie sich mit dem Abi-Coach individuell auf Ihr Abitur vorbereiten können:

(A)
Sie wollen sich systematisch und langfristig auf Ihr Abitur vorbereiten und dabei alle wichtigen Grundlagen gut trainieren:
Arbeiten Sie möglichst frühzeitig, z. B. beginnend mit der Qualifikationsphase, zunächst im Teil 3 die Fertigkeiten durch. Orientieren Sie sich hierbei daran, welche Themen in Ihrem Unterricht behandelt werden oder wurden; ggf. hilft Ihnen auch Ihre Lehrkraft bei der Auswahl derjenigen Fertigkeiten, die Sie bereits trainieren können.
Sie können im Abi-Coach bei jeder Fertigkeit vermerken, ob Sie diese beherrschen oder noch weiter trainieren müssen. Falls Sie hierfür die Tabelle (unter www.klett.de mit dem Online Code 73673y abrufbar) benutzen wollen, zeigt Ihnen diese auf dem 2. Tabellenblatt, welche Fertigkeiten für welche Abituraufgaben grundlegend sind und welche Abituraufgaben (oder Teile davon) Sie also bereits bearbeiten können sollten.
Alternativ können Sie auch der Randspalte der Abitur-Lösungen (S. 25 ff., S. 58 ff., S. 94 ff. und S. 128 ff.) entnehmen, welche Fertigkeiten beim Lösen angewandt wurden.
Nutzen Sie die Chance, diese Aufgaben schon frühzeitig zu lösen: Dies gibt Ihnen Sicherheit und Selbstbewusstsein für die künftige Prüfung. Beim Lösen der Aufgaben können Ihnen die gestuften Tipps eine wertvolle Hilfe sein.
Einige Wochen vor dem Abitur können Sie dann vorgehen, wie unter (C) beschrieben.

(B)

Sie wollen mittelfristig vor dem Abitur Lücken schließen und das Aufgabenformat der Abituraufgaben kennenlernen:

Damit sollten Sie spätestens etwa drei bis vier Monate vor dem Abitur beginnen. Überlegen Sie, welche Fertigkeiten im Teil 3 des Abi-Coach Sie bereits beherrschen und welche Sie noch üben müssen. Um dies zu entscheiden, können Sie die Lösungen der Beispiele nachvollziehen und einzelne Aufgaben bearbeiten und Ihre Ergebnisse überprüfen.

Arbeiten Sie diejenigen Fertigkeiten, bei denen Sie noch unsicher sind, gründlich durch.

Kreuzen Sie im Abi-Coach oder der Tabelle (unter www.klett.de mit dem Online Code 73673y abrufbar) an, welche Fertigkeiten Sie beherrschen.

Die Tabelle zeigt Ihnen auf dem 2. Tabellenblatt, welche Fertigkeiten für welche Abituraufgaben grundlegend sind und welche Abituraufgaben (oder Teile davon) Sie also bereits bearbeiten können sollten.

Alternativ können Sie auch der Randspalte der Abitur-Lösungen (S. 25 ff., S. 58 ff., S. 94 ff. und S. 128 ff.) entnehmen, welche Fertigkeiten beim Lösen angewandt wurden.

Bearbeiten Sie nun diese Abiture (oder Teile davon), für die Sie die grundlegenden Fertigkeiten zu beherrschen meinen. Beim Lösen der Aufgaben können Ihnen die gestuften Tipps eine wertvolle Hilfe sein. Sowohl die Tipps der 3. Stufe als auch die abgedruckten Musterlösungen geben Hinweise, wo ggf. Lücken zu schließen sind, welche Fertigkeiten Sie also noch einmal trainieren sollten.

(C)

Sie wollen simulieren, wie sich das Abitur „anfühlt":

Dies ist erst sinnvoll, wenn Sie im Unterricht alle abiturrelevanten Inhalte kennengelernt haben – oder Sie verzichten ggf. auf Aufgabenteile, für die Sie noch nicht gerüstet sind.

Lesen Sie zunächst die Informationen zum Abitur 2021 auf Seite 4 des Abi-Coach. Wählen Sie ein Abitur aus, d. h. einen vollständigen Prüfungsteil A und drei Aufgaben aus dem zugehörigen Prüfungsteil B, wobei Sie jedes der drei Gebiete (Analysis, Analytische Geometrie, Stochastik) durch eine Aufgabe berücksichtigen sollten. Anhand der erreichbaren Punkte können Sie abschätzen, wieviel Zeit Sie sich für die Bearbeitung nehmen können: Für ein vollständiges Abitur mit 120 erreichbaren Punkten haben Sie eine Bearbeitungszeit von 270 Minuten.

Lösen Sie nun diese ausgewählten Aufgaben. Beachten Sie dabei, dass Sie bei den Aufgaben des Prüfungsteils A keine Hilfsmittel (Taschenrechner, Formelsammlung) benutzen dürfen.

Verzichten Sie darauf, Tipps nachzuschlagen oder in die Lösungen zu sehen. Arbeiten Sie konzentriert innerhalb der vorgesehenen Zeit.

Wenn Sie Ihr „Simulations-Abitur" beendet haben, kontrollieren Sie Ihre Ergebnisse. Bei den Musterlösungen des Abi-Coach sind alle Ergebnisse blau hinterlegt, was Ihnen den Abgleich erleichtert.

Dort, wo Sie Schwierigkeiten hatten, prüfen Sie Ihren Rechenweg bzw. Ihre Überlegungen und korrigieren Sie gegebenenfalls. Es empfiehlt sich, entsprechende Tipps nachzuschlagen und erneut eine Lösung zu versuchen. Führt auch das nicht zum Erfolg, vollziehen Sie die abgedruckte Musterlösung nach und bearbeiten Sie noch einmal die in Tipps und Lösungen genannten Fertigkeiten.

Abitur 2020

Aufgaben

Prüfungsteil A (hilfsmittelfreier Teil)

a) Gegeben ist die Funktion f mit $f(x) = x \cdot (x^2 - 1),\ x \in \mathbb{R}$.

3 P (1) *Zeigen Sie:* $f'\left(-\frac{1}{2}\right) = -\frac{1}{4}$. — Tipp 1

3 P (2) *Bestimmen Sie eine Gleichung der Tangente an den Graphen von f an der Stelle* $x = -\frac{1}{2}$. — Tipp 2

b) Eine Funktionenschar f_k ist gegeben durch $f_k(x) = e^{-x} - k$ für $x \in \mathbb{R}, k \in \mathbb{R}, k > 0$.

2 P (1) *Bestimmen Sie k so, dass* $x = -1$ *eine Nullstelle von* f_k *ist.* — Tipp 3

4 P (2) *Berechnen Sie das Integral* $\int_0^k (e^{-x} - k)\,dx$ *in Abhängigkeit von k.* — Tipp 4

c) Für jedes $r \in \mathbb{R}$ mit $r \neq -4$ bilden die Punkte $A(0|0|-4)$, $B(3|4|-4)$, C, $D(-8|6|-4)$, E_r, F_r, $G_r(-5|10|r)$ und H_r einen Quader. In der Abbildung 1 ist ein Quader für einen konkreten Wert von r dargestellt.

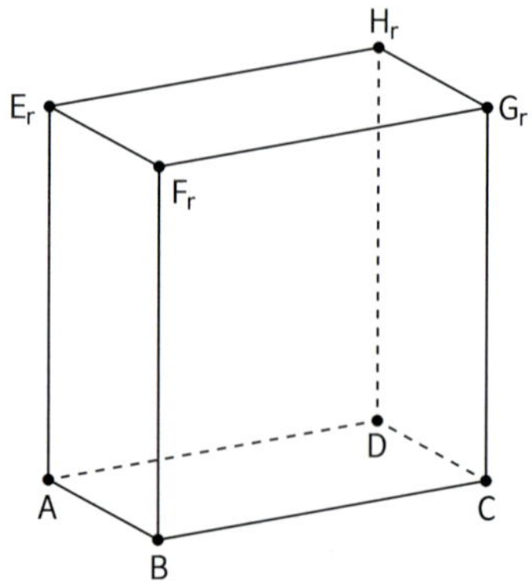

Abbildung 1

2 P (1) *Weisen Sie rechnerisch nach, dass die Kanten* $\overline{AB}$ *und* $\overline{AD}$ *senkrecht zueinander verlaufen.* — Tipp 5

4 P (2) *Bestimmen Sie die Werte von r, für die die Raumdiagonale* $\overline{AG_r}$ *die Länge 15 LE besitzt.* — Tipp 6

d) Bei einem Stadtfest gibt es ein Glücksrad, welches in zehn gleich große Sektoren unterteilt ist (siehe Abbildung 2). Jede teilnehmende Person dreht das Glücksrad genau einmal.

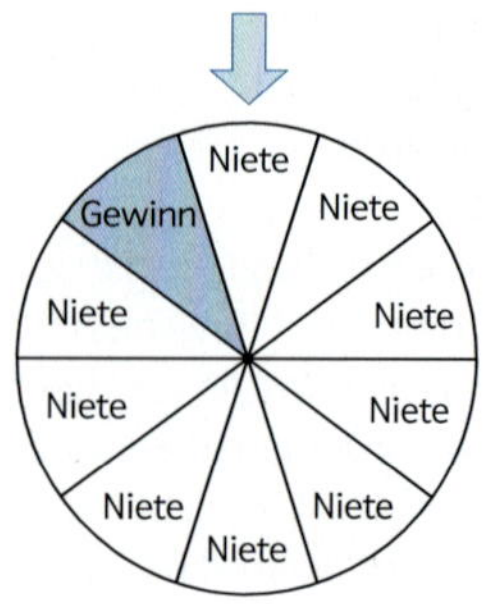

Abbildung 2

2 P (1) *Beschreiben Sie in diesem Sachzusammenhang ein Ereignis, dessen Wahrscheinlichkeit mit dem folgenden Term berechnet werden kann:*
$\binom{7}{0} \cdot 0{,}1^0 \cdot 0{,}9^7 + \binom{7}{1} \cdot 0{,}1^1 \cdot 0{,}9^6 + \binom{7}{2} \cdot 0{,}1^2 \cdot 0{,}9^5$ — Tipp 7

(2) *Geben Sie einen Term an, mit dem die Wahrscheinlichkeit für das folgende Ereignis berechnet werden kann:*
„Von 20 teilnehmenden Personen erhalten genau vier Personen einen Gewinn."

1 P — Tipp 8

Ein anderes Glücksrad ist in n gleich große Sektoren aufgeteilt. Zwei Personen drehen dieses Glücksrad jeweils genau einmal. Die Zufallsgröße X gibt die Anzahl der Personen an, die einen Gewinn erhalten. Es gilt: $P(X=0) = 9 \cdot P(X=2)$

(3) *Ermitteln Sie eine mögliche Gesamtzahl n der Sektoren auf dem Glücksrad sowie die zugehörige Anzahl der Sektoren mit einem Gewinn.*

3 P — Tipp 9

Prüfungsteil B (mit Hilfsmittel)

Aufgabe B1

Flüsse treten manchmal über ihre Ufer. Zur Vermeidung solcher Überschwemmungen werden große Wasserbecken eingesetzt, sogenannte Rückhaltebecken. Droht eine Überschwemmung, so wird ein Teil des Flusswassers in das Rückhaltebecken geleitet. Dort wird das Wasser zunächst zurückgehalten und später kontrolliert in den Fluss geleitet.
Im Folgenden soll zunächst der Zufluss in und anschließend der Abfluss des Wassers aus einem Rückhaltebecken betrachtet werden.
Zur Modellierung der momentanen **Zuflussrate**, mit der das Wasser des Flusses während eines Beobachtungszeitraumes von 40 Stunden in das Rückhaltebecken fließt, wird für $0 \leqq t \leqq 40$ die Funktion f mit der Gleichung

$$f(t) = 7200 \cdot t^2 \cdot e^{-0,25 \cdot t}, \text{ mit } t \in \mathbb{R}$$

verwendet. Dabei ist t die Zeit seit Beobachtungsbeginn in Stunden und f(t) die momentane Zuflussrate in m^3 Wasser pro Stunde.

In der folgenden Abbildung 1 ist der Graph von f im Intervall [0 ; 40] dargestellt.

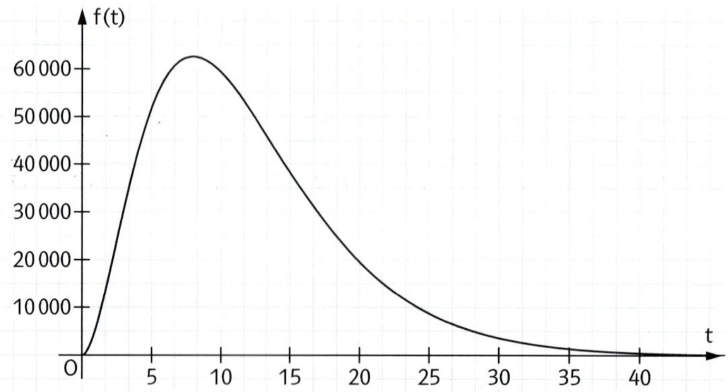

Abbildung 1

a) (1) *Geben Sie den Funktionswert von f an der Stelle $t = 20$ an und interpretieren Sie diesen Wert im Sachzusammenhang.* — Tipp 10

3 P

(2) *Zeigen Sie: $f'(t) = 7200 \cdot (-0,25 \cdot t^2 + 2 \cdot t) \cdot e^{-0,25 \cdot t}$* — Tipp 11

3 P

(3) *Weisen Sie rechnerisch nach, dass die momentane Zuflussrate im Modell 8 Stunden nach Beobachtungsbeginn maximal ist, und geben Sie die maximale momentane Zuflussrate an.* — Tipp 12

6 P

b) (1) *Geben Sie einen Term zur Berechnung der Wassermenge w(t) (in m^3) an, die vom Beginn der Beobachtung bis zu einem Zeitpunkt t im Beobachtungszeitraum in das Rückhaltebecken fließt.* — Tipp 13
[Hinweis: Der Term muss nicht ausgerechnet oder vereinfacht werden.]

3P

(2) Im Beobachtungszeitraum fließen ungefähr 919 000 m^3 Wasser in das Rückhaltebecken.
Die Gleichung $\int_{t}^{t+8} f(x)\,dx = \frac{1}{2} \cdot 919\,000$ hat die Lösungen t_1, t_2 und t_3 mit $t_1 \approx -4{,}19$, $t_2 \approx 4{,}26$ und $t_3 \approx 5{,}06$. [Nachweis nicht erforderlich.]
3 P *Interpretieren Sie die Gleichung und die Lösungen im Sachzusammenhang.* Tipp 14

c) Die momentane **Abflussrate** vom Rückhaltebecken in den Fluss im Beobachtungszeitraum wird für $0 \leq t \leq 40$ durch eine Funktion der Schar g_a modelliert:

$$g_a(t) = 3600 \cdot a \cdot t^3 \cdot e^{-0{,}25 \cdot t}, \text{ mit } t \in \mathbb{R}, a \in \mathbb{R}, a > 0.$$

Dabei ist $g_a(t)$ die momentane Abflussrate in m^3 Wasser pro Stunde. Durch den Parameter a wird berücksichtigt, dass der Abfluss reguliert werden kann.
Ohne Nachweis darf im Folgenden verwendet werden:

$$g_a'(t) = 900 \cdot a \cdot t^2 \cdot (-t + 12) \cdot e^{-0{,}25 \cdot t}, \; g_a''(t) = 225 \cdot a \cdot t \cdot (t^2 - 24 \cdot t + 96) \cdot e^{-0{,}25 \cdot t}$$

(1) *Zeigen Sie, dass für alle $a > 0$ ein lokales Maximum von g_a bei $t = 12$*
5 P *vorliegt.* Tipp 15

(2) *Bestimmen Sie den Wert für den Parameter a so, dass zum Zeitpunkt $t = 12$*
3 P *die momentane Abflussrate 46 800 m^3 Wasser pro Stunde beträgt.* Tipp 16

d) Im Folgenden wird zunächst davon ausgegangen, dass der Abfluss so reguliert wird, dass $a = 0{,}15$ gilt.
Der Graph von f und der Graph von $g_{0,15}$ sind in der Abbildung 2 dargestellt.

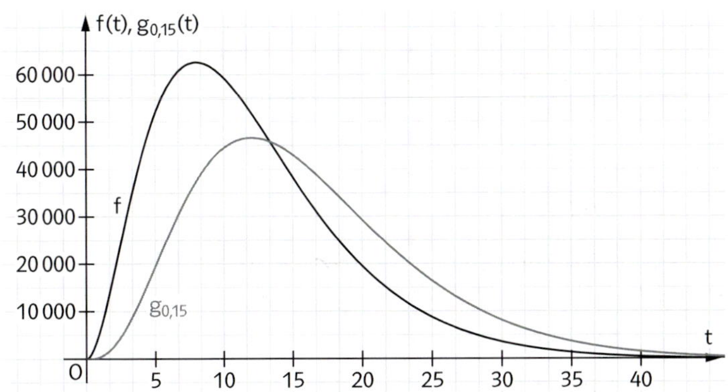

Abbildung 2

(1) *Ermitteln Sie anhand von Abbildung 2 näherungsweise den Zeitpunkt im Beobachtungszeitraum, zu dem die Wassermenge im Rückhaltebecken*
5 P *maximal ist, und begründen Sie Ihr Vorgehen.* Tipp 17

(2) Die Funktion d ist durch die Gleichung $d(t) = f(t) - g_{0,15}(t)$ gegeben.
Das Maximum dieser Funktion im Intervall [0 ; 40] ist positiv und liegt an der Stelle t_{max} mit $t_{max} \approx 5{,}33$.
3 P *Interpretieren Sie den Zeitpunkt t_{max} im Sachzusammenhang.* Tipp 18

(3) *Weisen Sie nach, dass sich am Ende des Beobachtungszeitraumes mehr Wasser im Rückhaltebecken befindet als zu Beginn des Beobachtungszeit-*
3 P *raumes.* Tipp 19

(4) Es gibt einen Wert für $a > 0$, sodass sich am Ende des Beobachtungszeitraumes genauso viel Wasser im Rückhaltebecken befindet wie zu Beginn.
Geben Sie einen Ansatz an, mit dem dieser Wert von a bestimmt werden kann.

3 P — Tipp 20

Aufgabe B2

Das Jagdverhalten von Raubkatzen in der freien Wildbahn ist gekennzeichnet durch eine hohe Anfangsbeschleunigung. Darauf folgt eine kurze Phase mit annähernd konstanter Geschwindigkeit, bevor die Geschwindigkeit wieder abfällt. Die Geschwindigkeit eines Tigers bei einem Jagdvorgang aus der Ruheposition heraus wird für $0 \leqq t \leqq 10$ zunächst ohne Berücksichtigung der Phase mit konstanter Geschwindigkeit modelliert. Dazu wird für $0 \leqq t \leqq 10$ die Funktion f mit

$$f(t) = 0{,}0808 \cdot t^3 - 1{,}71 \cdot t^2 + 10{,}08 \cdot t,\quad t \in \mathbb{R}$$

verwendet. Dabei gibt t die Zeit seit Verlassen der Ruheposition in Sekunden und f(t) die Geschwindigkeit in $\frac{m}{s}$ an.

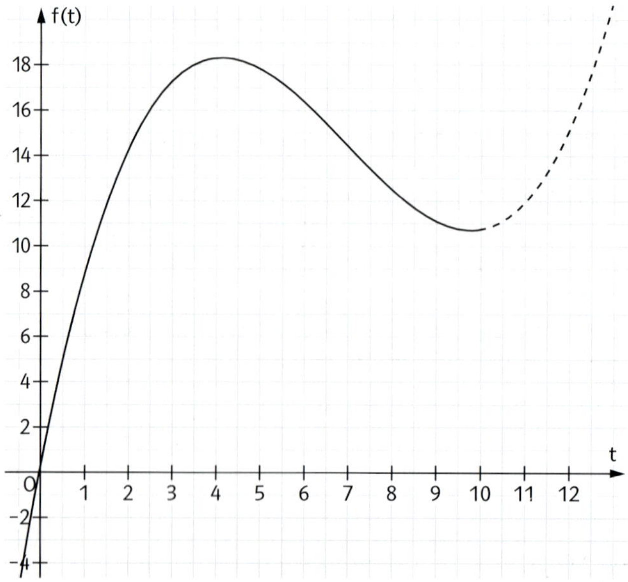

Abbildung 1

a) (1) *Geben Sie den Funktionswert von f für $t = 5$ an und interpretieren Sie diesen Wert im Sachzusammenhang.*

3 P — Tipp 21

(2) *Weisen Sie rechnerisch nach, dass der Tiger seine Maximalgeschwindigkeit von ca. $18{,}2\,\frac{m}{s}$ ungefähr 4,2 Sekunden nach Verlassen der Ruheposition erreicht, und geben Sie die Maximalgeschwindigkeit in $\frac{km}{h}$ an.*

8 P — Tipp 22

b) *Ermitteln Sie das Zeitintervall, in dem die Geschwindigkeit des Tigers mindestens $15\,\frac{m}{s}$ beträgt.*

4 P — Tipp 23

c) (1) *Berechnen Sie $\int_0^{4,2} f(t)\,dt$ und erläutern Sie die Bedeutung dieses Wertes im Sachzusammenhang.*

6 P — Tipp 24

Wenn ein Tiger seine Maximalgeschwindigkeit erreicht hat, dann kann er diese für höchstens 10 s beibehalten. Hat er seine Beute bis dahin nicht gefasst, muss er den Jagdvorgang abbrechen.
In einem konkreten Fall wittert ein Beutetier den Tiger und ergreift die Flucht. Als der Tiger seine Ruheposition verlässt, ist das Beutetier 100 m entfernt und hat seine konstante Fluchtgeschwindigkeit von $12\,\frac{m}{s}$ bereits erreicht.

(2) *Untersuchen Sie, ob der Tiger unter diesen Bedingungen das Beutetier*
5 P *einholen kann.* Tipp 25

d) Im Folgenden wird das Jagdverhalten anderer Raubkatzen mit einem veränderten Modell betrachtet, das durch einen Parameter u für konkrete Raubkatzen spezifiziert werden kann.
Die Geschwindigkeiten dieser Raubkatzen aus der Ruheposition heraus werden für $0 \leqq t \leqq 10$ näherungsweise durch Funktionen der Schar g_u mit

$$g_u(t) = -\frac{1}{3u^2} \cdot t^3 + 4 \cdot t, \text{ mit } 0 \leqq t \leqq 10,\ 3 \leqq u \leqq 4,\ t, u \in \mathbb{R}$$

beschrieben. Dabei gibt weiterhin t die Zeit seit Verlassen der Ruheposition in Sekunden und $g_u(t)$ die Geschwindigkeit in $\frac{m}{s}$ an.

Es ist $g_u(t) \geqq 0$ für $0 \leqq t \leqq 10$ und $3 \leqq u \leqq 4$.

(1) *Ermitteln Sie rechnerisch die Maximalgeschwindigkeit der Raubkatzen in Abhängigkeit vom Parameter u. Auf eine Betrachtung der Randwerte kann*
8 P *dabei verzichtet werden.* Tipp 26
[Zur Kontrolle: Die Hochpunkte der Schar sind $H_u(2u \mid g_u(2u))$.]

(2) Eine konkrete Raubkatze legt ab dem Verlassen der Ruheposition eine Strecke von 65 m zurück und benötigt dafür 6 s. Gehen Sie davon aus, dass die Funktion g_u den Geschwindigkeitsverlauf auf dieser Strecke modelliert. *Ermitteln Sie mit dem Modell der Funktion g_u die Maximalgeschwindigkeit,*
6 P *die diese Raubkatze auf dieser Strecke erreicht hat.* Tipp 27

Ohne Nachweis darf benutzt werden, dass G_u mit $G_u(t) = -\frac{1}{12u^2} \cdot t^4 + 2 \cdot t^2$ eine Stammfunktion von g_u ist.

Aufgabe B3

In Abbildung 1 ist ein regelmäßiges Tetraeder ABCD mit den Eckpunkten $A(0 \mid 0 \mid 0)$, $B(10 \mid 10 \mid 0)$, $C(10 \mid 0 \mid 10)$ und $D(0 \mid 10 \mid 10)$ in einem kartesischen Koordinatensystem abgebildet.

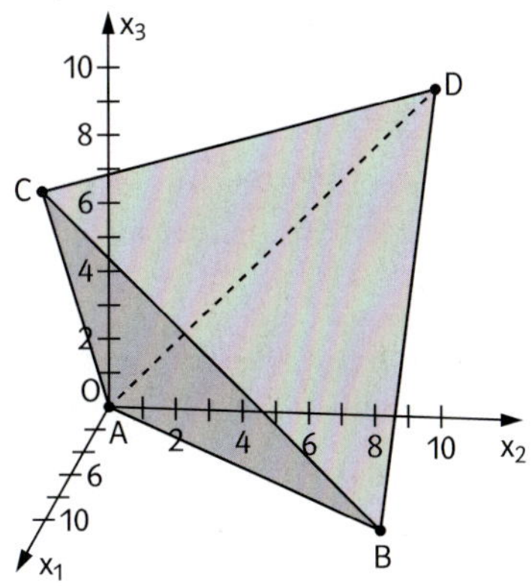

Abbildung 1

4 P **a)** (1) *Zeigen Sie, dass das Dreieck ABC gleichseitig ist.* Tipp 28

(2) *Bestimmen Sie den Flächeninhalt des Dreiecks ABC und den Oberflächeninhalt des Tetraeders ABCD.* 4 P Tipp 29

(3) *Geben Sie die Koordinaten der Eckpunkte eines Würfels mit dem Volumen $V = 1000$ VE an, der das Tetraeder enthält.* 4 P Tipp 30

b) (1) *Stellen Sie eine Koordinatengleichung der Ebene E auf, in der das Dreieck ABC liegt.* 4 P Tipp 31
[Mögliche Lösung: E: $-x_1 + x_2 + x_3 = 0$]

3 P (2) *Stellen Sie die Dreiecksfläche ABC in einer Parameterform dar.* Tipp 32

4 P (3) *Bestimmen Sie das Volumen des Tetraeders ABCD.* Tipp 33

Das Tetraeder ABCD modelliert einen Körper mit Kanten aus Draht. Diesen Körper taucht man in Seifenlauge. Beim Herausnehmen bilden sich im Inneren des Körpers Flächen aus Seifenhaut (vgl. Abbildungen 2 und 3).

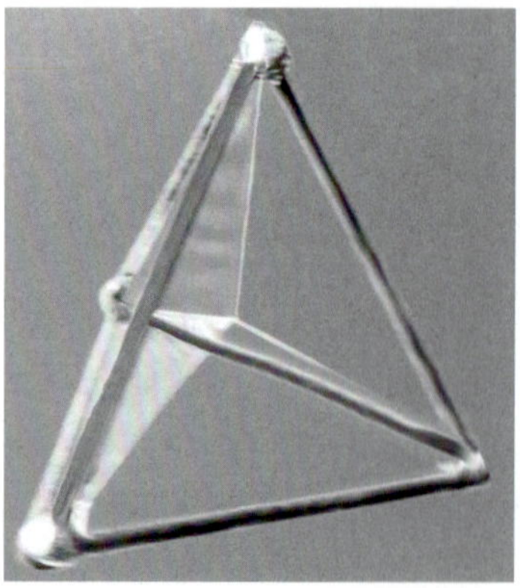
Abbildung 2

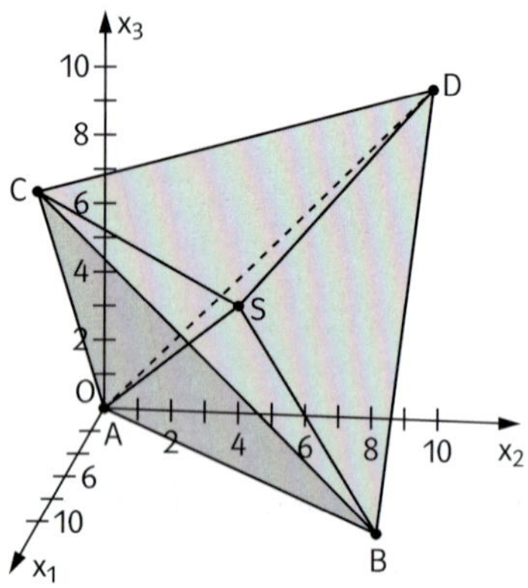

Abbildung 3

Die Seifenhaut besteht aus sechs kongruenten gleichschenkligen Dreiecken mit einem gemeinsamen Eckpunkt, der durch S modelliert wird. S liegt im Inneren des Tetraeders.

c) Das Dreieck ABS liegt in der Ebene H: $-x_1 + x_2 = 0$,
das Dreieck ADS liegt in der Ebene I: $-x_2 + x_3 = 0$ und
das Dreieck SBD liegt in der Ebene J: $x_1 + x_3 = 10$.

3 P (1) *Berechnen Sie die Größe des Winkels zwischen den Ebenen I und J.* Tipp 34

(2) *Bestimmen Sie die Lösung des linearen Gleichungssystems*

$$\left|\begin{array}{l} -x_1 + x_2 = 0 \\ -x_2 + x_3 = 0 \\ x_1 + x_3 = 10 \end{array}\right|$$

4 P *und interpretieren Sie die Lösung im Sachzusammenhang.* Tipp 35

d) Im Folgenden werden unterschiedlich große Drahtkantenmodelle von regelmäßigen Tetraedern in Seifenlauge getaucht. Um dies zu modellieren, wird im Folgenden ein regelmäßiges Tetraeder A'B'C'D' mit dem Eckpunkt $A'(0\,|\,0\,|\,0)$ und den variablen Eckpunkten $B'(a\,|\,a\,|\,0)$, $C'(a\,|\,0\,|\,a)$ und $D'(0\,|\,a\,|\,a)$ mit $a > 0$ betrachtet.
Dieses Tetraeder hat den Oberflächeninhalt $O' = 2a^2 \cdot \sqrt{3}$ FE.

Taucht man diesen Körper in Seifenlauge, so bilden sich bei dessen Herausnahme im Inneren des Körpers Flächen aus Seifenhaut. Die Seifenhaut besteht aus sechs kongruenten gleichschenkligen Dreiecken mit einem gemeinsamen Eckpunkt, der durch den von a abhängigen Punkt S' modelliert wird.

Jedes dieser Dreiecke hat den Flächeninhalt $A'_{\text{Dreieck}} = \frac{\sqrt{2}}{4} \cdot a^2$ FE.

(1) *Bestimmen Sie, um wie viel Prozent der Gesamtflächeninhalt der Seifenhaut kleiner ist als der Oberflächeninhalt O' des Tetraeders.*
3 P — Tipp 36

(2) Das Dreieck A'B'C' liegt in der Ebene $E\colon -x_1 + x_2 + x_3 = 0$.
Bestimmen Sie rechnerisch die Koordinaten des Fußpunktes F' des Lotes von D' auf die Ebene E.
4 P — Tipp 37

[Zur Kontrolle: $F'\left(\frac{2}{3} \cdot a \,\middle|\, \frac{1}{3} \cdot a \,\middle|\, \frac{1}{3} \cdot a\right)$]

(3) Auf der Strecke $\overline{F'D'}$ liegt der Punkt S'. Die sechs Flächen aus Seifenhaut teilen das Tetraeder A'B'C'D' in vier volumengleiche Pyramiden. Diese Pyramiden haben die gemeinsame Spitze S' und jeweils eine der vier Seitenflächen des Tetraeders A'B'C'D' als Grundfläche.
Bestimmen Sie rechnerisch unter Verwendung von F' die Koordinaten von S'.
3 P — Tipp 38

Aufgabe B5

Reisen mit dem Fernbus werden immer beliebter. Reiseanbieter werben mit günstigen Preisen und besonderem Komfort.

a) Für eine Städtereise stellt ein Busunternehmen einen Fernbus mit 59 Plätzen bereit, die vor Reiseantritt gebucht und bezahlt werden. Im Mittel werden 95 % der Buchungen angetreten.

(1) *Erläutern Sie, unter welcher Voraussetzung die Anzahl der angetretenen Buchungen bei einer Reise als binomialverteilt mit $p = 0{,}95$ angenommen werden kann.*
3 P — Tipp 39

Im Folgenden wird die Anzahl der angetretenen Buchungen als binomialverteilt mit $p = 0{,}95$ vorausgesetzt. Für einen bestimmten Reisetermin sind genau 59 Buchungen vorgenommen worden.

(2) *Bestimmen Sie jeweils die Wahrscheinlichkeit für folgende Ereignisse:*
E_1: Genau 59 Buchungen werden angetreten. — Tipp 40
6 P E_2: Mindestens 55 Buchungen werden angetreten. — Tipp 41

b) Da erfahrungsgemäß nicht alle Buchungen angetreten werden, verkauft das Busunternehmen mehr Plätze als vorhanden sind. Für eine Städtereise mit 96 Plätzen werden 99 Buchungen vorgenommen (Überbuchung). Es wird unverändert angenommen, dass die Anzahl der angetretenen Buchungen binomialverteilt mit $p = 0{,}95$ ist.

(1) *Ermitteln Sie die Wahrscheinlichkeit, dass mehr als eine Person ihre Reise wegen Überbuchung nicht antreten kann.* 4 P Tipp 42

(2) *Bestimmen Sie die Anzahl der Buchungen, die das Busunternehmen bei einer Reise mit 96 Plätzen höchstens bestätigen darf, um das Risiko, dass mindestens eine Person ihre Reise aufgrund der Überbuchung nicht antreten kann, auf 5 % zu begrenzen.* 5 P Tipp 43

Kann eine Person die Reise wegen Überbuchung nicht antreten, wird vom Busunternehmen der komplette Reisepreis von 20 Euro zurückerstattet. Als Entschädigung wird zusätzlich ein Betrag von 300 Euro ausgezahlt.

(3) *Beurteilen Sie, ob sich aus finanzieller Sicht die Praxis, 99 Buchungen für eine Reise mit 96 Plätzen zu bestätigen, für das Busunternehmen im Mittel lohnt.* 8 P Tipp 44

c) In der Werbung eines anderen Busunternehmens werden bisher Kunden damit gewonnen, dass bis kurz vor Reiseantritt eine kostenlose Stornierung der Buchung möglich ist. Aktuell liegt der Anteil der kurzfristig stornierten Buchungen bei 7 %.
Das Busunternehmen möchte diesen Anteil verringern und ändert die Vertragsbedingungen dahingehend, dass bei kurzfristigen Stornierungen ein Teil des Fahrpreises gezahlt werden muss. Es möchte die Vermutung absichern, dass durch diese Maßnahme der Anteil der kurzfristig stornierten Buchungen sinkt. Die nächsten 1000 Buchungen sollen auf diese Wirkung hin untersucht werden. Die Anzahl der kurzfristig stornierten Buchungen wird als binomialverteilt angenommen.

(1) *Geben Sie begründet an, welche Nullhypothese aus der Sicht des Busunternehmens gewählt wird.* 4 P Tipp 45

(2) *Bestimmen Sie die Anzahl der kurzfristig stornierten Buchungen, bis zu der das Busunternehmen auf einem Signifikanzniveau von 5 % von einem Erfolg der Maßnahme ausgehen wird.* 5 P Tipp 46

(3) Bei einem Signifikanzniveau von 1 % lautet die Entscheidungsregel: „Das Busunternehmen verwirft die Nullhypothese H_0 und geht von einem Erfolg der Maßnahme aus, falls die Anzahl der kurzfristig stornierten Buchungen höchstens 51 beträgt."

Bestimmen Sie die Wahrscheinlichkeit für den Fehler 2. Art, falls aufgrund der Maßnahmen der Anteil der kurzfristig stornierten Buchungen nur noch 4 % beträgt, Tipp 47
und erläutern Sie diesen Fehler im Sachzusammenhang. 5 P Tipp 48

Tipps

Folgende Tipps geben eine erste Hilfestellung:

Tipp 1	Multiplizieren Sie den Funktionsterm aus.
Tipp 2	Bestimmen Sie die y-Koordinate des Punktes, in dem die Tangente den Graphen berührt.
Tipp 3	Berechnen Sie k an der entsprechenden Nullstelle.
Tipp 4	Berechnen Sie das Integral mit dem Hauptsatz der Differential- und Integralrechnung.
Tipp 5	Überlegen Sie, wie man prüft, ob zwei Vektoren senkrecht aufeinander stehen.
Tipp 6	Bestimmen Sie – in Abhängigkeit des unbekannten Parameters r – die Koordinaten des Verbindungsvektors $\overrightarrow{AG_r}$.
Tipp 7	Die drei Summanden sind jeweils ein Spezialfall der Formel von Bernoulli.
Tipp 8	Verwenden Sie die Formel von Bernoulli.
Tipp 9	Die gegebene Gleichung führt auf eine Gleichung, mit deren Hilfe Sie die Trefferwahrscheinlichkeit p für diese Bernoulli-Kette der Länge 2 bestimmen können.
Tipp 10	Berechnen Sie den entsprechenden Funktionswert und interpretieren Sie diesen mithilfe der Vorrede der Aufgabenstellung.
Tipp 11	Berechnen Sie die Ableitung der Funktion.
Tipp 12	Bestimmen Sie das Maximum der Funktion und dessen Funktionswert.
Tipp 13	Interpretieren Sie den Wert der Wassermenge mathematisch.
Tipp 14	Überprüfen Sie die Zugehörigkeit der Nullstellen der Funktion im Sachzusammenhang.
Tipp 15	Berechnen Sie das Maximum der Funktion g_a.
Tipp 16	Berechnen Sie den entsprechenden Funktionswert in Abhängigkeit von a.
Tipp 17	Interpretieren Sie den Verlauf beider Graphen.
Tipp 18	Interpretieren Sie die Differenzfunktion.
Tipp 19	Berechnen Sie die entsprechende Wassermenge.
Tipp 20	Setzen Sie den Kontext mathematisch um.
Tipp 21	Setzen Sie in der Funktionsgleichung für die Variable t den Wert 5 ein.
Tipp 22	Gesucht ist der absolute Hochpunkt der Funktion f im Intervall $[0;10]$.
Tipp 23	Die Geschwindigkeit des Tigers wird durch die Funktionswerte der Funktion f angegeben. Die Geschwindigkeit soll größer oder gleich $15\,\frac{m}{s}$ sein.
Tipp 24	Ermitteln Sie die Gleichung einer Stammfunktion zur Funktion f.
Tipp 25	Sie müssen die Strecken, die der Tiger und das Beutetier nach dem Verlassen der Ruheposition des Tigers zurücklegen, hinsichtlich ihrer Längen vergleichen.

Tipp 26	Zur Ermittlung des relativen Hochpunkts der Funktionenschar g_u bilden Sie zunächst die ersten beiden Ableitungen der Funktionen g_u.
Tipp 27	Um zu bestimmen, welche *konkrete* Raubkatze in 6 Sekunden 65 m zurücklegen kann, verdeutlichen Sie sich nochmals den Zusammenhang zwischen Geschwindigkeit und zurückgelegter Strecke.
Tipp 28	Ein Dreieck ist gleichseitig, wenn die drei Seitenvektoren gleich lang sind.
Tipp 29	Für den Oberflächeninhalt des Tetraeders gilt: $O_{Tetraeder} = 4 \cdot A_{Dreieck}$. Überlegen Sie – eventuell anhand einer Skizze –, wie man den Flächeninhalt eines *gleichseitigen* Dreiecks bestimmen kann.
Tipp 30	Orientieren Sie sich in dem dreidimensionalen Koordinatensystem der Aufgabenstellung und tragen Sie die Punkte A, B und C farbig in die vorgegebene Skizze ein.
Tipp 31	Bestimmen Sie die Koordinaten der Seitenvektoren $\overrightarrow{AB}$ und $\overrightarrow{AC}$ des Dreiecks ABC.
Tipp 32	Stellen Sie mithilfe des Punktes A und der Seitenvektoren $\overrightarrow{AB}$ und $\overrightarrow{AC}$ eine Parameterform der Ebene E_{ABC} auf, in der das Dreieck ABC liegt.
Tipp 33	Das Volumen des Tetraeders mit der Grundfläche ABC und der Spitze D berechnet man mit der allgemeinen Volumenformel $V_{Tetraeder} = \frac{1}{3} \cdot \text{Grundfläche}_{Tetraeder} \cdot \text{Höhe}_{Tetraeder}$.
Tipp 34	Nutzen Sie, dass der Winkel zwischen den Ebenen I und J mit dem Winkel zwischen den Normalenvektoren dieser Ebenen übereinstimmt.
Tipp 35	Wenden Sie das Gauß-Verfahren an, um das Gleichungssystem in eine „Dreiecksform“ zu überführen.
Tipp 36	Beachten Sie, dass sowohl der Oberflächeninhalt des Tetraeders als auch der Flächeninhalt eines Seifenhaut-Dreiecks vorgegeben sind.
Tipp 37	Bestimmen Sie zunächst eine Gleichung der Lotgeraden durch den Punkt D′ zu der Ebene E, in der das Dreieck A′B′C′ liegt. Verwenden Sie dabei den Normalenvektor der Ebene A′B′C′.
Tipp 38	Beachten Sie, dass die Pyramide A′B′C′S′ dieselbe Grundfläche A′B′C′ wie das Tetraeder A′B′C′D′ hat und ihre Höhe $\overline{F'S'}$ eine Teilstrecke der Höhe $\overline{F'D'}$ des Tetraeders ist.
Tipp 39	Es müssen zwei Voraussetzungen erfüllt sein, damit eine Zufallsvariable binomialverteilt ist.
Tipp 40	Die Zufallsvariable X: „Anzahl der angetretenen Buchungen“ ist binomialverteilt mit $n = 59$ und $p = 0{,}95$.
Tipp 41	Die Zufallsvariable X: „Anzahl der angetretenen Buchungen“ ist binomialverteilt mit $n = 59$ und $p = 0{,}95$.
Tipp 42	Welche Werte nimmt die Zufallsvariable X: „Anzahl der angetretenen Buchungen“ an, falls mehr als eine Person ihre Reise wegen Überbuchung nicht antreten kann?
Tipp 43	Die Zufallsvariable X: „Anzahl der angetretenen Buchungen“ ist binomialverteilt mit $p = 0{,}95$ und noch unbekanntem n.
Tipp 44	Verwenden Sie die Zufallsvariable K: „Kosten in Euro für Erstattung und Entschädigung, die durch die Überbuchungen verursacht werden“. Berechnen Sie den Erwartungswert von K.

Tipp 45	Beachten Sie, dass, falls man bei einem Signifikanztest die Nullhypothese aufgrund der Stichprobe nicht ablehnen kann, man eigentlich gesichert nichts aussagen kann.
Tipp 46	Es handelt sich hier um einen linksseitigen Signifikanztest mit der Nullhypothese $H_0: \; p \geqq 0{,}07$.
Tipp 47	Die Zufallsvariable X: „Anzahl der Buchungen, die kurzfristig storniert werden" ist binomialverteilt mit $n = 1000$ und $p = 0{,}04$.
Tipp 48	Ein Fehler 2. Art liegt vor, falls H_0 falsch ist, aber aufgrund der Stichprobe nicht abgelehnt werden kann.

Folgende Tipps geben eine weitere Hilfestellung:

Tipp 1	Bestimmen Sie mithilfe der Potenzregel den Term der Ableitungsfunktion f′ von f.
Tipp 2	Die gesuchte Tangente hat als Gerade eine Gleichung des Typs $y = m \cdot x + b$. Nutzen Sie aus, dass die Steigung m der Tangente der Steigung des Graphen im Berührpunkt entspricht und dass sich der Berührpunkt sowohl auf dem Graphen der Funktion f als auch auf der Tangente befindet. Alternativ können Sie auch direkt die Tangentengleichung $y = f'(x_P) \cdot (x - x_P) + f(x_P)$ benutzen, wobei $P\,(x_P \mid f(x_P))$ der Berührpunkt ist.
Tipp 3	Lösen Sie die Gleichung $f_k(-1) = 0$.
Tipp 4	Bilden Sie die Stammfunktion der Integrandenfunktion.
Tipp 5	Berechnen Sie das Skalarprodukt der Seitenvektoren $\overrightarrow{AB}$ und $\overrightarrow{AD}$.
Tipp 6	Berechnen Sie – in Abhängigkeit des Parameters r – die Länge des Vektors $\overrightarrow{AG_r}$.
Tipp 7	Die Länge der Bernoulli-Kette ist 7. Was bedeutet dies im Sachzusammenhang?
Tipp 8	Die Gewinnwahrscheinlichkeit für jeden Spieler beträgt 0,1. Die Länge der Bernoulli-Kette ist 20.
Tipp 9	Es gilt: $P(X=0) = \binom{2}{0} \cdot p^0 \cdot (1-p)^2 = (1-p)^2$ und $P(X=2) = \binom{2}{2} \cdot p^2 \cdot (1-p)^0 = p^2$ Setzen Sie beide Terme in die gegebene Gleichung ein.
Tipp 10	Berechnen Sie den Funktionswert an der Stelle $t = 20$ und entnehmen Sie der Aufgabenstellung die Bedeutung der Funktion f.
Tipp 11	Berechnen Sie mithilfe von Produkt- und Kettenregel die Ableitung der Funktion.
Tipp 12	Verwenden Sie die notwendige und hinreichende Bedingung lokaler Extremstellen und berechnen Sie den Funktionswert an der Maximalstelle.
Tipp 13	Die Wassermenge wird beschrieben durch den Inhalt des entsprechenden Flächenstücks unterhalb des Graphen.
Tipp 14	Interpretieren Sie die rechte Seite der Gleichung.
Tipp 15	Verwenden Sie die notwendige und hinreichende Bedingung zur Bestimmung eines lokalen Maximums.

Tipp 16	Verwenden Sie: $g_a(12) = 46800$
Tipp 17	Vergleichen Sie den Verlauf beider Graphen.
Tipp 18	Überlegen Sie, wie sich die Werte der Differenzfunktion um t_{max} herum verändern.
Tipp 19	Berechnen Sie das Integral über der Differenzfunktion.
Tipp 20	Berechnen Sie das Integral über der Differenzfunktion in Abhängigkeit von a.
Tipp 21	Machen Sie sich anhand der Definition der Funktion f die Bedeutung des berechneten Funktionswerts klar.
Tipp 22	Benutzen Sie die notwendige und hinreichende Bedingung zur Bestimmung des relativen Hochpunkts. Vergleichen Sie das relative Maximum mit den Funktionswerten am Rand.
Tipp 23	Bestimmen Sie mit dem GTR die Lösung der Gleichung $f(t) = 15$. Beachten Sie, dass die gesuchten t-Werte im Intervall $[0;10]$ liegen müssen.
Tipp 24	Benutzen Sie die Stammfunktion der Funktion f zur Berechnung des gesuchten Integrals.
Tipp 25	Stellen Sie einen Term auf, der die Strecke des Tigers in Abhängigkeit von der seit dem Start vergangenen Zeit t beschreibt. Beachten Sie dabei den nach 4,2 s zurückgelegten Weg und bestimmen Sie den Weg, den der Tiger dann bei einer Höchstgeschwindigkeit von $18{,}2\,\frac{m}{s}$ zurücklegen kann. Verwenden Sie bei der Formulierung eines Terms für die zur gleichen Zeit zurückgelegten Strecke des Beutetiers, dass dieses beim Start 100 m Vorsprung hat und danach mit einer Geschwindigkeit von $12\,\frac{m}{s}$ weiterläuft.
Tipp 26	Verwenden Sie die notwendige und hinreichende Bedingung zur Ermittlung des relativen Hochpunkts.
Tipp 27	Lösen Sie mit dem GTR die Gleichung $\int_0^6 g_u(t)\,dt = 65$. Ermitteln Sie mithilfe von Teilaufgabe d) (1) die absolute Maximalgeschwindigkeit dieser konkreten Raubkatze.
Tipp 28	Berechnen Sie die Längen der Vektoren $\overrightarrow{AB}$, $\overrightarrow{BC}$ und $\overrightarrow{AC}$.
Tipp 29	Um den Flächeninhalt eines gleichseitigen Dreiecks mit der Seitenlänge a zu bestimmen, gehen Sie von der allgemeinen Formel $A_{Dreieck} = \frac{1}{2} \cdot a \cdot h$ aus und ermitteln Sie unter Zuhilfenahme der nebenstehenden Skizze die Höhe h. 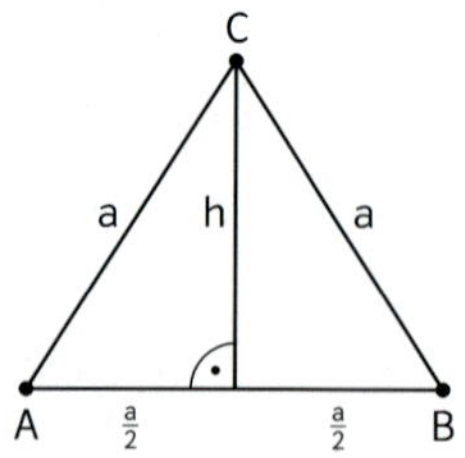
Tipp 30	Ergänzen Sie in der Skizze der Aufgabenstellung die Punkte E(10 | 10 | 10), F(10 | 0 | 0), G(0 | 10 | 0) und H(0 | 0 | 10). Sie erhalten einen Würfel AFBGHCED.
Tipp 31	Beachten Sie, dass ein Normalenvektor der Ebene E_{ABC}, in der das Dreieck ABC liegt, senkrecht auf den Seitenvektoren $\overrightarrow{AB}$ und $\overrightarrow{AC}$ steht.
Tipp 32	Überlegen Sie, welche Einschränkungen für die Parameter der Parametergleichung der Ebene gelten müssen, damit *ausschließlich* die Punkte des Dreiecks ABC erfasst werden.

Tipp 33	Beachten Sie, dass die Grundfläche des Tetraeders die Fläche des Dreiecks ABC ist (siehe a)(2)) und die Höhe des Tetraeders dem Abstand des Punktes D von der Ebene E_{ABC} entspricht.
Tipp 34	Lesen Sie aus den Koordinatenformen der Ebenen I und J geeignete Normalenvektoren $\vec{n_I}$ und $\vec{n_J}$ ab und wenden Sie die Formel $\cos(\alpha) = \frac{\vec{n_I} \cdot \vec{n_J}}{\lvert\vec{n_I}\rvert \cdot \lvert\vec{n_J}\rvert}$ an.
Tipp 35	Werten Sie die „Dreiecksform" des Gleichungssystems aus und ermitteln Sie durch sukzessives Einsetzen die Lösungsmenge.
Tipp 36	Bestimmen Sie das Verhältnis von Seifenhautflächeninhalt zum Tetraederoberflächeninhalt.
Tipp 37	Lesen Sie aus der Koordinatenform der Ebene E einen geeigneten Normalenvektor ab. Bilden Sie mit diesem Normalenvektor als Richtungsvektor und dem Stützpunkt D' eine Parameterform der Lotgeraden. Bestimmen Sie dann den Schnittpunkt dieser Lotgeraden mit der Ebene E.
Tipp 38	Für das Volumen eines Tetraeders oder einer Pyramide gilt die allgemeine Formel $V = \frac{1}{3} \cdot \text{Grundfläche} \cdot \text{Höhe}$. Nutzen Sie aus, dass das Volumen des Tetraeders viermal so groß ist wie das Volumen der Pyramide und ermitteln Sie so, in welchem Längenverhältnis die Höhen der Körper zueinander stehen.
Tipp 39	Eine Bernoulli-Kette liegt nur vor, falls die Personen, die gebucht haben, diese Buchung auch unabhängig voneinander antreten.
Tipp 40	Berechnen Sie $P(X = 59)$.
Tipp 41	Berechnen Sie $P(X \geqq 55) = 1 - P(X \leqq 54)$.
Tipp 42	Berechnen Sie $P(X > 97) = P(X \geqq 98) = 1 - P(X \leqq 97)$.
Tipp 43	Es muss gelten: $P(X \geqq 97) \leqq 0{,}05$. Beachten Sie, dass $P(X \geqq 97) = 1 - P(X \leqq 96)$ gilt.
Tipp 44	Die Zufallsvariable K kann die Werte 0, 320, 640 und 960 annehmen.
Tipp 45	Die Vermutung, die man absichern möchte, muss als Gegenhypothese H_1 gewählt werden.
Tipp 46	Die Zufallsvariable X ist im Extremfall binomialverteilt mit $n = 1000$ und $p = 0{,}07$.
Tipp 47	Berechnen Sie $P(X \geqq 52) = 1 - P(X \leqq 51)$.
Tipp 48	Ein Fehler 2. Art tritt hier auf, falls mindestens 52 Personen aus der Stichprobe ihre Buchung stornieren.

Folgende Tipps helfen, Lücken zu schließen:

Tipp 1	Setzen Sie in den Term der Ableitungsfunktion f' den x-Wert $-\frac{1}{2}$ ein. Bearbeiten Sie aus F 9 das Beispiel a) und die Aufgaben a) und b).
Tipp 2	Arbeiten Sie den Weg 1 und den Weg 2 aus dem Einführungstext von F 15 durch und behandeln Sie die Beispiele 1 und 2 sowie die Aufgabe a).

Tipp 3	Setzen Sie $x = -1$ in den Funktionsterm $f_k(x)$ ein und lösen Sie die Gleichung mithilfe von Tipp 3.
Tipp 4	Bearbeiten Sie die Fertigkeiten F 25 und F 26.
Tipp 5	Bearbeiten Sie aus F 58 das Beispiel und die Aufgabe. Als Ergänzung können Sie aus F 51 die Beispiele und die Aufgabe heranziehen.
Tipp 6	Setzen Sie den ermittelten Term für die Länge des Vektors $\overrightarrow{AG_r}$ gleich 15. Lösen Sie die erhaltene Gleichung nach r auf. Beachten Sie aus F 52 das Beispiel und die Aufgabe.
Tipp 7	Lesen Sie den einleitenden Text von F 100 und bearbeiten Sie das Beispiel 1.
Tipp 8	Lesen Sie den einleitenden Text von F 100 und bearbeiten Sie das Beispiel 1.
Tipp 9	Aus $(1-p)^2 = 9 \cdot p^2$ folgt $p = \frac{1}{4}$ und somit muss jedes vierte Feld ein Gewinnfeld sein.
Tipp 10	Berechnen Sie f(20) und deuten Sie diesen Wert als momentane Zuflussrate in m^3 pro Stunde.
Tipp 11	Bearbeiten Sie in F 14 Aufgabe d).
Tipp 12	Bearbeiten Sie von Fertigkeit F 19 das Beispiel b).
Tipp 13	Bearbeiten Sie die Fertigkeit F 26.
Tipp 14	Die zu betrachtenden relevanten Zeiträume sind also [4,26 ; 12,26] und [5,06 ; 13,06]. Was gilt für diese Zeiträume?
Tipp 15	Bearbeiten Sie die Fertigkeit F 19.
Tipp 16	Berechnen Sie die Lösung der Gleichung mithilfe des GTR.
Tipp 17	Interpretieren Sie den Schnittpunkt der beiden Graphen.
Tipp 18	$t \approx 5{,}33$ beschreibt einen Zeitpunkt: Rechnen Sie die Dezimalzahl um (in Stunden und Minuten).
Tipp 19	Bearbeiten Sie die Fertigkeit F 26.
Tipp 20	Die zu berechnende Gleichung lautet $\int_0^{40} (f(t) - g_a(t))\,dt = 0$. Überlegen Sie, weshalb die Gleichung im Kontext so gewählt wurde.
Tipp 21	Beachten Sie bei Ihrer Interpretation des Ergebnisses, dass f(t) die Geschwindigkeit des Tigers aus der Ruheposition heraus beschreibt.
Tipp 22	Beachten Sie F 9, F 10 und F 11, bearbeiten Sie aus F 19 das Beispiel a) sowie die Aufgabe a) und aus F 20 das Beispiel c).
Tipp 23	Nutzen Sie den Verlauf des gegebenen Graphen der Funktion f, um die Lösung der Ungleichung $f(t) \geqq 15$ festzulegen. Hilfreich ist hierbei auch der Einführungstext zu F 7 sowie das Beispiel 2.
Tipp 24	Überlegen Sie, welcher mathematische Zusammenhang zwischen der Geschwindigkeit und der zurückgelegten Strecke besteht. Bearbeiten Sie aus F 24 den Einführungstext, die Beispiele 1 a) und 2 a) sowie die Aufgaben 1 a) und 1 c). Zudem können Ihnen aus F 25 die Beispiele 1 a) und 2 a) sowie die Aufgabe 2 a) helfen.

Tipp 25	Lösen Sie die Gleichung $53 + (t - 4{,}2) \cdot 18{,}2 = 100 + 12 \cdot t$ nach t auf. Die Beispiele und Aufgaben aus F 1 können dabei zur Wiederholung dienen. Bewerten Sie das für t erhaltene Ergebnis im Sachzusammenhang.
Tipp 26	Beachten Sie F 9, F 10 und F 11, bearbeiten Sie aus F 19 das Beispiel a) sowie die Aufgabe a) und aus F 49 das Beispiel 2.
Tipp 27	Vergleichen Sie den Zeitpunkt der ermittelten absoluten Maximalgeschwindigkeit mit der Laufzeit des konkreten Raubtiers.
Tipp 28	Bearbeiten Sie aus F 52 das Beispiel und die Aufgabe.
Tipp 29	Für den Flächeninhalt eines gleichseitigen Dreiecks mit der Seitenlänge a gilt: $A_{\text{Dreieck}} = \frac{\sqrt{3}}{4} \cdot a^2$. Setzen Sie die in a) (1) erhaltene Seitenlänge des gleichseitigen Dreiecks in die Formel ein und schließen Sie dann auf den Oberflächeninhalt des Tetraeders.
Tipp 30	Bearbeiten Sie aus F 61 die Beispiele und die Aufgabe 2.
Tipp 31	Leiten Sie mithilfe eines Normalenvektors der Ebene E_{ABC}, in der das Dreieck ABC liegt, eine Koordinatenform dieser Ebene her. Bearbeiten Sie aus F 59 den Einführungstext sowie die Beispiele 1 und 2. Zudem sind von F 66 der Weg 2 und das Beispiel 2 und die Aufgaben hilfreich.
Tipp 32	Bearbeiten Sie aus F 64 die Möglichkeit 1 sowie das Beispiel 1 und die Aufgabe 1.
Tipp 33	Bearbeiten Sie aus F 80 den Einführungstext und die Beispiele 1 und 2 sowie die Aufgaben 1 und 2.
Tipp 34	Arbeiten Sie aus F 76a das Beispiel durch.
Tipp 35	Die einzelnen Gleichungen des Gleichungssystems stellen die drei Ebenen H, I und J dar. Überlegen Sie, welche inhaltliche Bedeutung daher die Lösung des Gleichungssystems hat. Bearbeiten Sie aus F 8 den Einführungstext, das Beispiel a) und die Aufgabe a).
Tipp 36	Leiten Sie aus dem Verhältnis von Seifenhautflächeninhalt zum Tetraederoberflächeninhalt her, um wie viel Prozent die Seifenhautfläche kleiner ist als die Tetraederoberfläche.
Tipp 37	Lesen Sie den Eingangstext zu F 69a und bearbeiten Sie das Beispiel. Bearbeiten Sie aus F 80 den Weg 1, das Beispiel 1 sowie die Aufgabe 1.
Tipp 38	Führen Sie ausgehend vom Punkt F′ eine geeignete Vektoraddition aus, um die Koordinaten des Punktes S′ zu bestimmen. Bearbeiten Sie aus F 51 die Beispiele und die Aufgabe.
Tipp 39	Zudem darf sich die Trefferwahrscheinlichkeit p nicht verändern, damit eine Bernoulli-Kette vorliegt.
Tipp 40	Bearbeiten Sie aus F 100 das Beispiel 1 und die Aufgabe 1 a).
Tipp 41	Bearbeiten Sie aus F 100 das Beispiel 3 und die Aufgabe 1 c).
Tipp 42	Bearbeiten Sie aus F 100 das Beispiel 3 und die Aufgabe 1 e).
Tipp 43	Bearbeiten Sie aus F 103 das Beispiel 2 und die Aufgabe 2.

Tipp 44	Vergleichen Sie den Erwartungswert von K mit den zusätzlichen Einnahmen durch die Überbuchungspraxis. Bearbeiten Sie aus **F 98** das Beispiel 2.
Tipp 45	Das Busunternehmen muss also die Hypothesen $H_1: p < 0{,}07$ und $H_0: p \geqq 0{,}07$ wählen. Lesen Sie den einleitenden Text von **F 107**.
Tipp 46	Bearbeiten Sie aus **F 104** das Beispiel 2 und die Aufgabe 1.
Tipp 47	Bearbeiten Sie aus **F 104** das Beispiel 2 und die Aufgabe 1.
Tipp 48	Ein Fehler 2. Art tritt hier auf, falls mindestens 52 Stornierungen vorliegen und somit H_0 nicht abgelehnt wird, obwohl der Anteil der kurzfristig stornierten Buchungen nur noch 4 % beträgt.

Lösungen

Prüfungsteil A (hilfsmittelfreier Teil)

a) (1) Durch Ausmultiplizieren erhält man $f(x) = x \cdot (x^2 - 1) = x^3 - x$, daher ergibt sich

$f'(x) = 3x^2 - 1$ und $f'\left(-\frac{1}{2}\right) = 3 \cdot \left(-\frac{1}{2}\right)^2 - 1 = \frac{3}{4} - 1 = -\frac{1}{4}$ F 9

$f'\left(-\frac{1}{2}\right) = \frac{3}{4} - 1 = -\frac{1}{4}$

(2) Da $f\left(-\frac{1}{2}\right) = \left(-\frac{1}{2}\right)^3 - \left(-\frac{1}{2}\right) = -\frac{1}{8} + \frac{1}{2} = \frac{3}{8}$ ist, hat der Punkt P, in dem die Tangente t den Graphen der Funktion f berührt, die Koordinaten $P\left(-\frac{1}{2}\middle|\frac{3}{8}\right)$. F 15

Die Tangente t hat als Gerade die Gleichung $y = m \cdot x + b$. Dabei ist m die Steigung und b der y-Achsenabschnitt.
Die Steigung m der Tangente an der Stelle $x = -\frac{1}{2}$ entspricht der Steigung der Funktion f an dieser Stelle, daher gilt: $m = f'\left(-\frac{1}{2}\right) = -\frac{1}{4}$ und

$y_T = -\frac{1}{4}x + b$.

Da der Punkt P auf der Tangente liegt, erfüllen seine Koordinaten die Geradengleichung:

$\frac{3}{8} = -\frac{1}{4} \cdot \left(-\frac{1}{2}\right) + b \quad \Leftrightarrow \quad b = \frac{3}{8} - \frac{1}{8} = \frac{1}{4}$.

Alternative Lösung: F 15
Die Gleichung der Tangente an den Graphen einer Funktion f im Punkt $P(x_P \mid f(x_P))$ lautet allgemein: $y = f'(x_P) \cdot (x - x_P) + f(x_P)$.

Im vorliegenden Fall gilt:

$y = f'\left(-\frac{1}{2}\right) \cdot \left(x + \frac{1}{2}\right) + f\left(\frac{1}{2}\right)$

$y = -\frac{1}{4} \cdot \left(x + \frac{1}{2}\right) + \frac{3}{8}$

$y = -\frac{1}{4} \cdot x + \frac{1}{4}$

Die gesuchte Tangente hat die Gleichung $y = -\frac{1}{4} \cdot x + \frac{1}{4}$.

b) (1) $f_k(-1) = 0 \quad \Leftrightarrow \quad e^{-(-1)} - k = 0 \quad \Leftrightarrow \quad k = e$ F 5

(2) $\int_0^k (e^{-x} - k)\,dx = [-e^{-x} - kx]_0^k = -e^{-k} - k^2 - (-e^0 - 0) = -e^{-k} - k^2 + 1$ F 25 F 26

c) (1) $\overrightarrow{AB} = \begin{pmatrix} 3 \\ 4 \\ -4 \end{pmatrix} - \begin{pmatrix} 0 \\ 0 \\ -4 \end{pmatrix} = \begin{pmatrix} 3 \\ 4 \\ 0 \end{pmatrix}$ und $\overrightarrow{AD} = \begin{pmatrix} -8 \\ 6 \\ -4 \end{pmatrix} - \begin{pmatrix} 0 \\ 0 \\ -4 \end{pmatrix} = \begin{pmatrix} -8 \\ 6 \\ 0 \end{pmatrix}$ F 51

$\overrightarrow{AB} \cdot \overrightarrow{AD} = \begin{pmatrix} 3 \\ 4 \\ 0 \end{pmatrix} \cdot \begin{pmatrix} -8 \\ 6 \\ 0 \end{pmatrix} = 3 \cdot (-8) + 4 \cdot 6 = 0$, d.h., F 58

die Kanten $\overline{AB}$ und $\overline{AD}$ stehen senkrecht aufeinander.

(2) Für den Vektor $\overrightarrow{AG_r}$ erhält man: $\overrightarrow{AG_r} = \begin{pmatrix} -5 \\ 10 \\ r \end{pmatrix} - \begin{pmatrix} 0 \\ 0 \\ -4 \end{pmatrix} = \begin{pmatrix} -5 \\ 10 \\ r+4 \end{pmatrix}$. F 51

Seine Länge beträgt einerseits: $\left|\overrightarrow{AG_r}\right| = \sqrt{(-5)^2 + 10^2 + (r+4)^2}$. Andererseits soll der Vektor die Länge 15 LE haben, d.h. $\left|\overrightarrow{AG_r}\right| = 15$. Man erhält somit: F 52

$\sqrt{(-5)^2 + 10^2 + (r+4)^2} = 15$ F 2

$\Rightarrow\ 25 + 100 + (r+4)^2 = 225$

$\Leftrightarrow\ (r+4)^2 = 100$

$\Leftrightarrow\ r+4 = 10 \ \vee\ r+4 = -10$

$\Leftrightarrow\ r = 6 \ \vee\ r = -14$

Probe: $\sqrt{(-5)^2 + 10^2 + 10^2} = \sqrt{225} = 15$ (wahr)

$\sqrt{(-5)^2 + 10^2 + (-10)^2} = \sqrt{225} = 15$ (wahr)

Wenn G_r die Koordinaten $(-5\,|\,10\,|\,6)$ oder $(-5\,|\,10\,|\,-14)$ aufweist, hat die Raumdiagonale $\overline{AG_r}$ die Länge 15 LE.

d) (1) Von sieben Personen, die das Glücksrad drehen, gewinnen höchstens zwei Personen. F 100

(2) Die gesuchte Wahrscheinlichkeit kann man mit der Formel von Bernoulli berechnen. Dabei ist $n = 20$, $p = 0{,}1$ und $k = 4$.

Ein Term lautet $\binom{20}{4} \cdot 0{,}1^4 \cdot 0{,}9^{16}$. F 100

(3) Sei p die Wahrscheinlichkeit für einen Gewinn bei einer Drehung des Glücksrades.

Es gilt: $P(X=0) = (1-p)^2$ und $P(X=2) = p^2$ F 95

Einsetzen in die gegebene Bedingung liefert: $(1-p)^2 = 9 \cdot p^2$

Wurzelziehen auf beiden Seiten der Gleichung liefert: $|1-p| = 3 \cdot |p|$

Wegen $0 \leq p \leq 1$ gilt: $1 - p = 3p$ bzw. $4p = 1$ bzw. $p = \frac{1}{4}$

Sei g die Anzahl der Sektoren, auf denen das Wort „Gewinn“ steht.

Da für die Trefferwahrscheinlichkeit $p = \frac{g}{n}$ gilt, folgt: $\frac{g}{n} = \frac{1}{4}$

Das Glücksrad hat zum Beispiel vier Sektoren, von denen genau einer mit dem Wort „Gewinn“ beschriftet ist.

Prüfungsteil B (mit Hilfsmittel)

Aufgabe B1

a) (1) $f(20) \overset{GTR}{=} 19405{,}3$

20 Stunden nach Beobachtungsbeginn beträgt die momentane Zuflussrate etwa 19 405 m^3 pro Stunde.

(2) $f'(t) = 7200 \cdot 2t \cdot e^{-0{,}25 \cdot t} + 7200 \cdot t^2 \cdot (-0{,}25) \cdot e^{-0{,}25 \cdot t}$

$= 7200 \cdot (2 \cdot t - 0{,}25 \cdot t^2) \cdot e^{-0{,}25 \cdot t}$

F 14 F 12 F 13

(3) Notwendige Bedingung für eine Extremstelle: $f'(t) = 0$.

F 19

$$7200 \cdot (2 \cdot t - 0{,}25 \cdot t^2) \cdot e^{-0{,}25 \cdot t} = 0$$
$$\Leftrightarrow \quad 2 \cdot t - 0{,}25 \cdot t^2 = 0, \text{ da } e^{-0{,}25 \cdot t} \neq 0 \text{ für alle } t \in \mathbb{R}$$
$$\Leftrightarrow \quad t \cdot (2 - 0{,}25 \cdot t) = 0$$
$$\Leftrightarrow \quad t = 0 \quad \vee \quad t = 8$$

$f''(t) = 7200 \cdot (2 - 0{,}5 \cdot t) \cdot e^{-0{,}25 \cdot t} + 7200 \cdot (2 \cdot t - 0{,}25 \cdot t^2) \cdot (-0{,}25) \cdot e^{-0{,}25 \cdot t}$

$= 7200 \cdot \left(\frac{1}{16} \cdot t^2 - t + 2\right) \cdot e^{-0{,}25 \cdot t}$

F 14 F 12 F 13

Hinreichende Bedingung für eine Extremstelle: $f'(t) = 0 \wedge f''(t) \neq 0$.
$f'(0) = 0 \wedge f''(0) = 14400 > 0$ also liegt ein Minimum vor.
$f'(8) = 0 \wedge f''(8) = -14400 \cdot e^{-2} < 0$ also liegt ein Maximum vor.
$f(8) \approx 62362{,}5$

Maximale momentane Zuflussrate nach $t = 8$ Stunden mit etwa $f(8) \approx 62362{,}5\, m^3$ pro Stunde.

b) (1) $w(t) = \int_0^t f(x)\,dx$

(2) Die Lösung t_1 spielt für die Aufgabe keine Rolle, da der Beobachtungszeitraum bei 0 beginnt.

Im Beobachtungszeitraum $[t_2; t_2 + 8] = [4{,}26; 12{,}26]$ und $[t_3; t_3 + 8] = [5{,}06; 13{,}06]$ fließt die Hälfte der Gesamtwassermenge ins Rückhaltebecken.

c) (1) Notwendige Bedingung für eine Extremstelle: $g_a'(t) = 0$.

F 19

$$900 \cdot a \cdot t^2 \cdot (-t + 12) \cdot e^{-0{,}25 \cdot t} = 0$$
$$\Leftrightarrow \quad a \cdot t^2 \cdot (-t + 12) = 0, \text{ da } e^{-0{,}25 \cdot t} \neq 0 \text{ für alle } t \in \mathbb{R}$$
$$\Leftrightarrow \quad a \cdot t^2 = 0 \quad \vee \quad -t + 12 = 0$$
$$\Leftrightarrow \quad t = 0 \quad \vee \quad t = 12$$

Relevant für die Aufgabe ist nur $t = 12$.

Hinreichende Bedingung für ein Maximum: $g_a'(t) = 0 \wedge g_a''(t) < 0$
$g_a'(12) = 0 \wedge g_a''(12) = -129600 \cdot a \cdot e^{-3} > 0$, da $a > 0$.

Für $t = 12$ liegt ein Maximum vor.

(2) $g_a(12) = 46\,800$; mithilfe des GTR erhält man $a \approx 0{,}15$

d) (1) Bis zum Schnittpunkt der beiden Graphen bei $t \approx 13$ ist die momentane Zuflussrate größer als die momentane Abflussrate. Nach dem Schnittpunkt verhält es sich umgekehrt.

Somit ist nach ungefähr 13 Stunden die Wassermenge im Rückhaltebecken maximal.

(2) $t = 5{,}33 \triangleq$ etwa 5 Stunden 20 Minuten

5 Stunden 20 Minuten nach Beobachtungsbeginn ist die Differenz der momentanen Zufluss- und Abflussrate maximal und positiv. Die Wassermenge steigt dann am schnellsten.

(3) $\int_0^{40} (f(t) - g_{0,15}(t))\,dt \overset{GTR}{\approx} 98\,181 > 0$

Am Ende des Beobachtungszeitraums befinden sich ca. $98\,000\,m^3$ mehr Wasser im Rückhaltebecken als zu Beginn.

(4) $\int_0^{40} (f(t) - g_a(t))\,dt = 0$ Dieser Term ist nach a aufzulösen.

Aufgabe B2

a) (1) Durch Einsetzen von $t = 5$ in die Funktionsgleichung der Funktion f erhält man: $f(5) = 17{,}75$.
Im Sachzusammenhang bedeutet dies:

Der Tiger hat 5 Sekunden nach dem Verlassen der Ruheposition eine Geschwindigkeit von $17{,}75\,\frac{m}{s}$.

(2) Um die Aussage zu bestätigen, muss das absolute Maximum der Funktion f im Intervall $[0; 10]$ bestimmt werden.

Bestimmung der relativen Extrema: F 9 F 10 F 11
$f'(t) = 0{,}2424 \cdot t^2 - 3{,}42 \cdot t + 10{,}08$
$f''(t) = 0{,}4848 \cdot t - 3{,}42$

notwendige Bedingung für das Vorliegen eines relativen Extremums: F 19
$f'(t) = 0$
$\Leftrightarrow 0{,}2424 \cdot t^2 - 3{,}42 \cdot t + 10{,}08 = 0$

$\overset{GTR}{\Leftrightarrow} t \approx 4{,}19 \lor t \approx 9{,}91$

hinreichende Bedingung:
$f'(4{,}19) = 0$ und $f''(4{,}19) \approx -1{,}389 < 0$,
d.h., an der Stelle $t = 4{,}19$ liegt ein relatives Maximum vor.

$f'(9{,}91) = 0$ und $f''(9{,}91) \approx 1{,}384 > 0$,
d.h., an der Stelle $t = 9{,}91$ liegt ein relatives Minimum vor.

Vergleich des Funktionswerts an der Stelle des relativen Maximums mit den Funktionswerten am Rand des Intervalls: F 20

$f(4{,}19) = 18{,}16 > f(0) = 0$ und $f(4{,}19) = 18{,}16 > f(10) = 10{,}6$.
Das bedeutet:

Der Tiger hat ca. 4,2 Sekunden nach Verlassen der Ruheposition seine maximale Geschwindigkeit von ungefähr $18{,}2\,\frac{m}{s}$ bzw. $65{,}5\,\frac{km}{h}$ erreicht.

b) Da die Geschwindigkeit mindestens $15\,\frac{m}{s}$ sein soll, löst man mit dem GTR die Gleichung:

F 7

$f(t) = 15$
$\Leftrightarrow\ 0{,}0808 \cdot t^3 - 1{,}71 \cdot t^2 + 10{,}08 \cdot t = 15$
$\Leftrightarrow\ 0{,}0808 \cdot t^3 - 1{,}71 \cdot t^2 + 10{,}08 \cdot t - 15 = 0$

Als Lösungen erhält man: $t_1 \approx 2{,}266$, $t_2 \approx 6{,}739$ und $t_3 \approx 12{,}159$.

Der Wert t_3 liegt außerhalb des betrachteten Intervalls $[0;10]$.

Der Verlauf des Graphen der Funktion f zeigt, dass die Funktion im Intervall $[2{,}266;6{,}739]$ Werte annimmt, die größer als 15 sind.

Das Zeitintervall, in dem die Geschwindigkeit des Tigers größer als $15\,\frac{m}{s}$ ist, beginnt ca. 2,3 Sekunden nach Verlassen der Ruheposition und endet nach ca. 6,7 Sekunden.

c) (1) Die Funktion F mit $F(t) = 0{,}0202 \cdot t^4 - 0{,}57 \cdot t^3 + 5{,}04 \cdot t^2$ ist eine Stammfunktion der Funktion f.

F 24

Damit gilt:

F 26

$$\int_0^{4,2} f(t)\,dt = \left[0{,}0202 \cdot t^4 - 0{,}57 \cdot t^3 + 5{,}04 \cdot t^2\right]_0^{4,2}$$
$$= (0{,}0202 \cdot 4{,}2^4 - 0{,}57 \cdot 4{,}2^3 + 5{,}04 \cdot 4{,}2^2) - (0)$$
$$\approx 52{,}96$$

Da f(t) die Geschwindigkeit des Tigers beschreibt, gibt das Integral $\int_0^{4,2} f(t)\,dt$ die Länge des in den ersten 4,2 Sekunden zurückgelegten Weges des Tigers an.

Der Tiger legt in den ersten 4,2 Sekunden nach dem Start eine Strecke von ca. 52,96 m zurück.

(2) In den ersten 4,2 Sekunden nach dem Start legt der Tiger eine Strecke von ca. 53 m zurück.
Nach 4,2 Sekunden läuft er mit seiner Maximalgeschwindigkeit von $18{,}2\,\frac{m}{s}$ weiter. Die dabei zurückgelegte Strecke hat eine Länge von $(t - 4{,}2) \cdot 18{,}2\,m$ $(t > 4{,}2)$.
Insgesamt hat daher die Strecke, die der Tiger nach dem Verlassen seiner Ruheposition zurücklegt, eine Länge von $S_{Tiger} = (53 + (t - 4{,}2) \cdot 18{,}2)\,m$.
Das Beutetier hat beim Start des Tigers 100 m Vorsprung und läuft dann mit einer Geschwindigkeit von $12\,\frac{m}{s}$ los. In t Sekunden nach dem Start des Tigers legt es daher eine Strecke von $12 \cdot t\,m$ zurück.
Insgesamt legt das Beutetier nach dem Start des Tigers eine Strecke von $S_{Beutetier} = (100 + 12 \cdot t)\,m$ zurück.

Wenn der Tiger das Beutetier erreichen will, muss gelten:

$s_{Tiger} = s_{Beutetier}$

$\Leftrightarrow\ 53 + (t - 4{,}2) \cdot 18{,}2 = 100 + 12 \cdot t$

$\Leftrightarrow\ 53 + 18{,}2t - 76{,}44 = 100 + 12 \cdot t$

$\Leftrightarrow\ 6{,}2 \cdot t = 123{,}44$

$\Leftrightarrow\ t \approx 19{,}9$

Der Tiger müsste demnach nach den ersten 4,2 Sekunden 15,7 Sekunden seine Maximalgeschwindigkeit von $18{,}2\,\frac{m}{s}$ beibehalten, um das Beutetier zu erreichen. Dies ist aufgrund der Vorgaben nicht möglich.

Der Tiger kann das Beutetier nicht einholen, da er seine Maximalgeschwindigkeit nicht 15,7 Sekunden, sondern nur 10 Sekunden beibehalten kann.

F 1

d) (1) Bestimmung der relativen Extrema:

$g_u'(t) = -\frac{1}{u^2} \cdot t^2 + 4$

$g_u''(t) = -\frac{2}{u^2} \cdot t$

notwendige Bedingung für das Vorliegen eines relativen Extremums:

$g_u'(t) = 0$

$\Leftrightarrow\ -\frac{1}{u^2} \cdot t^2 + 4 = 0$

$\Leftrightarrow\ t^2 = 4u^2$

$\Leftrightarrow\ t = 2u, \text{ da } t > 0 \text{ und } u > 0$

hinreichende Bedingung:

$g_u'(2u) = 0$ und $g_u''(2u) = -\frac{2}{u^2} \cdot 2u = -\frac{4}{u} < 0$, da $u > 0$.

D.h., an der Stelle $t = 2u$ liegt ein relativer Hochpunkt vor.

Wegen $g_u(2u) = -\frac{1}{3u^2} \cdot (2u)^3 + 4 \cdot 2u = -\frac{8}{3}u + 8u = \frac{16}{3}u$, sind die Punkte $H_u\left(2u \,\middle|\, \frac{16}{3}u\right)$ die relativen Hochpunkte der Funktionenschar g_u.

D.h. im Sachzusammenhang:

Die anderen Raubkatzen haben eine Maximalgeschwindigkeit von $\frac{16}{3}u\,\frac{m}{s}$.

F 9
F 10
F 11
F 19

(2) Die konkrete Raubkatze legt bei einer Geschwindigkeit von $g_u(t)$ in 6 Sekunden eine Strecke von 65 m zurück, d.h., es muss gelten:

$\int_0^6 g_u(t)\,dt = 65 \ \overset{GTR}{\Leftrightarrow}\ u \approx 3{,}93 \text{ da } u > 0$

Ausführliche Lösung:

$\int_0^6 g_u(t)\,dt = 65$

$\Leftrightarrow\ \int_0^6 \left(-\frac{1}{3u^2} \cdot t^3 + 4 \cdot t\right) dt = 65$

$\Leftrightarrow\ \left[-\frac{1}{12u^2} \cdot t^4 + 2 \cdot t^2\right]_0^6 = 65$

$\Leftrightarrow\ -\frac{108}{u^2} + 72 = 65$

$\Leftrightarrow\ -\frac{108}{u^2} = -7$

$\Leftrightarrow\ u^2 = \frac{108}{7}$

$\Leftrightarrow\ u \approx 3{,}93, \text{ da } u > 0$

F 46
F 26

d.h., die Geschwindigkeit der konkreten Raubkatze wird durch die Funktion $g_{3,93}$ mit der Gleichung $g_{3,93}(t) = -\frac{1}{3 \cdot 3{,}93^2} \cdot t^3 + 4 \cdot t = -\frac{1}{46{,}3347} \cdot t^3 + 4 \cdot t$ beschrieben.

Die maximale Geschwindigkeit für diese Raubkatze wird nach Teilaufgabe d)(1) nach ca. $2 \cdot 3{,}93$ Sekunden = 7,86 Sekunden erreicht. Da sie aber im vorliegenden Fall schon nach 6 Sekunden am Ende der betrachteten Strecke angekommen ist, wird die absolute Maximalgeschwindigkeit nicht erreicht.

Die höchste Geschwindigkeit auf der 65 m langen Strecke beträgt ca. $g_{3,93}(6)\,\frac{m}{s} \approx 19{,}34\,\frac{m}{s}$.

Aufgabe B3

F 52

a) (1) Für die Länge der Vektoren $\overrightarrow{AB} = \begin{pmatrix}10\\10\\0\end{pmatrix}$, $\overrightarrow{AC} = \begin{pmatrix}10\\0\\10\end{pmatrix}$ und $\overrightarrow{BC} = \begin{pmatrix}0\\-10\\10\end{pmatrix}$ gilt:

$|\overrightarrow{AB}| = |\overrightarrow{AC}| = |\overrightarrow{BC}| = \sqrt{10^2 + 10^2} = \sqrt{200} = 10 \cdot \sqrt{2}$ [LE].

Das Dreieck ABC ist gleichseitig mit einer Seitenlänge von $10 \cdot \sqrt{2}$ [LE].

(2) Für die Höhe h in einem gleichseitigen Dreieck mit der Seitenlänge a gilt:

$h^2 + \left(\frac{a}{2}\right)^2 = a^2$, d.h. $h^2 = \frac{3}{4}a^2$ bzw. $h = \frac{1}{2} \cdot \sqrt{3} \cdot a$.

Im konkreten Fall ergibt sich: $h = \frac{1}{2} \cdot \sqrt{3} \cdot 10 \cdot \sqrt{2} = 5 \cdot \sqrt{6}$ [LE].

Für den Flächeninhalt des Dreiecks ABC folgt:

$A_{Dreieck} = \frac{1}{2} \cdot 10 \cdot \sqrt{2} \cdot 5 \cdot \sqrt{6} = 25 \cdot \sqrt{12} = 50 \cdot \sqrt{3}$ [FE]. Damit gilt:

Das Tetraeder hat eine Oberfläche von $O_{Tetraeder} = 4 \cdot A_{Dreieck} = 4 \cdot 50 \cdot \sqrt{3} = 200 \cdot \sqrt{3}$ [FE].

F 61

(3) Anhand der Abbildung erkennt man, dass der Würfel mit den Eckpunkten A(0 | 0 | 0), B(10 | 10 | 0), C(10 | 0 | 10), D(0 | 10 | 10) sowie E(10 | 0 | 0), F(0 | 10 | 0), G(0 | 0 | 10) und H(10 | 10 | 10) das Tetraeder umschließt und bei einer Kantenlänge von 10 LE ein Volumen von 1000 [VE] aufweist.

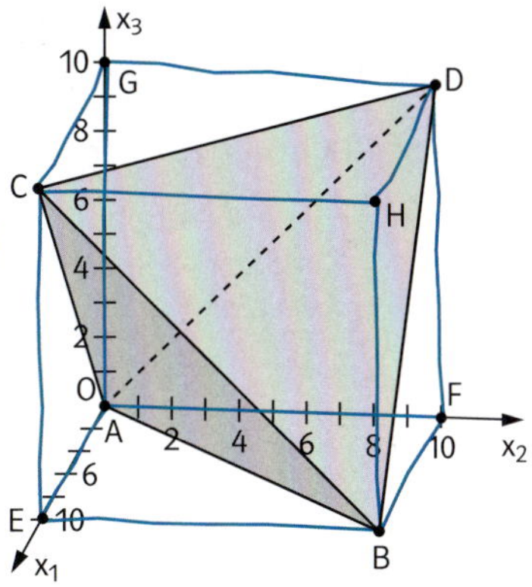

b) (1) Das Dreieck ABC wird durch die Seitenvektoren $\overrightarrow{AB} = \begin{pmatrix}10\\10\\0\end{pmatrix}$ und $\overrightarrow{AC} = \begin{pmatrix}10\\0\\10\end{pmatrix}$ aufgespannt.

Über ein lineares Gleichungssystem

$$\left| \begin{array}{l} \vec{n}\cdot\begin{pmatrix}10\\10\\0\end{pmatrix} = 0 \\ \wedge\ \vec{n}\cdot\begin{pmatrix}10\\0\\10\end{pmatrix} = 0 \end{array} \right. \Leftrightarrow \left| \begin{array}{l} 10n_1 + 10n_2 = 0 \\ \wedge\ 10n_1 + 10n_3 = 0 \end{array} \right. \Leftrightarrow \left| \begin{array}{l} n_1 + n_2 = 0 \\ \wedge\ n_1 + n_3 = 0 \end{array} \right.$$

F 59
F 66

oder das Vektorprodukt $\begin{pmatrix}10\\10\\0\end{pmatrix} \times \begin{pmatrix}10\\0\\10\end{pmatrix} = \begin{pmatrix}100\\-100\\-100\end{pmatrix}$ lässt sich ein Normalenvektor der Ebene E_{ABC}, z.B. $\vec{n} = \begin{pmatrix}1\\-1\\-1\end{pmatrix}$ gewinnen.

Damit erhält man eine Normalenform und eine Koordinatenform der Gleichung der Ebene E_{ABC}: $\begin{pmatrix}1\\-1\\-1\end{pmatrix}\cdot\vec{X} - \begin{pmatrix}1\\-1\\-1\end{pmatrix}\cdot\begin{pmatrix}0\\0\\0\end{pmatrix} = 0 \Leftrightarrow x_1 - x_2 - x_3 = 0$

(2) Mithilfe des Punktes A(0|0|0) und der Seitenvektoren $\overrightarrow{AB} = \begin{pmatrix}10\\10\\0\end{pmatrix}$ und $\overrightarrow{AC} = \begin{pmatrix}10\\0\\10\end{pmatrix}$ lässt sich für die Ebene E_{ABC}, in der das Dreieck liegt, folgende Parameterform aufstellen:

F 64

$$E_{ABC}: \vec{X} = \begin{pmatrix}0\\0\\0\end{pmatrix} + k\cdot\begin{pmatrix}10\\10\\0\end{pmatrix} + l\cdot\begin{pmatrix}10\\0\\10\end{pmatrix} \Leftrightarrow \vec{X} = k\cdot\begin{pmatrix}10\\10\\0\end{pmatrix} + l\cdot\begin{pmatrix}10\\0\\10\end{pmatrix}\quad k,l \in \mathbb{R}$$

Durch Einschränkung der Parameterwerte erhält man *ausschließlich* die Punkte der Dreiecksfläche durch die Gleichung

$$\vec{X} = k\cdot\begin{pmatrix}10\\10\\0\end{pmatrix} + l\cdot\begin{pmatrix}10\\0\\10\end{pmatrix}\quad k,l \geqq 0 \text{ und } k+l \leqq 1.$$

(3) Für das Volumen eines Tetraeders gilt die Beziehung:

$$V_{Tetraeder} = \frac{1}{3}\cdot \text{Grundfläche}\cdot\text{Höhe}$$

Die Höhe des Tetraeders ABCD ergibt sich aus dem Abstand des Punktes D von der Ebene E_{ABC}. Mithilfe der Hesse'schen Normalenform der Ebene E_{ABC} aus Teilaufgabe b)(1) folgt :

F 80

$$\text{Höhe}_{Tetraeder} = \text{Abstand}(E_{ABC}, D) = \left|\frac{1}{\sqrt{1+1+1}}\cdot\begin{pmatrix}1\\-1\\-1\end{pmatrix}\cdot\begin{pmatrix}0\\10\\10\end{pmatrix}\right| = \frac{1}{\sqrt{3}}\cdot 20$$
$$= \frac{20}{3}\sqrt{3}\ \text{[LE]}.$$

Alternative Lösung:
Eine Lotgerade g zur Ebene E_{ABC} durch den Punkt D hat die Gleichung:

$$\vec{X} = \begin{pmatrix}0\\10\\10\end{pmatrix} + k\cdot\begin{pmatrix}1\\-1\\-1\end{pmatrix}$$

Durch Einsetzen eines beliebigen Punktes (k | 10 – k | 10 – k) dieser Geraden in die Koordinatenform der Ebenengleichung der E_{ABC} (siehe b)(1)) erhält man:

$k - (10 - k) - (10 - k) = 0$

$\Leftrightarrow\ 3k = 20$

$\Leftrightarrow\ k = \frac{20}{3}$

d.h., für den Fußpunkt F des Lotes von D auf die Ebene E_{ABC} ergibt sich:

$$\overrightarrow{OF} = \begin{pmatrix} 0 \\ 10 \\ 10 \end{pmatrix} + \frac{20}{3} \cdot \begin{pmatrix} 1 \\ -1 \\ -1 \end{pmatrix} = \begin{pmatrix} \frac{20}{3} \\ \frac{10}{3} \\ \frac{10}{3} \end{pmatrix},\ \text{d.h.}$$

$$\text{Höhe}_{\text{Tetraeder}} = \text{Abstand}(E_{ABC}, D) = |\overrightarrow{FD}| = \left| \begin{pmatrix} 0 - \frac{20}{3} \\ 10 - \frac{10}{3} \\ 10 - \frac{10}{3} \end{pmatrix} \right| = \left| \begin{pmatrix} -\frac{20}{3} \\ \frac{20}{3} \\ \frac{20}{3} \end{pmatrix} \right| = \sqrt{\frac{1200}{9}} = \frac{1}{\sqrt{3}} \cdot 20 = \frac{20}{3}\sqrt{3}\ \text{[LE]}.$$

Die Grundfläche, d.h. die Fläche des Dreiecks ABC, beträgt nach a)(2):

$A_{\text{Dreieck}} = 50 \cdot \sqrt{3}$ [FE]. Damit gilt:

Das Volumen des Tetraeders ABCD beträgt

$V_{\text{Tetraeder}} = \frac{1}{3} \cdot 50 \cdot \sqrt{3} \cdot \frac{20}{3}\sqrt{3} = \frac{1000}{3}$ [VE].

c) (1) Der Winkel α zwischen den Ebenen I und J entspricht dem Winkel zwischen den Normalenvektoren dieser Ebenen, also F 76 a

$$\cos(\alpha) = \frac{\vec{n}_I \cdot \vec{n}_J}{|\vec{n}_I| \cdot |\vec{n}_J|} = \frac{\begin{pmatrix} 0 \\ -1 \\ 1 \end{pmatrix} \cdot \begin{pmatrix} 1 \\ 0 \\ 1 \end{pmatrix}}{\left|\begin{pmatrix} 0 \\ -1 \\ 1 \end{pmatrix}\right| \cdot \left|\begin{pmatrix} 1 \\ 0 \\ 1 \end{pmatrix}\right|} = \frac{1}{\sqrt{2} \cdot \sqrt{2}} = \frac{1}{2}$$

Für den Winkel α zwischen den Ebenen I und J gilt somit:

$\alpha \approx \cos^{-1}\left(\frac{1}{2}\right) = \arccos\left(\frac{1}{2}\right) = 60°$

(2) Der GTR liefert für das lineare Gleichungssystem $\left| \begin{array}{r} -x_1 + x_2 = 0 \\ \wedge\ -x_2 + x_3 = 0 \\ \wedge\ x_1 + x_3 = 10 \end{array} \right|$ F 8

die Lösung $\vec{x} = \begin{pmatrix} 5 \\ 5 \\ 5 \end{pmatrix}$.

Ausführliche Lösung ohne GTR: F 8

$$\begin{array}{llll} \text{(I)} & -x_1 + x_2 = 0 & & \text{(Ia)} = \text{(I)} + \text{(II)}\quad -x_1 + x_3 = 0 \\ \text{(II)} & -x_2 + x_3 = 0 & \Leftrightarrow & \text{(II)}\quad -x_2 + x_3 = 0 \\ \text{(III)} & x_1 + x_3 = 10 & & \text{(III)}\quad x_1 + x_3 = 10 \end{array}$$

$$\begin{array}{lll} & \text{(Ib)} = \text{(Ia)} + \text{(III)} & 2x_3 = 10 \\ \Leftrightarrow & \text{(II)} & -x_2 + x_3 = 0 \\ & \text{(III)} & x_1 + x_3 = 10 \end{array}$$

Aus der Gleichung (I b) folgt $x_3 = 5$, aus Gleichung (II) ergibt sich $x_2 = 5$ und aus Gleichung (III) schließlich $x_1 = 5$.

Der Punkt $(5|5|5)$ ist der Schnittpunkt der drei Ebenen H, I und J und damit auch der gemeinsame Punkt aller sechs Dreiecke, die die Seifenhaut ausbildet.

d) (1) Die aus den sechs kongruenten Dreiecken bestehende Seifenhaut hat einen Flächeninhalt von $6 \cdot A'_{\text{Dreieck}} = 6 \cdot \frac{\sqrt{2}}{4} \cdot a^2 = \frac{3}{2} \cdot \sqrt{2} \cdot a^2$ [FE].

Vorgegeben ist, dass das Tetraeder A'B'C'D' eine Oberfläche von $O' = 2 \cdot a^2 \cdot \sqrt{3}$ hat.

Das Verhältnis der Seifenhautfläche zu der Tetraederoberfläche beträgt dann $\frac{\frac{3}{2} \cdot \sqrt{2} \cdot a^2}{2 \cdot a^2 \cdot \sqrt{3}} = \frac{3 \cdot \sqrt{2}}{4 \cdot \sqrt{3}} = \frac{\sqrt{6}}{4} \approx 0{,}6124 = 61{,}24\,\%$.

Wegen $100\,\% - 61{,}24\,\% = 38{,}76\,\%$ bedeutet dies im Sachzusammenhang:

Die Fläche der Seifenhaut ist um ca. 38,76 % kleiner als die Oberfläche des Tetraeders.

(2) Der Fußpunkt F' des Lotes von D' auf die Ebene $E_{A'B'C'}$ ist der Schnittpunkt der Ebene $E_{A'B'C'}$ mit der Lotgeraden g_L zu dieser Ebene durch den Punkt D'. Die Lotgerade g_L verläuft durch den Punkt $D'(0|a|a)$ und hat den Normalenvektor von $E_{A'B'C'}$ als Richtungsvektor. Daher resultiert für die Lotgerade g_L folgende Parametergleichung: **F 80**

$$g_L: \vec{X} = \begin{pmatrix} 0 \\ a \\ a \end{pmatrix} + k \cdot \begin{pmatrix} 1 \\ -1 \\ -1 \end{pmatrix},\ k \in \mathbb{R}.$$

Um den Schnittpunkt der Geraden g_L mit der Ebene $E_{A'B'C'}$ zu erhalten, setzt man die Koordinaten eines beliebigen Punktes $(k|a-k|a-k)$ der Geraden g_L in die vorgegebene Koordinatenform der Ebenengleichung der Ebene $E_{A'B'C'}$ ein: **F 69 a**

$$-k + a - k + a - k = 0 \quad | \cdot (-1)$$
$$\Leftrightarrow k - a + k - a + k = 0$$
$$\Leftrightarrow 3k = 2a$$
$$\Leftrightarrow k = \frac{2}{3} \cdot a$$

Als Schnittpunkt ergibt sich nach Einsetzen in die Parametergleichung von g_L:

$$\overrightarrow{OF'} = \begin{pmatrix} 0 \\ a \\ a \end{pmatrix} + \frac{2}{3} \cdot a \cdot \begin{pmatrix} 1 \\ -1 \\ -1 \end{pmatrix} = \begin{pmatrix} \frac{2}{3}a \\ \frac{1}{3}a \\ \frac{1}{3}a \end{pmatrix}$$

Der Fußpunkt F' des Lotes von D' auf die Ebene A'B'C' hat die Koordinaten $\left(\frac{2}{3}a \middle| \frac{1}{3}a \middle| \frac{1}{3}a\right)$.

F 80

(3) Die Länge des Vektors $\overrightarrow{F'D'}$ gibt die Höhe des Tetraeders A'B'C'D' an. Der Punkt S' liegt auf der Strecke $\overline{F'D'}$, daher steht auch der Vektor $\overrightarrow{F'S'}$ senkrecht auf der Dreiecksebene A'B'C' und die Länge $|\overrightarrow{F'S'}|$ stellt die Höhe der Pyramide A'B'C'S' dar.

Für das Volumen dieser Pyramide gilt :

$V_{A'B'C'S'} = \frac{1}{4} \cdot V_{A'B'C'D'}$

$\Leftrightarrow \frac{1}{3} \cdot A_{A'B'C'} \cdot |\overrightarrow{F'S'}| = \frac{1}{4} \cdot \frac{1}{3} \cdot A_{A'B'C'} \cdot |\overrightarrow{F'D'}|$

$\Leftrightarrow |\overrightarrow{F'S'}| = \frac{1}{4} \cdot |\overrightarrow{F'D'}|$

Damit ergibt sich für den Punkt S':

F 51

$$\overrightarrow{OS'} = \overrightarrow{OF'} + \overrightarrow{F'S'} = \overrightarrow{OF'} + \frac{1}{4} \cdot \overrightarrow{F'D'} = \begin{pmatrix} \frac{2}{3}a \\ \frac{1}{3}a \\ \frac{1}{3}a \end{pmatrix} + \frac{1}{4} \cdot \begin{pmatrix} 0 - \frac{2}{3}a \\ a - \frac{1}{3}a \\ a - \frac{1}{3}a \end{pmatrix} = \begin{pmatrix} \frac{2}{3}a \\ \frac{1}{3}a \\ \frac{1}{3}a \end{pmatrix} + \begin{pmatrix} -\frac{1}{6}a \\ \frac{1}{6}a \\ \frac{1}{6}a \end{pmatrix} = \begin{pmatrix} \frac{1}{2}a \\ \frac{1}{2}a \\ \frac{1}{2}a \end{pmatrix}$$

Der Punkt S' hat die Koordinaten $S'\left(\frac{1}{2}a \,\middle|\, \frac{1}{2}a \,\middle|\, \frac{1}{2}a\right)$.

Aufgabe B5

a) (1) Die Buchungen müssen unabhängig voneinander mit einer Wahrscheinlichkeit von 0,95 angetreten werden.

(2) Sei X die Anzahl der angetretenen Buchungen. X ist binomialverteilt mit $n = 59$ und $p = 0{,}95$.

F 100

$P(E_1) = P(X = 59) = 0{,}0484\ldots$

Die Wahrscheinlichkeit, dass genau 59 Buchungen angetreten werden, beträgt ungefähr 0,048 (4,8 %).

F 100

$P(E_2) = P(X \geqq 55) = 1 - P(X \leqq 54) \approx 0{,}8281$

Die Wahrscheinlichkeit, dass mindestens 55 Buchungen angetreten werden, beträgt ungefähr 0,828 (82,8 %).

b) (1) Sei X die Anzahl der angetretenen Buchungen. X ist binomialverteilt mit $n = 99$ und $p = 0{,}95$.
Wenn mehr als eine Person die gebuchte Reise wegen Überbuchung nicht antreten kann, dann müssen mindestens 98 Buchungen angetreten werden.

F 100

$P(X \geqq 98) = 1 - P(X \leqq 97) \approx 0{,}0387$

Die Wahrscheinlichkeit, dass mehr als eine Person ihre Reise wegen Überbuchung nicht antreten kann, beträgt ungefähr 0,039 (3,9 %).

(2) Gesucht wird die größte Anzahl n der bestätigten Buchungen für die gilt: $P(X \geqq 97) \leqq 0{,}05$
Sei X die Anzahl der angetretenen Buchungen. X ist binomialverteilt mit $p = 0{,}95$.

Man berechnet mit dem Taschenrechner für verschiedene Werte von n die Wahrscheinlichkeit $P(X \geqq 97)$.

Man erhält für $n = 98$: $P(X \geqq 97) \approx 0{,}0404$
Man erhält für $n = 99$: $P(X \geqq 97) \approx 0{,}1225$ F 103

Das Busunternehmen darf höchstens 98 Buchungen bestätigen, damit die Wahrscheinlichkeit, dass mindestens eine Person ihre Reise aufgrund von Überbuchung nicht antreten kann, auf 5 % begrenzt wird.

(3) Wenn das Busunternehmen 99 Buchungen bestätigt, erhält es aus den drei Überbuchungen zusätzliche Einnahmen von $3 \cdot 20\,€ = 60\,€$.
Seien K die Kosten in Euro für Erstattung und Entschädigung, die durch die Überbuchungen verursacht werden. Es gilt: $K \in \{0; 320; 640; 960\}$
X ist binomialverteilt mit $n = 99$ und $p = 0{,}95$.

Die Tabelle zeigt die Abhängigkeit zwischen K und X:

K	320	640	960	0
X	97	98	99	$0 \leqq X \leqq 96$

Für den Erwartungswert von K gilt:

$\mu = P(X = 97) \cdot 320 + P(X = 98) \cdot 640 + P(X = 99) \cdot 960 \approx 53{,}56$ F 97

Im Durchschnitt muss das Busunternehmen auf lange Sicht ca. 53,56 € erstatten. Da die zusätzlichen Einnahmen 60 € betragen, macht das Busunternehmen auf lange Sicht einen Gewinn von ca. 6,44 €.
Somit lohnt sich diese Praxis für das Busunternehmen.

c) (1) Das Busunternehmen möchte seine Vermutung, dass der Anteil sich verringert hat, untermauern.
Daher muss diese Hypothese als Gegenhypothese H_1 gewählt werden. F 107
Das Ziel des Busunternehmens ist es, die Hypothese, dass der Anteil mindestens 7 % beträgt, aufgrund des Tests abzulehnen. Somit wählt das Busunternehmen die Nullhypothese H_0: $p \geqq 0{,}07$.

(2) Sei X die Anzahl der Buchungen, die kurzfristig storniert werden. Im Extremfall ist X binomialverteilt mit $n = 1000$ und $p = 0{,}07$. Es liegt ein linksseitiger Test vor. F 104
Gesucht ist das größte g, für das gilt: $P(X \leqq g) \leqq 0{,}05$
Es gilt: $P(X \leqq 56) \approx 0{,}0437$ und $P(X \leqq 57) \approx 0{,}0574$

Das Busunternehmen wird von einem Erfolg der Maßnahme ausgehen, falls höchstens 56 von den 1000 Buchungen storniert werden.

(3) Ein Fehler 2. Art liegt vor, falls H_0 falsch ist, aber aufgrund der Stichprobe nicht abgelehnt werden kann.

Das heißt, ein Fehler 2. Art tritt hier auf, falls mindestens 52 Stornierungen vorliegen und somit H_0 nicht abgelehnt wird, obwohl der Anteil der kurzfristig stornierten Buchungen nur noch 4 % beträgt.

X ist binomialverteilt mit $n = 1000$ und $p = 0{,}04$.
Es gilt: $P(X \geqq 52) \approx 0{,}0357$ F 104

Die Wahrscheinlichkeit, einen Fehler 2. Art zu begehen, beträgt ca. 0,036 (3,6 %).

Abitur 2019

Aufgaben

Prüfungsteil A (hilfsmittelfreier Teil)

a) Gegeben ist die Funktion f durch die Gleichung

$$f(x) = \frac{1}{2} \cdot x^2 \cdot e^{-x+2};\; x \in \mathbb{R}.$$

2 P (1) *Bestimmen Sie die erste Ableitung.* — Tipp 1

$\left[\text{Zur Kontrolle: } f'(x) = \left(-\frac{1}{2}x^2 + x\right) \cdot e^{-x+2}\right]$

Ohne Nachweis kann im Folgenden benutzt werden:

$f''(x) = \left(\frac{1}{2}x^2 - 2x + 1\right) \cdot e^{-x+2}$

4 P (2) *Weisen Sie nach, dass ein lokaler Hochpunkt existiert und geben Sie die Koordinaten des Hochpunktes an.* — Tipp 2

b) Gegeben ist die Funktion f durch die Gleichung

$$f(x) = x^4 - 2x^3 - x^2 + 2x;\; x \in \mathbb{R}.$$

In der Abbildung 1 ist der Graph der Funktion f dargestellt.

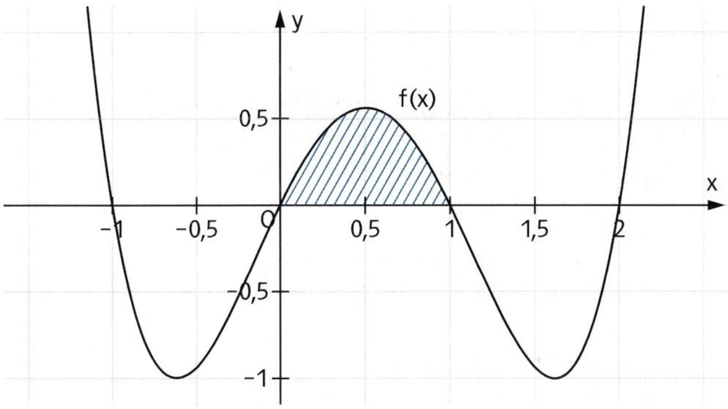

Abbildung 1

3 P (1) *Berechnen Sie den Inhalt der schraffierten Fläche. Die Nullstellen von f dürfen Sie dabei in der Abbildung ablesen.* — Tipp 3

3 P (2) Der Graph der Funktion f schließt mit der x-Achse eine Fläche ein. Der Inhalt dieser Fläche soll durch einen Term beschrieben werden. *Entscheiden Sie für jeden der folgenden Terme A, B und C, ob er dazu geeignet ist oder nicht.* — Tipp 4

A $\int_{-1}^{2} |f(x)|\,dx$ B $\left|\int_{-1}^{2} f(x)\,dx\right|$ C $-\int_{-1}^{0} f(x)\,dx + \int_{0}^{1} f(x)\,dx - \int_{1}^{2} f(x)\,dx$

c) Die Punkte O, A, B sind die Eckpunkte des Dreiecks OAB mit $O(0|0|0)$, $A(4|2|-2)$ und $B(16|2|-14)$. In der Abbildung 2 wird das Dreieck OAB mithilfe eines Punktes D zu dem Parallelogramm OADB ergänzt. Es ist $\vec{a} = \overrightarrow{OA}$ und $\vec{b} = \overrightarrow{OB}$.

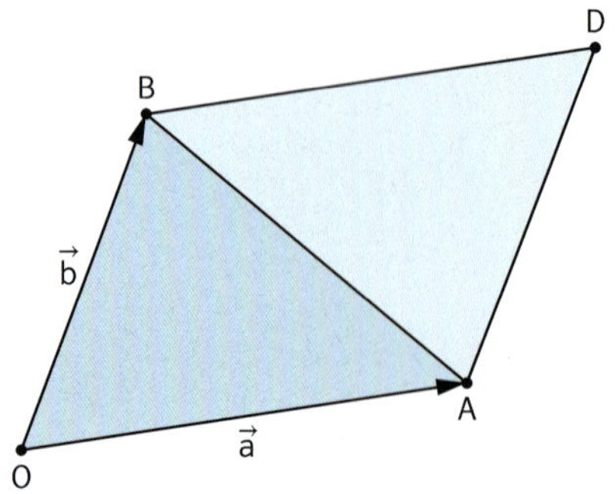

Abbildung 2 (nicht maßstabgerechte Skizze)

2 P (1) *Geben Sie die Koordinaten des Punktes D an.* — Tipp 5

Das Dreieck OAB besteht aus den Punkten des Randes und allen Punkten im Inneren.
Das Dreieck OAB ist bestimmt durch die Gleichung

$$\vec{X} = r \cdot \vec{a} + s \cdot \vec{b};\quad 0 \leqq r \leqq 1,\ 0 \leqq s \leqq 1,\ r + s \leqq 1;\ r, s \in \mathbb{R}.$$

4 P (2) *Prüfen Sie, ob der Punkt P mit $P(14|2{,}5|-11{,}5)$ ein Punkt des Dreiecks ist.* — Tipp 6

d) (1) Die Abbildung 3 zeigt kumulierte Werte der Wahrscheinlichkeitsverteilung einer binomialverteilten Zufallsgröße X mit dem Parameter $n = 5$.

3 P *Zeichnen Sie in die Abbildung 3 den zu $k = 5$ gehörenden Wert ein und ermitteln Sie näherungsweise die Wahrscheinlichkeit dafür, dass X den Wert 2 annimmt.* — Tipp 7 — Tipp 8

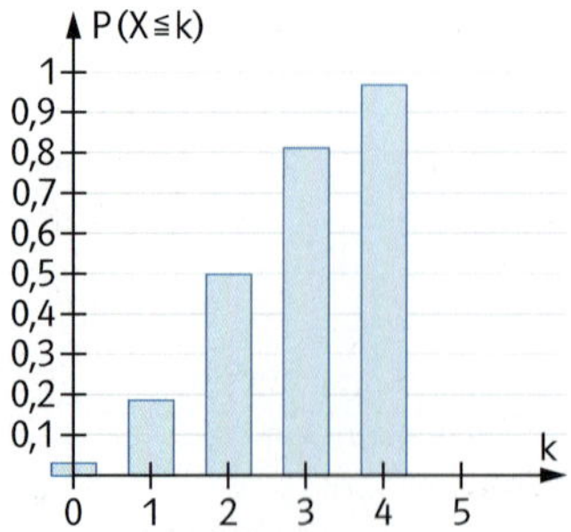

Abbildung 3

(2) Betrachtet wird eine binomialverteilte Zufallsgröße Y mit den Parametern $n = 5$ und $p > 0$.

Es gilt: $P(Y = 4) = 10 \cdot P(Y = 5)$

3 P *Berechnen Sie den Wert von p.* — Tipp 9

Prüfungsteil B (mit Hilfsmittel)

Aufgabe B1

Die Zahl der Haushalte in Deutschland, die über einen Glasfaseranschluss erreichbar sind, wächst ständig. Aber nicht alle erreichbaren Haushalte nutzen auch ihre Anschlüsse.
Die Abbildung zeigt die Anzahl der Haushalte mit genutztem Glasfaseranschluss (im Folgenden Glasfaserhaushalte genannt) für die Jahre 2011 bis 2017. Dabei wird auf der t-Achse die Zeit in Jahren seit dem 01.01.2011 und auf der y-Achse die Anzahl der Glasfaserhaushalte in Tausend angegeben.

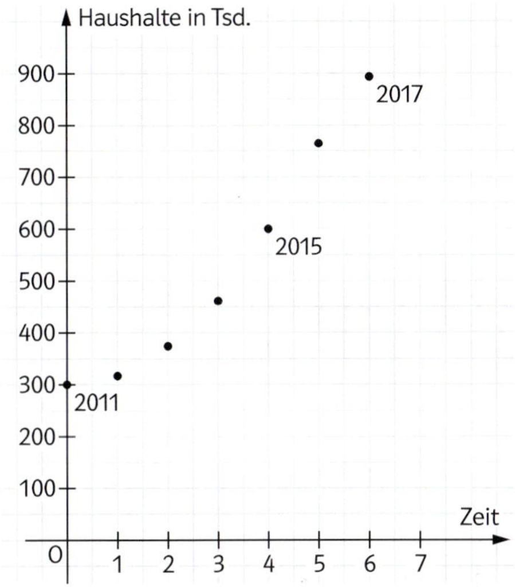

Abbildung

a) Die Anzahl der Glasfaserhaushalte in Tausend wird durch eine Exponentialfunktion f der Form $f(t) = a \cdot e^{b \cdot t}$ modelliert, deren Graph durch die Punkte $P_1(0\,|\,296)$ und $P_2(4\,|\,590)$ verläuft. Diese Funktion soll für Prognosen bis zum Jahr 2026 (t = 15) genutzt werden.

(1) *Geben Sie den Parameter a an und bestimmen Sie b auf drei Nachkommastellen genau.* — 4 P — Tipp 10

Im Folgenden soll mit $f(t) = 296 \cdot e^{0{,}17 \cdot t}$ weitergearbeitet werden.

(2) Im Jahr 2017 wurden in einer Erhebung ca. 880 000 Glasfaserhaushalte gezählt.
Bestimmen Sie die sinnvoll gerundete Anzahl der Glasfaserhaushalte, die sich bei der Modellierung mit der Funktion f für den 01.01.2017 ergibt. — Tipp 11
Ermitteln Sie die prozentuale Abweichung zu dem Wert aus der Erhebung. — 4 P — Tipp 12

(3) *Bestimmen Sie im Modell für $0 \leq t \leq 15$ den Zeitpunkt, zu dem die Anzahl der Glasfaserkabel am schnellsten wächst.* — Tipp 13
Bestimmen Sie die zugehörige Wachstumsgeschwindigkeit und geben Sie die Einheit an. — 6 P — Tipp 14

Es wird prognostiziert, dass der Markt für Glasfaseranschlüsse im weiteren Verlauf in eine Sättigungsphase eintritt, da eine zunehmende Zahl von Haushalten bereits über einen Glasfaseranschluss verfügt. Im Folgenden wird die Funktion f nur zur Prognose der Anzahl von Glasfaserhaushalten in Tausend bis zum 01.01.2026 ($t \leqq 15$) genutzt. Der momentane Zuwachs der Anzahl der Glasfaserhaushalte in Tausend pro Jahr ab dem 01.01.2026 ($t \geqq 15$) wird durch die **Änderungsrate** z mit der Funktionsgleichung $z(t) = 50{,}32 \cdot e^{6{,}99 - 0{,}296 \cdot t}$ modelliert.

b) (1) Es gilt: $z(t) > 0$ und $z'(t) < 0$ für alle $t \in \mathbb{R}$.
[Ein Nachweis ist nicht erforderlich.]

4 P *Interpretieren Sie die Aussage für $t \geqq 15$ im Sachzusammenhang.* — Tipp 15

(2) *Bestimmen Sie die Anzahl der Glasfaserhaushalte, die gemäß der Modellierung vom 01.01.2026 bis zum 01.01.2036 hinzukommen.* 4 P — Tipp 16

(3) *Geben Sie einen Ansatz für einen Funktionsterm h an, der für $t \geqq 15$ die Anzahl der Glasfaserhaushalte in Tausend modelliert. Eine Vereinfachung oder Berechnung ist nicht erforderlich.* 4 P — Tipp 17

Bei vielen Technologien nimmt die Anzahl der Nutzer aufgrund des technischen Fortschritts mit der Zeit wieder ab. Um auch diesen Aspekt zu erfassen, wird für $t \geqq 15$ eine alternative Modellierung genutzt. Die Funktion k_a mit der Funktionsgleichung

$$k_a(t) = 296 \cdot e^{2{,}55} + 50{,}32(t-15) \cdot e^{2{,}55 - a \cdot (t-15)};\quad t \geqq 15,\ a > 0$$

modelliert im Folgenden die Anzahl der Glasfaserhaushalte in Tausend für $t \geqq 15$.

c) (1) *Weisen Sie nach, dass für $t = 15$ die Änderungsrate der Funktion k_a unabhängig vom Parameter a mit der Änderungsrate der Funktion f übereinstimmt.* 5 P — Tipp 18
[Zur Kontrolle: $k_a'(t) = 50{,}32 \cdot (1 - a(t-15))\, e^{2{,}55 - a(t-15)}$]

(2) Die Funktion k_a besitzt ein lokales Maximum H_a.
Bestimmen Sie das lokale Maximum H_a in Abhängigkeit von a.
Hinweis: Auf den Nachweis einer hinreichenden Bedingung kann verzichtet werden. 5 P — Tipp 19

Alle Hochpunkte $H_a\left(15 + \frac{1}{a} \middle| k_a\left(15 + \frac{1}{a}\right)\right)$ der Funktionenschar k_a liegen auf dem Graphen der Funktion g mit $g(t) = 237{,}08t + 234{,}69$.
[Ein Nachweis ist nicht erforderlich.]

(3) Um den Sachverhalt angemessen zu modellieren, soll der Wertebereich für den Parameter a weiter eingegrenzt werden.
Bestimmen Sie den Wertebereich für den Parameter a so, dass die maximale Anzahl der Glasfaserhaushalte zwischen fünf und sechs Millionen liegt. 4 P — Tipp 20

Aufgabe B2

Für jede reelle Zahl $k \geqq 0$ ist durch die Gleichung

$$f_k(x) = x^3 - 3k^2x;\ x \in \mathbb{R}$$

eine Funktion f_k gegeben.

a) (1) Die in der folgenden Abbildung dargestellten Graphen I, II und III gehören jeweils zu einem der Werte $k = 0$, $k = 0{,}75$ und $k = 1$.

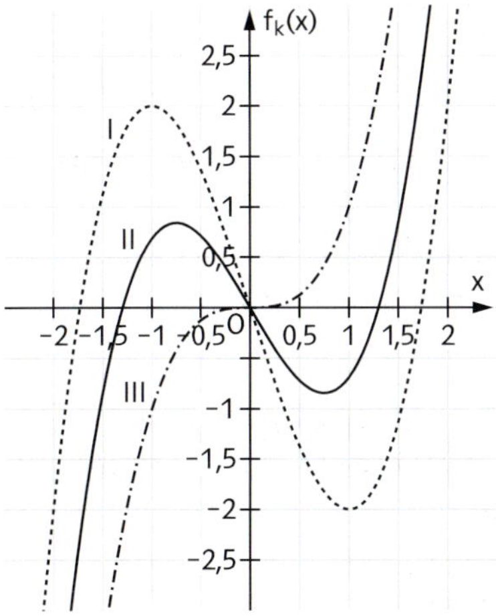

Abbildung

3 P *Entscheiden Sie, welcher Graph zu welchem Wert gehört.* — Tipp 21

(2) *Ermitteln Sie rechnerisch in Abhängigkeit von $k \geqq 0$ die lokalen Extrem-*
10 P *punkte des Graphen von f_k und die Art der Extrempunkte (falls vorhanden).* — Tipp 22

b) (1) *Bestimmen Sie rechnerisch den Inhalt A der Fläche, die für $x \leqq 0$ vom*
7 P *Graphen von f_1 und der x-Achse eingeschlossen wird.* — Tipp 23
[Zur Kontrolle: $A = 2{,}25$ FE]

Für jede reelle Zahl a ist durch g_a: $y = a \cdot x$ eine Gerade g_a durch den Ursprung des Koordinatensystems gegeben. Für $a > -3$ schneidet die zugehörige Gerade g_a den Graphen von f_1 an den drei Stellen $x = -\sqrt{a+3}$, $x = 0$ und $x = \sqrt{a+3}$.

(2) Für $a > -3$ wird zwischen der Geraden g_a (unterer Rand) und dem Graphen von f_1 (oberer Rand) im Bereich $x \leqq 0$ eine Fläche F eingeschlossen.

Weisen Sie nach, dass für den Inhalt I_a dieser Fläche gilt:

4 P $$I_a = -\left(\frac{1}{4} \cdot (-\sqrt{a+3})^4 - \frac{3+a}{2} \cdot (-\sqrt{a+3})^2\right)$$ — Tipp 24

[Hinweis: Die oben angegebenen Schnittstellen dürfen ohne Nachweis verwendet werden.]

(3) Es gibt genau einen Wert $a > -3$, für den die zugehörige Gerade g_a die Fläche halbiert, die für $x \leqq 0$ vom Graphen von f_1 und der x-Achse eingeschlossen wird.

3 P *Bestimmen Sie diesen Wert auf zwei Nachkommastellen genau.* — Tipp 25

c) Für jede reelle Zahl $k \geqq 0$ ist durch t_k: $y = (0{,}75 - 3k^2) \cdot x + 0{,}25$ eine Tangente an den Graphen von f_k im Punkt $P_k(-0{,}5 \mid f_k(-0{,}5))$ gegeben.
[Nachweis nicht erforderlich.]

2 P (1) *Zeichnen Sie die Tangente t_1 In die Abbildung ein.* — Tipp 26

(2) Die Tangente t_k und der Graph von f_k schließen eine Fläche ein.

Weisen Sie zunächst nach, dass die Differenzfunktion d_k mit
2 P *$d_k(x) = t_k(x) - f_k(x)$ nicht vom Parameter k abhängt.* — Tipp 27

4 P *Bestimmen Sie den Inhalt der eingeschlossenen Fläche.* — Tipp 28
[Zur Kontrolle: Die gemeinsamen Punkte der Tangente t_k und des Graphen von f_k liegen bei $x = -0{,}5$ und $x = 1$.]

(3) *Zeigen Sie:*
Für jede reelle Zahl $r > 0$ ist die Gerade durch die Punkte $A_{r;k}(-r \mid f_k(-r))$ und $B_{r;k}(2 \cdot r \mid f_k(2 \cdot r))$ eine Tangente an den Graphen von f_k an der Stelle
5 P *$x = -r$.* — Tipp 29

Aufgabe B3

Die Abbildung zeigt den Würfel ABCDEFGH mit $A(0 \mid 0 \mid 0)$ und $G(5 \mid 5 \mid 5)$ in einem kartesischen Koordinatensystem. Die Ebene T schneidet die Kanten des Würfels unter anderem in den Punkten $I(5 \mid 0 \mid 1)$, $J(2 \mid 5 \mid 0)$, $K(0 \mid 5 \mid 2)$ und $L(1 \mid 0 \mid 5)$.

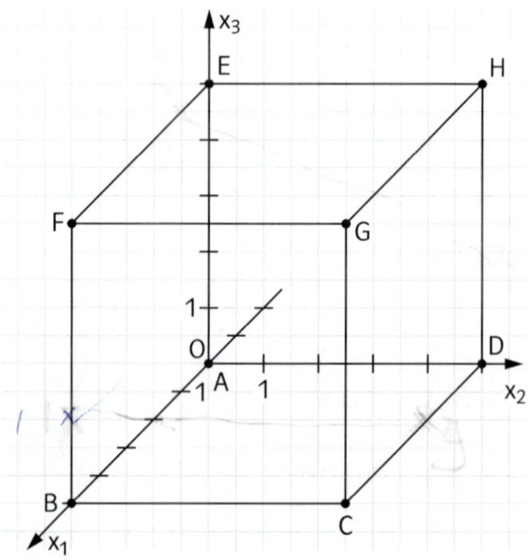

Abbildung

4 P **a)** *Zeichnen Sie das Viereck IJKL in die Abbildung ein.* — Tipp 30

b) *Zeigen Sie, dass das Viereck IJKL ein Trapez ist, in dem zwei Seiten gleich lang*
4 P *sind.* — Tipp 31

c) Der Punkt $Q(2|0|4)$ liegt auf der Strecke $\overline{IL}$.

2 P *Zeigen Sie, dass* $\overrightarrow{KQ} = \begin{pmatrix} 2 \\ -5 \\ 2 \end{pmatrix}$ *auf* $\overrightarrow{IL}$ *senkrecht steht.* — Tipp 32

5 P *Bestimmen Sie rechnerisch den Flächeninhalt des Trapezes IJKL.* — Tipp 33
[Zur Kontrolle: Der Flächeninhalt beträgt $3 \cdot \sqrt{66}$ FE $\approx 24{,}37$ FE.]

5 P **d)** *Ermitteln Sie eine Gleichung der Ebene T in Koordinatenform.* — Tipp 34
[Zur Kontrolle: T: $5x_1 + 4x_2 + 5x_3 = 30$]

Der Abstand d eines Punktes $P(z_1|z_2|z_3)$ von der Ebene T ist gegeben durch

$$d(T,P) = \frac{|5 \cdot z_1 + 4 \cdot z_2 + 5 \cdot z_3 - 30|}{\sqrt{66}}$$

[Nachweis nicht erforderlich!]

e) *Bestimmen Sie das Volumen einer Pyramide mit der Grundfläche IJKL und der*
4 P *Spitze F.* — Tipp 35

f) Die Spitze einer Pyramide mit der Grundfläche IJKL liegt auf der Strecke $\overline{FG}$.

5 P *Untersuchen Sie, ob die Höhe dieser Pyramide* $\frac{18}{\sqrt{66}}$ *betragen kann.* — Tipp 36

Spiegelt man T an der Ebene mit der Gleichung $x_1 = 2{,}5$, so erhält man die Ebene T′ mit der Gleichung T′: $-5x_1 + 4x_2 + 5x_3 - 5 = 0$.

3 P **g)** *Berechnen Sie die Größe des Winkels, unter dem sich T und T′ schneiden.* — Tipp 37

Betrachtet wird die Schar der Geraden $g_a: \vec{x} = \begin{pmatrix} 2{,}5 \\ 0 \\ 3{,}5 \end{pmatrix} + r \begin{pmatrix} 0 \\ -10a \\ \frac{2}{a} \end{pmatrix}$ mit $a > 0$ und $r \in \mathbb{R}$.

h) *Begründen Sie, dass keine Gerade der Schar in der Ebene mit der Gleichung*
2 P $x_3 = 3{,}5$ *liegt.* — Tipp 38

i) *Bestimmen Sie eine Parametergleichung der Geraden g, die zur Schar* g_a *gehört*
4 P *und in der Ebene T liegt.* — Tipp 39

2 P *Zeigen Sie, dass die Gerade g auch in T′ liegt.* — Tipp 40

Aufgabe B4

Katja isst sehr gerne Gummibärchen. Ihre Mutter möchte verhindern, dass Katja zu viele Gummibärchen auf einmal isst. Die beiden vereinbaren, einmal täglich ein Spiel mit dem folgenden Glücksrad und Spielbrett durchzuführen:

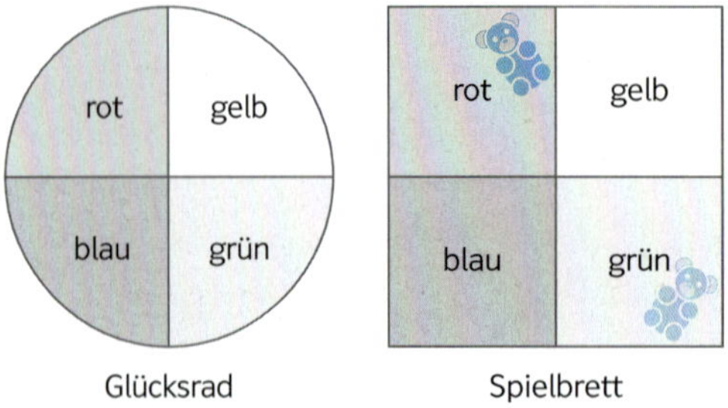

Abbildung

Das Glücksrad hat vier gleich große Sektoren mit den Farben rot, gelb, grün und blau. Das zugehörige Spielbrett besteht aus 4 Feldern in den gleichen Farben. Zu Beginn des Spiels ist das Spielbrett leer. Mit dem Glücksrad aus der Abbildung wird eine der 4 Farben bestimmt. Ist das Feld mit dieser Farbe leer, so wird dieses mit einem Gummibärchen belegt. Liegt bereits ein Gummibärchen in diesem Feld, dann erhält Katja das Gummibärchen, sodass das Feld danach wieder leer ist.
Das Spiel endet, wenn alle 4 Felder belegt sind und Katja erhält die vier auf dem Spielbrett liegenden Gummibärchen.
Das Spiel kann als stochastischer Prozess mit den Zuständen Z_0, Z_1, Z_2, Z_3 und Z_4 modelliert werden. Dabei beschreibt der Zustand Z_0 ein leeres Spielbrett und Z_1, Z_2, Z_3 und Z_4 beschreiben die Zustände mit genau einem, zwei, drei oder vier Gummibärchen auf dem Spielbrett. Das Spiel endet, sobald der Zustand Z_4 erreicht ist.

a) (1) Das Spiel befindet sich im Zustand Z_2.

4 P *Ermitteln Sie alle möglichen Zustände, die nach zwei weiteren Glücksraddrehungen auftreten können.* — Tipp 41

3 P (2) *Begründen Sie, dass die Anzahl der Glücksraddrehungen vom Spielbeginn bis zum Spielende eine gerade Zahl sein muss.* — Tipp 42

b) Die folgende Matrix A modelliert die Übergangswahrscheinlichkeiten zwischen den Zuständen Z_0, Z_1, Z_2, Z_3 und Z_4.

$$\begin{array}{cc} & \text{von } Z_0 \quad Z_1 \quad Z_2 \quad Z_3 \quad Z_4 \quad \text{nach} \\ A = & \begin{pmatrix} 0 & 0{,}25 & 0 & 0 & 0 \\ 1 & 0 & 0{,}5 & 0 & 0 \\ 0 & 0{,}75 & 0 & 0{,}75 & 0 \\ 0 & 0 & 0{,}5 & 0 & 0 \\ 0 & 0 & 0 & 0{,}25 & 1 \end{pmatrix} \begin{matrix} Z_0 \\ Z_1 \\ Z_2 \\ Z_3 \\ Z_4 \end{matrix} \end{array}$$

3 P (1) *Erläutern Sie die Einträge in der zweiten Spalte der Matrix A im Sachzusammenhang.* — Tipp 43

(2) *Bestimmen Sie das Matrix-Vektor-Produkt* $A^{10} \cdot \begin{pmatrix} 1 \\ 0 \\ 0 \\ 0 \\ 0 \end{pmatrix}$ *und interpretieren Sie die ersten beiden Komponenten des Ergebnisvektors im Sachzusammenhang.*

5 P — Tipp 44

(3) *Bestimmen Sie mithilfe der Matrix A die Wahrscheinlichkeiten der folgenden Ereignisse:*
(Zur Erinnerung: Zum Spielbeginn ist das Spielbrett leer.)
E_1: Ab dem Spielbeginn endet ein Spiel nach höchstens 12 Glücksraddrehungen. — Tipp 45
E_2: Ab dem Spielbeginn endet ein Spiel nach genau 12 Glücksraddrehungen. — Tipp 46
E_3: Ein Spiel ist ab dem Beginn nach 20 Glücksraddrehungen noch nicht beendet. — Tipp 47
E_4: Ab dem Spielbeginn liegen nach 9 Glücksraddrehungen höchstens 2 Gummibärchen auf dem Spielfeld. — Tipp 48

11 P

(4) Für die Übergänge vom Zustand Z_0 in den Zustand Z_1 bzw. von Z_1 zu Z_2 bzw. von Z_2 zu Z_3 werden die durchschnittlichen Anzahlen der dafür benötigten Glücksraddrehungen mit $z_{0\to1}$ bzw. $z_{1\to2}$ bzw. $z_{2\to3}$ bezeichnet.
Für den Wechsel von Z_0 zu Z_1 ist immer genau eine Drehung erforderlich. Folglich ist $z_{0\to1} = 1$.
Für den Wechsel von Z_1 zu Z_2 ist mindestens eine Drehung erforderlich. In durchschnittlich drei Viertel der Fälle wird mit dieser Drehung Z_2 erreicht. In durchschnittlich einem Viertel aller Fälle kommt es bei dieser Drehung zu einem Wechsel von Z_1 in den Zustand Z_0. Um von Z_0 in den Zustand Z_2 zu gelangen, werden im Durchschnitt $z_{0\to1} + z_{1\to2}$ Drehungen benötigt.
Daraus ergibt sich die Gleichung $z_{1\to2} = 1 + \frac{1}{4} \cdot (z_{0\to1} + z_{1\to2})$.

Bestimmen Sie mithilfe der obigen Gleichung $z_{1\to2}$. — Tipp 49
Geben Sie eine analoge Gleichung für die Bestimmung von $z_{2\to3}$ an. — Tipp 50

6 P

c) Während eines Spiels wechselt mit jeder Glücksraddrehung die Anzahl der Gummibärchen auf dem Spielfeld. Entweder kommt ein Gummibärchen dazu (Vorwärtsschritt in Richtung Z_4) oder Katja erhält ein Gummibärchen vom Spielbrett (Rückwärtsschritt in Richtung Z_0). Immer erhält Katja am Spielende die vier Gummibärchen auf dem Spielbrett.

(1) *Begründen Sie, dass am Ende eines Spiels genau vier Vorwärtsschritte mehr als Rückwärtsschritte aufgetreten sind.*

3 P — Tipp 51

(2) *Bestimmen Sie die Wahrscheinlichkeit, dass Katja am Ende eines Spiels höchstens 10 Gummibärchen erhalten hat.*

5 P — Tipp 52

Aufgabe B5

Für ein Schwimmbad besitzen 2000 Personen eine Jahreskarte. Für einen bestimmten Tag beschreibt die Zufallsgröße X die Anzahl der Jahreskartenbesitzer, die das Schwimmbad besuchen. Vereinfachend soll davon ausgegangen werden, dass X binomialverteilt ist. Dabei beträgt die Wahrscheinlichkeit dafür, dass ein zufällig ausgewählter Jahreskartenbesitzer an diesem Tag das Schwimmbad besucht, 10 %.

a) (1) Es gilt $P(X = 210) \approx 2{,}2\,\%$.

2 P *Interpretieren Sie diese Aussage im Sachzusammenhang.* — Tipp 53

(2) *Bestimmen Sie die Wahrscheinlichkeit dafür, dass mehr als 210 Jahreskartenbesitzer das Schwimmbad besuchen.* 3 P — Tipp 54

(3) *Bestimmen Sie die Wahrscheinlichkeit dafür, dass der Wert von X höchstens um eine halbe Standardabweichung vom Erwartungswert der Zufallsgröße abweicht.* 6 P — Tipp 55

(4) *Bestimmen Sie die größte natürliche Zahl k, für die die Wahrscheinlichkeit dafür, dass weniger als k Jahreskartenbesitzer das Schwimmbad besuchen, kleiner als 10 % ist.* 4 P — Tipp 56

(5) *Beschreiben Sie im Sachzusammenhang ein Zufallsexperiment, das durch das abgebildete Baumdiagramm dargestellt wird.* — Tipp 57

Geben Sie ein Ereignis an, dessen Wahrscheinlichkeit $1-(r+s)$ beträgt. 4 P — Tipp 58

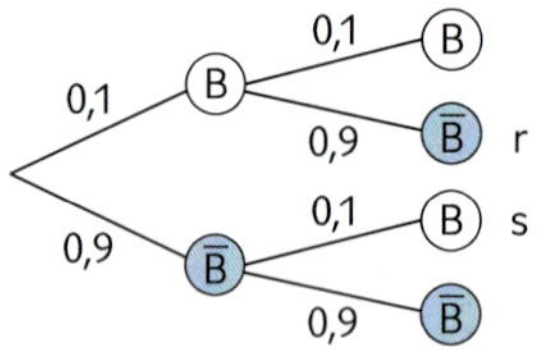

Abbildung 1

b) Auf dem Gelände des Schwimmbades wird ein Kiosk betrieben. Der Besitzer nimmt vereinfachend an, dass jeder Gast 4 €, 12 € oder gar kein Geld an seinem Kiosk ausgibt. Die Wahrscheinlichkeit, dass ein Gast 4 € ausgibt, betrage 50 %, die Wahrscheinlichkeit, dass ein Gast 12 € ausgibt, betrage 30 %.

(1) Am betrachteten Tag besuchen 660 Personen das Bad.
Bestimmen Sie die Höhe der Einnahmen, mit denen der Besitzer des Kiosks rechnen kann. 3 P — Tipp 59

(2) *Ermitteln Sie die Wahrscheinlichkeit dafür, dass der Besitzer des Kiosks an dem betrachteten Tag erwartete Einnahmen von den Jahreskartenbesitzern hat, die mindestens 1000 € betragen.* 4 P — Tipp 60

c) An einem bestimmten Tag ist das Schwimmbad zwischen 07:00 Uhr und 21:00 Uhr geöffnet. Es soll davon ausgegangen werden, dass der Zeitpunkt, zu dem ein zufällig ausgewählter Badegast das Schwimmbad betritt, mithilfe einer normalverteilten Zufallsgröße mit dem Erwartungswert 14,5 und der Standardabweichung 2 beschrieben werden kann. Die zugehörige Dichtefunktion ist in der Abbildung 2 dargestellt; dabei ist t die seit 00:00 Uhr vergangene Zeit in Stunden.

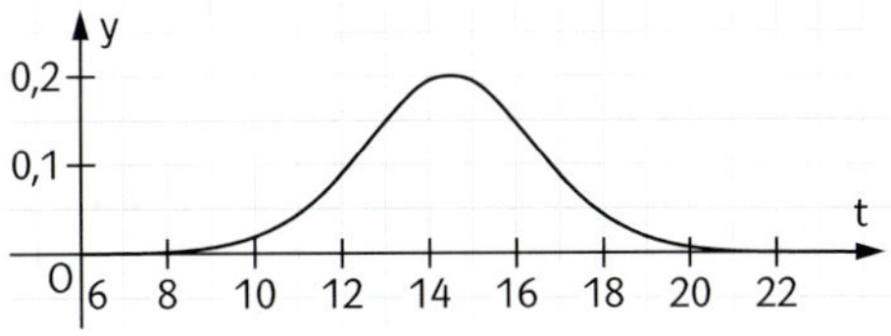

Abbildung 2

(1) *Geben Sie den Zeitraum mit einer Länge von einer Stunde an, für den mit der größten Anzahl eintreffender Badegäste zu rechnen ist.* 2 P — Tipp 61

(2) *Ermitteln Sie grafisch, ob die Wahrscheinlichkeit dafür, dass ein zufällig ausgewählter Badegast das Schwimmbad zwischen 12:00 Uhr und 16:00 Uhr betritt, größer als 50 % ist. Erläutern Sie Ihr Vorgehen.* 4 P — Tipp 62

(3) Am betrachteten Tag wird das Schwimmbad von 2500 Badegästen besucht.
Ermitteln Sie, zu welchem Zeitpunkt mit dem Eintreffen des eintausendfünfhundertsten Badegasts zu rechnen ist. 4 P — Tipp 63

(4) *Beurteilen Sie mithilfe einer Rechnung die folgende Argumentation:*
„Das Schwimmbad ist nur zwischen 07:00 Uhr und 21:00 Uhr geöffnet. Deshalb ist es nicht sinnvoll, das Eintreffen der Badegäste mithilfe einer normalverteilten Zufallsgröße zu beschreiben, die für alle reellen Zahlen definiert ist." 4 P — Tipp 64

Tipps

Folgende Tipps geben eine erste Hilfestellung:

Tipp 1	Bestimmen Sie die 1. Ableitung der Funktion f. Beachten Sie die Struktur des Funktionsterms.
Tipp 2	Bestimmen Sie die Extremstellen der Funktion f.
Tipp 3	Überlegen Sie, wie man das Maß einer Fläche, die der Graph einer Funktion f mit der x-Achse im 1. Quadranten einschließt, bestimmen kann.
Tipp 4	Beachten Sie, dass die Lage des Graphen einer Funktion im Koordinatensystem das Vorzeichen eines Integralwerts entscheidend beeinflusst.
Tipp 5	Welche besonderen Eigenschaften weist ein Parallelogramm auf?
Tipp 6	Der Punkt P muss in der von $\vec{a}$ und $\vec{b}$ aufgespannten Ebene liegen.
Tipp 7	Beachten Sie, dass hier nicht die Einzelwahrscheinlichkeiten, sondern die kumulierten Wahrscheinlichkeiten dargestellt sind.
Tipp 8	Den Wert von $P(X = 2)$ können Sie der Abbildung nicht direkt entnehmen.
Tipp 9	Hier hilft Ihnen die Formel von Bernoulli weiter.
Tipp 10	Setzen Sie für beide Punkte die Punktkoordinaten in die Funktionsgleichung ein.
Tipp 11	Berechnen Sie die Anzahl der Glasfaserhaushalte.
Tipp 12	Berechnen Sie das Verhältnis zwischen dem gerade berechneten Wert und dem Wert der Erhebung.
Tipp 13	Bestimmen Sie die Ableitung der Funktion.
Tipp 14	Interpretieren Sie das Ergebnis der Ableitung im Kontext.
Tipp 15	Interpretieren Sie die Änderungsrate im Sachzusammenhang.
Tipp 16	Berechnet werden soll die wachsende Anzahl der Glasfaserhaushalte in einem bestimmten Zeitraum.
Tipp 17	Überlegen Sie, welche Voraussetzungen der gesuchte Term haben muss.
Tipp 18	Berechnen Sie mithilfe der Produkt- und der Kettenregel die Ableitung der Funktion k_a.
Tipp 19	Ermitteln Sie den Hochpunkt der Funktion k_a.
Tipp 20	Bestimmen Sie das Intervall für den Parameter a im beschriebenen Kontext.
Tipp 21	Bestimmen Sie durch Einsetzen der Werte für k die konkreten Gleichungen der drei Scharvertreter f_0, $f_{0,75}$ und f_1.
Tipp 22	Ermitteln Sie unter Beachtung des Parameters k die 1. und 2. Ableitungsfunktion der Funktionenschar f_k.
Tipp 23	Bestimmen Sie die Nullstellen von f_1.

Tipp 24	Veranschaulichen Sie sich die gesuchte Fläche anhand der angegebenen Skizze, indem Sie z. B. die Fläche zwischen dem Graphen der Funktion f_1 und der Geraden g_{-2} betrachten.
Tipp 25	Zu einem konkreten Wert für das in b) (2) angegebene Flächenmaß I_a soll ein bestimmter Vertreter der Geradenschar g_a ermittelt werden.
Tipp 26	Setzen Sie in der Tangentengleichung für den Parameter k den Wert 1 ein.
Tipp 27	Subtrahieren Sie den Term $f_k(x)$ von $t_k(x)$.
Tipp 28	Bestimmen Sie zunächst die Schnittstellen der Funktionen t_k und f_k, indem Sie die Funktionsterme $t_k(x)$ und $f_k(x)$ gleichsetzen.
Tipp 29	Ermitteln Sie mithilfe der Steigungsformel $m = \frac{y_2 - y_1}{x_2 - x_1}$ die Steigung der Geraden durch die Punkte $A_{r;k}(-r \mid f_k(-r))$ und $B_{r;k}(2 \cdot r \mid f_k(2 \cdot r))$.
Tipp 30	Orientieren Sie sich in dem dreidimensionalen Koordinatensystem und markieren Sie die Punkte I, J, K und L in der vorgegebenen Skizze.
Tipp 31	Überlegen Sie, welche besonderen Eigenschaften ein Trapez aufweist.
Tipp 32	Wie prüft man, ob zwei Vektoren orthogonal sind?
Tipp 33	Verdeutlichen Sie sich (eventuell anhand einer Skizze), wie man den Flächeninhalt eines gleichschenkligen Trapezes bestimmen kann.
Tipp 34	Ermitteln Sie z. B. mithilfe der Koordinaten der Punkte I, J und K zunächst eine Parameterform der Ebene T.
Tipp 35	Das Volumen der Pyramide mit der Grundfläche IJKL und dem Punkt F als Spitze berechnet man mit der Formel $V_{Pyramide} = \frac{1}{3} \cdot Grundfläche_{Pyramide} \cdot Höhe_{Pyramide}$.
Tipp 36	Welche Koordinaten muss der Punkt S aufweisen, wenn er auf der Geraden FG liegt? Welche Einschränkung für den Parameter muss gelten, damit S auf der Strecke $\overline{FG}$ liegt?
Tipp 37	Nutzen Sie aus, dass der Winkel zwischen den Ebenen T und T' mit dem Winkel zwischen den Normalenvektoren dieser Ebenen übereinstimmt.
Tipp 38	Die Ebene ist durch ihre Koordinatengleichung $x_3 = 3{,}5$ gegeben. Überlegen Sie, wie man in diesem Fall prüft, ob eine Gerade in dieser Ebene liegt.
Tipp 39	Da der gesuchte Vertreter der Geradenschar in der Ebene T liegen soll, müssen alle Punkte die Koordinatengleichung der Ebene T erfüllen. Setzen Sie daher den Term der Geradenschar in die Koordinatengleichung von T ein und ermitteln Sie den gesuchten Scharparameter.
Tipp 40	Ein beliebiger Punkt P_t der Geraden $g_{0,5}$ hat die Koordinaten $P_t(2{,}5 \mid -5t \mid 3{,}5 + 4t)$; $t \in \mathbb{R}$.
Tipp 41	Beachten Sie, dass sich die Anzahl der Gummibärchen auf dem Spielbrett nach jeder der nächsten zwei Drehungen um 1 verändert.
Tipp 42	Beachten Sie, dass die Anzahl der Gummibärchen auf dem Spielbrett pro Drehung um höchstens eins zunehmen kann.
Tipp 43	Beachten Sie, dass die Matrixelemente Übergangswahrscheinlichkeiten zwischen den möglichen Zuständen sind.

Tipp 44	$A^{10} \cdot \begin{pmatrix} 1 \\ 0 \\ 0 \\ 0 \\ 0 \end{pmatrix}$ können Sie direkt mit dem GTR berechnen.
Tipp 45	Die Startverteilung lautet $\vec{x_0} = \begin{pmatrix} 1 \\ 0 \\ 0 \\ 0 \\ 0 \end{pmatrix}$.
Tipp 46	Die Startverteilung lautet $\vec{x_0} = \begin{pmatrix} 1 \\ 0 \\ 0 \\ 0 \\ 0 \end{pmatrix}$. Beachten Sie, dass hier $P(n = 12)$ gesucht ist.
Tipp 47	Bestimmen Sie zunächst die Wahrscheinlichkeit des Gegenereignisses, also die Wahrscheinlichkeit, dass das Spiel nach höchstens 20 Spielen beendet ist.
Tipp 48	Die Startverteilung lautet $\vec{x_0} = \begin{pmatrix} 1 \\ 0 \\ 0 \\ 0 \\ 0 \end{pmatrix}$.
Tipp 49	Beachten Sie, dass die Variable $z_{1 \to 2}$ auf beiden Seiten der Gleichung vorkommt.
Tipp 50	Beachten Sie, dass der Faktor $\frac{1}{4}$ in der gegebenen Gleichung die Wahrscheinlichkeit ist, dass das System vom Zustand Z_1 in den Zustand Z_0 übergeht.
Tipp 51	Beachten Sie, dass man mindestens vier Vorwärtsschritte benötigt, um das Spiel zu beenden.
Tipp 52	Bestimmen Sie zunächst die Anzahl der Drehungen, die man benötigt, damit Katja genau 10 Gummibärchen erhält.
Tipp 53	Beachten Sie die Definition der Zufallsvariablen X.
Tipp 54	Die Zufallsvariable X ist binomialverteilt mit $p = 0{,}1$ und $n = 2000$.
Tipp 55	Berechnen Sie zuerst den Erwartungswert μ und die Standardabweichung σ für diese Binomialverteilung.
Tipp 56	Die Zufallsvariable X ist binomialverteilt mit $p = 0{,}1$ und $n = 2000$.
Tipp 57	Das Baumdiagramm veranschaulicht ein zweistufiges Zufallsexperiment.
Tipp 58	Beschreiben Sie das Ereignis, das laut Abbildung 1 die Wahrscheinlichkeit r besitzt.
Tipp 59	Z beschreibt die Einnahmen in Euro, die der Besitzer des Kiosk pro Gast erhält.
Tipp 60	Aus Teilaufgabe c)(1) wissen Sie, dass ein Gast des Schwimmbades im Durchschnitt 5,60 € am Kiosk ausgibt.
Tipp 61	Beachten Sie die Symmetrie der abgebildeten Dichtefunktion.
Tipp 62	Beachten Sie, dass die Wahrscheinlichkeit als Fläche unter Graphen der Dichtefunktion gedeutet werden kann.
Tipp 63	Bestimmen Sie, welcher Anteil der 2500 Badegäste im Schwimmbad bereits eingetroffen ist, wenn der eintausendfünfhundertste Badegast eingetroffen ist.
Tipp 64	Bestimmen Sie, wie groß aufgrund der vorliegenden Modellierung die Wahrscheinlichkeit ist, dass ein Badegast außerhalb der Öffnungszeiten das Bad betritt.

Folgende Tipps geben eine weitere Hilfestellung:

Tipp 1	Verwenden Sie die Produkt- und die Kettenregel zur Bestimmung der Ableitung.
Tipp 2	Verwenden Sie die notwendige und hinreichende Bedingung zur Bestimmung lokaler Extremstellen.
Tipp 3	Geben Sie ein bestimmtes Integral an, das das Maß der gesuchten Fläche beschreibt, und ermitteln Sie eine Stammfunktion zu der Funktion f.
Tipp 4	Befindet sich die Fläche, die der Graph einer Funktion f im Intervall $[a;b]$ mit der x-Achse einschließt, vollständig oberhalb der x-Achse, so gilt: $\int_a^b f(x)\,dx > 0$, befindet sich die Fläche, die der Graph einer Funktion f im Intervall $[a;b]$ mit der x-Achse einschließt, vollständig unterhalb der x-Achse, so gilt: $\int_a^b f(x)\,dx < 0$.
Tipp 5	Die Seiten $\overline{OB}$ und $\overline{AD}$ bzw. $\overline{OA}$ und $\overline{BD}$ sind parallel und gleich lang.
Tipp 6	Führen Sie eine Punktprobe durch.
Tipp 7	Beachten Sie, dass die Summe aller Wahrscheinlichkeiten stets den Wert 1 ergibt.
Tipp 8	Beachten Sie, dass $P(X=2) = P(X \leqq 2) - P(X \leqq 1)$ gilt.
Tipp 9	Es gilt $P(Y=4) = \binom{5}{4} \cdot p^4 \cdot (1-p)^1$ und $P(Y=5) = \binom{5}{5} \cdot p^5 \cdot (1-p)^0$. Vereinfachen Sie diese Terme und setzen Sie beide Terme in die gegebene Gleichung ein.
Tipp 10	Stellen Sie mithilfe der Koordinaten der Punkte die entsprechenden Funktionsgleichungen auf.
Tipp 11	Ermitteln Sie die Anzahl der Jahre seit Beginn der Aufzeichnung.
Tipp 12	Bilden Sie den Quotienten aus dem berechneten Wert und dem Wert der Erhebung.
Tipp 13	Berechnen Sie die Funktionswerte der Ableitung für $0 \leqq t \leqq 15$.
Tipp 14	Interpretieren Sie das Ergebnis der Ableitung an der Stelle 15 im Kontext.
Tipp 15	Interpretieren Sie die Aussagen $z(t) > 0$ und $z'(t) < 0$.
Tipp 16	Berechnen Sie das Integral über $z(t)$ im Intervall von 15 (01.01.2026) bis 25 (01.01.2036).
Tipp 17	Die Ausgangsfunktion und die Funktion der Änderungsrate müssen miteinbezogen werden.
Tipp 18	Berechnen Sie $k_a'(15)$.
Tipp 19	Verwenden Sie die notwendige Bedingung für Hochpunkte.
Tipp 20	Formulieren Sie für den Kontext eine mathematische Ungleichung unter Berücksichtigung des zugrundeliegenden Intervalls.
Tipp 21	Ermitteln Sie z. B. die Nullstellen der drei Scharvertreter.
Tipp 22	Benutzen Sie die notwendige und hinreichende Bedingung zur Bestimmung der lokalen Extrempunkte. Achten Sie auf den Parameter k.

Tipp 23	Die Größe des von dem Graphen von f_1 mit der x-Achse im 2. Quadranten eingeschlossenen Flächenstücks wird durch das Integral $\int_{x_1}^{0} f(x)\,dx$ gegeben, wobei x_1 die negative Nullstelle von f_1 ist.
Tipp 24	Bestimmen Sie die Differenzfunktion $f_1(x) - g_a(x)$ und deren Stammfunktion.
Tipp 25	Stellen Sie eine Gleichung zur Bestimmung des Parameters a auf.
Tipp 26	Die ausgewählte Tangente t_1 berührt den Graphen von f_1 im Punkt P_1. Bestimmen Sie die Koordinaten von P_1.
Tipp 27	Fassen Sie den Differenzterm zusammen. Beachten Sie die Klammern.
Tipp 28	Berechnen Sie die Größe des eingeschlossenen Flächenstücks mithilfe eines geeigneten Integrals.
Tipp 29	Bestimmen Sie die Steigung der Funktion f_k an der Stelle $x = -r$.
Tipp 30	Verbinden Sie die eingezeichneten Punkte I, J ,K und L. Sie erhalten ein in dem Würfel liegendes Viereck.
Tipp 31	Weisen Sie die Parallelität der Seitenvektoren $\overrightarrow{IL}$ und $\overrightarrow{JK}$ nach und bestimmen Sie die Länge der Seitenvektoren $\overrightarrow{IJ}$ und $\overrightarrow{KL}$.
Tipp 32	Berechnen Sie das Skalarprodukt der Vektoren $\overrightarrow{IL}$ und $\overrightarrow{KQ}$.
Tipp 33	Für den Flächeninhalt F eines gleichschenkligen Trapezes gilt: $F = 0{,}5 \cdot (a + c) \cdot h$, wobei a und c die Längen der parallelen Seiten und h die Höhe des Trapezes sind.
Tipp 34	Beachten Sie, dass der Normalenvektor der Ebene T senkrecht auf den beiden Richtungsvektoren der Ebene steht.
Tipp 35	Berücksichtigen Sie, dass die Grundfläche der Pyramide der Fläche des Trapezes IJKL und die Höhe der Pyramide dem Abstand des Punktes F von der Ebene T entspricht.
Tipp 36	Stellen Sie mithilfe der angegebenen Abstandsformel einen Term für den Abstand des Punktes S zur Ebene T auf und setzen Sie diesen Term gleich $\frac{18}{\sqrt{66}}$.
Tipp 37	Lesen Sie aus den Koordinatenformen der Ebenen T und T′ geeignete Normalenvektoren $\overrightarrow{n_T}$ und $\overrightarrow{n_{T'}}$ ab und wenden Sie die Formel $\cos(\alpha) = \frac{\overrightarrow{n_T} \cdot \overrightarrow{n_{T'}}}{\lvert\overrightarrow{n_T}\rvert \cdot \lvert\overrightarrow{n_{T'}}\rvert}$ an.
Tipp 38	Setzen Sie die Koordinaten des Vektors $\vec{X}$ der Parametergleichung der Geradenschar g_a in die Koordinatengleichung der Ebene T ein. Prüfen Sie, ob sich eine zielgerechte Lösung für den Scharparameter a ergibt.
Tipp 39	Überprüfen Sie, ob der erhaltene Vertreter der Geradenschar auch in der Ebene T′ liegt, indem Sie die Koordinaten des Vektors $\vec{X}$ der Parameterdarstellung des gefundenen Scharvertreters in die Koordinatengleichung der Ebene T′ einsetzen.
Tipp 40	Setzen Sie die Koordinaten eines beliebigen Punktes P_t der Geraden $g_{0,55}$ in die Koordinatengleichung von T′ ein und deuten Sie das Ergebnis.
Tipp 41	Falls die Anzahl der Gummibärchen bei beiden Drehungen jeweils um 1 zunimmt, dann befinden sich 4 Gummibärchen auf dem Spielbrett. Welchem Zustand entspricht dies?

Tipp 42	Beachten Sie, dass nach einer Drehung entweder ein Gummibärchen dazu (Vorwärtsschritt in Richtung Z_4) kommt oder Katja ein Gummibärchen vom Spielbrett erhält (Rückwärtsschritt in Richtung Z_0).
Tipp 43	In der zweiten Spalte stehen die Übergangswahrscheinlichkeiten vom Zustand Z_1 in die Zustände Z_0 bis Z_4.
Tipp 44	Die Komponenten des erhaltenen Verteilungsvektors $\overrightarrow{x_{10}}$ sind die gesuchten Wahrscheinlichkeiten. Die beiden ersten Komponenten beziehen sich auf die Zustände Z_0 und Z_1.
Tipp 45	Berechnen Sie $\overrightarrow{x_{12}} = A^{12} \cdot \overrightarrow{x_0}$.
Tipp 46	Berechnen Sie $\overrightarrow{x_{12}} = A^{12} \cdot \overrightarrow{x_0}$ und $\overrightarrow{x_{11}} = A^{11} \cdot \overrightarrow{x_0}$.
Tipp 47	Die Wahrscheinlichkeit, dass das Spiel nach höchstens 20 Drehungen beendet ist, ist die fünfte Komponente der Verteilung $\overrightarrow{x_{20}} = A^{20} \cdot \overrightarrow{x_0}$.
Tipp 48	Berechnen Sie $\overrightarrow{x_9} = A^9 \cdot \overrightarrow{x_0}$.
Tipp 49	Multiplizieren Sie auf der rechten Seite der Gleichung die Klammer aus und lösen Sie diese lineare Gleichung mithilfe von Äquivalenzumformungen.
Tipp 50	In durchschnittlich der Hälfte der Fälle kommt es bei einer Drehung zu einem Wechsel von Z_2 in den Zustand Z_1. Um von Z_1 in den Zustand Z_3 zu gelangen, werden im Durchschnitt $z_{1\to2} + z_{2\to3}$ Drehungen benötigt.
Tipp 51	Beachten Sie, dass man für jeden Rückwärtsschritt einen Vorwärtsschritt benötigt, damit das System sich wieder im selben Zustand Z_i $(i = 1, 2, 3)$ befindet.
Tipp 52	Man benötigt $2 \cdot 6 + 4 = 16$ Drehungen, damit Katja genau 10 Gummibärchen erhält. Berechnen Sie $\overrightarrow{x_{16}} = A^{16} \cdot \overrightarrow{x_0}$.
Tipp 53	X beschreibt die Anzahl der Jahreskartenbesitzer, die an einem bestimmten Tag das Schwimmbad besuchen.
Tipp 54	Berechnen Sie $P(X > 210) = P(X \geqq 211) = 1 - P(X \leqq 210)$.
Tipp 55	Es gilt $\mu = n \cdot p = 2000 \cdot 0{,}1 = 200$ und $\sigma = \sqrt{n \cdot p \cdot (1-p)} = \sqrt{2000 \cdot 0{,}1 \cdot 0{,}9} \approx 13{,}42$. Beachten Sie, dass die Zufallsvariable X nur mit natürlichen Zahlen belegt werden kann.
Tipp 56	Der gesuchte Wert von k muss folgende Bedingung erfüllen: $P(X < k) = P(X \leqq k-1) \leqq 0{,}1$
Tipp 57	Sie können B als „Jahreskartenbesitzer besucht das Bad" interpretieren. Beachten Sie, dass $\overline{B}$ das Gegenereignis zu B ist.
Tipp 58	Das Ereignis $B\overline{B}$ (Jahreskartenbesitzer 1 besucht das Bad und Jahreskartenbesitzer 2 besucht das Bad nicht) hat die Wahrscheinlichkeit r.
Tipp 59	Berechnen Sie den Erwartungswert von Z.
Tipp 60	Berechnen Sie, wie viele Jahreskartenbesitzer an dem bestimmten Tag mindestens ins Bad kommen müssen, damit die Einnahmen des Besitzers mindestens 1000 € betragen.

Tipp 61	Das gesuchte Intervall der Länge eine Stunde muss symmetrisch bezüglich des Erwartungswerts μ der normalverteilten Zufallsgröße liegen.
Tipp 62	Wie groß ist der Flächeninhalt eines Quadrates im Koordinatengitter von Abbildung 2?
Tipp 63	Wenn der eintausendfünfhundertste Badegast eingetroffen ist, dann sind 60 % der 2500 Badegäste bereits angekommen. Gesucht ist der Zeitpunkt t_1, an dem die Wahrscheinlichkeit, dass ein zufällig ausgewählter Badegast bis zu diesem Zeitpunkt das Schwimmbad betreten hat, 0,6 beträgt.
Tipp 64	Beachten Sie folgenden Zusammenhang: $P(Y < 7) + P(Y > 21) = 1 - P(7 \leqq t \leqq 21)$.

Folgende Tipps helfen, Lücken zu schließen:

Tipp 1	Bearbeiten Sie von den Fertigkeiten F 12 die Beispiele b) und c), von F 13 das Beispiel b) und von F 14 das Beispiel a).
Tipp 2	Bearbeiten Sie von Fertigkeit F 19 das Beispiel b).
Tipp 3	Berechnen Sie mithilfe der Stammfunktion das Maß der schraffierten Fläche. Bearbeiten Sie aus F 24 das Beispiel 1 und die Aufgabe 1 sowie aus F 27 das Beispiel 4 sowie die Aufgaben 1 a) und 2 a).
Tipp 4	Bearbeiten Sie aus dem Einführungstext von F 27 den 2. Fall und den Hinweis 1 und behandeln Sie die Beispiele 3 und 4 sowie die Aufgabe 2 a).
Tipp 5	Führen Sie eine geeignete Vektoraddition aus. Bearbeiten Sie aus F 51 die Beispiele und die Aufgabe sowie aus F 56 das Beispiel und die Aufgabe.
Tipp 6	Anhand der bei der Punktprobe erhaltenen Parameter können Sie entscheiden, ob der Punkt P innerhalb oder außerhalb des Dreiecks liegt. Bearbeiten Sie aus F 65 die Möglichkeit 1 sowie das Beispiel 1 und die Aufgabe 1.
Tipp 7	Es gilt $P(X \leqq 5) = 1$. Zeichnen Sie also einen Stab der Länge 1 ein.
Tipp 8	Entnehmen Sie der Abbildung 3 näherungsweise die Wahrscheinlichkeiten $P(X \leqq 2)$ und $P(X \leqq 1)$ und bilden Sie danach die Differenz dieser beiden Werte.
Tipp 9	Lösen Sie die Gleichung $5 \cdot p^4 \cdot (1-p) = 10 \cdot p^5$. Lesen Sie aus F 100 den einleitenden Text und bearbeiten Sie das Beispiel 1.
Tipp 10	Bearbeiten Sie aus der Fertigkeit F 5 das Beispiel 1.
Tipp 11	Von 2011 bis 2017 sind es sechs Jahre. Berechnen Sie $f(6)$.
Tipp 12	Berechnen Sie $\frac{f(6)}{880}$ und $1 - \frac{f(6)}{880}$.
Tipp 13	Das ermittelte Maximum beschreibt die Wachstumsgeschwindigkeit.
Tipp 14	Das ermittelte Maximum $f'(15)$ beschreibt die Wachstumsgeschwindigkeit in der Einheit „Tausend Glasfaserhaushalte pro Jahr".
Tipp 15	Betrachten Sie die Ungleichungen getrennt voneinander. Erarbeiten Sie die Fertigkeit F 22.
Tipp 16	Erarbeiten Sie die Fertigkeiten F 26 und F 45.

Tipp 17	Erarbeiten Sie die Fertigkeit **F 45**.
Tipp 18	Wiederholen Sie **F 12**, **F 13** und **F 14**.
Tipp 19	Bearbeiten Sie von **F 19** das Beispiel b).
Tipp 20	Bearbeiten Sie von **F 7** das Beispiel 1 und die Aufgabe 2.
Tipp 21	Ordnen Sie mithilfe der Nullstellen die Graphen zu. Bearbeiten Sie zudem aus **F 49** das Beispiel 1.
Tipp 22	Beachten Sie **F 9**, **F 10** und **F 11**; bearbeiten Sie aus **F 19** das Beispiel a) sowie die Aufgabe a) und aus **F 49** das Beispiel 2.
Tipp 23	Bestimmen Sie eine Stammfunktion zu f_1 und berechnen Sie mit ihrer Hilfe das Integral $\int_{x_1}^{0} f(x)\,dx$, wobei x_1 die negative Nullstelle von f_1 ist. Bearbeiten Sie aus **F 24** das Beispiel 1 a) und die Aufgabe 1 a) und aus **F 27** die Aufgaben 1 a) und 2 a).
Tipp 24	Bestimmen Sie mithilfe eines geeigneten Integrals das Maß der Fläche, die der Graph von f_1 und eine beliebige Gerade g_a einschließen. Bearbeiten Sie aus **F 28** den Einführungstext und das Beispiel 2.
Tipp 25	Bestimmen Sie mit dem GTR die Lösung der Gleichung $I_a = \frac{1}{2} \cdot 2{,}25$. Bearbeiten Sie aus **F 49** das Beispiel 1 und die Aufgabe 1.
Tipp 26	Zeichnen Sie mithilfe des y-Achsenabschnittes und des Berührpunktes P_1 die Tangente in die Skizze ein.
Tipp 27	Sie müssen einen Differenzterm erhalten, der unabhängig vom Parameter k ist.
Tipp 28	Bearbeiten Sie aus **F 28** den Einführungstext sowie das Beispiel 2.
Tipp 29	Bearbeiten Sie aus **F 16** den Einführungstext sowie das Beispiel 2 und die Aufgabe 1 a).
Tipp 30	Bearbeiten Sie aus **F 61** die Beispiele und die Aufgabe 2.
Tipp 31	Bearbeiten Sie aus **F 51** und **F 52** die Beispiele und die Aufgaben.
Tipp 32	Bearbeiten Sie aus **F 58** das Beispiel und die Aufgabe. Auch der Einführungstext zu **F 74** sowie das Beispiel 1 sind hilfreich.
Tipp 33	Bestimmen Sie die benötigten Seitenlängen und setzen Sie sie in die Formel für den Flächeninhalt des Trapezes ein. Bearbeiten Sie aus **F 52** das Beispiel und die Aufgabe.
Tipp 34	Leiten Sie mithilfe des Normalenvektors der Ebene T eine Koordinatenform dieser Ebene her. Bearbeiten Sie aus **F 59** die Beispiele 1 und 3 sowie die Aufgabe 1.
Tipp 35	Bearbeiten Sie aus **F 80** das Beispiel 2 sowie die Aufgabe 1.
Tipp 36	Prüfen Sie, ob der Punkt S mit den erhaltenen Parameterwerten auf der Strecke $\overline{FG}$ liegen kann. Bearbeiten Sie aus **F 62** das Beispiel 1 und die Aufgabe 1.
Tipp 37	Bearbeiten Sie aus **F 76 a** das Beispiel.
Tipp 38	Bearbeiten Sie aus **F 69 a** den Einführungstext sowie das Beispiel.
Tipp 39	Bearbeiten Sie aus **F 69 a** den Einführungstext sowie das Beispiel.

Tipp 40 Bearbeiten Sie aus F 69a das Beispiel und aus F 69b die Aufgabe 1 b).

Tipp 41 Wenn sich 4 Gummibärchen auf dem Spielbrett befinden, dann befindet sich das System im Zustand Z_4. Falls die Anzahl der Gummibärchen bei beiden Drehungen jeweils um 1 abnimmt, dann befinden sich keine Gummibärchen auf dem Spielbrett (Z_0). Beachten Sie, dass die Anzahl der Gummibärchen nach zwei Drehungen auch unverändert sein kann.

Tipp 42 Jedes Spiel beginnt im Zustand Z_0 und endet im Zustand Z_4. Falls man keinen Rückwärtsschritt macht, benötigt man also genau vier Vorwärtsschritte, um das Spiel zu beenden. Für jeden Rückwärtsschritt muss zusätzlich genau ein Vorwärtsschritt gemacht werden, damit das Spiel beendet wird.

Tipp 43 Bearbeiten Sie aus F 113a das Beispiel 2 und die Aufgabe 2.

Tipp 44 Bearbeiten Sie aus F 116 das Beispiel 2 und die Aufgabe 1. Die erste Komponente von $\overrightarrow{x_{10}}$ gibt die Wahrscheinlichkeit an, dass sich das System nach 10 Drehungen im Zustand Z_0 befindet, d.h., es befindet sich kein Gummibärchen auf dem Spielbrett.

Tipp 45 Die Wahrscheinlichkeit, dass das Spiel beendet ist, ist der Wert, der in der letzten Komponente der Verteilung $\overrightarrow{x_{10}}$ steht. Bearbeiten Sie aus F 116 das Beispiel 2 und die Aufgabe 1.

Tipp 46 Die letzte Komponente von $\overrightarrow{x_{12}}$ liefert $P(n \leqq 12)$, die letzte Komponente von $\overrightarrow{x_{11}}$ liefert $P(n \leqq 11)$. Beachten Sie, dass $P(n \leqq 12) - P(n \leqq 11) = P(n = 12)$ gilt. Bearbeiten Sie aus F 116 das Beispiel 2 und die Aufgabe 1.

Tipp 47 Bearbeiten Sie aus F 116 das Beispiel 2 und die Aufgabe 1.

Tipp 48 Die Summe der ersten drei Komponenten der Verteilung $\overrightarrow{x_9}$ ist die gesuchte Wahrscheinlichkeit. Bearbeiten Sie aus F 116 das Beispiel 2 und die Aufgabe 1.

Tipp 49 Bearbeiten Sie aus F 1 das Beispiel a) und die Aufgabe a).

Tipp 50 Ersetzen Sie in der gegebenen Gleichung zunächst den Faktor $\frac{1}{4}$ durch den Faktor $\frac{1}{2}$. Verändern Sie danach die Variablen wie folgt: Aus $z_{0\to1}$ wird $z_{1\to2}$ und aus $z_{1\to2}$ wird $z_{2\to3}$.

Tipp 51 Da sich nach einem Paar aus Rückwärtsschritt und Vorwärtsschritt der Zustand des Systems nicht verändert, benötigt man noch zusätzlich zu diesen Paaren vier weitere Vorwärtsschritte.

Tipp 52 Bearbeiten Sie aus F 116 das Beispiel 2 und die Aufgabe 1.

Tipp 53 Hier wird die Wahrscheinlichkeit, dass an einem bestimmten Tag genau 210 Jahreskartenbesitzer das Schwimmbad besuchen, berechnet.

Tipp 54 Bearbeiten Sie aus F 100 das Beispiel 3 und die Aufgaben 1 c) und 1 e).

Tipp 55 Berechnen Sie $P(194 \leqq X \leqq 206)$ und bearbeiten Sie aus F 101 das Beispiel 3 und die Aufgabe 3 und aus F 100 das Beispiel 4 und die Aufgabe 1 f).

Tipp 56 Bearbeiten Sie aus F 100 das Beispiel 2 und die Aufgabe 1.

Tipp 57 Von den 2000 Jahreskartenbesitzern werden zwei zufällig ausgewählt und befragt, ob sie an dem bestimmten Tag im Schwimmbad waren.

Tipp 58 Das Ereignis E: „Genau einer der beiden Jahreskartenbesitzer besucht das Bad." hat die Wahrscheinlichkeit $r + s$. Formulieren Sie das Gegenereignis von E in Worten.

Tipp 59	Sie müssen den Erwartungswert von Z noch mit 660 multiplizieren. Bearbeiten Sie aus **F 97** das Beispiel 1 und die Aufgabe 1.
Tipp 60	Es müssen mindestens 179 Jahreskartenbesitzer an diesem bestimmten Tag ins Bad kommen. Berechnen Sie $P(X \geqq 179)$. Bearbeiten Sie aus **F 100** das Beispiel 3 und die Aufgabe 1 c) und 1 e).
Tipp 61	Der Erwartungswert μ beträgt 14,5, d.h., die Mitte des gesuchten Intervalls ist 14:30 Uhr.
Tipp 62	Der Flächeninhalt eines Quadrates im Koordinatengitter von Abbildung 2 beträgt 0,05. Bestimmen Sie die Anzahl der Quadrate, die vollständig in der Fläche unter dem Graphen im Intervall [12 ; 16] liegen.
Tipp 63	Lösen Sie die Gleichung $P(7 \leqq Y \leqq t_1) = 0{,}6$ mit dem GTR. Bearbeiten Sie aus **F 112** das Beispiel 4 und die Aufgabe 4.
Tipp 64	Bearbeiten Sie aus **F 111** das Beispiel 1 und die Aufgabe 1.

Lösungen

Prüfungsteil A (hilfsmittelfreier Teil)

F 12 F 13 F 14

a) (1) Mithilfe der Produkt- und Kettenregel gilt:

$$f'(x) = \frac{1}{2} \cdot 2x \cdot e^{-x+2} + \frac{1}{2}x^2 \cdot (-e^{-x+2}) = \left(x - \frac{1}{2}x^2\right) \cdot e^{-x+2}$$

F 19

(2) Notwendige Bedingung für eine Extremstelle: $f'(x) = 0$

F 5

$$\left(x - \frac{1}{2}x^2\right) \cdot e^{-x+2} = 0$$

$$x - \frac{1}{2}x^2 = 0 \quad \vee \quad e^{-x+2} = 0$$

$$x - \frac{1}{2}x^2 = 0, \quad \text{da } e^{-x+2} \neq 0 \text{ für alle } x \in \mathbb{R}$$

$$x\left(1 - \frac{1}{2}x\right) = 0$$

$$x = 0 \quad \vee \quad 1 - \frac{1}{2}x = 0$$

$$x = 0 \quad \vee \quad x = 2$$

Hinreichende Bedingung für eine Extremstelle: $f'(x) = 0 \wedge f''(x) \neq 0$

$f'(0) = 0 \wedge f''(0) = \left(\frac{1}{2} \cdot 0^2 - 2 \cdot 0 + 1\right) \cdot e^{-0+2} = e^2 > 0$, also lok. Min.

$f'(2) = 0 \wedge f''(2) = \left(\frac{1}{2} \cdot 2^2 - 2 \cdot 2 + 1\right) \cdot e^{-2+2} = -1 < 0$, also lok. Max.

$f(2) = \frac{1}{2} \cdot 2^2 \cdot e^{-2+2} = 2$

Für $x = 2$ existiert ein lokaler Hochpunkt mit den Koordinaten $H(2\,|\,2)$.

F 24 F 26 F 27

b) (1) Da die schraffierte Fläche im 1. Quadranten liegt, erhält man das Flächenmaß direkt mithilfe des Integrals:

$$\int_0^1 f(x)\,dx = \left[\frac{1}{5} \cdot x^5 - 2 \cdot \frac{1}{4} \cdot x^4 - \frac{1}{3} \cdot x^3 + 2 \cdot \frac{1}{2} \cdot x^2\right]_0^1$$

$$= \frac{1}{5} - \frac{1}{2} - \frac{1}{3} + 1 = \frac{6}{30} - \frac{15}{30} - \frac{10}{30} + \frac{30}{30} = \frac{11}{30}$$

Das Flächenmaß der schraffierten Fläche beträgt $\frac{11}{30}$ FE.

F 27

(2) Der Term B ist nicht geeignet, um den Inhalt der Fläche zu beschreiben. Er gibt den Absolutbetrag des orientierten Flächeninhalts an, d.h., er beschreibt den Absolutbetrag der Summe der Maße aller Teilflächen, wobei die Flächenstücke unterhalb der x-Achse negativ, die Flächenstücke oberhalb der x-Achse positiv gezählt werden.
Der Term C ist geeignet, um den Inhalt der Fläche zu beschreiben. Durch die Subtraktion der negativ gezählten Flächenstücke unterhalb der x-Achse erhält man die absoluten Flächenmaße.
Der Term A ist geeignet, da durch die Bildung des Betrags von $f(x)$ alle Funktionswerte positiv (oder 0) sind. Der Graph von $|f(x)|$ verläuft oberhalb der x-Achse, demnach gibt das Integral $\int_a^b |f(x)|\,dx$ das Maß der mit der x-Achse eingeschlossenen Fläche an.

Die Terme A und C sind geeignet, um das Maß der von dem Graphen von f und der x-Achse eingeschlossenen Fläche zu berechnen, der Term B ist nicht geeignet.

c) (1) $\overrightarrow{OD} = \overrightarrow{OA} + \overrightarrow{OB} = \vec{a} + \vec{b} = \begin{pmatrix} 4 \\ 2 \\ -2 \end{pmatrix} + \begin{pmatrix} 16 \\ 2 \\ -14 \end{pmatrix} = \begin{pmatrix} 20 \\ 4 \\ -16 \end{pmatrix}$

Der Punkt D hat die Koordinaten D(20 | 4 | −16).

F 51
F 56

(2) Prüfung, ob der Punkt P in der von $\vec{a}$ und $\vec{b}$ aufgespannten Ebene liegt:

F 65

$$\begin{pmatrix} 14 \\ 2{,}5 \\ -11{,}5 \end{pmatrix} = r \cdot \begin{pmatrix} 4 \\ 2 \\ -2 \end{pmatrix} + s \cdot \begin{pmatrix} 16 \\ 2 \\ -14 \end{pmatrix} \Leftrightarrow \left| \begin{array}{l} 14 = 4r + 16s \\ 2{,}5 = 2r + 2s \\ -11{,}5 = -2r - 14s \end{array} \right|$$

$$\Leftrightarrow \left| \begin{array}{l} -9 = -12s \\ -9 = -12s \\ -11{,}5 = -2r - 14s \end{array} \right| \Leftrightarrow \left| \begin{array}{l} s = \frac{3}{4} \\ r = \frac{1}{2} \end{array} \right|$$

Da $r + s = 1{,}25 > 1$ gilt, liegt der Punkt P außerhalb des Dreiecks OAB.

d) (1) Die Summe aller Wahrscheinlichkeiten ist 1, also gilt $P(X \leqq 5) = 1$.

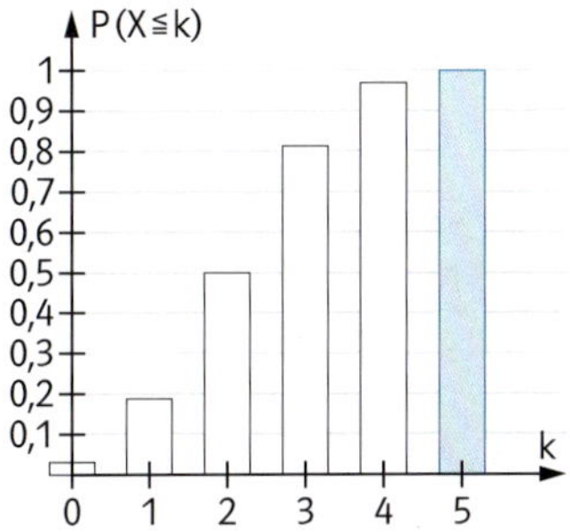

Es gilt $P(X = 2) = P(X \leqq 2) - P(X \leqq 1) \approx 0{,}5 - 0{,}19 = 0{,}31$

Die Wahrscheinlichkeit $P(X = 2)$ beträgt näherungsweise 0,31 (31 %).

(2) Mithilfe der Formel von Bernoulli gilt:

F 100

$P(Y = 4) = \binom{5}{4} \cdot p^4 \cdot (1 - p)^1 = 5p^4 \cdot (1 - p)$ sowie

$P(Y = 5) = \binom{5}{5} \cdot p^5 \cdot (1 - p)^0 = p^5$

Einsetzen in die gegebene Bedingung $P(Y = 4) = 10 \cdot P(Y = 5)$ ergibt:
$5p^4 \cdot (1 - p) = 10 \cdot p^5$ bzw. $(1 - p) = 2p$ (denn $p > 0$)

F 1

Somit gilt: $p = \frac{1}{3}$

Die Trefferwahrscheinlichkeit p hat den Wert $\frac{1}{3}$.

Prüfungsteil B (mit Hilfsmittel)

Aufgabe B1

a) (1) $f(t) = a \cdot e^{b \cdot t}$

$P_1(0|296)$ liefert $a \cdot e^{b \cdot 0} = 296 \Leftrightarrow a = 296$

$P_2(4|590)$ liefert $a \cdot e^{b \cdot 4} = 590 \Leftrightarrow 296e^{4b} = 590 \Leftrightarrow e^{4b} = \frac{590}{296}$ F 5

$\Rightarrow b = \frac{1}{4}\ln\left(\frac{590}{296}\right) \approx 0{,}1724$

(2) $f(t) = 296 \cdot e^{0{,}17 \cdot t}$

01.01.2017: also 6 Jahre nach Beginn der Erhebung

$f(6) = 296 \cdot e^{0{,}17 \cdot 6} = 296 \cdot e^{1{,}02} \overset{GTR}{\approx} 820{,}866$ F 5

Es sind ungefähr 820 000 Glasfaserhaushalte.

prozentuale Abweichung:

$\frac{f(6)}{880} \approx \frac{820}{880} \overset{GTR}{\approx} 0{,}933$ und $1 - 0{,}933 = 0{,}067$

Die prozentuale Abweichung beträgt ungefähr 6,7 %.

(3) $f'(t) = 296 \cdot 0{,}17 \cdot e^{0{,}17 \cdot t} = 50{,}32 \cdot e^{0{,}17 \cdot t}$ F 13

Das Maximum von f′ erhält man durch gezieltes Ausprobieren. Der GTR liefert $t = 15$ mit $f'(15) \approx 644{,}453$

Zum Zeitpunkt $t = 15$ wächst die Anzahl der Glasfaserhaushalte am schnellsten, nämlich mit etwa 644 000 Haushalten pro Jahr.

Alternative Lösung:

Da die Funktion f′ streng monoton wachsend ist, wird das Maximum von f′ am Intervallende $t = 15$ angenommen.

b) (1) $z(t) = 50{,}32 \cdot e^{6{,}99 - 0{,}296 \cdot t}$

$z(t) > 0$ bedeutet, dass die Anzahl der Glasfaserhaushalte ab $t = 15$ wächst.

$z'(t) < 0$ bedeutet, dass die Anzahl der Glasfaserhaushalte immer langsamer wächst. F 22

(2) $\int_{15}^{25} z(t)\,dt = \int_{15}^{25} 50{,}32 \cdot e^{6{,}99 - 0{,}296 \cdot t}\,dt \overset{GTR}{\approx} 2064{,}39 \approx 2064$ F 26

Im angegebenen Zeitraum nimmt die Anzahl der Glasfaserhaushalte um etwa 2 064 000 zu. F 45

(3) $h(t) = f(15) + \int_{15}^{t} z(x)\,dx$ F 45

c) (1) Mithilfe der Produkt- und Kettenregel gilt:

$k_a'(t) = 50{,}32 \cdot e^{2{,}55 - a(t-15)} + 50{,}32(t-15) \cdot (-a) \cdot e^{2{,}55 - a(t-15)}$ F 14

$\quad = 50{,}32 \cdot e^{2{,}55 - a(t-15)} \cdot (1 - a(t-15))$ F 12

$k_a'(15) = 50{,}32 \cdot e^{2{,}55 - a(15-15)} \cdot (1 - a(15-15)) = 50{,}32 \cdot e^{2{,}55}$ F 13

Folglich gilt die Behauptung, dass die Ableitungsrate der Funktion k_a für $t = 15$ unabhängig von a ist.

F 19
F 5

(2) Notwendige Bedingung für eine Extremstelle: $k_a'(t) = 0$

$$50{,}32 \cdot e^{2{,}55 - a(t-15)}(1 - a(t-15)) = 0$$
$$e^{2{,}55 - a(t-15)} = 0 \quad \vee \quad 1 - a(t-15) = 0$$
$$1 - a(t-15) = 0, \quad \text{da } e^{2{,}55 - a(t-15)} \neq 0 \text{ für alle } t \in \mathbb{R}$$
$$t - 15 = \frac{1}{a}$$
$$t = \frac{1}{a} + 15$$

$$k_a\left(\frac{1}{a} + 15\right) = 296 \cdot e^{2{,}55} + 50{,}32 \cdot \frac{1}{a} \cdot e^{1{,}55}$$

$$H_a\left(\frac{1}{a} + 15 \,\middle|\, 296 \cdot e^{2{,}55} + 50{,}32 \cdot \frac{1}{a} \cdot e^{1{,}55}\right)$$

(3) $g(t) = 237{,}08t + 234{,}69$ ist eine lineare Funktion.

F 7

Gemäß der Aufgabenstellung gilt: $5000 \leqq g\left(\frac{1}{a} + 15\right) \leqq 6000$

Lösen der 1. Ungleichung führt mithilfe des GTRs zu $a_1 = 0{,}196$ und das Lösen der 2. Ungleichung zu $a_2 = 0{,}107$.

Folglich gilt: $0{,}107 \leqq a \leqq 0{,}196$

Aufgabe B2

F 49
F 2
F 4

a) (1) Durch Einsetzen der konkreten Werte für den Parameter k erhält man:
$f_0(x) = x^3$; $f_{0,75}(x) = x^3 - \frac{27}{16}x$; $f_1(x) = x^3 - 3x$
Durch Lösung der Gleichungen $x^3 = 0$ bzw. $x^3 - \frac{27}{16}x = 0$ bzw. $x^3 - 3x = 0$ erhält man bei f_0 die Nullstelle $x = 0$, bei $f_{0,75}$ die Nullstellen $x = 0 \vee x \approx 1{,}3 \vee x \approx -1{,}3$ und bei f_1 die Nullstellen $x = 0 \vee x \approx 1{,}73 \vee x \approx -1{,}73$.
Mithilfe der Abbildung folgt:

Graph III gehört zu $k = 0$, Graph II zu $k = 0{,}75$ und Graph I zu $k = 1$.

F 9
F 10
F 11

(2) $f_k'(x) = 3x^2 - 3k^2$
$f_k''(x) = 6x$

Notwendige Bedingung für lokale Extrema:
$f_k'(x) = 0 \iff 3x^2 - 3k^2 = 0 \iff x^2 = k^2 \iff x = k \vee x = -k$

F 19
F 49

Hinreichende Bedingung für lokale Extrema:
$f_k'(k) = 0 \wedge f_k''(k) = 6k$
$f_k'(-k) = 0 \wedge f_k''(-k) = -6k$

Für $k > 0$ liegt an der Stelle $x = -k$ ein lokales Maximum vor.
Für $k > 0$ liegt an der Stelle $x = k$ ein lokales Minimum vor.
Für $k = 0$ gilt: $f_0(x) = x^3$. Diese Funktion besitzt keine lokalen Extremstellen.
Durch Einsetzen der lokalen Extremstellen in die Funktionsgleichung erhält man:
$f_k(-k) = (-k)^3 - 3k^2 \cdot (-k) = 2k^3$ bzw. $f_k(k) = k^3 - 3k^2 \cdot k = -2k^3$.

Die Funktionenschar f_k hat für $k > 0$ die lokalen Hochpunkte $H_k(-k \mid 2k^3)$ sowie die lokalen Tiefpunkte $T_k(k \mid -2k^3)$. Der Scharvertreter f_0 hat keine lokalen Extrempunkte.

b) (1) $f_1(x) = 0 \iff x^3 - 3x = 0 \iff x(x^2-3) = 0 \iff x = 0 \lor x = \sqrt{3} \lor x = -\sqrt{3}$ F 4

Eine Stammfunktion zu f_1 ist F_1 mit $F_1(x) = \frac{1}{4}x^4 - \frac{3}{2}x^2$. Dann ist F 24

$$\int_{-\sqrt{3}}^{0} f_1(x)\,dx = \left[\frac{1}{4}x^4 - \frac{3}{2}x^2\right]_{-\sqrt{3}}^{0} = \left(\frac{1}{4}\cdot 0^4 - \frac{3}{2}\cdot 0^2\right) - \left(\frac{1}{4}\cdot(-\sqrt{3})^4 - \frac{3}{2}\cdot(-\sqrt{3})^2\right)$$ F 27

$$= -\frac{9}{4} + \frac{9}{2} = \frac{9}{4}$$

Der Inhalt der Fläche, die für $x \leqq 0$ vom Graphen von f_1 und der x-Achse eingeschlossen wird, beträgt 2,25 FE.

(2) $$I_a = \int_{-\sqrt{a+3}}^{0} (f_1(x) - g_a(x))\,dx = \int_{-\sqrt{a+3}}^{0} (f_1(x) - a\cdot x)\,dx = \int_{-\sqrt{a+3}}^{0} (x^3 - 3\cdot x - a\cdot x)\,dx$$ F 28

$$= \int_{-\sqrt{a+3}}^{0} (x^3 - (a+3)\cdot x)\,dx$$

$$= \left[\frac{1}{4}x^4 - \frac{3+a}{2}x^2\right]_{-\sqrt{a+3}}^{0} = -\left(\frac{1}{4}(-\sqrt{a+3})^4 - \frac{3+a}{2}(-\sqrt{a+3})^2\right)$$ F 24

Das Maß der eingeschlossenen Fläche beträgt
$I_a = -\left(\frac{1}{4}(-\sqrt{a+3})^4 - \frac{3+a}{2}(-\sqrt{a+3})^2\right)$ FE.

(3) Gesucht ist der Vertreter der Geradenschar g_a, dessen Graph mit dem Graphen von f_1 im 2. Quadranten ein Flächenstück einschließt, das halb so groß ist wie das von dem Graphen von f_1 im 2. Quadranten mit der x-Achse eingeschlossene Flächenstück. Berücksichtigt man die Ergebnisse von **b)**(1) und **b)**(2), so muss gelten: F 28

$$-\left(\frac{1}{4}(-\sqrt{a+3})^4 - \frac{3+a}{2}(-\sqrt{a+3})^2\right) = \frac{2{,}25}{2}$$

Mit dem GTR erhält man als Lösung: $a \approx -0{,}88$

Alternative Lösung ohne GTR: F 2

$$-\left(\frac{1}{4}(-\sqrt{a+3})^4 - \frac{3+a}{2}(-\sqrt{a+3})^2\right) = \frac{2{,}25}{2}$$

$$\iff -\left(\frac{1}{4}(a+3)^2 - \frac{3+a}{2}(a+3)\right) = \frac{9}{8}$$

$$\iff -\left(\frac{1}{4}a^2 + \frac{3}{2}a + \frac{9}{4} - \frac{1}{2}a^2 - 3a - \frac{9}{2}\right) = \frac{9}{8}$$

$$\iff -\left(-\frac{1}{4}a^2 - \frac{3}{2}a - \frac{9}{4}\right) = \frac{9}{8}$$

$$\iff \frac{1}{4}a^2 + \frac{3}{2}a + \frac{9}{4} = \frac{9}{8}$$

$$\iff a^2 + 6a + \frac{9}{2} = 0$$

$$\iff a = -3 + \sqrt{\frac{9}{2}} \quad \lor \quad a = -3 - \sqrt{\frac{9}{2}}$$

$$\iff a = -3 + \frac{3}{2}\sqrt{2} \quad \lor \quad a = -3 - \frac{3}{2}\sqrt{2}$$

Da $a > -3$, entfällt die 2. Lösung.

Die Gerade $g_{-0,88}$ (exakt: $g_{3+\frac{3}{2}\sqrt{2}}$) schließt im 2. Quadranten mit dem Graphen von f_1 eine Fläche ein, die halb so groß ist wie die Fläche, die der Graph von f_1 im 2. Quadranten mit der x-Achse einschließt.

c) (1) Durch Einsetzen von $k = 1$ erhält man die Tangentengleichung
t_1: $y = -2{,}25 \cdot x + 0{,}25$.
Die Tangente t_1 berührt den Graphen von f_1 in dem Punkt $P_1(-0{,}5 \mid f_1(-0{,}5))$, d.h. im Punkt $P_1(-0{,}5 \mid 1{,}375)$.
Damit ergibt sich für die Tangente der nebenstehende Graph:

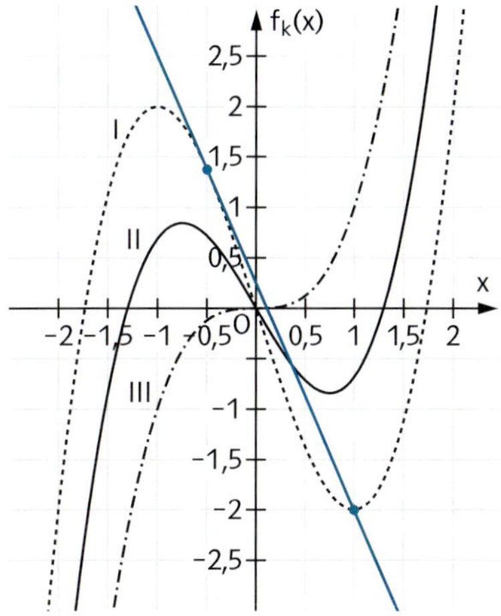

F 15

(2) Als Differenzfunktion d_k ergibt sich:
$$d_k(x) = t_k(x) - f_k(x) = (0{,}75 - 3k^2) \cdot x + 0{,}25 - (x^3 - 3k^2 \cdot x)$$
$$= -x^3 + 0{,}75x + 0{,}25$$

F 2

Der Term $d_k(x)$ hängt daher nicht von dem Parameter k ab.

Um die Schnittstellen der Funktionen t_k und f_k zu bestimmen, bestimmt man die Lösungen der folgenden Gleichung:

F 28

$$t_k(x) = f_k(x) \iff t_k(x) - f_k(x) = 0 \iff d_k(x) = 0 \iff -x^3 + 0{,}75x + 0{,}25 = 0$$

Der GTR liefert als Lösungen $x = -0{,}5$ oder $x = 1$.

Das gesuchte Flächenmaß erhält man durch folgende Integration:
$$\int_{-0{,}5}^{1} (-x^3 + 0{,}75x + 0{,}25)\,dx = \left[-\tfrac{1}{4}x^4 + \tfrac{3}{8}x^2 + \tfrac{1}{4}x\right]_{-0{,}5}^{1}$$
$$= \left(-\tfrac{1}{4} + \tfrac{3}{8} + \tfrac{1}{4}\right) - \left(-\tfrac{1}{64} + \tfrac{3}{32} - \tfrac{1}{8}\right) = \tfrac{3}{8} + \tfrac{3}{64} = \tfrac{27}{64}$$

F 26
F 24

Der Inhalt der Fläche, die von der Tangente t_k und dem Graphen von f_k eingeschlossen wird, beträgt $\frac{27}{64}$ FE (= 0,421875 FE).

(3) Wegen $f_k(-r) = (-r)^3 - 3k^2 \cdot (-r) = -r^3 + 3k^2r$
und
$f_k(2r) = (2r)^3 - 3k^2 \cdot (2r) = 8r^3 - 6k^2r$
ergibt sich für die Punkte $A_{r;k}(-r \mid f_k(-r)) = A_{r;k}(-r \mid -r^3 + 3k^2r)$ und $B_{r;k}(2r \mid f_k(2 \cdot r)) = B_{r;k}(2r \mid 8r^3 - 6k^2r)$.

Für die Steigung der Geraden durch die Punkte $A_{r;k}(-r \mid -r^3 + 3k^2r)$ und $B_{r;k}(2r \mid 8r^3 - 6k^2r)$ erhält man nach der Steigungsformel:

F 16

$$m = \frac{y_{B_{r;k}} - y_{A_{r;k}}}{x_{B_{r;k}} - x_{A_{r;k}}} = \frac{8r^3 - 6k^2r - (-r^3 + 3k^2r)}{2r - (-r)} = \frac{9r^3 - 9k^2r}{3r} = 3r^2 - 3k^2$$

F 15

Für die Steigung des Graphen von f im Punkt $A_{r;k}(-r \mid f_k(-r))$ gilt:
$f_k'(-r) = 3(-r)^2 - 3k^2 = 3r^2 - 3k^2$

Da die Steigung der Geraden durch $A_{r;k}(-r\,|\,f_k(-r))$ und $B_{r;k}(2r\,|\,f_k(2\cdot r))$ mit der Steigung des Graphen von f_k übereinstimmt und der Punkt $A_{r;k}(-r\,|\,f_k(-r))$ auf dem Graphen von f_k liegt, handelt es sich bei der Geraden durch $A_{r;k}(-r\,|\,f_k(-r))$ und $B_{r;k}(2r\,|\,f_k(2\cdot r))$ um die Tangente an den Graphen von f_k im Punkt $A_{r;k}$.

Aufgabe B3

F 61

a)

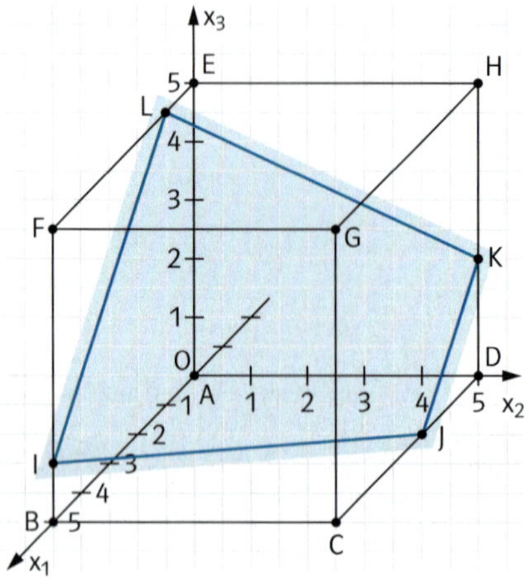

b) Wegen $\overrightarrow{IL} = \begin{pmatrix}-4\\0\\4\end{pmatrix}$ und $\overrightarrow{JK} = \begin{pmatrix}-2\\0\\2\end{pmatrix}$ gilt: $\overrightarrow{IL} = 2\cdot\overrightarrow{JK}$

F 51

Die Vierecksseiten $\overline{IL}$ und $\overline{JK}$ sind parallel. Das Viereck IJKL ist daher ein Trapez.

Es gilt: $\left|\overrightarrow{IJ}\right| = \left|\begin{pmatrix}-3\\5\\-1\end{pmatrix}\right| = \sqrt{9+25+1} = \sqrt{35}$ und $\left|\overrightarrow{KL}\right| = \left|\begin{pmatrix}1\\-5\\3\end{pmatrix}\right| = \sqrt{1+25+9} = \sqrt{35}$

F 52

Daher sind zwei Seiten des Trapezes gleich lang.

c) Da das Skalarprodukt $\overrightarrow{KQ}\cdot\overrightarrow{IL} = \begin{pmatrix}2\\-5\\2\end{pmatrix}\cdot\begin{pmatrix}-4\\0\\4\end{pmatrix} = 0$ ist, stehen die Vektoren $\overrightarrow{KQ}$ und $\overrightarrow{IL}$ senkrecht aufeinander.

F 58

F 74

Daher gibt der Abstand der Punkte K und Q die Höhe h des Trapezes an.

Die Höhe beträgt $h = \left|\overrightarrow{KQ}\right| = \left|\begin{pmatrix}2\\-5\\2\end{pmatrix}\right| = \sqrt{4+25+4} = \sqrt{33}$ LE.

Nach der Flächeninhaltsformel für ein Trapez $F = 0{,}5\cdot(a+c)\cdot h$ folgt für das Trapez IJKL:

$$F_{\text{Trapez}} = 0{,}5\cdot\left(\left|\overrightarrow{IL}\right| + \left|\overrightarrow{JK}\right|\right)\cdot h = 0{,}5\cdot(\sqrt{32}+\sqrt{8})\cdot\sqrt{33}$$
$$= 0{,}5\cdot 6\cdot\sqrt{2}\cdot\sqrt{33} = 3\cdot\sqrt{66} \approx 24{,}37\text{ FE.}$$

d) Eine mögliche Parametergleichung der Ebene T, in der das Trapez IJKL liegt, ist

$$T: \vec{X} = \begin{pmatrix} 5 \\ 0 \\ 1 \end{pmatrix} + k \cdot \begin{pmatrix} -3 \\ 5 \\ -1 \end{pmatrix} + l \cdot \begin{pmatrix} -1 \\ 0 \\ 1 \end{pmatrix} \text{ mit } k, l \in \mathbb{R}.$$

F 64

Über ein lineares Gleichungssystem $\begin{cases} \text{(I)} \ \vec{n} \cdot \begin{pmatrix} -3 \\ 5 \\ -1 \end{pmatrix} = 0 \\ \text{(II)} \ \vec{n} \cdot \begin{pmatrix} -1 \\ 0 \\ 1 \end{pmatrix} = 0 \end{cases}$

oder das Vektorprodukt $\begin{pmatrix} -3 \\ 5 \\ -1 \end{pmatrix} \times \begin{pmatrix} -1 \\ 0 \\ 1 \end{pmatrix} = \begin{pmatrix} 5 \\ 4 \\ 5 \end{pmatrix}$ lässt sich ein Normalenvektor der

Ebene T, z. B. $\vec{n} = \begin{pmatrix} 5 \\ 4 \\ 5 \end{pmatrix}$ gewinnen.

F 66

Damit erhält man die Normalenform und die Koordinatenform von T:

$$\left[\vec{X} - \begin{pmatrix} 5 \\ 0 \\ 1 \end{pmatrix}\right] \cdot \begin{pmatrix} 5 \\ 4 \\ 5 \end{pmatrix} = 0 \iff 5x_1 + 4x_2 + 5x_3 - 30 = 0 \iff 5x_1 + 4x_2 + 5x_3 = 30$$

e) Die Höhe der Pyramide ist gegeben durch den Abstand des Punktes F(5 | 0 | 5) zur Ebene T, die Grundfläche entspricht der Fläche des Trapezes aus c). Daher gilt:

F 80

$$V_{Pyramide} = \frac{1}{3} \cdot F_{Trapez} \cdot h_{Pyramide} = \frac{1}{3} \cdot F_{Trapez} \cdot d(F,T)$$
$$= \frac{1}{3} \cdot 3 \cdot \sqrt{66} \cdot \frac{5 \cdot 5 + 4 \cdot 0 + 5 \cdot 5 - 30}{\sqrt{66}} = 20 \text{ VE}$$

f) Die Gerade durch die Punkte F und G hat die Gleichung

$$g: \vec{X} = \begin{pmatrix} 5 \\ 0 \\ 5 \end{pmatrix} + k \cdot \begin{pmatrix} 0 \\ 5 \\ 0 \end{pmatrix}; \ k \in \mathbb{R}.$$

F 62

Daher hat die Strecke $\overline{FG}$ die Gleichung $\overline{FG}: \vec{X} = \begin{pmatrix} 5 \\ 0 \\ 5 \end{pmatrix} + k \cdot \begin{pmatrix} 0 \\ 5 \\ 0 \end{pmatrix}; \ 0 \leq k \leq 1.$

Da die Spitze S der Pyramide auf dieser Strecke liegen soll, hat der Punkt S die Koordinaten S(5 | 5k | 5) mit $k \in [0; 1]$.

F 63

Die Höhe der Pyramide entspricht dem Abstand des Punktes S zu der Grundfläche IJKL.

F 80

Gemäß der Formel aus Teilaufgabe e) gilt: $d(T,S) = \frac{|5 \cdot 5 + 4 \cdot 5k + 5 \cdot 5 - 30|}{\sqrt{66}}$

Wenn dieser Abstand $\frac{18}{\sqrt{66}}$ betragen soll, muss gelten:

$$\frac{|5 \cdot 5 + 4 \cdot 5k + 5 \cdot 5 - 30|}{\sqrt{66}} = \frac{18}{\sqrt{66}} \iff |5 \cdot 5 + 4 \cdot 5k + 5 \cdot 5 - 30| = 18 \iff |20 \cdot k + 20| = 18$$

F 6

$$\iff 20 \cdot k + 20 = 18 \ \vee \ 20 \cdot k + 20 = -18 \iff k = -0{,}1 \ \vee \ k = -1{,}9$$

Beide Parameterwerte liegen nicht im Intervall [0; 1], sodass die Höhe der Pyramide, d. h. der Abstand von S zu T, nicht $\frac{18}{\sqrt{66}}$ betragen kann.

g) Der Winkel zwischen den Ebenen T und T′ entspricht dem Winkel zwischen Ihren Normalenvektoren. Diese können direkt aus den Koordinatengleichungen der Ebenen T und T′ abgelesen werden. Daher gilt für den eingeschlossenen Winkel α:

$$\cos\alpha = \frac{\left|\begin{pmatrix}5\\4\\5\end{pmatrix}\cdot\begin{pmatrix}-5\\4\\5\end{pmatrix}\right|}{\left|\begin{pmatrix}5\\4\\5\end{pmatrix}\right|\cdot\left|\begin{pmatrix}-5\\4\\5\end{pmatrix}\right|} = \frac{-25+16+25}{\sqrt{66}\cdot\sqrt{66}} = \frac{8}{33}$$

F 76 a

Hieraus folgt: $\alpha = \cos^{-1}\left(\frac{8}{33}\right) \approx 76°$

h) Wenn eine Gerade in der Ebene mit der Gleichung $x_3 = 3{,}5$ liegen soll, müssen alle Punkte dieser Geraden die x_3-Koordinate 3,5 aufweisen, d.h., im vorliegenden Fall muss gelten:

F 69 a

$$3{,}5 + \frac{2}{a} = 3{,}5$$

Da $\frac{2}{a} \neq 0$, trifft dies für keine Gerade der Schar g_a zu. Also liegt keine Gerade der Schar in der Ebene mit der Gleichung $x_3 = 3{,}5$.

i) Die Koordinaten aller Punkte des gesuchten Vertreters der Geradenschar müssen die Koordinatengleichung der Ebene T erfüllen, daher setzt man ein:

F 69 a

$$5\cdot(2{,}5) + 4\cdot(-10ar) + 5\cdot\left(3{,}5 + \frac{2}{a}r\right) = 30 \Leftrightarrow 1{,}5 - 40ar + 17{,}5 + \frac{10}{a}r = 30$$

$$\Leftrightarrow -40ar + \frac{10}{a}r = 0 \Leftrightarrow -40a^2r + 10r = 0 \Leftrightarrow -40r\cdot\left(a^2 - \frac{1}{4}\right) = 0$$

$$\Leftrightarrow r = 0 \vee a^2 = \frac{1}{4} \Leftrightarrow r = 0 \vee a = \frac{1}{2} \vee a = -\frac{1}{2}$$

Da $a > 0$, liegt der Scharvertreter $g_{0,5}$: $\vec{X} = \begin{pmatrix}2{,}5\\0\\3{,}5\end{pmatrix} + m\cdot\begin{pmatrix}0\\-5\\4\end{pmatrix}$ in der Ebene T.

Um zu prüfen, ob $g_{0,5}$ auch in T′ liegt, setzt man die Koordinaten der Punkte der Geraden g_a in die Koordinatengleichung von T′ ein:

F 69 a

$$-5\cdot(2{,}5) + 4\cdot(-5m) + 5\cdot(3{,}5 + 4m) - 5 = 0 \Leftrightarrow -12{,}5 - 20m + 17{,}5 + 20m - 5 = 0$$
$$\Leftrightarrow 0 = 0$$

D.h., alle Koordinaten der Punkte von $g_{0,5}$ erfüllen die Ebenengleichung, also liegt die Gerade $g_{0,5}$ in der Ebene T′.

Alternative Lösung:
Die Koordinaten des Stützpunktes (2,5 | 0 | 3,5) der Geradenschar erfüllen die Koordinatengleichung von T, da $5\cdot 2{,}5 + 4\cdot 0 + 5\cdot 3{,}5 = 30$.

F 65

Wenn eine Gerade der Schar auf der Ebene T liegt, muss der Richtungsvektor dieser Geraden senkrecht auf dem Normalenvektor der Ebene T stehen, d.h., das Skalarprodukt von Richtungsvektor und Normalenvektor muss 0 sein:

Für $a > 0$ muss daher gelten: $\begin{pmatrix}0\\-10a\\\frac{2}{a}\end{pmatrix}\cdot\begin{pmatrix}5\\4\\5\end{pmatrix} = 0 \Leftrightarrow -40a + \frac{10}{a} = 0 \Leftrightarrow a = \frac{1}{2}$

F 58

Die gesuchte Gerade $g_{0,5}$ hat die Gleichung $\vec{X} = \begin{pmatrix}2{,}5\\0\\3{,}5\end{pmatrix} + k\cdot\begin{pmatrix}0\\-5\\4\end{pmatrix}$; $k \in \mathbb{R}$.

Da zudem die Koordinaten des Stützpunktes $(2{,}5\,|\,0\,|\,3{,}5)$ dieser Geraden $g_{0,5}$ die Koordinatengleichung der Ebene T′ erfüllen
(denn: $-5 \cdot 2{,}5 + 4 \cdot 0 + 5 \cdot 3{,}5 - 5 = 0$)

F 65

und der Richtungsvektor $\vec{u} = \begin{pmatrix} 0 \\ -5 \\ 4 \end{pmatrix}$

F 58

senkrecht auf dem Normalenvektor $\vec{n} = \begin{pmatrix} -5 \\ 4 \\ 5 \end{pmatrix}$ der Ebene T′ steht, folgt:

Die Gerade $g_{0,5}$ liegt in der Ebene T′.

Aufgabe B4

a) (1) Bei jedem der nächsten zwei Züge ändert sich die Anzahl der Gummibärchen auf dem Spielbrett um 1. Somit kann die Anzahl der Gummibärchen um 2 zunehmen, um 2 abnehmen oder gleichbleiben.

Nach zwei weiteren Zügen befindet sich das System im Zustand Z_0, im Zustand Z_2 oder im Zustand Z_4.

(2) Nach einer Drehung kommt entweder ein Gummibärchen dazu (Vorwärtsschritt in Richtung Z_4) oder Katja erhält ein Gummibärchen vom Spielbrett (Rückwärtsschritt in Richtung Z_0). Sei v die Anzahl der Vorwärtsschritte und r die Anzahl der Rückwärtsschritte.

Jedes Spiel beginnt im Zustand Z_0 und endet im Zustand Z_4. Falls man keinen Rückwärtsschritt macht, benötig man also genau vier Vorwärtsschritte um das Spiel zu beenden. Für jeden Rückwärtsschritt muss zusätzlich genau ein Vorwärtsschritt gemacht werden, damit das Spiel beendet wird. Die gesamte Anzahl n der benötigten Schritte (Drehungen) ist die Summe aus den vier Vorwärtsschritten und jeweils gleich vielen weiteren Vorwärtsschritten und Rückwärtsschritten. Somit gilt: $v = r + 4$
Daraus folgt: $n = v + r = r + 4 + r = 2r + 4 = 2 \cdot (r + 2)$, d.h., die gesamte Anzahl n ist gerade.

b) (1) Die zweite Spalte der Matrix A enthält die Übergangswahrscheinlichkeiten vom Zustand Z_1 in die Zustände Z_0 bis Z_4. Da man vom Zustand Z_1 nur in die Zustände Z_0 und Z_2 gelangen kann, sind die Übergangswahrscheinlichkeiten zu den Zuständen Z_1, Z_3 und Z_4 jeweils null.
Wenn sich das Spiel im Zustand Z_1 befindet, befindet sich genau ein Gummibärchen auf dem Spielbrett. Die Wahrscheinlichkeit, dass die Farbe, auf der sich dieses Gummibärchen befindet, bei der nächsten Drehung getroffen wird, beträgt 25 %. Wenn dies der Fall ist, erhält Katja dieses Gummibärchen und das Spielbrett ist leer (Zustand Z_0). Die Wahrscheinlichkeit, dass bei der nächsten Drehung eine andere Farbe getroffen wird, beträgt 75 %. In diesem Fall wird ein weiteres Gummibärchen auf das Spielbrett gelegt, und es befinden sich zwei Gummibärchen auf dem Spielbrett (Zustand Z_2).

F 113 a

(2) Der GTR liefert: $A^{10} \cdot \begin{pmatrix} 1 \\ 0 \\ 0 \\ 0 \\ 0 \end{pmatrix} \approx \begin{pmatrix} 0{,}1057 \\ 0 \\ 0{,}5457 \\ 0 \\ 0{,}3486 \end{pmatrix}$ F 116

Die erste Komponente des Ergebnisvektors gibt die Wahrscheinlichkeit an, dass sich nach 10 Zügen kein Gummibärchen auf dem Spielbrett befindet, diese beträgt ca. 0,106 (10,6 %).
Die zweite Komponente des Ergebnisvektors gibt die Wahrscheinlichkeit an, dass sich nach 10 Zügen genau ein Gummibärchen auf dem Spielbrett befindet, diese ist null.

(3) Die Zufallsvariable n beschreibt die Anzahl der Drehungen, bis das Spiel beendet ist.

Die Startverteilung lautet: $\overrightarrow{x_0} = \begin{pmatrix} 1 \\ 0 \\ 0 \\ 0 \\ 0 \end{pmatrix}$

Wahrscheinlichkeit von E_1:
Gesucht ist $P(n \leqq 12)$. Man erhält diese Wahrscheinlichkeit als fünfte Komponente der Verteilung $\overrightarrow{x_{12}}$.

Es gilt: $\overrightarrow{x_{12}} = A^{12} \cdot \overrightarrow{x_0}$. Der GTR liefert: $\overrightarrow{x_{12}} \approx \begin{pmatrix} 0{,}0946 \\ 0 \\ 0{,}4885 \\ 0 \\ 0{,}4168 \end{pmatrix}$ F 116

Die Wahrscheinlichkeit, dass das Spiel nach höchstens zwölf Drehungen endet, beträgt ca. 0,417 (41,7 %).

Wahrscheinlichkeit von E_2:
Gesucht ist $P(n = 12)$. Man erhält diese Wahrscheinlichkeit als Differenz der Wahrscheinlichkeiten $P(n \leqq 12) - P(n \leqq 11)$.

Es gilt: $\overrightarrow{x_{11}} = A^{11} \cdot \overrightarrow{x_0}$. Der GTR liefert: $\overrightarrow{x_{11}} \approx \begin{pmatrix} 0 \\ 0{,}3785 \\ 0 \\ 0{,}2728 \\ 0{,}3486 \end{pmatrix}$ und damit $P(n \leqq 11) \approx 0{,}3486$. F 116

Daraus folgt: $P(n = 12) \approx 0{,}4168 - 0{,}3486 = 0{,}0682$

Die Wahrscheinlichkeit, dass das Spiel nach genau zwölf Drehungen endet, beträgt ca. 0,068 (6,8 %).

Wahrscheinlichkeit von E_3:
Gesucht ist $P(n > 20)$. Man erhält diese Wahrscheinlichkeit durch $1 - P(n \leqq 20)$.

Es gilt: $\overrightarrow{x_{20}} = A^{20} \cdot \overrightarrow{x_0}$. Der GTR liefert: $\overrightarrow{x_{20}} \approx \begin{pmatrix} 0{,}0608 \\ 0 \\ 0{,}3139 \\ 0 \\ 0{,}6253 \end{pmatrix}$ und damit $P(n \leqq 20) \approx 0{,}6253$. F 116

Also folgt: $1 - P(n \leqq 20) \approx 1 - 0{,}6253 = 0{,}3747$

Die Wahrscheinlichkeit, dass das Spiel nach 20 Drehungen noch nicht beendet ist, beträgt ca. 0,375 (37,5 %).

Wahrscheinlichkeit von E_4:
Zunächst berechnet man die Verteilung nach neun Drehungen.

Es gilt: $\overrightarrow{x_9} = A^9 \cdot \overrightarrow{x_0}$. Der GTR liefert: $\overrightarrow{x_9} \approx \begin{pmatrix} 0 \\ 0{,}4229 \\ 0 \\ 0{,}3047 \\ 0{,}2725 \end{pmatrix}$

F 116

Die Summe der ersten drei Komponenten von $\overrightarrow{x_9}$ ergeben die Wahrscheinlichkeit, dass sich nach neun Drehungen höchstens zwei Gummibärchen auf dem Spielbrett befinden.

Die Wahrscheinlichkeit, dass nach genau neun Drehungen höchstens zwei Gummibärchen auf dem Spielbrett liegen, beträgt ca. 0,423 (42,3 %).

(4) Bestimmung von $z_{1\to 2}$:

Aus $z_{1\to 2} = 1 + \frac{1}{4} \cdot (z_{0\to 1} + z_{1\to 2})$ folgt: $z_{1\to 2} = 1 + \frac{1}{4} \cdot z_{0\to 1} + \frac{1}{4} \cdot z_{1\to 2}$

F 1

Somit folgt: $4 \cdot z_{1\to 2} = 4 + z_{0\to 1} + z_{1\to 2}$ bzw. $3 \cdot z_{1\to 2} = 4 + z_{0\to 1}$

Mit $z_{0\to 1} = 1$ ergibt sich $3 \cdot z_{1\to 2} = 4 + 1 = 5$ bzw. $z_{1\to 2} = \frac{5}{3}$.

Analoge Gleichung für $z_{2\to 3}$:
Für den Wechsel von Z_2 zu Z_3 ist mindestens eine Drehung erforderlich. In durchschnittlich der Hälfte der Fälle wird mit dieser Drehung Z_3 erreicht. In durchschnittlich der Hälfte der Fälle kommt es bei dieser Drehung zu einem Wechsel von Z_2 in den Zustand Z_1. Um von Z_1 in den Zustand Z_3 zu gelangen, werden im Durchschnitt $z_{1\to 2} + z_{2\to 3}$ Drehungen benötigt.

Daraus ergibt sich die Gleichung $z_{2\to 3} = 1 + \frac{1}{2} \cdot (z_{1\to 2} + z_{2\to 3})$.

c) (1) Jedes Spiel beginnt im Zustand Z_0 und endet im Zustand Z_4. Falls man keinen Rückwärtsschritt macht, benötigt man also genau vier Vorwärtsschritte, um das Spiel zu beenden. Für jeden Rückwärtsschritt muss zusätzlich genau ein Vorwärtsschritt gemacht werden, damit das Spiel beendet wird. Die gesamte Anzahl der benötigten Schritte ist die Summe aus den vier Vorwärtsschritten und jeweils gleich vielen Vorwärtsschritten und Rückwärtsschritten. Also sind es genau vier Vorwärtsschritte mehr als Rückwärtsschritte.

(2) Wenn Katja höchstens zehn Gummibärchen erhalten hat, dann gab es während des Spiels höchstens sechs Rückwärtsschritte. Also gab es nach a)(2) höchstens zehn Vorwärtsschritte und damit insgesamt höchstens 16 Schritte. Das Spiel war also nach höchstens 16 Drehungen beendet. Die Wahrscheinlichkeit dafür ist die fünfte Komponente der Verteilung $\overrightarrow{x_{16}}$.

Es gilt $\overrightarrow{x_{16}} = A^{16} \cdot \overrightarrow{x_0}$. Der GTR liefert: $\overrightarrow{x_{16}} \approx \begin{pmatrix} 0{,}0759 \\ 0 \\ 0{,}3916 \\ 0 \\ 0{,}5326 \end{pmatrix}$

F 116

Die Wahrscheinlichkeit, dass Katja am Ende des Spiels höchstens zehn Gummibärchen erhalten hat, beträgt ca. 0,533 (53,3 %).

Aufgabe B5

a) (1) Die Wahrscheinlichkeit, dass genau 210 Jahreskartenbesitzer an diesem bestimmten Tag das Schwimmbad besuchen, beträgt ungefähr 2,2 %.

(2) X ist binomialverteilt mit $n = 2000$ und $p = 0{,}1$.
$P(X > 210) = P(X \geqq 211) = 1 - P(X \leqq 210) \approx 0{,}2158$ **F 100**

Die Wahrscheinlichkeit, dass mehr als 210 Jahreskartenbesitzer das Schwimmbad besuchen, beträgt ca. 0,216 (21,6 %).

Hinweis:
Es gibt GTR-Modelle, mit denen man die Wahrscheinlichkeit $P(X \geqq 211)$ direkt berechnen kann.

(3) Für den Erwartungswert μ einer binomialverteilten Zufallsvariablen X gilt:
$\mu = n \cdot p$, also $\mu = 2000 \cdot 0{,}1 = 200$ **F 101**

Für die Standardabweichung σ einer binomialverteilten Zufallsvariablen X gilt:
$\sigma = \sqrt{n \cdot p \cdot (1 - p)}$, also $\sigma = \sqrt{2000 \cdot 0{,}1 \cdot 0{,}9} = \sqrt{180} = 6\sqrt{5} \approx 13{,}42$ **F 101**
Somit gilt:
$\mu - 0{,}5\sigma = 200 - 3\sqrt{5} \approx 193{,}29$ bzw. $\mu + 0{,}5\sigma = 200 + 3\sqrt{5} \approx 206{,}71$
$P(\mu - 0{,}5\sigma \leqq X \leqq \mu + 0{,}5\sigma) = P(194 \leqq X \leqq 206)$
$= P(X \leqq 206) - P(X \leqq 193) \approx 0{,}3719$ **F 100**

Die Wahrscheinlichkeit, dass der Wert von X höchstens um eine halbe Standardabweichung vom Erwartungswert der Zufallsgröße abweicht, beträgt ca. 0,372 (37,2 %).

Hinweis:
Es gibt GTR-Modelle, mit denen man die Wahrscheinlichkeit $P(194 \leqq X \leqq 206)$ direkt berechnen kann.

(4) Bedingung: $P(X < k) = P(X \leqq k - 1) \leqq 0{,}1$
Man berechnet mit dem GTR für verschiedene Werte von k die Wahrscheinlichkeit $P(X \leqq k - 1)$:
Für $k - 1 = 182$ gilt: $P(X \leqq k - 1) \approx 0{,}0947$ **F 100**
Für $k - 1 = 183$ gilt: $P(X \leqq k - 1) \approx 0{,}1084$
Demnach gilt für das größte k: $k - 1 = 182$ bzw. $k = 183$

Die größte natürliche Zahl k lautet 183.

Hinweis:
Es gibt GTR-Modelle, mit denen man mithilfe des inversen Binomialbefehls $k = 183$ direkt bestimmen kann.

(5) Beschreibung:

Von den 2000 Jahreskartenbesitzer werden zwei zufällig ausgewählt und befragt, ob sie an dem bestimmten Tag im Schwimmbad waren.

Ereignis: Z. B. gilt für $P(B\overline{B}) = r$ und $P(\overline{B}B) = s$: $1 - (r + s) = P(BB) + P(\overline{B}\,\overline{B})$

Entweder besuchen beide oder keiner der beiden Jahreskartenbesitzer an diesem bestimmten Tag das Schwimmbad.

b) (1) Z beschreibt die Einnahmen in Euro, die der Besitzer des Kiosks pro Gast erhält.
Zunächst berechnet man den Erwartungswert von Z; dieser gibt an, mit welchen durchschnittlichen Einnahmen pro Gast der Besitzer des Kiosks rechnen kann.

$E(Z) = P(Z=0) \cdot 0 + P(Z=4) \cdot 4 + P(Z=12) \cdot 12 = 0{,}5 \cdot 4 + 0{,}3 \cdot 12 = 5{,}6$

F 97

Da 660 Personen das Bad besuchen, folgt für die zu erwartenden Einnahmen: $660 \cdot 5{,}6 = 3696$

Der Besitzer des Kiosks kann an diesem Tag mit ca. 3696 € Einnahmen rechnen.

(2) Jeder Gast mit Jahreskarte gibt durchschnittlich 5,60 € am Kiosk aus. Wenn der Besitzer des Kiosks mindestens 1000 € einnehmen will, müssen an diesem Tag mindestens j Jahreskartenbesitzer ins Schwimmbad kommen.
Aus $5{,}60 \cdot j \geqq 1000$ folgt $j \geqq 178{,}57\ldots$.

Da j eine natürliche Zahl sein muss, müssen an diesem Tag mindestens 179 Jahreskartenbesitzer ins Schwimmbad kommen.
X ist binomialverteilt mit $n = 2000$ und $p = 0{,}1$.
$P(X \geqq 179) = 1 - P(X \leqq 178) \approx 0{,}9473$

F 100

Die Wahrscheinlichkeit, dass der Besitzer des Kiosks an diesem Tag mindestens 1000 € erwartete Einnahmen von den Jahreskartenbesitzern hat, beträgt ca. 0,947 (94,7 %).

c) (1) Der gesuchte Zeitraum muss symmetrisch um den Erwartungswert μ der normalverteilten Zufallsgröße liegen. Demnach muss 14:30 Uhr genau in der Mitte des gesuchten Stundenintervalls liegen.

Der Zeitraum beginnt um 14 Uhr und endet um 15 Uhr.

F 111

(2) Grafische Ermittlung der Wahrscheinlichkeit:

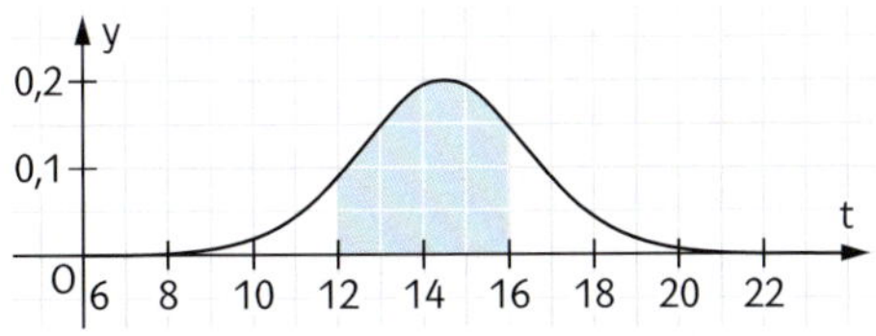

Die gesuchte Wahrscheinlichkeit entspricht dem Flächeninhalt der gefärbten Fläche.
Eine untere Schranke dieses Flächeninhalts erhält man, indem man die Anzahl der komplett gefärbten Quadrate bestimmt. Jedes dieser Quadrate hat einen Flächeninhalt von 0,05. Die zehn Quadrate, die komplett gefärbt sind, haben zusammen einen Flächeninhalt von 0,5.
Also ist die gefärbte Fläche größer als 0,5 und somit die Wahrscheinlichkeit, dass ein zufällig ausgewählter Badegast das Schwimmbad zwischen 12:00 Uhr und 16:00 Uhr betritt, ebenfalls.

(3) 1500 sind 60 % von 2500. Gesucht ist also der Zeitpunkt t_1, an dem die Wahrscheinlichkeit, dass ein zufällig ausgewählter Badegast bis zu diesem Zeitpunkt das Schwimmbad betreten hat, 0,6 beträgt.
Sei Y die normalverteilte Zufallsgröße mit $\mu = 14{,}5$ und $\sigma = 2$.
Es muss demnach gelten: $P(7 \leqq Y \leqq t_1) = 0{,}6$ F 111

Diese Gleichung löst man näherungsweise mit dem GTR.
Der GTR liefert $t_1 \approx 15{,}007$.

Mit dem Eintreffen des eintausendfünfhundertsten Badegastes kann man um ca. 15:00 Uhr rechnen.

(4) Die Modellierung mithilfe der gegebenen Normalverteilung liefert rechnerisch die Wahrscheinlichkeit $P(7 \leqq Y \leqq 21) \approx 0{,}999335$. Also beträgt nach dieser Modellierung die Wahrscheinlichkeit, dass ein Badegast das Schwimmbad außerhalb der Öffnungszeiten, also vor 7:00 Uhr oder nach 21:00 Uhr betritt, nur ca. $1 - 0{,}999335 = 0{,}000665$. Diese geringe Abweichung vom tatsächlichen Wert 0 kann man tolerieren.
Demnach ist diese Modellierung sinnvoll und damit die gegebene Argumentation nicht zutreffend. F 111

Abitur 2018

Aufgaben

Prüfungsteil A (hilfsmittelfreier Teil)

a) Gegeben sind die Geraden $g\colon \vec{x} = \begin{pmatrix} 3 \\ -3 \\ 3 \end{pmatrix} + r \cdot \begin{pmatrix} 3 \\ 0 \\ -1 \end{pmatrix}$ mit $r \in \mathbb{R}$ und

$h\colon \vec{x} = \begin{pmatrix} 3 \\ -3 \\ 3 \end{pmatrix} + s \cdot \begin{pmatrix} 1 \\ 0 \\ 3 \end{pmatrix}$ mit $s \in \mathbb{R}$.

(1) *Geben Sie die Koordinaten des Schnittpunkts von g und h an* — Tipp 1

2 P *und zeigen Sie, dass g und h senkrecht zueinander verlaufen.* — Tipp 2

(2) Die Ebene E enthält die Geraden g und h.

4 P *Bestimmen Sie eine Gleichung von E in Koordinatenform.* — Tipp 3

b) Gegeben ist die in $\mathbb{R}$ definierte Funktion f mit $f(x) = e^x + \frac{1}{2}x$.

(1) *Begründen Sie, dass der Graph von f und der Graph der in $\mathbb{R}$ definierten*

2 P *Funktion g mit $g(x) = \frac{1}{2}x - 1$ keinen gemeinsamen Punkt besitzen.* — Tipp 4

(2) Für eine positive reelle Zahl c wird die in $\mathbb{R}$ definierte Funktion g_c mit $g_c(x) = \frac{1}{2}x - c$ betrachtet.
Die Abbildung 1 zeigt die Graphen von f und g_c.
Die beiden Graphen schließen mit der y-Achse und der Geraden mit der Gleichung $x = 1$ eine Fläche mit dem Inhalt 3 ein.

4 P *Berechnen Sie c.* — Tipp 5

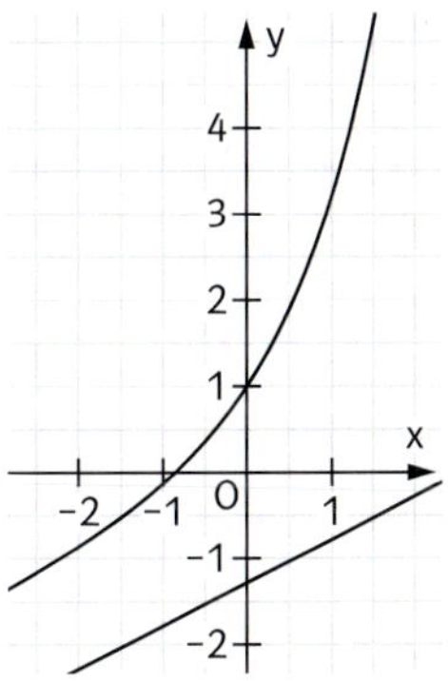

Abbildung 1

c) Gegeben ist die quadratische Funktion f mit $f(x) = x^2 - 3$. Der Graph der Funktion f ist in der Abbildung 2 dargestellt.

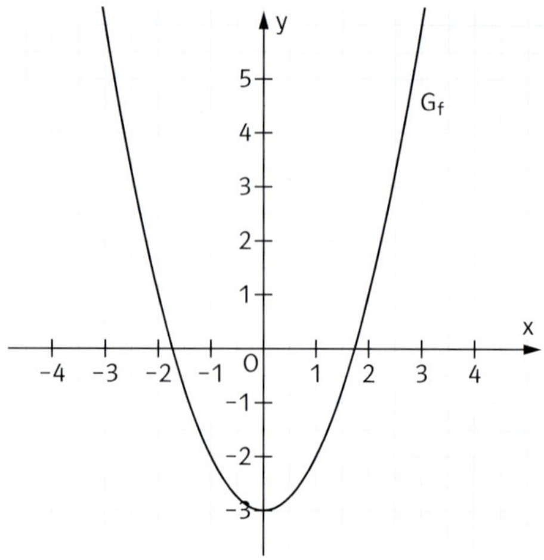

Abbildung 2

2 P (1) *Bestimmen Sie alle Werte von $k \in \mathbb{R}$, für die $\int_0^k f(x)\,dx = 0$ gilt.* — Tipp 6

4 P (2) *Geben Sie jeweils an, für welche $k \geqq 0$ die Beziehungen $\int_0^k f(x)\,dx > 0$ bzw. $\int_0^k f(x)\,dx < 0$ gelten.* — Tipp 7

d) (1) Die Zufallsgröße X ist binomialverteilt mit $n = 10$ und $p = 0{,}8$. Eine der folgenden Abbildungen 3 bis 5 stellt die Wahrscheinlichkeitsverteilung von X dar.

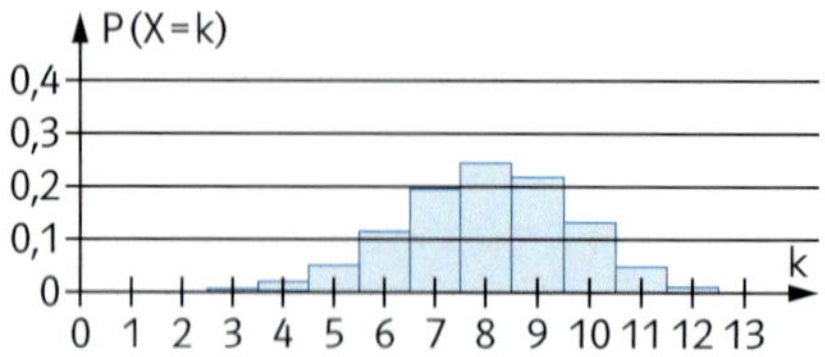

Abbildung 3

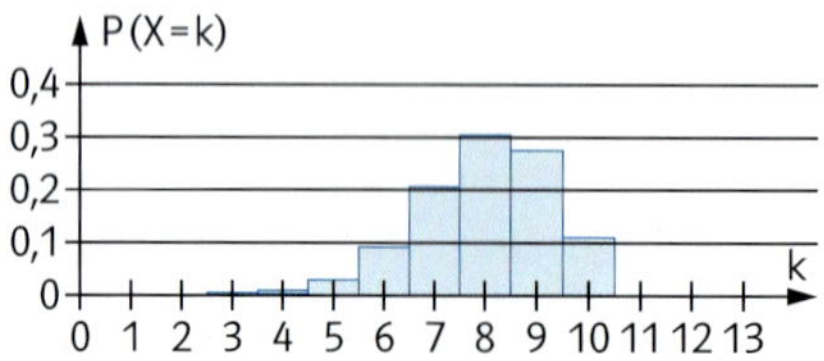

Abbildung 4

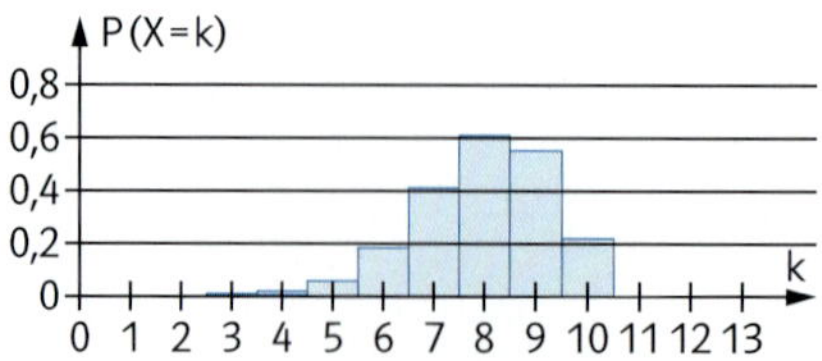

Abbildung 5

4 P *Geben Sie die beiden Abbildungen an, die die Wahrscheinlichkeitsverteilung von X nicht darstellen. Begründen Sie Ihre Angabe.* — Tipp 8

(2) Betrachtet wird die binomialverteilte Zufallsgröße Y mit den Parametern n und p. Es gilt:
- Der Erwartungswert von Y ist 8.
- Die Wahrscheinlichkeitsverteilung von Y ist symmetrisch.

2 P *Ermitteln Sie den Wert von n.* — Tipp 9

Prüfungsteil B (mit Hilfsmittel)

Aufgabe B1

In einem Entwicklungslabor wird der Ladevorgang bei Akkus an verschiedenen Ladegeräten getestet. Der zeitliche Verlauf des Ladezustands für verschiedene Ladegeräte wird durch die Funktionen Q_k mit $Q_k(t) = 1000(1 - e^{-k \cdot t})$, $k \in \mathbb{R}$, $k > 0$ modelliert und ist für $k = 0{,}2$; $k = 0{,}4$; $k = 0{,}6$ und $k = 0{,}95$ in Abbildung 1 dargestellt.

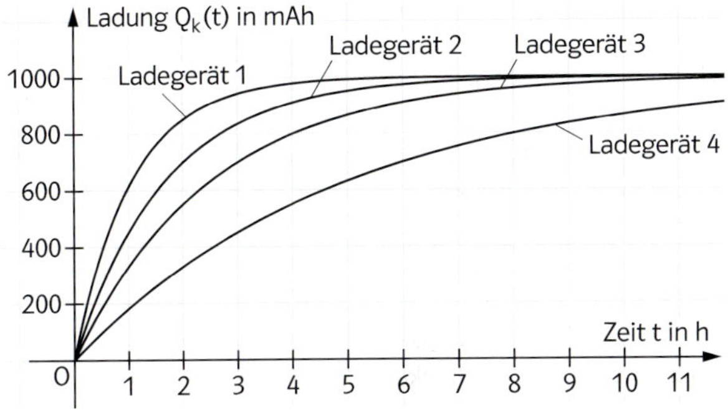

Abbildung 1

Dabei gibt t die seit Beginn des Ladevorgangs vergangene Zeit in Stunden und $Q_k(t)$ die Ladung des Akkus zum Zeitpunkt t (Einheit: mAh) an.

Der Ladevorgang beginnt im Folgenden stets zum Zeitpunkt $t = 0$ und es gilt $Q_k(0) = 0$, d.h., in der Modellierung wird vereinfacht davon ausgegangen, dass die Ladung des Akkus zu Beginn immer den Wert 0 hat.

a) (1) Der Verlauf der Graphen legt die Vermutung nahe, dass sich die Funktionen Q_k für große Werte von t unabhängig von k dem Wert 1000 annähern und ihn nicht überschreiten.

3 P *Entscheiden Sie begründet, ob diese Vermutung wahr ist.* — Tipp 10

Die maximale Ladung, die ein Akku unter idealen Bedingungen aufnehmen kann, wird Kapazität genannt. Im Folgenden haben die betrachteten Akkus jeweils eine Kapazität von 1000 mAh.
Eine Balkenanzeige am Ladegerät signalisiert während des Ladevorgangs den aktuellen Ladezustand des Akkus mit folgenden Symbolen:

kein Balken: Die Ladung beträgt weniger als 33 % der Kapazität.
ein Balken: Die Ladung beträgt mindestens 33 % und weniger als 66 % der Kapazität.
zwei Balken: Die Ladung beträgt mindestens 66 % und weniger als 99 % der Kapazität.
drei Balken: Die Ladung beträgt mindestens 99 % der Kapazität.

(2) *Bestimmen Sie in Abhängigkeit von k, wie lange es ab dem Start dauert, bis die Balkenanzeige den ersten Balken anzeigt.* — Tipp 11
Begründen Sie anschaulich, ggf. mit Abbildung 1, dass die Zeitdauer bis zum Erscheinen eines weiteren Balkens von Balken zu Balken beim selben Ladevorgang immer größer wird. — Tipp 12

5 P

(3) *Bestimmen Sie die Bedeutung größer werdender Werte für den Parameter k im Zusammenhang und geben Sie begründet an, welcher Graph*
3 P *in Abbildung 1 zum Parameter $k = 0,4$ gehört.* — Tipp 13

Die momentane Änderungsrate der Ladung Q_k wird Ladestrom I_k genannt (Einheit: mA). Der Ladestrom wird zur Kontrolle des Ladevorgangs benutzt. In diesem Falle lautet also die Funktionsgleichung für den Ladestrom:
$I_k(t) = Q_k'(t) = 1000 \cdot k \cdot e^{-k \cdot t}$.

b) (1) Um den Akku zu schonen, soll der Ladestrom während des Ladevorgangs nicht zu groß werden.
Begründen Sie, dass der Ladestrom in einem beliebigen Zeitintervall jeweils am Intervallrand maximal ist, — Tipp 14
und geben Sie begründet an, an welchem der beiden Intervallränder das
3 P *Maximum liegt.* — Tipp 15

(2) Für den vorliegenden Akku soll der Ladestrom während des Ladevorgangs den Wert 500 zu keinem Zeitpunkt überschreiten.
Bestimmen Sie, für welche Werte von k die Vorgabe eingehalten wird. — Tipp 16
3 P *Geben Sie an, welche der Ladegeräte aus **a)** die Vorgabe **nicht** erfüllen.* — Tipp 17

(3) Der Ladevorgang wird abgeschaltet, wenn der Ladestrom I_k den Wert $10k$ unterschreitet.
Bestimmen Sie die von k abhängige Dauer eines solchen Ladevorgangs. — Tipp 18
Zeigen Sie, dass die Abschaltbedingung bewirkt, dass der Ladevorgang unabhängig von k immer in dem Moment abgeschaltet wird, wenn die
5 P *Anzeige zum letzten Balken wechselt.* — Tipp 19

c) Ein defektes Ladegerät steuert den Ladestrom fälschlicherweise nach der Funktionsvorschrift $I_d(t) = (100t + 50)e^{-0,4 \cdot t + 0,1}$.
Nach 12 Stunden wird der Ladevorgang an diesem Ladegerät abgebrochen.

(1) *Zeigen Sie rechnerisch, dass die Funktion I_d genau ein lokales Maximum*
7 P *besitzt.* — Tipp 20

(2) *Begründen Sie, dass der Ladestrom I_d während des Ladevorgangs den*
2 P *Wert 150 nie überschreitet.* — Tipp 21

d) Ein Powerladegerät soll den Akku schnell aufladen. Dazu wird der Akku zunächst mit einem konstanten Ladestrom von 500 mA geladen, bis der Akku eine Ladung von 900 mAh erreicht hat. Ab diesem Zeitpunkt t_1 wird der Ladestrom gemäß der Funktion I mit $I(t) = 500e^{-5(t-t_1)}$ verringert bis zum Zeitpunkt t_2, wenn der Wert $I(t_2) = 10$ erreicht wird und der Ladevorgang abgeschaltet wird. Ein solcher Vorgang ist in Abbildung 2 dargestellt.

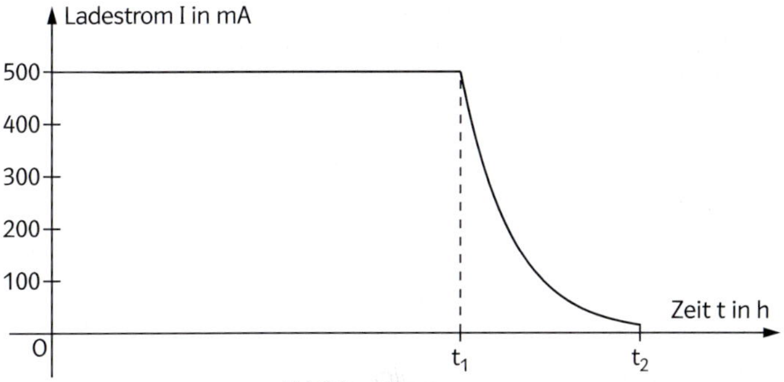

Abbildung 2

4 P (1) *Bestimmen Sie die Dauer des gesamten Ladevorgangs.*
[Kontrollergebnis: ca. 2,58 [Stunden]] — Tipp 22

5 P (2) *Bestimmen Sie die Gesamtladung Q des Akkus am Ende des Ladevorgangs.* — Tipp 23

Aufgabe B2

Gegeben ist die Funktion f mit $f(x) = -\frac{1}{10^6}x^4 + \frac{4}{9375}x^3 - \frac{13}{250}x^2 + \frac{8}{5}x + 140$ mit Definitionsbereich $\mathbb{R}$.

a) 7 P (1) *Berechnen Sie die Koordinaten der Extrempunkte des Graphen von f und bestimmen Sie die Art der Extrempunkte.*
[Zur Kontrolle: Die Extremstellen sind 20, 100 und 200.] — Tipp 24

3 P (2) *Begründen Sie ohne weitere Rechnung, dass die Funktion f genau zwei Wendestellen besitzt.* — Tipp 25

4 P (3) *Geben Sie die Koordinaten des Schnittpunktes des Graphen von f mit der y-Achse an.*
Begründen Sie ohne weitere Rechnung, dass f genau zwei Nullstellen hat. — Tipp 26

5 P **b)** Für $50 < x < 130$ gibt es ein Paar von x-Werten, die sich um 60 unterscheiden und für die die zugehörigen Funktionswerte übereinstimmen.
Bestimmen Sie dieses Paar von x-Werten und geben Sie den zugehörigen Funktionswert an. — Tipp 27

5 P **c)** Der Graph von f schließt mit den Koordinatenachsen und der Geraden mit der Gleichung $x = 240$ ein Flächenstück ein.
Bestimmen Sie eine Gleichung der Geraden, die parallel zur y-Achse verläuft und dieses Flächenstück halbiert. — Tipp 28

d) Für $u = 217$ gilt die nachfolgende Aussage:

$$\frac{1}{2} \cdot u \cdot f(u) + \int_u^{240} f(x)\,dx = \frac{2}{3} \cdot \int_0^{240} f(x)\,dx$$

5 P *Erläutern Sie diese Aussage unter Verwendung einer Skizze.*
Hinweis: Nutzen Sie für die Skizze die nachfolgende *Abbildung*. Tipp 29

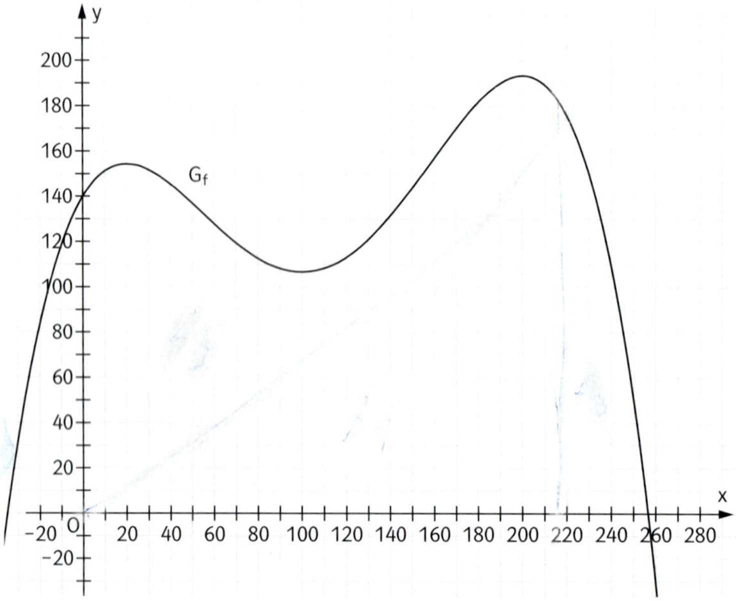

Diabetespatientinnen und -patienten haben die Möglichkeit, mithilfe sogenannter CGM-Geräte ihren Glukosewert, d.h. die Konzentration der Glukose im Blut, ständig zu messen.
Die gegebene Funktion f beschreibt für $0 \leq x \leq 240$ modellhaft die Entwicklung des Glukosewerts eines Patienten. Dabei ist x die seit Beobachtungsbeginn vergangene Zeit in Minuten und f(x) der Glukosewert in Milligramm pro Deziliter $\left(\frac{mg}{dl}\right)$.

e) Hohe Glukosewerte über längere Zeit gelten als Risikofaktor.
5 P *Ermitteln Sie für den betrachteten Zeitraum, wie lange Glukosewerte über $170\,\frac{mg}{dl}$ gemessen wurden.* Tipp 30

f) *Bestimmen Sie für den betrachteten Zeitraum denjenigen Zeitpunkt, zu dem*
6 P *der Glukosewert am stärksten ansteigt.* Tipp 31

Aufgabe B3

Das Gebäude eines Museums kann modellhaft durch den abgebildeten Körper ABCDEFG dargestellt werden.
Die obere Etage entspricht dabei der Pyramide DEFG, die untere Etage dem Körper ABCDEF, der Teil der Pyramide DEFS ist. Die Ebene, in der das Dreieck ABC liegt, beschreibt die ebene, horizontale Oberfläche des Untergrunds. Das Dreieck DEF liegt parallel zu dieser Ebene.
In einem kartesischen Koordinatensystem gilt für die Lage einiger der genannten Punkte: $A(-5|5|0)$, $B(-5|25|0)$, $D(0|0|15)$, $E(0|30|15)$, $F(-25|5|15)$ und $G(-10|10|35)$.
Eine Längeneinheit im Koordinatensystem entspricht 1 m in der Realität.

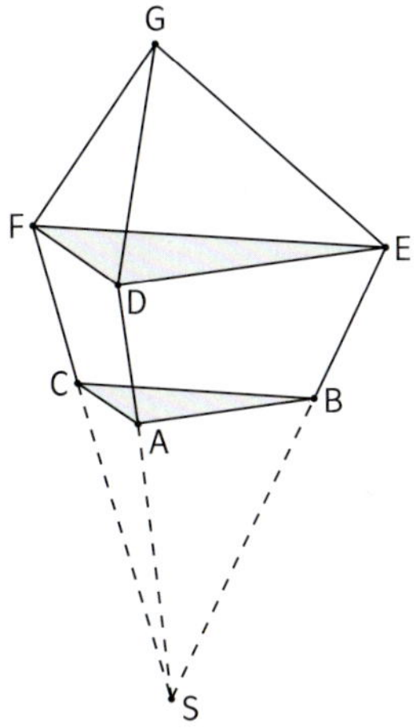

Abbildung 1

a) Die folgenden Rechnungen zeigen ein mögliches Vorgehen zur Ermittlung der Koordinaten von S:

$$\begin{pmatrix}0\\0\\15\end{pmatrix} + r \cdot \begin{pmatrix}-5\\5\\-15\end{pmatrix} = \begin{pmatrix}0\\30\\15\end{pmatrix} + s \cdot \begin{pmatrix}-5\\-5\\-15\end{pmatrix} \quad \Leftrightarrow \quad r = s = 3,$$

$$\begin{pmatrix}0\\0\\15\end{pmatrix} + 3 \cdot \begin{pmatrix}-5\\5\\-15\end{pmatrix} = \begin{pmatrix}-15\\15\\-30\end{pmatrix}, \text{ d.h. } S(-15|15|-30).$$

6 P *Erläutern Sie das dargestellte Vorgehen.* Tipp 32

b) (1) *Weisen Sie nach, dass die Bodenfläche der oberen Etage nicht rechtwinklig ist.* 4 P Tipp 33

(2) *Bestimmen Sie für das Dreieck DEF die Größe des Innenwinkels ε bei E sowie die Länge der Höhe h zur Seite $\overline{EF}$.* 5 P Tipp 34 Tipp 35
[Zur Kontrolle: $\varepsilon = 45°$; $h = 15\sqrt{2}$]

(3) *Begründen Sie, dass der Abstand des Punktes G zur Ebene durch DEF direkt aus den Koordinaten der entsprechenden Punkte ermittelt werden kann, und geben Sie diesen Abstand an.* 2 P Tipp 36

(4) Für die obere Etage wird eine Anlage zur Entfeuchtung der Luft installiert, die für 100 m³ Rauminhalt eine elektrische Leistung von 0,8 Kilowatt benötigt.
Weisen Sie nach, dass für den Betrieb der Anlage eine Leistung von 25 Kilowatt ausreichend ist. 4 P Tipp 37

c) (1) *Weisen Sie nach, dass die Gerade AG und die Ebene, in der das Dreieck DEF liegt, sich im Punkt $R\left(-\frac{50}{7}\middle|\frac{50}{7}\middle|15\right)$ schneiden.* 4 P Tipp 38

(2) *Bestimmen Sie eine Koordinatenform der Ebene U, in der das Dreieck EFG liegt.* 3 P Tipp 39
[Zur Kontrolle: U: $2x_1 - 2x_2 - x_3 = -75$]

(3) An einer Metallstange, die durch die Strecke $\overline{RG}$ dargestellt wird, ist im Punkt Q ein Scheinwerfer befestigt, dessen Größe vernachlässigt werden soll. Der Scheinwerfer beleuchtet aus einer Entfernung von 5 m diejenige Wand, die im Modell durch das Dreieck EFG dargestellt wird.

Zeigen Sie, dass der Punkt Q mit den Koordinaten $Q\left(\frac{-95}{11}\middle|\frac{95}{11}\middle|\frac{280}{11}\right)$ auf der Strecke $\overline{RG}$ liegt — Tipp 40

8 P *und einen Abstand von 5 m zur Ebene U hat.* — Tipp 41

Der seitliche Eingangsbereich des Museums wird durch das Viereck ABDE modelliert.

Der Architekt plant für diesen Bereich eine dreieckige Überdachung. Eine mögliche Überdachung wird durch das Dreieck DHE modelliert. Diese Überdachung ist in der Abbildung 2, allerdings von einer anderen Seitenansicht als in der Abbildung 1, dargestellt.

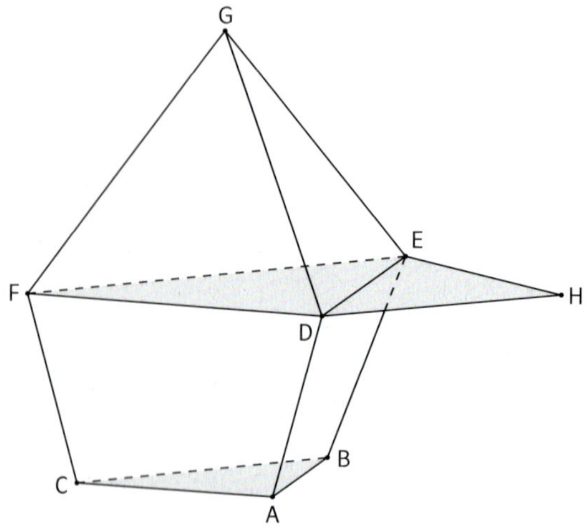

Abbildung 2

d) Die Planung sieht vor, dass das Dreieck DEH in der gleichen Ebene wie das Dreieck DEF liegt. Des Weiteren sollen die Koordinaten des Punktes H so gewählt werden, dass das Dreieck DEH ein gleichschenkliges Dreieck mit der Basis $\overline{DE}$ ist.

Beurteilen Sie die Aussage, dass der Ortsvektor des Punktes H folgende Gleichung erfüllt:

8 P $\overrightarrow{OH} = \begin{pmatrix} 0 \\ 15 \\ 15 \end{pmatrix} + a \cdot \begin{pmatrix} 1 \\ 0 \\ 0 \end{pmatrix} = \begin{pmatrix} a \\ 15 \\ 15 \end{pmatrix};\ a \in \mathbb{R}$ — Tipp 42

Aufgabe B4

Die Einfahrt zu einem Parkhaus bietet vor der Schranke Platz für maximal drei wartende Autos. Sind diese drei Plätze besetzt, so kann ein ankommendes Auto nicht von der Straße in die Einfahrt zum Parkhaus einbiegen, sondern muss weiterfahren (siehe Abbildung).

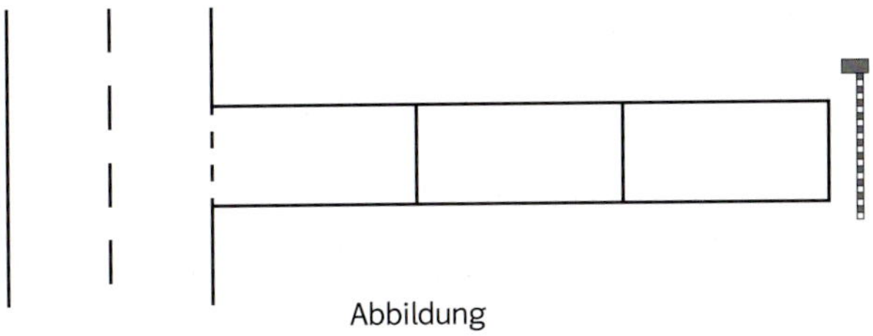

Abbildung

Die Entwicklung der Warteschlange vor der Schranke kann durch einen stochastischen Prozess beschrieben werden. Dieser stochastische Prozess besitzt die vier Zustände Z_0: „kein Auto steht in der Einfahrt" bis Z_3: „drei Autos stehen in der Einfahrt".
Es wird angenommen, dass maximal ein Auto pro Minute in die Einfahrt zum Parkhaus einbiegt und auch maximal ein Auto pro Minute die Schranke passieren und in das Parkhaus fahren kann („Schranke öffnet").
Wenn in der Einfahrt mindestens ein Platz frei ist, beträgt die Wahrscheinlichkeit für das Einbiegen eines Autos in die Einfahrt in jeder Minute stets $p_1 = 0{,}3$. Vereinfachend wird angenommen, dass sich unabhängig von der bisherigen Wartezeit die Schranke in jeder Minute mit der Wahrscheinlichkeit $p_2 = 0{,}6$ öffnet, sodass ein Auto ins Parkhaus fahren kann. Ein Auto, das in die Einfahrt biegt, kann nicht in derselben Minute weiter ins Parkhaus fahren.

a) Angenommen der Prozess befindet sich im Zustand Z_3. Der Prozess verbleibt in diesem Zustand,
… wenn ein Auto ins Parkhaus fährt („Schranke öffnet") und gleichzeitig ein neues Auto ankommt,
… wenn kein Auto aus der Warteschlange ins Parkhaus fahren kann („Schranke geschlossen").

Der Prozess befindet sich im Zustand Z_3.

4 P (1) *Geben Sie die fehlenden Wahrscheinlichkeiten im Baumdiagramm an.* Tipp 43

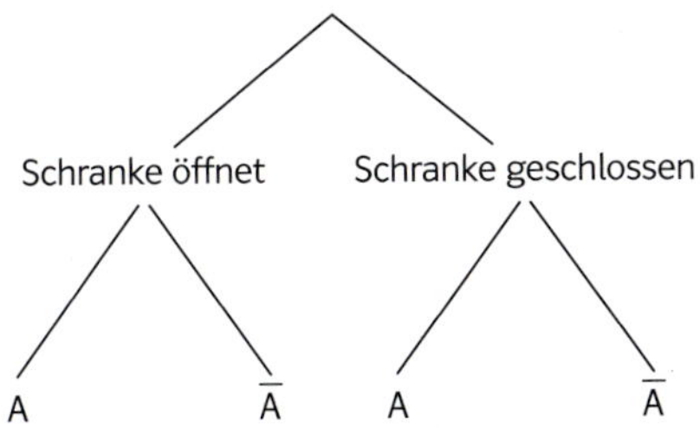

A: ein Auto biegt in die Einfahrt ein

$\overline{A}$: kein Auto biegt in die Einfahrt ein

3 P (2) *Leiten Sie her: Die Wahrscheinlichkeit, dass der Prozess in der nächsten Minute im Zustand Z_3 bleibt, beträgt $p = 0{,}58$.* Tipp 44

Die Wahrscheinlichkeit für die Veränderung des Prozesses von einer Minute zur nächsten wird vollständig beschrieben durch die Übergangsmatrix U.

$$\begin{array}{c} \text{von} \quad Z_0 \quad Z_1 \quad Z_2 \quad Z_3 \quad \text{nach} \\ U = \begin{pmatrix} 0{,}7 & 0{,}42 & 0 & 0 \\ 0{,}3 & 0{,}46 & 0{,}42 & 0 \\ 0 & 0{,}12 & 0{,}46 & 0{,}42 \\ 0 & 0 & 0{,}12 & 0{,}58 \end{pmatrix} \begin{matrix} Z_0 \\ Z_1 \\ Z_2 \\ Z_3 \end{matrix} \end{array}$$

6 P (3) *Leiten Sie die in der zweiten Spalte der Matrix U angegebenen Wahrscheinlichkeiten her.* — Tipp 45

b) Zu einem bestimmten Zeitpunkt steht kein Auto in der Einfahrt.

(1) *Bestimmen Sie die Wahrscheinlichkeit,*
- (i) *dass nach 10 Minuten drei Autos in der Einfahrt stehen,* — Tipp 46
- (ii) *dass nach fünf Minuten weniger als zwei Autos in der Einfahrt stehen,* — Tipp 47
- (iii) *dass in den nächsten drei Minuten zu keinem Zeitpunkt ein Auto in der Einfahrt steht.* — Tipp 48

11 P

(2) *Untersuchen Sie, ausgehend von der Startverteilung* $\vec{x_0} = \begin{pmatrix} 1 \\ 0 \\ 0 \\ 0 \end{pmatrix}$ *die langfristige Entwicklung der Wahrscheinlichkeitsverteilung* — Tipp 49
und entscheiden Sie begründet, ob der Bereich für wartende Autos vergrößert werden soll. — Tipp 50

5 P

c) Ein stochastischer Prozess mit den Zuständen Z_0 bis Z_2 und der Übergangswahrscheinlichkeit k mit $0 \leq k \leq 0{,}5$ in benachbarte Zustände wird durch folgende Übergangsmatrix M_k dargestellt:

$$M_k = \begin{pmatrix} 1-k & k & 0 \\ k & 1-2k & k \\ 0 & k & 1-k \end{pmatrix}$$

(1) Eine Matrix ist doppeltstochastisch genau dann, wenn Zeilen- und Spaltensummen jeweils 1 betragen und alle Elemente der Matrix zwischen 0 und 1 liegen.
Damit handelt es sich bei M_k um eine doppeltstochastische Matrix.
Prüfen Sie für $k = 0{,}4$, *ob* $(M_{0,4})^2$ *ebenfalls eine doppeltstochastische Matrix ist.* — Tipp 51

5 P

(2) *Zeigen Sie: Es existiert eine Wahrscheinlichkeitsverteilung* $\vec{x}$, *so dass* $M_k \cdot \vec{x} = \vec{x}$ *gilt.*
Geben Sie diese Wahrscheinlichkeitsverteilung an. — Tipp 52

6 P

Aufgabe B5

a) Ein Unternehmen stellt Kunststoffteile her. Erfahrungsgemäß sind 4 % der hergestellten Teile fehlerhaft. Die Anzahl fehlerhafter Teile unter zufällig ausgewählten Teilen kann als binomialverteilt angenommen werden.

(1) 800 Kunststoffteile werden zufällig ausgewählt.
Bestimmen Sie für die folgenden Ereignisse jeweils die Wahrscheinlichkeit:
A: „Genau 30 der Teile sind fehlerhaft." — Tipp 53
5 P B: „Mindestens 5 % der Teile sind fehlerhaft." — Tipp 54

(2) *Ermitteln Sie, wie viele Kunststoffteile mindestens zufällig ausgewählt werden müssen, damit davon mit einer Wahrscheinlichkeit von mindestens 95 % mindestens 100 Teile keinen Fehler haben.* — 5 P — Tipp 55

Die Kunststoffteile werden aus Kunststoffgranulat hergestellt. Nach einem Wechsel des Granulats vermutet der Produktionsleiter, dass sich der Anteil der fehlerhaften Teile reduziert hat. Um einen Anhaltspunkt dafür zu gewinnen, ob die Vermutung gerechtfertigt ist, soll die Nullhypothese „Der Anteil der fehlerhaften Teile beträgt mindestens 4 %" auf der Grundlage einer Stichprobe von 500 Teilen auf einem Signifikanzniveau von 5 % getestet werden.

6 P (3) *Bestimmen Sie die zugehörige Entscheidungsregel.* — Tipp 56

(4) Das neue Granulat ist teurer als das vorherige.
Geben Sie an, welche Überlegung zur Wahl der Nullhypothese geführt haben könnte, und begründen Sie Ihre Angabe. — 4 P — Tipp 57

(5) *Interpretieren Sie den Fehler 2. Art im Sachzusammenhang* — Tipp 58
und bestimmen Sie seine Wahrscheinlichkeit, wenn in Wirklichkeit nur 2 % der Teile fehlerhaft sind. — 5 P — Tipp 59

b) Für ein Spiel wird ein Glücksrad verwendet, das drei farbige Sektoren hat. Der Tabelle können die Farben der Sektoren und die Größe der zugehörigen Mittelpunktswinkel entnommen werden.

Farbe	Blau	Rot	Grün
Mittelpunktswinkel	180°	120°	60°

Für einen Einsatz von 5 Euro darf ein Spieler das Glücksrad dreimal drehen. Erzielt der Spieler dreimal die gleiche Farbe, werden ihm 10 Euro ausgezahlt. Erzielt er drei verschiedene Farben, wird ein anderer Betrag ausgezahlt. In allen anderen Fällen erfolgt keine Auszahlung.
Die Wahrscheinlichkeit dafür, dass dreimal die gleiche Farbe erzielt wird, ist $\frac{1}{6}$.

(1) *Zeigen Sie, dass die Wahrscheinlichkeit dafür, dass drei verschiedene Farben erzielt werden, ebenfalls $\frac{1}{6}$ beträgt.* — 4 P — Tipp 60

(2) Bei dem Spiel ist zu erwarten, dass sich die Einsätze der Spieler und die Auszahlungen auf lange Sicht ausgleichen.
5 P *Bestimmen Sie den Betrag, der ausgezahlt wird, wenn drei verschiedene Farben erscheinen.* — Tipp 61

(3) Die Größen der Sektoren werden geändert. Dabei wird der blaue Sektor vergrößert.
Die Abbildung zeigt einen Teil eines Baumdiagramms, das für das geänderte Glücksrad die drei Drehungen beschreibt. Ergänzend ist für einen Pfad die zugehörige Wahrscheinlichkeit angegeben.

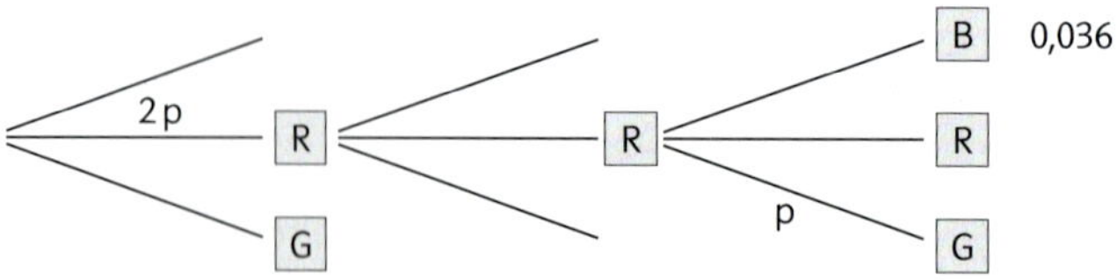

6 P *Bestimmen Sie die Größe des zum blauen Sektor gehörenden Mittelpunktswinkels.* — Tipp 62

Tipps

Folgende Tipps geben eine erste Hilfestellung:

Tipp 1	Überlegen Sie, wie man den Schnittpunkt zweier Geraden bestimmt.
Tipp 2	Welche mathematische Bedingung muss gelten, damit zwei Geraden senkrecht zueinander verlaufen?
Tipp 3	Bestimmen Sie eine Parametergleichung der Ebene, die die beiden sich schneidenden Geraden enthält.
Tipp 4	Setzen Sie die Funktionsterme der Funktionen f und g gleich.
Tipp 5	Überlegen Sie, welches Flächenstück gemeint sein könnte.
Tipp 6	Wie bestimmt man mithilfe der Integralrechnung das Flächenmaß einer Fläche, die der Graph einer Funktion f mit der x-Achse einschließt?
Tipp 7	Beachten Sie, dass die Lage des Funktionsgraphen entscheidend das Vorzeichen eines Integralwerts beeinflusst.
Tipp 8	Beachten Sie die möglichen Treffer-Anzahlen und die Summe aller Wahrscheinlichkeiten.
Tipp 9	Wie berechnet man den Erwartungswert einer binomialverteilten Zufallsvariablen?
Tipp 10	Betrachten Sie den Verlauf der Graphen der Ladegeräte eins bis vier.
Tipp 11	Stellen Sie eine Gleichung auf, die die Zeit bis zur Anzeige des 1. Balkens beschreibt.
Tipp 12	Betrachten Sie den Verlauf des Graphen hinsichtlich seiner Steigung.
Tipp 13	Welche Bedeutung hat der Parameter k?
Tipp 14	Es soll eine Aussage über das Maximum der Funktion I_k getroffen werden.
Tipp 15	Es soll eine Aussage über das Maximum der Funktion I_k getroffen werden.
Tipp 16	Stellen Sie eine Ungleichung mit den entsprechenden Bedingungen auf.
Tipp 17	Ordnen Sie $k = 0{,}2$; $k = 0{,}6$ und $k = 0{,}95$ den entsprechenden Ladegeräten zu.
Tipp 18	Stellen Sie eine Gleichung mit den entsprechenden Bedingungen auf.
Tipp 19	Berechnen Sie mithilfe von Q_k die Kapazität.
Tipp 20	Begründet werden soll ein lokales Maximum.
Tipp 21	Berechnen Sie die maximale Ladung.
Tipp 22	Berechnet werden soll die zeitliche Länge des Ladevorgangs.
Tipp 23	Berechnen Sie die Gesamtladung des Geräts unter Berücksichtigung der Ladung von 900 mAh.
Tipp 24	Berechnen Sie (ohne Verwendung des GTR) die lokalen Extrempunkte der Funktion f.
Tipp 25	Welche Eigenschaft zeigt der Graph einer Funktion an einer Wendestelle?

Tipp 26	Bestimmen Sie anhand des Funktionsterms das Verhalten des Graphen von f für sehr große bzw. sehr kleine x-Werte.
Tipp 27	Veranschaulichen Sie sich die Fragestellung z.B. anhand der in Teilaufgabe d) angegebenen Skizze des Graphen der Funktion f.
Tipp 28	Überlegen Sie, wie man das Maß der Fläche, die der Graph von f mit der x-Achse im Intervall $[0;240]$ einschließt, mithilfe eines Integrals bestimmen kann.
Tipp 29	Zeichnen Sie in die beigefügte Skizze Hilfslinien bei $x = u$ $(u \approx 217)$ sowie $x = 240$ ein.
Tipp 30	Die Glukosewerte werden durch die Funktionswerte der Funktion f angegeben.
Tipp 31	Die Veränderung der Glukosewerte wird durch die Ableitungsfunktion f′ angezeigt.
Tipp 32	Der Punkt S ist der Schnittpunkt von Geraden.
Tipp 33	In einem rechtwinkligen Dreieck stehen zwei der drei Seitenvektoren senkrecht aufeinander.
Tipp 34	Der Winkel ε wird durch die Seitenvektoren $\overrightarrow{ED}$ und $\overrightarrow{EF}$ eingeschlossen. Überlegen Sie, wie man den Winkel zwischen zwei Vektoren bestimmt.
Tipp 35	Eine Höhe im Dreieck DEF ist die Senkrechte von D auf die Dreiecksseite $\overline{EF}$. Diese trifft im Punkt N auf Seite $\overline{EF}$. Es entsteht ein rechtwinkliges Dreieck DEN mit der Hypothenuse $\overline{DE}$ und dem Winkel ε.
Tipp 36	Welche Gemeinsamkeit weisen die Koordinaten der drei Punkte D, E und F auf?
Tipp 37	Gesucht ist zunächst das Volumen der Pyramide DEFG.
Tipp 38	Bestimmen Sie einen Normalenvektor der Ebene, in der sich das Dreieck DEF befindet. Nutzen Sie die besondere Lage dieser Ebene im Koordinatensystem aus. Ermitteln Sie die Geradengleichung der Geraden g_{AG}.
Tipp 39	Leiten Sie mithilfe der Koordinaten der Punkte E, F und G eine Parameterform der Ebene U her.
Tipp 40	Veranschaulichen Sie sich den Sachverhalt der Aufgabe an der Abbildung der Aufgabenstellung.
Tipp 41	Stellen Sie mithilfe des in (2) für die Ebene U bestimmten Normalenvektors die Gleichung einer durch Q verlaufenden Lotgeraden zu U auf.
Tipp 42	Das Dreieck DEH ist gleichschenklig mit der Basis $\overline{DE}$. Die Höhe h_{DE} von Punkt H auf die Basis $\overline{DE}$ verläuft somit von H zu dem Mittelpunkt M von $\overline{DE}$. Bestimmen Sie die Koordinaten des Punktes M.
Tipp 43	Nur wenn die Schranke sich öffnet, kann ein Auto in das Parkhaus fahren.
Tipp 44	Beachten Sie, dass es zwei Möglichkeiten dafür gibt, dass der Prozess im Zustand Z_3 bleibt.
Tipp 45	In der zweiten Spalte von U stehen die Wahrscheinlichkeiten für einen Übergang vom Zustand Z_1 in die Zustände Z_i $(i = 0; 1; 2; 3)$.
Tipp 46	Wie lautet die Startverteilung, wenn kein Auto in der Einfahrt steht?
Tipp 47	Wie lautet die Startverteilung, wenn kein Auto in der Einfahrt steht?

Tipp 48	Das Ereignis tritt dann ein, wenn in den nächsten drei Minuten jeweils kein Auto in die Einfahrt einbiegt.
Tipp 49	Bestimmen Sie mit Ihrem GTR die Verteilung z. B. nach 100 Minuten und nach 101 Minuten.
Tipp 50	Man sollte den Wartebereich nur dann vergrößern, falls die Wahrscheinlichkeit für drei wartende Autos in der Einfahrt auf lange Sicht groß ist.
Tipp 51	Berechnen Sie die Matrix $(M_{0,4})^2$.
Tipp 52	Die Bedingung $M_k \cdot \vec{x} = \vec{x}$ führt auf ein LGS für die Variablen x_1, x_2 und x_3.
Tipp 53	Die Zufallsvariable X: „Anzahl der fehlerhaften Teile in der Stichprobe" ist binomialverteilt mit $p = 0{,}04$ und $n = 800$.
Tipp 54	Berechnen Sie zunächst 5 % von 800.
Tipp 55	Die Zufallsvariable Y: „Anzahl der Teile in der Stichprobe, die keinen Fehler haben" ist binomialverteilt mit $p = 0{,}96$ und $n = 800$.
Tipp 56	Es handelt sich hier um einen linksseitigen Signifikanztest.
Tipp 57	Mithilfe des Signifikanzniveaus begrenzt man die Wahrscheinlichkeit, einen Fehler 1. Art zu begehen, auf höchstens 5 %.
Tipp 58	Ein Fehler 2. Art tritt auf, falls die Nullhypothese H_0 falsch ist, H_0 jedoch aufgrund des Testergebnisses nicht abgelehnt wird.
Tipp 59	Die Zufallsvariable X: „Anzahl der fehlerhaften Teile in der Stichprobe" ist binomialverteilt mit $p = 0{,}02$ und $n = 800$.
Tipp 60	Auf wie viele Arten lassen sich die drei Farben anordnen? Zeichnen Sie, falls nötig, die entscheidenden Pfade eines geeigneten Baumdiagramms.
Tipp 61	X beschreibt die Auszahlung in Euro bei diesem Spiel. Sei a der Betrag in Euro, der bei drei verschiedenen Farben ausgezahlt wird. Stellen Sie einen Term für die Berechnung des Erwartungswertes von X in Abhängigkeit von a auf.
Tipp 62	Bestimmen Sie einen Term mit der Variablen p, mit dessen Hilfe man die Wahrscheinlichkeit für das Ergebnis „blau" berechnen kann.

Folgende Tipps geben eine weitere Hilfestellung:

Tipp 1	Welche Besonderheit weisen die Parameterformen der beiden Geradengleichungen auf?
Tipp 2	Die Richtungsvektoren der Geraden bestimmen, ob die Geraden senkrecht zueinander stehen.
Tipp 3	Ermitteln Sie einen Normalenvektor zu der Ebene, die die beiden Geraden enthält. Achten Sie auf die besondere Struktur der beiden Richtungsvektoren.
Tipp 4	Lösen Sie die entsprechende Exponentialgleichung. Beachten Sie dabei die Eigenschaften der Exponentialfunktionen.

Tipp 5	Stellen Sie die Integralfunktion zur Berechnung der Fläche zwischen zwei Graphen auf.
Tipp 6	Der orientierte Flächeninhalt über dem Intervall $[0;k]$ muss den Wert 0 haben. Man sagt auch: Die „Flächeninhaltsbilanz" muss 0 sein.
Tipp 7	Wenn der Graph einer Funktion f mit der x-Achse eine Fläche einschließt, die sich im Intervall $[a;b]$ vollständig oberhalb der x-Achse befindet, so gilt: $\int_a^b f(x)\,dx > 0$. Wenn der Graph einer Funktion f mit der x-Achse eine Fläche einschließt, die sich im Intervall $[a;b]$ vollständig unterhalb der x-Achse befindet, so gilt: $\int_a^b f(x)\,dx < 0$.
Tipp 8	Die maximale Treffer-Anzahl beträgt 10. Wodurch unterschieden sich die Abbildungen 4 und 5?
Tipp 9	Wenn die dargestellte Wahrscheinlichkeitsverteilung symmetrisch ist, dann muss $p = 0{,}5$ sein.
Tipp 10	Betrachten Sie den Grenzwert der Funktion Q_k für $t \to \infty$.
Tipp 11	Lösen Sie die Gleichung $Q_k(t) = 330$.
Tipp 12	Wie verändert sich die Steigung jedes Graphen im Verlauf der Zeit?
Tipp 13	Welche Bedeutung hat ein größer werdender Parameter k für die Ladegeschwindigkeit des Akkus?
Tipp 14	Bilden Sie die Ableitung der Funktion I_k.
Tipp 15	Interpretieren Sie die Ableitung bzgl. der Monotonie von I_k.
Tipp 16	Lösen Sie die Ungleichung $I_k(t) \leqq 500$.
Tipp 17	Vergleichen Sie die Lösung der Ungleichung mit den Parameterwerten der verschiedenen Ladegeräte.
Tipp 18	Die Bedingung lautet $I_k(t) = 10k$.
Tipp 19	Berechnen Sie den Funktionswert von Q_k an der Stelle t.
Tipp 20	Bestimmen Sie die 1. und 2. Ableitung der Funktion I_d unter Zuhilfenahme von Faktor- und Produktregel und verwenden Sie die notwendige und hinreichende Bedingung zur Feststellung einer lokalen Extremstelle.
Tipp 21	Berechnen Sie $I_d(2)$.
Tipp 22	Setzen Sie $I(t_2) = I(t)$.
Tipp 23	Stellen Sie eine Integralfunktion auf.
Tipp 24	Ermitteln Sie die 1. und 2. Ableitung der Funktion f und verwenden Sie die notwendige und hinreichende Bedingung zur Bestimmung der lokalen Extrempunkte.
Tipp 25	Beachten Sie das Krümmungsverhalten eines Funktionsgraphen in seinem Hoch- bzw. seinem Tiefpunkt. Leiten Sie aus der Anzahl der Hoch- bzw. Tiefpunkte her, wie viele Wendestellen der Graph der ganzrationalen Funktion f mindestens aufweisen muss.
Tipp 26	Verdeutlichen Sie sich die Lage des Schnittpunkts mit der y-Achse sowie der Hoch- bzw. Tiefpunkte des Graphen von f im Koordinatensystem.

Tipp 27 Gesucht sind zwei x-Werte im Intervall $(50;130)$, die sich um 60 unterscheiden, und für die die Funktion f denselben Funktionswert aufweist.

Tipp 28 Der Bereich $[0;240]$ soll zu einem Intervall $[0;k]$ (wobei $k < 240$) verkleinert werden, sodass das von dem Graphen von f und der x-Achse eingeschlossene Flächenstück halb so groß ist.

Tipp 29 Beachten Sie, dass durch den Term $\frac{1}{2}u \cdot f(u)$ der Flächeninhalt eines Dreiecks beschrieben wird.

Tipp 30 Wenn $f(x) > 170$ ist, d.h. wenn der Graph von f oberhalb einer Geraden mit der Gleichung $y = 170$ liegt, liegen zu hohe Glukosewerte vor. Die Schnittstellen dieser Geraden mit dem Graphen legen somit den kritischen Bereich fest.

Tipp 31 Bestimmen Sie das lokale Maximum der Funktion f′ im betrachteten Zeitintervall $(0;240)$.

Tipp 32 Denken Sie an das Verfahren zur Ermittlung des Schnittpunkts zweier Geraden, die in Parameterform gegeben sind.

Tipp 33 Ermitteln Sie aus den Koordinaten der drei Eckpunkte D, E, F die Seitenvektoren des Dreiecks und nutzen Sie das Skalarprodukt zur Prüfung der Orthogonalität aus.

Tipp 34 Verwenden Sie die Definition des Skalarprodukts $\vec{a} \cdot \vec{b} = |\vec{a}| \cdot |\vec{b}| \cdot \cos\sphericalangle(\vec{a}, \vec{b})$ zur Berechnung des Winkels ε.

Tipp 35 Überlegen Sie, wie der Sinus bzw. Kosinus eines Winkels in einem rechtwinkligen Dreieck definiert sind.

Tipp 36 Charakterisieren Sie die besondere Lage der drei Punkte D, E und F im Koordinatensystem und leiten Sie daraus eine einfache Möglichkeit her, den Abstand des Punktes G von dem Dreieck DEF zu ermitteln.

Tipp 37 Für das Volumen der Pyramide DEFG gilt: $V = \frac{1}{3} \cdot G \cdot h_{Pyramide}$. G entspricht der Fläche des Dreiecks DEF und $h_{Pyramide}$ entspricht der Höhe der Pyramide. Beachten Sie bei der Bestimmung von G und $h_{Pyramide}$ die vorherigen Aufgabenteile (1) und (2).

Tipp 38 Leiten Sie mithilfe des Normalenvektors die Normalenform bzw. die Koordinatenform der Ebene, in der sich das Dreieck DEF befindet, her. Ein beliebiger Punkt auf der Geraden g_{AG} hat die Koordinaten $(-5-5s \mid 5+5s \mid 35s)$. Setzen Sie diese Koordinaten in die Koordinatenform der Ebene ein.

Tipp 39 Ein Normalenvektor der Ebene U steht senkrecht auf den beiden Richtungsvektoren der Ebene.

Tipp 40 Stellen Sie eine Parameterform für die Gerade g_{RG} auf und schränken Sie den Parameter so ein, dass man die Punkte der Strecke $\overline{RG}$ erhält. Führen Sie eine Punktprobe für den Punkt Q durch.

Tipp 41 Bestimmen Sie den Schnittpunkt der Lotgeraden mit der Ebene U und schließen Sie dann auf den Abstand des Punktes Q zur Ebene U.

Tipp 42 Welche Koordinaten muss der Höhenvektor $\vec{h} = \overrightarrow{HM}$ aufweisen, wenn dieser Vektor (wie auch das Dreieck EDH) parallel zu der x_1x_2-Ebene liegt und er zudem senkrecht auf dem Seitenvektor $\overrightarrow{DE}$ steht?

Tipp 43 Die Schranke öffnet sich mit einer Wahrscheinlichkeit von 0,6. Eine geschlossene Schranke ist das Gegenereignis zu einer geöffneten Schranke.

Tipp 44	Der Prozess bleibt im Zustand Z_3, falls die Schranke geschlossen bleibt oder falls sich die Schranke öffnet und ein weiteres Auto in die Einfahrt einbiegt.
Tipp 45	Damit der Prozess von Zustand Z_1 nach Zustand Z_0 übergeht, muss sich die Schranke öffnen und es darf kein weiteres Auto in die Einfahrt einbiegen. Warum ist der Übergang von Zustand Z_1 nach Zustand Z_3 nicht möglich?
Tipp 46	Die Startverteilung lautet $\overrightarrow{x_0} = \begin{pmatrix} 1 \\ 0 \\ 0 \\ 0 \end{pmatrix}$. Berechnen Sie $U^{10} \cdot \overrightarrow{x_0}$.
Tipp 47	Die Startverteilung lautet $\overrightarrow{x_0} = \begin{pmatrix} 1 \\ 0 \\ 0 \\ 0 \end{pmatrix}$. Berechnen Sie $U^{5} \cdot \overrightarrow{x_0}$.
Tipp 48	Die Wahrscheinlichkeit, dass in einer Minute kein Auto in die Einfahrt einbiegt, beträgt 0,7.
Tipp 49	Berechnen Sie $U^{100} \cdot \overrightarrow{x_0}$ und $U^{101} \cdot \overrightarrow{x_0}$.
Tipp 50	Vergleichen Sie die Wahrscheinlichkeiten, dass nach z. B. 100 Minuten drei Autos in der Warteschlange stehen mit der Wahrscheinlichkeit, dass kein Auto in der Einfahrt steht.
Tipp 51	Alle Matrixelemente müssen im Intervall $[0;1]$ liegen. Berechnen Sie die Zeilensummen und die Spaltensummen von $(M_{0,4})^2$.
Tipp 52	Betrachten Sie zunächst den Fall $k = 0$ und dann den Fall $k \neq 0$. Beachten Sie, dass zudem $x_1 + x_2 + x_3 = 1$ gelten muss.
Tipp 53	Berechnen Sie $P(X = 30)$.
Tipp 54	Berechnen Sie $P(X \geqq 40)$.
Tipp 55	Es muss gelten: $P(Y \geqq 100) \geqq 0{,}95$. Beachten Sie, dass $P(Y \geqq 100) = 1 - P(Y \leqq 99)$ gilt.
Tipp 56	X: „Anzahl der fehlerhaften Teile in der Stichprobe" ist im Extremfall binomialverteilt mit $n = 500$ und $p = 0{,}04$.
Tipp 57	Ein Fehler 1. Art entsteht hier, falls tatsächlich die Hypothese $H_0 (p \geqq 0{,}04)$ gilt, man aber H_0 aufgrund des Testergebnisses ablehnt.
Tipp 58	Falls H_0 falsch ist, dann ist das teurere Granulat besser als das bisherige Granulat.
Tipp 59	Berechnen Sie $P(X \geqq 13)$.
Tipp 60	Berechnen Sie die Wahrscheinlichkeit für das Ereignis „blau – rot – grün" mithilfe einer Pfadregel.
Tipp 61	Lösen Sie die Gleichung $E(X) = \frac{1}{6} \cdot 10 + \frac{1}{6} \cdot a = 5$.
Tipp 62	Es gilt $P(\text{„blau"}) = 1 - 3p$. Stellen Sie einen Term zur Berechnung der Wahrscheinlichkeit für das Ereignis „rot – rot – blau" in Abhängigkeit von p auf. Beachten Sie, dass der Zahlenwert für die Wahrscheinlichkeit für das Ereignis „rot – rot – blau" im Baumdiagramm angegeben ist.

Folgende Tipps helfen, Lücken zu schließen:

Tipp 1	Deuten Sie die Gleichheit der Stützvektoren der Geraden oder setzen Sie alternativ die Terme der Geradengleichungen gleich. Bearbeiten Sie aus F 67 die Beispiele 1) und 2) sowie die Aufgaben 1) und 2).
Tipp 2	Berechnen Sie das Skalarprodukt der Richtungsvektoren der Geraden. Bearbeiten Sie aus F 58 das Beispiel und die Aufgabe sowie den Einführungstext zu F 75.
Tipp 3	Bilden Sie die Normalenform der Ebene, die die beiden Geraden enthält und überführen Sie diese Normalenform in die Koordinatenform. Wiederholen Sie aus F 59 die Beispiele 1, 2 und 3 sowie die Aufgaben 1 und 2.
Tipp 4	Bearbeiten Sie die Fertigkeit F 5.
Tipp 5	Bearbeiten Sie die Fertigkeiten F 28 und F 25.
Tipp 6	Leiten Sie aus der Gleichung $\int_0^k f(x)\,dx = 0$ eine Bedingung für den gesuchten Parameter k her. Bearbeiten Sie aus F 24 das Beispiel 1 a) und die Aufgabe 1 a). Zudem helfen Ihnen aus F 27 der Einführungstext und das Beispiel 3.
Tipp 7	Bestimmen Sie die Nullstellen von f im 1. Quadranten. Beachten Sie den Definitionsbereich für den Parameter k. Nutzen Sie von F 2 den Hinweis 1 und bearbeiten Sie aus F 27 den Einführungstext und das Beispiel 3.
Tipp 8	Bearbeiten Sie aus F 102 das Beispiel 1 sowie die Aufgabe 1.
Tipp 9	Bearbeiten Sie aus F 101 Beispiele 1 und 5, Aufgabe 1 und aus F 102 Beispiel 2.
Tipp 10	Berechnen Sie $\lim\limits_{t \to +\infty} (1000 - 1000\,e^{-kt})$.
Tipp 11	Erarbeiten Sie die Fertigkeit F 5.
Tipp 12	Die Steigung der Graphen nimmt mit der Zeit immer weiter ab. Welche Konsequenz hat dies für die Zeit bis zum Erscheinen des nächsten Ladebalkens?
Tipp 13	Bei größerem k erfolgt der Ladevorgang schneller.
Tipp 14	Erarbeiten Sie die Fertigkeit F 14.
Tipp 15	Erarbeiten Sie die Fertigkeit F 22.
Tipp 16	Erarbeiten Sie die Fertigkeit F 7.
Tipp 17	Das Ladegerät 3 wurde bereits unter a)(3) zugeordnet. Die Ladegeräte mit $k = 0{,}6$ und $k = 0{,}95$ erfüllen die Bedingung nicht.
Tipp 18	Lösen Sie die Exponentialgleichung mithilfe der Fertigkeit F 5.
Tipp 19	Setzen Sie $t = -\frac{\ln 0{,}01}{k}$ in $Q_k(t)$ ein.
Tipp 20	Erarbeiten Sie die Fertigkeiten F 14 und F 12, um F 19 anwenden zu können.
Tipp 21	Vergleichen Sie $I_d(2)$ mit dem nicht zu überschreitenden Wert.
Tipp 22	Lösen Sie die Gleichung $500\,e^{-5(t-1{,}8)} = 10$ mithilfe der Fertigkeit F 5.
Tipp 23	Berechnen Sie $\int_{1{,}8}^{2{,}58} 500\,e^{-5(t-1{,}8)}\,dt$ mit dem GTR.
Tipp 24	Beachten Sie F 9, F 10, F 11 und bearbeiten Sie aus F 19 das Beispiel a) sowie die Aufgabe a).

Tipp 25 Verwenden Sie die notwendige Bedingung für eine Wendestelle. Folgern Sie – unter Beachtung des Grades der Funktion f –, wie viele Wendestellen der Graph der ganzrationalen Funktion f höchstens aufweisen kann.
Bearbeiten Sie aus **F 21** die Beispiele 1 und 3 sowie die Aufgaben a) und b).

Tipp 26 Schließen Sie auf die Anzahl der Nullstellen, indem Sie die Lage des Schnittpunktes mit der y-Achse sowie der Hoch- und Tiefpunkte vom Graph von f im Koordinatensystem und das Verhalten des Graphen für sehr große bzw. sehr kleine x-Werte analysieren.
Arbeiten Sie den Einführungstext und das Beispiel aus **F 19** durch.

Tipp 27 Bestimmen Sie mit dem GTR die Lösung der Gleichung $f(x+60) = f(x)$. Beachten Sie den Definitionsbereich für die gesuchten x-Werte. Berechnen Sie den zugehörigen Funktionswert.

Tipp 28 Bearbeiten Sie aus **F 27** das Beispiel 3 und die Aufgabe 2a).

Tipp 29 Erklären Sie die anschauliche Bedeutung der einzelnen Terme der vorgestellten Gleichung. Erklären Sie anhand der Grafik die angegebene Gleichung.

Tipp 30 Bestimmen Sie mit dem GTR die Lösung der Gleichung $f(x) = 170$. Beachten Sie, dass die gesuchten x-Werte im Intervall $[0;240]$ liegen müssen.

Tipp 31 Vergleichen Sie das lokale Maximum der Ableitungsfunktion f′ mit den Steigungswerten an den Randstellen $x = 0$ und $x = 240$ des Beobachtungsintervalls.
Bearbeiten Sie aus **F 19** und aus **F 20** jeweils die Aufgabe a).

Tipp 32 Bearbeiten Sie aus **F 67** die Beispiele 1 und 2 sowie die Aufgaben 1 und 2.

Tipp 33 Lesen Sie aus **F 58** den Einführungstext und lösen Sie das Beispiel und die Aufgabe. Zur Vertiefung sollten Sie aus **F 74** Beispiel 2 sowie Aufgabe 1 behandeln.

Tipp 34 Bearbeiten Sie aus **F 74** die Beispiele 1 und 2 sowie die Aufgabe 2.

Tipp 35 Nutzen Sie zur Bestimmung der Höhe h in dem rechtwinkligen Dreieck DEN die Definition von $\sin(\varepsilon)$.

Tipp 36 Nutzen Sie aus **F 61** das Beispiel 2 und die Aufgabe 2, um die besondere Lage der Punkte D, E und F zu erkennen und damit eine einfache Abstandsbestimmung des Punktes G zur Dreiecksebene zu ermöglichen.

Tipp 37 Die Pyramidenhöhe $h_{Pyramide}$ ergibt sich aus dem Abstand des Punktes G von dem Dreieck DEF und die Fläche des Dreiecks DEF lässt sich mithilfe der in (2) ermittelten Höhe h zur Dreiecksseite $\overline{EF}$ sowie der Länge der Dreiecksseite $\overline{EF}$ bestimmen.
Bearbeiten Sie aus **F 52** das Beispiel und die Aufgabe.
Weisen Sie abschließend (eventuell unter Zuhilfenahme eines Dreisatzes) nach, dass die Leistung von 25 kW zur Befeuchtung der Luft in dem pyramidenförmigen Raum ausreicht.

Tipp 38 Bearbeiten Sie aus **F 59** die Beispiele 1 und 3 sowie die Aufgabe 1 und aus **F 69a** das Beispiel.

Tipp 39 Bestimmen Sie mithilfe der Punkte E, F und G eine Parametergleichung der Ebene U. Stellen Sie mithilfe eines Normalenvektors dieser Ebene U die Normalenform bzw. die Koordinatenform der Ebenengleichung auf.
Bearbeiten Sie aus **F 59** die Beispiele 1 und 3 sowie die Aufgabe 1 und aus **F 66** den Einführungstext sowie die Beispiele 1 und 2 sowie die Aufgabe 1 und 2.

Tipp 40	Bearbeiten Sie aus **F 63** die Beispiele 1 und 2 sowie die Aufgabe. Deuten Sie hinsichtlich der Aufgabenstellung die Größe des Parameters.
Tipp 41	Bearbeiten Sie aus **F 60** das Beispiel 1 und die Aufgabe 1 sowie aus **F 80** das Beispiel 1.
Tipp 42	Bearbeiten Sie aus **F 55** die Beispiele 1 und 2 sowie die Aufgabe und aus **F 58** das Beispiel und die Aufgabe.
Tipp 43	Beachten Sie, dass sich der Prozess im Zustand Z_3 befindet. Wenn also die Schranke geschlossen bleibt, kann kein Auto in die Einfahrt einbiegen.
Tipp 44	Die Wahrscheinlichkeit, dass sich die Schranke öffnet und ein Auto in die Einfahrt einbiegt, beträgt $0{,}6 \cdot 0{,}3 = 0{,}18$.
Tipp 45	Der Prozess bleibt im Zustand Z_1, falls sich die Schranke öffnet und ein Auto in die Einfahrt einbiegt, oder falls die Schranke geschlossen bleibt und kein Auto einbiegt. Der Prozess wechselt vom Zustand Z_1 in den Zustand Z_2, falls die Schranke geschlossen bleibt und ein Auto in die Einfahrt einbiegt. Bearbeiten Sie aus **F 113 a** das Beispiel 2 und die Aufgabe 2.
Tipp 46	Bearbeiten Sie aus **F 116** das Beispiel 1 und die Aufgabe 2.
Tipp 47	Sie erhalten die gesuchte Wahrscheinlichkeit, indem Sie die ersten beiden Komponenten von $\vec{x_5}$ addieren. Bearbeiten Sie aus **F 116** das Beispiel 1 und die Aufgabe 2.
Tipp 48	Sie erhalten die gesuchte Wahrscheinlichkeit mithilfe einer Pfadregel. Bearbeiten Sie aus **F 95** das Beispiel 1 und die Aufgabe 1.
Tipp 49	Bearbeiten Sie aus **F 117** das Beispiel 2 und die Aufgabe 1.
Tipp 50	Nach 100 Minuten beträgt die Wahrscheinlichkeit für drei Autos in der Warteschlange nur ca. 3 %. Mit einer Wahrscheinlichkeit von ca. 51 % steht sogar gar kein Auto vor der Schranke.
Tipp 51	Bearbeiten Sie aus **F 115** die Beispiele 2 und 3.
Tipp 52	Bearbeiten Sie aus **F 117** das Beispiel 1 und die Aufgabe 2.
Tipp 53	Bearbeiten Sie aus **F 100** das Beispiel 1 und die Aufgabe 1 a).
Tipp 54	Bearbeiten Sie aus **F 100** das Beispiel 3 und die Aufgabe 1 c).
Tipp 55	Bearbeiten sie aus **F 103** das Beispiel 1 und die Aufgabe 1.
Tipp 56	Bearbeiten Sie aus **F 104** das Beispiel 2 und die Aufgabe 1.
Tipp 57	Die Wahrscheinlichkeit, dass das teurere Granulat, obwohl es nicht besser als das bisherige Granulat ist, aufgrund des Testergebnisses als besser eingeschätzt wird, beträgt höchstens 5 %.
Tipp 58	Wenn H_0 nicht abgelehnt wird, dann wird das teurere Granulat nicht eingeführt, obwohl es besser ist als das bisherige Granulat.
Tipp 59	Bearbeiten Sie aus **F 104** das Beispiel 2 und die Aufgabe 1.
Tipp 60	Bearbeiten Sie aus **F 95** das Beispiel 1 und die Aufgabe 1.
Tipp 61	Bearbeiten Sie aus **F 99** das Beispiel 2 und die Aufgabe 1.
Tipp 62	Bearbeiten Sie aus **F 96** das Beispiel 1 und die Aufgabe 2.

Lösungen

Prüfungsteil A (hilfsmittelfreier Teil)

a) (1) Die Geraden g und h haben denselben Stützpunkt $(3\,|\,-3\,|\,3)$, daher schneiden sie sich in diesem Punkt.

Alternativer Lösungsweg:
Man setzt die Terme der beiden Geradengleichungen gleich und löst das lineare Gleichungssystem

$$\begin{array}{ll} \text{(I)} & 3+3r=3+s \\ \text{(II)} & -3=-3 \\ \text{(III)} & 3-r=3+3s \end{array} \iff \begin{array}{ll} \text{(Ia)} & s=0 \\ \text{(IIa)} & 0=0, \\ \text{(IIIa)} & r=0 \end{array}$$

d.h. nach Einsetzung in die Geradengleichung erhält man:

F 80

Der Ortsvektor des Schnittpunkts ist $\overrightarrow{OS}=\begin{pmatrix}3\\-3\\3\end{pmatrix}$ bzw. der Schnittpunkt ist $S(3\,|\,-3\,|\,3)$.

Zur Prüfung der Orthogonalität der Geraden bildet man das Skalarprodukt der Richtungsvektoren: $\begin{pmatrix}3\\0\\-1\end{pmatrix}\cdot\begin{pmatrix}1\\0\\3\end{pmatrix}=0$

F 58

Da das Skalarprodukt der Richtungsvektoren der Geraden 0 ist, stehen die Geraden senkrecht aufeinander.

(2) Da die zweite Komponente der Richtungsvektoren beider Geraden 0 ist, ist der Vektor $\vec{n}=\begin{pmatrix}0\\1\\0\end{pmatrix}$ ein Normalenvektor zu beiden Geraden. Eine Normalenform der gesuchten Ebene E lautet daher: $E\colon \begin{pmatrix}0\\1\\0\end{pmatrix}\cdot\left(\vec{x}-\begin{pmatrix}3\\-3\\3\end{pmatrix}\right)=0.$

F 59

Hieraus folgt für die Koordinatenform die Gleichung $E\colon x_2=-3$.

Alternativer Lösungsweg:
Das Vektorprodukt $\begin{pmatrix}3\\0\\-1\end{pmatrix}\times\begin{pmatrix}1\\0\\3\end{pmatrix}=\begin{pmatrix}0\\-10\\0\end{pmatrix}$ oder das Gleichungssystem

F 59

$\begin{array}{ll}\text{(I)} & 3n_1-n_3=0\\ \text{(II)} & n_1-3n_3=0\end{array}$, wobei $\vec{n}=\begin{pmatrix}n_1\\n_2\\n_3\end{pmatrix}$ ist, führt zu dem Normalenvektor $\vec{n}=\begin{pmatrix}0\\1\\0\end{pmatrix}$. Diesen Vektor verwendet man wie oben ausgeführt.

b) (1) $e^x+\frac{1}{2}x=\frac{1}{2}x-1 \quad \left|-\frac{1}{2}x\right.$

F 5

$\iff \quad e^x=-1$

$e^x>0$ für alle $x\in\mathbb{R}$, deshalb besitzt $e^x=-1$ keine Lösung.
Demnach können die Graphen von f und g keinen gemeinsamen Punkt haben.

(2) $\int_0^1 (f(x) - g(x))\,dx = 3$ F 28

$\Leftrightarrow \int_0^1 (e^x + c)\,dx = 3$

$\Leftrightarrow [e^x + cx]_0^1 = 3$

$\Leftrightarrow e + c - 1 = 3 \quad | +1 - e$ F 25

$\Leftrightarrow c = 4 - e$

Für $c = 4 - e$ schließen die beiden Graphen mit der y-Achse und der Geraden mit der Gleichung $x = 1$ eine Fläche mit dem Inhalt 3 ein.

c) (1) Mithilfe der Potenzregel erhält man als Gleichung einer Stammfunktion F von f: $F(x) = \frac{1}{3}x^3 - 3x$. Durch Auswertung des Integrals ergibt sich: F 24 F 27

$$\int_0^k f(x)\,dx = 0 \quad\Leftrightarrow\quad F(k) - F(0) = 0 \quad\Leftrightarrow\quad \tfrac{1}{3}k^3 - 3k = 0 \quad\Leftrightarrow\quad k\cdot\left(\tfrac{1}{3}k^2 - 3\right) = 0$$
$$\Leftrightarrow\quad k = 0 \ \vee\ k = 3 \ \vee\ k = -3$$

(2) $\int_0^k f(x)\,dx < 0$ bedeutet, dass sich die vom Graphen von f und der x-Achse eingeschlossene Fläche unterhalb der x-Achse befindet. F 27

Mithilfe des Teils (1) und der Einschränkung $k \geqq 0$ gilt dies für $0 < k < 3$.

$\int_0^k f(x)\,dx > 0$ bedeutet, dass sich die vom Graphen von f und der x-Achse eingeschlossene Fläche oberhalb der x-Achse befindet.

Mithilfe des Teils (1) und der Einschränkung $k \geqq 0$ gilt dies für $k > 3$.

d) (1) Laut Abbildung 3 gilt $P(X = 11) \approx 0{,}05$. Die Länge der gegebenen Bernoulli-Kette ist jedoch 10.

Also kann Abbildung 3 nicht die Wahrscheinlichkeitsverteilung darstellen.

Laut Abbildung 5 gilt $P(X = 8) = 0{,}6$ und $P(X = 9) \approx 0{,}55$. Somit ist bereits die Summe dieser beiden Werte größer als 1. Für die gegebene Wahrscheinlichkeitsverteilung muss aber gelten, dass die Summe aller Wahrscheinlichkeiten 1 ist.

Also kann auch Abbildung 5 nicht die Wahrscheinlichkeitsverteilung darstellen.

(2) Da die Wahrscheinlichkeitsverteilung von Y symmetrisch ist, muss $p = 0{,}5$ gelten. Für den Erwartungswert von Y gilt $E(Y) = n \cdot p = n \cdot 0{,}5 = 8$. F 101

Daraus folgt sofort $n = 16$.

Prüfungsteil B (mit Hilfsmittel)

Aufgabe B1

a) (1) $Q_k(t) = 1000(1 - e^{-kt}) = 1000 - 1000e^{-kt}$

$\lim\limits_{t \to +\infty} Q_k = 1000$, da $\lim\limits_{t \to +\infty} (1000e^{-kt}) = 0$

(2) F 5

$$\begin{aligned} && Q_k(t) &= 330 \\ \Leftrightarrow && 1000(1 - e^{-kt}) &= 330 \quad |:1000 \\ \Leftrightarrow && 1 - e^{-kt} &= 0{,}33 \\ \Leftrightarrow && e^{-kt} &= 0{,}67 \\ \Leftrightarrow && -kt &= \ln(0{,}67) \quad |:(-k) \\ \Leftrightarrow && t &= -\frac{\ln(0{,}67)}{k} \end{aligned}$$

Bei den Graphen zu allen Ladevorgängen nimmt die Steigung ab, d.h., das Erreichen des nächsten Ladebalkens dauert immer länger.

(3) k beschreibt die Geschwindigkeit des Ladevorgangs.

Je größer k, umso schneller wird der Akku geladen. Damit gehört $k = 0{,}4$ zum Ladegerät 3.

b) (1) $I_k'(t) = Q_k''(t) = -1000k^2e^{-kt}$ F 14

Laut Aufgabenstellung gilt $k > 0$.
Folglich ist $I_k'(t) < 0$ für alle $t \in \mathbb{R}$. I_k ist streng monoton fallend.

Das Maximum wird also an der linken Intervallgrenze angenommen. F 22

(2) Bedingung: $I_k(t) \leqq 500$
Für $t = 0$ folgt: $I_k(0) \leqq 500 \quad \Leftrightarrow \quad 1000k \leqq 500 \quad \Leftrightarrow \quad k \leqq 0{,}5$ F 7

Damit erfüllen die Ladegeräte 1 und 2 die Bedingung nicht.

(3) Bedingung: $I_k(t) = 10k$

$$\begin{aligned} && 1000ke^{-kt} &= 10k \quad |:1000k \\ \Leftrightarrow && e^{-kt} &= 0{,}01 \\ \Leftrightarrow && -kt &= \ln(0{,}01) \quad |:(-k) \\ \Leftrightarrow && t &= -\frac{\ln(0{,}01)}{k} \end{aligned}$$

F 5

$$Q_k(t) = Q_k\left(-\frac{\ln(0{,}01)}{k}\right) = 1000\left(1 - e^{-k\cdot\left(-\frac{\ln(0{,}01)}{k}\right)}\right) = 1000(1 - 0{,}01) = 990$$

Die Kapazität beträgt 99%. In der Anzeige werden drei Balken sichtbar.

c) (1) $I_d'(t) = 100e^{-0{,}4t+0{,}1} - 0{,}4(100t + 50)e^{-0{,}4t+0{,}1} = (-40t + 80)e^{-0{,}4t+0{,}1}$ F 14

$I_d''(t) = -40e^{-0{,}4t+0{,}1} - 0{,}4(-40t + 80)e^{-0{,}4t+0{,}1} = (16t - 72)e^{-0{,}4t+0{,}1}$ F 12

Notwendige Bedingung für eine Extremstelle: $I_d'(t) = 0$ F 19

$$\begin{aligned} && I_d'(t) &= 0 \\ \Leftrightarrow && (-40t + 80)e^{-0{,}4t+0{,}1} &= 0 \\ \Leftrightarrow && -40t + 80 &= 0 \quad (e^{-0{,}4t+0{,}1} \neq 0 \text{ für alle } t \in \mathbb{R}) \\ \Leftrightarrow && t &= 2 \end{aligned}$$

Hinreichende Bedingung für eine Extremstelle: $I_d'(t) = 0 \wedge I_d''(t) \neq 0$

$I_d'(2) = 0 \wedge I_d''(2) = (16 \cdot 2 - 72)e^{-0,4 \cdot 2 + 0,1} = -40e^{-0,7} < 0$

An der Stelle $t = 2$ hat die Funktion ihr einziges lokales Maximum.

(2) $I_d(2) = (100 \cdot 2 + 50)e^{-0,4 \cdot 2 + 0,1} = 250e^{-0,7} \approx 124$

Da $I_d(0) \approx 55 < 124$ und $I_d(12) \approx 11 < 124$, liegt bei $t = 2$ sogar ein absolutes Maximum vor.

Das defekte Ladegerät erzeugt maximal 124 mA. Damit wird der Ladevorgang den Wert 150 mA niemals überschreiten.

d) (1) Der konstante Ladestrom von 500 mA bis zur Abschaltung bei 900 mAh führt zu $t_1 = \frac{900}{500} = 1,8$ [Stunden].

$I(t_2) = 10$ und $I(t) = 500e^{-5(t-1,8)}$ führt zu:

$500e^{-5(t-1,8)} = 10 \quad |:500$

$\Leftrightarrow \quad e^{-5(t-1,8)} = 0,2$

$\Leftrightarrow \quad -5t + 9 = \ln(0,02) \quad |-9 \text{ und } :(-5)$

$\Leftrightarrow \quad t = -\frac{\ln(0,02) - 9}{5} \overset{\text{GTR}}{\approx} 2,58$

F 5

Der Ladevorgang dauert etwa 2,58 Stunden.

(2) Die Ladung bis zum Zeitpunkt $t_1 = 1,8$ [Stunden] beträgt 900 mAh. Die Ladung von $t_1 = 1,8$ [Stunden] bis $t_2 = 2,58$ [Stunden] wird gegeben durch:

$\int_{1,8}^{2,58} 500e^{-5(t-1,8)}\,dt \overset{\text{GTR}}{\approx} 97,98$

F 26

Somit beträgt die Gesamtladung am Ende des Ladevorgangs $900 + 97,98 = 997,98$ [mAh].

Aufgabe B2

a) (1) $f'(x) = -\frac{1}{250\,000} \cdot x^3 + \frac{4}{3125} \cdot x^2 - \frac{13}{125} \cdot x + \frac{8}{5}$

$f''(x) = -\frac{3}{250\,000} \cdot x^2 + \frac{8}{3125} \cdot x - \frac{13}{125}$

F 9 F 10 F 11 F 19

Notwendige Bedingung für lokale Extrema:

$f'(x) = 0 \overset{\text{GTR}}{\Leftrightarrow} x = 20 \vee x = 100 \vee x = 200$

Hinreichende Bedingung für lokale Extrema:

$f'(20) = 0 \wedge f''(20) = -\frac{36}{625} < 0$

$\Rightarrow x = 20$ ist lokale Maximalstelle von f.

$f'(100) = 0 \wedge f''(100) = \frac{4}{125} > 0$

$\Rightarrow x = 100$ ist lokale Minimalstelle von f.

$f'(200) = 0 \wedge f''(200) = -\frac{9}{125} < 0$

$\Rightarrow x = 200$ ist lokale Maximalstelle von f.

Durch Einsetzen der lokalen Extremstellen in die Funktionsgleichung erhält man:

Die Funktion f hat die lokalen Hochpunkte $H_1\left(20\,\middle|\,\frac{11584}{75}\right)$ bzw. $H_1(20\,|\,154{,}5)$ und $H_2\left(200\,\middle|\,\frac{580}{3}\right)$ bzw. $H_2(200\,|\,193{,}3)$ sowie den lokalen Tiefpunkt $T\left(100\,\middle|\,\frac{320}{3}\right)$ bzw. $T(100\,|\,106{,}7)$.

(2) Da die Funktion f bei $x = 20$ und $x = 200$ einen lokalen Hochpunkt hat, d.h. der Graph an diesen Stellen rechtsgekrümmt ist, und zwischen diesen Stellen bei $x = 100$ einen lokalen Tiefpunkt hat, d.h. der Graph an dieser Stelle linksgekrümmt ist, muss der Graph von f zwischen Hoch- und Tiefpunkt jeweils mindestens eine Wendestelle, d.h. insgesamt mindestens zwei Wendestellen besitzen. **F 21**
Als ganzrationale Funktion 4. Grades hat f eine 2. Ableitungsfunktion vom Grad 2, die höchstens zwei Nullstellen aufweist. Da die Funktion f höchstens an den Nullstellen ihrer 2. Ableitungsfunktion Wendestellen haben kann, existieren höchstens zwei Wendestellen.

Somit hat die Funktion f genau zwei Wendestellen.

(3) Der Schnittpunkt mit der y-Achse ist der Punkt $S(0\,|\,140)$, da $f(0) = 140$ ist.

Da die höchste Potenz des Funktionsterms von f geradzahlig ist und einen negativen Koeffizienten aufweist, gilt **F 20**

$\lim\limits_{x \to +\infty} \left(-\frac{1}{10^6}x^4 + \frac{4}{9375}x^3 - \frac{13}{250}x^2 + \frac{8}{5}x + 140\right) = -\infty$ und ebenso

$\lim\limits_{x \to -\infty} \left(-\frac{1}{10^6}x^4 + \frac{4}{9375}x^3 - \frac{13}{250}x^2 + \frac{8}{5}x + 140\right) = -\infty$.

Damit verläuft der Graph von f für sehr große und sehr kleine x-Werte unterhalb der x-Achse. Die y-Koordinate des zwischen den Hochpunkten gelegenen Tiefpunktes der Funktion f ist positiv. Daraus folgt, dass der Graph der Funktion f zwischen den Extrempunkten oberhalb der x-Achse verläuft, d.h., die Funktion f hat genau zwei Nullstellen.

b) Der GTR liefert für die Gleichung $f(x) = f(x+60)$ die Lösungen
$x \approx -4{,}38 \;\vee\; x \approx 69{,}15 \;\vee\; x \approx 165{,}22$.
Im Bereich $50 < x < 130$ liegt $x \approx 69{,}15$.

Damit sind die gesuchten x-Werte $x_1 = 69{,}15$ und $x_2 = 69{,}15 + 60 = 129{,}15$ mit $f(x_1) = f(x_2) \approx 120{,}2$.

c) Im Intervall $[0;240]$ verläuft der Graph von f oberhalb der x-Achse. Die Größe der von dem Graphen von f mit der x-Achse eingeschlossenen Fläche wird durch das Integral $\int\limits_0^{240} f(x)\,dx$ angegeben. Damit eine parallel zur y-Achse verlaufende Gerade (z.B. mit der Gleichung $x = k$) diese Fläche halbiert, muss gelten: **F 27**

$\int\limits_0^{k} f(x)\,dx = \int\limits_k^{240} f(x)\,dx$ oder $\int\limits_0^{k} f(x)\,dx = \frac{1}{2}\cdot\int\limits_0^{240} f(x)\,dx$.

Der GTR liefert für diese Gleichungen für das Intervall $[0;240]$ die Lösung:
$k \approx 135{,}5$.

Die Gerade, die die von dem Graphen von f und der x-Achse im 1. Quadranten eingeschlossene Fläche halbiert, hat näherungsweise die Gleichung $x = 135{,}5$.

F 27

d) Die einzelnen Terme der vorgestellten Gleichung werden anhand einer Skizze erläutert.

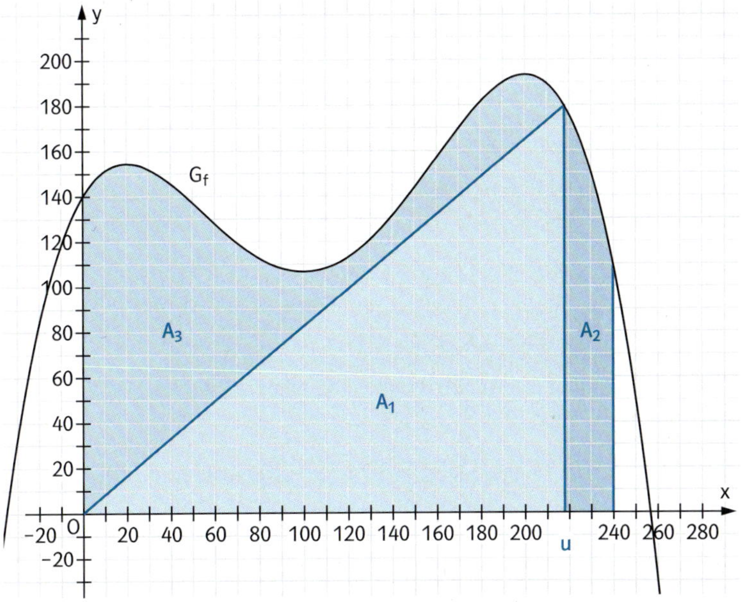

Der Term $A_1 = \frac{1}{2} u \cdot f(u)$ gibt den Flächeninhalt des gestrichelt eingezeichneten Dreiecks an.

Der Term $A_2 = \int_u^{240} f(x)\,dx$ beschreibt den Flächeninhalt des von $x = u$ bis $x = 240$ von dem Graphen von f mit der x-Achse eingeschlossenen Flächenstücks.

Der Term $A_3 = \int_0^{240} f(x)\,dx$ beschreibt den Flächeninhalt des von $x = 0$ bis $x = 240$ von dem Graphen von f mit der x-Achse eingeschlossenen Flächenstücks.

Die vorgegebene Gleichung besagt somit, dass die Dreiecksfläche A_1 zusammen mit der Fläche des Flächenstücks A_2 $\frac{2}{3}$ der Fläche des von dem Graphen von f mit der x-Achse von $x = 0$ bis $x = 240$ eingeschlossenen Flächenstücks ergeben.

e) Gesucht sind die x-Werte im Intervall [0;240], für die gilt $f(x) > 170$. Man erhält diese x-Werte, indem man die Schnittpunkte der Geraden mit der Gleichung $y = 170$ mit dem Graphen von f ermittelt.
Der GTR liefert für die Gleichung $f(x) = 170$ die Lösungen: $x \approx 169{,}84$ und $x \approx 222{,}77$.
Im Sachzusammenhang bedeuten diese Werte:

Zwischen etwa 170 Minuten und 223 Minuten nach Beobachtungsbeginn, also ungefähr 53 Minuten lang, liegen die Glukosewerte des Patienten über 170 mg/dl.

f) Der stärkste Anstieg der Funktionswerte liegt an den Stellen im Intervall $[0;240]$ vor, an denen die Ableitungsfunktion maximal ist.
Mögliche Zeitpunkte eines maximalen Anstiegs der Glukosewerte liegen somit an den lokalen Maximalstellen von f' und an den Randstellen des zugrundeliegenden Intervalls vor.
Der GTR liefert ein lokales Maximum von f' bei $x = 158{,}7$ mit $f'(158{,}7) \approx 1{,}3$.
Da $f'(0) = \frac{8}{5} = 1{,}6 > 1{,}3$ und $f'(240) = -\frac{616}{125} < 1{,}3$ ist, lässt sich feststellen:

Zu Beobachtungsbeginn ($x = 0$) steigt der Glukosewert des Patienten mit $1{,}6\,\frac{\text{mg}}{\text{dl}}/\text{min}$ am stärksten an.

F 19

F 20

Aufgabe B3

a) Der Punkt S ergibt sich als Schnittpunkt der Geraden g_{AD} durch die Punkte A und D und der Geraden g_{BE} durch die Punkte B und E. Die entsprechenden Geradengleichungen lauten:

$$g_{AD}: \vec{X} = \begin{pmatrix} 0 \\ 0 \\ 15 \end{pmatrix} + r \cdot \begin{pmatrix} -5 \\ 5 \\ -15 \end{pmatrix} \quad r \in \mathbb{R}; \qquad g_{BE}: \vec{X} = \begin{pmatrix} 0 \\ 30 \\ 15 \end{pmatrix} + s \cdot \begin{pmatrix} -5 \\ -5 \\ -15 \end{pmatrix} \quad s \in \mathbb{R}$$

Um die Koordinaten des Schnittpunkts S zu erhalten, setzt man die Terme der beiden Geradengleichungen gleich.
Lösen des zugehörigen Gleichungssystems liefert $r = s = 3$.
Setzt man in der Geradengleichung für g_{AD} $r = 3$ (oder in der Geradengleichung für g_{BE} $s = 3$), so erhält man die Koordinaten von S.

F 67

b) (1) Um die Rechtwinkligkeit zu prüfen, bildet man die Skalarprodukte der Seitenvektoren $\overrightarrow{DE} = \begin{pmatrix} 0 \\ 30 \\ 0 \end{pmatrix}$, $\overrightarrow{DF} = \begin{pmatrix} -25 \\ 5 \\ 0 \end{pmatrix}$, $\overrightarrow{EF} = \begin{pmatrix} -25 \\ -25 \\ 0 \end{pmatrix}$:

$\overrightarrow{DE} \cdot \overrightarrow{DF} = 150 \neq 0$, $\overrightarrow{DE} \cdot \overrightarrow{EF} = -750 \neq 0$, $\overrightarrow{DF} \cdot \overrightarrow{EF} = -500 \neq 0$

Da die Skalarprodukte alle ungleich 0 sind, liegt kein rechter Winkel im Dreieck DEF vor.

F 58

(2) Der Innenwinkel ε am Punkt E des Dreiecks wird durch die Vektoren $\overrightarrow{EF}$ und $\overrightarrow{ED}$ gebildet. Für diesen Winkel ε gilt:

$$\cos(\varepsilon) = \frac{\overrightarrow{ED} \cdot \overrightarrow{EF}}{|\overrightarrow{ED}| \cdot |\overrightarrow{EF}|} = \frac{750}{30 \cdot \sqrt{1250}} = \frac{1}{\sqrt{2}} = \frac{1}{2}\sqrt{2} \quad \Rightarrow \quad \varepsilon = \cos^{-1}\left(\frac{1}{2}\sqrt{2}\right) = 45°$$

Eine Höhe des Dreiecks DEF ist die Senkrechte von D auf die Gerade EF. Nach der Definition des Sinus im rechtwinkligen Dreieck gilt:

$$\sin(45°) = \frac{h}{|\overrightarrow{DE}|} \quad \Rightarrow \quad h = |\overrightarrow{DE}| \cdot \sin(45°) = 30 \cdot \frac{1}{2}\sqrt{2} = 15 \cdot \sqrt{2} \approx 21{,}21\ [\text{m}]$$

F 74

(3) Da die Punkte D, E und F dieselbe x_3-Koordinate 15 bzw. die Seitenvektoren $\overrightarrow{DE}$, $\overrightarrow{DF}$ und $\overrightarrow{EF}$ dieselbe x_3-Koordinate 0 aufweisen, verläuft die Ebene, in der sich das Dreieck DEF befindet, parallel zur x_1x_2-Ebene.

Daher kann der Abstand des Punktes G direkt aus den x_3-Koordinaten der Punkte G und z.B. D abgelesen werden: Abstand = 35 [m] − 15 [m] = 20 [m].

F 61

(4) Um zu prüfen, ob die Leistung der Entfeuchtungsanlage ausreicht, benötigt man das Volumen der Pyramide DEFG.
Die Höhe $h_{Pyramide}$ der Pyramide entspricht dem Abstand von G zur Dreiecksebene DEF.
Dieser beträgt nach (3) $h_{Pyramide} = 20$ [m].
Die Grundfläche G der Pyramide entspricht dem Flächeninhalt des Dreiecks DEF. Für diesen Flächeninhalt gilt:

$$G = \frac{1}{2} \cdot h \cdot |\overrightarrow{EF}| = \frac{1}{2} \cdot 15 \cdot \sqrt{2} \cdot \sqrt{1250} = 375 \text{ [m}^2\text{]}$$

Als Volumen für die Pyramide ergibt sich:

$$V = \frac{1}{3} \cdot G \cdot h_{Pyramide} = \frac{1}{3} \cdot 375 \cdot 20 = 2500 \text{ [m}^3\text{]} = 25 \cdot 100 \text{ [m}^3\text{]}$$

Da $25 \cdot 0{,}8\,\text{kW} = 20\,\text{kW}$, reichen 25 kW für den Betrieb der Anlage aus.

F 52

c) (1) Da die Ebene, in der das Dreieck DEF liegt, parallel zur x_1x_2-Ebene verläuft, lautet ihre Normalenform bzw. Koordinatenform:

$$\begin{pmatrix} 0 \\ 0 \\ 1 \end{pmatrix} \cdot \left(\vec{X} - \begin{pmatrix} 0 \\ 0 \\ 15 \end{pmatrix} \right) = 0 \quad \Leftrightarrow \quad x_3 - 15 = 0$$

F 59

Die Geradengleichung der Geraden durch die Punkte A und G lautet:

$$g_{AG}: \vec{X} = \begin{pmatrix} -5 \\ 5 \\ 0 \end{pmatrix} + s \cdot \begin{pmatrix} -5 \\ 5 \\ 35 \end{pmatrix}; \; s \in \mathbb{R}$$

Setzt man den Term in die Koordinatenform der Ebene ein, ergibt sich:
$35s - 15 = 0 \quad \Leftrightarrow \quad s = \frac{3}{7}$. Damit folgt für die Koordinaten des Schnittpunkts R:

F 69 a

$$\overrightarrow{OR} = \begin{pmatrix} -5 \\ 5 \\ 0 \end{pmatrix} + \frac{3}{7} \cdot \begin{pmatrix} -5 \\ 5 \\ 35 \end{pmatrix} = \begin{pmatrix} -\frac{50}{7} \\ \frac{50}{7} \\ 15 \end{pmatrix}, \text{ d.h. } R\left(-\frac{50}{7} \middle| \frac{50}{7} \middle| 15\right).$$

Alternativer Lösungsweg:
Der Punkt $R\left(-\frac{50}{7} \middle| \frac{50}{7} \middle| 15\right)$ hat – wie auch die Punkte des Dreiecks DEF – die x_3-Koordinate 15, somit gilt: R liegt in der Dreiecksebene.
Beim Einsetzen der Koordinaten des Punktes R in die Geradengleichung der Geraden g_{AG} erhält man das lineare Gleichungssystem

F 61

F 8

$$\begin{array}{llcll} \text{(I)} & -5 - 5s = -\frac{50}{7} & & \text{(I a)} & s = \frac{3}{7} \\ \text{(II)} & 5 + 5s = \frac{50}{7} & \Leftrightarrow & \text{(II a)} & s = \frac{3}{7} \\ \text{(III)} & 35s = 15 & & \text{(III a)} & s = \frac{3}{7} \end{array}$$

Die eindeutige Lösbarkeit dieses Systems belegt, dass R auf der Geraden g_{AG} liegt.

Da der Punkt R somit auf der Dreiecksebene und der Geraden g_{AG} liegt, ist er der Schnittpunkt.

(2) Eine mögliche Parametergleichung der Ebene U, in der das Dreieck EFG liegt, ist

F 64

$$U: \vec{X} = \begin{pmatrix} 0 \\ 30 \\ 15 \end{pmatrix} + p \cdot \begin{pmatrix} -25 \\ -25 \\ 0 \end{pmatrix} + q \cdot \begin{pmatrix} -10 \\ -20 \\ 20 \end{pmatrix};\ p, q \in \mathbb{R}$$

Über ein lineares Gleichungssystem $\begin{cases} \text{(I)}\ \vec{n} \cdot \begin{pmatrix} -25 \\ -25 \\ 0 \end{pmatrix} = 0 \\ \text{(II)}\ \vec{n} \cdot \begin{pmatrix} -10 \\ -20 \\ 20 \end{pmatrix} = 0 \end{cases}$

F 59

oder das Vektorprodukt $\begin{pmatrix} -25 \\ -25 \\ 0 \end{pmatrix} \times \begin{pmatrix} -10 \\ -20 \\ 20 \end{pmatrix} = \begin{pmatrix} -500 \\ 500 \\ 250 \end{pmatrix}$

lässt sich ein Normalenvektor der Ebene U, z. B. $\vec{n} = \begin{pmatrix} 2 \\ -2 \\ -1 \end{pmatrix}$, gewinnen.

Damit erhält man die Normalenform und die Koordinatenform von U:

F 66

$$\begin{pmatrix} 2 \\ -2 \\ -1 \end{pmatrix} \cdot \left(\vec{X} - \begin{pmatrix} 0 \\ 30 \\ 15 \end{pmatrix} \right) = 0 \Leftrightarrow 2x_1 - 2x_2 - x_3 + 75 = 0 \Leftrightarrow 2x_1 - 2x_2 - x_3 = -75$$

(3) Eine Parametergleichung der Strecke $\overline{RG}$ ist: $\vec{X} = \begin{pmatrix} -\frac{50}{7} \\ \frac{50}{7} \\ 15 \end{pmatrix} + r \cdot \begin{pmatrix} -\frac{20}{7} \\ \frac{20}{7} \\ 20 \end{pmatrix};\ 0 \leqq r \leqq 1.$

F 51

Die Einsetzung der Koordinaten des Punktes Q in diese Gleichung führt zu

F 65

dem linearen Gleichungssystem $\begin{cases} \text{(I)}\ -\frac{50}{7} + r \cdot \left(-\frac{20}{7}\right) = -\frac{95}{11} \\ \text{(II)}\ \frac{50}{7} + r \cdot \frac{20}{7} = \frac{95}{11} \\ \text{(III)}\ 15 + r \cdot 20 = \frac{280}{11} \end{cases}$

Dieses System ist eindeutig lösbar mit $r = \frac{23}{44}$.
Somit liegt Q auf der Geraden RG. Da zudem $0 \leqq \frac{23}{44} \leqq 1$ gilt, liegt der Punkt Q auf der Strecke $\overline{RG}$.

Der Vektor $\vec{n} = \begin{pmatrix} 2 \\ -2 \\ -1 \end{pmatrix}$ ist ein Normalenvektor der Ebene U, daher verläuft

F 80

die Gerade q mit der Gleichung: $\vec{X} = \begin{pmatrix} -\frac{95}{11} \\ \frac{95}{11} \\ \frac{280}{11} \end{pmatrix} + t \begin{pmatrix} 2 \\ -2 \\ -1 \end{pmatrix};\ t \in \mathbb{R}$ senkrecht zu U.

F 60

Ihren Schnittpunkt mit der Ebene U erhält man, indem man den Term der Geradengleichung in die Koordinatenform von U einsetzt:
$2 \cdot \left(-\frac{95}{11} + 2t\right) - 2 \cdot \left(\frac{95}{11} - 2t\right) - \frac{280}{11} + t = -75 \Leftrightarrow t = -\frac{5}{3}$. Durch Einsetzen dieses Wertes in die Geradengleichung von q ergibt sich als Schnittpunkt der Geraden q mit der Ebene U der Punkt $\tilde{Q}\left(-\frac{395}{33} \middle| \frac{395}{33} \middle| \frac{895}{33}\right)$.

Der Abstand des Punktes Q von der Ebene U entspricht somit der Länge

des Differenzvektors $\overrightarrow{Q\tilde{Q}}$: $\left|\overrightarrow{Q\tilde{Q}}\right| = \left| \begin{pmatrix} -\frac{10}{3} \\ \frac{10}{3} \\ \frac{5}{3} \end{pmatrix} \right| = 5$

d) Das Dreieck DEH liegt in derselben zur x_1x_2-Ebene parallelen Ebene wie das Dreieck DEF. Da es sich um ein gleichschenkliges Dreieck mit der Basis $\overline{DE}$ handelt, enthält seine Höhe h_{DE} vom Punkt H auf die Seite $\overline{DE}$ den Mittelpunkt M der Strecke $\overline{DE}$. Der Mittelpunkt M der Strecke $\overline{DE}$ hat die Koordinaten M(0 | 15 | 15). F 55

Zudem muss die Höhe h_{DE} senkrecht zu Vektor $\overrightarrow{DE} = \begin{pmatrix} 0 \\ 30 \\ 0 \end{pmatrix} = 30 \cdot \begin{pmatrix} 0 \\ 1 \\ 0 \end{pmatrix}$ und F 58

parallel zur x_1x_2-Ebene verlaufen, d.h., die Höhe h_{DE} verläuft parallel zu dem Vektor $\vec{v} = \begin{pmatrix} 1 \\ 0 \\ 0 \end{pmatrix}$.

Der Punkt H liegt auf der Geraden durch M mit dem Richtungsvektor $\overrightarrow{h_{DE}}$.

Damit folgt für den Ortsvektor des Punktes H: $\overrightarrow{OH} = \begin{pmatrix} 0 \\ 15 \\ 15 \end{pmatrix} + a \cdot \begin{pmatrix} 1 \\ 0 \\ 0 \end{pmatrix}$ und die Aussage über den Ortsvektor ist somit zutreffend.

Aufgabe B4

a) (1)

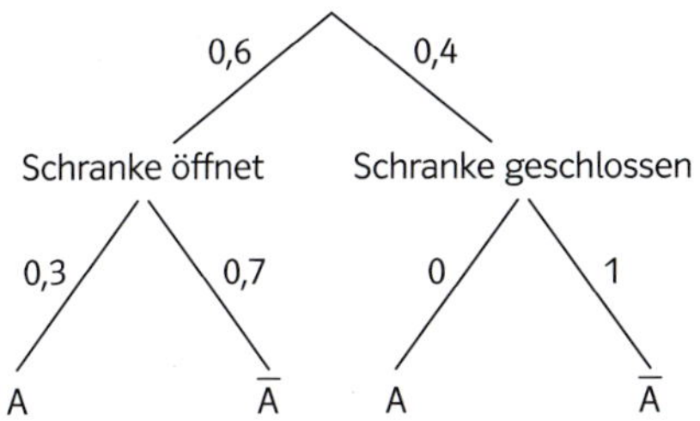

(2) Der Zustand Z_3 bleibt erhalten, falls entweder die Schranke sich öffnet und ein Auto in die Einfahrt abbiegt oder die Schranke geschlossen bleibt. Mithilfe einer Pfadregel folgt: $P(Z_3 \text{ bleibt erhalten}) = 0{,}6 \cdot 0{,}3 + 0{,}4 = 0{,}58$ F 95

Die Wahrscheinlichkeit, dass der Zustand Z_3 erhalten bleibt, beträgt 58 %.

(3) Herleitung der Wahrscheinlichkeiten in der zweiten Spalte der Matrix:

- Ein Übergang von Z_1 nach Z_0 tritt genau dann ein, wenn sich die Schranke öffnet und gleichzeitig kein neues Auto in die Einfahrt abbiegt.
  Die Wahrscheinlichkeit für diesen Fall beträgt $0{,}6 \cdot 0{,}7 = 0{,}42$. F 95
- Ein Übergang von Z_1 nach Z_1 tritt genau dann ein, falls entweder die Schranke sich öffnet und ein Auto in die Einfahrt abbiegt oder die Schranke geschlossen bleibt und kein neues Auto in die Einfahrt abbiegt.
  Die Wahrscheinlichkeit für diesen Fall beträgt $0{,}6 \cdot 0{,}3 + 0{,}4 \cdot 0{,}7 = 0{,}46$. F 95
- Ein Übergang von Z_1 nach Z_2 tritt genau dann ein, wenn die Schranke geschlossen bleibt und ein neues Auto in die Einfahrt abbiegt.
  Die Wahrscheinlichkeit für diesen Fall beträgt $0{,}4 \cdot 0{,}3 = 0{,}12$. F 95
- Ein Übergang von Z_1 nach Z_3 kann nicht auftreten, daher ist die Wahrscheinlichkeit für diesen Fall null.

b) (1) Wenn kein Auto in der Einfahrt steht, befindet sich das System im Zustand Z_0. Somit lautet die Startverteilung $\vec{x_0} = \begin{pmatrix} 1 \\ 0 \\ 0 \\ 0 \end{pmatrix}$.

(i) Es gilt $\vec{x_{10}} = U^{10} \cdot \vec{x_0}$. Der GTR liefert: $\vec{x_{10}} \approx \begin{pmatrix} 0{,}5137 \\ 0{,}3622 \\ 0{,}0982 \\ 0{,}0259 \end{pmatrix}$ F 116

Die Wahrscheinlichkeit, dass nach 10 Minuten drei Autos in der Einfahrt stehen (Zustand Z_3), wird durch die letzte Komponente des Verteilungsvektors $\vec{x_{10}}$ angegeben.

Die Wahrscheinlichkeit, dass nach 10 Minuten drei Autos in der Einfahrt stehen, beträgt ca. 0,026 (2,6 %).

(ii) Es gilt $\vec{x_5} = U^5 \cdot \vec{x_0}$. Der GTR liefert: $\vec{x_5} \approx \begin{pmatrix} 0{,}5413 \\ 0{,}3639 \\ 0{,}0806 \\ 0{,}0141 \end{pmatrix}$ F 116

Die Wahrscheinlichkeit, dass nach 5 Minuten weniger als zwei Autos in der Einfahrt stehen (Zustand Z_0 oder Zustand Z_1) ist die Summe der beiden ersten Komponenten des Verteilungsvektors $\vec{x_5}$.

Die Wahrscheinlichkeit, dass nach 5 Minuten weniger als zwei Autos in der Einfahrt stehen, beträgt ca. 0,905 (90,5 %).

(iii) Die Wahrscheinlichkeit, dass nach einer Minute kein Auto in der Einfahrt steht, beträgt 0,7.

Die Wahrscheinlichkeit, dass in den nächsten drei Minuten kein Auto in der Einfahrt steht, beträgt daher $0{,}7^3 = 0{,}343$ (34,3 %). F 95

(2) Langfristige Entwicklung der Wahrscheinlichkeitsverteilung:
Wenn man mit dem GTR für große n die Matrix U^n berechnet, erhält man eine Grenzmatrix G.
Es gilt $U^{100} \approx U^{101} \approx G$.

Der GTR liefert $G \approx \begin{pmatrix} 0{,}5059 & 0{,}5059 & 0{,}5059 & 0{,}5059 \\ 0{,}3614 & 0{,}3614 & 0{,}3614 & 0{,}3614 \\ 0{,}1032 & 0{,}1032 & 0{,}1032 & 0{,}1032 \\ 0{,}0295 & 0{,}0295 & 0{,}0295 & 0{,}0295 \end{pmatrix}$. F 117

Man erhält für die langfristige Entwicklung $\vec{g} = G \cdot \vec{x_0} \approx \begin{pmatrix} 0{,}5059 \\ 0{,}3614 \\ 0{,}1032 \\ 0{,}0295 \end{pmatrix}$

Begründung, ob der Bereich für wartende Autos vergrößert werden soll:

Die erste Komponente des Verteilungsvektors $\vec{g}$ gibt die Wahrscheinlichkeit an, dass langfristig kein Auto im Wartebereich steht. Diese Wahrscheinlichkeit beträgt ca. 50,6 %. D.h., in etwas mehr als der Hälfte der Fälle befindet sich überhaupt kein Auto im Wartebereich. F 119
Die letzte Komponente des Verteilungsvektors $\vec{g}$ gibt die Wahrscheinlichkeit an, dass langfristig drei Autos im Wartebereich stehen. Diese Wahrscheinlichkeit beträgt ca. 3,0 %.

Somit wäre nur in ca. 3 % der Fälle eine Erweiterung des Wartebereichs notwendig.
Daher sollte man den Wartebereich nicht vergrößern.

c) (1) Es gilt $M_{0,4} = \begin{pmatrix} 0{,}6 & 0{,}4 & 0 \\ 0{,}4 & 0{,}2 & 0{,}4 \\ 0 & 0{,}4 & 0{,}6 \end{pmatrix}$. Man berechnet mit dem GTR die Matrix $M_{0,4}{}^2$.

Der GTR liefert: $M_{0,4}{}^2 = \begin{pmatrix} 0{,}52 & 0{,}32 & 0{,}16 \\ 0{,}32 & 0{,}36 & 0{,}32 \\ 0{,}16 & 0{,}32 & 0{,}52 \end{pmatrix}$

F 115

Die drei Zeilensummen betragen:
$0{,}52 + 0{,}32 + 0{,}16 = 1$; $0{,}32 + 0{,}36 + 0{,}32 = 1$; $0{,}16 + 0{,}32 + 0{,}52 = 1$

Die drei Spaltensummen betragen:
$0{,}52 + 0{,}32 + 0{,}16 = 1$; $0{,}32 + 0{,}36 + 0{,}32 = 1$; $0{,}16 + 0{,}32 + 0{,}52 = 1$

Zudem liegen alle Matrixelemente im Intervall $[0;1]$.

Die Matrix $M_{0,4}{}^2$ ist ebenfalls eine doppeltstochastische Matrix.

(2) Aus dem Ansatz $M_k \cdot \vec{x} = \vec{x}$ folgt:

$$\begin{pmatrix} 1-k & k & 0 \\ k & 1-2k & k \\ 0 & k & 1-k \end{pmatrix} \cdot \begin{pmatrix} x_1 \\ x_2 \\ x_3 \end{pmatrix} = \begin{pmatrix} x_1 \\ x_2 \\ x_3 \end{pmatrix}$$

F 117

Fall 1: $k = 0$

$$\begin{pmatrix} 1 & 0 & 0 \\ 0 & 1 & 0 \\ 0 & 0 & 1 \end{pmatrix} \cdot \begin{pmatrix} x_1 \\ x_2 \\ x_3 \end{pmatrix} = \begin{pmatrix} x_1 \\ x_2 \\ x_3 \end{pmatrix}$$

Dieses LGS ist allgemeingültig, d.h. jede Wahrscheinlichkeitsverteilung $\vec{x}$ erfüllt die Gleichung $E \cdot \vec{x} = \vec{x}$.

Fall 2: $0 < k \leqq 0{,}5$
Man erhält folgendes LGS:

$$\begin{array}{llll} \text{(I)} & (1-k)x_1 + kx_2 = x_1 & & \text{(I a)} \quad -kx_1 + kx_2 = 0 \\ \text{(II)} & kx_1 + (1-2k)x_2 + kx_3 = x_2 & \text{bzw.} & \text{(II a)} \quad kx_1 - 2kx_2 - kx_3 = 0 \\ \text{(III)} & kx_2 + (1-k)x_3 = x_3 & & \text{(III a)} \quad kx_2 - kx_3 = 0 \end{array}$$

Aus (I a) folgt: $kx_2 = kx_1$ bzw. $x_2 = x_1$
Aus (III a) folgt: $kx_2 = kx_3$ bzw. $x_2 = x_3$
Einsetzen in (II a) liefert für alle k eine wahre Aussage: $kx_2 - 2kx_2 + kx_2 = 0$
Da für jede Wahrscheinlichkeitsverteilung $x_1 + x_2 + x_3 = 1$ gelten muss, folgt: $x_1 = x_2 = x_3 = \frac{1}{3}$.

Die gesuchte Wahrscheinlichkeitsverteilung lautet $\vec{x} = \begin{pmatrix} \frac{1}{3} \\ \frac{1}{3} \\ \frac{1}{3} \end{pmatrix}$ für alle k mit $0 \leqq k \leqq 0{,}5$.

Aufgabe B5

a) (1) Sei X die Anzahl der fehlerhaften Teile unter den 800 Teilen.
X ist binomialverteilt mit $n = 800$ und $p = 0{,}04$.

$P(A) = P(X = 30) \approx 0{,}0693$ F 100

Die Wahrscheinlichkeit, dass genau 30 Teile fehlerhaft sind, beträgt ca. 0,069 (6,9 %).

5 % von 800 sind $0{,}05 \cdot 800 = 40$.
$P(B) = P(X \geqq 40) = 1 - P(X \leqq 39) \approx 0{,}0912$ F 100

Die Wahrscheinlichkeit, dass mindestens 5 % der Teile fehlerhaft sind, beträgt ca. 0,091 (9,1 %).

(2) Sei Y die Anzahl der Teile, die keinen Fehler haben.
Y ist binomialverteilt mit $p = 0{,}96$.

Bedingung: $P(Y \geqq 100) \geqq 0{,}95$
Man berechnet mit dem Taschenrechner für verschiedene Werte von n die Wahrscheinlichkeit $P(Y \geqq 100)$. F 103
$n = 107$; $P(Y \geqq 100) \approx 0{,}9344$
$n = 108$; $P(Y \geqq 100) \approx 0{,}9705$ F 100

Man muss mindestens 108 Teile auswählen.

(3) H_0: $p \geqq 0{,}04$; H_1: $p < 0{,}04$
Es liegt ein linksseitiger Signifikanztest vor. F 104
Stichprobenumfang $n = 500$, Signifikanzniveau $\alpha = 0{,}05$

X sei die Anzahl der fehlerhaften Teile in der Stichprobe.
X ist im Extremfall binomialverteilt mit $n = 500$ und $p = 0{,}04$.

Gesucht ist der größte Wert von g, für den gilt: $P(X \leqq g) \leqq 0{,}05$
Man erstellt mit dem Taschenrechner eine Tabelle:
$P(X \leqq 12) \approx 0{,}0362$ F 100
$P(X \leqq 13) \approx 0{,}0623$

Wenn höchstens 12 Teile fehlerhaft sind, dann wird die Hypothese H_0 abgelehnt, andernfalls wird H_0 nicht abgelehnt.

(4) Man möchte vermeiden, dass das teurere Granulat eingesetzt wird, obwohl es nicht zu weniger fehlerhaften Teilen führt, wie das bisherige Granulat. Das Risiko, aufgrund des Testergebnisses das neue Granulat fälschlicherweise einzuführen, obwohl es zu keiner Reduzierung der fehlerhaften Teile führt, beträgt höchstens 5 %.

(5) Interpretation des Fehlers 2. Art im Sachzusammenhang:

Einen Fehler 2. Art begeht man hier, falls das teurere Granulat tatsächlich zu weniger fehlerhaften Teilen führt, man dies jedoch aufgrund des Testergebnisses nicht erkennt und die Nullhypothese nicht ablehnt.

Berechnung der Wahrscheinlichkeit für den Fehler 2. Art: F 104
X ist jetzt binomialverteilt mit $n = 500$ und $p = 0{,}02$.

Wenn in der Stichprobe mindestens 13 Teile fehlerhaft sind, wird H_0 nicht abgelehnt.
$P(X \geqq 13) = 1 - P(X \leqq 12) \approx 0{,}2065$

Die Wahrscheinlichkeit für einen Fehler 2. Art beträgt ca. 0,207 (20,7%).

F 100

Hinweis:
Bei manchen GTR-Modellen kann man die Wahrscheinlichkeit $P(X \geqq 13)$ direkt berechnen.

b) (1) Die Wahrscheinlichkeit für das Ereignis „blau-rot-grün" beträgt $\frac{1}{2} \cdot \frac{1}{3} \cdot \frac{1}{6} = \frac{1}{36}$.
Die Wahrscheinlichkeit für das Ereignis „drei verschiedene Farben" ist sechsmal so groß, da es sechs Möglichkeiten gibt, die drei Farben anzuordnen.
$P(\text{„drei verschiedene Farben"}) = 6 \cdot \frac{1}{36} = \frac{1}{6}$

(2) Sei X die Auszahlung in Euro bei diesem Spiel.
Sei a der Betrag in Euro, der bei drei verschiedenen Farben ausgezahlt wird.

Für den Erwartungswert von X gilt: $E(X) = \frac{1}{6} \cdot 10 + \frac{1}{6} \cdot a + \frac{4}{6} \cdot 0 = \frac{1}{6} \cdot (10 + a)$

F 97

Damit sich die Einsätze und die Auszahlungen auf lange Sicht ausgleichen, muss $E(X) = 5$ gelten.

F 99

$\frac{1}{6} \cdot (10 + a) = 5$

F 1

Aus $10 + a = 30$ folgt $a = 20$.

Es werden 20 € ausbezahlt, wenn drei verschiedene Farben erscheinen.

(3) Man kann dem Baumdiagramm entnehmen, dass die Wahrscheinlichkeit für „rot" (2p) doppelt so groß ist wie die Wahrscheinlichkeit für „grün" (p).
Für die Wahrscheinlichkeit von „blau" gilt $P(\text{„blau"}) = 1 - (2p + p) = 1 - 3p$.

Für die Wahrscheinlichkeit des Ereignisses „rot-rot-blau" gilt:
$P(\text{„rot-rot-blau"}) = 2p \cdot 2p \cdot (1 - 3p) = 4p^2 - 12p^3$

F 96

Diese Wahrscheinlichkeit beträgt laut Baumdiagramm 0,036.
Daher muss gelten: $P(\text{„rot-rot-blau"}) = 4p^2 - 12p^3 = 0{,}036$

F 96

Man löst diese Gleichung mithilfe des GTR.
Der GTR liefert: $p_1 \approx -0{,}085$; $p_2 \approx 0{,}118$; $p_3 = 0{,}3$

Die Lösung p_1 entfällt, da $p_1 < 0$ gilt. Da der blaue Sektor größer als 180° ist, muss die Wahrscheinlichkeit für „blau" größer als 0,5 sein.
Da $P(\text{„blau"}) = 1 - 3p$ gilt, muss $p < \frac{1}{6}$ sein.
Somit entfällt auch die Lösung p_3.

Für den Mittelpunktswinkel α des blauen Sektors muss gelten:
$\alpha = (1 - 3p_2) \cdot 360° \approx 232{,}6°$

Der Mittelpunktswinkel des blauen Sektors hat eine Winkelweite von ca. 233°.

Abitur 2017

Aufgaben

Prüfungsteil A (hilfsmittelfreier Teil)

a) Eine Funktion f ist durch $f(x) = 2e^{\frac{1}{2}x} - 1$ mit $x \in \mathbb{R}$ gegeben.

3 P (1) *Ermitteln Sie die Nullstelle der Funktion f.* — Tipp 1

(2) Die Tangente an den Graphen von f im Punkt S(0 | 1) begrenzt mit den beiden Koordinatenachsen ein Dreieck.
3 P *Weisen Sie nach, dass dieses Dreieck gleichschenklig ist.* — Tipp 2

b) Gegeben sind die Ebene $E: 2x_1 - x_2 + 2x_3 = 5$

und die Gerade $g: \vec{x} = \begin{pmatrix} 2 \\ 1 \\ -2 \end{pmatrix} + t \cdot \begin{pmatrix} 2 \\ -1 \\ -4 \end{pmatrix}$, $t \in \mathbb{R}$.

4 P (1) *Berechnen Sie die Koordinaten des Schnittpunkts von E und g.* — Tipp 3

2 P (2) *Begründen Sie, dass g nicht senkrecht zur Ebene E verläuft.* — Tipp 4

c) Untersucht werden die Lösungsmengen von linearen Gleichungssystemen.

(1) *Bestimmen Sie die Lösungsmenge des folgenden Gleichungssystems*:

$$\begin{aligned} 3 \cdot x_1 - 2 \cdot x_2 &= 13 \\ x_2 + 2 \cdot x_3 &= 5 \\ x_2 + x_3 &= 3 \end{aligned}$$

3 P — Tipp 5

(2) Betrachtet wird das folgende Gleichungssystem mit einem Parameter $p \in \mathbb{R}$:

$$\begin{aligned} 3 \cdot x_1 + 2 \cdot x_2 + x_3 &= 4 \\ 3 \cdot x_1 + 2 \cdot x_2 &= 5 \\ 3 \cdot x_1 + 2 \cdot x_2 + p \cdot x_3 &= 4 \end{aligned}$$

1 P *Geben Sie einen Wert von p an, für den das Gleichungssystem unendlich viele Lösungen hat.* — Tipp 6

2 P *Begründen Sie, dass es keinen Wert von p gibt, für den das Gleichungssystem genau eine Lösung hat.* — Tipp 7

d) Jedes Überraschungsei eines Herstellers enthält entweder eine Figur oder keine Figur, wobei der Anteil der Überraschungseier mit einer Figur 25 % beträgt.

(1) Zehn Überraschungseier werden nacheinander zufällig ausgewählt.

2 P *Geben Sie einen Term zur Berechnung der Wahrscheinlichkeit dafür an, dass nur in den letzten beiden Überraschungseiern jeweils eine Figur enthalten ist.* Tipp 8

(2) Sechs Überraschungseier werden zufällig ausgewählt. Die Zufallsgröße X gibt an, wie viele dieser Überraschungseier eine Figur enthalten. Eine der folgenden Abbildungen stellt die Wahrscheinlichkeitsverteilung dieser Zufallsgröße X dar:

I.

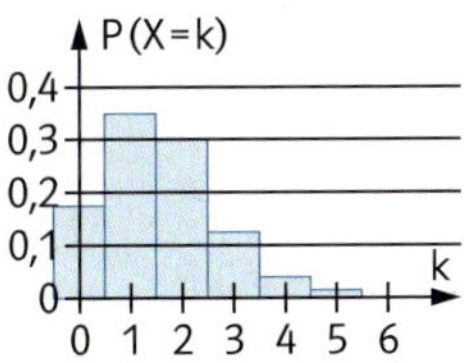

II.

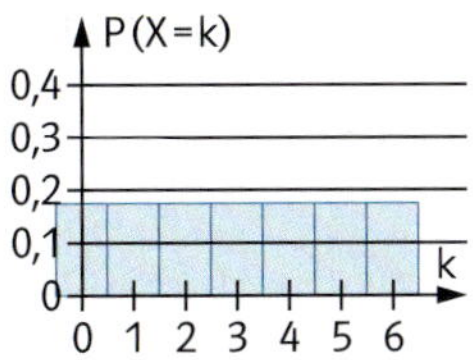

III.

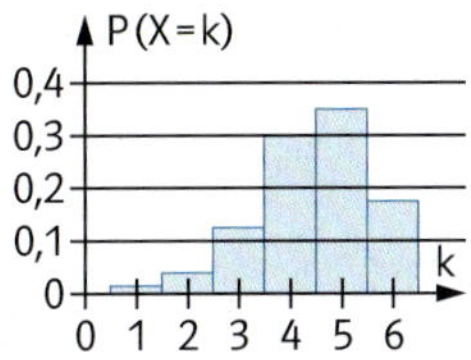

4 P *Geben Sie an, welche Abbildung dies ist. Begründen Sie, dass die beiden anderen Abbildungen dies nicht sind.* Tipp 9

Prüfungsteil B (mit Hilfsmittel)

Aufgabe B1

Gegeben ist die Schar der in $\mathbb{R}$ definierten Funktionen f_a durch die Funktionsgleichung

$$f_a(x) = x^2 \cdot e^{-a \cdot x} \text{ mit } a > 0.$$

Der Graph von f_a wird mit G_a bezeichnet.

a) (1) *Ermitteln Sie denjenigen Wert von a, für den der Punkt P(1 | 0,5) auf G_a liegt.* — Tipp 10

2 P

(2) *Berechnen Sie die Koordinaten und die Art der Extrempunkte von G_a in Abhängigkeit von a.* — Tipp 11

11 P

[Hierbei darf $f_a''(x) = (a^2 \cdot x^2 - 4 \cdot a \cdot x + 2) \cdot e^{-a \cdot x}$ ohne Nachweis verwendet werden.]

[Zur Kontrolle: Extremstellen von f_a sind $x = 0$ und $x = \frac{2}{a}$.]

(3) *Begründen Sie, dass der Hochpunkt von G_a für jeden Wert von a im ersten Quadranten liegt,* — Tipp 12
und beschreiben Sie, wie sich seine Lage für wachsende Werte von a ändert. — Tipp 13

3 P

(4) *Zeigen Sie, dass die Extrempunkte von G_a für alle Werte von a auf dem Graphen der Funktion g mit $g(x) = \frac{x^2}{e^2}$ liegen.* — Tipp 14

3 P

Im Folgenden sei $a = 0{,}2$ und $G_{0,2}$ sei der Graph der Funktion $f_{0,2}$.

b) (1) Für jeden Wert von b mit $0 \leq b \leq 100$ sind die Punkte A(0 | 0) und B(b | 0) sowie der Punkt C gegeben. C hat die x-Koordinate b und liegt auf dem Graphen $G_{0,2}$.

Bestimmen Sie denjenigen Wert von b, für den der Flächeninhalt des Dreiecks ABC maximal ist, und geben Sie den zugehörigen Flächeninhalt an. — Tipp 15

7 P

(2) Die x-Achse, $G_{0,2}$ und die Gerade mit der Gleichung $x = p$ mit $p > 0$ schließen ein Flächenstück ein.

Bestimmen Sie die Größe dieses Flächenstücks. — Tipp 16
[Hierbei darf ohne Nachweis $F_{0,2}(x) = -(5 \cdot x^2 + 50x + 250) \cdot e^{\frac{-x}{5}}$ als eine Stammfunktion von $f_{0,2}$ verwendet werden.]

Zeigen Sie, dass der Inhalt des Flächenstücks auch für beliebig große Werte von p kleiner als 250 ist. — Tipp 17

6 P

c) In der Abbildung ist der Graph der Funktion k mit $k(x) = -0{,}3 \cdot x^2 \cdot e^{-0{,}2 \cdot x}$ für $0 \leqq x \leqq 20$ dargestellt.

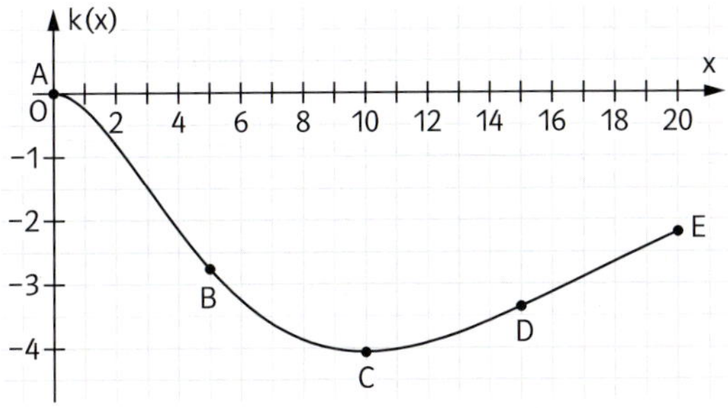

Abbildung

(1) Es gilt $k(x) = -0{,}3 \cdot f_{0,2}(x)$.

2 P *Beschreiben Sie, wie der Graph von k aus dem Graphen von $f_{0,2}$ hervorgeht.* — Tipp 18

(2) Verbindet man die Punkte A(0 | 0), B(5 | k(5)), C(10 | k(10)), D(15 | k(15)) und E(20 | k(20)) in dieser Reihenfolge durch Strecken, so liefert die Summe der Längen dieser Strecken einen Näherungswert für die Länge des in der Abbildung dargestellten Graphen von k im Intervall [0; 20].

3 P *Berechnen Sie diesen Näherungswert, wobei Sie $|\overline{AB}| \approx 5{,}71$; $|\overline{CD}| \approx 5{,}05$ und $|\overline{DE}| \approx 5{,}13$ ohne Nachweis verwenden dürfen.* — Tipp 19

2 P (3) *Beschreiben Sie, wie man unter Verwendung von Strecken zwischen Punkten auf dem in der Abbildung dargestellten Graphen von k im Intervall [0; 20] dessen Länge beliebig genau berechnen kann.* — Tipp 20

Aufgabe B2

Die Zeitspanne vom Sonnenaufgang (Zeitpunkt, zu dem die Oberkante der Sonne den Horizont überschreitet) bis zum Sonnenuntergang (Zeitpunkt, zu dem die Oberkante der Sonne den Horizont unterschreitet) wird als Tageslänge bezeichnet. Sie hängt vom Ort ab und ändert sich im Verlauf des Jahres.
In der folgenden Abbildung sind die Tageslängen in der kleinen ostwestfälischen Stadt Rahden für jeden ersten Tag eines Monats im Zeitraum vom 1. Januar 2017 bis zum 1. Januar 2018 aufgetragen. Darüber hinaus ist der Graph einer ganzrationalen Funktion f dargestellt, mit der ein Schüler die Tageslängen modelliert hat. Vereinfachend wird hier angenommen, dass alle Monate die gleiche Länge von 30 Tagen haben.

Dabei entspricht $t = 0$ dem 1. Januar 2017, $t = \frac{1}{30} \approx 0{,}03$ entspricht dem 2. Januar 2017, …, $t = 1$ entspricht dem 1. Februar 2017, $t = 1\frac{1}{30} \approx 1{,}03$ entspricht dem 2. Februar 2017 usw.

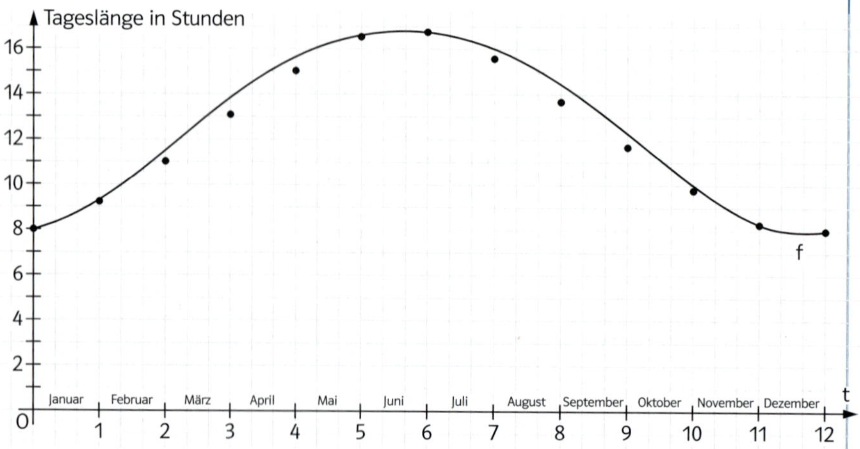

Abbildung

4 P **a)** *Entscheiden Sie anhand der Abbildung, welchen Grad die ganzrationale Funktion f mindestens haben muss, und begründen Sie Ihre Entscheidung.* Tipp 21

Aufgrund zu großer Abweichungen hat der Schüler die Modellierung mit der Funktion f wieder verworfen.
In einem neuen Ansatz hat er zur Modellierung der Tageslängen in Rahden im Zeitraum vom 1. Januar 2017 bis zum 21. Juni 2017 für $0 \leqq t \leqq 5{,}67$ die Funktion g mit der Gleichung

$$g(t) = -0{,}08 \cdot t^3 + 0{,}6324 \cdot t^2 + 0{,}54432 \cdot t + 8, \quad t \in \mathbb{R},$$

verwendet. Dabei wird g(t) als Tageslänge in Stunden aufgefasst.

b) (1) *Ermitteln Sie mit der Funktion g die Tageslänge in Rahden für den heutigen Tag (3. Mai, also $t = 4{,}07$) und vergleichen Sie den von Ihnen berechneten Wert mit der tatsächlichen heutigen Tageslänge in Rahden von 15 Stunden und 10 Minuten.* 4 P — Tipp 22

(2) *Geben Sie den Wert des Terms* $\frac{g(4)-g(2)}{2}$ *an und interpretieren Sie diesen Wert im Sachzusammenhang.* 4 P — Tipp 23

(3) Vom 1. Januar 2017 bis zum 21. Juni 2017 ($t = 5{,}67$) werden nördlich des Äquators (und damit auch in Rahden) die Tage immer länger.

Zeigen Sie rechnerisch, dass diese Tatsache durch die Funktion g zutreffend modelliert wird. 6 P — Tipp 24

(4) Für die zweite Ableitung g″ der Funktion g gilt die folgende Aussage:

$g''(t) < 0$ für alle $t \in \mathbb{R}$ mit $t > 2{,}635$

Interpretieren Sie die Bedeutung dieser Aussage für $2{,}635 < t < 5{,}67$ *unter Berücksichtigung von* b) (3) *im Sachzusammenhang.* 3 P — Tipp 25
[Hinweis: Ein Nachweis der Aussage ist nicht erforderlich.]

(5) *Entscheiden Sie, ob die Funktion g zur Modellierung der Tageslängen für das gesamte Jahr 2017 geeignet ist, und begründen Sie Ihre Entscheidung.* 3 P — Tipp 26

c) Der 21. Juni 2017 ($t \approx 5{,}67$) ist der längste Tag des Jahres 2017, der 21. Dezember 2017 ($t \approx 11{,}67$) ist der kürzeste Tag des Jahres 2017 in Rahden.

Eine Freundin des Schülers schlägt vor, zur Modellierung der Tageslängen vom 21. Juni 2017 bis zum 1. Januar 2018 für $5{,}67 \leqq t \leqq 12$ eine ganzrationale Funktion h dritten Grades zu verwenden, deren Ableitung h′ eine quadratische Funktion von folgender Form ist:

$$h'(t) = a \cdot (t - 5{,}67) \cdot (t - 11{,}67), \quad t \in \mathbb{R},$$

wobei a eine noch zu ermittelnde reelle Zahl ist.

(1) *Begründen Sie, dass es sinnvoll ist, von dem Ansatz*

$$h'(t) = a \cdot (t - 5{,}67) \cdot (t - 11{,}67)$$

auszugehen, wenn die Tageslängen ab dem 21. Juni 2017 durch eine ganzrationale Funktion h dritten Grades modelliert werden sollen. 4 P — Tipp 27

(2) Vom 21. Juni 2017 bis zum 21. Dezember 2017 werden die Tage in Rahden um insgesamt 9,15 Stunden kürzer.

Ermitteln Sie a passend zu diesem Wert. 5 P — Tipp 28
[Zur Kontrolle: $a \approx 0{,}25417$]

(3) *Bestimmen Sie ausgehend von den Betrachtungen in* c) (1) *und* (2) *eine Gleichung einer Funktion h zur Modellierung der Tageslängen in Rahden vom 21. Juni 2017 bis zum 1. Januar 2018, in der kein Integralzeichen auftritt.* 7 P — Tipp 29

Aufgabe B3

In einem kartesischen Koordinatensystem sind die Punkte O(0|0|0), A(6|4|−2), B(0|16|−8), C(−6|4|−2) und D(0|8|11) Eckpunkte eines **schiefen** Prismas[1] OABCDEFG mit viereckiger Grundfläche OABC (siehe Abbildung).

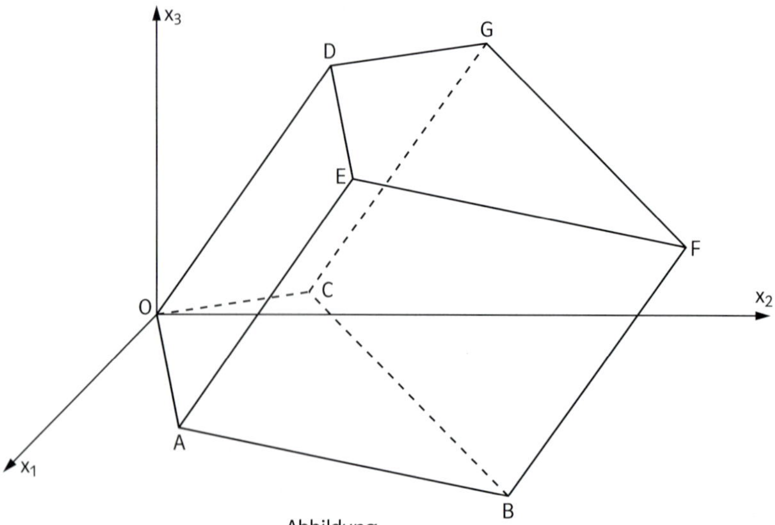

Abbildung

a) (1) *Stellen Sie eine Parameter- und eine Koordinatengleichung der Ebene H auf, die die Punkte O, A und B enthält.* — 6 P — Tipp 30

[Mögliches Ergebnis für die Koordinatengleichung: H: $x_2 + 2x_3 = 0$]

(2) *Bestimmen Sie eine Parameterform der Geraden g, die H senkrecht schneidet und durch D verläuft.* — 3 P — Tipp 31

$$\left[\text{Mögliche Lösung: } g: \vec{x} = \begin{pmatrix} 0 \\ 3 \\ 1 \end{pmatrix} + t \cdot \begin{pmatrix} 0 \\ -2 \\ -4 \end{pmatrix},\ t \in \mathbb{R}\right]$$

(3) *Berechnen Sie die Koordinaten des Schnittpunktes S der Geraden g und der Ebene H.* — 3 P — Tipp 32

[Zur Kontrolle: S(0|2|−1)]

b) (1) *Zeigen Sie, dass die Diagonalen $\overline{AC}$ und $\overline{OB}$ des Vierecks OABC zueinander senkrecht sind und sich im Mittelpunkt T von $\overline{AC}$ schneiden.* — 7 P — Tipp 33

[Zur Kontrolle: T(0|4|−2)]

Nach Aufgabe **b)** (1) ist das Viereck OABC ein Drachenviereck.

(2) *Bestimmen Sie das Volumen des Prismas OABCDEFG.* — 5 P — Tipp 34

---

[1] Ein Prisma besitzt eine Grundfläche und eine dazu parallele deckungsgleiche Deckfläche.
Die Seitenflächen sind Parallelogramme. Bei einem schiefen Prisma stehen die Seitenkanten **nicht** senkrecht auf der Grundfläche. Das Volumen ist das Produkt aus der Grundfläche und der Höhe, die senkrecht auf der Grundfläche steht.

c) Es gibt Ebenen, die das Prisma in zwei volumengleiche Teile zerlegen.

3 P (1) *Beschreiben Sie die Lage zweier dieser Ebenen.* Tipp 35

(2) *Begründen Sie die Volumengleichheit der beiden Teilkörper für einen der*
3 P *beiden Schnitte aus* **c)** (1). Tipp 36

d) Der Punkt B wird auf der Strecke $\overline{BO}$ zum Punkt $B' \neq O$ so verschoben, dass alle Seiten des Vierecks OAB'C gleich lang sind.

4 P *Ermitteln Sie die Koordinaten von B'.* Tipp 37

e) *Bestimmen Sie die Koordinaten des Punktes auf der Strecke $\overline{OA}$, der von dem*
6 P *Punkt D den kürzesten Abstand besitzt.* Tipp 38

Aufgabe B4

Beim Onlinebanking gibt es verschiedene Sicherheitsvorkehrungen. Bei einer Sicherheitsabfrage muss der Benutzer (nennen wir ihn Ben) zusätzlich zu seinem Onlinebanking-PIN einen Zahlencode, der aus sechs Ziffern besteht, kennen und teilweise eingeben, um sich anzumelden.
Damit eine potenzielle Angreiferin (nennen wir sie Anna) nicht auf Anhieb alle sechs Ziffern erfährt, werden von der Bank bei jedem Anmeldevorgang nur zwei zufällig ausgewählte Ziffern abgefragt. Welche der sechs Ziffern abgefragt werden, bestimmt die Bank nach dem Zufallsprinzip.
Ist z. B. der Code von Ben 235793 und öffnet sich beim Anmelden folgendes Fenster,

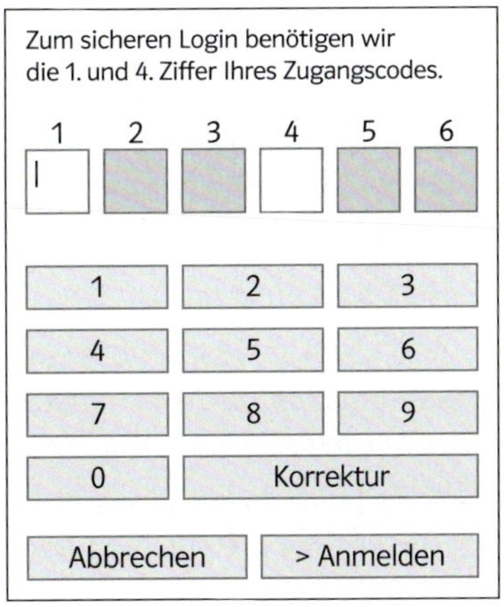

Abbildung

so muss Ben die Ziffern 2 und 7 eingeben. Will Anna nun den gesamten 6-stelligen Code stehlen, muss sie mehrere Male beim Anmelden „zuschauen". Zu diesem Zweck installiert sie eine Schadsoftware auf Bens Computer, die ihr bei jedem Zuschauen die Beobachtung der beiden eingegebenen Ziffern und ihrer Position ermöglicht.

a) Die Matrix U beschreibt den Prozess aus Annas Sicht von anfangs null bekannten Ziffern (Zustand z_0) bis hin zu sechs bekannten Ziffern (Zustand z_6). Dabei beschreibt z_i den Zustand mit i bekannten Ziffern (i = 0, 2, 3, 4, 5, 6). Der Zustand z_1 kann nicht eintreten, da nach dem ersten „Zuschauen" sofort zwei Ziffern bekannt sind.

$$\begin{array}{cc} & \text{von} \quad z_0 \quad z_2 \quad z_3 \quad z_4 \quad z_5 \quad z_6 \quad \text{nach} \\ U = & \begin{pmatrix} 0 & 0 & 0 & 0 & 0 & 0 \\ 1 & \frac{1}{15} & 0 & 0 & 0 & 0 \\ 0 & \frac{8}{15} & \frac{3}{15} & 0 & 0 & 0 \\ 0 & \frac{6}{15} & \frac{9}{15} & \frac{6}{15} & 0 & 0 \\ 0 & 0 & \frac{3}{15} & \frac{8}{15} & \frac{10}{15} & 0 \\ 0 & 0 & 0 & \frac{1}{15} & \frac{5}{15} & 1 \end{pmatrix} \begin{matrix} z_0 \\ z_2 \\ z_3 \\ z_4 \\ z_5 \\ z_6 \end{matrix} \end{array}$$

4 P (1) *Zeichnen Sie das zugehörige Übergangsdiagramm.* — Tipp 39

(2) Betrachten Sie nun die zweite Spalte der Matrix U.
Erklären Sie im Sachzusammenhang die Einträge mit dem Wert Null in dieser Spalte. — Tipp 40
6 P *Leiten Sie die von Null verschiedenen Werte in dieser Spalte her.* — Tipp 41

2 P (3) *Begründen Sie:* $U^2 \cdot \vec{s}$ *mit* $\vec{s} = \begin{pmatrix} 1 \\ 0 \\ 0 \\ 0 \\ 0 \\ 0 \end{pmatrix}$ *ergibt die zweite Spalte der Matrix U.* — Tipp 42

b) Ben meldet sich jeden Monat fünfmal beim Onlinebanking an.

3 P (1) *Bestimmen Sie die Wahrscheinlichkeit, dass Anna nach einem Monat den Code vollständig kennt, wenn sie vorher keine Ziffer des Codes kannte.* — Tipp 43

3 P (2) Angenommen, Anna kennt bereits zwei Ziffern des Codes.
Bestimmen Sie die Wahrscheinlichkeit, dass Anna nach dreimaligem Zuschauen der Code vollständig bekannt ist. — Tipp 44

4 P (3) *Ermitteln Sie die Anzahl der Anmeldevorgänge, die Anna mindestens beobachten muss, um den Code mit mindestens 99%iger Wahrscheinlichkeit vollständig zu kennen.* — Tipp 45

c) Betrachtet wird ein anderer stochastischer Prozess, der durch die Matrix
$A = \begin{pmatrix} 1 & 0{,}2 & 0 \\ 0 & 0{,}3 & 0 \\ 0 & 0{,}5 & 1 \end{pmatrix}$ beschrieben wird.

2 P (1) *Erklären Sie die Bedeutung für den stochastischen Prozess, wenn ein Diagonalelement den Wert 1 besitzt.* — Tipp 46

3 P (2) *Ermitteln Sie, welcher Wahrscheinlichkeitsverteilung sich der durch A beschriebene Prozess bei Verwendung der Startverteilung* $\vec{v}_s = \begin{pmatrix} 0{,}1 \\ 0{,}3 \\ 0{,}6 \end{pmatrix}$ *auf lange Sicht nähert.* — Tipp 47

(3) *Bestimmen Sie für den durch A beschriebenen Prozess die Wahrscheinlichkeitsverteilung auf lange Sicht für die allgemeine Startverteilung*

$\vec{v} = \begin{pmatrix} a \\ b \\ c \end{pmatrix}$ *mit* $a, b, c \in \mathbb{R}$. — Tipp 48

Beurteilen Sie, ob es auf lange Sicht für jeden stochastischen Prozess genau eine sich stabilisierende Wahrscheinlichkeitsverteilung gibt, die
5 P *unabhängig von der Startverteilung ist.* — Tipp 49

d) Eine Bank geht nach bisherigen Erfahrungen von einem Risiko von $p = 0{,}001$ aus, dass ein Konto bei der Anmeldung zum Onlinebanking angegriffen wird. Um diese Vermutung zu kontrollieren, werden 25000 Anmeldevorgänge genau untersucht.

(1) *Erläutern Sie, welche Annahmen getroffen werden müssen, um diese Vorgehensweise im Folgenden mithilfe einer Binomialverteilung zu model-*
2 P *lieren.* — Tipp 50

2 P (2) *Bestimmen Sie die Wahrscheinlichkeit, dass mehr als 25 Angriffe erfolgen.* — Tipp 51

Weicht ein Stichprobenergebnis um mehr als das Dreifache der Standardabweichung vom Erwartungswert ab, so spricht man von einem extrem ungewöhnlichen Ergebnis.

(3) *Ermitteln Sie, wie viele Angriffe registriert werden müssen, um von einem*
4 P *extrem ungewöhnlichen Ergebnis zu sprechen.* — Tipp 52

Aufgabe B5

In Deutschland liegt bei 1 % der Bevölkerung eine Glutenunverträglichkeit vor. Die betroffenen Personen reagieren auf den Verzehr von bestimmten Getreidesorten mit körperlichen Beschwerden.
Ob eine Glutenunverträglichkeit vorliegt oder nicht, kann mithilfe eines Schnelltests diagnostiziert werden. Zeigt das Ergebnis dieses Tests die Glutenunverträglichkeit an, so bezeichnet man es als positiv.

a) Liegt bei einer Person eine Glutenunverträglichkeit vor, so ist das Testergebnis mit einer Wahrscheinlichkeit von 98 % positiv. Liegt bei einer Person keine Glutenunverträglichkeit vor, so beträgt die Wahrscheinlichkeit dafür, dass das Testergebnis dennoch positiv ist, 4 %.

Bei einer Person, die aus der Bevölkerung Deutschlands zufällig ausgewählt wurde, wird der Test durchgeführt.

(1) *Erstellen Sie zu dem beschriebenen Sachzusammenhang ein beschriftetes*
4 P *tes Baumdiagramm.* — Tipp 53

(2) *Ermitteln Sie für folgende Ereignisse jeweils die Wahrscheinlichkeit:*

A: „Bei der Person liegt eine Glutenunverträglichkeit vor und das Testergebnis ist positiv." — Tipp 54

4 P *B: „Das Testergebnis ist negativ."* — Tipp 55

(3) *Ermitteln Sie die Wahrscheinlichkeit dafür, dass eine Glutenunverträglich-*
4 P *keit vorliegt, wenn das Testergebnis positiv ist.* — Tipp 56

b) Im Rahmen einer Studie sollen aus der Bevölkerung Deutschlands 20 000 Personen zufällig ausgewählt werden. Die Zufallsgröße X gibt die Anzahl der ausgewählten Personen an, bei denen eine Glutenunverträglichkeit vorliegt.

3 P (1) *Erläutern Sie, warum das Modell der binomialverteilten Zufallsgröße zur Berechnung von Wahrscheinlichkeiten hier geeignet ist.* Tipp 57

5 P (2) *Bestimmen Sie die Wahrscheinlichkeit dafür, dass die Anzahl der ausgewählten Personen, bei denen eine Glutenunverträglichkeit vorliegt, um mehr als 10 % vom Erwartungswert von X abweicht.* Tipp 58

c) Der Test wird mithilfe eines Teststreifens durchgeführt, auf dem eine Substanz als Indikator aufgebracht ist. Ist die Indikatormenge auf einem Teststreifen zu gering, so ist dieser unbrauchbar.
Der Hersteller der Teststreifen verfolgt das Ziel, dass höchstens 10 % der hergestellten Teststreifen unbrauchbar sind, und führt deshalb regelmäßig eine Qualitätskontrolle durch. Dazu wird der laufenden Produktion eine Stichprobe von 100 Teststreifen entnommen. Nur wenn sich darunter mindestens 16 unbrauchbare Teststreifen befinden, entscheidet man sich dafür, das Herstellungsverfahren zu verbessern.

4 P (1) *Beschreiben Sie, welche Fehlentscheidungen bei dieser Qualitätskontrolle auftreten können.* Tipp 59

3 P (2) *Bestimmen Sie, wie hoch die Fehlerwahrscheinlichkeit höchstens ist, dass der Hersteller sich aufgrund seiner Entscheidungsregel irrtümlich um eine Verbesserung des Herstellungsverfahrens bemüht.* Tipp 60

[Kontrolllösung: 3,99 %]

(3) Der Hersteller entschließt sich, die Kontrolle künftig mit einer größeren Stichprobe von 200 Teststreifen durchzuführen. Die Wahrscheinlichkeit für eine unnötige Verbesserung des Herstellungsverfahrens soll durch diese Änderung nur noch ein Drittel der ursprünglichen Wahrscheinlichkeit für eine unnötige Verbesserung des Verfahrens betragen.

5 P *Ermitteln Sie, wie groß die Anzahl unbrauchbarer Teststreifen, ab der man sich dafür entscheidet, das Herstellungsverfahren zu verbessern, nun mindestens sein muss.* Tipp 61

d) Die Indikatormenge auf den Teststreifen ist normalverteilt mit einem Erwartungswert von 20 mg und einer Standardabweichung von 4,0 mg. Ein Teststreifen ist unbrauchbar, wenn die Indikatormenge auf dem Teststreifen kleiner als 15 mg ist.

3 P (1) *Bestimmen Sie die Wahrscheinlichkeit dafür, dass ein Teststreifen unbrauchbar ist.* Tipp 62

[Kontrolllösung: 10,56 %]

(2) Durch eine Verbesserung konnte die Wahrscheinlichkeit dafür, dass ein zufällig ausgewählter Teststreifen aufgrund der Indikatormenge unbrauchbar ist, halbiert werden. Der Erwartungswert für die Indikatormenge blieb dabei unverändert.

5 P *Bestimmen Sie die geänderte Standardabweichung durch systematisches Probieren auf eine Nachkommastelle genau.* Tipp 63

Tipps

Folgende Tipps geben eine erste Hilfestellung:

Tipp 1	Welchen Wert nimmt der Funktionsterm an der Nullstelle an?
Tipp 2	Wenn in einem Dreieck zwei Winkel gleich groß sind, ist es gleichschenklig. Welchen Zusammenhang gibt es zwischen der Größe des Winkels, den eine Gerade mit der x-Achse einschließt, und der Steigung der Geraden?
Tipp 3	Ein beliebiger Punkt der Gerade g ist gegeben durch $P_t(2+2t\,\vert\,1-t\,\vert\,-2-4t), t\in\mathbb{R}$.
Tipp 4	Geben Sie einen Normalenvektor der Ebene E an.
Tipp 5	Informieren Sie sich über das Gauß-Verfahren. Wenden Sie dieses Verfahren an, um das Gleichungssystem in eine „Dreiecksform" zu überführen.
Tipp 6	Wie kann man an der mithilfe des Gauß-Verfahrens erhaltenen „Dreiecksform" des linearen Gleichungssystems erkennen, ob es unendlich viele Lösungen besitzt?
Tipp 7	Wie kann man an der mithilfe des Gauß-Verfahrens erhaltenen „Dreiecksform" des linearen Gleichungssystems erkennen, ob es unlösbar ist?
Tipp 8	Bei diesem Bernoulli-Experiment ist nur ein Pfad eines entsprechenden Baumdiagramms von Interesse.
Tipp 9	Argumentieren Sie mit dem Erwartungswert der Zufallsgröße X.
Tipp 10	Setzen Sie die Koordinaten des Punktes P in die Funktionsgleichung ein.
Tipp 11	Bestimmen Sie die ersten beiden Ableitungen.
Tipp 12	Treffen Sie eine Aussage bzgl. der y-Koordinate des Hochpunktes.
Tipp 13	Berechnen Sie den Grenzwert der y-Koordinate für $a \to \infty$.
Tipp 14	Setzen Sie in den Term von g für x nacheinander 0 und $\frac{2}{a}$ ein.
Tipp 15	Stellen Sie eine Formel zur Berechnung des Flächeninhalts des gesuchten Dreiecks auf. Beachten Sie dabei, dass es sich um ein rechtwinkliges Dreieck handelt.
Tipp 16	Berechnen Sie mithilfe der gegebenen Stammfunktion die Größe des Flächenstücks.
Tipp 17	Zerlegen Sie den Term für das gesuchte Flächenstück so, dass 250 als ein isolierter Term stehen bleibt.
Tipp 18	Ein Faktor vor einem Funktionsterm beschreibt eine Stauchung. Ein negativer Faktor zusätzlich eine Spiegelung.
Tipp 19	Berechnen Sie zuerst die Länge der Strecke $\overline{BC}$.
Tipp 20	Finden Sie eine allgemeine Formel zur Berechnung der Gesamtlänge der Strecke.
Tipp 21	Informieren Sie sich über den grundsätzlichen Verlauf der Graphen ganzrationaler Funktionen 2., 3. und 4. Grades.
Tipp 22	Die Tageslänge in Rahden wird in dem Modell direkt durch die Funktion g angegeben.

Tipp 23	Informieren Sie sich über den Unterschied zwischen durchschnittlicher und momentaner Änderungsrate.
Tipp 24	Die Änderung der Tageslänge wird durch die Ableitungsfunktion g' angezeigt.
Tipp 25	Welche Konsequenz ergibt sich für die Funktion g', wenn in dem Intervall $(2{,}635; 5{,}67)$ gilt: $g''(t) < 0$?
Tipp 26	Zeichnen Sie mit dem GTR den Graphen der Funktion g.
Tipp 27	Die gesuchte Funktion h soll bei $t \approx 5{,}67$ bzw. $t \approx 11{,}67$ ihren größten bzw. kleinsten Wert annehmen.
Tipp 28	Nutzen Sie aus, dass die gesamte Änderung (genauer: die Abnahme) der Tageslängen von $t = 5{,}67$ bis $t = 11{,}65$ 9,15 h beträgt.
Tipp 29	Wie erhält man aus der Änderungsrate eines Bestandes über einen gewissen Zeitraum den Bestand selbst?
Tipp 30	Bestimmen Sie zwei geeignete Richtungsvektoren von H und dann einen Normalenvektor von H.
Tipp 31	Der Vektor $\overrightarrow{OD}$ ist ein Stützvektor der Gerade g.
Tipp 32	Ein beliebiger Punkt der Gerade g ist gegeben durch: $P_t(0 \mid 8 + t \mid 11 + 2t), t \in \mathbb{R}$.
Tipp 33	Ist das Skalarprodukt zweier Vektoren gleich null, so stehen die Vektoren senkrecht aufeinander.
Tipp 34	Das Volumen eines Prismas berechnet man nach der Formel $V_{Prisma} = \text{Grundfläche}_{Prisma} \cdot \text{Höhe}_{Prisma}$.
Tipp 35	Veranschaulichen Sie sich den Sachverhalt an der Abbildung der Aufgabenstellung.
Tipp 36	Beachten Sie spezielle Symmetrieeigenschaften des vorliegenden Prismas.
Tipp 37	Veranschaulichen Sie sich die Situation mittels einer geeigneten Skizze.
Tipp 38	Gesucht ist der Lotfußpunkt L für das Lot von D auf die Gerade g_{OA}.
Tipp 39	Verwenden Sie die im Aufgabentext gegebenen Abkürzungen für die sechs verschiedenen Zustände des stochastischen Prozesses.
Tipp 40	Welche Übergangswahrscheinlichkeiten stehen in der zweiten Spalte der Matrix U?
Tipp 41	Um die von null verschiedenen Werte herzuleiten, können Sie ein geeignetes Baumdiagramm verwenden.
Tipp 42	Wie multipliziert man eine Übergangsmatrix mit einem Verteilungsvektor?
Tipp 43	Wie erhalten Sie aus der Startverteilung (Vektor $\vec{v_0}$) den Verteilungsvektor nach fünfmaligem Anmelden beim Onlinebanking?
Tipp 44	Wie lautet jetzt die Startverteilung $\left(\text{Vektor } \vec{v_0^*}\right)$?
Tipp 45	Stellen Sie eine Gleichung auf, mit deren Hilfe man den Verteilungsvektor nach n Anmeldungen bestimmen kann.
Tipp 46	Welche Bedingung muss für alle stochastischen Matrizen gelten?
Tipp 47	Was bedeutet „auf lange Sicht"? Setzen Sie Ihren GTR ein.

Tipp 48	Setzen Sie zu Beginn Ihren GTR ein. Am Schluss müssen Sie dann ohne GTR die Wahrscheinlichkeitsverteilung in Abhängigkeit von a, b und c bestimmen.
Tipp 49	Was bedeutet es, wenn es unabhängig von der Startverteilung eine stabile Wahrscheinlichkeitsverteilung gibt?
Tipp 50	Was sind die Voraussetzungen, dass eine Zufallsvariable binomialverteilt ist?
Tipp 51	Die Zufallsvariable X: „Anzahl der Anmeldevorgänge, die angegriffen werden" ist binomialverteilt.
Tipp 52	Berechnen Sie zuerst den Erwartungswert μ und die Standardabweichung σ der binomialverteilten Zufallsvariablen X: „Anzahl der Anmeldevorgänge, die angegriffen werden".
Tipp 53	Wählen Sie geeignete Abkürzungen für die auftretenden Ereignisse. Überlegen Sie, wie viele Pfade ein geeignetes Baumdiagramm haben muss.
Tipp 54	Wenden Sie eine der Pfadregeln an.
Tipp 55	Wenden Sie die Pfadregeln an.
Tipp 56	Beachten Sie, dass Sie hier eine bedingte Wahrscheinlichkeit bestimmen müssen.
Tipp 57	Es müssen zwei Voraussetzungen erfüllt sein, damit eine Zufallsvariable binomialverteilt ist.
Tipp 58	Berechnen Sie zuerst den Erwartungswert μ für die binomialverteilte Zufallsvariable X: „Anzahl der ausgewählten Personen, bei denen eine Glutenunverträglichkeit vorliegt".
Tipp 59	Beachten Sie, dass es beim Testen zwei Möglichkeiten gibt, einen Fehler zu machen.
Tipp 60	Um welchen Fehler beim Testen einer Hypothese handelt es sich hier?
Tipp 61	Für diesen rechtsseitigen Signifikanztest müssen Sie zunächst das neue Signifikanzniveau mithilfe des Ergebnisses der Teilaufgabe c) (2) bestimmen.
Tipp 62	Setzen Sie bei der Bestimmung der gesuchten Wahrscheinlichkeit Ihren GTR ein.
Tipp 63	Hier müssen Sie entweder durch Ausprobieren (Einsetzen verschiedener σ-Werte) oder mithilfe Ihres GTR zur Lösung gelangen.

Folgende Tipps geben eine weitere Hilfestellung:

Tipp 1	Setzen Sie den Funktionsterm gleich null.
Tipp 2	Die Steigung der Tangente berechnet man mithilfe der 1. Ableitung.
Tipp 3	Setzen Sie die Koordinaten von $P_t(2+2t\,\vert\,1-t\,\vert\,-2-4t)$ in die Koordinatengleichung von E ein.
Tipp 4	Die Gerade g verläuft senkrecht zur Ebene E, wenn der Richtungsvektor von g kollinear zum Normalenvektor von E ist.
Tipp 5	Bestimmen Sie mithilfe der „Dreiecksform" des linearen Gleichungssystems durch sukzessives Einsetzen und Umformen die Lösungsmenge.

Tipp 6	Überlegen Sie anhand der „Dreiecksform“ des linearen Gleichungssystems, welche Zahl man für den Parameter p einsetzen muss, damit sich unendlich viele Lösungen ergeben.
Tipp 7	Überlegen Sie anhand der „Dreiecksform“ des linearen Gleichungssystems, welche Zahl man für den Parameter p einsetzen muss, damit sich genau eine Lösung ergibt.
Tipp 8	Bestimmen Sie den gesuchten Term mithilfe der Pfadregel.
Tipp 9	Der Erwartungswert von X ist 1,5. Was bedeutet dies für die Höhe der Säulen im passenden Diagramm?
Tipp 10	Lösen Sie die Gleichung $f_a(1) = 0{,}5$.
Tipp 11	Bestimmen Sie mithilfe der Produkt- und Kettenregel die 1. Ableitung und verwenden Sie die notwendige und hinreichende Bedingung zur Feststellung einer lokalen Extremstelle.
Tipp 12	Zerlegen Sie den Term der y-Koordinate des Hochpunktes in zwei Faktoren und beweisen Sie damit die Behauptung.
Tipp 13	Wie verhält sich der Term $\frac{4}{a^2}$ für wachsende Werte von a?
Tipp 14	Berechnen Sie $g(0)$ und $g\left(\frac{2}{a}\right)$.
Tipp 15	Stellen Sie mithilfe des GTR die Funktion A mit $A(b) = \frac{1}{2} \cdot b \cdot f_{0,2}(b)$ graphisch dar und bestimmen Sie den Hochpunkt.
Tipp 16	Nutzen Sie als Hilfe bei der Bestimmung des Flächenstücks die Beispiele 1, 2 und 4 der Fertigkeit **F 27**.
Tipp 17	Betrachten Sie die einzelnen Summanden des Terms für den Flächeninhalt und entscheiden Sie, wie diese sich für beliebig große Werte von p verhalten.
Tipp 18	$g(x) = a \cdot f_{0,2}(x)$ mit $a < 0$ beschreibt eine Spiegelung und eine Stauchung.
Tipp 19	Der Satz von Pythagoras kann bei der Berechnung behilflich sein.
Tipp 20	Zerlegen Sie das Intervall $[0;20]$ in beliebig viele gleich große Teile, um dann die Länge der zugehörigen Teilstücke des Graphen berechnen zu können.
Tipp 21	Wie unterscheiden sich die Graphen ganzrationaler Funktionen 2., 3. und 4. Grades z.B. hinsichtlich der Anzahl möglicher lokaler Extrema und Wendepunkte?
Tipp 22	Berechnen Sie $g(4{,}07)$.
Tipp 23	Berechnen Sie den Term $\frac{g(4)-g(2)}{4-2}$ und deuten Sie ihn anhand der Grafik.
Tipp 24	Die Tatsache, dass die Tage in dem gegebenen Zeitraum immer länger werden, ist gleichbedeutend damit, dass die Ableitung $g'(t)$ in dem Zeitintervall größer als 0 ist.
Tipp 25	Die Funktion g'' charakterisiert, wie schnell sich die Tageslängen im Laufe des Jahres ändern.
Tipp 26	Deuten Sie den Graphenverlauf der Funktion g hinsichtlich des Sachzusammenhangs.
Tipp 27	An den Stellen, an denen die Funktion h ihren größten bzw. kleinsten Wert annimmt, muss sie ein lokales Maximum bzw. lokales Minimum aufweisen.

Tipp 28	Stellen Sie die gesamte Änderung der Tageslängen von $t = 5{,}67$ bis $t = 11{,}67$ durch ein Integral dar.
Tipp 29	Beachten Sie, dass für den 21. Juni 2017 eine bestimmte Tageslänge vorliegt, die an den folgenden Tagen verkürzt wird.
Tipp 30	Der Normalenvektor muss auf den Vektoren $\overrightarrow{OA} = \begin{pmatrix} 6 \\ 4 \\ -2 \end{pmatrix}$ und $\overrightarrow{OB} = \begin{pmatrix} 0 \\ 16 \\ -8 \end{pmatrix}$ senkrecht stehen.
Tipp 31	Da die Gerade g senkrecht zur Ebene H verläuft, ist der Normalenvektor $\vec{n} = \begin{pmatrix} 0 \\ 1 \\ 2 \end{pmatrix}$ der Ebene H ein Richtungsvektor von g.
Tipp 32	Setzen Sie die Koordinaten von $P_t(0 \mid 8 + t \mid 11 + 2t)$ in die Koordinatengleichung von H ein.
Tipp 33	Bestimmen Sie den Mittelpunkt T der Strecke $\overline{AC}$ und zeigen Sie, dass der Punkt T zusätzlich auch auf der Strecke $\overline{OB}$ liegt.
Tipp 34	Die Grundfläche des Prismas ist ein Drachenviereck, dessen Flächeninhalt Sie mithilfe seiner Diagonalen berechnen können. Die Höhe des Prismas ist der Abstand des Punktes D von der Ebene der Grundfläche OABC. Dieser kann z. B. mittels der Hesse'schen Normalenform (HNF) berechnet werden. Alternativ gilt hier einfach: $h_{\text{Prisma}} = \lvert \overrightarrow{DS} \rvert$
Tipp 35	Eine geeignete Ebene, die das Prisma in zwei volumengleiche Teile zerlegt, liegt z. B. parallel zur Grundfläche OABC.
Tipp 36	Zwei (Teil-)Prismen mit gleicher Grundfläche und gleicher Höhe besitzen denselben Flächeninhalt.
Tipp 37	Das Viereck OAB'C ist eine Raute. In einer Raute halbieren sich die Diagonalen.
Tipp 38	Zur Bestimmung des Lotfußpunktes L kann z. B. die Hilfsebene H betrachtet werden, die orthogonal zur Geraden g_{OA} ist und durch den Punkt D geht.
Tipp 39	Im Diagramm benötigen Sie 13 Pfeile, von denen fünf Pfeile jeweils an einem Zustand beginnen und an demselben Zustand enden. Notieren Sie die in der Matrix gegebenen Übergangswahrscheinlichkeiten auf den entsprechenden Pfeilen.
Tipp 40	In der zweiten Spalte stehen die Übergangswahrscheinlichkeiten für den Übergang aus dem Zustand z_2 (Anna kennt bereits zwei Ziffern des Codes) in die anderen Zustände. Welche dieser Zustände können überhaupt im nächsten Schritt erreicht werden?
Tipp 41	Ein geeignetes Baumdiagramm ist zweistufig, da beim nächsten Anmelden zwei verschiedene Ziffern des Codes eingegeben werden. Machen Sie beim Baumdiagramm eine zweistufige Fallunterscheidung, ob diese Ziffern bereits bekannt sind oder nicht.
Tipp 42	Multiplizieren Sie die Matrix U mit dem gegebenen Vektor $\vec{s}$. Vergleichen Sie Ihr Ergebnis mit der zweiten Spalte von U.
Tipp 43	Berechnen Sie den Verteilungsvektor $\overrightarrow{v_5}$ mithilfe der Gleichung $\overrightarrow{v_5} = U^5 \cdot \overrightarrow{v_0}$. Setzen Sie dabei Ihren GTR ein.
Tipp 44	Berechnen Sie den Verteilungsvektor $\overrightarrow{v_3^*}$ mithilfe der Gleichung $\overrightarrow{v_3} = U^3 \cdot \overrightarrow{v_0^*}$. Setzen Sie dabei Ihren GTR ein.

Tipp 45 Die gesuchte Gleichung lautet: $\vec{v_n} = U^n \cdot \vec{v_0}$. Wo können Sie die Wahrscheinlichkeit für das vollständige Kennen des Codes dem Vektor $\vec{v_n}$ entnehmen?

Tipp 46 Beachten Sie, dass die Summe aller Elemente einer Spalte bei einer stochastischen Matrix stets 1 sein muss.

Tipp 47 Wenn Sie mit Ihrem GTR A^n für große n berechnen, können Sie feststellen, ob A^n sich einer Grenzmatrix G annähert.

Tipp 48 Bestimmen Sie mit Ihrem GTR die Grenzmatrix G.
Multiplizieren Sie die Grenzmatrix G mit dem allgemeinen Startvektor $\vec{v} = \begin{pmatrix} a \\ b \\ c \end{pmatrix}$.

Tipp 49 Die Grenzverteilung hängt hier von der Wahl von a, b und c ab. Deuten Sie dieses Ergebnis.

Tipp 50 Es müssen zwei Bedingungen erfüllt sein. Die erste Bedingung besagt, dass ein Bernoulli-Experiment vorliegen muss. Begründen Sie, warum hier ein Bernoulli-Experiment vorliegt.

Tipp 51 Die Zufallsvariable X ist binomialverteilt mit $n = 25\,000$ und $p = 0{,}001$. Berechnen Sie mit Ihrem GTR die Wahrscheinlichkeit $P(X > 25)$.

Tipp 52 Für den Erwartungswert gilt $\mu = n \cdot p$ und die Standardabweichung beträgt $\sqrt{n \cdot p \cdot (1-p)}$.

Tipp 53 Achten Sie darauf, dass Sie die richtigen Wahrscheinlichkeiten an die Äste des Baumdiagramms schreiben.

Tipp 54 Das Ereignis A wird nur durch einen Pfad repräsentiert. Berechnen Sie die Wahrscheinlichkeit P(A) mithilfe der Pfadregel.

Tipp 55 Das Ereignis B wird nur durch zwei Pfade repräsentiert. Berechnen Sie die Wahrscheinlichkeit für die Ergebnisse, die durch die beiden Pfade repräsentiert werden und addieren Sie anschließend diese beiden Werte.

Tipp 56 Sie können alle benötigten Wahrscheinlichkeiten mithilfe der Pfadregeln aus dem Baumdiagramm bestimmen.

Tipp 57 Die erste Bedingung besagt, dass ein Bernoulli-Experiment vorliegen muss. Begründen Sie warum hier ein Bernoulli-Experiment vorliegt.

Tipp 58 Die Zufallsvariable X ist binomialverteilt mit $n = 20\,000$ und $p = 0{,}01$. Für den Erwartungswert gilt $\mu = n \cdot p = 200$. Bestimmen Sie 10 % von μ.

Tipp 59 Man irrt sich, wenn man einen Fehler 1. Art oder einen Fehler 2. Art begeht.

Tipp 60 Bestimmen Sie die Wahrscheinlichkeit, dass man bei diesem rechtsseitigen Signifikanztest einen Fehler 1. Art begeht.

Tipp 61 Bei diesem rechtsseitigen Signifikanztest beträgt das Signifikanzniveau ca. 0,0133.

Tipp 62 Ihr GTR hat einen speziellen Befehl, mit dessen Hilfe Sie $P(X < 15) = \int_{\infty}^{15} \varphi_{20;4}(x)\,dx$ direkt, das heißt, ohne selbst zu integrieren, berechnen können.

Tipp 63 Ihr GTR hat einen speziellen Befehl, mit dessen Hilfe Sie $P(X < 15) = \int_{\infty}^{15} \varphi_{20;\sigma}(x)\,dx$ direkt, das heißt, ohne selbst zu integrieren, berechnen können.
Variieren Sie σ solange, bis die Wahrscheinlichkeit für P(X) ca. 0,0528 beträgt.
Alternative: Lösen Sie die Gleichung $\int_{\infty}^{15} \varphi_{20;\sigma}(x)\,dx = 0{,}0528$ mit dem GTR.

Folgende Tipps helfen, Lücken zu schließen:

Tipp 1	Bearbeiten Sie die Fertigkeit F 5.
Tipp 2	Die Tangente hat die Steigung eins. Folglich muss ein Winkel die Größe 45° haben. Bearbeiten Sie F 18.
Tipp 3	Bearbeiten Sie aus F 69a das Beispiel und die Aufgabe 1 unter F 69b.
Tipp 4	Bearbeiten Sie aus F 60 das Beispiel 1 und die Aufgabe 1.
Tipp 5	Bearbeiten Sie aus F 8 das Beispiel a) und die Aufgabe a).
Tipp 6	Bearbeiten Sie aus F 8 das Beispiel c) sowie die Aufgabe b).
Tipp 7	Bearbeiten Sie aus F 8 das Beispiel a) und die Aufgabe a).
Tipp 8	Lesen Sie den Text von F 95 und bearbeiten Sie das Beispiel 1 sowie die Aufgabe 1.
Tipp 9	Bearbeiten Sie aus F 102 das Beispiel 2 und die Aufgabe 2.
Tipp 10	Bearbeiten Sie die Beispiele und Aufgaben von Fertigkeit F 5.
Tipp 11	Bearbeiten Sie die Beispiele und Aufgaben von Fertigkeit F 19.
Tipp 12	Es gilt: $\frac{4}{a^2} > 0$ und $e^{-2} > 0$.
Tipp 13	$\lim\limits_{a \to \infty} \frac{4}{a^2} = 0$. Beschreiben Sie mithilfe dieser Aussage die Lage des Hochpunktes für wachsende a.
Tipp 14	Vergleichen Sie die Funktionswerte mit den Koordinaten des Hoch- und Tiefpunktes von G_a.
Tipp 15	Wiederholen Sie die Beispiele und Aufgaben von Fertigkeit F 19.
Tipp 16	Bearbeiten Sie die Beispiele und Aufgaben von Fertigkeit F 28.
Tipp 17	Eine Grenzwertbetrachtung des Terms $(p^2 + 10p + 50)e^{-\frac{p}{5}}$ für $p \to \infty$ kann hier hilfreich sein.
Tipp 18	Bearbeiten Sie die Beispiele und Aufgaben von Fertigkeit F 39.
Tipp 19	Berechnen Sie die Länge der Strecke $\overline{BC}$ mithilfe des Satzes von Pythagoras und der Koordinaten der Punkte.
Tipp 20	Die Strecken lassen sich unter anderem durch $\overline{P_0(x_0 \mid k(x_0))\ P_1(x_1 \mid k(x_1))}$ beschreiben.
Tipp 21	Der Graph der Funktion f hat im abgebildeten Bereich mindestens zwei Wendepunkte. Was können Sie daher über den Grad von f′ aussagen? Bearbeiten Sie den Einführungstext zu F 21.
Tipp 22	Wandeln Sie das als Dezimalzahl erhaltene Ergebnis in Stunden und Minuten um und vergleichen Sie es mit der tatsächlichen Tageslänge.
Tipp 23	Arbeiten Sie den Einführungstext aus F 46 durch.
Tipp 24	Bestimmen Sie zunächst die Nullstellen von g′ und dann die Vorzeichen von g′ im Intervall [0; 5,67]. Bearbeiten Sie aus F 22 den Text und das Beispiel 3 sowie die Aufgabe b).

Tipp 25	Überlegen Sie, was es für die Geschwindigkeit der Änderung der Tageslängen bedeutet, wenn $g''(t) < 0$ ist. Bearbeiten Sie unter Beachtung der Tatsache, dass g″ die Ableitungsfunktion zu g′ ist, aus **F 22** den Text und das Beispiel 3 sowie die Aufgabe b).
Tipp 26	Bestimmen Sie mit dem GTR eine Nullstelle der Funktion g. Welches Vorzeichen müssen die Funktionswerte aufweisen, um dem Sachzusammenhang gerecht zu werden?
Tipp 27	Als notwendiges Kriterium für ein lokales Maximum bzw. lokales Minimum gilt: $h'(t) = 0$ Bearbeiten Sie aus **F 19** das Beispiel a) und die Aufgabe a).
Tipp 28	Lösen Sie die Gleichung $\int_{5,67}^{11,67} h'(t)\,dt = -9{,}15$ nach a auf. Sie können dazu zuerst den Parameter a vor das Integral ziehen. Bearbeiten Sie aus **F 27** das Beispiel 3c) und und die Aufgabe 4c).
Tipp 29	Überlegen Sie, wie man mithilfe von $h(5{,}67)$ und $\int_{5,67}^{t} h'(z)\,dz$ die Tageslänge zu einem Zeitpunkt t für $t > 5{,}67$ berechnen kann. Bearbeiten Sie aus **F 46** den Text und von dem Beispiel die Teilaufgabe d) und von der Aufgabe die Teilaufgaben d) und e).
Tipp 30	Bearbeiten Sie aus **F 64** das Beispiel 1 und die Aufgabe 1. Bearbeiten Sie aus **F 59** die Beispiele 2 und 3 und die Aufgabe 2.
Tipp 31	Bearbeiten Sie aus **F 60** das Beispiel 1 und die Aufgabe 1.
Tipp 32	Bearbeiten Sie aus **F 69a** das Beispiel und die Aufgabe 1 unter **F 69b**.
Tipp 33	Bearbeiten Sie aus **F 58** das Beispiel und die Aufgabe. Bearbeiten Sie aus **F 55** die Beispiele 1 und 2 sowie die Aufgabe.
Tipp 34	Bearbeiten Sie aus **F 80** die Beispiele 1 und 2 und die Aufgabe 1.
Tipp 35	Für eine zweite Ebene beachten Sie die Symmetrie des Drachenvierecks.
Tipp 36	Nutzen Sie zur Begründung die besondere Lage der Schnittebenen aus.
Tipp 37	Bearbeiten Sie aus **F 56** das Beispiel und die Aufgabe.
Tipp 38	Bearbeiten Sie aus **F 81** die Beispiele 1 und 2 sowie die Aufgabe 1.
Tipp 39	Bearbeiten Sie aus **F 113b** das Beispiel 1 und die Aufgabe 1.
Tipp 40	Bearbeiten Sie aus **F 113a** das Beispiel 2 und die Aufgabe 2.
Tipp 41	Das Baumdiagramm hat vier Pfade. Bearbeiten Sie aus **F 95** das Beispiel 1 und die Aufgabe 1.
Tipp 42	Multiplizieren Sie die Matrix U mit dem Vektor $U \cdot \vec{s}$. Beachten Sie, dass $U^2 \cdot \vec{s} = U(U \cdot \vec{s})$. Bearbeiten Sie aus **F 114** das Beispiel 1 und die Aufgabe 1.
Tipp 43	Bearbeiten Sie aus **F 116** das Beispiel 2 und die Aufgabe 1.
Tipp 44	Bearbeiten Sie aus **F 116** das Beispiel 2 und die Aufgabe 1.
Tipp 45	Variieren Sie n so lange, bis die letzte Komponente des Vektors $\vec{v}_n$ erstmalig mindestens 0,99 beträgt. Bearbeiten Sie aus **F 116** das Beispiel 2 und die Aufgabe 1.

Tipp 46 Wenn ein Diagonalelement den Wert 1 besitzt, dann müssen alle anderen Elemente dieser Spalte null sein. Das bedeutet, dass die Wahrscheinlichkeit für einen Übergang in einen anderen Zustand null ist. Somit verbleibt das System sicher in dem erreichten Zustand.
Bearbeiten Sie aus **F 113a** die Aufgabe 2.

Tipp 47 Lesen Sie aus **F 117** insbesondere den Text von Weg 1 und bearbeiten Sie das Beispiel 2 und die Aufgabe 1.

Tipp 48 Bearbeiten Sie aus **F 117** das Beispiel 2 und die Aufgabe 1.

Tipp 49 Lesen Sie aus **F 117** den einleitenden Text.

Tipp 50 Die zweite Bedingung besagt, dass sich die Trefferwahrscheinlichkeit p nicht verändern darf, damit eine Bernoulli-Kette (hier der Länge 25 000) vorliegt.

Tipp 51 Bearbeiten Sie aus **F 100** das Beispiel 3 und die Aufgaben 1 c), 1 e) und 2 a).

Tipp 52 Bearbeiten Sie aus **F 101** das Beispiel 3 und die Aufgabe 3.

Tipp 53 Ein geeignetes Baumdiagramm hat vier Pfade. Die benötigten Wahrscheinlichkeiten können Sie dem Aufgabentext entnehmen. Sie lauten 0,01 und 0,99 sowie 0,98 und 0,02 sowie 0,04 und 0,96.

Tipp 54 Bearbeiten Sie aus **F 95** das Beispiel 1 und die Aufgabe 1.

Tipp 55 Bearbeiten Sie aus **F 95** das Beispiel 1 und die Aufgabe 1.

Tipp 56 Für die bedingte Wahrscheinlichkeit gilt allgemein: $P_c(D) = \frac{P(C \cap D)}{P(C)}$.
Hier gilt: C = Der Test ist positiv
D = Es liegt eine Glutenunverträglichkeit vor.

Tipp 57 Die zweite Bedingung besagt, dass sich die Trefferwahrscheinlichkeit p nicht verändern darf, damit eine Bernoulli-Kette (hier der Länge 20 000) vorliegt.

Tipp 58 Berechnen Sie P(X) für $X < 180$ und für $X > 220$. Bearbeiten Sie aus **F 101** das Beispiel 3 und die Aufgabe 3.

Tipp 59 Die erste Möglichkeit, hier einen Fehler zu begehen, tritt ein, wenn man sich aufgrund des Tests dafür entscheidet, das Herstellungsverfahren zu verbessern, obwohl in Wirklichkeit höchstens 10 % der Teststreifen unbrauchbar sind (Fehler 1. Art).
Lesen Sie aus **F 105** den einleitenden Text.

Tipp 60 Bearbeiten Sie aus **F 105** die Beispiele 1 und 2 und die Aufgabe 2 a).

Tipp 61 Bearbeiten Sie aus **F 105** die Beispiele 1 und 2 und die Aufgabe 1 a).

Tipp 62 Lesen Sie die Tipps aus **F 111** und bearbeiten Sie das Beispiel 1 und die Aufgabe 1.

Tipp 63 Bearbeiten Sie aus **F 112** das Beispiel 5 und die Aufgabe 3.

Lösungen

Prüfungsteil A (hilfsmittelfreier Teil)

a) (1) $f(x) = 0 \Leftrightarrow 2e^{\frac{1}{2}x} - 1 = 0 \Leftrightarrow 2e^{\frac{1}{2}x} = 1 \Leftrightarrow \frac{1}{2}x = \ln\left(\frac{1}{2}\right) \Leftrightarrow x = 2 \cdot \ln\left(\frac{1}{2}\right)$ F 5

(2) $f'(x) = 2 \cdot \frac{1}{2} \cdot e^{\frac{1}{2}x} = e^{\frac{1}{2}x}$; folglich ist die Steigung der Tangente $f'(0) = 1$. F 14

Folglich ist ein Winkel des Dreiecks 45° groß. Die Koordinatenachsen bilden einen rechten Winkel. Mithilfe des Winkelsummensatzes im Dreieck folgt, dass der dritte Winkel ebenfalls 45° betragen muss. Damit ist das Dreieck gleichschenklig. F 18

b) (1) Ein beliebiger Punkt der Gerade g ist gegeben durch:
$P_t(2+2t \mid 1-t \mid -2-4t)$, $t \in \mathbb{R}$.

Einsetzen in E liefert:
$2 \cdot (2+2t) - (1-t) + 2 \cdot (-2-4t) = 5 \Leftrightarrow -3t = 6 \Leftrightarrow t = -2$

Durch Einsetzen in g erhält man den Schnittpunkt $P(-2 \mid 3 \mid 6)$. F 69 a

(2) Die Gerade g verläuft senkrecht zur Ebene E, wenn der Richtungsvektor von g kollinear zum Normalenvektor von E ist.

Der Richtungsvektor $\overrightarrow{u_g} = \begin{pmatrix} 2 \\ -1 \\ -4 \end{pmatrix}$ ist wegen der unterschiedlichen dritten Komponente offensichtlich nicht kollinear zum Normalenvektor $\overrightarrow{n_E} = \begin{pmatrix} 2 \\ -1 \\ 2 \end{pmatrix}$ der Ebene E.

Daher verläuft g nicht senkrecht zur Ebene E. F 60

c) (1)

(I)	$3 \cdot x_1 - 2 \cdot x_2 = 13$	(I)	$3 \cdot x_1 - 2 \cdot x_2 = 13$
(II)	$x_2 + 2 \cdot x_3 = 5$	(II)	$x_2 + 2 \cdot x_3 = 5$
(III)	$x_2 + x_3 = 3$	(III a) = (III) − (II)	$-x_3 = -2$

Aus (IIIa) folgt $x_3 = 2$. Einsetzen in (II) liefert $x_2 = 1$, einsetzen in (I) ergibt $x_1 = 5$.

D.h. $L = \{(5;1;2)\}$

Alternativer Lösungsweg:

$$\left(\begin{array}{ccc|c} 3 & -2 & 0 & 13 \\ 0 & 1 & 2 & 5 \\ 0 & 1 & 1 & 3 \end{array}\right) \mid \cdot(-1) \;+ \Rightarrow \left(\begin{array}{ccc|c} 3 & -2 & 0 & 13 \\ 0 & 1 & 2 & 5 \\ 0 & 0 & -1 & -2 \end{array}\right) \Rightarrow \left(\begin{array}{ccc|c} 3 & -2 & 0 & 13 \\ 0 & 1 & 2 & 5 \\ 0 & 0 & 1 & 2 \end{array}\right)$$

Aus der unteren Zeile liest man $x_3 = 2$ ab. Durch Einsetzen in die 2. Zeile erhält man $x_2 = 1$ und mithilfe der 1. Zeile ergibt sich $x_1 = 5$, also $L = \{(5;1;2)\}$

(2) Für $p = 1$ stimmen die erste und dritte Gleichung des Gleichungssystems überein, das Gleichungssystem ist somit unterbestimmt. Es bleibt:

(I) $3 \cdot x_1 + 2 \cdot x_2 + x_3 = 4$
(II) $3 \cdot x_1 + 2 \cdot x_2 + \quad = 5$
(III a) $0 = 0$

woraus sich $x_3 = -1$ und für die anderen Variablen die Bestimmungsgleichung $3x_1 + 2x_2 = 5$ ergibt,

d.h. das Gleichungssystem hat für $p = 1$ unendlich viele Lösungen.

Für $p \neq 1$ sind die erste und die dritte Gleichung nur dann gleichzeitig erfüllbar, wenn $x_3 = 0$ ist. Wenn $x_3 = 0$ ist, muss gelten $3x_1 + 2x_2 = 4$ und $3x_1 + 2x_2 = 5$. Dies stellt einen Widerspruch dar,

d.h. das Gleichungssystem ist für $p \neq 1$ unlösbar.
Es gibt daher keine Zahl $p \in \mathbb{R}$, für die das Gleichungssystem eindeutig lösbar ist.

d) (1) Die Trefferwahrscheinlichkeit dieses Bernoulli-Experiments beträgt $p = 0{,}25$.
Die Wahrscheinlichkeit, dass das Ei keine Figur enthält, beträgt also $1 - p = 0{,}75$.
Berechnet werden soll die Wahrscheinlichkeit für einen Pfad.

Ein Term zur Berechnung der gesuchten Wahrscheinlichkeit lautet: $0{,}75^8 \cdot 0{,}25^2$.

F 95

(2) Die Zufallsvariable X ist binomialverteilt mit $n = 6$ und $p = 0{,}25$.
Für den Erwartungswert von X gilt: $\mu = n \cdot p = 6 \cdot 0{,}25 = 1{,}5$
Wenn der Erwartungswert 1,5 ist, dann muss im Säulendiagramm von X entweder die Säule für $X = 1$ oder $X = 2$ am größten sein.

F 102

Das Diagramm I ist die gesuchte Abbildung.
Das Diagramm II zeigt eine Gleichverteilung und kann daher nicht das gesuchte Diagramm sein.
Das Diagramm III hat für $X = 5$ die größte Säule. Daher muss für den Erwartungswert $4 < \mu < 6$ gelten. Also ist auch das Diagramm III nicht geeignet.

F 102

Alternativer Lösungsweg:
Eine Binomialverteilung hat nur für $p = 0{,}5$ ein symmetrisches Säulendiagramm. Wenn $p < 0{,}5$ ist, dann sind die Säulen auf der linken Seite des Diagramms höher als die auf der rechten Seite.
Für $p > 0{,}5$ ist dies genau umgekehrt.
Somit kommt nur Diagramm I infrage.

Prüfungsteil B (mit Hilfsmittel)

Aufgabe B1

a) (1) P einsetzen in $f_a(x) = x^2 \cdot e^{-ax}$

$1^2 \cdot e^{-a \cdot 1} = 0{,}5 \quad \Leftrightarrow \quad e^{-a} = 0{,}5 \quad \Rightarrow \quad -a = \ln\left(\frac{1}{2}\right) \quad \Leftrightarrow \quad a = -\ln\left(\frac{1}{2}\right) \quad \Leftrightarrow \quad a = \ln(2)$ F 5

(2) $f_a'(x) = 2x \cdot e^{-a \cdot x} + x^2 \cdot (-a) \cdot e^{-a \cdot x} = (2x - ax^2) \cdot e^{-a \cdot x}$ F 12 F 14 F 19 F 5

Notwendige Bedingung für eine Extremstelle: $f_a'(x) = 0$.

$$(2x \cdot ax^2) \cdot e^{-ax} = 0$$
$$\Leftrightarrow 2x - ax^2 = 0, \text{ da } e^{-a \cdot x} > 0 \text{ für alle } x \in \mathbb{R}$$
$$\Leftrightarrow x(2 - ax) = 0$$
$$\Leftrightarrow x = 0 \quad \vee \quad 2 - ax = 0$$
$$\Leftrightarrow x = 0 \quad \vee \quad x = \frac{2}{a}$$

Hinreichende Bedingung für eine Extremstelle: $f_a'(x) = 0 \wedge f_a''(x) \neq 0$.
$f_a'(0) = 0 \wedge f_a''(0) = 2 > 0$

$f_a'\left(\frac{2}{a}\right) = 0 \wedge f_a''\left(\frac{2}{a}\right) = a^2 \cdot \left(\frac{2}{a}\right)^2 - 4a \cdot \frac{2}{a} + 2 = -2 < 0$

An der Stelle $x = 0$ hat der Graph einen Tiefpunkt $TP(0\,|\,0)$ und an der Stelle $x = \frac{2}{a}$ einen Hochpunkt $HP\left(\frac{2}{a}\,\middle|\,\frac{4}{a^2}e^{-2}\right)$.

(3) $HP\left(\frac{2}{a}\,\middle|\,\frac{4}{a^2}e^{-2}\right)$

$a > 0 \quad \Rightarrow \quad \frac{4}{a^2} > 0$ und $e^{-2} > 0 \quad \Rightarrow \quad \frac{4}{a^2} \cdot e^{-2} > 0$; außerdem gilt $\frac{2}{a} > 0$.

Folglich liegt der Hochpunkt von G_a im ersten Quadranten.

$\lim\limits_{a \to \infty} \left(\frac{4}{a^2} \cdot e^{-2}\right) = 0$ und $\lim\limits_{a \to \infty} \left(\frac{2}{a}\right) = 0$; damit nähert sich für wachsende Werte von a der Hochpunkt von G_a dem Nullpunkt an.

(4) Da $g(0) = 0$ und $g\left(\frac{2}{a}\right) = \frac{\left(\frac{2}{a}\right)^2}{e^2} = \frac{4}{a^2 \cdot e^2} = \frac{4}{a^2} \cdot e^{-2}$, liegen für jeden Wert von a der Hochpunkt und der Tiefpunkt von G_a auf dem Graphen von g.

b) (1) $A(b) = \frac{1}{2} \cdot |\overline{AB}| \cdot |\overline{BC}| = \frac{1}{2} \cdot b \cdot f_{0,2}(b)$

GTR liefert als globalen Hochpunkt $HP(15\,|\,84{,}02)$. Für $b = 15$ ist der Flächeninhalt des Dreiecks ABC mit 84,02 FE maximal.

Alternativer Lösungsweg:

$A(b) = \frac{1}{2} \cdot b \cdot f_{0,2}(b) = \frac{1}{2} \cdot b \cdot b^2 \cdot e^{-0{,}2 \cdot b} = \frac{1}{2} \cdot b^3 \cdot e^{-0{,}2 \cdot b}$ F 9 F 10 F 12 F 13 F 14

$A'(b) = \frac{3}{2} \cdot b^2 \cdot e^{-0{,}2 \cdot b} + \frac{1}{2} \cdot b^3 \cdot (-0{,}2) \cdot e^{-0{,}2 \cdot b} = \left(\frac{3}{2}b^2 - \frac{1}{10}b^3\right) \cdot e^{-0{,}2 \cdot b}$

$A''(b) = \left(3b - \frac{1}{10}b^2\right) \cdot e^{-0{,}2 \cdot b} + \left(\frac{3}{2}b^2 - \frac{1}{10}b^3\right) \cdot (-0{,}2) \cdot e^{-0{,}2 \cdot b}$

$ = \left(3b - \frac{6}{10}b^2 + \frac{2}{100}b^3\right) \cdot e^{-0{,}2 \cdot b}$

F 19

Notwendige Bedingung für eine Extremstelle: $A'(b) = 0$

F 5

$$\begin{aligned}
& A'(b) &&= 0\\
\Leftrightarrow\ & \left(3b^2 - \tfrac{1}{10}b^3\right)\cdot e^{-0,2b} &&= 0\\
\Leftrightarrow\ & \tfrac{3}{2}b^2 - \tfrac{1}{10}b^3 &&= 0, \text{ da } e^{-0,2b} > 0 \text{ für alle } b \in \mathbb{R}\\
\Leftrightarrow\ & b^2\left(\tfrac{3}{2} - \tfrac{1}{10}b\right) &&= 0\\
\Leftrightarrow\ & b = 0 &&\vee\ \tfrac{3}{2} - \tfrac{1}{10}b = 0\\
\Leftrightarrow\ & b = 0 &&\vee\ b = 15
\end{aligned}$$

Hinreichende Bedingung für eine Extremstelle: $A'(b) = 0 \wedge A''(b) \neq 0$

$A'(0) = 0 \wedge A''(0) = 0$

$A'(15) = 0 \wedge A''(15) = -22{,}5e^{-3} < 0$, also Hochpunkt an der Stelle $b = 15$.

Maximaler Flächeninhalt: $A(15) = \frac{1}{2}\cdot 15^3 \cdot e^{-0,2\cdot 15} \approx 84{,}02$

F 26

(2) $A(p) = \int_0^p f_{0,2}(x)\,dx = [F_{0,2}(x)]_0^p = -(5p^2 + 50p + 250)\cdot e^{-\frac{p}{5}} + 250$

$\lim_{p\to\infty} A(p) < 250$, da

$$250 - (5p^2 + 50p + 250)\cdot e^{-\frac{p}{5}} = 250 - \underbrace{5\underbrace{(p^2 + 10p + 50)\cdot e^{-\frac{p}{5}}}_{>0}}_{>0} < 250$$

c) (1) $k(x) = -0{,}3\cdot f_{0,2}(x)$

F 39

Das Minuszeichen des Faktors $-0{,}3$ bewirkt eine Spiegelung des Graphen von $f_{0,2}$, der Betrag 0,3 eine Stauchung in y-Richtung.

(2) Mithilfe des Satzes von Pythagoras erhält man:

$\overline{BC} = \sqrt{(k(10) - k(5))^2 + (10-5)^2} \approx 5{,}17$

Länge des Graphen $\approx 5{,}71 + 5{,}17 + 5{,}05 + 5{,}13 \approx 21{,}06$ [LE]

(3) Man zerlegt das Intervall von $x_0 = 0$ bis $x_n = 20$ in $n \in \mathbb{N}$ gleich große Teile $x_0, x_1, \ldots, x_{n-1}$ und addiert die Längen der Strecken $\overline{P_0(x_0|k(x_0))\,P_1(x_1|k(x_1))}$, $\overline{P_1(x_1|k(x_1))\,P_2(x_2|k(x_2))}$, …, $\overline{P_{n-1}(x_{n-1}|k(x_{n-1}))\,P_n(x_n|k(x_n))}$.

Durch eine geeignet große Wahl von n lässt sich die Länge des Graphen im angegebenen Intervall beliebig genau berechnen.

2

Aufgabe B2

a) Die Funktion f muss mindestens vom Grad 4 sein, denn der Graph von f hat im dargestellten Bereich offensichtlich zwei Wendepunkte, d.h. f'' muss mindestens den Grad 2 haben.

F 21

b) (1) $g(4{,}07) \approx 15{,}30$
15,30 entspricht einer Tageslänge von 15 Stunden und
$0{,}3 \cdot 60$ Minuten = 18 Minuten.

Die mit der Funktion g berechnete Tageslänge beträgt ungefähr 15 Stunden und 18 Minuten. Somit unterscheidet sie sich um etwa 8 Minuten von der tatsächlichen Tageslänge in Rahden am 3. Mai 2017 von 15 Stunden und 10 Minuten.

(2) Mit Taschenrechner erhält man: $\frac{g(4)-g(2)}{2} \approx 2{,}10$

F 46

Im Zeitraum vom 1. März 2017 bis zum 1. Mai 2017 nimmt – bei Modellierung mit der Funktion g – die Tageslänge in Rahden durchschnittlich um 2,1 Stunden, d.h. um 2 Stunden und 6 Minuten (Berechnung siehe **b)** (1)), pro Monat zu.

(3) $g'(t) = -0{,}24t^2 + 1{,}2648t + 0{,}54432$

F 11

Es gilt: $g'(t) = 0 \Leftrightarrow -0{,}24t^2 + 1{,}2648t + 0{,}54432 = 0$
$\Leftrightarrow t = -0{,}4$ oder $t = 5{,}67$

F 2

Da $g'(t) < 0$ ist für $t < -0{,}4$ und für $t > 5{,}67$
und $g'(t) > 0$ ist für $-0{,}4 < t < 5{,}67$ (z.B. gilt $g'(0) = 0{,}54432$),
gilt insbesondere $g'(t) > 0$ für $0 \leqq t < 5{,}67$.

F 22

Die Funktion g ist somit im Intervall $[0; 5{,}67)$ streng monoton steigend.

Da die Änderungsrate von g für alle $t \in \mathbb{R}$ mit $0 \leqq t < 5{,}67$ positiv ist, wird die Tatsache, dass die Tage vom 1. Januar 2017 bis zum 21. Juni 2017 immer länger werden, durch die Funktion g zutreffend modelliert.

(4) Im Intervall $(2{,}635; 5{,}67)$ ist $g''(t) < 0$, d.h. die Funktion g' fällt in diesem Bereich streng monoton, d.h., die Zunahme der Tageslängen wird in diesem Intervall immer geringer.

F 22

Für $2{,}635 < t < 5{,}67$ (d.h. ungefähr vom 20. März 2017 bis zum 21. Juni 2017) nehmen die Tageslängen immer langsamer zu.

(5) Als reelle Nullstelle von g erhält man mit dem GTR $t = 9{,}676$. Man berechnet z.B. $g(9{,}7) \approx -0{,}23 < 0$.
Der Graph von g hat folgendes Aussehen:

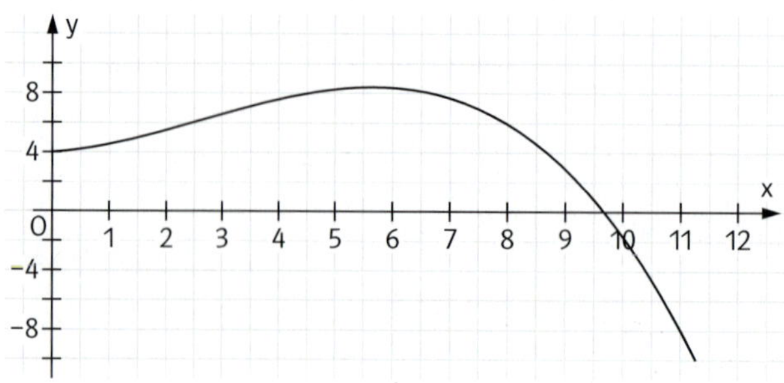

Ab ungefähr $t = 9{,}7$ werden die Funktionswerte von g negativ, die Funktion ist daher nicht zur Modellierung der Tageslängen für das gesamte Jahr 2017 geeignet.

c) (1) Da der 21. Juni 2017 der längste und der 21. Dezember 2017 der kürzeste Tag des Jahres 2017 sind, ist es sinnvoll, zur Modellierung der Tageslängen ab dem 21. Juni 2017 eine Funktion h zu verwenden, deren Graph an den Stellen $t = 5{,}67$ und $t = 11{,}67$ waagerechte Tangenten besitzt. Die zugehörige Ableitungsfunktion muss dann bei $t = 5{,}67$ und $t = 11{,}67$ Nullstellen besitzen, was für alle $a \in \mathbb{R}$ für alle Funktionen h′ mit

$$h'(t) = a \cdot (t - 5{,}67) \cdot (t - 11{,}67)$$

der Fall ist.

F 19

Die Funktion h mit $h'(t) = a \cdot (t - 5{,}67) \cdot (t - 11{,}67)$ hat an den Stellen $t = 5{,}67$ und $t = 11{,}67$ waagerechte Tangenten bzw. ein lokales Maximum bzw. Minimum und entspricht somit der Bedingung, dass der 21. Juni der längste und der 21. Dezember der kürzeste Tag des Jahres sind.

(2) Die Änderungsrate der Tageslängen wird durch die Funktion h′ beschrieben, die Tageslänge wird durch die Funktion h beschrieben. Wenn die Tageslängen vom 21. Juni 2017 bis zum 21. Dezember 2017 insgesamt um 9,15 h abgenommen haben, muss gelten:

F 46

F 49

$$\int_{5{,}67}^{11{,}67} h'(t)\,dt = -9{,}15$$

$$\Leftrightarrow \quad a \cdot \int_{5{,}67}^{11{,}67} (t - 5{,}67) \cdot (t - 11{,}67)\,dt = -9{,}15$$

$$\Leftrightarrow \quad a \cdot \int_{5{,}67}^{11{,}67} (t^2 - 17{,}34t + 66{,}1689)\,dt = -9{,}15$$

$$\Leftrightarrow \quad a \cdot \left[\tfrac{1}{3}t^3 - 8{,}67t^2 + 66{,}1689t\right]_{5{,}67}^{11{,}67} = -9{,}15$$

$$\Leftrightarrow \quad a \cdot (-36) = -9{,}15$$

$$\Leftrightarrow \quad a \approx 0{,}25417$$

F 25

F 26

(3) Die Tageslänge am 21. Juni 2017 wird gegeben durch $g(5{,}67)$, von diesem Zeitpunkt ab wird die Änderung der Tageslänge durch $h'(t) = 0{,}25417 \cdot (t - 5{,}67) \cdot (t - 11{,}67)$ angegeben, d.h., bis zu einem Zeitpunkt t ergibt sich als Tageslänge:

F 46

$$h(t) = g(5{,}67) + \int_{5{,}67}^{t} h'(x)\,dx$$

$$h(t) = g(5{,}67) + 0{,}25417 \cdot \left[\tfrac{1}{3} \cdot x^3 - 17{,}34 \cdot \tfrac{1}{2} \cdot x^2 + 66{,}1689 \cdot x\right]_{5{,}67}^{t}$$

F 25

$$h(t) \approx 0{,}08472t^3 - 2{,}20365t^2 + 16{,}81815t - 23{,}12307$$

F 26

Hinweis:
Abhängig von Rundungen in Zwischenergebnissen können sich geringfügige Abweichungen ergeben.

Aufgabe B3

a) (1) Bestimmung einer Parametergleichung der Ebene H: F 64

$$H:\ \vec{x} = r\cdot\overrightarrow{OA} + s\cdot\overrightarrow{OB} = r\cdot\begin{pmatrix}6\\4\\-2\end{pmatrix} + s\cdot\begin{pmatrix}0\\16\\-8\end{pmatrix}\ \text{mit } r, s \in \mathbb{R}.$$

Bestimmung einer Koordinatengleichung der Ebene H:
Einen Normalenvektor $\vec{n}$ von H erhält man z.B. mithilfe des Vektorproduktes. F 59

$$\vec{n^*} = \overrightarrow{OA} \times \overrightarrow{OB} = \begin{pmatrix}6\\4\\-2\end{pmatrix} \times \begin{pmatrix}0\\16\\-8\end{pmatrix} = \begin{pmatrix}0\\48\\96\end{pmatrix}\ \text{bzw. } \vec{n} = \begin{pmatrix}0\\1\\2\end{pmatrix}$$

Hinweis:
Es gibt GTR-Modelle, die das Vektorprodukt direkt berechnen können.

Somit lautet eine Koordinatengleichung von H: $x_2 + 2x_3 = d$
Führt man die Punktprobe für $O(0|0|0)$ durch, so erhält man: $0 = d$

Eine Koordinatengleichung von H lautet: $x_2 + 2x_3 = 0$

(2) Da die Gerade g senkrecht zur Ebene H verläuft, ist der Normalenvektor $\vec{n} = \begin{pmatrix}0\\1\\2\end{pmatrix}$ der Ebene H (vgl. **a)**(1)) ein Richtungsvektor von g. F 60

Eine Parametergleichung von g lautet: $g:\ \vec{x} = \begin{pmatrix}0\\8\\11\end{pmatrix} + t\cdot\begin{pmatrix}0\\1\\2\end{pmatrix}$ mit $t \in \mathbb{R}$.

(3) Ein beliebiger Punkt der Gerade g ist daher gegeben durch:
$P_t(0|8+t|11+2t)$, $t \in \mathbb{R}$.

Einsetzen in H liefert: $8 + t + 2\cdot(11+2t) = 0 \iff 5t = -30 \iff t = -6$ F 69 a

Durch Einsetzen von $t = -6$ in den Term von g erhält man den Schnittpunkt $S(0|2|-1)$.

b) (1) Ist das Skalarprodukt zweier Vektoren gleich null, so stehen die Vektoren senkrecht aufeinander. F 58

Es ist $\overrightarrow{AC} = \begin{pmatrix}-12\\0\\0\end{pmatrix}$ und $\overrightarrow{OB} = \begin{pmatrix}0\\16\\-8\end{pmatrix}$. Damit gilt: $\overrightarrow{AC}\cdot\overrightarrow{OB} = 0$.

Also sind die Diagonalen $\overline{AC}$ und $\overline{OB}$ des Vierecks OABC senkrecht zueinander.

Für den Mittelpunkt T der Strecke $\overline{AC}$ gilt: F 55

$$T = M_{AC}\left(\tfrac{6+(-6)}{2}\,\Big|\,\tfrac{4+4}{2}\,\Big|\,\tfrac{(-2)+(-2)}{2}\right) = M_{AC}(0|4|-2).$$

Alternativ erhält man durch Vektoraddition:

$$\overrightarrow{OM_{AC}} = \overrightarrow{OA} + \tfrac{1}{2}\overrightarrow{AC} = \begin{pmatrix}6\\4\\-2\end{pmatrix} + \tfrac{1}{2}\begin{pmatrix}-12\\0\\0\end{pmatrix} = \begin{pmatrix}0\\4\\-2\end{pmatrix}$$

Nun ist zu zeigen, dass der Punkt T auch auf der Strecke $\overline{OB}$ liegt.

Bestimmung einer Gleichung der Geraden OB: F 62

g_{OB}: $\vec{x} = t \cdot \overrightarrow{OB} = t \cdot \begin{pmatrix} 0 \\ 16 \\ -8 \end{pmatrix}$ mit $t \in \mathbb{R}$.

Punktprobe für T(0 | 4 | −2): F 63

$\begin{pmatrix} 0 \\ 4 \\ -2 \end{pmatrix} = \frac{1}{4} \cdot \begin{pmatrix} 0 \\ 16 \\ -8 \end{pmatrix}$. Also liegt der Punkt T auf der Gerade g_{OB}.

Da zusätzlich die Bedingung $0 \leq t \leq 1$ erfüllt ist, liegt T auf der Strecke $\overline{OB}$.

Damit schneiden sich die Diagonalen $\overline{AC}$ und $\overline{OB}$ des Vierecks OABC im Mittelpunkt T von $\overline{AC}$.

(2) Das Volumen des Prismas lässt sich mit folgender Formel berechnen:

$V_{Prisma} = G_{Prisma} \cdot h_{Prisma}$. Dabei ist G_{Prisma} die Grundfläche des Prismas und h_{Prisma} die Höhe des Prismas.

Hier ist das Viereck OABC ein Drachenviereck. Daher gilt für den Inhalt der Grundfläche: $G_{Prisma} = \frac{1}{2} \cdot |\overrightarrow{OB}| \cdot |\overrightarrow{AC}| = \frac{1}{2} \cdot \left|\begin{pmatrix} 0 \\ 16 \\ -8 \end{pmatrix}\right| \cdot \left|\begin{pmatrix} -12 \\ 0 \\ 0 \end{pmatrix}\right| = \frac{1}{2} \cdot \sqrt{320} \cdot 12$
$= 48\sqrt{5}$
[≈ 107,33 [FE]]. F 52

Da der Punkt D auf der Gerade g liegt, die die Ebene des Vierecks OABC senkrecht in S(0 | 2 | −1) schneidet (vgl. a) (1) – (3)), gilt für die Höhe des Prismas:

$h_{Prisma} = |\overrightarrow{DS}| = \left|\begin{pmatrix} 0 \\ -6 \\ -12 \end{pmatrix}\right| = \sqrt{180} = 6\sqrt{5}$ [≈ 13,42 [LE]].

Alternativ kann die Höhe des Prismas auch als Abstand des Punktes D von der Ebene der Grundfläche OABC mittels der Hesse'schen Normalenform (HNF) berechnet werden. F 80

HNF von H: $\frac{x_2 + 2x_3 - 0}{\sqrt{5}} = 0$

Einsetzen von D(0 | 8 | 11) in die linke Seite der HNF von H liefert den gesuchten Abstand und damit die Höhe:

$h_{Prisma} = d(D,H) = \frac{|8 + 2 \cdot 11 - 0|}{\sqrt{5}} = \frac{30}{\sqrt{5}} = 6\sqrt{5}$.

Für das Volumen des Prismas ergibt sich damit:
$V_{Prisma} = 48\sqrt{5} \cdot 6\sqrt{5} = 1440$ [VE].

Das Volumen des Prismas OABCDEFG beträgt 1440 [VE].

c) (1) Das Prisma OABCDEFG wird z. B. durch die Ebene E_1, die die Eckpunkte O, B, F und D enthält, in zwei volumengleiche Teile zerlegt. F 61

Eine zweite Möglichkeit ist die Ebene E_2, die die Mittelpunkte M_1, M_2, M_3 und M_4 der Strecken $\overline{OD}$, $\overline{AE}$, $\overline{BF}$ und $\overline{CG}$ enthält (vgl. die folgende Abbildung). Auch die Ebene E_2 zerlegt das Prisma OABCDEFG in zwei volumengleiche Teile. F 55

(2) Aus b)(1) und der Tatsache, dass das Viereck OABC ein Drachenviereck ist, folgt, dass $\overline{OB}$ die Fläche des Vierecks OABC halbiert. Entsprechend halbiert $\overline{DF}$ die Fläche des Vierecks DEFG.
Die Ebene E_1 enthält beide Strecken $\overline{OB}$ und $\overline{DF}$. Das Prisma wird durch diese Ebene E_1 in zwei Teilprismen zerlegt.

Da $\overline{DS}$ (siehe a)) die Höhe beider Teilprismen ist, besitzen beide Teilprismen dasselbe Volumen.

F 55

Alternative Begründung für E_2:

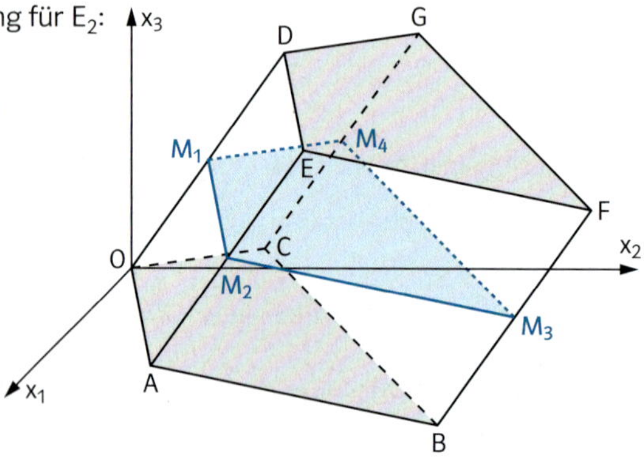

Das Prisma OABCDEFG wird durch die Ebene E_2 in zwei Prismen zerlegt (vgl. c) (1)). Die beiden Teilprismen $OABCM_1M_2M_3M_4$ und $M_1M_2M_3M_4DEFG$ haben die gleiche Grundfläche. Da zudem die Mittelpunkte M_1, M_2, M_3 und M_4 die Strecken $\overline{OD}$, $\overline{AE}$, $\overline{BF}$ und $\overline{CG}$ halbieren, sind auch die Seitenkanten der beiden Teilprismen gleich lang.

F 52

Die beiden Teilprismen haben daher das gleiche Volumen.

d) Das Viereck OABC ist ein Drachenviereck. Der Punkt B wird auf der Strecke $\overline{BO}$ zum Punkt $B' \neq O$ so verschoben, dass das Viereck OAB'C eine Raute ist (vgl. Abbildung).

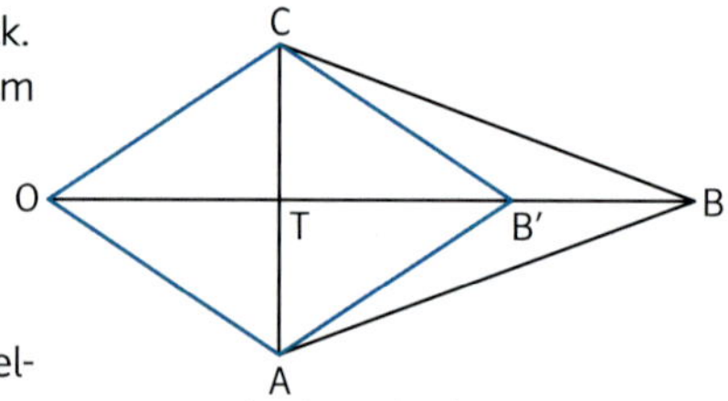

F 55

In der Raute OAB'C halbieren sich die Diagonalen. Sie schneiden sich im Mittelpunkt $T(0|4|-2)$ der Strecke $\overline{AC}$.
Damit erhält man den Punkt B' aus $\overrightarrow{OB'} = 2 \cdot \overrightarrow{OT} = 2 \cdot \begin{pmatrix} 0 \\ 4 \\ -2 \end{pmatrix} = \begin{pmatrix} 0 \\ 8 \\ -4 \end{pmatrix}$.

Der Punkt lautet $B'(0|8|-4)$.

F 81

e) Gesucht ist der Lotfußpunkt L für das Lot von D auf die Gerade g_{OA}.
Bestimmung einer Gleichung der Gerade g_{OA}:

$$g_{OA}: \vec{x} = t \cdot \overrightarrow{OA} = t \cdot \begin{pmatrix} 6 \\ 4 \\ -2 \end{pmatrix} \text{ mit } t \in \mathbb{R}.$$

Man betrachtet die Hilfsebene $H: 6x_1 + 4x_2 - 2x_3 = 10$, die orthogonal zur Gerade g_{OA} ist und durch den Punkt D geht.
Der Punkt L ist dann der Schnittpunkt der Gerade g_{OA} mit der Hilfsebene H.
Ein beliebiger Punkt der Gerade g_{OA} ist gegeben durch: $P_t(6t|4t|-2t)$, $t \in \mathbb{R}$.

Einsetzen in H liefert: $6 \cdot 6t + 4 \cdot 4t - 2 \cdot (-2t) = 10 \iff t = \frac{5}{28}$

Da $0 \leqq \frac{5}{28} \leqq 1$ ist, liegt der Punkt L auch auf der Strecke $\overline{OA}$ und ist damit der gesuchte Punkt.

Durch Einsetzen in den Term von g_{OA} erhält man den Punkt $L\left(\frac{15}{14}\middle|\frac{5}{7}\middle|-\frac{5}{14}\right)$.

Aufgabe B4

a) (1) Ein mögliches Übergangsdiagramm wäre: F 113c

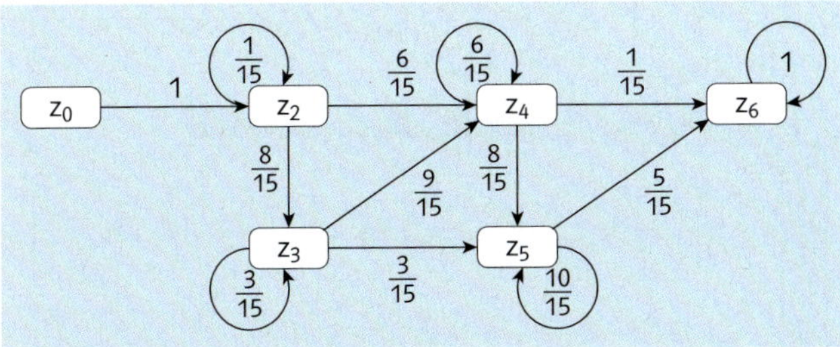

(2) Die Einträge in der zweiten Spalte sind die Übergangswahrscheinlichkeiten vom Zustand 2 (Anna kennt zwei Ziffern) in den Zustand i (Anna kennt i Ziffern). F 113b

Da Anna beim nächsten Anmelden von Ben keine, eine oder zwei neue Ziffern erfährt, sind nur die Übergänge zu Zustand 2, Zustand 3 und Zustand 4 möglich.

Da alle anderen Übergänge nicht möglich sind, sind deren Übergangswahrscheinlichkeiten null.

Herleitung der von null verschiedenen Übergangswahrscheinlichkeiten:
Man kann die drei gesuchten Wahrscheinlichkeiten mithilfe eines Baumdiagramms bestimmen.

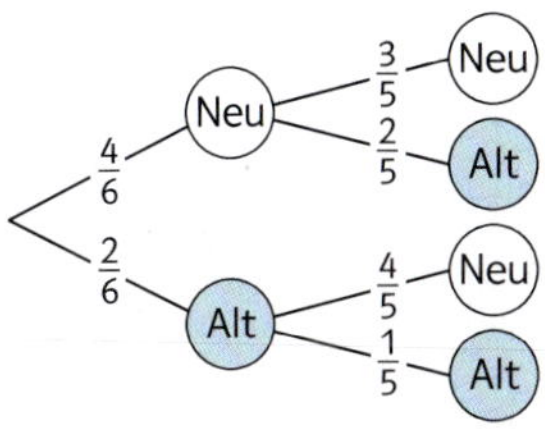

Dabei bedeutet:
„Neu“: eine neue, noch nicht bekannte Ziffer des Codes erscheint
„Alt“: eine alte, schon bekannte Ziffer des Codes erscheint

Somit ergeben sich mit der Pfadregel folgende Übergangswahrscheinlichkeiten:

$P(z_2 \to z_2) = P(\text{Alt}; \text{Alt}) = \frac{2}{6} \cdot \frac{1}{5} = \frac{2}{30} = \frac{1}{15}$ F 95

$P(z_2 \to z_3) = P(\text{Alt}; \text{Neu}) + P(\text{Neu}; \text{Alt}) = \frac{2}{6} \cdot \frac{4}{5} + \frac{4}{6} \cdot \frac{2}{5} = \frac{8}{30} + \frac{8}{30} = \frac{16}{30} = \frac{8}{15}$ F 95

$P(z_2 \to z_4) = P(\text{Neu}; \text{Neu}) = \frac{4}{6} \cdot \frac{3}{5} = \frac{12}{30} = \frac{6}{15}$ F 95

Hinweis:
Beachten Sie dabei, dass bei jedem Einloggen immer zwei verschiedene Stellen des Codes abgefragt werden, das heißt, im Urnenmodell liegt ein Ziehen ohne Zurücklegen vor.

(3) Wenn man U mit $\vec{s}$ multipliziert, multipliziert man jeweils den i-ten Zeilen vektor von U mit $\vec{s}$ (Skalarprodukt). Da nur die 1. Komponente von $\vec{s}$ von null verschieden ist, ergibt sich der erste Spaltenvektor von U, also

$U \cdot \vec{s} = \begin{pmatrix} 0 \\ 1 \\ 0 \\ 0 \\ 0 \\ 0 \end{pmatrix}$.

Da $U^2 \cdot \vec{s} = U \cdot (U \cdot \vec{s})$ gilt, ergibt sich analog der zweite Spaltenvektor

von U, also $U^2 \cdot \vec{s} = \begin{pmatrix} 0 \\ \frac{1}{15} \\ \frac{8}{15} \\ \frac{6}{15} \\ 0 \\ 0 \end{pmatrix}$.

F 114

b) (1) Wenn Anna zu Beginn noch keine Ziffer des Codes kennt, bedeutet dies,

dass zu Beginn der Verteilungsvektor $\vec{v_0} = \begin{pmatrix} 0 \\ 1 \\ 0 \\ 0 \\ 0 \\ 0 \end{pmatrix}$ vorliegt.

Nach fünfmaligem Anmelden lautet der Verteilungsvektor:

$$\vec{v_5} = U^5 \cdot \vec{v_0} \approx \begin{pmatrix} 0 \\ 0{,}0000 \\ 0{,}0063 \\ 0{,}1345 \\ 0{,}5020 \\ 0{,}3571 \end{pmatrix}$$ (▦)

F 116

Die letzte Komponente dieses Vektors gibt die gesuchte Wahrscheinlichkeit an.

Die Wahrscheinlichkeit, dass Anna nach fünfmaligem Anmelden alle sechs Ziffern des Codes kennt, beträgt ca. 0,357 (35,7 %).

(2) Wenn Anna zu Beginn zwei Ziffern des Codes kennt, bedeutet dies, dass

zu Beginn der Verteilungsvektor $\vec{v_0}^* = \begin{pmatrix} 0 \\ 1 \\ 0 \\ 0 \\ 0 \\ 0 \end{pmatrix}$ vorliegt.

Nach dreimaligem Anmelden lautet der Verteilungsvektor:

$$\vec{v_3}^* = U^3 \cdot \vec{v_0}^* \approx \begin{pmatrix} 0 \\ 0{,}0003 \\ 0{,}0308 \\ 0{,}2898 \\ 0{,}5120 \\ 0{,}1671 \end{pmatrix}$$ (▦)

F 116

Die letzte Komponente dieses Vektors gibt die gesuchte Wahrscheinlichkeit an.

Die Wahrscheinlichkeit, dass Anna nach dreimaligem Anmelden alle sechs Ziffern des Codes kennt, beträgt ca. 0,167 (16,7 %).

(3) Man muss in der Gleichung $\overrightarrow{v_n} = U^n \cdot \overrightarrow{v_0}$ mithilfe des GTR den Parameter n so lange variieren, bis die letzte Komponente des Verteilungsvektors $\overrightarrow{v_n}$ mindestens 0,99 beträgt.

Für $n = 15$ gilt $\overrightarrow{v_{15}} \approx \begin{pmatrix} 0 \\ 0{,}0000 \\ 0{,}0000 \\ 0{,}0000 \\ 0{,}0137 \\ 0{,}9863 \end{pmatrix}$ und für $n = 16$ gilt $\overrightarrow{v_{16}} \approx \begin{pmatrix} 0 \\ 0{,}0000 \\ 0{,}0000 \\ 0{,}0000 \\ 0{,}1090 \\ 0{,}9909 \end{pmatrix}$.

F 116

Anna muss mindestens 16 Anmeldevorgänge beobachten, damit sie mit einer Wahrscheinlichkeit von mindestens 99 % alle Ziffern des Codes kennt.

c) (1) Wenn das Matrixelement a_{kk} eine 1 ist, bedeutet dies, dass der Prozess mit Sicherheit (Wahrscheinlichkeit ist 1) im Zustand z_k bleibt, wenn dieser Zustand z_k einmal erreicht ist.

F 113a

(2) Wenn man mit dem GTR für große n die Matrix A^n berechnet, erhält man eine Grenzmatrix G.
So gilt zum Beispiel: $A^{100} \approx A^{101} \approx G$

Der GTR liefert: $G \approx \begin{pmatrix} 1 & \frac{2}{7} & 0 \\ 0 & 0 & 0 \\ 0 & \frac{5}{7} & 1 \end{pmatrix}$

F 117

Somit ergibt sich auf lange Sicht der Verteilungsvektor: $\overrightarrow{v_\infty} = G \cdot \overrightarrow{v_s} \approx \begin{pmatrix} \frac{13}{70} \\ 0 \\ \frac{57}{70} \end{pmatrix}$

F 116

(3) Für einen beliebigen Startvektor $\vec{v} = \begin{pmatrix} a \\ b \\ c \end{pmatrix}$ ergibt sich auf lange Sicht:

$\overrightarrow{v_\infty}^* = G \cdot \overrightarrow{v_s} \approx \begin{pmatrix} a + \frac{2}{7}b \\ 0 \\ c + \frac{5}{7}b \end{pmatrix}$

F 116

Die Grenzverteilung hängt bei diesem stochastischen Prozess von der Wahl von a, b und c ab.
Das heißt, für verschiedene Startverteilungen erhält man auch verschiedene Grenzverteilungen.
Somit ist ein Gegenbeispiel gefunden und es gibt nicht für jeden stochastischen Prozess genau eine sich stabilisierende Wahrscheinlichkeitsverteilung, die unabhängig von der Startverteilung ist.

F 117

d) (1) Da ein Konto bei der Anmeldung entweder angegriffen wird oder nicht, liegt hier ein Bernoulli-Experiment vor. Wenn man davon ausgeht, dass die Angriffe jeweils unabhängig voneinander und mit der gleichen Wahrscheinlichkeit von 0,001 stattfinden, dann handelt es sich um eine Bernoulli-Kette der Länge 25 000. Somit kann man eine Modellierung mithilfe einer Binomialverteilung durchführen.

(2) X sei die Anzahl der Angriffe.
Es liegt eine Binomialverteilung mit $n = 25\,000$ und $p = 0{,}001$ vor.
$P(X > 25) = 1 - P(X \leqq 25) = 0{,}4471$ (▦) **F 100**

Hinweis:
Bei manchen GTR-Modellen kann man die Wahrscheinlichkeit $P(X > 25) = P(X \geqq 26)$ direkt berechnen.

Die Wahrscheinlichkeit für mehr als 25 Angriffe beträgt ca. 0,447 (44,7 %).

(3) Für den Erwartungswert bei dieser Stichprobe gilt: **F 101**
$\mu = n \cdot p = 25\,000 \cdot 0{,}001 = 25$

Für die Standardabweichung gilt:
$\sigma = \sqrt{n \cdot p \cdot (1-p)} = \sqrt{25\,000 \cdot 0{,}001 \cdot 0{,}999} = \sqrt{24{,}975} \approx 4{,}997$

Ein extrem ungewöhnliches Ereignis liegt vor, falls
$X < \mu - 3\sigma = 25 - 3 \cdot 4{,}997$ oder $X > \mu + 3\sigma = 25 + 3 \cdot 4{,}997$ gilt.
Da X eine natürliche Zahl ist, muss gelten $X \leqq 10$ oder $X \geqq 40$.

Wenn höchstens 10 oder mindestens 40 Angriffe registriert werden, dann spricht man von einem extrem ungewöhnlichen Ereignis.

Aufgabe B5

a) (1) Baumdiagramm:
Dabei bedeutet: G: Die Person hat eine Glutenunverträglichkeit
$\overline{G}$: Die Person hat keine Glutenunverträglichkeit
T^+: Das Testergebnis ist positiv
T^-: Das Testergebnis ist negativ

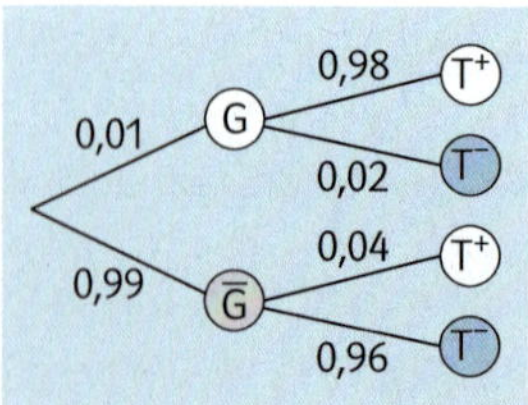

(2) Mithilfe der Pfadregeln folgt:

$P(A) = 0{,}01 \cdot 0{,}98 = 0{,}0098$; $P(B) = 0{,}01 \cdot 0{,}02 + 0{,}99 \cdot 0{,}96 = 0{,}9506$ **F 95**

(3) Gesucht ist die bedingte Wahrscheinlichkeit $P_{T^+}(G)$.

Es gilt: $P_{T^+}(G) = \frac{P(T^+ \cap G)}{P(T^+)}$

$P(T^+ \cap G) = P(A) = 0{,}0098$; $P(T^+) = 1 - P(B) = 0{,}0494$

$P_{T^+}(G) = \frac{0{,}0098}{0{,}0494} \approx 0{,}1984$

Die Wahrscheinlichkeit dafür, dass eine Glutenunverträglichkeit vorliegt, wenn das Testergebnis positiv ist, beträgt ca. 0,198 (19,8 %).

b) (1) Da eine Person entweder eine Glutenunverträglichkeit besitzt oder nicht, liegt hier ein Bernoulli-Experiment vor. Da die Personen zufällig ausgewählt werden, hat jede Person mit der nahezu gleichen Wahrscheinlichkeit von 0,01 eine Glutenunverträglichkeit.
(Die Stichprobe von 20 000 ist im Vergleich zur Einwohnerzahl von Deutschland von ca. 82 000 000 relativ klein).
Es handelt sich also näherungsweise um eine Bernoulli-Kette der Länge 20 000. Somit kann man eine Modellierung mithilfe einer Binomialverteilung durchführen.

(2) X ist binomialverteilt mit $n = 20000$ und $p = 0{,}01$.

Für den Erwartungswert bei dieser Stichprobe gilt: F 101
$\mu = n \cdot p = 20000 \cdot 0{,}01 = 200$

10 % von 200 sind $200 \cdot 0{,}1 = 20$.
$P(X < 180) + P(X > 220) = P(X \leqq 179) + 1 - P(X \leqq 220) = 0{,}1450$ (▦) F 100

Alternativer Lösungsweg:
$P(X < 180) + P(X > 220) = 1 - P(180 \leqq X \leqq 220) = 0{,}1450$ F 100

Hinweis:
Bei manchen GTR-Modellen kann man die Wahrscheinlichkeit $P(180 \leqq X \leqq 220)$ direkt berechnen.

Die Wahrscheinlichkeit dafür, dass die Anzahl der ausgewählten Personen, bei denen eine Glutenunverträglichkeit vorliegt, um mehr als 10 % vom Erwartungswert von X abweicht, beträgt ca. 0,145 (14,5 %).

c) (1) Folgende zwei Fehlentscheidungen können bei dieser Qualitätskontrolle auftreten:

Obwohl in Wirklichkeit höchstens 10 % der Teststreifen unbrauchbar sind, wird aufgrund des Ergebnisses bei der Kontrolle entschieden, das Herstellungsverfahren zu verbessern. F 105

Obwohl in Wirklichkeit mehr als 10 % der Teststreifen unbrauchbar sind, wird aufgrund des Ergebnisses bei der Kontrolle entschieden, das Herstellungsverfahren nicht zu verbessern.

(2) Die Zufallsvariable Y gibt die Anzahl der unbrauchbaren Teststreifen bei der Kontrolle an.
Die Zufallsvariable ist im Extremfall binomialverteilt mit $n = 100$ und $p = 0{,}1$.

Für $Y \geqq 16$ entscheidet man sich irrtümlich dafür, das Herstellungsverfahren zu verbessern. F 105
$P(Y \geqq 16) = 1 - P(Y \leqq 15) = 0{,}0399$ (▦) F 100

Hinweis:
Bei manchen GTR-Modellen kann man die Wahrscheinlichkeit $P(Y \geqq 16)$ direkt berechnen.

Die Fehlerwahrscheinlichkeit, dass der Hersteller sich aufgrund seiner Entscheidungsregel irrtümlich um eine Verbesserung des Herstellungsverfahrens bemüht, beträgt höchstens ca. 0,040 (4,0 %).

(3) Die Zufallsvariable ist jetzt im Extremfall binomialverteilt mit $n = 200$ und $p = 0{,}1$.
Ein Drittel von 0,0399 sind $0{,}0399 : 3 = 0{,}0133$.
Gesucht ist das kleinste g mit $P(Y \geqq g) \approx 0{,}0133$.
$P(Y \geqq g) = 1 - P(Y \leqq g - 1) \approx 0{,}0133$

F 105

Man erstellt mit dem GTR eine Wertetabelle für den Term $1 - P(Y \leqq g - 1)$.
Für $g - 1 = 29$ gilt: $P(Y \geqq g) = 0{,}0163$
Für $g - 1 = 30$ gilt: $P(Y \geqq g) = 0{,}0095$
Somit gilt $g - 1 = 30$, also $g = 31$.

Wenn die Anzahl der unbrauchbaren Teststreifen mindestens 31 beträgt, dann entscheidet sich der Hersteller, das Herstellungsverfahren zu verbessern.

d) (1) Die Zufallsvariable Z beschreibt die Indikatormenge auf dem Teststreifen in der Einheit mg.
Z ist normalverteilt mit $\mu = 20$ und $\sigma = 4$.

$$P(Z < 15) = \int_{-\infty}^{15} \varphi_{20;4}(x)\,dx \approx 0{,}1056 \quad (\text{GTR})$$

F 111

Die Wahrscheinlichkeit, dass ein Teststreifen unbrauchbar ist, beträgt ca. 0,106 (10,6 %).

(2) Man erstellt mit dem GTR eine Wertetabelle für $P(Z < 15)$ und wählt zunächst als Schrittweite für die Variable σ z. B. 0,1 und verfeinert anschließend die Wertetabelle im entsprechenden Bereich.

Alternativer Lösungsweg:
Die Gleichung $P(Z < 15) = \int_{-\infty}^{15} \varphi_{20;\sigma}(x)\,dx = 0{,}0528$ kann man mit dem GTR näherungsweise lösen.

Der Solver des GTR liefert $\sigma_1 \approx 3{,}0897$ bzw. $\sigma_2 \approx 866{,}0155$, wobei in diesem Sachzusammenhang nur die Lösung σ_1 sinnvoll ist.

F 112

Die Standardabweichung beträgt dann ca. 3,1 mg.

Algebra

Lösen von Gleichungen, Ungleichungen und Gleichungssystemen

F 1 Lineare Gleichungen lösen

... da bin ich noch unsicher ☐ ***... das kann ich (jetzt)*** ☐

Wenn in einer Gleichung die Lösungsvariable, meist x, nur in der ersten Potenz vorkommt, dann handelt es sich um eine lineare Gleichung.
Jede lineare Gleichung kann unter Verwendung der Rechengesetze auf die Form $ax = b$ gebracht werden. Bei der Lösung dieser Gleichung müssen drei Fälle unterschieden werden:

1. Fall: $a \neq 0$
$a \cdot x = b$
$x = \frac{b}{a}$

2. Fall: $a = 0$ und $b \neq 0$
$0 \cdot x = b$
$L = \{ \}$

3. Fall: $a = 0$ und $b = 0$
$0 \cdot x = 0$
$L = \mathbb{R}$

Tipp
Bei komplexeren linearen Gleichungen sollten Sie zur Erhöhung der Übersicht zunächst die Terme auf den beiden Seiten des Gleichheitszeichens so weit wie möglich unter der Verwendung der Rechengesetze vereinfachen. Erst dann führen Sie die erforderlichen Äquivalenzumformungen durch, um die Lösungsvariable auf die linke Seite der Gleichung, die Zahlen auf die rechte Seite zu bringen.

Beispiel
Lösen Sie die Gleichung.
a) $3 \cdot (x - 2) + 1 = x + 7$
b) $\frac{2}{3}x - 1 = x - \frac{1}{3}(x - 1)$
c) $2x + 4 = \left(\frac{1}{2}x + 1\right) \cdot 4$
d) $2(x - t) = t + 1;\ t \in \mathbb{R}$

Lösung:
a) $3 \cdot (x - 2) + 1 = x + 7$
$3x - 6 + 1 = x + 7$
$3x - 5 = x + 7$
$2x = 12$
$x = 6$
Die Gleichung hat die Lösung 6.

b) $\frac{2}{3}x - 1 = x - \frac{1}{3}(x - 1)$
$\frac{2}{3}x - 1 = x - \frac{1}{3}x + \frac{1}{3}$
$\frac{2}{3}x - 1 = \frac{2}{3}x + \frac{1}{3}$
$0x = \frac{4}{3}$
$L = \{ \}$
Die Gleichung ist unerfüllbar, es gibt kein x, das diese Gleichung erfüllt.

c) $2x + 4 = \left(\frac{1}{2}x + 1\right) \cdot 4$
$2x + 4 = 2x + 4$
$0x = 0$
$L = \mathbb{R}$
Die Gleichung hat jede reelle Zahl als Lösung. Die Gleichung ist allgemeingültig.

d) $2(x - t) = t + 1$
$2x - 2t = t + 1$
$2x = 3t + 1$
$x = \frac{3}{2}t + \frac{1}{2}$
Die Gleichung hat die Lösung $x = \frac{3}{2}t + \frac{1}{2}$.

Aufgabe
Lösen Sie die Gleichungen.
a) $4x - 5 = \frac{1}{2}(3x - 1)$
b) $x - (2x + 1) = 4 - x$
c) $3 \cdot \left(\frac{1}{4}x - 2\right) = \frac{1}{2}x - (24 - x) \cdot \frac{1}{4}$
d) $2(x - t) = 4t - 3x$

Ergebnis:

a) $x = \frac{9}{5}$ b) $L = \{\ \}$ c) $L = \mathbb{R}$ d) $x = \frac{6}{5}t$

F 2 Quadratische Gleichungen lösen

... da bin ich noch unsicher ☐ ***... das kann ich (jetzt)*** ☐

Wenn in einer Gleichung die Lösungsvariable, meist x, in der zweiten Potenz, aber keiner höheren Potenz vorkommt, dann handelt es sich um eine quadratische Gleichung.

Jede quadratische Gleichung kann unter Verwendung der Rechengesetze auf die Form $x^2 + px + q = 0$ gebracht werden.

Die Kurzschreibweise für die Lösungen lautet $x_{1/2} = -\frac{p}{2} \pm \sqrt{\left(\frac{p}{2}\right)^2 - q}$.

Die Lösungen lauten dann $x_1 = -\frac{p}{2} + \sqrt{\left(\frac{p}{2}\right)^2 - q}$; $x_2 = -\frac{p}{2} - \sqrt{\left(\frac{p}{2}\right)^2 - q}$.

Hinweise

1. Wenn $p = 0$ ist, dann lautet die Gleichung $x^2 + q = 0$. Hier verwendet man nicht die pq-Formel. Allerdings hat diese Gleichung auch nur für $q < 0$ eine Lösung.
2. Wenn $q = 0$ ist, dann lautet die Gleichung $x^2 + px = 0$. Hier klammert man x aus (siehe Beispiel e)).
3. Wenn es sich um eine biquadratische Gleichung $ax^4 + bx^2 + c = 0$ handelt, dann führen Sie eine Substitution mit $x^2 = u$ durch, lösen die entstandene quadratische Gleichung mit der Variablen u und machen anschließend die Resubstitution, um die Lösungen der ursprünglichen Gleichung zu erhalten (siehe Beispiel f)).
4. Wenn digital ermittelte Lösungen nicht exakt sind, geben Sie diese als Näherungswerte und sinnvoll gerundet an. Häufig reichen eine oder zwei Nachkommastellen aus.

⚠ Achten Sie bei der digitalen graphischen Bestimmung von Lösungen darauf, dass Sie Lösungen außerhalb des eingestellten Graphikbildschirms nicht übersehen. Ändern Sie gegebenenfalls die Bildschirmeinstellungen.

Beispiel

Lösen Sie die Gleichung.

a) $x^2 + x = 6$ b) $4x^2 = 3x - \frac{9}{16}$ c) $\frac{1}{2}x^2 + x + \frac{3}{2} = 0$

d) $(x - 1)^2 = (2 - x)^2 + 2x - 3$ e) $4x^2 + 6x = 0$ f) $2x^4 - 17x^2 - 9 = 0$

Lösung:

a)
$$x^2 + x = 6$$
$$x^2 + x - 6 = 0$$
$$x_{1/2} = -\frac{1}{2} \pm \sqrt{\left(\frac{1}{2}\right)^2 + 6}$$
$$x_{1/2} = -\frac{1}{2} \pm \sqrt{\frac{25}{4}}$$
$$x_{1/2} = -\frac{1}{2} \pm \frac{5}{2}$$
$$x_1 = -\frac{1}{2} + \frac{5}{2} = 2; \quad x_2 = -\frac{1}{2} - \frac{5}{2} = -3$$

Die Gleichung hat die Lösungen 2 und −3.

b)
$$4x^2 = 3x - \frac{9}{16}$$
$$4x^2 - 3x + \frac{9}{16} = 0$$
$$x^2 - \frac{3}{4}x + \frac{9}{64} = 0$$
$$x_{1/2} = \frac{3}{8} \pm \sqrt{\left(\frac{3}{8}\right)^2 - \frac{9}{64}}$$
$$x_{1/2} = \frac{3}{8} + \sqrt{0}$$
$$x_1 = x_2 = \frac{3}{8}$$

Die Gleichung hat nur die Lösung $\frac{3}{8}$.

c) $\frac{1}{2}x^2 + x + \frac{3}{2} = 0$

$x^2 + 2x + 3 = 0$

$x_{1/2} = -1 \pm \sqrt{1^2 - 3}$

$x_{1/2} = -1 \pm \sqrt{-2}$

Die Gleichung hat keine reelle Lösung, da $\sqrt{-2}$ nicht definiert ist.

d) $(x-1)^2 = (2-x)^2 + 2x - 3$

$x^2 - 2x + 1 = 4 - 4x + x^2 + 2x - 3$

$0x = 0$

Die Gleichung hat jede reelle Zahl als Lösung: $L = \mathbb{R}$

e) $4x^2 + 6x = 0$

$x \cdot (4x + 6) = 0$

$x_1 = 0;\ x_2 = -\frac{3}{2}$

Die Gleichung hat die Lösungen 0 und $-\frac{3}{2}$.

f) $2x^4 - 17x^2 - 9 = 0$

$x^4 - \frac{17}{2}x - \frac{9}{2} = 0$

Substitution: $x^2 = u$

$u^2 - \frac{17}{2}u - \frac{9}{2} = 0$

$u_{1/2} = \frac{17}{4} \pm \sqrt{\left(\frac{17}{4}\right)^2 + \frac{9}{2}}$

$u_{1/2} = \frac{17}{4} \pm \sqrt{\frac{361}{16}}$

$u_{1/2} = \frac{17}{4} \pm \frac{19}{4}$

$u_1 = \frac{17}{4} + \frac{19}{4} = 9;\ u_2 = \frac{17}{4} - \frac{19}{4} = -\frac{1}{2}$

Substitution rückgängig machen:

$u_1 = 9$: $x^2 = 9$, also $x_{1/2} = \pm 3$

$u_2 = -\frac{1}{2}$: $x^2 = -\frac{1}{2}$, also keine Lösung

Die Gleichung hat die Lösungen −3 und 3.

Aufgabe

Lösen Sie die Gleichungen.

a) $2x^2 - 5x - 3 = 0$

b) $\frac{9}{4}x^2 = 6x - 4$

c) $x^2 = 2x - 4$

d) $2x^2 = 3x$

e) $x^4 - x^2 = 12$

f) $x^2 + x + t^2 = 0$

Ergebnis:

a) $x_1 = 3;\ x_2 = -\frac{1}{2}$

b) $x = \frac{4}{3}$

c) $L = \{\ \}$

d) $x_1 = 0;\ x_2 = \frac{3}{2}$

e) $x_1 = 2;\ x_2 = -2$

f) 1. Fall: $-\frac{1}{2} < t < \frac{1}{2}$: $x_1 = \frac{1}{2}\left(-1 + \sqrt{1 - 4t^2}\right);\ x_2 = \frac{1}{2}\left(-1 - \sqrt{1 - 4t^2}\right)$

2. Fall: $t = -\frac{1}{2}$ oder $t = \frac{1}{2}$: $x_1 = -\frac{1}{2}$

3. Fall: $t < -\frac{1}{2}$ oder $t > \frac{1}{2}$: keine Lösung

F 3 Bruchgleichungen lösen

… da bin ich noch unsicher ☐ … das kann ich (jetzt) ☐

Wenn bei einer Gleichung die Lösungsvariable im Nenner wenigstens eines Bruchterms auftritt, so spricht man von einer Bruchgleichung.

Durch das Auftreten der Variable in Nennern von Bruchtermen ist es möglich, dass diese Terme für gewisse Zahlen nicht definiert sind. Dies ist immer dann der Fall, wenn der jeweilige Nenner nach der Einsetzung einer Zahl den Wert 0 annimmt. Diese Variablenwerte sind in der Regel bereits in der Aufgabenstellung ausgeschlossen.

Zum Lösen der Gleichung multipliziert man diese zunächst mit dem Hauptnenner und vereinfacht die so entstehende Gleichung. Meist ergibt sich eine lineare oder eine quadratische Gleichung, die man auf die bekannte Weise lösen kann (siehe F 1 bzw. F 2).

Beispiel

Lösen Sie die Gleichung.

a) $\frac{2x}{x-1} = 1;\; x \neq 1$

b) $1 - \frac{6}{x^2} = \frac{1}{x};\; x \neq 0$

Lösung:

a) $\frac{2x}{x-1} = 1 \qquad | \cdot (x-1) \neq 0$

$2x = x - 1 \qquad$ (siehe **F 1**)

$x = -1$

Die Lösung der Gleichung ist −1.

b) $1 - \frac{6}{x^2} = \frac{1}{x} \qquad | \cdot x^2 \neq 0$

$x^2 - 6 = x \qquad$ (siehe **F 2**)

$x^2 - x - 6 = 0$

$x_1 = 3;\; x_2 = -2$

Die Lösungen sind 3 und −2.

Aufgabe

Lösen Sie die Gleichungen.

a) $\frac{2}{x} = \frac{1}{3};\; x \neq 0$

b) $\frac{3}{x+1} - 1 = 0;\; x \neq -1$

c) $\frac{4x}{2x-1} = \frac{1}{2};\; x \neq \frac{1}{2}$

d) $\frac{8}{x^2} + \frac{4}{x} = 0;\; x \neq 0$

e) $-\frac{2}{x^2} = 12 + \frac{11}{x};\; x \neq 0$

f) $\frac{5}{x+2} = 3x + 8;\; x \neq -2$

Ergebnis:

a) $x = 6$

b) $x = 2$

c) $x = -\frac{1}{6}$

d) $x = -2$

e) $x_1 = -\frac{2}{3};\; x_2 = -\frac{1}{4}$

f) $x_1 = -\frac{11}{3};\; x_2 = -1$

F 4 Potenzgleichungen mit ganzzahligen Exponenten lösen

… da bin ich noch unsicher ☐ ***… das kann ich (jetzt)*** ☐

Gleichungen, die sich auf die Form $x^n = a$ mit $n \in \mathbb{N}, a \in \mathbb{R}$ bringen lassen, heißen Potenzgleichungen.

Die Anzahl der Lösungen einer solchen Gleichung hängt von der Wahl von n und a ab.

1. Fall: n gerade

Die Gleichung hat für

$a > 0$ die beiden Lösungen $+\sqrt[n]{a}$ und $-\sqrt[n]{a}$,

$a = 0$ die Lösung 0,

$a < 0$ keine Lösung.

2. Fall: n ungerade

Die Gleichung hat für

$a > 0$ die Lösung $+\sqrt[n]{a}$,

$a = 0$ die Lösung 0,

$a < 0$ die Lösung $-\sqrt[n]{|a|}$.

⚠ Unter dem Wurzelzeichen steht niemals eine negative Zahl!

Beispiel

Lösen Sie die Gleichungen.

a) $x^4 = 81$

b) $x^6 = -64$

c) $x^8 = 0$

d) $x^3 = 27$

e) $x^5 = -32$

f) $x^3 = 0$

g) $x^4 - \frac{1}{16} = 0$

Lösung:

a) $x_1 = +\sqrt[4]{81} = 3;\; x_2 = -\sqrt[4]{81} = -3$

b) Diese Gleichung hat keine Lösung.

c) $x = 0$

d) $x = +\sqrt[3]{27} = 3$

e) $x = -\sqrt[5]{|-32|} = -2$

f) $x = 0$

g) $x^4 - \frac{1}{16} = 0$

$x^4 = \frac{1}{16}$

$x_1 = \sqrt[4]{\frac{1}{16}} = \frac{1}{2};\; x_2 = -\sqrt[4]{\frac{1}{16}} = -\frac{1}{2}$

Aufgabe

Lösen Sie die Gleichungen.

a) $x^6 = 64$ b) $2x^3 + \frac{1}{4} = 0$ c) $2x^4 - 1 = 7$

d) $\frac{1}{x^4} + 1 = 17$ e) $2x^5 + 200 = x^5 - 43$ f) $10^5 \cdot \frac{1}{x^3} = \frac{1}{10}$

Ergebnis:

a) $x_1 = \sqrt[6]{64} = 2;\ x_2 = -\sqrt[6]{64} = -2$

b) $x = -\sqrt[3]{\left|-\frac{1}{8}\right|} = -\frac{1}{2}$

c) $x_1 = \sqrt[4]{4} = \sqrt{2};\ x_2 = -\sqrt[4]{4} = -\sqrt{2}$

d) $x = -\frac{1}{2};\ x_2 = \frac{1}{2}$

e) $x = -\sqrt[5]{|-243|} = -3$

f) $x = 100$

F 5 Exponentialgleichungen lösen

... da bin ich noch unsicher ☐ ***... das kann ich (jetzt)*** ☐

Gleichungen, bei denen die Lösungsvariable im Exponenten vorkommt, nennt man Exponentialgleichungen.

Eine häufig, aber nicht ausschließlich verwendete Basis ist die Zahl e (Euler'sche Zahl).

Beim Lösen von Exponentialgleichungen kommt es meist darauf an, diese durch Äquivalenzumformungen in eine der Formen $e^x = a$ oder $e^{2x} + a \cdot e^x + b = 0$ umzuschreiben.

Die erste Gleichung wird durch Logarithmieren zur Basis e gelöst, wenn $a > 0$ gilt. Die Lösung lautet dann $x = \ln(a)$. Für andere Werte von a hat die Gleichung keine Lösung.

Die zweite Gleichung ist eine quadratische Gleichung in e^x. Verwenden Sie die Substitution $e^x = u$. Entsprechendes gilt bei der Verwendung anderer Basen. Es ergibt sich eine quadratische Gleichung (vgl. F 2).

Beachten Sie, dass definitionsgemäß gilt: $e^{-x} = \frac{1}{e^x}$

⚠

1. Nicht immer zielführend ist es, die ursprüngliche Gleichung zu logarithmieren. Denken Sie daran, dass eine Vereinfachung durch Logarithmieren nur möglich ist, wenn der Term ein Produkt oder ein Quotient ist. Summen oder Differenzen sollten Sie daher nicht logarithmieren! Beachten Sie z.B.: $\ln(e^{2x} + e^x) \neq \ln(e^{2x}) + \ln(e^x)$
2. Ein Potenzsatz besagt: Man multipliziert Potenzen mit gleicher Basis, indem man die Basis beibehält und die Exponenten addiert. Daher gilt: $e^x \cdot e^x = e^{x+x} = e^{2x}$
   Andererseits gilt: $e^x \cdot e^x = (e^x)^2$

Beispiel 1

Lösen Sie die Gleichung $e^{2x} - 4e^x = 0;\ x \in \mathbb{R}$.

Lösung:

Weil $e^{2x} = (e^x)^2$ gilt (Potenzsatz), ergibt sich durch Ausklammern von e^x auf der linken Seite der Gleichung ein Produkt. Dann wird ausgenutzt, dass ein Produkt den Wert 0 hat, wenn einer der Faktoren den Wert 0 hat.

$$(e^x)^2 - 4 \cdot e^x = 0$$
$$e^x \cdot (e^x - 4) = 0$$
$$e^x = 0 \quad \text{oder} \quad e^x - 4 = 0$$

Die Gleichung $e^x = 0$ hat keine Lösung, da $e^x > 0$ für alle $x \in \mathbb{R}$.

Lösen der zweiten Gleichung:

$$e^x - 4 = 0$$
$$e^x = 4$$
$$x = \ln(4)$$

Beispiel 2

Lösen Sie die Gleichung $2 \cdot e^x - \frac{6}{e^x} = 4;\ x \in \mathbb{R}$.

Lösung:

Um die Variable x aus dem Nenner des Bruches zu beseitigen, wird man die ganze Gleichung mit e^x multiplizieren. Dies ist eine Äquivalenzumformung, da $e^x \neq 0$ für alle $x \in \mathbb{R}$. Damit ergibt sich:

$$2 \cdot (e^x)^2 - 6 = 4 \cdot e^x$$

$$2 \cdot (e^x)^2 - 4 \cdot e^x - 6 = 0$$

Hier können Sie erkennen, dass eine quadratische Gleichung vorliegt, die sich mit der Substitution $u = e^x$ lösen lässt (siehe **F 2**).

$2u^2 - 4u - 6 = 0$ liefert $u_1 = 3;\ u_2 = -1$.

Resubstitution ergibt: $e^x = 3$ oder $e^x = -1$

Da $e^x > 0$ für alle $x \in \mathbb{R}$, ist nur die Gleichung $e^x = 3$ zu lösen.

Die einzige Lösung ist $x = \ln(3)$.

Aufgabe

Lösen Sie die folgenden Gleichungen.

a) $\frac{1}{3} \cdot e^{-x} = 3$ b) $2e^{3x} - e^x = 0$ c) $e^x - 2e^{-x} = 1$

d) $e^{2x} - 4e^x - 5 = 0$ e) 🖩 $3 \cdot 4^x = 5$ f) 🖩 $e^{3x} - 2e^x = 5$

Ergebnis:

a) $x = -\ln(9) \approx -2{,}1972$ b) $x = \frac{1}{2} \cdot \ln\left(\frac{1}{2}\right) = -\frac{1}{2} \cdot \ln(2)$ c) $x = \ln(2)$

d) $x = \ln(5)$ e) $x = \log_4\left(\frac{5}{3}\right) \approx 0{,}3685$ f) $x_1 \approx 0{,}397;\ x_2 \approx 3{,}480$

F 6 Betragsgleichungen lösen

... da bin ich noch unsicher ☐ ***... das kann ich (jetzt)*** ☐

Für jede reelle Zahl a gilt: Falls $a \geqq 0$, dann $|a| = a$, falls $a < 0$, dann $|a| = -a$.

Das heißt: $|4| = 4;\quad |-5| = -(-5) = 5;\quad |0| = 0$

Gleichungen, bei denen die Lösungsvariable zwischen Betragstrichen steht, nennt man Betragsgleichungen.

Beim Lösen einer Betragsgleichung kommt es zunächst darauf an, die Betragstriche zu beseitigen, die Gleichung also betragsfrei zu schreiben.

Eine einfache Betragsgleichung hat die Form $|t(x)| = a,\ x \in \mathbb{R}, a \in \mathbb{R}$. In diesem Fall gilt: $t(x) = a$ oder $t(x) = -a$. Um *alle* Lösungen dieser Betragsgleichung zu erhalten, müssen Sie also *zwei* Gleichungen lösen.

Hinweis

Betragsgleichungen dieser Form treten beim Berechnen von Abständen mithilfe der Hesse'schen Normalenform auf.

Beispiel

Lösen Sie die Gleichung.

a) $|x + 1| = 2$ b) $|-3x + 4| = \frac{1}{2}$

Lösung:

a) $x + 1 = 2$ oder $x + 1 = -2$

$x_1 = 1$ $x_2 = -3$

Die Lösungen sind $x_1 = 1$ und $x_2 = -3$.

b) $-3x + 4 = \frac{1}{2}$ oder $-3x + 4 = -\frac{1}{2}$

$x_1 = \frac{7}{6}$ $x_2 = \frac{3}{2}$

Die Lösungen sind $x_1 = \frac{7}{6}$ und $x_2 = \frac{3}{2}$.

Aufgabe
Lösen Sie die Gleichungen.

a) $|4 - x| = 1$ b) $\left|\frac{3}{4}x - 1\right| = 2$ c) $|-5x + 8| = 0$ d) $|2x + 1| = -1$

Ergebnis:

a) $x_1 = 3;\ x_2 = 5$ b) $x_1 = 4;\ x_2 = -\frac{4}{3}$ c) $x = \frac{8}{5}$ d) keine Lösung

F 7 Ungleichungen lösen

... da bin ich noch unsicher ☐ ***... das kann ich (jetzt)*** ☐

Bei Fragestellungen im Zusammenhang mit Graphen von Funktionen müssen Sie manchmal untersuchen, für welche Werte des Definitionsbereichs oder eines Teilintervalls davon der jeweilige Graph zu einer Funktion f oberhalb oder unterhalb der x-Achse verläuft. Dies ist gleichbedeutend mit der Frage, für welche Werte von x entweder $f(x) > 0$ oder $f(x) < 0$ gilt.

Eine einfache Möglichkeit, dies zu entscheiden, ergibt sich über die zeichnerische Darstellung des Graphen mithilfe des Grafikrechners und der Bestimmung aller Nullstellen. Damit liegen auch die Intervalle fest, in denen die Funktionswerte positiv bzw. negativ sind. Welcher der beiden Fälle jeweils zutrifft, sehen Sie unmittelbar am Graphen.

Im Falle ganzrationaler Funktionen kann man zur Entscheidung oft auch Eigenschaften des Graphen, wie beispielsweise Öffnung nach oben oder unten, Symmetrie, Verhalten für betragsmäßig große Werte von x, Kenntnis von Extrempunkten usw., ausnutzen (Beispiel 1).

Ist eine der Ungleichungen $f(x) > g(x)$ oder $f(x) < g(x)$ zu lösen, so lassen Sie beide Graphen zeichnen und bestimmen Sie deren Schnittstellen. Sie können jedoch auch die Funktion h mit $h(x) = f(x) - g(x)$ betrachten und die Nullstellen von h für die Entscheidung heranziehen (Beispiel 2).

Die Notwendigkeit zur Lösung einer Ungleichung ergibt sich gelegentlich auch bei Fragen zu Abständen von Punkten zu Ebenen. Da sich der Abstand eines Punktes von einer Ebene mithilfe der Hesse'schen Normalenform berechnen lässt, können Betragsungleichungen der Form $|f(x)| > c$ oder $|f(x)| < c$ auftreten.

Aus $|f(x)| > c$ folgt: $f(x) > c$ **oder** $f(x) < -c$ (Beispiel 3).
Aus $|f(x)| < c$ folgt: $f(x) < c$ **und** $f(x) > -c$, zusammengefasst also $-c < f(x) < c$.

Beispiel 1
Lösen Sie die Ungleichung $\frac{1}{3}\cdot(x-2)\cdot(x+5) > 0,\ x \in \mathbb{R}$.

Lösung:
Die Funktion f mit $f(x) = \frac{1}{3}\cdot(x-2)\cdot(x+5)$ hat die Nullstellen $x_1 = 2$ und $x_2 = -5$ („Nullprodukt“). Damit liegen die Bereiche $x < -5$, $-5 < x < 2$ und $2 < x$ auf der x-Achse fest.
Der Graph von f ist eine nach oben geöffnete Parabel zweiter Ordnung. Daher liegt der Parabelscheitel unterhalb der x-Achse. Die Funktionswerte im Intervall $]-5;2[$ sind negativ.
Die Ungleichung $\frac{1}{3}\cdot(x-2)\cdot(x+5) > 0$ wird demzufolge für $x < -5$ bzw. $x > 2$ erfüllt.

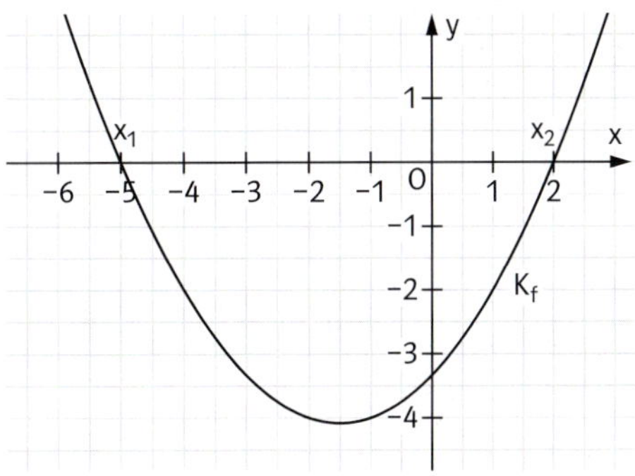

Beispiel 2

Gegeben sind die Funktionen f mit $f(x) = -x^2 + \frac{1}{2}x + 3$ und g mit $g(x) = -2$, $x \in \mathbb{R}$.
Für welche Werte von x verläuft der Graph von f oberhalb des Graphen von g?

Lösung:

Bestimmung der Schnittstellen beider Graphen:

$$f(x) = g(x)$$

$$-x^2 + \frac{1}{2}x + 3 = -2$$

Lösung mit GTR ergibt: $x_1 = -2$; $x_2 = \frac{5}{2}$

An der Abbildung erkennt man:
Der Graph von f verläuft für alle x-Werte größer als -2 und kleiner als $\frac{5}{2}$ oberhalb des Graphen von g.

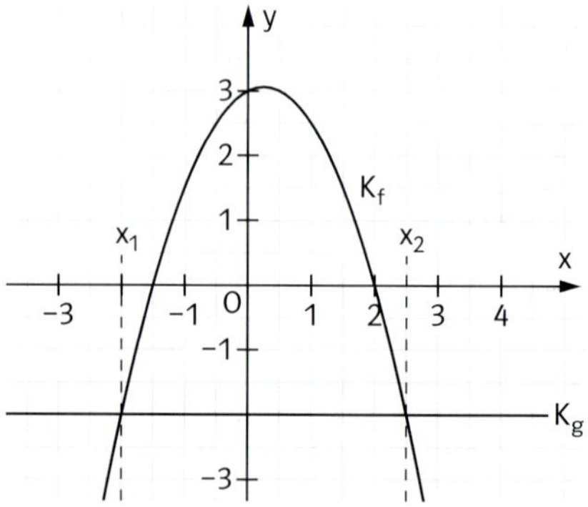

Beispiel 3

Gegeben sind die Ebenenschar E_a durch $x_1 + 2x_2 - 2x_3 = a$, $a \in \mathbb{R}$, sowie der Punkt $P(2|3|-1)$.
Für welche Werte von a hat der Punkt P von der Ebene E_a einen größeren Abstand als 5 Längeneinheiten?

Lösung:

Ebenengleichung in Hesse'scher Normalenform (vgl. **F 80**):

$$\frac{x_1 + 2x_2 - 2x_3 - a}{3} = 0$$

Abstand des Punktes P von Ebene E_a:

$$d(P; E_a) = \left|\frac{2 + 2\cdot 3 - 2\cdot(-1) - a}{3}\right| = \left|\frac{10 - a}{3}\right|$$

Bedingung für a:

$$\left|\frac{10 - a}{3}\right| > 5$$

Der Grenzfall $\left|\frac{10 - a}{3}\right| = 5$ führt zu den Gleichungen $\frac{10 - a}{3} = 5$ und $\frac{10 - a}{3} = -5$.

Daraus erhält man (gegebenenfalls mit dem GTR)
$a = -5$ oder $a = 25$.

Betrachtet man den Graphen der Funktion f mit
$f(a) = \left|\frac{10 - a}{3}\right|$, dann erkennt man:

Wenn $a < -5$ oder $a > 25$ gilt, dann hat der Punkt von Ebene E_a einen größeren Abstand als 5 Längeneinheiten.

Aufgaben

1. Lösen Sie die Ungleichung $(2 - x) \cdot e^{-x} > 0$.
2. Gegeben ist die Funktion f durch $f(x) = x + \frac{1}{x}$, $x \in \mathbb{R}^+$.
   Für welche Werte von x sind die Funktionswerte größer als 3?
3. Gegeben sind die Ebenenschar E_a durch $3x_1 - 4x_2 = a$, $a \in \mathbb{R}$, sowie der Punkt $P(-4|2|-3)$.
   Für welche Werte von a hat der Punkt P von der Ebene E_a einen kleineren Abstand als 2 Längeneinheiten?

Ergebnisse:

1. $x < 2$
2. $x < 0{,}3819\ldots$; $x > 2{,}6180\ldots$
3. $-30 < a < -10$

F 8 Lineare Gleichungssysteme (LGS) lösen

... da bin ich noch unsicher ☐ ... das kann ich (jetzt) ☐

Die Standardmethode, um lineare Gleichungssysteme (kurz: LGS) zu lösen, ist das sogenannte „Gauß-Verfahren". Beim Gauß-Verfahren wird durch mehrfaches Anwenden des Additionsverfahrens das ursprüngliche LGS in ein äquivalentes, einfacher zu lösendes LGS umgewandelt. Dieses hat idealerweise Dreiecksform.
Beachten Sie, dass ein LGS entweder keine Lösung, genau eine Lösung oder unendlich viele Lösungen besitzt.
Typische Aufgabenstellungen, die auf ein LGS führen, sind Schnittprobleme in der Geometrie sowie die Bestimmung von Funktionen zu gegebenen Bedingungen in der Analysis.

Beispiel

Lösen Sie das LGS.

a) (I) $2a - 4b + 5c = 3$
(II) $3a + 3b + 7c = 13$
(III) $4a - 2b - 3c = -1$

b) (I) $x + 2y - z = 4$
(II) $2x - y + 3z = -2$
(III) $3x - 4y + 7z = 2$

c) (I) $2x_1 + x_2 + x_3 = 0$
(II) $-x_1 + 2x_2 - 8x_3 = -5$
(III) $x_1 - x_2 + 5x_3 = 3$

Lösung:

a)

(I)	$2a - 4b + 5c = 3$		(I)	$2a - 4b + 5c = 3$
(II a) $= 3\cdot(I) + (-2)\cdot(II)$	$-18b + c = -17$		(II a)	$-18b + c = -17$
(III a) $= -2\cdot(I) + (III)$	$6b - 13c = -7$		(III b) $= (II a) + 3\cdot(III a)$	$-38c = -38$

Aus (III b) folgt $c = 1$. Einsetzen in (II a) liefert $b = 1$, einsetzen in (I) ergibt $a = 1$.
$L = \{(1;1;1)\}$

Alternativer Lösungsweg:

$$\left(\begin{array}{ccc|c} 2 & -4 & 5 & 3 \\ 3 & 3 & 7 & 13 \\ 4 & -2 & -3 & -1 \end{array}\right) \begin{array}{l} |\cdot 3 \quad |\cdot(-2) \\ |\cdot(-4) \\ \end{array} \rightarrow \left(\begin{array}{ccc|c} 2 & -4 & 5 & 3 \\ 0 & -18 & 1 & -17 \\ 0 & 6 & -13 & -7 \end{array}\right) \begin{array}{l} \\ \\ |\cdot 3 \end{array}$$

$$\rightarrow \left(\begin{array}{ccc|c} 2 & -4 & 5 & 3 \\ 0 & -18 & 1 & -17 \\ 0 & 0 & -38 & -38 \end{array}\right) \begin{array}{l} \\ \\ |:(-38) \end{array}$$

Aus der 3. Zeile liest man $c = 1$ ab. Durch Einsetzen in die 2. Zeile erhält man $b = 1$.
Mithilfe der 1. Zeile $a = 1$.
$L = \{(1;1;1)\}$

b)

(I)	$x + 2y - z = 4$		(I)	$x + 2y - z = 4$
(II a) $= 3\cdot(I) + (II)$	$5x + 5y = 10$		(II a)	$5x + 5y = 10$
(III a) $= 7\cdot(I) + (III)$	$10x + 10y = 30$		(III b) $= -2\cdot(II a) + (III a)$	$0x = 10$

(III b) ist unerfüllbar.
Das LGS hat keine Lösung. $L = \{\ \}$

Alternativer Lösungsweg:

$$\left(\begin{array}{ccc|c} 1 & 2 & -1 & 4 \\ 2 & -1 & 3 & -2 \\ 3 & -4 & 7 & 2 \end{array}\right) \begin{array}{l} |\cdot(-2) \quad |\cdot(-3) \\ \\ \end{array} \rightarrow \left(\begin{array}{ccc|c} 1 & 2 & -1 & 4 \\ 0 & -5 & 5 & -10 \\ 0 & -10 & 10 & -10 \end{array}\right) \begin{array}{l} \\ |\cdot(-2) \\ \end{array}$$

$$\rightarrow \left(\begin{array}{ccc|c} 1 & 2 & -1 & 4 \\ 0 & -5 & 5 & -10 \\ 0 & 0 & 0 & 10 \end{array}\right)$$

Das LGS hat keine Lösung: Die letzte Zeile ist als $0 = 10$ zu interpretieren. Diese Gleichung ist falsch und unerfüllbar.

c)

(I)	$2x_1 + x_2 + x_3 = 0$	(I)	$2x_1 + x_2 + x_3 = 0$
(II a) = (I) + 2·(II)	$5x_2 - 15x_3 = -10$	(II a)	$5x_2 - 15x_3 = -10$
(III a) = (II) + (III)	$x_2 - 3x_3 = -2$	(III b) = (II a) − 5·(III a)	$0x_3 = 0$

Aus (III b) folgt, dass das LGS unendlich viele Lösungen hat.
Sei $x_3 = r$, dann folgt aus (II a): $x_2 = 3r - 2$
Einsetzen in (I) liefert $x_1 = -2r + 1$.
$L = \{(-2r+1;3r-2;r \in \mathbb{R})\}$

Alternativer Lösungsweg:

$$\left(\begin{array}{ccc|c} 2 & 1 & 1 & 0 \\ -1 & 2 & -8 & -5 \\ 1 & -1 & 5 & 3 \end{array}\right) \begin{array}{l} \\ |\cdot 2 \\ |\cdot(-2) \end{array} \rightarrow \left(\begin{array}{ccc|c} 2 & 1 & 1 & 0 \\ 0 & 5 & -15 & -10 \\ 0 & 3 & -9 & -6 \end{array}\right) \begin{array}{l} \\ |:5 \\ |:(-3) \end{array}$$

$$\rightarrow \left(\begin{array}{ccc|c} 2 & 1 & 1 & 0 \\ 0 & 1 & -3 & -2 \\ 0 & -1 & 3 & 2 \end{array}\right) \rightarrow \left(\begin{array}{ccc|c} 2 & 1 & 1 & 0 \\ 0 & 1 & -3 & -2 \\ 0 & 0 & 0 & 0 \end{array}\right)$$

Das LGS hat unendlich viele Lösungen: Die letzte Zeile ist als $0 = 0$ zu interpretieren. Diese Gleichung ist wahr. Aus der 2. Zeile folgt $x_2 = 3r - 2$. Einsetzen in die 1. Zeile führt zu $x_1 = -2r + 1$.
$L = \{(-2r+1;3r-2;r);\ r \in \mathbb{R}\}$

Aufgabe

Bestimmen Sie jeweils die Lösungsmenge des gegebenen LGS.

a)
$$\begin{aligned} 4a - 5b + 3c &= -2 \\ -3a - 4b + c &= 10 \\ 2a + 6b - 2c &= -10 \end{aligned}$$

b)
$$\begin{aligned} 2x_1 - 3x_2 + 3x_3 &= 6 \\ -x_1 + 3x_2 - 2x_3 &= 0 \\ 5x_1 - 6x_2 + 7x_3 &= 18 \end{aligned}$$

Ergebnis:

a) $L = \{(-3;1;5)\}$

b) $L = \left\{\left(6 - r;2 + \frac{1}{3}r;r \in \mathbb{R}\right)\right\}$

Analysis

Ableitungsregeln

Es wird stets vorausgesetzt, dass zu allen angegebenen Funktionen die größtmögliche Definitionsmenge bekannt oder erkennbar ist und dass die Funktionen an den jeweils inneren Stellen der Definitionsmengen ableitbar sind. Definitionsmengen werden daher hier nicht angegeben.

In vielen Fällen werden beim Ableiten mehrere verschiedene Ableitungsregeln benötigt. In Prüfungsaufgaben sind Fragen beliebt, bei denen (neben den „einfachen" Regeln) im Zusammenhang mit der Produktregel auch noch die Kettenregel anzuwenden ist.

F 9 Potenzfunktionen ableiten

... da bin ich noch unsicher ☐ ***... das kann ich (jetzt)*** ☐

Für alle reellen Exponenten r gilt: Aus $f(x) = x^r$ folgt $f'(x) = r \cdot x^{r-1}$.

Bevor Sie diese Ableitungsregel anwenden können, müssen Sie daher den Funktionsterm als Potenz von x darstellen, falls dies nicht von vornherein der Fall sein sollte. Ersetzen Sie also Wurzelausdrücke durch die entsprechenden Potenzen bzw. schreiben Sie Terme mit einer Potenz von x im Nenner eines Bruches ohne Bruchstrich.

Es gilt: $\frac{1}{x^n} = x^{-n}$, $\sqrt[n]{x} = x^{\frac{1}{n}}$, $\sqrt[n]{x^z} = x^{\frac{z}{n}}$

Beispiel

Leiten Sie ab:

a) $f(x) = x^4$ b) $f(x) = \frac{1}{x^2}$ c) $f(x) = \sqrt{x}$ d) $f(x) = \sqrt[3]{x^2}$

Lösung:

a) $f'(x) = 4 \cdot x^{4-1} = 4 \cdot x^3$

b) Der Funktionsterm wird als Potenz mit negativer Hochzahl geschrieben:

$f(x) = \frac{1}{x^2} = x^{-2}$; $f'(x) = (-2) \cdot x^{-2-1} = -2 \cdot x^{-3} = -\frac{2}{x^3}$

c) Potenzschreibweise: $f(x) = x^{\frac{1}{2}}$; $f'(x) = \frac{1}{2} \cdot x^{\frac{1}{2}-1} = \frac{1}{2} \cdot x^{-\frac{1}{2}} = \frac{1}{2} \cdot \frac{1}{x^{\frac{1}{2}}} = \frac{1}{2 \cdot \sqrt{x}}$

d) $f(x) = \sqrt[3]{x^2} = (x^2)^{\frac{1}{3}} = x^{\frac{2}{3}}$; $f'(x) = \frac{2}{3} \cdot x^{\frac{2}{3}-1} = \frac{2}{3} \cdot x^{-\frac{1}{3}} = \frac{2}{3} \cdot \frac{1}{x^{\frac{1}{3}}} = \frac{2}{3} \cdot \frac{1}{\sqrt[3]{x}}$

Aufgabe

Bilden Sie jeweils die erste Ableitung der Funktion f.

a) $f(x) = x^3$ b) $f(x) = x^{-5}$ c) $f(x) = \frac{1}{x^3}$ d) $f(x) = \sqrt[4]{x}$

Ergebnis:

a) $f'(x) = 3 \cdot x^{3-1} = 3 \cdot x^2$ b) $f'(x) = -5 \cdot x^{-6} = -\frac{5}{x^6}$

c) $f'(x) = (-3) \cdot x^{-3-1} = -3 \cdot x^{-4} = -\frac{3}{x^4}$ d) $f'(x) = \frac{1}{4} \cdot x^{-\frac{3}{4}} = \frac{1}{4} \cdot \frac{1}{\sqrt[4]{x^3}}$

F 10 Mit der Faktorregel ableiten

... da bin ich noch unsicher ☐ ***... das kann ich (jetzt)*** ☐

Für alle reellen Zahlen r gilt: Aus $f(x) = r \cdot g(x)$ folgt $f'(x) = r \cdot g'(x)$.
(Merke: „Ein konstanter Faktor bleibt beim Ableiten erhalten.")

Hinweis
Beachten Sie dabei, dass das Multiplikationszeichen nicht immer geschrieben wird.
Vereinbarungsgemäß darf man bekanntlich verkürzt schreiben: $4 \cdot x^2 = 4x^2$

⚠
$2x^3$ ist nicht dasselbe wie $(2x)^3$; x^{-3} ist nicht dasselbe wie $-x^3$, $x^{-3} = \frac{1}{x^3}$

Beispiel
Leiten Sie ab.
a) $f(x) = 2x^5$
b) $f(x) = \frac{6}{x^3}$

Lösung:
a) $f(x) = 2x^5 = 2 \cdot x^5$, daher $f'(x) = 2 \cdot 5 \cdot x^{5-1} = 10 \cdot x^4$ (siehe F 9)
b) $f(x) = \frac{6}{x^3} = 6 \cdot x^{-3}$, daher $f'(x) = 6 \cdot (-3) \cdot x^{-3-1} = -18 \cdot x^{-4} = -\frac{18}{x^4}$ (siehe F 9)

F 11 Summen von Funktionen ableiten

... da bin ich noch unsicher ☐ ***... das kann ich (jetzt)*** ☐

Es sei $f(x) = u(x) \pm v(x)$. Dann gilt: $f'(x) = u'(x) \pm v'(x)$

(Merke: „Eine Summe/Differenz von Funktionen hat als Ableitung die Summe/Differenz der einzelnen Ableitungsfunktionen.")

Auf jeden einzelnen Summanden sind dann gegebenenfalls Faktorregel, Potenzregel, Kettenregel, Produktregel usw. anzuwenden.

Beispiel
Leiten Sie ab.
a) $f(x) = \frac{1}{4}x^2 - x^4$
b) $f(x) = 2 \cdot \sqrt{x} + 3 \cdot e^{-x}$

Lösung:
a) $f'(x) = \frac{1}{2}x - 4x^3$ (siehe F 9 und F 10)
b) $f'(x) = 2 \cdot \frac{1}{2\sqrt{x}} + (-1) \cdot 3 \cdot e^{-x} = \frac{1}{\sqrt{x}} - 3 \cdot e^{-x}$ (siehe F 9, F 10, F 13 und F 14)

F 12 Produkte von Funktionen ableiten

... da bin ich noch unsicher ☐ ***... das kann ich (jetzt)*** ☐

Es sei $f(x) = u(x) \cdot v(x)$. Dann gilt: $f'(x) = u'(x) \cdot v(x) + u(x) \cdot v'(x)$

(Merke: „Das Produkt zweier Funktionen wird abgeleitet, indem man die Ableitung der ersten Funktion mit der unveränderten zweiten Funktion multipliziert, dann die unveränderte erste Funktion mit der Ableitung der zweiten Funktion multipliziert und schließlich die beiden Produkte addiert.")

Tipps

1. Wenn nach dem Ableiten eine weitere Vereinfachung des Terms nicht verlangt wird, verzichten Sie auf diese, ehe Sie möglicherweise durch weitere Rechnungen unnötige Rechenfehler machen.
2. Wenn Sie Nullstellen von f′ bestimmen sollen, schreiben Sie die nach dem Ableiten erhaltene Summe als Produkt, falls möglich. Sie können dann die einzelnen Faktoren separat behandeln (siehe Beispiele b), c) und d)).

Hinweise

1. Beim Beispiel b) dürfen Sie anstelle der Produktregel auch die Quotientenregel verwenden, falls Ihnen diese aus dem Unterricht oder der Formelsammlung bekannt ist.
2. Beim Beispiel d) können Sie auch mit der Summenregel ableiten, falls Sie das Produkt zuerst als Summe schreiben.
3. Gelegentlich müssen Sie bei der Anwendung der Produktregel bei der Ableitung der einzelnen Faktoren selbst noch die Kettenregel anwenden (F 13).

Beispiel

Bilden Sie die erste Ableitung der Funktion f.

a) $f(x) = x^2 \cdot (x+3)$ b) $f(x) = \frac{e^x}{x}$ c) $f(x) = (x+1) \cdot e^{\frac{1}{4}x}$

Lösung:

a) Mit $u(x) = x^2$ und $v(x) = x+3$ folgt $u'(x) = 2x$ (F 9), $v'(x) = 1$.

Daher gilt: $f'(x) = 2x \cdot (x+3) + x^2 \cdot 1 = 2x^2 + 6x + x^2 = 3x^2 + 6x$

b) Der Funktionsterm kann als Produkt geschrieben werden: $f(x) = e^x \cdot x^{-1}$

Mit $u(x) = e^x$ und $v(x) = x^{-1}$ ergibt sich $u'(x) = e^x$ (F 14) und $v'(x) = (-1) \cdot x^{-2}$ (F 9).

Daher gilt: $f'(x) = e^x \cdot x^{-1} + e^x \cdot (-1) \cdot x^{-2} = e^x \cdot \left(\frac{1}{x} - \frac{1}{x^2}\right)$

c) Mit $u(x) = x+1$ und $v(x) = e^{\frac{1}{4}x}$ ergibt sich $u'(x) = 1$ (F 11)

und $v'(x) = (x+1) \cdot \frac{1}{4} \cdot e^{\frac{1}{4}x}$ (F 13, F 14).

Daher gilt:

$$f'(x) = 1 \cdot e^{\frac{1}{4}x} + (x+1) \cdot \frac{1}{4} \cdot e^{\frac{1}{4}x} = \left(1 + (x+1) \cdot \frac{1}{4}\right) \cdot e^{\frac{1}{4}x} = \frac{1}{4} \cdot (x+5) \cdot e^{\frac{1}{4}x}$$

Aufgabe

Bilden Sie jeweils die erste Ableitung der Funktion f.

a) $f(x) = \left(\frac{1}{4}x^4 - x\right) \cdot e^x$ b) $f(x) = \frac{x+1}{e^x} = (x+1) \cdot e^{-x}$

Ergebnis:

a) $f'(x) = (x^3 - 1) \cdot e^x + \left(\frac{1}{4}x^4 - x\right) \cdot e^x$ b) $f'(x) = 1 \cdot e^{-x} + (x+1) \cdot (-e^{-x}) = e^{-x} \cdot (-x)$

F 13 Verkettete Funktionen ableiten

... da bin ich noch unsicher ☐ ***... das kann ich (jetzt)*** ☐

Es sei $f(x) = u(v(x))$. Dann gilt: $f'(x) = u'(v(x)) \cdot v'(x)$

(Merke: „Die Verkettung zweier Funktionen wird abgeleitet, indem man sowohl die äußere Funktion als auch die innere Funktion ableitet und dann die Ergebnisse miteinander multipliziert.")

Hinweis

Man muss für die innere und die äußere Funktion den Funktionstyp erkennen. Die äußere Funktion beschreibt immer die letzte Wirkung auf die vorher vorkommenden Funktionsterme. Denken Sie sich also für x irgendeine Zahl eingesetzt und berechnen Sie den zugehörigen Termwert. Die Funktion, die Sie zuletzt anwenden, ist die äußere Funktion.

Beispiel

Bilden Sie die erste Ableitung der Funktion f.

a) $f(x) = (2x+1)^4$

b) $f(x) = \frac{1}{4}e^{2x-3}$

Lösung:

a) Die äußere Funktion ist die Potenzfunktion u mit $u(v) = v^4$, die innere Funktion ist die lineare Funktion v mit $v(x) = 2x+1$. Die Ableitung der Potenzfunktion (**F 9**) ergibt $4v^3$.
Die Ableitung der inneren Funktion ergibt 2 (**F 9**, **F 11**).

Somit gilt: $f'(x) = 4\cdot(2x+1)^3\cdot 2 = 8\cdot(2x+1)^3$

b) Der Faktor $\frac{1}{4}$ ist ein konstanter Faktor, bleibt also beim Ableiten erhalten (**F 10**). Die äußere Funktion ist die Exponentialfunktion u mit $u(v) = e^v$, die innere Funktion ist die lineare Funktion v mit $v(x) = 2x-3$. Die Ableitung von e^v ist e^v (**F 14**). Die Ableitung der Funktion v ergibt nach der Summen-, der Faktor- und der Potenzregel (**F 10**, **F 9**) 2.

Daher gilt: $f'(x) = \frac{1}{4}\cdot e^{2x-3}\cdot 2 = \frac{1}{2}\cdot e^{2x-3}$

Aufgabe

Bilden Sie jeweils die erste Ableitung der Funktion f.

a) $f(x) = \left(\frac{1}{2}x^2 - x\right)^3$

b) $f(x) = 2\cdot e^{-\frac{1}{4}x^2}$

c) $f(x) = e^{\sqrt{x}}$

Ergebnis:

a) $f'(x) = 3\left(\frac{1}{2}x^2 - x\right)^2\cdot(x-1)$

b) $f'(x) = 2\cdot e^{-\frac{1}{4}x^2}\cdot\left(-\frac{1}{2}x\right) = -x\cdot e^{-\frac{1}{4}x^2}$

c) $f'(x) = e^{\sqrt{x}}\cdot\frac{1}{2\sqrt{x}}$

F 14 Exponentialfunktionen ableiten

… da bin ich noch unsicher ☐ ***… das kann ich (jetzt)*** ☐

Aus $f(x) = e^x$ folgt $f'(x) = e^x$.

Hinweis

Auch diese Regel wird selten in dieser einfachen Form Verwendung finden. Häufig steht der Exponentialterm in Verbindung mit anderen Funktionstermen, sodass die Faktorregel, die Summenregel, die Produktregel oder die Kettenregel oder auch mehrere dieser Regeln zum Ableiten erforderlich sind.

⚠

Den Exponenten in einem Exponentialterm dürfen Sie beim Ableiten *nicht* verändern! Er wird immer unverändert beibehalten.

Beispiel

Leiten Sie ab.

a) $f(x) = e^{2x+1}$

b) $f(x) = \frac{1}{3}\cdot e^{-x}$

c) $f(x) = e^{\frac{1}{2}x}\cdot e^{-\frac{2}{3}x}$

Lösung:

a) $f'(x) = e^{2x+1} \cdot 2 = 2 \cdot e^{2x+1}$ (F 13)

b) $f'(x) = \frac{1}{3} \cdot e^{-x} \cdot (-1) = -\frac{1}{3} \cdot e^{-x}$ (F 10, F 13)

c) Hier könnte man zuerst an die Anwendung der Produktregel (F 12) denken. Erkennt man jedoch, dass man das Produkt zweier Potenzen mit gleicher Basis e vor sich hat, so lässt sich dieses mit der Rechenregel für Potenzen $a^n \cdot a^m = a^{n+m}$ vereinfachen und es gilt:
$f(x) = e^{\frac{1}{2}x} \cdot e^{-\frac{2}{3}x} = e^{\frac{1}{2}x + \left(-\frac{2}{3}x\right)} = e^{-\frac{1}{6}x}$
Daraus folgt: $f'(x) = e^{-\frac{1}{6}x} \cdot \left(-\frac{1}{6}\right) = -\frac{1}{6} \cdot e^{-\frac{1}{6}x}$ (F 13)

Aufgabe

Leiten Sie ab.

a) $f(x) = e^{x-2}$
b) $f(x) = 4 \cdot e^{\frac{1}{2}x+1}$
c) $f(x) = e^{-4x} + e^{-2x}$
d) $f(x) = x^2 \cdot e^{-2x}$
e) $f(x) = \sqrt{x} \cdot e^{x^2}$
f) $f(x) = a \cdot e^{b \cdot x}$

Ergebnis:

a) $f'(x) = e^{x-2} \cdot 1 = e^{x-2}$

b) $f'(x) = 4 \cdot e^{\frac{1}{2}x+1} \cdot \frac{1}{2} = 2 \cdot e^{\frac{1}{2}x+1}$

c) $f'(x) = e^{-4x} \cdot (-4) + e^{-2x} \cdot (-2) = -4 \cdot e^{-4x} - 2 \cdot e^{-2x}$

d) $f'(x) = 2x \cdot e^{-2x} + x^2 \cdot e^{-2x} \cdot (-2) = (2x - 2x^2) \cdot e^{-2x} = 2x \cdot (1-x) \cdot e^{-2x}$ (F 12, F 13)

e) $f'(x) = \frac{1}{2\sqrt{x}} \cdot e^{x^2} + \sqrt{x} \cdot e^{x^2} \cdot 2x = \frac{1}{\sqrt{x}} \cdot \left(\frac{1}{2} + 2x^2\right) \cdot e^{x^2}$

f) $f'(x) = a \cdot b \cdot e^{bx}$ (F 10)

Anwendungen der Ableitung

Im Weiteren wird vorausgesetzt, dass alle vorkommenden Funktionen in ihrem Definitionsbereich genügend oft differenzierbar sind.

F 15 Die Gleichung der Tangente durch einen Punkt des Graphen aufstellen

... da bin ich noch unsicher ☐ ***... das kann ich (jetzt)*** ☐

Die Steigung des Graphen zu einer Funktion f in einem gegebenen Punkt $P(x_0 \mid f(x_0))$ des Graphen erhält man, indem man die Ableitung f′ von f bildet und den x-Wert des Punktes P in die Funktionsgleichung von f′ einsetzt. Für die Steigung m_t gilt dann also: $m_t = f'(x_0)$
(Bei Problemen mit Ableitungen bearbeiten Sie zuerst die Fertigkeiten F 9 bis F 14.)
Die Tangentengleichung können Sie jetzt auf zwei Wegen gewinnen:

1. Weg

Wenn eine Gerade die Steigung m hat, dann kann ihre Gleichung in der Form $y = m \cdot x + n$ geschrieben werden. Da der gegebene Punkt $P(x_0 \mid f(x_0))$ auf der Geraden liegt, führt man eine Punktprobe mit diesem Punkt durch. Man setzt also die Koordinaten des Punktes und die Steigung m_t in diese Gleichung ein und erhält $f(x_0) = m_t \cdot x_0 + n$. Aus dieser Gleichung ergibt sich der y-Achsenabschnitt n. Die Tangentengleichung kann nun vollständig notiert werden.

2. Weg

Die Gleichung der Tangente an den Graphen im Punkt $P(x_0 \mid f(x_0))$ lautet allgemein $y = f'(x_0) \cdot (x - x_0) + f(x_0)$ (siehe Formelsammlung). Einsetzen der Steigung $m_t = f'(x_0)$ und der Punktekoordinaten x_0 und $y_0 = f(x_0)$, Ausmultiplizieren und Zusammenfassen ergibt die Tangentengleichung in der Form $y = mx + n$.

Beispiel 1

Bestimmen Sie die Gleichung der Tangente an den Graphen von f mit $f(x) = x^2$ im Punkt $P(2|4)$.

Lösung (1. Weg):

Ableitung f′ von f und Steigung m_t der Tangente in $P(2|4)$: $f'(x) = 2x$, $m_t = f'(2) = 4$

Punktprobe $y_0 = m_t \cdot x_0 + n$ für P liefert $4 = 4 \cdot 2 + n$ und somit $n = -4$.

Die Tangentengleichung lautet also $y = 4 \cdot x - 4$.

Beispiel 2

Ermitteln Sie die Gleichungen der Tangenten an den Graphen von f mit $f(x) = \frac{3}{x^2} - 1$, $x \in \mathbb{R} \setminus \{0\}$, in den Punkten $P(1|f(1))$ und $Q\left(-\frac{1}{2}\middle|f\left(-\frac{1}{2}\right)\right)$.

Lösung (2. Weg):

Bestimmung der y-Koordinaten der Punkte P und Q:

$y_P = f(1) = \frac{3}{1^2} - 1 = 2;$ $\qquad y_Q = f\left(-\frac{1}{2}\right) = \frac{3}{\left(-\frac{1}{2}\right)^2} - 1 = 11$

Ableitung f′ von f und Steigungen m_{t_P} und m_{t_Q} in den Punkten P und Q:

Wegen $f(x) = 3 \cdot x^{-2} - 1$ gilt: $f'(x) = -6 \cdot x^{-3} = -\frac{6}{x^3}$

$m_{t_P} = f'(1) = -\frac{6}{1^3} = -6;$ $\qquad m_{t_Q} = f'\left(-\frac{1}{2}\right) = -\frac{6}{\left(-\frac{1}{2}\right)^3} = 48$

Tangentengleichungen in P und Q:

$y = f'(x_P) \cdot (x - x_P) + f(x_P)$ $\qquad y = f'(x_Q) \cdot (x - x_Q) + f(x_Q)$

$y = -6 \cdot (x - 1) + 2$ $\qquad y = 48 \cdot \left(x - \left(-\frac{1}{2}\right)\right) + 11$

$y = -6x + 8$ $\qquad y = 48x + 35$

Aufgabe

Ermitteln Sie die Gleichungen der Tangenten an den Graphen von f in den Punkten P und Q.

a) $f(x) = \frac{1}{6}x^3 - 2x$; $x \in \mathbb{R}$; $P(0|f(0))$; $Q(-1|f(-1))$

b) $f(x) = \frac{3}{x} + \frac{1}{4}x^2$; $x \in \mathbb{R} \setminus \{0\}$; $P(1|f(1))$; $Q(-2|f(-2))$

c) $f(x) = x - \sqrt{x}$; $x \in \mathbb{R}_0^+$; $P(4|f(4))$; $Q\left(\frac{1}{4}\middle|f\left(\frac{1}{4}\right)\right)$

d) $f(x) = x \cdot e^{-x}$; $x \in \mathbb{R}$; $P(0|f(0))$; $Q(1|f(1))$

Ergebnis:

a) $y_P = 0$; $m_{t_P} = -2$; t_P: $y = -2x$; $\qquad y_Q = \frac{11}{6}$; $m_{t_Q} = -\frac{3}{2}$; t_Q: $y = -\frac{3}{2}x + \frac{1}{3}$

b) $y_P = \frac{13}{4}$; $m_{t_P} = -\frac{5}{2}$; t_P: $y = -\frac{5}{2}x + \frac{23}{4}$; $\qquad y_Q = -\frac{1}{2}$; $m_{t_Q} = -\frac{7}{4}$; t_Q: $y = -\frac{7}{4}x - 4$

c) $y_P = 2$; $m_{t_P} = \frac{3}{4}$; t_P: $y = \frac{3}{4}x - 1$; $\qquad y_Q = -\frac{1}{4}$; $m_{t_Q} = 0$; t_Q: $y = -\frac{1}{4}$

d) $y_P = 0$; $m_{t_P} = 1$; t_P: $y = x$; $\qquad y_Q = \frac{1}{e}$; $m_{t_Q} = 0$; t_Q: $y = \frac{1}{e}$

F 16 Den Berührpunkt einer Tangente mit vorgegebener Steigung bestimmen

… da bin ich noch unsicher ☐ ***… das kann ich (jetzt)*** ☐

Für die Steigung m_t einer Tangente t im Punkt $B(u|f(u))$ des Funktionsgraphen gilt $m_t = f'(u)$, woraus u berechnet werden kann. Die y-Koordinate des Berührpunkts ist $f(u)$.

Hinweise

1. Die Gleichung $m_t = f'(u)$ kann mehrere Lösungen haben. Dann gibt es mehrere (zueinander parallele) Tangenten an den Funktionsgraphen und daher mehrere verschiedene Berührpunkte.
2. Bei nicht elementar lösbaren Gleichungen $m_t = f'(u)$ muss ein digitales Hilfsmittel eingesetzt werden.

3. Gelegentlich sollen Sie die Gleichung der Tangente t an einen Graphen der Funktion f berechnen, die parallel zu einer gegebenen Geraden g mit der Gleichung $y = mx + n$ verläuft. Da die Tangente dieselbe Steigung wie die gegebene Gerade hat, können Sie die Steigung ablesen und analog wie oben beschrieben vorgehen.
4. Wenn die Tangente t an einen Funktionsgraphen parallel zu der Geraden durch zwei beliebig gegebene Punkte $A(x_A \mid y_A)$ und $B(x_B \mid y_B)$ verlaufen soll, so berechnen Sie die Steigung $m = \frac{y_B - y_A}{x_B - x_A}$ dieser Geraden. Die Tangente t hat dieselbe Steigung und Sie können ebenfalls wie oben beschrieben vorgehen.

Beispiel 1

Eine Tangente an den Graphen der Funktion f hat die gegebene Steigung m.
Berechnen Sie den Berührpunkt dieser Tangente an den Graphen.
$f(x) = \frac{1}{3}x^3 - x^2;\ m = -1$

Lösung:
Ableitung f': $f'(x) = x^2 - 2x$ (siehe F 9, F 10, F 11)
Bedingung für die Berührstelle: $-1 = u^2 - 2u$
Daraus folgt: $u^2 - 2u + 1 = 0$
Diese quadratische Gleichung hat die einzige Lösung $u = 1$ (siehe F 2).
Dies ist die Berührstelle.
y-Koordinate des Berührpunkts: $y_B = f(1) = \frac{1}{3} \cdot 1^3 - 1^2 = -\frac{2}{3}$
Der Berührpunkt der Tangente ist $B\left(1 \middle| -\frac{2}{3}\right)$.

Beispiel 2

Eine Tangente an den Graphen der Funktion f mit $f(x) = \frac{2}{x} - 4;\ x \in \mathbb{R} \setminus \{0\}$, ist parallel zur Geraden durch die Punkte $A(-2 \mid 4)$ und $B(6 \mid 3)$.
Berechnen Sie den Berührpunkt dieser Tangente an den Graphen.

Lösung:
Es gilt: $f(x) = \frac{2}{x} - 4 = 2 \cdot x^{-1} - 4$; Ableitung f': $f'(x) = -\frac{2}{x^2}$ (siehe F 9, F 10, F 11)
Steigung der Geraden (AB): $m = \frac{y_B - y_A}{x_B - x_A} = \frac{3 - 4}{6 - (-2)} = -\frac{1}{8}$
Bedingung für die Berührstelle: $-\frac{1}{8} = -\frac{2}{u^2}$
Diese quadratische Gleichung hat die beiden Lösungen $u_1 = 4$ und $u_2 = -4$ (siehe F 2).
Es gibt also zwei derartige Tangenten.
y-Koordinaten der Berührpunkte: $y_1 = f(4) = \frac{2}{4} - 4 = -\frac{7}{2}$; $y_2 = f(-4) = \frac{2}{-4} - 4 = -\frac{9}{2}$
Die Berührpunkte der beiden Tangenten sind $B_1\left(4 \middle| -\frac{7}{2}\right)$ und $B_2\left(-4 \middle| -\frac{9}{2}\right)$.

Aufgaben

1. Untersuchen Sie, ob es eine Tangente mit der angegebenen Steigung m an den Funktionsgraphen gibt. Bestimmen Sie gegebenenfalls den Berührpunkt.
   a) $f(x) = \frac{1}{3}x^3 - 2x^2;\ x \in \mathbb{R};\ m = -4$
   b) $f(x) = x - \frac{2}{x};\ x \in \mathbb{R} \setminus \{0\};\ m = 3$
   c) $f(x) = e^{\frac{1}{2}x} - x;\ x \in \mathbb{R};\ m = -2$
2. Gegeben sind die Funktion f und die beiden Punkte P und Q. Berechnen Sie den Berührpunkt der Tangente an den Graphen von f, die parallel zur Geraden durch P und Q verläuft.
   $f(x) = \frac{2}{x};\ x \in \mathbb{R};\ x < 0;\ P(2 \mid 0);\ Q(-1 \mid 24)$

Ergebnisse:
1. a) Berührpunkt $B\left(2 \middle| -\frac{16}{3}\right)$
   b) Berührpunkte $B_1(1 \mid -1)$ und $B_2(-1 \mid 1)$

c) Es gibt keine derartige Tangente.

2. $B\left(-\frac{1}{2}\middle|-4\right)$

F 17 Untersuchen, ob sich zwei Graphen berühren

... da bin ich noch unsicher ☐ ***... das kann ich (jetzt)*** ☐

Wenn es einen Berührpunkt gibt, dann muss er auf beiden Graphen liegen. Für die Berührstelle x_0 müssen also zunächst die Funktionswerte übereinstimmen: $f(x_0) = g(x_0)$
Es ist daher zunächst die Gleichung $f(x) = g(x)$ zu lösen. Jede Lösung x_0 führt zu einem Punkt $P(x_0 | f(x_0))$, der gemeinsamer Punkt der beiden Graphen ist.

Ein solcher Punkt P ist jedoch nur dann zugleich ein Berührpunkt, wenn dort die Steigungen der beiden Graphen übereinstimmen. Dies muss geprüft werden, indem $f'(x_0)$ und $g'(x_0)$ berechnet und verglichen werden. Stimmen auch diese beiden Werte überein, dann ist der Punkt P ein Berührpunkt der Graphen, sonst nicht.

Tipp

Es kann im Einzelfall einfacher sein, zuerst diejenigen Stellen zu ermitteln, an denen die beiden Graphen die gleiche Steigung haben, also die Gleichung $f'(x) = g'(x)$ zu lösen.
Wenn $P(x_P | f(x_P))$ Berührpunkt der beiden Graphen von f und g ist, muss P auf jedem der Graphen liegen.
Falls diese Gleichung die Lösung x_0 hat, berechnen Sie $f(x_0)$ und $g(x_0)$. Wenn $f(x_0) = g(x_0)$ gilt, ist $P(x_0 | f(x_0))$ ein Berührpunkt der Graphen.

Beispiel 1

Gegeben sind die Funktionen f und g durch $f(x) = x^2 - 4x + 5$ und $g(x) = -(x-4)^2 + 3$, $x \in \mathbb{R}$.
Weisen Sie nach, dass sich die zugehörigen Graphen berühren. Geben Sie den Berührpunkt an.

Lösung:

Bestimmung gemeinsamer Punkte der beiden Graphen:

$$f(x) = g(x)$$
$$x^2 - 4x + 5 = -(x-4)^2 + 3$$
$$2x^2 - 12x + 18 = 0$$

Diese quadratische Gleichung hat die einzige Lösung $x = 3$ (siehe **F 2**).
Daraus ergibt sich $y = f(3) = 2$.
Die Graphen haben den Punkt $S(3 | 2)$ gemeinsam.
Berechnung der Steigungen beider Graphen an der Stelle $x = 3$:
$f'(x) = 2x - 4$, daher $f'(3) = 2$; $g'(x) = -2\cdot(x-4)^1 = -2x + 8$, daher $g'(3) = 2$
Da die Steigungen der beiden Graphen im gemeinsamen Punkt S übereinstimmen, berühren sich die Graphen in S.

Beispiel 2 🖩

Gegeben sind die Funktionen f und g durch $f(x) = e^x + x$ und $g(x) = -\frac{1}{x+1} + 2$; $x \in \mathbb{R}$.
Untersuchen Sie, ob sich die zugehörigen Graphen berühren.

Lösung:

Bestimmung gemeinsamer Punkte der beiden Graphen:

$$f(x) = g(x)$$
$$e^x + x = -\frac{1}{x+1} + 2$$

Diese Gleichung kann nur mit einem digitalen Hilfsmittel gelöst werden.
Die Lösungen sind $x_1 = 0$ und $x_2 \approx -0{,}4465$.

Damit ergibt sich $f(0) = 1;\ f(x_2) \approx 0{,}1934;$
$g(0) = 1;\ g(x_2) \approx 0{,}1934.$

Berechnung der Steigungen beider Graphen an der Stelle $x_1 = 0$:
$f'(x) = e^x + 1$, daher $f'(0) = 2$; $g'(x) = (x+1)^{-2}$ (F 9), daher $g'(0) = 1$; also: $f'(0) \neq g'(0)$
Die Graphen berühren sich nicht in $P(0\,|\,1)$.

Berechnung der Steigungen beider Graphen an der Stelle x_2:
$f'(x_2) \approx 1{,}6399$; $g'(x_2) \approx 3{,}2638$; also: $f'(x_2) \neq g'(x_2)$
Die Graphen berühren sich nicht in $Q^*(-0{,}45\,|\,0{,}19)$.

Aufgabe

Untersuchen Sie, ob sich die durch die Funktionen f und g beschriebenen Graphen berühren. Geben Sie gegebenenfalls den Berührpunkt an.

a) $f(x) = x^2;\ g(x) = -\frac{1}{4}x^4 + x^3;\ x \in \mathbb{R}$
b) $f(x) = x^3 - 3x^2;\ g(x) = x^2 - 4x;\ x \in \mathbb{R}$
c) 🖩 $f(x) = \frac{1}{4}x^2 - 5 + \frac{16}{x^2};\ g(x) = -\frac{3}{4}x^2 + \frac{16}{5};\ x \in \mathbb{R};\ x > 0$
d) 🖩 $f(x) = e^x;\ g(x) = x^2 + x + 1;\ x \in \mathbb{R}$

Ergebnis:

Hier werden auch Zwischenergebnisse zur Rechenkontrolle angegeben.

a) Aus $f(x) = g(x)$ folgt $x^2 \cdot \left(\frac{1}{4}x^2 - x + 1\right) = 0$ mit den Lösungen $x_1 = 0$ und $x_2 = 2$.
$f'(x) = 2x$, $g'(x) = -x^3 + 3x^2$, somit $f'(0) = 0$, $g'(0) = 0$ und $f'(2) = 4$, $g'(2) = 4$.
Die Graphen berühren sich in $S_1(0\,|\,0)$ und $S_2(2\,|\,4)$.

b) Aus $f(x) = g(x)$ folgt $x_1 = 0$ und $x_2 = 2$.
$f'(x) = 3x^2 - 6x$, $g'(x) = 2x - 4$, somit $f'(0) = 0$, $g'(0) = -4$ und $f'(2) = 0$, $g'(2) = 0$.
Die Graphen berühren sich in $S_2(2\,|\,-4)$ und schneiden sich in $S_1(0\,|\,0)$.

c) Aus $f(x) = g(x)$ folgt mit digitalem Hilfsmittel $x_1 \approx 1{,}789$ und $x_2 \approx 2{,}236$.
(Hinweis: Manche GTR-Modelle liefern exakte Ergebnisse: $x_1 = \frac{4}{5}\sqrt{5}$; $x_2 = \sqrt{5}$.)
$f'(x) = \frac{1}{2}x - \frac{32}{x^3}$, $g'(x) = -\frac{3}{2}x$,
somit $f'(1{,}789) \approx -4{,}69$, $g'(1{,}789) \approx -2{,}68$ und $f'(2{,}236) \approx -1{,}74$, $g'(2{,}236) \approx -3{,}35$
Die Graphen schneiden sich für $x > 0$ zweimal, berühren sich jedoch nicht.

d) Aus $f(x) = g(x)$ folgt $x_1 = 0$ und $x_2 \approx 1{,}793$.
$f'(0) = g'(0) = 1$; $f'(x_2) \approx 6{,}009$, $g'(x_2) \approx 4{,}587$
Die Graphen berühren sich im Punkt $S_1(0\,|\,1)$ und schneiden sich im Punkt $S_2(1{,}793\,|\,6{,}009)$.

F 18 Den Schnittwinkel einer Geraden mit der x-Achse berechnen

... da bin ich noch unsicher ☐ *... das kann ich (jetzt)* ☐

Wenn eine Gerade die Steigung m hat, dann ergibt sich die Weite α des Winkels, den sie mit der positiven x-Achse bildet, mithilfe der Beziehung $\tan(\alpha) = m$.

Hinweis

Die Beziehung $\tan(\alpha) = m$ liefert bei negativer Geradensteigung eine negative Winkelweite. Um die Weite des Winkels zwischen der Geraden und der positiven x-Achse zu erhalten, addieren Sie dazu 180°.

⚠

Achten Sie beim Lösen der Gleichung $\tan(\alpha) = m$ darauf, dass Ihr Taschenrechner auf das Winkelmaß Grad (häufig mit DEG oder DEGREE bezeichnet) eingestellt ist.

Beispiel

Die Gleichung einer Geraden ist gegeben.
Wie groß ist der Winkel, den die Gerade mit der positiven x-Achse bildet?

a) $y = \frac{1}{2}x - 3$ b) $y = -x + 1$ c) $y = -3x$

Lösung:

a) $\tan(\alpha) = \frac{1}{2}$; $\alpha \approx 26{,}6°$ b) $\tan(\alpha) = -1$; $\alpha = 135°$ c) $\tan(\alpha) = -3$; $\alpha \approx 108{,}4°$

Aufgabe

Die Gleichung einer Geraden ist gegeben.
Wie groß ist der Winkel, den die Gerade mit der positiven x-Achse bildet?

a) $y = \frac{2}{5}x + 1$ b) $y = -2x - 1$ c) $y = x$

Ergebnis:

a) $\alpha \approx 21{,}8°$ b) $\alpha \approx 116{,}6°$ c) $\alpha = 45°$

F 19 Lokale Extrempunkte (Hoch- und Tiefpunkte) eines Graphen bestimmen

... da bin ich noch unsicher ☐ ***... das kann ich (jetzt)*** ☐

Vorgehensweise in fünf Schritten:

1. Bilden Sie die Ableitungen f′ und f″ der Funktion f.
2. Notwendige Bedingung für eine Extremstelle: $f'(x) = 0$.
   Lösen Sie diese Gleichung.
   Falls die Gleichung im Innern des Definitionsbereichs keine Lösung hat, gibt es dort keine lokalen Extremstellen von f.
   Die ermittelten Lösungen sind möglicherweise Extremstellen. Dazu ist die Überprüfung mit der hinreichenden Bedingung notwendig.
3. Hinreichende Bedingung für eine Extremstelle: $f'(x) = 0 \wedge f''(x) \neq 0$.
   Falls $f'(x_0) = 0 \wedge f''(x_0) < 0$, dann liegt an der Stelle x_0 ein lokales Maximum vor.
   Falls $f'(x_0) = 0 \wedge f''(x_0) > 0$, dann liegt an der Stelle x_0 ein lokales Minimum vor.
   Falls $f'(x_0) = 0 \wedge f''(x_0) = 0$, dann liegt an der Stelle x_0 möglicherweise ein Sattelpunkt vor. In diesem Fall überprüfen Sie, ob an der Stelle x_0 ein Vorzeichenwechsel (VZW) von f′ vorliegt.
   Falls dort ein VZW von − nach + vorliegt, dann ist an der Stelle x_0 ein lokales Minimum.
   Falls dort ein VZW von + nach − vorliegt, dann ist an der Stelle x_0 ein lokales Maximum.
   Falls kein VZW vorliegt, dann liegt an der Stelle x_0 ein Sattelpunkt vor.
4. Berechnen Sie zu allen lokalen Extremstellen den Funktionswert.
5. Geben Sie die ermittelten lokalen Hoch- und Tiefpunkte, möglicherweise auch Sattelpunkte, an.

Tipp

Bei aufwendig zu berechnender erster Ableitung sollten Sie zunächst überprüfen, ob die erste Ableitung überhaupt Nullstellen und damit „Kandidaten" für Extremstellen hat, ehe Sie die möglicherweise noch aufwendigere zweite Ableitung in Angriff nehmen. Die Feststellung möglicher „Kandidaten" kann auch mithilfe des GTR erfolgen.

Beispiel

Berechnen Sie die Koordinaten der lokalen Extrempunkte des Graphen von f.

a) $f(x) = x^3 - 6x;\ x \in \mathbb{R}$ b) $f(x) = (x - 2) \cdot e^x;\ x \in \mathbb{R}$

Lösung:

a) 1. Berechnen der Ableitungen:

$f'(x) = 3x^2 - 6;\ f''(x) = 6x$

2. Notwendige Bedingung für eine Extremstelle: $f'(x) = 0$.

$$f'(x) = 0$$
$$3x^2 - 6 = 0$$
$$3x^2 = 6$$
$$x^2 = 2$$
$$x_1 = \sqrt{2} \vee x_2 = -\sqrt{2}$$

3. Hinreichende Bedingung für eine Extremstelle: $f'(x) = 0 \wedge f''(x) \neq 0$.

$f'(\sqrt{2}) = 0 \ \wedge\ f''(\sqrt{2}) = 6 \cdot \sqrt{2} > 0$

$f'(-\sqrt{2}) = 0 \ \wedge\ f''(-\sqrt{2}) = -6 \cdot \sqrt{2} < 0$

An der Stelle $x_1 = \sqrt{2}$ liegt ein lokales Minimum vor, an der Stelle $x_2 = -\sqrt{2}$ liegt ein lokales Maximum vor.

4. Berechnen der Funktionswerte:

$f(\sqrt{2}) = (\sqrt{2})^3 - 6 \cdot \sqrt{2} = -4 \cdot \sqrt{2}$

$f(-\sqrt{2}) = (-\sqrt{2})^3 - 6 \cdot (-\sqrt{2}) = 4 \cdot \sqrt{2}$

5. Die Koordinaten der lokalen Extrempunkte lauten:

$T(\sqrt{2} \mid -4 \cdot \sqrt{2});\ H(-\sqrt{2} \mid 4 \cdot \sqrt{2})$

b) 1. Berechnen der Ableitungen:

$f'(x) = 1 \cdot e^x + (x - 2) \cdot e^x = (x - 1) \cdot e^x;\quad f''(x) = 1 \cdot e^x + (x - 1) \cdot e^x = x \cdot e^x$ (F 12)

2. Notwendige Bedingung für eine Extremstelle: $f'(x) = 0$:

$$f'(x) = 0$$
$$(x - 1) \cdot e^x = 0$$

Wegen $e^x \neq 0$ folgt:

$$x - 1 = 0$$
$$x = 1$$

3. Hinreichende Bedingung für eine Extremstelle: $f'(x) = 0 \wedge f''(x) \neq 0$.

$f'(1) = 0 \wedge f''(1) = 1 \cdot e^1 = e > 0$

An der Stelle $x = 1$ liegt ein lokales Minimum vor.

4. Berechnen des Funktionswertes:

$f(1) = (1 - 2) \cdot e^1 = -e$

5. Die Koordinaten des Tiefpunktes lauten:

$T(1 \mid -e)$.

Aufgabe

Untersuchen Sie den Graphen der Funktion f auf lokale Extrempunkte.

a) $f(x) = x^3 - 3x^2 + 1;\ x \in \mathbb{R}$ b) $f(x) = \frac{1}{x^2} + \frac{4}{x};\ x \in \mathbb{R} \setminus \{0\}$

c) $f(x) = x^2 \cdot e^{-x};\ x \in \mathbb{R}, x \geqq -1$

Ergebnis:

a) $f'(x) = 3x^2 - 6x;\ f''(x) = 6x - 6;\ H(0 \mid 1);\ T(2 \mid -3)$

b) $f'(x) = -\frac{2}{x^3} - \frac{4}{x^2};\ f''(x) = \frac{6}{x^4} + \frac{8}{x^3}$ (F 9); $T\left(-\frac{1}{2} \middle| -4\right)$

c) $f'(x) = (2x - x^2) \cdot e^{-x};\ f''(x) = (x^2 - 4x + 2) \cdot e^{-x}$ (F 12, F 13, F 14); $T(0 \mid 0);\ H\left(2 \middle| \frac{4}{e^2}\right)$

3

F 20 Globale Extrempunkte eines Graphen bestimmen

... da bin ich noch unsicher ☐ *... das kann ich (jetzt)* ☐

Mithilfe der ersten und zweiten Ableitung einer Funktion f kann man die lokalen Extremstellen der Funktion f auf dem gegebenen Definitionsbereich ermitteln (siehe F 19). Auf die dort geschilderte Weise erhält man aber immer nur Punkte des Graphen, an denen die Steigung den Wert 0 hat, die Tangente also waagrecht verläuft. Diese Punkte müssen jedoch nicht die absolut am höchsten bzw. am tiefsten liegenden Punkte des Graphen auf dem betrachteten Definitionsbereich sein. Es kann Punkte des Graphen geben, deren y-Koordinate größer als die y-Koordinate des Hochpunkts oder deren y-Koordinate kleiner als die y-Koordinate des Tiefpunkts ist.
Um solche Punkte zu ermitteln, führen Sie eine sogenannte Randwertbetrachtung durch. Durch Vergleichen der y-Koordinaten aller lokalen Extrempunkte und gegebenenfalls der Randpunkte kann man die globalen Extrempunkte erkennen.

Beispiel

Der Graph von f hat die angegebenen lokalen Extrempunkte.
Bestimmen Sie die globalen Extrempunkte.

a) $f(x) = x^3 - 6x;\ x \in \mathbb{R};\ T(\sqrt{2}\,|\,-4\sqrt{2})$ und $H(-\sqrt{2}\,|\,4\sqrt{2})$

b) $f(x) = (x-2)\cdot e^x;\ x \in \mathbb{R};\ T(1\,|\,-e)$

c) $f(x) = \frac{1}{3}x^3 - 2x^2 + 2;\ x \in [-3;5];\ T\left(4\,\middle|\,-\frac{26}{3}\right),\ H(0\,|\,2)$

Lösung:

a) Randwertbetrachtung:
Für $x \to +\infty$ streben die Funktionswerte von f gegen $+\infty$.
Für $x \to -\infty$ streben die Funktionswerte von f gegen $-\infty$.
Die lokalen Extrempunkte H und T sind daher keine globalen Extrempunkte des Graphen.

b) Randwertbetrachtung:
Für $x \to +\infty$ streben die Funktionswerte von f gegen $+\infty$.
Für $x \to -\infty$ streben die Funktionswerte von f gegen 0.
Der angegebene Tiefpunkt ist der absolut tiefste Punkt des Graphen.

c) Randwertbetrachtung:
$f(-3) = -25;\ f(5) = -\frac{19}{3}$
Der angegebene Hochpunkt ist globaler Extrempunkt. Der Punkt $(-3\,|\,-25)$ ist der absolut tiefste Punkt des Graphen.

Aufgabe

Untersuchen Sie, ob die in der Aufgabe a), b), c) von F 19 berechneten lokalen Extrempunkte auch globale Extrempunkte des jeweiligen Graphen sind.

Ergebnis:

a) $H(0\,|\,1), T(2\,|\,-3)$ sind keine globalen Extrempunkte.

b) $T\left(-\frac{1}{2}\,\middle|\,-4\right)$ ist globaler Tiefpunkt.

c) $T(0\,|\,0)$ ist ein globaler Tiefpunkt; $H\left(2\,\middle|\,\frac{4}{e^2}\right)$ ist nur ein lokaler Hochpunkt.
Randwerte: $f(-1) = e,\ \lim\limits_{x \to +\infty} f(x) = 0$ und $f(x) \geqq 0$ für $x \in \mathbb{R}, x \geqq -1$

F 21 Wendepunkte bzw. Sattelpunkte eines Graphen bestimmen

***... da bin ich noch unsicher* ☐ *... das kann ich (jetzt)* ☐**

Wenn sich das Krümmungsverhalten eines Graphen in einem Punkt dieses Graphen ändert, er also von einer Links- in eine Rechtskurve übergeht oder umgekehrt, so heißt dieser Punkt Wendepunkt des Graphen.
Im Weiteren wird vorausgesetzt, dass die Funktion f in ihrem Definitionsbereich wenigstens dreimal differenzierbar ist.

Vorgehensweise in fünf Schritten:

1. Bilden Sie die Ableitungen f', f″ und f‴ der Funktion f.
2. Notwendige Bedingung für eine Wendestelle: $f''(x) = 0$.
   Lösen Sie diese Gleichung.
   Falls die Gleichung im Innern des Definitionsbereichs keine Lösung hat, gibt es dort keine Wendestellen von f.
   Die ermittelten Lösungen sind möglicherweise Wendestellen. Dazu ist die Überprüfung mit der hinreichenden Bedingung notwendig.
3. Hinreichende Bedingung für eine Wendestelle: $f''(x) = 0 \wedge f'''(x) \neq 0$.
   Falls $f''(x_0) = 0 \wedge f'''(x_0) \neq 0$, dann liegt an der Stelle x_0 eine Wendestelle vor.
   Falls $f''(x_0) = 0 \wedge f'''(x_0) = 0$, dann ist keine Entscheidung möglich.
   In diesem Fall überprüfen Sie, ob an der Stelle x_0 ein Vorzeichenwechsel (VZW) von f″ vorliegt. Ist dies der Fall, dann ist an der Stelle x_0 eine Wendestelle, anderenfalls nicht.
4. Berechnen Sie zu allen Wendestellen den Funktionswert.
5. Geben Sie die Wendepunkte des Graphen von f an.

Hinweise

1. Merkregel für das Krümmungsverhalten eines Graphen auf einem Intervall:
   Wenn $f''(x) > 0$ (pos**i**tiv), dann beschreibt der Graph eine L**i**nkskurve.
   Wenn $f''(x) < 0$ (n**e**gativ), dann beschreibt der Graph eine R**e**chtskurve.
2. Wenn die Tangente in einem Wendepunkt $W(x_0 \,|\, f(x_0))$ waagrecht verläuft, d.h. $f'(x_0) = 0$ gilt, dann heißt der Wendepunkt auch Sattelpunkt.
3. Zur Bestimmung einer Gleichung der Wendetangente gehen Sie vor wie bei F 15.

Tipp

Bei aufwendig zu berechnender erster und zweiter Ableitung sollten Sie zunächst überprüfen, ob die zweite Ableitung überhaupt Nullstellen und damit „Kandidaten" für Wendestellen hat, ehe Sie die möglicherweise noch aufwendigere dritte Ableitung in Angriff nehmen.

Beispiel 1

Gegeben ist die Funktion f durch $f(x) = -\frac{1}{3}x^3 + x^2;\ x \in \mathbb{R}$.

Untersuchen Sie den Graphen von f auf Wendepunkte.

Lösung:

1. Berechnen der Ableitungen:
   $f'(x) = -x^2 + 2x;\ f''(x) = -2x + 2;\ f'''(x) = -2$
2. Notwendige Bedingung für eine Extremstelle: $f''(x) = 0$:
   $$\begin{aligned} f''(x) &= 0 \\ -2x + 2 &= 0 \\ -2x &= -2 \\ x &= 1 \end{aligned}$$

3. Hinreichende Bedingung für eine Wendestelle: $f''(x) = 0 \wedge f'''(x) \neq 0$
   $f''(1) = 0 \wedge f'''(1) = -2 \neq 0$
   An der Stelle $x = 1$ liegt eine Wendestelle vor.
4. Berechnen des Funktionswertes:
   $f(1) = -\frac{1}{3} \cdot 1^3 + 1^2 = \frac{2}{3}$
5. Die Koordinaten des Wendepunktes lauten:
   $W\left(1 \middle| \frac{2}{3}\right)$

Beispiel 2
Gegeben ist die Funktion f mit $f(x) = \frac{4 \cdot e^x}{4 + e^x}$; $x \in \mathbb{R}$.
Berechnen Sie den Wendepunkt des Graphen von f und beschreiben Sie das Krümmungsverhalten.
Lösung:
Berechnung des Wendepunkts:
Mit dem GTR bestimmt man die (einzige) Extremstelle von f'.
Man erhält näherungsweise $x_1 \approx 1{,}39$ und $f(1{,}39) \approx 2{,}00$.
Der Wendepunkt ist $W_1^*(1{,}39\,|\,2{,}00)$.
Bestimmung des Krümmungsverhaltens:
Da die Steigung des Graphen von f' für $x < x_1$ positiv und für $x > x_1$ negativ ist, hat f'' beim Überschreiten dieser Stelle einen Vorzeichenwechsel. Der Graph von f ändert daher sein Krümmungsverhalten von einer Linkskurve in eine Rechtskurve bei der Wendestelle x_1.

Beispiel 3
Gegeben ist die Funktion f mit $f(x) = \frac{1}{4}x^4 - 2$; $x \in \mathbb{R}$.
Untersuchen Sie, ob der Graph von f einen Wendepunkt hat. Geben Sie das Krümmungsverhalten an.
Lösung:
Ableitungen:
$f'(x) = x^3$; $f''(x) = 3x^2$; $f'''(x) = 6x$

Die einzige Nullstelle von f'' ist $x = 0$. Da $f'''(0) = 0$ gilt, wird das Vorzeichenwechsel-Kriterium verwendet.
Man erkennt:
Falls $x < 0$, dann $f''(x) > 0$, falls $x > 0$, dann $f''(x) > 0$.

Die Funktionswerte der zweiten Ableitung von f wechseln also beim Überschreiten der Stelle $x_1 = 0$ nicht das Vorzeichen. Daher liegt an dieser Stelle keine Wendestelle vor.
Für alle $x \in \mathbb{R} \setminus \{0\}$ gilt: $f''(x) > 0$.
Die einzige Stelle $x = 0$ mit $f''(x) = 0$ ändert am Krümmungsverhalten des Graphen nichts.
Der Graph von f ist daher auf seinem gesamten Definitionsbereich linksgekrümmt.

Aufgabe
Untersuchen Sie die Graphen der Funktionen f auf Wendepunkte. Geben Sie die Intervalle an, auf denen die Graphen Rechts- bzw. Linkskurven sind.

a) $f(x) = \frac{1}{12}x^4 - \frac{1}{6}x^3 - x^2$; $x \in \mathbb{R}$
b) $f(x) = \frac{1}{4}x^4 + x^3$; $x \in \mathbb{R}$
c) $f(x) = 2x^2 \cdot e^{-\frac{1}{2}x}$; $x \in \mathbb{R}$

Ergebnis:
a) $W_1(2\,|\,-4)$; $W_2\left(-1 \middle| -\frac{3}{4}\right)$;
   Linkskurve für $x < -1$ oder $x > 2$;
   Rechtskurve für $-1 < x < 2$
b) $W_1(0\,|\,0)$, zugleich Sattelpunkt; $W_2(-2\,|\,-4)$;
   Linkskurve für $x < -2$ oder $x > 0$;
   Rechtskurve für $-2 < x < 0$

c) $W_1^*(1{,}17 \mid 1{,}53)$, $W_2^*(6{,}83 \mid 3{,}07)$
Linkskurve für x kleiner als etwa 1,17 oder größer als etwa 6,83;
Rechtskurve für x etwa zwischen 1,17 und 6,83

F 22 Funktionen auf Monotonie untersuchen

... da bin ich noch unsicher ☐ ***... das kann ich (jetzt)*** ☐

Die Funktion f sei für alle inneren Stellen des Intervalls $I = [a;b]$ differenzierbar.
Wenn für alle diese Stellen $f'(x) > 0$ gilt, dann ist f dort streng monoton zunehmend.
Wenn für alle diese Stellen $f'(x) < 0$ gilt, dann ist f dort streng monoton abnehmend.

Will man also Monotonieintervalle für eine Funktion f ermitteln, so kann man die Bereiche suchen, auf denen die Ableitungsfunktion f′ positive bzw. negative Funktionswerte annimmt. Um das Rechnen mit Ungleichungen zu vermeiden, kann es hilfreich sein, diejenigen x-Werte zu berechnen, an denen die Ableitungsfunktion den Wert 0 hat, da sich zwischen zwei benachbarten Nullstellen von f′ das Vorzeichen der Funktionswerte von f′ nicht verändert.

Da sich an einer Randstelle des Intervalls $[a;b]$ das Monotonieverhalten der Funktion f nicht ändert, kann diese Randstelle noch zum jeweiligen Monotonieintervall hinzugenommen werden. Man kann dann beispielsweise immer die linke Grenze des jeweiligen Intervalls einbeziehen (siehe Beispiel 3).

Beispiel 1

Gegeben ist die Funktion f mit $f(x) = e^{-2x}$; $x \in \mathbb{R}$.
Untersuchen Sie f auf Monotonie.

Lösung:
Es gilt: $f'(x) = -2 \cdot e^{-2x}$ (F 13, F 14); $x \in \mathbb{R}$.
Da $e^{ax} > 0$ für alle $x \in \mathbb{R}$, $a \in \mathbb{R}$, folgt: $f'(x) < 0$ für alle $x \in \mathbb{R}$.
Die Funktion f ist daher auf $\mathbb{R}$ streng monoton abnehmend.

Beispiel 2

Gegeben ist die Funktion f mit $f(x) = e^{x+1} - x$; $x \in \mathbb{R}$.
Zeigen Sie, dass f für $x \geqq -1$ streng monoton zunehmend ist.

Lösung:
Es gilt: $f'(x) = e^{x+1} - 1$ (F 14); $x \in \mathbb{R}$.
Aus $x \geqq -1$ folgt $x + 1 \geqq 0$ und $e^{x+1} \geqq e^0 = 1$, daher $f'(x) = e^{x+1} - 1 \geqq 0$.
Für $x \geqq -1$ gilt $f'(x) \geqq 0$. Somit ist f für $x \geqq -1$ streng monoton zunehmend.

Beispiel 3

Gegeben ist die Funktion f mit $f(x) = \frac{1}{2}x^2 - 2x + 1$; $x \in \mathbb{R}$.
Untersuchen Sie f auf Monotonie.

Lösung:
Es gilt: $f'(x) = x - 2$; $x \in \mathbb{R}$.
Da $x - 2 > 0$ für $x > 2$, ist f streng monoton zunehmend für $x > 2$.
Da $x - 2 < 0$ für $x < 2$, ist f streng monoton abnehmend für $x < 2$.
Weil sich an der Nahtstelle $x_0 = 2$ der beiden Monotoniebereiche das Monotonieverhalten nicht verändert, kann diese Stelle zu einem der beiden Monotoniebereiche hinzugefügt werden.
Man darf also z. B. auch schreiben:
f ist streng monoton abnehmend für $x < 2$, f ist streng monoton zunehmend für $x \geqq 2$.

Aufgabe

Untersuchen Sie das Monotonieverhalten der Funktion f.

a) $f(x) = x + \frac{1}{x},\ x \in \mathbb{R}^+$ b) $f(x) = \frac{1}{3}x^3 - \frac{1}{2}x^2,\ x \in \mathbb{R}$

Ergebnis:

a) $f'(x) = 1 - \frac{1}{x^2} > 0$ für $x > 1$ und $f'(x) = 1 - \frac{1}{x^2} < 0$ für $0 < x < 1$ (F 9)

Da die einzige Stelle $x = 1$ mit $f'(1) = 0$ am Monotonieverhalten nichts ändert, ist f für $x \geqq 1$ streng monoton zunehmend und für $0 < x < 1$ streng monoton abnehmend.

b) $f'(x) = x^2 - x = x \cdot (x - 1)$

Für $x < 0$ ist f streng monoton zunehmend.
Für $0 \leqq x < 1$ ist f streng monoton abnehmend.
Für $x \geqq 1$ ist f streng monoton zunehmend.

F 23 Für ein Extremwertproblem eine Zielfunktion aufstellen

… da bin ich noch unsicher ☐ ***… das kann ich (jetzt)*** ☐

In der Regel ist einem Aufgabentext unmittelbar anzusehen, dass er die Bearbeitung eines Extremwertproblems fordert. Sie erkennen dies an Formulierungen wie „G soll den größtmöglichen/kleinstmöglichen Wert annehmen". Dabei steht G in der Analysis häufig für eine Größe wie z. B. Länge, Flächeninhalt, Volumen. Dies bedeutet, dass Sie die wichtigsten Formeln zur Beschreibung dieser Größen auswendig wissen sollten oder gegebenenfalls in der Formelsammlung nachschlagen.

Meist tritt diese Größe im Zusammenhang mit Graphen von Funktionen auf. Daher ergeben sich Fragestellungen wie die folgenden:

- Der Abstand eines Punktes des Graphen von einem gegebenen Punkt soll möglichst klein sein.
- Ein Dreieck, von dem zwei Ecken auf einem Graphen liegen, soll einen möglichst großen Flächeninhalt haben.
- Ein Rechteck, von dem zwei Ecken auf einem Graphen liegen, soll einen möglichst großen Flächeninhalt haben.
- Ein Dreieck, von dem zwei Ecken auf einem Graphen liegen, soll um eine Koordinatenachse rotieren und dabei einen Körper (Kreiskegel) mit extremalem Volumen erzeugen.

Arbeiten Sie bei einer Extremwertaufgabe immer die folgenden Schritte nacheinander ab.

1. Veranschaulichen der Situation anhand einer beschrifteten Zeichnung
2. Extremalbedingung: Größe, die extremal werden soll, mithilfe der gewählten Bezeichnungen beschreiben. Die Extremalbedingung kann auch von mehreren Variablen abhängig sein.
3. Aufstellen der Nebenbedingung
4. Aufschreiben der Zielfunktion. Diese darf nur eine Variable enthalten.
5. Zielfunktion ableiten
6. Globale Extremstellen ermitteln
7. Ausgangsfragen beantworten

Wenn Sie die Extremstellen mit einem digitalen Hilfsmittel ermitteln, entfällt Schritt 5. Achten Sie darauf, die anderen Schritte sorgfältig zu dokumentieren.

Beispiel 1

Gegeben ist die Funktion f mit $f(x) = 4 - x^2$, $x \in \mathbb{R}$. Auf dem Graphen von f werden zwei symmetrisch liegende Punkte P und Q oberhalb der x-Achse gewählt. Diese Punkte bilden mit dem Koordinatenursprung O ein Dreieck.
Für welche Lage der Punkte P und Q hat dieses Dreieck den maximalen Flächeninhalt und wie groß ist dieser?

Lösung:

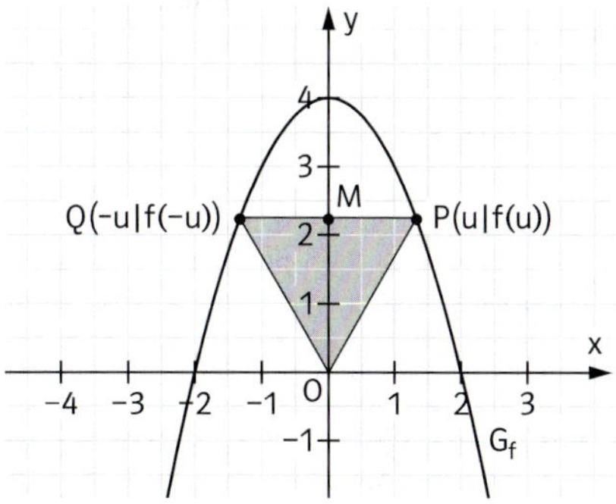

1. Veranschaulichen der Situation anhand einer beschrifteten Zeichnung (siehe Abbildung)
2. Größe, die extremal werden soll, mithilfe der gewählten Bezeichnungen beschreiben:
   Da der Graph symmetrisch zur y-Achse ist, gilt dies auch für das Dreieck OPQ. Die Strecke PQ (Grundseite) ist daher doppelt so groß wie die x-Koordinate des beliebig auf dem Graphen gewählten Punktes P. Die Höhe ergibt sich durch die y-Koordinate des Punktes M bzw. P.
   Der Flächeninhalt A des Dreiecks OPQ soll möglichst groß werden. Es gilt: $A = \frac{1}{2} \cdot \overline{PQ} \cdot \overline{OM} = \frac{1}{2} \cdot \overline{PQ} \cdot y_P$
3. Aufstellen der Nebenbedingung:
   Da der Punkt P auf dem Graphen von f liegt, hat dieser bei beliebig im Intervall [0;2] gewählter x-Koordinate u die y-Koordinate f(u). Das heißt:
   $\overline{OM} = f(u) = 4 - u^2$
4. Aufschreiben der Zielfunktion:
   Der Flächeninhalt des Dreiecks kann jetzt allein in Abhängigkeit von der Variablen u beschrieben werden:
   $A(u) = \frac{1}{2} \cdot 2u \cdot (4 - u^2) = u \cdot (4 - u^2),\ u \in [0;2]$
5. Zielfunktion ableiten (vgl. F 9, F 10, F 11):
   $A(u) = u \cdot (4 - u^2) = 4u - u^3;\ A'(u) = 4 - 3u^2;\ A''(u) = -6u$
6. Globale Extremstellen ermitteln (vgl. F 19, F 20):
   $A'(u) = 0$ liefert $u_1 = \sqrt{\frac{4}{3}},\ A''(u_1) < 0.$
   Die einzige lokale Maximumstelle im Intervall [0;2] ist $u_1 = \sqrt{\frac{4}{3}} = \frac{2}{3}\sqrt{3}$.
   Randwertbetrachtung:
   Wenn u gegen die linke Intervallgrenze 0 strebt, dann strebt der Flächeninhalt A(u) offenkundig gegen 0. Entsprechendes gilt, wenn u gegen die rechte Intervallgrenze 2 strebt. Das lokale Maximum ist daher auf dem Intervall [0;2] sogar ein globales Maximum.
7. Ausgangsfragen beantworten:
   Die Punkte auf dem Graphen von f sind $P\left(\frac{2}{3}\sqrt{3} \,\middle|\, \frac{8}{3}\right)$ und $Q\left(-\frac{2}{3}\sqrt{3} \,\middle|\, \frac{8}{3}\right)$. Das Dreieck OPQ hat den maximalen Flächeninhalt $A(u_1) = \frac{16}{9}\sqrt{3}$ Flächeneinheiten.

Beispiel 2

Gegeben ist die Funktion f mit $f(x) = 0{,}55x \cdot (x - 6)$, $x \in \mathbb{R}$. Durch den Koordinatenursprung O und einen Parabelpunkt $T(u \mid v)$ mit $3 \leq u \leq 6$ wird eine Sehne gezeichnet.
Wie muss man u wählen, damit diese Sehne eine extremale Länge hat? Geben Sie die Art des Extremums und die extremale Länge an.

Lösung:

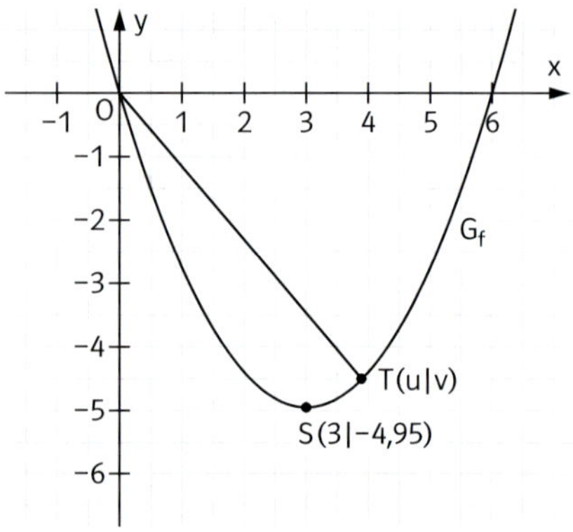

1. Veranschaulichen der Situation anhand einer beschrifteten Zeichnung (siehe Abbildung)
2. Größe, die extremal werden soll, mithilfe der gewählten Bezeichnungen beschreiben:
   Die Sehne durch den Koordinatenursprung O und den Punkt T(u | v) mit $3 \leqq u \leqq 6$ soll eine extremale Länge besitzen.
   Für die Länge d der Strecke OT gilt mit dem Satz des Pythagoras:
   $d = \sqrt{(x_T - x_O)^2 + (y_T - y_O)^2}$
3. Aufstellen der Nebenbedingung:
   Da der Punkt T(u | v) auf dem Graphen von f liegt, hat dieser die y-Koordinate:
   $y_T = f(u)$
4. Aufschreiben der Zielfunktion:
   Die Länge der Sehne kann jetzt allein in Abhängigkeit von u ausgedrückt werden.
   $d(u) = \sqrt{(u - 0)^2 + (f(u) - 0)^2} = \sqrt{u^2 + (0{,}55\,u \cdot (u - 6))^2}$
6. Extremstellenermittlung durchführen:
   Der GTR liefert: H* (3,73 | 5,97), T* (5,27 | 5,68)
   Randwertbetrachtung:
   $d(3) \approx 5{,}79$; $d(6) = 6$
7. Ausgangsfragen beantworten:
   An der Stelle $u_1 = 6$ liegt mit exakt 6 Längeneinheiten das globale Maximum für die Sehnenlänge vor, an der Stelle $u_2 \approx 5{,}27$ mit etwa 5,68 Längeneinheiten das globale Minimum.

Beispiel 3

Gegeben sind die Funktionen f_t mit $f_t(x) = e^{tx}$, $x \in \mathbb{R}, t \in \mathbb{R}^+$. Die Tangente und die Normale im Schnittpunkt S des Graphen von f_t mit der y-Achse begrenzen mit der x-Achse ein Dreieck.
Wie muss man t wählen, damit der Flächeninhalt dieses Dreiecks minimal wird?
Wie groß ist dieser minimale Flächeninhalt?

Lösung:

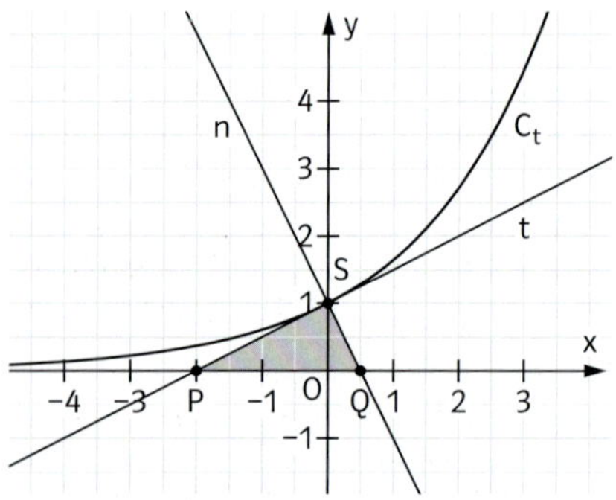

1. Veranschaulichen der Situation anhand einer beschrifteten Zeichnung (siehe Abbildung).
2. Größe, die extremal werden soll, mithilfe der gewählten Bezeichnungen beschreiben:
   Die Tangente in S schneide die x-Achse in P. Die Normale in S schneide die x-Achse in Q. Das entstehende Dreieck PQS hat die Grundseite PQ. Seine Höhe entspricht der y-Koordinate des Punktes S.
   Für den Flächeninhalt A dieses Dreiecks gilt:
   $A = \frac{1}{2} \cdot \overline{PQ} \cdot y_S$

3. Aufstellen der Nebenbedingung:
   Da S auf der y-Achse liegt, folgt: $y_S = f_t(0) = e^{t\cdot 0} = 1$
   Um die Punkte P und Q zu ermitteln, wird die Gleichung der Tangente bzw. Normale an den Graphen von f_t in S berechnet. Dazu bestimmt man die Ableitung von f_t.
   Es gilt: $f_t'(x) = t\cdot e^{tx}$ (F 13)
   Tangentensteigung m_t in $S(0\,|\,1)$: $m_t = f_t'(0) = t\cdot e^{t\cdot 0} = t$
   Tangentengleichung in $S(0\,|\,1)$: $y = t\cdot(x-0)+1 = tx+1$
   Normalensteigung m_n in $S(0\,|\,1)$: $m_n = -\frac{1}{m_t} = -\frac{1}{t}$
   Normalengleichung in $S(0\,|\,1)$: $y = -\frac{1}{t}\cdot(x-0)+1 = -\frac{1}{t}x+1$
   Schnittpunkt der Tangente mit der x-Achse ist daher $P\left(-\frac{1}{t}\,\middle|\,0\right)$, Schnittpunkt Q der Normale mit der x-Achse ist $Q(t\,|\,0)$. Damit ergibt sich: $\overline{PQ} = y_Q - y_P = t - \left(-\frac{1}{t}\right) = t + \frac{1}{t}$
4. Aufschreiben der Zielfunktion:
   Der Flächeninhalt des Dreiecks PQS kann jetzt allein in Abhängigkeit von der Variablen t beschrieben werden:
   $A(t) = \frac{1}{2}\cdot\left(t+\frac{1}{t}\right)\cdot 1 = \frac{1}{2}\cdot\left(t+\frac{1}{t}\right);\ t\in\mathbb{R}^+$
6. Extremstellenermittlung durchführen:
   Der GTR liefert: $T(1\,|\,1)$
   Randwertbetrachtung:
   Wenn t gegen 0 strebt, strebt A(t) gegen $+\infty$. Wenn t gegen $+\infty$ strebt, strebt A(t) ebenfalls gegen $+\infty$. Die lokale Minimumstelle ist zugleich eine globale.
7. Ausgangsfragen beantworten:
   Der Flächeninhalt des Dreiecks wird für $t = 1$ minimal, nämlich 1 Flächeneinheit.

Aufgaben

1. Gegeben ist die Funktion f mit $f(x) = \frac{3}{x},\ x\in\mathbb{R}^+$. In einem Punkt P des Graphen wird die Tangente gezeichnet. Die Schnittpunkte Q und R dieser Tangente mit den Koordinatenachsen bilden zusammen mit dem Koordinatenursprung O ein Dreieck.
   a) Wie muss man P wählen, damit der Flächeninhalt dieses Dreiecks maximal ist? Wie groß ist er?
   b) Das Dreieck OQR rotiert um die x-Achse und erzeugt einen Drehkegel. Kann man P so wählen, dass dieser Kegel maximales Volumen hat? Wie groß ist es gegebenenfalls?
2. Gegeben sind die Funktionen f_t durch $f_t(x) = tx - t^2,\ x\in\mathbb{R}, t\in\,]0;6[$.
   Wie muss man t wählen, damit der Graph von f_t von der Geraden mit der Gleichung $x = 6$ die längste oberhalb der x-Achse liegende Strecke abschneidet?
   Wie lang ist diese Strecke?

Ergebnisse:

1. Die Schnittpunkte mit den Koordinatenachsen sind $Q(2u\,|\,0)$, $R\left(0\,\middle|\,\frac{6}{u}\right)$.
   Die zugehörige Tangentengleichung lautet $t\colon y = -\frac{3}{u^2}x + \frac{6}{u}$.
   a) Zielfunktion A mit $A(u) = 6$. Die Zielfunktion ist eine konstante Funktion. Gleichgültig, welchen Punkt P auf dem Graphen man wählt, hat das Dreieck OQR immer denselben Flächeninhalt.
   b) Zielfunktion V_x mit $V_x(u) = \frac{1}{3}\pi\cdot\frac{72}{u}$; kein lokales Maximum;
      wenn $u\to 0$, dann $V\to +\infty$, wenn $u\to +\infty$, dann $V\to 0$.
2. Zielfunktion s mit $s(t) = 6t - t^2$; wenn man $t = 3$ wählt, dann hat die Strecke die maximale Länge, nämlich 9 Längeneinheiten.

Stammfunktion, Integral, Integralfunktion

F 24 Eine Stammfunktion angeben

... da bin ich noch unsicher ☐ ***... das kann ich (jetzt)*** ☐

Wenn die Ableitung F′ einer Funktion F die Funktion f ergibt, dann heißt F Stammfunktion zu f.

Wenn Sie eine Stammfunktion zu einer gegebenen Funktion f angeben sollen, müssen Sie also eine Funktion F suchen, deren Ableitung wieder f ergibt. Wenn Sie die üblichen Ableitungsregeln beherrschen, werden Sie in den meisten Fällen keine Probleme haben, Stammfunktionen anzugeben.
Prüfen Sie die Richtigkeit der unten angegebenen Stammfunktionen nach, indem sie diese wieder ableiten. Es sollte sich dann die ursprüngliche Funktion ergeben.

Folgende Regeln zum Finden von Stammfunktionen sollten Ihnen geläufig sein:

Zur Funktion f ...	... ist F eine Stammfunktion
$f(x) = x^r,\ r \in \mathbb{R} \setminus \{-1\}$	$F(x) = \frac{1}{r+1} \cdot x^{r+1}$
$f(x) = c \cdot g(x)$	$F(x) = c \cdot G(x)$, wobei G Stammfunktion zu g ist
$f(x) = g(x) + h(x)$	$F(x) = G(x) + H(x)$, wobei G bzw. H Stammfunktionen von g bzw. h sind
$f(x) = g(ax + b)$	$F(x) = \frac{1}{a} G(ax + b)$, wobei G Stammfunktion zu g ist
$f(x) = e^x$	$F(x) = e^x$
$f(x) = \frac{1}{x},\ x \in \mathbb{R} \setminus \{0\}$	$F(x) = \ln(\lvert x \rvert)$; Sonderfall: Für $x > 0$ gilt: $F(x) = \ln(x)$

Hinweis
Es gibt eine Vielzahl weiterer Funktionen, die mit obigen Regeln nicht erfasst werden können. Gegebenenfalls müssen Sie dann eine Formelsammlung zu Rate ziehen.

Beispiel 1
Geben Sie eine Stammfunktion F zur Funktion f an.
a) $f(x) = \frac{1}{4}x^4$ b) $f(x) = \frac{3}{x^4}$ c) $f(x) = -x^{-3}$ d) $f(x) = 3\sqrt{x}$

Lösung:
a) $F(x) = \frac{1}{4} \cdot \frac{1}{5}x^5 = \frac{1}{20}x^5$
b) $F(x) = 3 \cdot \frac{1}{-3} \cdot x^{-3} = -x^{-3} = -\frac{1}{x^3}$
c) $F(x) = -\frac{1}{-2} \cdot x^{-2} = \frac{1}{2}x^{-2} = \frac{1}{2x^2}$
d) $F(x) = 3 \cdot \frac{1}{\frac{3}{2}} \cdot x^{\frac{3}{2}} = 2x^{\frac{3}{2}} = 2 \cdot (\sqrt{x})^3$

Beispiel 2
Geben Sie eine Stammfunktion F zur Funktion f an.
a) $f(x) = (2x + 3)^4$ b) $f(x) = (x - 1)^{-2}$ c) $f(x) = \frac{1}{4x}$ d) $f(x) = \frac{3}{5x + 1}$

Lösung:
a) $F(x) = \frac{1}{5} \cdot \frac{1}{2} \cdot (2x + 3)^5 = \frac{1}{10} \cdot (2x + 3)^5$
b) $F(x) = \frac{1}{-1} \cdot (x - 1)^{-1} = -1 \cdot (x - 1)^{-1} = -\frac{1}{x - 1}$
c) $F(x) = \frac{1}{4} \cdot \ln\lvert 4x \rvert$ Alternative: Aus $f(x) = \frac{1}{4} \cdot \frac{1}{x}$ folgt $F(x) = \frac{1}{4} \cdot \ln\lvert x \rvert$ (vgl. F 25)
d) $F(x) = \frac{3}{5} \cdot \ln\left\lvert \frac{5x + 1}{3} \right\rvert$ Alternative: Aus $f(x) = 3 \cdot \frac{1}{5x + 1}$ folgt $F(x) = \frac{3}{5} \cdot \ln\lvert 5x + 1 \rvert$

Beispiel 3
Geben Sie eine Stammfunktion F zur Funktion f an.
a) $f(x) = e^{4x - 1}$ b) $f(x) = 2 \cdot e^{-\frac{1}{2}x + 3}$

Lösung:

a) $F(x) = \frac{1}{4} \cdot e^{4x-1}$

b) $F(x) = 2 \cdot \frac{1}{-\frac{1}{2}} e^{-\frac{1}{2}x+3} = -4 \cdot e^{-\frac{1}{2}x+3}$

Aufgaben

Geben Sie jeweils eine Stammfunktion F zur Funktion f an.

1. a) $f(x) = \frac{1}{2}x^5 + x$ b) $f(x) = \frac{3}{x^4} + \frac{2}{x^2}$ c) $f(x) = (2x - 3)^2$ d) $f(x) = \frac{3}{(x+1)^2}$

2. a) $f(x) = 4 \cdot e^{-3x-1}$ b) $f(x) = \frac{x}{e^2}$ c) $f(x) = e^{2x} - 1$ d) $f(x) = x - \frac{1}{x}$

Ergebnisse:

1. a) $F(x) = \frac{1}{12}x^6 + \frac{1}{2}x^2$ b) $F(x) = -\frac{1}{x^3} - \frac{2}{x}$ c) $F(x) = \frac{1}{6} \cdot (2x - 3)^3$ d) $F(x) = -\frac{3}{x+1}$

2. a) $F(x) = -\frac{4}{3} \cdot e^{-3x-1}$ b) $F(x) = \frac{x^2}{2 \cdot e^2}$ c) $F(x) = \frac{1}{2}e^{2x} - x$ d) $F(x) = \frac{1}{2}x^2 - \ln|x|$

F 25 Eine Stammfunktion mit vorgegebenen Eigenschaften bestimmen

***... da bin ich noch unsicher* ☐ *... das kann ich (jetzt)* ☐**

Wenn F eine Stammfunktion von f in I ist, dann ist auch jede Funktion G mit $G(x) = F(x) + c,\ x \in I, c \in \mathbb{R}$, eine Stammfunktion von f.

Kennt man also eine einzige Stammfunktion F von f, so erhält man weitere solche Stammfunktionen durch Addition eines konstanten Summanden c zum Funktionsterm von F.
Leitet man nämlich die Funktion G mit $G(x) = F(x) + c$ ab, so ergibt sich $G'(x) = F'(x) = f(x)$.

Beispiel 1

Gegeben ist die Funktion f mit $f(x) = \frac{4}{x^2},\ x \in \mathbb{R} \setminus \{0\}$.
Bestimmen Sie diejenige Stammfunktion F von f, deren Graph durch den Punkt $P\left(\frac{1}{2}\middle|-6\right)$ geht.

Lösung:

Die Stammfunktionen G von f lassen sich beschreiben durch $G(x) = -4 \cdot x^{-1} + c = -\frac{4}{x} + c$ (F 24).
Aus $G\left(\frac{1}{2}\right) = -6$ folgt $-6 = -\frac{4}{\frac{1}{2}} + c$. Daraus erhält man $c = 2$.
Die gesuchte Stammfunktion ist F mit $F(x) = -\frac{4}{x} + 2$.

Beispiel 2

Gegeben ist die Funktion f mit $f(x) = \frac{1}{4}x^2 + x,\ x \in \mathbb{R}$.
Bestimmen Sie diejenige Stammfunktion F von f, für die $F(-4) = 0$ gilt.

Lösung:

Die Stammfunktionen G von f lassen sich beschreiben durch $G(x) = \frac{1}{12} \cdot x^3 + \frac{1}{2} \cdot x^2 + c$ (F 24).
Aus $G(-4) = 0$, also $\frac{1}{12} \cdot (-4)^3 + \frac{1}{2} \cdot (-4)^2 + c = \frac{8}{3} + c = 0$ ergibt sich $c = -\frac{8}{3}$.
Die gesuchte Stammfunktion ist F mit $F(x) = \frac{1}{12} \cdot x^3 + \frac{1}{2} \cdot x^2 - \frac{8}{3},\ x \in \mathbb{R}$.

Aufgabe

Bestimmen Sie diejenige Stammfunktion F von f, deren Graph durch den angegebenen Punkt P geht.

a) $f(x) = e^{-2x};\ P\left(0\middle|-\frac{1}{2}\right)$

b) $f(x) = \frac{1}{4}\sqrt{x};\ P\left(4\middle|\frac{1}{3}\right)$

Ergebnis:

a) $F(x) = -\frac{1}{2}e^{-2x}$

b) $F(x) = \frac{1}{6} \cdot x^{\frac{3}{2}} - 1$

F 26 Eine Integralfunktion angeben und Integrale berechnen

... da bin ich noch unsicher ☐ ***... das kann ich (jetzt)*** ☐

Wenn die Funktion f: $t \mapsto f(t)$ auf einem Intervall I stetig ist und a in diesem Intervall liegt, dann heißt die Funktion I_a mit $I_a(x) = \int_a^x f(t)\,dt$ für $x \in I$ Integralfunktion von f zur unteren Grenze a. Diese Integralfunktion ist differenzierbar und es gilt: $I_a'(x) = f(x)$ für $x \in I$

Der Funktionswert $I_a(b)$ dieser Integralfunktion heißt bestimmtes Integral von f mit den Grenzen a und b.

Wenn die Funktion f auf einem Intervall I stetig ist und F eine beliebige Stammfunktion von f in I ist, dann gilt für $a, b \in I$:

$$\int_a^b f(x)\,dx = F(b) - F(a) \quad \text{(Hauptsatz der Differenzial- und Integralrechnung)}$$

Um eine Integralfunktion angeben oder ein bestimmtes Integral berechnen zu können, müssen Sie also lediglich eine Stammfunktion finden und gegebenenfalls deren Funktionswerte berechnen können.

Beispiel 1

Die Funktion f ist gegeben. Bestimmen Sie den Funktionsterm der Integralfunktion I_a.

a) $f(x) = \frac{1}{4}x^2 + x$; $I_0(x), I_2(x)$

b) $f(x) = -2 \cdot e^x$; $I_{-1}(x)$

Lösung:

a) $I_0(x) = \int_0^x f(t)\,dt = \int_0^x \left(\frac{1}{4}t^2 + t\right) dt = \left[\frac{1}{12}t^3 + \frac{1}{2}t^2\right]_0^x = \frac{1}{12}x^3 + \frac{1}{2}x^2$ (F 24)

$I_2(x) = \int_2^x f(t)\,dt = \int_2^x \left(\frac{1}{4}t^2 + t\right) dt = \left[\frac{1}{12}t^3 + \frac{1}{2}t^2\right]_2^x = \frac{1}{12}x^3 + \frac{1}{2}x^2 - \frac{8}{3}$ (F 24)

b) $I_{-1}(x) = \int_{-1}^x f(t)\,dt = \int_{-1}^x (-2 \cdot e^t)\,dt = [-2 \cdot e^t]_0^x = -2 \cdot e^x - (-2 \cdot e^{-1}) = -2 \cdot e^x + 2 \cdot e^{-1} = -2e^x + \frac{2}{e}$ (F 24)

Beispiel 2

Berechnen Sie die Integrale.

a) $\int_{-1}^2 \frac{1}{2}x^3\,dx$

b) $\int_1^2 \left(\frac{1}{x^2} - x\right) dx$

c) $\int_{-\frac{1}{2}}^{\frac{1}{2}} e^{-2x+1}\,dx$

Lösung:

a) $\int_{-1}^2 \frac{1}{2}x^3\,dx = \left[\frac{1}{2} \cdot \frac{1}{4}x^4\right]_{-1}^2 = \left[\frac{1}{8}x^4\right]_{-1}^2 = \frac{1}{8} \cdot 2^4 - \frac{1}{8} \cdot (-1)^4 = 2 - \frac{1}{8} = \frac{15}{8}$

b) $\int_1^2 \left(\frac{1}{x^2} - x\right) dx = \left[-\frac{1}{x} - \frac{1}{2}x^2\right]_1^2 = \left(-\frac{1}{2} - \frac{1}{2} \cdot 2^2\right) - \left(-\frac{1}{1} - \frac{1}{2} \cdot 1^2\right) = -\frac{5}{2} + \frac{3}{2} = -1$

c) $\int_{-\frac{1}{2}}^{\frac{1}{2}} e^{-2x+1}\,dx = \left[-\frac{1}{2} \cdot e^{-2x+1}\right]_{-\frac{1}{2}}^{\frac{1}{2}} = \left(-\frac{1}{2} \cdot e^{-2 \cdot \frac{1}{2}+1}\right) - \left(-\frac{1}{2} \cdot e^{-2 \cdot \left(-\frac{1}{2}\right)+1}\right) = -\frac{1}{2} \cdot e^0 + \frac{1}{2} \cdot e^2 = -\frac{1}{2} + \frac{1}{2} \cdot e^2$

Beispiel 3

Berechnen Sie die Integrale.

a) $\int_1^2 \frac{2x^3 + 1}{x^2}\,dx$

b) $\int_{-1}^1 (2x - 4)^3\,dx$

c) $\int_0^2 \frac{3}{\left(\frac{1}{2}x - 2\right)^4}\,dx$

Lösung:

a) $\int_1^2 \frac{2x^3 + 1}{x^2}\,dx = \int_1^2 \left(2x + \frac{1}{x^2}\right) dx = \left[x^2 - \frac{1}{x}\right]_1^2 = \left(2^2 - \frac{1}{2}\right) - \left(1^2 - \frac{1}{1}\right) = \frac{7}{2}$

b) $\int\limits_{-1}^{1} (2x-4)^3\,dx = \left[\frac{1}{4}\cdot\frac{1}{2}(2x-4)^4\right]_{-1}^{1} = \left(\frac{1}{8}(2-4)^4\right) - \left(\frac{1}{8}(-2-4)^4\right) = 2 - 162 = -160$

c) $\int\limits_{0}^{2} \frac{3}{\left(\frac{1}{2}x-2\right)^4}\,dx = 3\cdot\left[-\frac{1}{3}\cdot 2\cdot\left(\frac{1}{2}x-2\right)^{-3}\right]_{0}^{2} = -2\cdot((-1)^{-3}-(-2)^{-3}) = -2\cdot\left(-1+\frac{1}{8}\right) = \frac{7}{4}$

Aufgaben

1. Geben Sie für $f(x) = \frac{8}{(4x+2)^2}$ die Funktionsgleichung der Integralfunktion I_2 an.
2. Berechnen Sie die Integrale.

   a) $\int\limits_{-1}^{1} (x^4 - x^2)\,dx$ b) $\int\limits_{2}^{4} (x^{-2} + 1)\,dx$ c) $\int\limits_{1}^{5} (5 - x)^3\,dx$

   d) $\int\limits_{-1}^{0} e^{3x}\,dx$ e) $\int\limits_{3}^{4} \frac{1}{(2-x)^2}\,dx$

Ergebnisse:

1. $I_2(x) = -2\cdot\frac{1}{4x+2} + \frac{1}{5}$ (F 24)
2. a) $-\frac{4}{15}$ b) $\frac{9}{4}$ c) 64

   d) $\frac{1}{3} - \frac{1}{3}e^{-3}$ e) $\frac{1}{2}$

Anwendungen des Integrals

F 27 Den Inhalt der Fläche zwischen Funktionsgraph und x-Achse berechnen

... da bin ich noch unsicher ☐ ***... das kann ich (jetzt)*** ☐

1. Fall: Die Fläche liegt zwischen dem Graphen einer Funktion f und der x-Achse und es gibt keine gemeinsamen Punkte des Graphen und der x-Achse.
In diesem Fall muss ein Intervall [a ; b] angegeben sein, über dem die Fläche bestimmt werden soll.

Vorgehensweise:
Berechnen Sie $A = \left|\int\limits_a^b f(x)\,dx\right|$ (F 26)

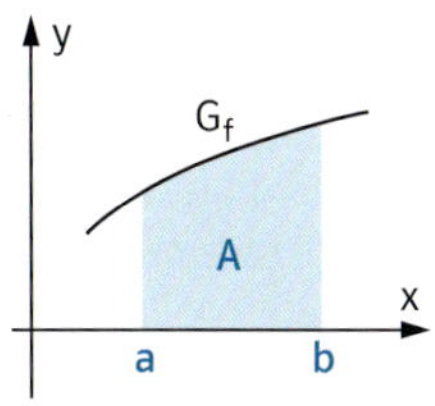

Das Ergebnis ist die Maßzahl des gesuchten Flächeninhalts. Die Betragstriche garantieren, dass sich keine negative Maßzahl ergibt. Wenn Sie bereits wissen, dass im angegebenen Intervall die Funktionswerte von f alle nicht negativ sind, der Graph von f also oberhalb der x-Achse liegt, dann sind die Betragstriche entbehrlich.

2. Fall: Die Fläche liegt zwischen dem Graphen einer Funktion f und der x-Achse und es gibt gemeinsame Punkte des Graphen und der x-Achse.

Vorgehensweise:
Berechnen Sie alle Schnittstellen des Graphen mit der x-Achse (siehe F 1 bis F 5) und ordnen Sie diese der Größe nach:
$x_1 < x_2 < x_3 < \ldots < x_n$
Berechnen Sie die einzelnen Teilflächen und addieren Sie deren Maßzahlen:

$$A = \left|\int\limits_a^{x_1} f(x)\,dx\right| + \left|\int\limits_{x_1}^{x_2} f(x)\,dx\right| + \left|\int\limits_{x_2}^{x_3} f(x)\,dx\right| + \ldots + \left|\int\limits_{x_n}^{b} f(x)\,dx\right|$$

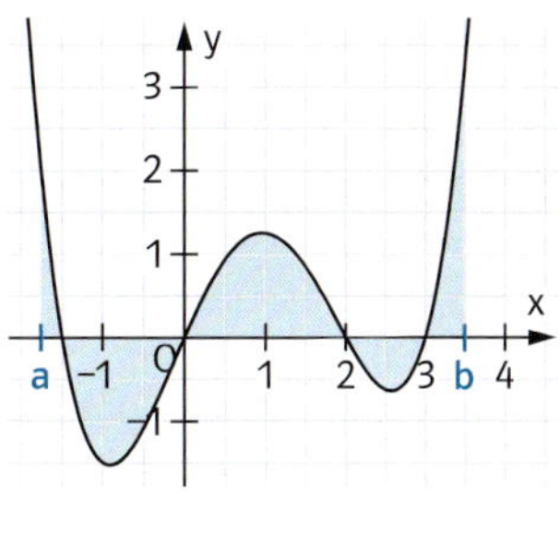

Hinweise

1. Wenn Sie ohne Rücksicht auf Schnittstellen des Graphen von f mit der x-Achse das Integral $\int_a^b f(x)\,dx$ berechnen, so erhalten Sie den sogenannten orientierten Flächeninhalt über dem Intervall $[a;b]$. Das Integral gibt in diesem Fall die algebraische Summe der Maßzahlen aller Teilflächen an, wobei die Flächenstücke unterhalb der x-Achse negativ, die Flächenstücke oberhalb der x-Achse positiv gezählt werden.
2. Beachten Sie, dass manche Grafikrechner bei Gleichungen der Form $\int_a^b f(x)\,dx = c$ unmittelbar Näherungswerte für a oder b bestimmen und damit Lösungswege verkürzen können. Achten Sie daher darauf, ob Sie Lösungen exakt (also ohne Taschenrechner) bestimmen müssen oder eine näherungsweise Lösung (mit Taschenrechner) ausreicht.

Tipp

Prüfen Sie bei Bestimmung der Stammfunktion per Hand vorsorglich die jeweils von Ihnen notierte Stammfunktion durch Ableiten nach, ehe Sie weiterrechnen. Es muss sich immer die Funktion unter dem Integralzeichen (die Integrandenfunktion) ergeben.

Beispiel 1

Berechnen Sie den Inhalt der Fläche zwischen dem Graphen von f mit $f(x) = e^{-\frac{1}{2}x}$, $x \in \mathbb{R}$, und der x-Achse über dem Intervall $[2;4]$ exakt.

Lösung:

Da $e^{-\frac{1}{2}x} > 0$ für $x \in [2;4]$ gilt, folgt (F 24, Beispiel 3):

$$A = \int_2^4 e^{-\frac{1}{2}x}\,dx = \left[-2\cdot e^{-\frac{1}{2}x}\right]_2^4 = (-2\cdot e^{-2}) - (-2\cdot e^{-1}) = 2\cdot(e^{-1} - e^{-2}) = 2\cdot\left(\frac{1}{e} - \frac{1}{e^2}\right)$$

Die Flächeninhaltsmaßzahl ist $2\cdot\left(\frac{1}{e} - \frac{1}{e^2}\right)$ Flächeneinheiten.

Beispiel 2

Berechnen Sie den Inhalt der Fläche zwischen dem Graphen von f mit $f(x) = \frac{2}{(3x+1)^2}$ und der x-Achse über dem Intervall $[0;1]$ exakt. Zeigen Sie zunächst, dass F mit $F(x) = \frac{-2}{3(3x+1)}$ eine Stammfunktion zu f ist.

Lösung:

Man erkennt, dass der Graph die x-Achse nicht schneidet, da alle Funktionswerte positiv sind. Daher kann man beim Integral auf die Betragstriche verzichten.

$$A = \int_0^1 \frac{2}{(3x+1)^2}\,dx = -\frac{2}{3}\cdot\left[\frac{1}{3x+1}\right]_0^1 = -\frac{2}{3}\left(\frac{1}{4} - 1\right) = \frac{1}{2}$$

Die Flächeninhaltsmaßzahl beträgt 0,5 Flächeneinheiten.

Beispiel 3

Gegeben ist die Funktion f mit $f(x) = \frac{1}{2}x^2 - 2$; $x \in \mathbb{R}$.

a) Berechnen Sie das Integral $\int_{-2}^b f(x)\,dx$ für $b = 3$ und deuten Sie es als orientierten Flächeninhalt.

b) ▦ Wie muss man b wählen, damit die beiden Teilflächen über den Intervallen $[-2;2]$ und $[2;b]$ gleich groß sind?

c) Der Graph von g mit $g(x) = f(x) + c$ schließt auf dem Intervall $[0;3]$ mit der x-Achse zwei Flächen ein.
Bestimmen Sie c so, dass diese beiden Flächen den gleichen Flächeninhalt haben.

Lösung:

a) Es gilt (F 24, Beispiel 1):

$$\int_{-2}^{3}\left(\tfrac{1}{2}x^2-2\right)dx = \left[\tfrac{1}{6}x^3-2x\right]_{-2}^{3}$$
$$= \left(\tfrac{27}{6}-6\right)-\left(\left(-\tfrac{8}{6}\right)-(-4)\right) = -\tfrac{25}{6}$$

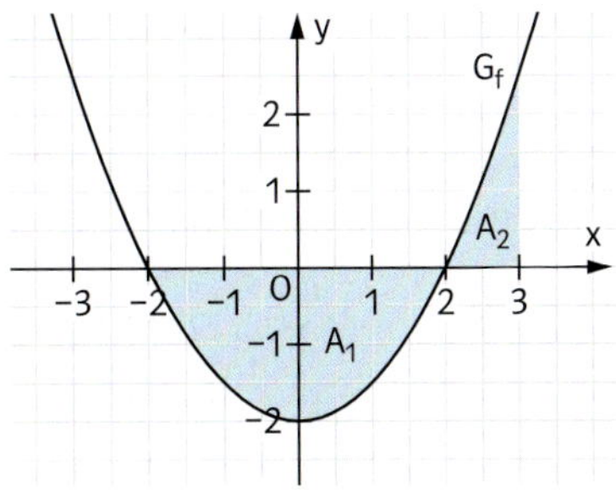

Das Flächenstück A_1 unterhalb der x-Achse wird negativ, das Flächenstück A_2 oberhalb der x-Achse wird positiv gezählt. Das Integral beschreibt die Summe der beiden Zahlen, die hier negativ ist, weil die unterhalb der x-Achse liegende Fläche größer ist als die oberhalb liegende.

b) Der orientierte Flächeninhalt über dem Intervall $[-2;b]$ muss den Wert 0 haben:

$$\int_{-2}^{b}\left(\tfrac{1}{2}x^2-2\right)dx = 0$$

Der GTR liefert die Lösung $b = 4$.

c) Der orientierte Inhalt über dem Intervall $[0;3]$ für $g(x) = f(x) + c$ muss den Wert 0 haben:

$$\int_{0}^{3}\left(\tfrac{1}{2}x^2-2+c\right)dx = \left[\tfrac{1}{6}x^3-2x+cx\right]_{0}^{3} = \left(\tfrac{27}{6}-6+3c\right)-0 = 3c-\tfrac{3}{2}$$

Bedingung: $3c-\frac{3}{2} = 0$

Die Gleichung hat die Lösung $c = \frac{1}{2}$.

Beispiel 4

Berechnen Sie den Inhalt der Fläche, die der Graph von f mit $f(x) = x^2 + 2x - 3, x \in \mathbb{R}$, mit der x-Achse einschließt, exakt.

Lösung:

Schnittstellen des Graphen mit der x-Achse:

Aus $f(x) = 0$ folgt: $x_1 = -3$, $x_2 = 1$ (siehe F 2)

Wert des Integrals: $\int_{-3}^{1}(x^2+2x-3)\,dx = \left[\tfrac{1}{3}x^3+x^2-3x\right]_{-3}^{1} = \left(\tfrac{1}{3}+1-3\right)-((-9)+9+9) = -\tfrac{32}{3}$

Der Flächeninhalt beträgt $\frac{32}{3}$ Flächeneinheiten.

Aufgaben

1. Berechnen Sie den Inhalt der Fläche zwischen dem Graphen von f und der x-Achse über dem angegebenen Intervall $[a;b]$.
   a) $f(x) = -x^2 + 4x;\ x \in [1;3]$
   b) $f(x) = -\frac{2}{x^2};\ x \in [0{,}5;4]$
   c) 🖩 $f(x) = \sin(x) + 1;\ x \in [0;\pi]$
   d) 🖩 $f(x) = e^{-\frac{2}{3}x};\ x \in \left[0;\frac{3}{2}\right]$

2. Berechnen Sie den Inhalt der Fläche, die der Graph von f mit der x-Achse einschließt.
   a) $f(x) = -\frac{1}{2}x^4 + x^3;\ x \in \mathbb{R}$
   b) $f(x) = 1 - \cos(x);\ x \in [0;2\pi]$
   c) 🖩 $f(x) = (x-5)\cdot(x^2-x-2);\ x \in \mathbb{R}$

3. Berechnen Sie den orientierten Flächeninhalt über dem angegebenen Intervall.
   a) $f(x) = 2e^{-x} - 1;\ x \in [0;2]$
   b) $f(x) = \cos(x);\ x \in [0;\pi]$

4. Gegeben ist die Funktion f mit $f(x) = e^{-x} - 2,\ x \in \mathbb{R}$.
   a) Berechnen Sie einen Näherungswert für den orientierten Flächeninhalt über dem Intervall $[-2;0]$.
   b) Bestimmen Sie einen Näherungswert für a so, dass der orientierte Flächeninhalt über dem Intervall $[a;0]$ den Wert 0 hat.
   c) Bestimmen Sie für die Funktion g mit $g(x) = f(x) + c$ die Variable für c so, dass der orientierte Flächeninhalt über dem Intervall $[-3;0]$ den Wert 0 hat.

Ergebnisse:

1. a) $A = \frac{22}{3}$ b) $A = \frac{7}{2}$ c) $A = 2 + \pi$ ($\approx 5{,}14$) d) $A = \frac{3}{2} \cdot \left(1 - \frac{1}{e}\right)$ ($\approx 0{,}948$)
2. a) $A = \frac{4}{5}$ ($x_1 = 0;\ x_2 = 2$) b) $A = 2\pi$ ($x_1 = 0;\ x_2 = 2\pi$)
   c) $A = 40{,}5$ ($x_1 = -1;\ x_2 = 2;\ x_3 = 5$)
3. a) $A = -2e^{-2} \approx -0{,}271$ b) $A = 0$
4. a) $A = e^2 - 5$ ($\approx 2{,}389$) b) $a \approx -1{,}256$ c) $c \approx -4{,}362$

F 28 Den Inhalt von Flächen zwischen zwei Funktionsgraphen berechnen

… da bin ich noch unsicher ☐ *… das kann ich (jetzt)* ☐

1. Fall: Die Fläche liegt zwischen den beiden Graphen der Funktionen f und g und es gibt *keine* gemeinsamen Punkte der beiden Graphen.

In diesem Fall muss ein Intervall $[a;b]$ angegeben sein, über dem die Fläche bestimmt werden soll.
Vorgehensweise:
Berechnen Sie $A = \left|\int_a^b (f(x) - g(x))\,dx\right|$ (siehe F 26).

Das Ergebnis ist die Maßzahl des gesuchten Flächeninhalts. Die Betragstriche garantieren, dass sich keine negative Maßzahl ergibt. Wenn Sie bereits wissen, dass im angegebenen Intervall die Funktionswerte von f mindestens so groß sind wie die von g, der Graph von f also oberhalb des Graphen von g liegt, dann sind die Betragstriche entbehrlich.

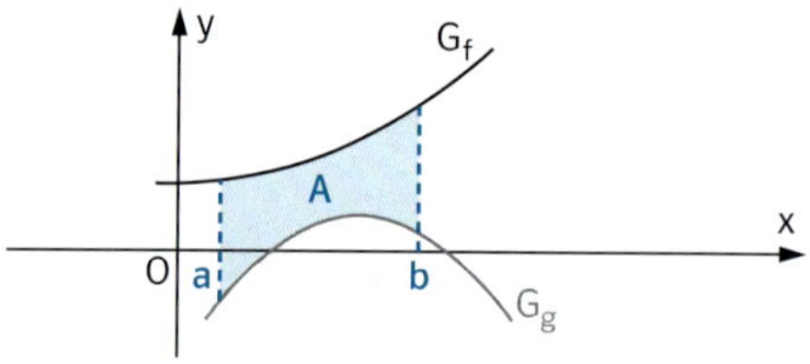

2. Fall: Die Fläche liegt zwischen den beiden Graphen der Funktionen f und g und es gibt gemeinsame Punkte der beiden Graphen.

Vorgehensweise:
Berechnen Sie alle Schnittstellen der beiden Graphen (vgl. F 1 bis F 5) und ordnen Sie diese der Größe nach: $x_1 < x_2 < x_3 < \ldots < x_n$
Berechnen Sie die einzelnen Teilflächen und addieren Sie deren Maßzahlen:

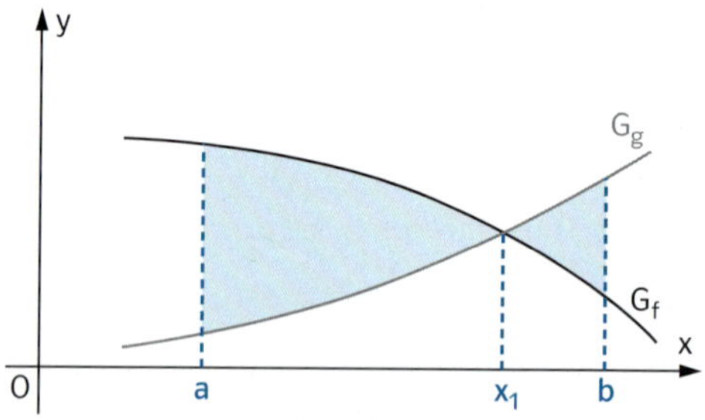

$$A = \left|\int_a^{x_1} (f(x) - g(x))\,dx\right| + \left|\int_{x_1}^{x_2} (f(x) - g(x))\,dx\right| + \left|\int_{x_2}^{x_3} (f(x) - g(x))\,dx\right| + \ldots + \left|\int_{x_n}^{b} (f(x) - g(x))\,dx\right|$$

Hinweis
Es ist für die Berechnung unwesentlich, ob Teile dieser Fläche oberhalb und andere Teile unterhalb der x-Achse liegen!

Tipp
Wenn Sie ein digitales Hilfsmittel verwenden dürfen, dann können Sie dort unmittelbar die Integrandenfunktion mit den angegebenen Grenzen eingeben, manchmal sogar das vollständige Integral.

Beispiel 1
Berechnen Sie den Inhalt der Fläche zwischen den Graphen von f und g mit
$f(x) = 3x^2 - 2x + 1,\ x \in \mathbb{R}$, und $g(x) = \frac{1}{4}x - 1,\ x \in \mathbb{R}$, über dem Intervall $[1;2]$ exakt.
Lösung:
Die beiden Graphen schneiden sich auf dem gegebenen Intervall nicht.
Für die Maßzahl A des Flächeninhalts gilt:

$$A = \left|\int_1^2 \left((3x^2 - 2x + 1) - \left(\tfrac{1}{4}x - 1\right)\right) dx\right| = \left|\int_1^2 \left(3x^2 - \tfrac{9}{4}x + 2\right) dx\right|$$

$$A = \left|\left[x^3 - \tfrac{9}{8}x^2 + 2x\right]_1^2\right| = \left|\left(8 - \tfrac{9}{2} + 4\right) - \left(1 - \tfrac{9}{8} + 2\right)\right| = 5{,}625$$

Die Flächeninhaltsmaßzahl beträgt 5,625 Flächeneinheiten.

Beispiel 2
Bestimmen Sie mithilfe des GTR einen Näherungswert für den Inhalt der Fläche zwischen den Graphen von f und g mit $f(x) = -2(x^2 - 4x),\ x \in \mathbb{R}$, und $g(x) = e^x - 1,\ x \in \mathbb{R}$.
Lösung:
Die Schnittstellen der zugehörigen Graphen erhält man als Nullstellen der Funktion h mit $h(x) = f(x) - g(x)$. Mithilfe des GTR ergibt sich: $x_1 = 0,\ x_2 \approx 2{,}1892$.

Für die Maßzahl des Flächeninhalts folgt damit: $A^* = \int_0^{2{,}1892} h(x)\,dx \approx 6{,}437$

Die Fläche zwischen den Graphen hat näherungsweise den Inhalt 6,437 Flächeneinheiten.

Aufgaben
1. Berechnen Sie den Inhalt der Fläche zwischen den Graphen von f und g über dem angegebenen Intervall $[a;b]$ exakt.

   a) $f(x) = e^{\frac{1}{2}x};\ g(x) = -x + 1;\ x \in [0;2]$ b) $f(x) = \sqrt{x+4};\ g(x) = -x - 2;\ x \in [-3;5]$

2. Berechnen Sie den Inhalt der von den Graphen von f und g eingeschlossenen Fläche:
   $f(x) = -x^2 + 4x,\ g(x) = \frac{3}{x^2};\ x \in \mathbb{R}^+$

Ergebnisse:
1. a) $A = 2e - 2$ b) $A = \frac{124}{3}$
2. $x_1 = 1;\ x_2 \approx 3{,}9514;\ A \approx 6{,}755$

F 29 Den Inhalt einer Fläche berechnen, die in x-Richtung ins Unendliche reicht

***… da bin ich noch unsicher* ☐ *… das kann ich (jetzt)* ☐**

Gegeben ist der Graph einer Funktion f, der die x-Achse als Asymptote hat. Dieser Graph, die Gerade mit der Gleichung $x = a$ und die x-Achse begrenzen eine nach rechts offene ins Unendliche reichende Fläche. Wenn diese Fläche einen endlichen Inhalt hat, kann dieser berechnet werden.

Vorgehensweise:
Bestimmen Sie zunächst das Integral mit der angegebenen unteren Grenze a und der variabel gehaltenen oberen Grenze u, $u > a$. Anschließend prüfen Sie, ob der Grenzwert

$$\lim_{u \to +\infty} \int_a^u f(x)\,dx \text{ existiert.}$$

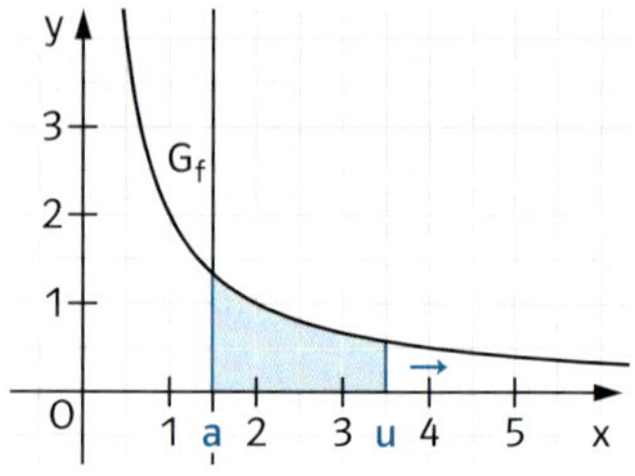

Entsprechend gehen Sie vor, wenn die Fläche von der Geraden mit der Gleichung $x = b$ aus „nach links" ins Unendliche reicht. In diesem Fall ist zu prüfen, ob für ein festgewähltes b der Grenzwert

$$\lim_{u \to -\infty} \int_u^b f(x)\,dx, \; u < b, \text{ existiert.}$$

Um erkennen zu können, ob die genannten Grenzwerte existieren, ist es wichtig, einige typische Grenzwerte auswendig zu wissen.

Es gilt: $\lim\limits_{x \to +\infty} \frac{t}{x^p} = 0;\; t \in \mathbb{R};\; p \in \mathbb{R}^+$

$\lim\limits_{x \to +\infty} \frac{t}{e^{px}} = \lim\limits_{x \to +\infty} (t \cdot e^{-px}) = 0;\; t \in \mathbb{R};\; p \in \mathbb{R}^+$

$\lim\limits_{x \to +\infty} \frac{tx^r}{e^{px}} = \lim\limits_{x \to +\infty} (tx^r \cdot e^{-px}) = 0;\; t \in \mathbb{R};\; r \in \mathbb{R};\; p \in \mathbb{R}^+$

Sollen Sie den Grenzwert einer Summe bestimmen, so bestimmen Sie die Grenzwerte der einzelnen Summanden, sofern diese existieren, und addieren diese:

$$\lim_{x \to +\infty} \left(2 + \frac{3}{x^2}\right) = 2 + 0 = 2;\quad \lim_{x \to +\infty} \left(3e^{-x} - \frac{1}{\sqrt{x}}\right) = 0 - 0 = 0$$

Entsprechend ergibt sich der Grenzwert eines Produkts als Produkt der Grenzwerte der einzelnen Faktoren, sofern diese existieren:

$$\lim_{x \to +\infty} \left(\left(\frac{2}{x^3} - 4\right) \cdot (e^{-x} - 1)\right) = (-4) \cdot (-1) = 4$$

Tipp

Wenn Sie hinsichtlich der Existenz oder Nichtexistenz eines Grenzwerts unsicher sind, setzen Sie in den Funktionsterm nacheinander „sehr große Zahlen" ein und beobachten Sie, ob sich die Funktionswerte einer bestimmten Zahl anzunähern scheinen.

Beispiel 1

Gegeben sei die Funktion f mit $f(x) = e^{-2x}$, $x \in \mathbb{R}_0^+$.
Untersuchen Sie, ob der Graph von f mit den Koordinatenachsen eine Fläche von endlichem Inhalt einschließt.

Lösung:

Berechnung des Integrals mit unterer Grenze 0 und oberer Grenze u, $u > 0$ (**F 24**, Beispiel 3):

$$\int_0^u f(x)\,dx = \int_0^u e^{-2x}\,dx = \left[-\frac{1}{2}e^{-2x}\right]_0^u = -\frac{1}{2}e^{-2u} - \left(-\frac{1}{2}e^0\right) = \frac{1}{2} \cdot (1 - e^{-2u})$$

Bestimmung des Grenzwerts für $u \to +\infty$:

Wenn $u \to +\infty$, dann $e^{-2u} \to 0$, und daher $\lim\limits_{u \to +\infty} \left(\frac{1}{2} \cdot (1 - e^{-2u})\right) = \frac{1}{2}$.

Der Inhalt der Fläche zwischen dem Graphen von f und den Koordinatenachsen hat die Maßzahl $\frac{1}{2}$.

Beispiel 2
Gegeben sei die Funktion f mit $f(x) = -\frac{3}{x^2}$, $x \in \mathbb{R}^+$.
Untersuchen Sie, ob der Graph von f mit der x-Achse und der Geraden mit der Gleichung $x = 2$ eine nach rechts offene Fläche von endlichem Inhalt einschließt.
Lösung:
Berechnung des Integrals mit unterer Grenze 2 und oberer Grenze u, $u > 2$ (F 24, Beispiel 1):
$$\int_2^u f(x)\,dx = \int_2^u \left(-\frac{3}{x^2}\right) dx = \left[3 \cdot \frac{1}{x}\right]_2^u = \frac{3}{u} - \frac{3}{2}$$
Bestimmung des Grenzwerts für $u \to +\infty$:
Wenn $u \to +\infty$, dann $\frac{3}{u} \to 0$, und daher $\lim\limits_{u \to \infty} \left(\frac{3}{u} - \frac{3}{2}\right) = -\frac{3}{2}$.
Da die Fläche unterhalb der x-Achse liegt, ist der Betrag des errechneten Werts zu nehmen.
Die Maßzahl des Flächeninhalts beträgt somit $\frac{3}{2}$.

Beispiel 3
Gegeben sei die Funktion f mit $f(x) = e^x + 1$, $x \in \mathbb{R}$.
Untersuchen Sie, ob der Graph von f mit der x-Achse und der Geraden mit der Gleichung $x = -1$ im 2. Quadranten eine nach links offene Fläche von endlichem Inhalt einschließt.
Lösung:
Berechnung des Integrals mit unterer Grenze u, $u < -1$, und oberer Grenze -1:
$$\int_u^{-1} (e^x + 1)\,dx = [e^x + x]_u^{-1} = (e^{-1} - 1) - (e^u + u)$$
Bestimmung des Grenzwerts für $u \to -\infty$:
Wenn $u \to -\infty$, dann $e^u \to 0$. Der Summand $e^u + u$ strebt also gegen $-\infty$. Ein Grenzwert des Integrals existiert nicht.
Die nach links ins Unendliche reichende Fläche hat somit keinen endlichen Flächeninhalt.

Aufgabe
Untersuchen Sie, ob die nach rechts ins Unendliche reichende Fläche zwischen dem Graphen von f, der x-Achse und der Geraden g einen endlichen Flächeninhalt hat.
a) $f(x) = \frac{2}{x^3}$; $x \in \mathbb{R}^+$; g: $x = 1$
b) $f(x) = -e^{-\frac{1}{2}x}$; $x \in \mathbb{R}$; g: $x = -2$
Ergebnis:
a) $A = 1$
b) $A = 2e \approx 5{,}437$

F 30 Den Inhalt einer Fläche berechnen, die in y-Richtung ins Unendliche reicht

… da bin ich noch unsicher ☐ ***… das kann ich (jetzt)*** ☐

Die folgenden Überlegungen beziehen sich nur auf den Fall, dass die y-Achse, der Graph von f und die Gerade mit der Gleichung $x = b$ die Fläche begrenzen.
Vorgehensweise bei Annäherung an die y-Achse „von rechts“:
Bestimmen Sie zunächst das Integral mit der variabel gehaltenen unteren Grenze u und der fest angegebenen oberen Grenze b. Anschließend prüfen Sie, ob der Grenzwert
$$\lim_{u \to 0} \int_u^b f(x)\,dx \text{ existiert.}$$
Entsprechend verfahren Sie bei Annäherung an die y-Achse „von links“.

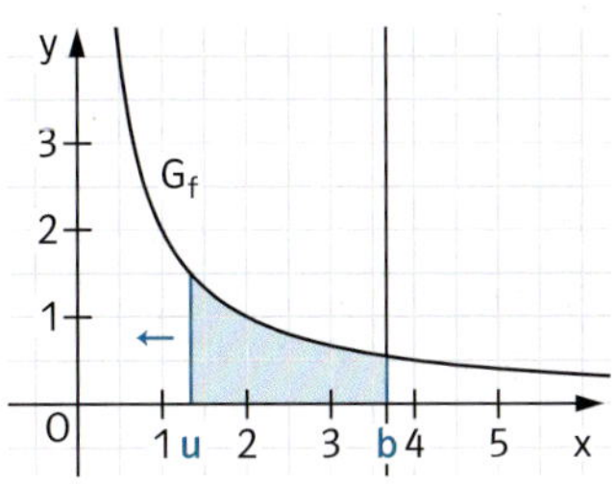

Beispiel 1

Gegeben sei die Funktion f mit $f(x) = \frac{1}{\sqrt{x}}$, $x \in \mathbb{R}^+$.

Untersuchen Sie, ob der Graph von f mit der x-Achse, der y-Achse und der Geraden mit der Gleichung $x = 4$ eine Fläche von endlichem Inhalt einschließt.

Lösung:

Berechnung des Integrals mit unterer Grenze u, $0 < u < 4$, und oberer Grenze 4 (F 24, Beispiel 1):

$$\int_u^4 f(x)\,dx = \int_u^4 \left(\frac{1}{\sqrt{x}}\right) dx = \left[2 \cdot \sqrt{x}\right]_u^4 = 4 - 2\sqrt{u}$$

Bestimmung des Grenzwerts für $u \to 0$:

Wenn $u \to 0$, dann $\sqrt{u} \to 0$ und daher $\lim\limits_{u \to 0} (4 - 2\sqrt{u}) = 4$.

Die Fläche hat die Flächeninhaltsmaßzahl 4.

Beispiel 2

Gegeben sei die Funktion f mit $f(x) = x^{-\frac{1}{3}}$, $x \in \mathbb{R}^+$.

Untersuchen Sie, ob der Graph von f mit der x-Achse, der y-Achse und der Geraden mit der Gleichung $x = 8$ eine Fläche von endlichem Inhalt einschließt.

Lösung:

Berechnung des Integrals mit unterer Grenze u, $0 < u < 8$, und oberer Grenze 8 (F 24):

$$\int_u^8 f(x)\,dx = \int_u^8 \left(x^{-\frac{1}{3}}\right) dx = \left[\frac{3}{2} \cdot x^{\frac{2}{3}}\right]_u^8 = \frac{3}{2} \cdot 8^{\frac{2}{3}} - \frac{3}{2} \cdot u^{\frac{2}{3}} = 6 - \frac{3}{2} \cdot u^{\frac{2}{3}} = 6 - \frac{3}{2} \cdot \sqrt[3]{u^2}$$

Bestimmung des Grenzwerts für $u \to 0$:

Wenn $u \to 0$, dann $\sqrt[3]{u^2} \to 0$ und daher $\lim\limits_{u \to 0} \left(6 - \frac{3}{2} \cdot \sqrt[3]{u^2}\right) = 6$.

Die gesuchte Fläche hat die Flächeninhaltsmaßzahl 6.

Beispiel 3

Gegeben sei die Funktion f mit $f(x) = \frac{1}{x^3}$, $x \in \mathbb{R}^-$.

Untersuchen Sie, ob der Graph von f mit der x-Achse, der y-Achse und der Geraden mit der Gleichung $x = -1$ eine Fläche von endlichem Inhalt einschließt.

Lösung:

Berechnung des Integrals mit unterer Grenze -1 und oberer Grenze u, $-1 < u < 0$ (F 24):

$$\int_{-1}^u f(x)\,dx = \int_{-1}^u \left(\frac{1}{x^3}\right) dx = \left[-\frac{1}{2} \cdot x^{-2}\right]_{-1}^u = \left[-\frac{1}{2} \cdot \frac{1}{x^2}\right]_{-1}^u = \left(-\frac{1}{2} \cdot \frac{1}{u^2}\right) - \left(-\frac{1}{2} \cdot \frac{1}{(-1)^2}\right) = -\frac{1}{2u^2} + \frac{1}{2} = \frac{1}{2} \cdot \left(1 - \frac{1}{u^2}\right)$$

Wenn $u \to 0$, dann wächst $\frac{1}{u^2}$ über alle Grenzen.

Die Fläche hat daher keinen endlichen Flächeninhalt.

Aufgabe

Untersuchen Sie, ob der Graph von f mit der x-Achse, der y-Achse und der Geraden mit der angegebenen Gleichung $x = b$ eine Fläche von endlichem Inhalt einschließt.

a) $f(x) = \frac{4}{\sqrt{x}}$; $x \in \mathbb{R}^+$; $x = 4$

b) $f(x) = \frac{1}{x^3}$; $x \in \mathbb{R}^+$; $x = 2$

Ergebnis:

a) $A = 16$

b) kein endlicher Flächeninhalt

F 31 Das Volumen eines endlichen Rotationskörpers berechnen

... da bin ich noch unsicher ☐ ... das kann ich (jetzt) ☐

Wenn die Fläche zwischen dem Graphen einer Funktion f, der x-Achse und den Geraden mit den Gleichungen $x = a$ und $x = b$ um die x-Achse rotiert, so hat der Rotationskörper ein Volumen, dessen Maßzahl man mit $\pi \cdot \int_a^b [f(x)]^2\,dx$ berechnen kann.

Sie müssen also zuerst den Funktionsterm von f quadrieren, dann dazu eine Stammfunktion F ermitteln, schließlich $F(b) - F(a)$ berechnen und das Ergebnis mit π multiplizieren.

Tipp

Gelegentlich haben Rotationskörper die Form eines Zylinders, Kegels, Kegelstumpfs oder einer Kugel. In diesen Fällen lassen sich deren Volumina häufig einfacher mithilfe einer geeigneten Formel ohne Integral berechnen (vgl. Formelsammlung).

Beispiel 1

Gegeben ist die Funktion f mit $f(x) = \frac{1}{2}x + 2,\ x \in \mathbb{R}$.
Die Fläche zwischen dem Graphen von f, der x-Achse und den Geraden mit den Gleichungen $x = 0$ und $x = 4$ rotiert um die x-Achse.
Berechnen Sie exakt das Volumen des dabei entstehenden Rotationskörpers.

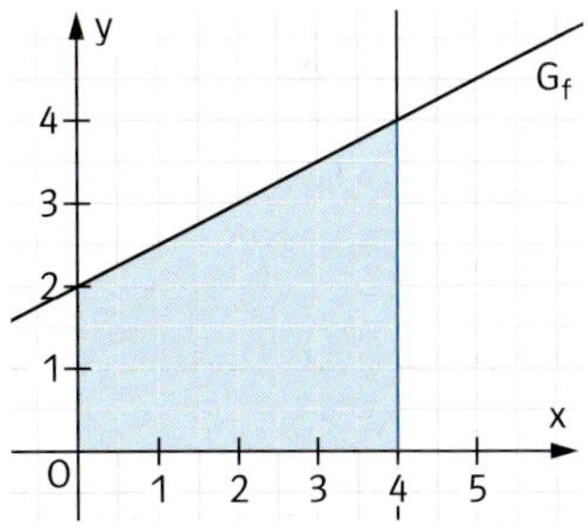

Lösung:

Für die Volumenmaßzahl V gilt:

$$V = \pi \cdot \int_0^4 [f(x)]^2\,dx = \pi \cdot \int_0^4 \left(\tfrac{1}{2}x + 2\right)^2 dx = \pi \cdot \int_0^4 \left(\tfrac{1}{4}x^2 + 2x + 4\right) dx$$

$$V = \pi \cdot \left[\tfrac{1}{12}x^3 + x^2 + 4x\right]_0^4 = \pi \cdot \left(\left(\tfrac{1}{12} \cdot 4^3 + 4^2 + 4 \cdot 4\right) - \left(\tfrac{1}{12} \cdot 0^3 + 0^2 + 4 \cdot 0\right)\right) = \tfrac{112}{3}\pi$$

Der Rotationskörper hat das Volumen $\frac{112}{3}\pi$ Volumeneinheiten.

Beispiel 2

Gegeben ist die Funktion f mit $f(x) = 5 \cdot x \cdot e^{-x},\ x \in \mathbb{R}$. Die Fläche zwischen dem Graphen von f, der x-Achse und den Geraden mit den Gleichungen $x = 0$ und $x = 4$ rotiert um die x-Achse.
Berechnen Sie unter Zuhilfenahme des GTR einen Näherungswert für das Volumen des dabei entstehenden Rotationskörpers.

Lösung:

Es gilt für die Volumenmaßzahl V:

$$V = \pi \cdot \int_0^4 [f(x)]^2\,dx = \pi \cdot \int_0^4 (5 \cdot x \cdot e^{-x})^2\,dx \overset{\text{GTR}}{\approx} 19{,}36.$$

Der Rotationskörper hat näherungsweise das Volumen 19,36 Volumeneinheiten.

Aufgaben

1. Gegeben ist die Funktion f. Die Fläche zwischen dem Graphen von f, der x-Achse und den Geraden mit den Gleichungen $x = a$ und $x = b$ rotiert um die x-Achse.
   Berechnen Sie das Volumen des dabei entstehenden Rotationskörpers.

   a) $f(x) = -x + 1;\ x \in \mathbb{R};\ a = -1;\ b = 1$

   b) $f(x) = \frac{1}{2}x^2;\ x \in \mathbb{R};\ a = 0;\ b = 2$

   c) 🖩 $f(x) = \sqrt{2x + 4};\ x \in \mathbb{R};\ x \geqq -2;\ a = -1;\ b = 2$

   d) 🖩 $f(x) = e^{-\frac{1}{2}x + 1},\ x \in \mathbb{R};\ a = -2;\ b = 4$

2. Gegeben ist die Funktion f. Die Fläche, die vom Graphen von f und der x-Achse eingeschlossen wird, rotiert um die x-Achse.
   Berechnen Sie das Volumen des dabei entstehenden Rotationskörpers.

   a) $f(x) = x^2 - 4;\ x \in \mathbb{R}$
   b) 🖩 $f(x) = x^2 \cdot (x^2 - 1);\ x \in \mathbb{R}$
   c) $f(x) = \sqrt{r^2 - x^2};\ -r \leqq x \leqq r$
   d) 🖩 $f(x) = x^2 - 5x;\ x \in \mathbb{R}$

Ergebnisse:

1. a) $V = \frac{8}{3}\pi$
   b) $V = \frac{8}{5}\pi$
   c) $V = 15\pi$
   d) $V = (e^4 - e^{-2}) \cdot \pi \approx 171{,}10$
2. a) $V = \frac{512}{15}\pi \approx 107{,}23$
   b) $V = \frac{16}{315}\pi \approx 0{,}16$
   c) $V = \frac{4}{3}\pi r^3$ (Kugel)
   d) $V = \frac{625}{6}\pi \approx 327{,}25$

F 32 Das Volumen eines endlichen Rotationskörpers, der hohl ist, berechnen

... da bin ich noch unsicher ☐ ***... das kann ich (jetzt)*** ☐

Wenn die Fläche zwischen dem Graphen einer Funktion f, dem Graphen einer Funktion g und den Geraden mit den Gleichungen $x = a$ und $x = b$ um die x-Achse rotiert, so hat der Rotationskörper ein Volumen, dessen Maßzahl sich mit

$$\pi \cdot \int_a^b [f(x)]^2\,dx - \pi \cdot \int_a^b [g(x)]^2\,dx = \pi \cdot \int_a^b [f^2(x) - g^2(x)]\,dx$$

berechnen lässt.

Dabei wird auf dem betrachteten Intervall $f(x) \geqq g(x)$ vorausgesetzt. Ist dies nicht bekannt oder feststellbar, so berechnet man obiges Integral und nimmt vom Ergebnis den Betrag.
Sie müssen also zuerst die beiden Funktionsterme von f und g quadrieren, dann deren Differenz bilden und dazu schließlich eine Stammfunktion ermitteln, ehe Sie die Integrationsgrenzen einsetzen.
Wenn die gesamte von den beiden Graphen eingeschlossene Fläche um die x-Achse rotieren soll, dann müssen Sie zuerst die Schnittstellen der Graphen von f und g berechnen. Diese Schnittstellen werden dann als Grenzen beim Integral eingesetzt.

⚠ Anstelle der Differenz der Quadrate von $f(x)$ und $g(x)$ dürfen Sie **nicht** das Quadrat der Differenz $f(x) - g(x)$ benutzen, denn im Allgemeinen gilt: $f^2(x) - g^2(x) \neq (f(x) - g(x))^2$

Tipp

Veranschaulichen Sie sich die Flächenstücke in einem Koordinatensystem.

Beispiel 1

Gegeben sind die Funktionen f und g mit $f(x) = \frac{1}{2}x + 2;\ g(x) = 1;\ x \in \mathbb{R}$. Die Fläche zwischen den Graphen von f und g und den Geraden mit den Gleichungen $x = 0$ und $x = 4$ rotiert um die x-Achse.
Berechnen Sie exakt das Volumen des entstehenden Drehkörpers.

Lösung:

Auf dem betrachteten Intervall gilt: $f(x) \geqq g(x)$. Damit ergibt sich die Volumenmaßzahl V:

$$V = \pi \cdot \int_0^4 (f^2(x) - g^2(x))\,dx = \pi \cdot \int_0^4 \left(\left(\tfrac{1}{2}x + 2\right)^2 - (1)^2\right) dx$$

$$= \pi \cdot \int_0^4 \left(\left(\tfrac{1}{4}x^2 + 2x + 4\right) - 1\right) dx = \pi \cdot \int_0^4 \left(\tfrac{1}{4}x^2 + 2x + 3\right) dx$$

$$V = \pi \cdot \left[\frac{1}{12}x^3 + x^2 + 3x\right]_0^4 = \pi \cdot \left(\frac{1}{12} \cdot 4^3 + 4^2 + 3 \cdot 4\right) = \frac{100}{3}\pi$$

Der Drehkörper hat das Volumen $\frac{100}{3}\pi$ Volumeneinheiten.

Beispiel 2

Gegeben sind die Funktionen f und g mit $f(x) = -x^2 + 4$; $g(x) = \frac{1}{2}\sqrt{x^2 + 4}$; $x \in \mathbb{R}$. Die Fläche zwischen den Graphen von f und g rotiert um die x-Achse.
Berechnen Sie einen Näherungswert für das Volumen des entstehenden Drehkörpers.

Lösung:

Schnittstellen der beiden Graphen:

Aus $f(x) = g(x)$ folgt: $-x^2 + 4 = \frac{1}{2}\sqrt{x^2 + 4}$

Mit dem GTR erhält man den Näherungswert $x_1 \approx 1{,}6448$ für die erste Schnittstelle. Da beide Graphen symmetrisch zur y-Achse sind, kennt man auch den Näherungswert $x_2 \approx -1{,}6448$ für die zweite Schnittstelle.

Drehkörpervolumen:
Wegen der Symmetrie des rotierenden Flächenstücks zur y-Achse wird die Berechnung nur auf dem Intervall $[0; 1{,}6448]$ durchgeführt und das Ergebnis verdoppelt.

$$V^* = 2 \cdot \pi \cdot \int_0^{1{,}6448} \left(f^2(x) - g^2(x)\right) dx = 2 \cdot \pi \cdot \int_0^{1{,}6448} \left((-x^2 + 4)^2 - \left(\frac{1}{2}\sqrt{x^2 + 4}\right)^2\right) dx \overset{\text{GTR}}{\approx} 93{,}26$$

Der Drehkörper hat näherungsweise das Volumen 93,26 Volumeneinheiten.

Aufgaben

1. Gegeben sind die Graphen der Funktionen f und g sowie die Geraden mit den Gleichungen $x = a$ und $x = b$.
   Berechnen Sie das Volumen des Drehkörpers, der bei Rotation der von den beiden Graphen und den Geraden eingeschlossenen Fläche um die x-Achse entsteht.

   a) $f(x) = 3$; $g(x) = \frac{1}{2}x$; $x \in \mathbb{R}$; $x = 1$; $x = 4$

   b) $f(x) = -x + 4$; $g(x) = x$; $x \in \mathbb{R}$; $x = 0$; $x = 2$

   c) $f(x) = \frac{2}{x}$; $g(x) = -\frac{1}{2}x + 1$; $x \in \mathbb{R}^+$; $x = 1$; $x = 2$

   d) $f(x) = x^2 + 3$; $g(x) = \frac{3}{2}x^2$; $x \in \mathbb{R}$; $x = 0$; $x = 2$

2. Gegeben sind die Funktionen f und g.
   Berechnen Sie das Volumen des Drehkörpers, der bei Rotation der von den beiden Graphen eingeschlossenen Fläche um die x-Achse entsteht.

   a) $f(x) = (x - 1)^2$; $g(x) = x + 1$; $x \in \mathbb{R}$

   b) $f(x) = \sqrt{9 - x^2} + 2$; $-3 \le x \le 3$; $g(x) = 2$; $x \in \mathbb{R}$

Ergebnisse:

1. a) $V = \frac{87}{4}\pi$ b) $V = 16\pi$ c) $V = \frac{23}{12}\pi$ d) $V = 26\pi$

2. a) $x_1 = 0$; $x_2 = 3$; $V = \frac{72}{5}\pi \approx 45{,}24$ b) $x_1 = -3$; $x_2 = 3$; $V \approx 290{,}75$

F 33 Das Volumen eines ins Unendliche reichenden Rotationskörpers berechnen

... da bin ich noch unsicher ☐ ***... das kann ich (jetzt)*** ☐

Hier verfahren Sie analog wie bei den ins Unendliche reichenden Flächen (siehe F 29).

Sie bestimmen zunächst entsprechend das Integral mit der variabel gehaltenen oberen (unteren) Grenze u und prüfen dann, ob der Grenzwert des Integrals für $u \rightarrow +\infty$ (bzw. $u \rightarrow -\infty$) existiert.

Beispiel 1

Gegeben ist die Funktion f mit $f(x) = \frac{1}{x}$; $x \in \mathbb{R}^+$. Die ins Unendliche reichende Fläche zwischen dem Graphen von f, der x-Achse und der Geraden mit der Gleichung $x = 1$ rotiert um die x-Achse. Bestimmen Sie das Volumen des dabei entstehenden Rotationskörpers.

Lösung:

Berechnung des Integrals mit variabler oberer Grenze u:

$$\pi \cdot \int_1^u [f(x)]^2\,dx = \pi \cdot \int_1^u \left(\tfrac{1}{x}\right)^2 dx = \pi \cdot \int_1^u \tfrac{1}{x^2}\,dx = \pi \cdot \left[-\tfrac{1}{x}\right]_1^u = \pi \cdot \left(-\tfrac{1}{u} - (-1)\right) = \pi \cdot \left(1 - \tfrac{1}{u}\right)$$

Bestimmung der Volumenmaßzahl V:

$$V = \lim_{u \rightarrow +\infty} \pi \cdot \left(1 - \tfrac{1}{u}\right) = \pi$$

Der Körper hat das Volumen π Volumeneinheiten.

Beispiel 2

Gegeben ist die Funktion f mit $f(x) = e^x$, $x \in \mathbb{R}$. Die nach links ins Unendliche reichende Fläche zwischen dem Graphen von f und den beiden Koordinatenachsen rotiert um die x-Achse. Bestimmen Sie das Volumen des dabei entstehenden Rotationskörpers.

Lösung:

Berechnung des Integrals mit variabler unterer Grenze u (F 24):

$$\pi \cdot \int_u^0 [f(x)]^2\,dx = \pi \cdot \int_u^0 (e^x)^2\,dx = \pi \cdot \int_u^0 (e^{2x})\,dx = \pi \cdot \left[\tfrac{1}{2}e^{2x}\right]_u^0 = \pi \cdot \left(\tfrac{1}{2} - \tfrac{1}{2}e^{2u}\right)$$

Bestimmung der Volumenmaßzahl:

$$V = \lim_{u \rightarrow -\infty} \pi \cdot \left(\tfrac{1}{2} - \tfrac{1}{2}e^{2u}\right) = \tfrac{1}{2}\pi$$

Der Körper hat das Volumen $\frac{\pi}{2}$ Volumeneinheiten.

Aufgaben

1. Der Graph von f mit $f(x) = \frac{1}{x^2}$, $x \in \mathbb{R}^+$, die x-Achse und die Gerade mit der Gleichung $x = \frac{1}{3}$ begrenzen eine nach rechts offene Fläche, die um die x-Achse rotiert.
   Berechnen Sie das Volumen des dabei entstehenden Rotationskörpers.
2. Der Graph von f mit $f(x) = \frac{1}{\sqrt{x}}$, $x \in \mathbb{R}^+$, die x-Achse und die Gerade mit der Gleichung $x = 1$ begrenzen eine nach rechts offene Fläche, die um die x-Achse rotiert.
   Untersuchen Sie, ob der entstehende Drehkörper ein endliches Volumen hat.
3. Die nach rechts offene Fläche zwischen dem Graphen von f mit $f(x) = 4 \cdot e^{-x}$, $x \in \mathbb{R}$, der x-Achse und der Geraden mit der Gleichung $x = a$ rotiert um die x-Achse. Der entstehende Drehkörper hat das Volumen 8π Volumeneinheiten.
   Bestimmen Sie a.

Ergebnisse:

1. $V = 9\pi$ 2. kein endliches Volumen 3. $a = 0$

F 34 Mittelwerte bei stetigen Funktionen berechnen

... da bin ich noch unsicher ☐ ... das kann ich (jetzt) ☐

Die Funktion f sei auf dem Intervall [a;b] stetig.
Dann heißt

$$\overline{m} = \frac{1}{b-a} \cdot \int_a^b f(x)\,dx$$

Mittelwert der Funktionswerte von f auf diesem Intervall.

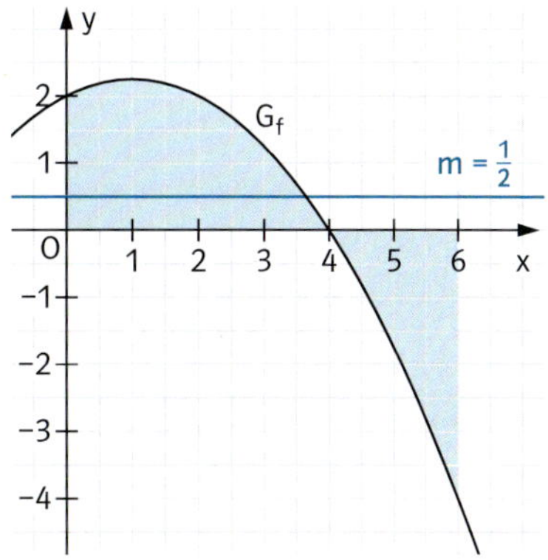

Hinweis

In Anwendungsaufgaben sollen Sie beispielsweise die durchschnittliche Anzahl verkaufter Produkte, die durchschnittliche Geschwindigkeit, den durchschnittlichen Pegelstand, das durchschnittliche Gewicht usw. auf einem Zeitintervall [a;b] angeben. Dazu verwenden Sie die obige Formel, wobei Sie für f den Funktionsterm eingeben, der die betrachtete Größe in Abhängigkeit von der Zeit beschreibt.

Beispiel 1

Berechnen Sie den Mittelwert der Funktionswerte von f mit $f(x) = x^2 - 6x$ auf dem Intervall [−1;3].

Lösung:

Es gilt:

$$\overline{m} = \frac{1}{b-a} \cdot \int_a^b f(x)\,dx = \frac{1}{3-(-1)} \cdot \int_{-1}^{3} (x^2 - 6x)\,dx = \frac{1}{4} \cdot \left[\frac{1}{3}x^3 - 3x^2\right]_{-1}^{3}$$

$$= \frac{1}{4} \cdot \left(\left(\frac{1}{3} \cdot 3^3 - 3 \cdot 3^2\right) - \left(\frac{1}{3} \cdot (-1)^3 - 3 \cdot (-1)^2\right)\right)$$

$$\overline{m} = -\frac{11}{3}$$

Beispiel 2

Bestimmen Sie ein Intervall der Länge 4 Längeneinheiten, sodass die Funktionswerte der Funktion f mit $f(x) = \frac{1}{x^2}$, $x > 0$, auf diesem Intervall den Mittelwert 1 haben.

Lösung:

Es muss gelten:

$$1 = \overline{m} = \frac{1}{b-a} \cdot \int_a^b f(x)\,dx$$

$$1 = \frac{1}{4} \cdot \int_a^{a+4} \frac{1}{x^2}\,dx = \frac{1}{4} \cdot \left[-\frac{1}{x}\right]_a^{a+4}$$

$$4 = -\frac{1}{a+4} - \left(-\frac{1}{a}\right)$$

$$4 = -\frac{1}{a+4} + \frac{1}{a}$$

Diese Gleichung wird mit dem GTR gelöst. Man erhält den Näherungswert $a \approx 0{,}2361$. Das gesuchte Intervall ist näherungsweise [0,2361; 4,2361].
(Manche GTR-Modelle sind in der Lage, die Gleichung $1 = \frac{1}{4} \cdot \int_a^{a+4} \frac{1}{x^2}\,dx$ direkt näherungsweise zu lösen.)

Aufgaben

1. Die Geschwindigkeit eines Fahrzeugs wird beschrieben durch die Funktion f mit $f(x) = \frac{1}{4}x^2$, $x \in \mathbb{R}_0^+$. Dabei bedeutet x die Anzahl der verstrichenen Sekunden seit dem Beginn der Bewegung, f(x) die erreichte Geschwindigkeit nach x Sekunden in der Einheit $1\,\frac{cm}{s}$.

Berechnen Sie die Durchschnittsgeschwindigkeit in den ersten 10 Sekunden und im Zeitraum von 20 bis 24 Sekunden nach dem Start.

2. Berechnen Sie den Mittelwert der Funktionswerte der Funktion f mit $f(x) = x \cdot e^{-x}$ über dem Intervall $[0;3]$. Zeigen Sie zunächst, dass $F(x) = -e^{-x}(x+1)$ eine Stammfunktion zu f ist.
3. Bestimmen Sie mithilfe des GTR ein Intervall der Länge 3 Längeneinheiten, sodass die Funktionswerte der Funktion f mit $f(x) = x^2 - e^x$, $x \in \mathbb{R}$, auf diesem Intervall den Mittelwert 0 haben.

Ergebnisse:

1. Die Durchschnittsgeschwindigkeiten betragen etwa $8{,}33\,\frac{cm}{s}$ bzw. $121{,}33\,\frac{cm}{s}$.
2. Der Mittelwert ist näherungsweise 0,267.
3. Die Intervallgrenzen sind näherungsweise $a \approx -1{,}92$ und $b \approx 1{,}08$.

Funktionsbestimmungen

Manche Aufgaben verlangen die Bestimmung einer Funktionsgleichung zu einer Funktion f, die gewisse vorgegebene Eigenschaften haben soll. Je nach Funktionstyp sind ganz unterschiedliche Eigenschaften wichtig.

F 35 Funktionsgleichungen ganzrationaler Funktionen bestimmen

***… da bin ich noch unsicher* ☐ *… das kann ich (jetzt)* ☐**

In Abhängigkeit vom geforderten Grad 2, 3, 4 usw. machen Sie für den Funktionsterm einen der folgenden Ansätze:

$f(x) = a \cdot x^2 + b \cdot x + c$

$f(x) = a \cdot x^3 + b \cdot x^2 + c \cdot x + d$

$f(x) = a \cdot x^4 + b \cdot x^3 + c \cdot x^2 + d \cdot x + e$

usw.

Sie erkennen, dass für eine ganzrationale Funktion vom Grad 2 drei Koeffizienten a, b und c zu bestimmen sind, bei einer ganzrationalen Funktion vom Grad 3 sind es vier, bei einer solchen vom Grad 4 bereits fünf Koeffizienten usw.

Zur Bestimmung dieser Koeffizienten benötigen Sie daher ein lineares Gleichungssystem mit genauso vielen Gleichungen wie Koeffizienten zu berechnen sind.

Für die Aufstellung eines solchen Gleichungssystems verwenden Sie die folgenden Hinweise. Hier finden Sie typische Formulierungen im Aufgabentext und die sich daraus ergebenden Bedingungen. Beachten Sie dabei, dass manche Aussagen die Aufstellung mehrerer Bedingungen erlauben!

a) Der Graph von f ist symmetrisch zur y-Achse.
   In diesem Fall dürfen in der Funktionsgleichung nur gerade Hochzahlen vorkommen, was den Ansatz vereinfacht und die Anzahl der Koeffizienten und somit der Bedingungen sofort verringert.
   $f(x) = a \cdot x^2 + c$ oder $f(x) = a \cdot x^4 + c \cdot x^2 + e$ usw.
b) Der Graph von f ist symmetrisch zum Koordinatenursprung O.
   Hier dürfen in der Funktionsgleichung nur ungerade Hochzahlen vorkommen.
   $f(x) = a \cdot x$, $f(x) = a \cdot x^3 + c \cdot x$ usw.
   Auch in diesem Fall sollten Sie mit dem vereinfachten Ansatz weiterarbeiten.
c) Der Punkt $P(u \mid v)$ liegt auf dem Graphen von f.
   (I) $f(u) = v$
d) Im Punkt $P(u \mid v)$ des Graphen von f hat die Steigung den Wert m.
   (I) $f(u) = v$
   (II) $f'(u) = m$

e) Der Punkt $P(u \mid v)$ ist ein Extrempunkt des Graphen von f.
   (I) $f(u) = v$
   (II) $f'(u) = 0$

f) Der Punkt $P(u \mid v)$ ist ein Wendepunkt des Graphen von f.
   (I) $f(u) = v$
   (II) $f''(u) = 0$

g) Der Punkt $P(u \mid v)$ ist ein Sattelpunkt des Graphen von f.
   (I) $f(u) = v$
   (II) $f'(u) = 0$
   (III) $f''(u) = 0$

Beispiel 1

Der Graph einer ganzrationalen Funktion 3. Grades berührt im Ursprung die x-Achse.
Die Tangente in $P(-3 \mid 0)$ hat die Steigung 6.
Bestimmen Sie die Funktionsgleichung.

Lösung:

Die Funktion f ist ganzrational vom Grad 3, d.h.:
$f(x) = a \cdot x^3 + b \cdot x^2 + c \cdot x + d$, $f'(x) = 3a \cdot x^2 + 2b \cdot x + c$

1. Der Punkt $O(0 \mid 0)$ liegt auf dem Graphen von f, d.h.: $f(0) = 0$
   (I) $d = 0$
2. Die Steigung des Graphen im Punkt O ist 0, d.h.: $f'(0) = 0$
   (II) $c = 0$
   Damit ergeben sich Vereinfachungen: $f(x) = a \cdot x^3 + b \cdot x^2$, $f'(x) = 3a \cdot x^2 + 2b \cdot x$
3. Der Punkt $P(-3 \mid 0)$ liegt auf dem Graphen von f, d.h.: $f(-3) = 0$
   $f(-3) = a \cdot (-3)^3 + b \cdot (-3)^2 = -27a + 9b$
   (III) $-27a + 9b = 0$
4. Die Steigung im Punkt $P(-3 \mid 0)$ ist 6, d.h.: $f'(-3) = 6$
   $f'(-3) = 3a \cdot (-3)^2 + 2b \cdot (-3) = 27a - 6b$
   (IV) $27a - 6b = 6$

Aus (III) und (IV) erhält man $a = \frac{2}{3}$, $b = 2$ (F 8).
Die gesuchte Funktionsgleichung lautet also $f(x) = \frac{2}{3}x^3 + 2x^2$.

Beispiel 2

Der Graph einer ganzrationalen Funktion 4. Grades ist symmetrisch zur y-Achse, geht durch den Punkt $Y(0 \mid -2)$ und hat den Hochpunkt $H(2 \mid 0)$.
Bestimmen Sie die Funktionsgleichung.

Lösung:

Die Funktion ist ganzrational vom Grad 4, d.h.: $f(x) = a \cdot x^4 + b \cdot x^3 + c \cdot x^2 + d \cdot x + e$
Wegen der Symmetrie zur y-Achse folgt: $f(x) = a \cdot x^4 + c \cdot x^2 + e$, $f'(x) = 4a \cdot x^3 + 2c \cdot x$

1. Der Punkt $Y(0 \mid -2)$ liegt auf dem Graphen von f, d.h.: $f(0) = -2$
   (I) $e = -2$
   Damit ergibt sich die Vereinfachung zu $f(x) = a \cdot x^4 + c \cdot x^2 - 2$.
2. Der Punkt $H(2 \mid 0)$ liegt auf dem Graphen von f, d.h.: $f(2) = 0$
   $f(2) = a \cdot 2^4 + c \cdot 2^2 - 2 = 16a + 4c - 2$
   (II) $16a + 4c - 2 = 0$
3. Der Punkt $H(2 \mid 0)$ ist Hochpunkt des Graphen von f, d.h.: $f'(2) = 0$
   $f'(2) = 4a \cdot 2^3 + 2c \cdot 2$
   (III) $32a + 4c = 0$

Aus (II) und (III) erhält man $a = -\frac{1}{8}$, $c = 1$ (F 8).
Die gesuchte Funktionsgleichung lautet also $f(x) = -\frac{1}{8}x^4 + x^2 - 2$.

Beispiel 3

Der Graph einer ganzrationalen Funktion 3. Grades geht durch den Ursprung des Koordinatensystems und hat den Wendepunkt $W(1\,|\,-2)$. Die Tangente im Wendepunkt hat die Steigung 2. Bestimmen Sie die Funktionsgleichung.

Lösung:

Die Funktion f ist ganzrational vom Grad 3, d.h.:

$f(x) = a \cdot x^3 + b \cdot x^2 + c \cdot x + d$, $f'(x) = 3a \cdot x^2 + 2b \cdot x + c$, $f''(x) = 6a \cdot x + 2b$

1. Der Punkt $O(0\,|\,0)$ liegt auf dem Graphen von f, d.h.: $f(0) = 0$
   (I) $d = 0$
   Damit ergibt sich die Vereinfachung $f(x) = a \cdot x^3 + b \cdot x^2 + c \cdot x$.
2. Der Punkt $W(1\,|\,-2)$ liegt auf dem Graphen von f, d.h.: $f(1) = -2$
   $f(1) = a \cdot 1^3 + b \cdot 1^2 + c \cdot 1 = a + b + c$
   (II) $a + b + c = -2$
3. Der Punkt $W(1\,|\,-2)$ ist Wendepunkt, d.h.: $f''(1) = 0$
   $f''(1) = 6a \cdot 1 + 2b = 6a + 2b$
   (III) $6a + 2b = 0$
4. Die Steigung im Wendepunkt ist 2, d.h.: $f'(1) = 2$
   $f'(1) = 3a \cdot 1^2 + 2b \cdot 1 + c = 3a + 2b + c$
   (IV) $3a + 2b + c = 2$

Aus (II), (III) und (IV) erhält man $a = -4$, $b = 12$ und $c = -10$ (F 8).

Die gesuchte Funktionsgleichung lautet also $f(x) = -4x^3 + 12x^2 - 10x$.

Aufgaben

Bestimmen Sie jeweils die Funktionsgleichung.

1. Der Graph einer ganzrationalen Funktion 3. Grades geht durch die Punkte $P(0\,|\,-5)$ und $Q(1\,|\,0)$ und berührt die x-Achse im Punkt $R(5\,|\,0)$.
2. 🖩 Der Graph einer ganzrationalen Funktion 3. Grades geht durch den Punkt $X(-1\,|\,0)$, hat den Wendepunkt $Q(-2\,|\,y_W)$ und die Wendetangente mit der Gleichung $y = 3x + \frac{5}{2}$.
3. Der Graph einer ganzrationalen Funktion 4. Grades ist symmetrisch zur y-Achse, geht durch den Punkt $Y(0\,|\,-4)$ und hat im Punkt $Q(-4\,|\,0)$ eine Tangente parallel zur x-Achse.
4. Der Graph einer ganzrationalen Funktion 5. Grades ist symmetrisch zum Koordinatenursprung O, hat in O eine Tangente mit der Steigung 7 und in $P(1\,|\,0)$ einen Wendepunkt.

Ergebnisse:

1. $f(x) = \frac{1}{5}x^3 - \frac{11}{5}x^2 + 7x - 5$
2. $f(x) = \frac{1}{2}x^3 + 3x^2 + 9x + \frac{13}{2}$
3. $f(x) = -\frac{1}{64}x^4 + \frac{1}{2}x^2 - 4$
4. $f(x) = 3x^5 - 10x^3 + 7x$

F 36 Funktionsgleichungen von Exponentialfunktionen bestimmen

… da bin ich noch unsicher ☐ ***… das kann ich (jetzt)*** ☐

Viele Exponentialfunktionen lassen sich durch eine Funktionsgleichung der Form $f(x) = a \cdot e^{b \cdot x} + c$, $x \in \mathbb{R}$, beschreiben. Zur eindeutigen Beschreibung einer solchen Funktion sind wegen der Parameter a, b und c drei Bedingungen für diese aufzustellen und das entstehende Gleichungssystem ist zu lösen.

Auch hier kann man manche Parameterwerte unmittelbar dem Graphen oder dem Aufgabentext entnehmen, z.B.:

a) Die Gerade mit der Gleichung $y = c$ ist waagrechte Asymptote des Graphen. Für $c = 0$ ist dies die x-Achse, für andere Werte von c die Parallele zur x-Achse mit der Gleichung $y = c$.

Wenn $b > 0$ (Wachstum, Zunahme), dann nähert sich der Graph für $x \to -\infty$ dieser Asymptote an.
Ist $b < 0$ (Zerfall, Abnahme), dann nähert sich der Graph für $x \to +\infty$ der Asymptote an.

b) Der Graph von f schneidet die y-Achse im Punkt $Y(0 \mid a+c)$, denn $f(0) = a \cdot e^{b \cdot 0} + c = a \cdot 1 + c$. Wenn man also c bereits kennt, dann ist auch a bekannt. Kennt man umgekehrt a, so ist damit auch c und die Lage der Asymptote bekannt.

c) b heißt oft Wachstumskonstante (Zerfallskonstante).

Im Folgenden werden typische Formulierungen in Aufgabentexten genannt und die sich daraus ergebenden Bedingungen notiert.

d) Der Punkt $P(u \mid v)$ liegt auf dem Graphen von f. Die x-Achse ist Asymptote.
   (I) $f(u) = v$
   (II) $c = 0$

e) Im Punkt $P(u \mid v)$ des Graphen von f hat die Steigung den Wert m.
   (I) $f(u) = v$
   (II) $f'(u) = m$

f) Der Punkt $P(u \mid v)$ liegt auf dem Graphen von f, die x-Achse ist Asymptote und die Fläche zwischen dem Graphen und der x-Achse über dem Intervall $[s; t]$ hat die Maßzahl A.
   (I) $f(u) = v$
   (II) $c = 0$
   (III) $A = \left| \int_s^t (a \cdot e^{b \cdot x} + c)\,dx \right|$

g) Der Punkt $P(u \mid v)$ liegt auf dem Graphen von f. Die Funktionswerte verkleinern sich um p % je Zeitschritt und streben gegen 0.
   (I) $f(u) = v$
   (II) $c = 0$
   (III) $f(1) = \left(1 - \frac{p}{100}\right) \cdot f(0)$

Beispiel 1

Auf dem Graphen der Funktion f mit $f(x) = a \cdot e^{b \cdot x}$, $x \in \mathbb{R}$, liegen die Punkte $P(0 \mid 2)$ und $Q(2 \mid 2e)$. Bestimmen Sie die Funktionsgleichung.

Lösung:

Da P und Q auf dem Graphen von f liegen, gilt:

$f(0) = a \cdot e^{b \cdot 0} = a \cdot 1 = 2$; $\quad f(2) = a \cdot e^{b \cdot 2} = a \cdot e^{2b} = 2e$

(I) $a = 2$ $\quad$ (II) $a \cdot e^{2b} = 2e$

Einsetzen von (I) in (II) ergibt $b = \frac{1}{2}$.

Die Funktionsgleichung lautet $f(x) = 2 \cdot e^{\frac{1}{2} \cdot x}$.

Beispiel 2

Der Graph der Funktion f mit $f(x) = a \cdot e^{b \cdot x}$, $x \in \mathbb{R}$, hat im Punkt $P\left(1 \,\middle|\, \frac{1}{4e^2}\right)$ die Steigung $-\frac{1}{2e^2}$. Bestimmen Sie die Funktionsgleichung.

Lösung:

Da P auf dem Graphen von f liegt, gilt: $f(1) = a \cdot e^{b \cdot 1} = a \cdot e^b = \frac{1}{4e^2}$

(I) $a \cdot e^b = \frac{1}{4e^2}$

Mit der Ableitung $f'(x) = a \cdot e^{b \cdot x} \cdot b$ folgt (F 13, F 14): $f'(1) = a \cdot e^{b \cdot 1} \cdot b = -\frac{1}{2e^2}$

(II) $a \cdot e^b \cdot b = -\frac{1}{2e^2}$

In (I) erkennt man den Wert von $a \cdot e^b$ und setzt diesen in (II) ein. Man erhält $b = -2$.

Mit (I) ergibt sich dann a:

$$a \cdot e^{-2} = \frac{1}{4e^2}$$
$$a = \frac{1}{4}$$

Die Funktionsgleichung lautet $f(x) = \frac{1}{4} \cdot e^{-2x}$.

Beispiel 3

Der abgebildete Graph gehört zu einer Funktion f mit $f(x) = a \cdot e^{b \cdot x} + c,\ x \in \mathbb{R}$.
Die Gerade t ist Tangente an diesen Graphen, die Gerade g Asymptote.
Bestimmen Sie die Funktionsgleichung.

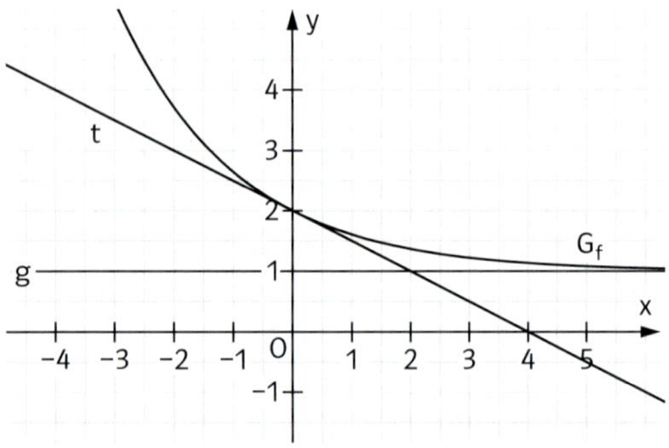

Lösung:

1. Der Graph von f mit $f(x) = a \cdot e^{b \cdot x} + c$ hat die waagrechte Asymptote mit der Gleichung $y = c$.
   Damit weiß man:
   (I) $c = 1$
2. Da Y(0 | 2) auf dem Graphen von f liegt, gilt:
   $f(0) = a \cdot e^{b \cdot 0} + 1 = a \cdot 1 + 1 = 2$
   (II) $a = 1$

Die mit (I) und (II) vereinfachte Funktionsgleichung lautet nun: $f(x) = 1 \cdot e^{b \cdot x} + 1 = e^{b \cdot x} + 1$

3. Die Steigung der Tangente in Y(0 | 2) ist $-\frac{1}{2}$. Mit $f'(x) = b \cdot e^{b \cdot x}$ erhält man (F 13, F 14):
   $f'(0) = b \cdot e^{b \cdot 0} = b \cdot e^0 = b$
   (III) $b = -\frac{1}{2}$

Die Funktionsgleichung heißt $f(x) = e^{-\frac{1}{2} \cdot x} + 1$.

Aufgabe

Bestimmen Sie jeweils die Funktionsgleichung.

a) Auf dem Graphen der Funktion f mit $f(x) = a \cdot e^{b \cdot x},\ x \in \mathbb{R}$, liegen die Punkte P(0 | −1) und Q(−1 | −e).
b) Die Tangente an den Graphen von f mit $f(x) = a \cdot e^{b \cdot x},\ x \in \mathbb{R}$, im Punkt $P\left(1 \middle| \frac{1}{2e^2}\right)$ hat die Steigung $-\frac{1}{e^2}$.
c) 🖩 Der Graph der Funktion f mit $f(x) = a \cdot e^{b \cdot x},\ x \in \mathbb{R}$, geht durch den Punkt P(0 | 3) und schließt mit den Koordinatenachsen und der Geraden mit der Gleichung $x = \ln(4)$ eine Fläche mit dem Inhalt 6 Flächeneinheiten ein.

Ergebnis:

a) $f(x) = -e^{-x}$ b) $f(x) = \frac{1}{2}e^{-2x}$ c) $f(x) = 3e^{\frac{1}{2}x}$

Graphen

F 37 Gemeinsame Punkte eines Graphen mit den Koordinatenachsen bestimmen

... da bin ich noch unsicher ☐ ***... das kann ich (jetzt)*** ☐

Gemeinsame Punkte eines Graphen mit der x-Achse

Eine Funktion f mit ihrem Definitionsbereich D_f sei gegeben. Wenn ein Punkt $X(x_0 | f(x_0))$ des Graphen auf der x-Achse liegt, dann hat seine y-Koordinate den Wert 0.
Zur Bestimmung solcher Punkte ist daher die Gleichung $f(x) = 0$ zu lösen. Jede Lösung x_0 (Nullstelle) bestimmt einen gemeinsamen Punkt $X(x_0 | 0)$ des Graphen mit der x-Achse.

Näheres zum Lösen von Gleichungen siehe Fertigkeiten F 1 bis F 6).

Hinweise

1. Achten Sie darauf, dass die errechnete Lösung (Nullstelle) auch im Definitionsbereich der Funktion f liegt.
2. Der gemeinsame Punkt eines Graphen mit der x-Achse kann ein Schnittpunkt oder Berührpunkt sein. Näheres zu Berührpunkten siehe Fertigkeiten F 15 bis F 17.
3. Eventuell sind manche Nullstellen nur mit dem GTR zu ermitteln.

Beispiel

Gegeben ist die Funktion f.
Bestimmen Sie die gemeinsamen Punkte des Graphen von f mit der x-Achse.

a) $f(x) = x^3 - 2x^2 - 15x$

b) $f(x) = (x^2 - 5x + 6) \cdot e^{0{,}1x}$

Lösung:

a) Es gilt:

$$f(x) = 0$$
$$x^3 - 2x^2 - 15x = 0$$
$$x \cdot (x^2 - 2x - 15) = 0$$
$$x \cdot (x - 5) \cdot (x + 3) = 0$$
$$x = 0 \vee x = 5 \vee x = -3$$

Die gesuchten Punkte sind $N_1(0\,|\,0)$, $N_2(5\,|\,0)$, $N_3(-3\,|\,0)$.

b) Es gilt:

$$f(x) = 0$$
$$x^2 - 5x + 6 = 0, \text{ da } e^{0{,}1x} \neq 0$$
$$(x - 2) \cdot (x - 3) = 0$$
$$x = 2 \vee x = 3$$

Die gesuchten Punkte sind $N_1(2\,|\,0)$ und $N_2(3\,|\,0)$.

Gemeinsamer Punkt eines Graphen mit der y-Achse

Da jeder Punkt $Y(x_0\,|\,y_0)$ der y-Achse die x-Koordinate $x_0 = 0$ hat, bestimmt man diesen gemeinsamen Punkt durch Einsetzen von 0 anstelle von x in die Funktionsgleichung. Man erhält $y_0 = f(0)$.

Beispiel

Gegeben ist die Funktion f.
Geben Sie den gemeinsamen Punkt des Graphen der Funktion f mit der y-Achse an.

a) $f(x) = 2e^{-3x} - 1,\ x \in \mathbb{R}$

b) $f(x) = \frac{1}{(x-2)^2} + x,\ x \in \mathbb{R} \setminus \{2\}$

Lösung:

a) Es gilt:
$f(0) = 2 \cdot e^{-3 \cdot 0} - 1 = 2 \cdot e^0 - 1 = 2 - 1 = 1$

Der gesuchte Punkt ist $Y(0\,|\,1)$.

b) Es gilt:
$f(0) = \frac{1}{(0-2)^2} + 0 = \frac{1}{(-2)^2} = \frac{1}{4}$

Der gesuchte Punkt ist $Y\left(0\,\middle|\,\frac{1}{4}\right)$.

F 38 Die Symmetrie von Graphen erkennen oder nachweisen

... da bin ich noch unsicher ☐ ... das kann ich (jetzt) ☐

Symmetrie zur y-Achse

Wenn für die Funktion f gilt $f(-x_0) = f(x_0)$ für alle $x_0 \in D_f$, dann ist der Graph von f symmetrisch zur y-Achse.

Symmetrie zum Koordinatenursprung 0

Wenn für die Funktion f gilt $f(-x_0) = -f(x_0)$ für alle $x_0 \in D_f$, dann ist der Graph von f symmetrisch zum Koordinatenursprung 0.

Tipp

Wenn die Definitionsmenge einer Funktion nicht symmetrisch um die Stelle $x_0 = 0$ liegt, dann kann der Graph keine der beiden oben genannten Symmetrieeigenschaften haben. In einem solchen Fall muss man überhaupt nicht rechnen.

Hinweise

1. Bei ganzrationalen Funktionen gilt: Wenn im Funktionsterm nur gerade Exponenten der Variablen x vorkommen, so ist der Graph symmetrisch zur y-Achse. Kommen nur ungerade Exponenten vor, so ist der Graph symmetrisch zum Koordinatenursprung O.
   Beachten Sie dabei: Jeder konstante Summand im Funktionsterm, etwa c, lässt sich in der Form $c \cdot 1 = c \cdot x^0$ schreiben. Der Exponent 0 ist eine gerade Zahl.
2. Wenn der Graph zu einer Funktion f weder symmetrisch zur y-Achse noch symmetrisch zum Koordinatenursprung O ist, bedeutet das *nicht*, dass der Graph keine Symmetrieeigenschaften hat. Er könnte dann zum Beispiel zu einer Parallelen zur y-Achse oder zu einem anderen Punkt als O symmetrisch sein. Beispielsweise ist jeder Graph einer ganzrationalen Funktion 3. Grades punktsymmetrisch zu seinem Wendepunkt.

Beispiel

Untersuchen Sie den Graphen zur Funktion f auf Symmetrie.

a) $f(x) = \frac{1}{4}x^4 - 2x^2;\ x \in \mathbb{R}$

b) $f(x) = -2x^3 + x;\ x \in \mathbb{R}$

c) $f(x) = \frac{1}{x^2+1} - x;\ x \in \mathbb{R}$

d) $f(x) = \frac{1}{2} \cdot (e^x + e^{-x});\ x \in \mathbb{R}$

Lösung:

a) Da im Funktionsterm der ganzrationalen Funktion nur gerade Exponenten vorkommen, ist der Graph symmetrisch zur y-Achse.

b) Da im Funktionsterm der ganzrationalen Funktion nur ungerade Exponenten vorkommen, ist der Graph symmetrisch zum Koordinatenursprung.

c) Es sei $x_0 \in \mathbb{R}$ beliebig gewählt. Dann gilt:

$$f(-x_0) = \frac{1}{(-x_0)^2+1} - (-x_0) = \frac{1}{x_0^2+1} + x_0$$

Man erkennt:

$f(-x_0) \neq f(x_0),\ f(-x_0) \neq -f(x_0)$

Der Graph von f ist daher weder symmetrisch zur y-Achse noch symmetrisch zum Koordinatenursprung O.

d) Es sei $x_0 \in \mathbb{R}$ beliebig gewählt. Dann gilt:

$$f(-x_0) = \frac{1}{2}(e^{-x_0} + e^{-(-x_0)}) = \frac{1}{2}(e^{-x_0} + e^{x_0})$$
$$= \frac{1}{2}(e^{x_0} + e^{-x_0})$$
$$= f(x_0)$$

Der Graph von f ist daher symmetrisch zur y-Achse.

Aufgabe

Untersuchen Sie die Funktion f mit maximalem Definitionsbereich auf Symmetrie des Graphen zur y-Achse bzw. zum Koordinatenursprung O.

a) $f(x) = x^3 - x^2$

b) $f(x) = \frac{1}{x} + 2x$

c) $f(x) = e^{-2x} + x$

d) $f(x) = \frac{2}{x^2-1} - 1$

e) $f(x) = -x^4 + 2$

f) $f(x) = \frac{e^x - e^{-x}}{x}$

Ergebnis:

a) Weder symmetrisch zur y-Achse noch zum Koordinatenursprung O

b) Symmetrie zum Koordinatenursprung O

c) Weder symmetrisch zur y-Achse noch zum Koordinatenursprung O

d) Symmetrie zur y-Achse

e) Symmetrie zur y-Achse

f) Symmetrie zur y-Achse

F 39 Die Streckung (Stauchung) eines Graphen erkennen oder durchführen

... da bin ich noch unsicher ☐ ... das kann ich (jetzt) ☐

Streckung in Richtung der x-Achse

Der Graph der Funktion g mit $g(x) = f\left(\frac{1}{k} \cdot x\right)$ entsteht aus dem Graphen von f durch eine Streckung mit dem Streckfaktor k, wenn k positiv ist.
Ist der Streckfaktor k negativ, so streckt man zunächst ohne Berücksichtigung des Minuszeichens und spiegelt anschließend den erhaltenen Graphen an der y-Achse.
Spezialfall: Für $k = -1$ wird der Graph von f an der y-Achse gespiegelt.

Tipp

Zeichenkontrolle: Ein Schnittpunkt $X(x_0 \mid 0)$ des Graphen von f mit der x-Achse wird bei der Streckung mit Streckfaktor k auf den Punkt $X'(k \cdot x_0 \mid 0)$ abgebildet. Falls keine Schnittpunkte mit der x-Achse existieren, kann man die Kontrolle mit anderen Punkten, z. B. Extrempunkten, durchführen.

Streckung in Richtung der y-Achse

Der Graph der Funktion g mit $g(x) = k \cdot f(x)$ entsteht aus dem Graphen von f durch eine Streckung/Stauchung in Richtung der y-Achse mit dem Streckfaktor k, wenn k positiv ist.
Ist der Streckfaktor k negativ, so streckt man zunächst ohne Berücksichtigung des Minuszeichens und spiegelt anschließend den erhaltenen Graphen an der x-Achse.
Spezialfall: Für $k = -1$ wird der Graph von f an der x-Achse gespiegelt.

Tipp

Zeichenkontrolle: Ein Schnittpunkt $X(x_0 \mid 0)$ des Graphen von f mit der x-Achse wird bei der Streckung auf sich selbst abgebildet.

Hinweis

Gelegentlich kommt es vor, dass ein Graph sowohl in Richtung der x-Achse als auch in Richtung der y-Achse gestreckt werden soll. In diesem Fall führt man die beiden Streckungen nacheinander aus. Die Reihenfolge ist dabei unerheblich.

Beispiel 1

Wie muss man den Streckfaktor k wählen, damit das Bild des Graphen von f mit $f(x) = \frac{1}{4x}$, $x \in \mathbb{R} \setminus \{0\}$, bei einer Streckung in Richtung der y-Achse durch den Punkt $P\left(\frac{2}{3} \middle| 1\right)$ geht?

Lösung:

Da eine Streckung in Richtung der y-Achse erfolgt, gilt: $g(x) = k \cdot f(x) = k \cdot \frac{1}{4x}$.
Da $P\left(\frac{2}{3} \middle| 1\right)$ auf dem Graphen von g liegt, also $g\left(\frac{2}{3}\right) = 1$ gilt, erhält man: $1 = k \cdot \frac{1}{4 \cdot \frac{2}{3}}$
Der Streckfaktor muss demnach $k = \frac{8}{3}$ sein.

Beispiel 2

Der Graph von f mit $f(x) = x \cdot e^{-\frac{1}{2}x}$, $x \in \mathbb{R}$, soll an der x-Achse gespiegelt werden.
Geben Sie die Funktionsgleichung der zum Bildgraphen gehörenden Funktion g an.

Lösung:

Eine Spiegelung an der x-Achse wird mit dem Streckfaktor $k = -1$ erreicht.
Daher lautet die Funktionsgleichung $g(x) = -1 \cdot x \cdot e^{-\frac{1}{2}x} = -x \cdot e^{-\frac{1}{2}x}$.

Aufgabe

Wie geht der Graph von g in nebenstehender Abbildung aus dem Graphen von f hervor?

Ergebnis:

Spiegelung an der x-Achse;

Streckfaktor $k = -1$, also $g(x) = -f(x)$

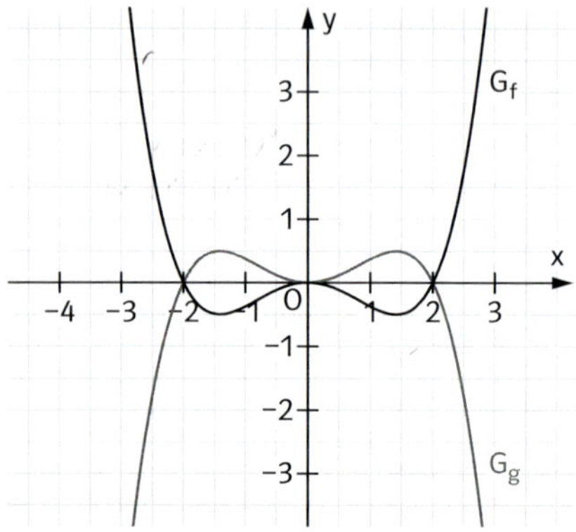

F 40 Die Verschiebung eines Graphen erkennen oder durchführen

… da bin ich noch unsicher ☐ … das kann ich (jetzt) ☐

Verschiebung in Richtung der x-Achse

Der Graph der Funktion g mit $g(x) = f(x - a)$ entsteht aus dem Graphen von f durch Verschiebung in Richtung der x-Achse um a.

Wenn $a > 0$, dann erfolgt die Verschiebung um a Einheiten nach rechts. Ist $a < 0$, dann erfolgt die Verschiebung um $|a|$ Einheiten nach links.

Verschiebung in Richtung der y-Achse

Der Graph der Funktion g mit $g(x) = f(x) + a$ entsteht aus dem Graphen von f durch Verschiebung in Richtung der y-Achse um a.

Wenn $a > 0$, dann erfolgt die Verschiebung um a Einheiten nach oben. Ist $a < 0$, dann erfolgt die Verschiebung um $|a|$ Einheiten nach unten.

Hinweis

Gelegentlich kommt es vor, dass ein Graph sowohl in Richtung der x-Achse als auch in Richtung der y-Achse verschoben werden soll. In diesem Fall führt man die beiden Verschiebungen nacheinander aus. Die Reihenfolge ist dabei gleichgültig.

Beispiel 1

Geben Sie die Funktionsgleichung des Bildgraphen an.

Der Graph von f mit $f(x) = x^2 - x$ wird um 2 Einheiten nach rechts verschoben.

Lösung:

$g(x) = f(x - 2) = (x - 2)^2 - (x - 2) = x^2 - 5x + 6$

Beispiel 2

Wie geht der Graph von g mit $g(x) = e^{x-1}$ aus dem Graphen von f mit $f(x) = e^x$ hervor?

Lösung:

$g(x) = f(x - 1) = e^{x-1}$. Der Graph von g entsteht aus dem Graphen von f durch eine Verschiebung um 1 Einheit nach rechts.

Alternative:

Schreibt man den Term von g in der Form $e^{x-1} = e^x \cdot e^{-1} = \frac{1}{e} \cdot e^x$, so erkennt man, dass der Graph von g aus dem Graphen von f durch eine Streckung in Richtung der y-Achse mit dem Streckfaktor $\frac{1}{e}$ hervorgeht.

Aufgabe

Beschreiben Sie die Verschiebung, die den Graphen von f in den Graphen von g überführt.

a) $f(x) = \sqrt{2x}$; $g(x) = \sqrt{2x+4}$ b) $f(x) = e^{x+2} - 1$; $g(x) = e^{x+2} + 1$

Ergebnis:

a) $g(x) = \sqrt{2\cdot(x+2)} = f(x+2)$; Verschiebung um 2 Einheiten nach links

b) $g(x) = f(x) + 2$; Verschiebung um 2 Einheiten nach oben

F 41 Asymptoten bei Graphen erkennen

... da bin ich noch unsicher ☐ ***... das kann ich (jetzt)*** ☐

Senkrechte Asymptoten

Wenn die Funktionswerte einer Funktion f bei Annäherung an eine Stelle x_0 gegen $+\infty$ oder gegen $-\infty$ streben, dann heißt die Gerade mit der Gleichung $x = x_0$ senkrechte Asymptote des Graphen von f.

Hinweis

Senkrechte Asymptoten kommen an Definitionslücken vor (vgl. Beispiele a) und b)). Nicht an jeder Definitionslücke gibt es allerdings zwangsläufig eine senkrechte Asymptote.

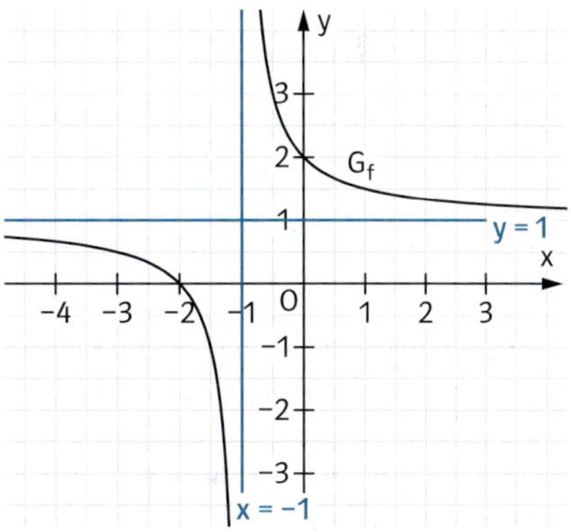

Waagrechte Asymptoten

Wenn die Funktionswerte einer Funktion f für x gegen $+\infty$ oder gegen $-\infty$ gegen eine reelle Zahl a streben, dann heißt die Gerade mit der Gleichung $y = a$ waagrechte Asymptote des Graphen von f.

Beispiel

Geben Sie die Asymptoten des Graphen von f an.

a) $f(x) = \frac{1}{x^2}$; $x \in \mathbb{R}\setminus\{0\}$ b) $f(x) = e^{-x}$; $x \in \mathbb{R}$ c) $f(x) = e^x - 2$; $x \in \mathbb{R}$

Lösung:

a) Der Graph hat an der Stelle $x_0 = 0$ eine senkrechte Asymptote. Ihre Gleichung ist $x = 0$ (y-Achse).
Da $\lim\limits_{x \to +\infty} \frac{1}{x^2} = 0$ bzw. $\lim\limits_{x \to -\infty} \frac{1}{x^2} = 0$ gilt, hat der Graph auch die waagrechte Asymptote mit der Gleichung $y = 0$ (x-Achse).

b) Der Graph hat die waagrechte Asymptote mit der Gleichung $y = 0$,
denn es gilt: $\lim\limits_{x \to +\infty} (e^{-x}) = 0$.

c) Der Graph hat die waagrechte Asymptote mit der Gleichung $y = -2$,
denn es gilt: $\lim\limits_{x \to -\infty} (e^x - 2) = -2$.

Aufgabe

Geben Sie für den Graphen der Funktion f die Gleichungen der Asymptoten an.

a) $f(x) = \frac{4}{x}$; $x \in \mathbb{R}\setminus\{0\}$ b) $f(x) = x\cdot e^x - 4$; $x \in \mathbb{R}$ c) $f(x) = \frac{e^x}{x}$; $x \in \mathbb{R}\setminus\{0\}$

Ergebnis:

a) senkrechte Asymptote: $x = 0$; waagrechte Asymptote: $y = 0$

b) waagrechte Asymptote: $y = -4$

c) senkrechte Asymptote: $x = 0$; waagrechte Asymptote: $y = 0$

Zusammenhänge zwischen den Graphen von Funktion, Ableitungsfunktion und Stammfunktion

F 42 Aussagen über die Ableitungsfunktion f′ bei gegebenem Graphen G_f treffen

… da bin ich noch unsicher ☐ *… das kann ich (jetzt)* ☐

Wenn der Graph einer (mindestens dreimal differenzierbaren) Funktion f gegeben ist, dann lassen sich auch ohne Kenntnis der Funktionsgleichung eine Reihe von Aussagen über die Ableitungsfunktion bzw. deren Graphen machen und begründen:

1. Stellen, an denen die Tangenten an den Graphen von f waagrecht verlaufen, sind Stellen, an denen die Ableitungsfunktion f′ den Funktionswert 0 hat.
2. Die Steigung des Graphen von f entspricht dem Funktionswert der Ableitungsfunktion f′ an dieser Stelle. Die Steigung des Graphen von f erhalten Sie näherungsweise durch Einzeichnen des Steigungsdreiecks.
3. Wenn der Graph von f auf einem Intervall eine Rechtskurve ist, dann nimmt die Steigung dieses Graphen ständig ab. f′ ist also streng monoton abnehmend auf diesem Intervall. Wenn der Graph von f auf einem Intervall eine Linkskurve ist, dann nimmt die Steigung dieses Graphen ständig zu. f′ ist also streng monoton zunehmend auf diesem Intervall.

Beispiel 1

Gegeben ist der Graph einer Funktion f.

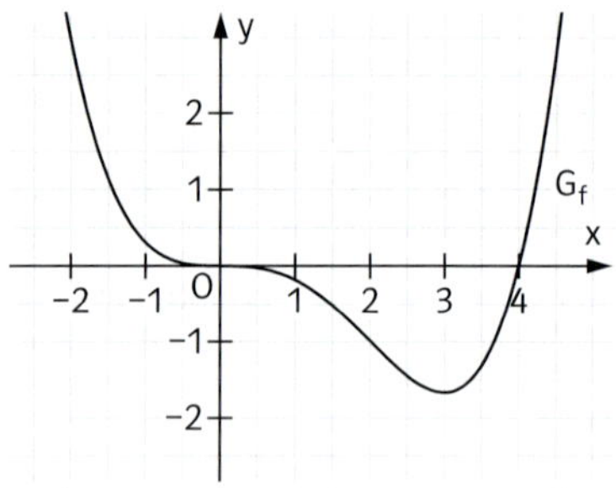

a) Geben Sie die Nullstellen von f′ an.
b) Bestimmen Sie diejenigen Bereiche, in denen der Graph von f′ unterhalb bzw. oberhalb der x-Achse verläuft.
c) Hat die Ableitungsfunktion f′ eine Extremstelle? Geben Sie gegebenenfalls die Art des Extremums an.

Lösung:

a) Wenn der Graph einer Funktion f eine Stelle mit waagrechter Tangente besitzt, dann nimmt an dieser Stelle die Ableitungsfunktion den Funktionswert 0 an.
In der Abbildung erkennt man die Nullstellen von f′:
$f'(0) = f'(3) = 0$

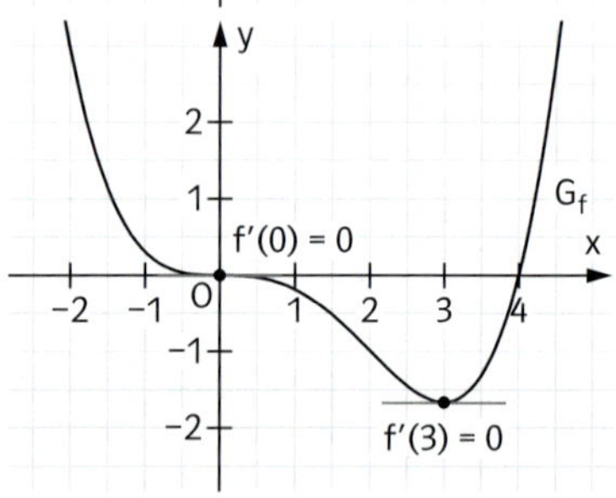

b) Für $x < 0$ fällt der Graph von f, die Funktionswerte f′(x) sind demnach negativ.
Für $0 < x < 3$ fällt der Graph von f weiter. Die Funktionswerte f′(x) sind auch in diesem Intervall negativ.
Für $x > 3$ steigt der Graph von f, die Funktionswerte f′(x) sind positiv.
Der Graph von f′ verläuft daher für $x < 3$ unterhalb und für $x > 3$ oberhalb der x-Achse.

c) Man erkennt aus b):
Die Nullstellen der Ableitungsfunktion f′ können Stellen sein, an denen die Funktionswerte f′(x) ihr Vorzeichen ändern. Dies ist an der Stelle $x_1 = 3$ der Fall. Diese Stelle kann daher keine Extremstelle von f′ sein.
An der Nullstelle $x_2 = 0$ von f′ ändern die Funktionswerte f′(x) beim Überschreiten dieser Stelle ihr Vorzeichen nicht. Sie sind in der Umgebung der Nullstelle negativ, an der Stelle $x_2 = 0$ selbst jedoch 0. Daher ist diese Stelle eine Maximumstelle von f′.
An der Stelle $x_3 \approx 2$ hat f eine Wendestelle mit minimaler Steigung. Daher hat f′ bei $x_3 \approx 2$ eine Minimumstelle.

Beispiel 2

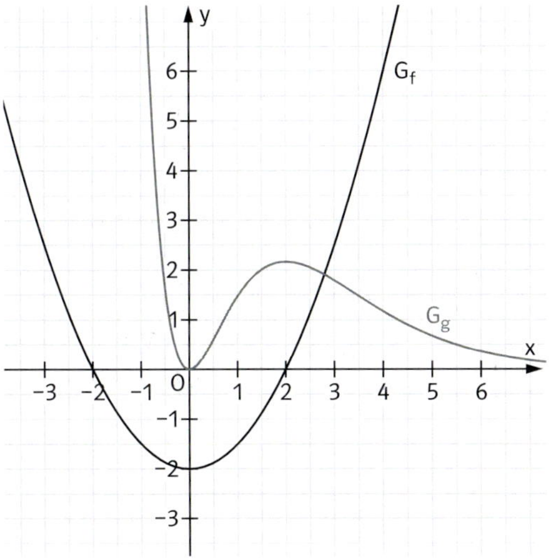

Die Graphen zweier Funktionen f und g sind gegeben.
Untersuchen Sie deren Ableitungsfunktionen f′ und g′ auf Monotonie.

Lösung:

In der Abbildung erkennt man anhand einiger an G_f eingezeichneter Steigungsdreiecke:
Die Steigung des Graphen von f nimmt von −2 auf −1, dann auf 0 und schließlich auf +1 und +2 beständig zu. Somit nimmt f′ zu. Die Ableitungsfunktion f′ ist demnach streng monoton zunehmend auf dem gesamten Intervall.

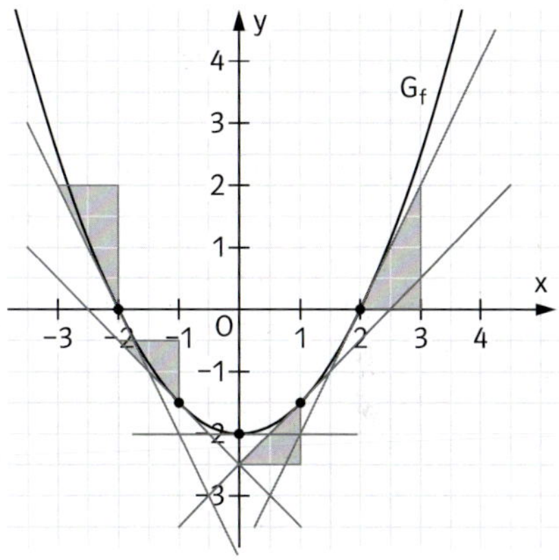

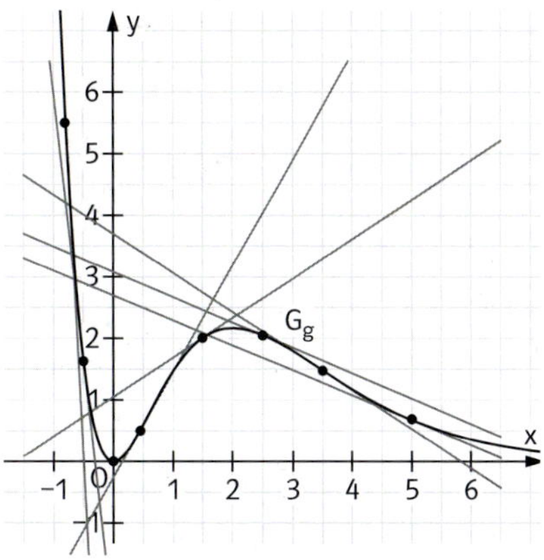

In der Abbildung für G_g erkennt man näherungsweise:
An der Stelle −0,8 hat der Graph von f etwa die Steigung −18, an der Stelle −0,5 etwa die Steigung −8, an der Stelle 0 die Steigung 0, an der Stelle 0,5 die Steigung 2. Die Steigung des Graphen von f nimmt also bis etwa zur Stelle 0,7 beständig zu.
Für $x < 0{,}7$ ist die Ableitungsfunktion f′ daher streng monoton zunehmend.
An der Stelle 1,5 ist die Steigung des Graphen von f etwa 0,6, an der Stelle 2 etwa 0, an der Stelle 2,5 etwa −0,3 und an der Stelle 3,5 etwa −0,6, an der Stelle 5 etwa −0,3.
Für $0{,}7 < x < 3{,}5$ nimmt die Steigung des Graphen von f beständig ab, für $x > 3{,}5$ wieder beständig zu.
Die Ableitungsfunktion f′ ist folglich näherungsweise für $0{,}7 < x < 3{,}5$ streng monoton abnehmend, für $x > 3{,}5$ streng monoton zunehmend.

Aufgaben

1. Die Abbildung zeigt den Graphen einer Funktion f.
   a) Hat die Ableitungsfunktion f′ Nullstellen?
   b) Untersuchen Sie, ob f′ Extremstellen hat und geben Sie diese gegebenenfalls an.
   c) Für welche Werte von x gilt: $f'(x) < 0$?
   d) Begründen Sie, dass die x-Achse auch Asymptote des Graphen von f′ ist.
   Nähert sich der Graph von f′ der x-Achse von oben oder von unten an?

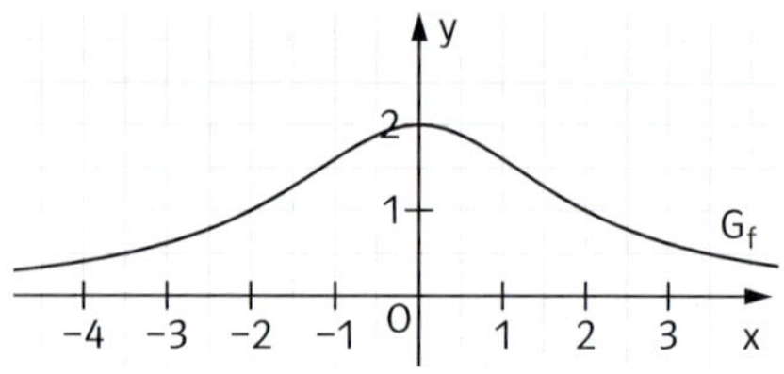

2. Die Abbildung enthält den Graphen einer Funktion f, den Graphen der Ableitungsfunktion f′ und den Graphen einer Funktion g.
   Ordnen Sie die Graphen G_1, G_2 und G_3 den Funktionen f, f′ und g zu. Begründen Sie Ihre Zuordnung.

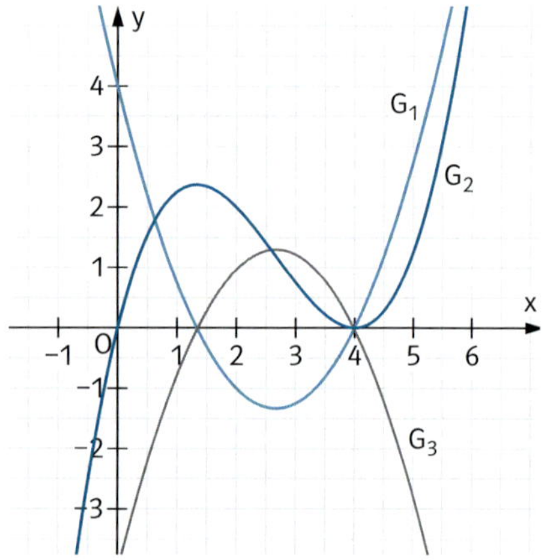

Ergebnisse:

1. a) Der Graph von f hat in Y(0 | 2) eine waagrechte Tangente. Die Tangentensteigung ist dort 0. Dies besagt: $f'(0) = 0$.
   b) Wenn $f''(x_0) = 0$ und $f'''(x_0) \neq 0$, dann ist x_0 lokale Extremstelle von f′.
   Dieselbe Bedingung besagt aber auch, dass x_0 Wendestelle von f ist.
   Offenbar hat f zwei zur y-Achse symmetrisch liegende Wendestellen, nämlich 1,2 und −1,2. Dies sind daher zugleich die Extremstellen von f′.
   c) Der Graph von f fällt für $x > 0$. Für diese Werte von x gilt daher $f'(x) < 0$.
   d) Wenn $x \to +\infty$, dann nimmt die negative Steigung des Graphen von f immer mehr zu. Sie bleibt negativ, geht gegen 0 und der Graph von f′ nähert sich der Asymptote von unten an. Für $x \to -\infty$ nimmt die positive Steigung des Graphen immer mehr ab. Sie bleibt aber positiv, geht gegen 0 und der Graph von f′ nähert sich der Asymptote von oben an.
   Die x-Achse ist daher sowohl für $x \to +\infty$ als auch für $x \to -\infty$ waagrechte Asymptote des Graphen von f′. Für $x > 0$ nähert sich dieser Graph der Asymptote von unten, für $x < 0$ von oben.
2. G_2 gehört zur Funktion f, G_1 zur Funktion f′ und G_3 zur Funktion g.
   Mögliche Begründung:
   G_2 hat waagrechte Tangenten näherungsweise an der Stelle 1,3 und an der Stelle 4. Die Graphen G_1 und G_3 haben an diesen Stellen ihre Nullstellen, kommen also zunächst beide als Graph der Ableitungsfunktion f′ in Frage.
   G_2 fällt links von der Stelle 4 und steigt rechts davon. Die Ableitungsfunktion muss also links von der Stelle 4 negative Funktionswerte haben und rechts davon positive. Dies trifft auf den Graphen G_1 zu, der daher zur Ableitungsfunktion f′ gehört. (Der Graph G_3 gehört zur Funktion −f′.)
   Alternative Begründung:
   G_2 kann nicht Graph der Ableitungsfunktion sein, da er die Nullstelle 0 hat. Weder der Graph G_1 noch der Graph G_3 haben an der Stelle 0 eine waagrechte Tangente. G_3 kann auch nicht Graph der Ableitungsfunktion sein, denn für $x > 4$ verläuft der Graph unterhalb der x-Achse, die zugehörigen Funktionswerte sind negativ. Dann müsste wenigstens einer der beiden Graphen G_1 und G_2 für $x > 4$ fallen. Dies trifft nicht zu. Also muss G_1 der Graph der Ableitungsfunktion f′ sein. Da der Graph G_1 im Intervall [1,3 ; 4] unterhalb der x-Achse verläuft, f′(x) also negativ ist, kann nur G_2 der Graph der Funktion f sein, denn er fällt auf dem gesamten genannten Intervall.

F 43 Aussagen über die Funktion f bei gegebenem Graphen G_F treffen

… da bin ich noch unsicher ☐ … das kann ich (jetzt) ☐

Wenn der Graph einer Stammfunktion F einer (mindestens dreimal differenzierbaren) Funktion f gegeben ist, dann lassen sich auch ohne Kenntnis der Funktionsgleichung eine Reihe von Aussagen über diese Stammfunktion selbst, die Funktion f und deren Ableitungsfunktion f′ bzw. den zugehörigen Graphen machen.
Beachten Sie, dass eine Aussage über f bei gegebenem F analog ist zu einer Aussage über f′ bei gegebenem f. Insofern bilden die folgenden Erläuterungen lediglich eine Erweiterung dessen, was in F 42 bereits angesprochen wurde.

1. Näherungsweise Bestimmung von Funktionswerten der Funktion f:
   Da $F'(x) = f(x)$ und daher $F'(x_0) = f(x_0)$ gilt, entspricht die Steigung des Graphen von F an einer Stelle x_0 dem Funktionswert $f(x_0)$. Die Steigung des Graphen von F bestimmt man durch Einzeichnen eines Steigungsdreiecks nach Augenmaß und Ablesen der Steigung. Auf diese Weise ist ein Punkt des Graphen von f bestimmt.
   Entsprechend kann man beliebig viele Punkte des Graphen von f ermitteln und diesen Graphen skizzieren.
2. Näherungsweise Bestimmung von $\int_a^b f(x)\,dx$ und $\int_a^b F(x)\,dx$:
   Da $\int_a^b f(x)\,dx = F(b) - F(a)$ gilt und die Funktionswerte $F(a)$ und $F(b)$ am gegebenen Graphen von F näherungsweise abgelesen werden können, lässt sich ein Näherungswert für das genannte Integral berechnen.
   Das Integral $\int_a^b F(x)\,dx$ beschreibt den orientierten Inhalt der Fläche zwischen Graph G_F und der x-Achse über dem Intervall $[a;b]$. Dieser orientierte Inhalt kann – gegebenenfalls durch Bestimmung einzelner Teilflächen – näherungsweise berechnet werden (Zerlegung in Dreiecke, Rechtecke und Auszählung von Kästchen).

Beispiel 1

Gegeben ist der Graph einer Stammfunktion F einer Funktion f.

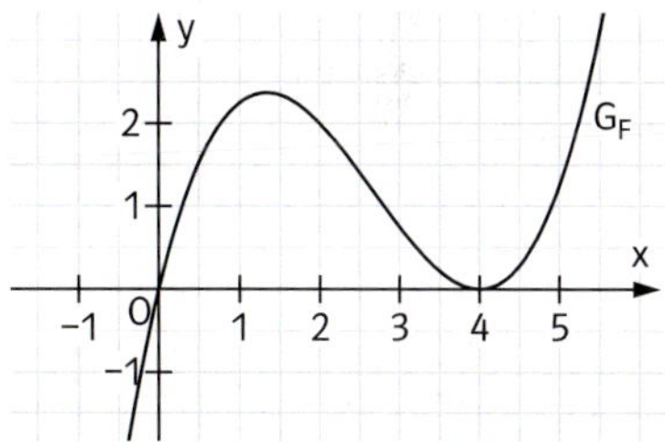

a) Bestimmen Sie näherungsweise $f(0)$, $f(1)$ und $f(2)$.
b) Begründen Sie, dass die Ableitungsfunktion f′ auf dem Intervall $[0;5]$ genau eine Nullstelle hat, und geben Sie diese näherungsweise an.

Lösung:

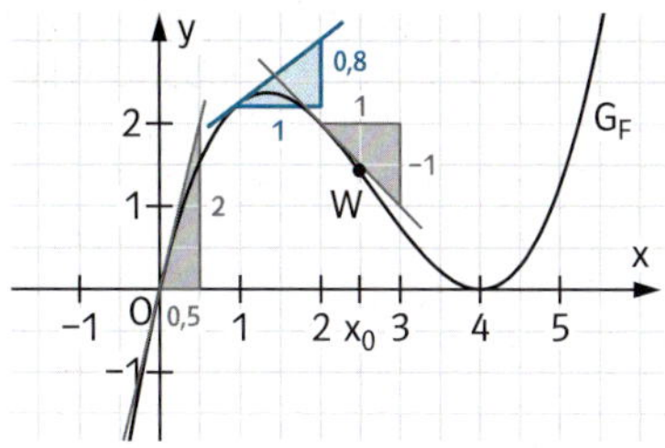

a) Um Funktionswerte von F′ zu bestimmen, zeichnet man näherungsweise an einigen Stellen Tangenten an den Graphen von F. Die Ableitung der Stammfunktion F ergibt die Funktion f. Der Funktionswert der Ableitung einer Funktion an einer Stelle x_0 entspricht der Steigung der Tangente.
   Will man also die Funktionswerte der Funktion f, der Ableitungsfunktion von F, ermitteln, muss man die Steigung der Tangenten an den Graphen der Funktion F bestimmen. Dazu zeichnet man näherungsweise Steigungsdreiecke an den Graphen ein. Damit erkennt man in der Abbildung:
   $f(0) \approx 4;\; f(1) \approx 0{,}8;\; f(2) \approx -1$
b) Jede Nullstelle von f′ ist Nullstelle von F″, da $F' = f$ und daher $F'' = f'$ gilt. Am Graphen von F erkennt man, dass sich an der Stelle $x_0 \approx 2{,}5$ das Krümmungsverhalten von einer Rechts- in eine Linkskurve ändert. Damit ist definitionsgemäß die Stelle $x_0 \approx 2{,}5$ eine Wendestelle von F.

An dieser Wendestelle x_0 gilt $F''(x_0) = 0$. Somit ist x_0 eine Nullstelle von f′. Da es auf dem Intervall $[0;5]$ keine weitere Wendestelle von F gibt, ist x_0 die einzige Nullstelle von f′.

Beispiel 2

Gegeben ist der Graph einer Stammfunktion F einer Funktion f.

a) Bestimmen Sie näherungsweise die Integrale $\int_{-1}^{3} f(x)\,dx$ und $\int_{2}^{3} F(x)\,dx$.

b) Bestimmen Sie a näherungsweise so, dass $\int_{a}^{3} f(x)\,dx = 2$ gilt.

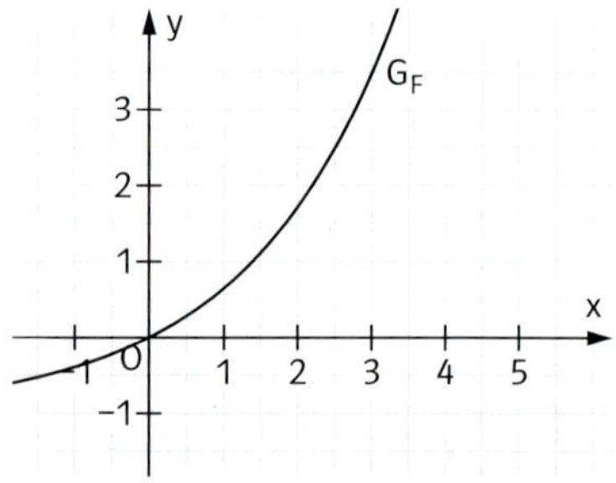

Lösung:

a) Bekanntlich gilt: $\int_{-1}^{3} f(x)\,dx = F(3) - F(-1)$

Die Funktionswerte $F(3) \approx 3{,}5$ und $F(-1) \approx -0{,}4$ entnimmt man der Abbildung.

Man erhält damit: $\int_{-1}^{3} f(x)\,dx = F(3) - F(-1) \approx 3{,}9$

Das Integral $\int_{2}^{3} F(x)\,dx$ lässt sich als Maßzahl des Inhalts der Fläche deuten, die zwischen dem Graphen von F, der x-Achse und den Geraden mit den Gleichungen $x = 2$ und $x = 3$ liegt. Diese Fläche ist in der Abbildung blau gefärbt und hat näherungsweise Trapezform. Die Grundseiten des Trapezes haben etwa die Längen 3,5 bzw. 1,7 Längeneinheiten, die Trapezhöhe beträgt 1 Längeneinheit.

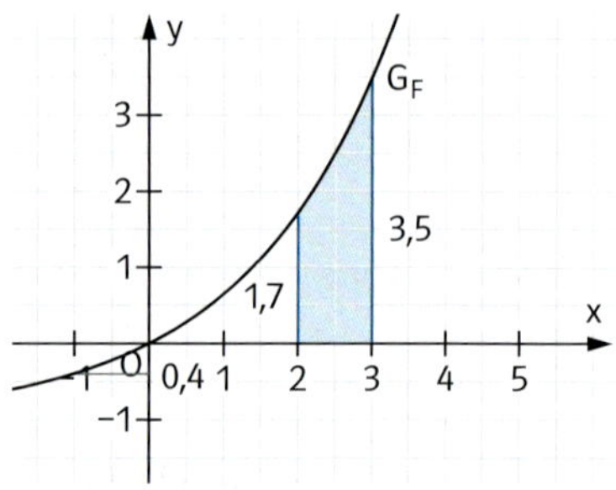

Demnach gilt:

$$\int_{2}^{3} F(x)\,dx \approx \frac{1}{2} \cdot (3{,}5 + 1{,}7) \cdot 1 = 2{,}6$$

b) Es gilt: $\int_{a}^{3} f(x)\,dx = F(3) - F(a) = 2$, woraus folgt: $F(a) = F(3) - 2 \approx 3{,}5 - 2 = 1{,}5$

In der Abbildung muss man also denjenigen Wert von a suchen, für den der Funktionswert 1,5 beträgt. Dies ist für $a \approx 1{,}8$ der Fall.

Aufgabe

Gegeben ist der Graph einer Stammfunktion F der Funktion f.

a) Bestimmen Sie die Funktionswerte $f(-1)$ und $f(-2)$.

b) Geben Sie den genauen Wert von $\int_{1}^{2} f(x)\,dx$ an.

c) Bestimmen Sie einen Näherungswert für $\int_{1}^{2} F(x)\,dx$.

d) Wie viele Nullstellen hat f auf dem Intervall $]0;3]$?

e) Begründen Sie, dass der Graph G_f eine waagrechte Asymptote hat und ermitteln Sie, ob sich dieser Graph der Asymptote von oben oder von unten annähert.

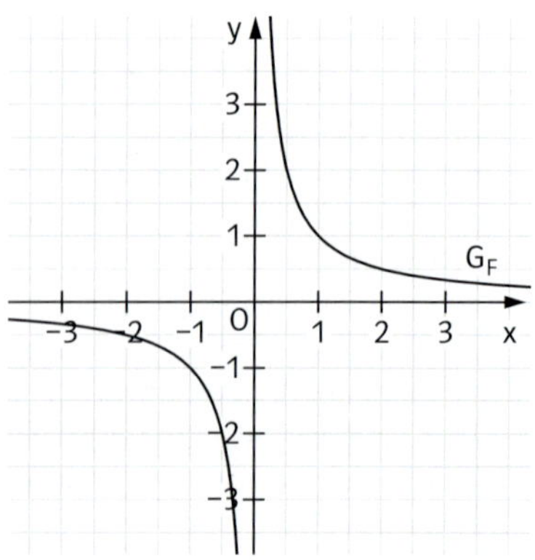

Ergebnis:

a) Aus $f(x) = F'(x)$ folgt:

$f(-1) = F'(-1) \approx -1$; $f(-2) = F'(-2) \approx -\frac{1}{4}$

b) $\int_1^2 f(x)\,dx = F(2) - F(1) = \frac{1}{2} - 1 = -\frac{1}{2}$

c) $\int_1^2 F(x)\,dx \approx 0{,}7$

d) Auf $]0;3]$ gilt $F'(x) < 0$. Daher hat f mit $f(x) = F'(x)$ keine Nullstelle.

e) Für $x \to +\infty$ strebt die Steigung des Graphen G_F gegen 0. Damit strebt f(x) mit $f(x) = F'(x)$ gegen 0. Für $x \to -\infty$ strebt die Steigung des Graphen G_F ebenfalls gegen 0, also auch f(x) gegen 0.
Die x-Achse ist also Asymptote des Graphen von f.
Die Steigungen des Graphen von F sind auf dem gesamten Definitionsbereich D negativ. Daher sind die zugehörigen Funktionswerte f(x) ebenfalls alle negativ. Der Graph von f nähert sich der Asymptote also von unten an.

F 44 Aussagen über Stammfunktionen F bei gegebenem Graphen G_f treffen

... da bin ich noch unsicher ☐ ... das kann ich (jetzt) ☐

Wenn der Graph einer (mindestens dreimal differenzierbaren) Funktion f gegeben ist, dann lassen sich auch ohne Kenntnis der Funktionsgleichung eine Reihe von Aussagen über die Stammfunktionen F bzw. deren Graphen machen.

1. Die Nullstellen von f können Extremstellen von F sein.
   Wenn $f(x_0) = F'(x_0) = 0$ gilt und darüber hinaus f einen Vorzeichenwechsel hat, dann liegt sicher eine Extremstelle von F vor.
   Wenn der Vorzeichenwechsel von f von positiven zu negativen (negativen zu positiven) Werten vorliegt, dann ist x_0 eine Maximumstelle (Minimumstelle) von F.
   Wenn an der Stelle x_0 kein Vorzeichenwechsel von f vorliegt, dann ist x_0 keine Extremstelle von F.

2. Extremstellen von f sind Wendestellen von F.
   Die Stellen, an denen der Graph von f einen Extrempunkt besitzt, sind die Wendestellen von F.

3. Funktionswerte einer Stammfunktion F können näherungsweise bestimmt werden.
   Bekanntlich gibt es zu jeder Funktion f beliebig viele Stammfunktionen, die sich alle um einen konstanten Summanden voneinander unterscheiden. Allein aus dem Graphen von f kann man den Graphen von F also nicht eindeutig bestimmen und demzufolge auch keine Funktionswerte von F angeben.
   Dennoch kann man manchmal Aussagen über Funktionswerte von F erhalten.
   Bekanntlich gilt: $\int_a^b f(x)\,dx = F(b) - F(a)$
   Kennt man nun beispielsweise F(a) und das Integral, so kann man F(b) berechnen. Aus dem gegebenen Graphen von f kann man das Integral näherungsweise durch Abschätzen eines (orientierten) Flächeninhalts bestimmen und damit F(b) angeben.
   Führt man dies für viele weitere Stellen durch, so kann man den Graphen von F auch näherungsweise zeichnen.

Hinweis

Die entsprechenden Überlegungen können Sie für den Graphen einer Funktion f machen, wenn der Graph der Funktion f′ gegeben ist. Sie müssen im Vorhergehenden nur überall F durch f und f durch f′ ersetzen.

Beispiel 1

Gegeben ist der abgebildete Graph der Funktion f.
Die Funktion F sei eine Stammfunktion von f.

a) Geben Sie, falls vorhanden, Extremstellen und Wendestellen des Graphen von F an.
b) Zeigen Sie, dass $F(4) < F(2)$ gilt.
c) Bestimmen Sie einen Näherungswert von $F(1)$, falls $F(3) = 2$ gilt.

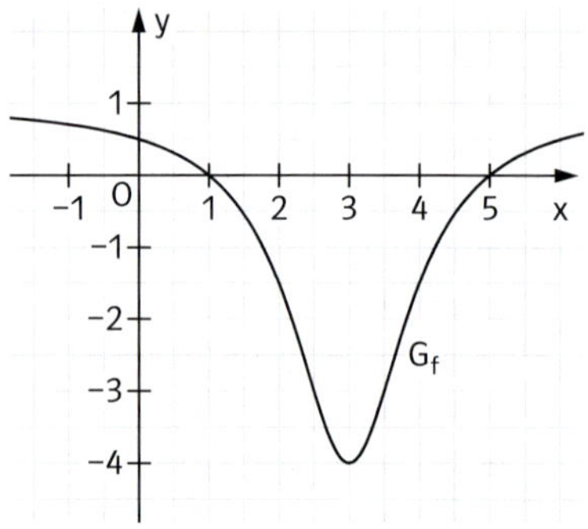

Lösung:

a) Der Abbildung entnimmt man:
$f(1) = F'(1) = 0$; $f(5) = F'(5) = 0$
An der Stelle $x_1 = 1$ findet ein Vorzeichenwechsel von $f = F'$ von positiven zu negativen Werten statt.
Daher ist $x_1 = 1$ eine Maximumstelle von F.
An der Stelle $x_2 = 5$ findet ein Vorzeichenwechsel von $f = F'$ von negativen zu positiven Werten statt. Daher ist $x_2 = 5$ eine Minimumstelle von F.
Der Graph von f hat an der Stelle $x_3 = 3$ einen Tiefpunkt. Somit hat F die Wendestelle $x_3 = 3$.

b) Für $2 \leqq x \leqq 4$ gilt: $f(x) = F'(x) < 0$. Daher ist F auf diesem Intervall streng monoton abnehmend. Daraus folgt, dass $F(4) < F(2)$.

c) Es gilt: $F(1) = F(3) - \int_1^3 f(x)\,dx = 2 - \int_1^3 f(x)\,dx$
In der Abbildung kann man anhand der Kästchen abschätzen: $\int_1^3 f(x)\,dx \approx -3{,}5$
Demzufolge nimmt $F(1)$ ungefähr den Wert 5,5 an.

Beispiel 2

Gegeben ist der abgebildete Graph der Funktion f.

a) Bestimmen Sie alle Extremstellen der Integralfunktion I_1 mit $I_1(x) = \int_1^x f(t)\,dt$.
b) Hat der Graph von I_1 im Intervall $[-1;2]$ Wendestellen?
c) Untersuchen Sie, ob für alle $x \in]1;3]$ gilt: $I_1(x) < 0$
d) Begründen Sie, dass es einen Wert von b gibt, $b > 1$, für den gilt: $I_1(b) = I_1(1)$
e) Bestimmen Sie diesen Wert von b näherungsweise.

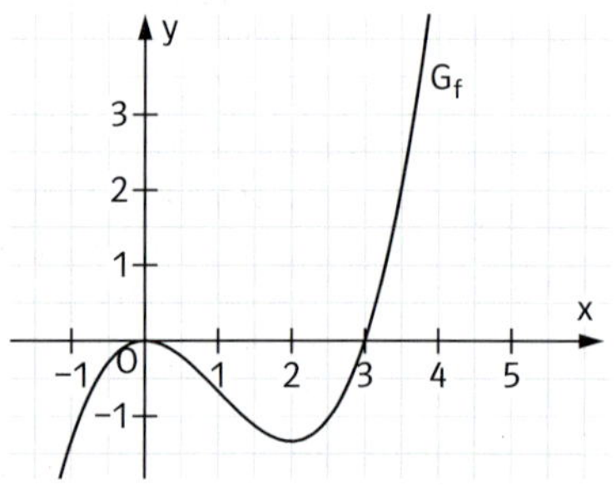

Lösung:

a) Der Abbildung entnimmt man $f(3) = 0$. An der Stelle $x_0 = 3$ findet ein Vorzeichenwechsel von $f = I_1'$ von negativen zu positiven Werten statt. Folglich ist $x_0 = 3$ eine Minimumstelle von I_1.
Weiter gilt $f(0) = 0$. Beim Überschreiten der Stelle $x_1 = 0$ findet dagegen kein Vorzeichenwechsel von $f = I_1'$ statt. Daher ist diese Stelle keine Extremstelle von I_1.

b) f hat an der Stelle $x_2 = 2$ eine Extremstelle. Daher hat F an dieser Stelle eine Wendestelle.

c) Es gilt für $1 < x < 3$: $f(x) = I_1'(x) < 0$
Der Graph von I_1 fällt also auf diesem Intervall streng monoton. Mit $I_1(1) = 0$ folgt daraus, dass alle Funktionswerte von I_1 im Intervall $]1;3]$ negativ sind.

d) Der Funktionswert $I_1(b)$ beschreibt den orientierten Flächeninhalt der Fläche zwischen dem Graphen von f und der x-Achse auf dem Intervall $[1;b]$. Im Teilintervall $[1;3]$ liegt eine Teilfläche unterhalb der x-Achse, auf dem Intervall $[3;b]$ mit $b > 3$ eine andere Teilfläche oberhalb der x-Achse.

Wählt man also ein b, $b > 3$, geeignet groß, so kann man erreichen, dass der Inhalt der beiden Teilflächen gleich groß ist und damit der durch $I_1(b)$ beschriebene orientierte Flächeninhalt den Wert 0 hat.

e) Durch Auszählen der Kästchen erhält man für $I_1(3)$ näherungsweise den Wert -2. Wenn b etwa 4 gewählt wird, hat $I_3(b)$ ungefähr den Wert 2.

Aufgaben

1. Gegeben ist der abgebildete Graph der Funktion f.

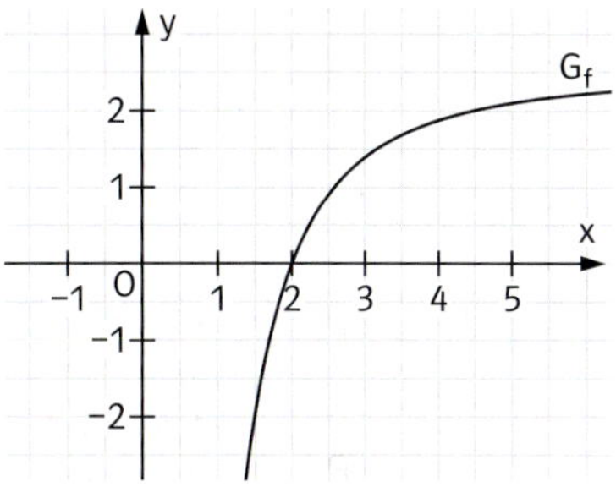

   a) Geben Sie, falls vorhanden, Extremstellen und Wendestellen jeder Stammfunktion F von f an.
   b) Untersuchen Sie, welche der Behauptungen wahr sind.
      1. $f(2) < f'(2)$
      2. $f'(2) < f''(2)$
      3. $F(2) < f(2)$
   c) Bestimmen Sie Näherungswerte von $F(1{,}5)$ und $F(4)$, falls $F(2) = 3$ gilt.

2. Gegeben ist der abgebildete Graph der Funktion f. Überprüfen Sie folgende Behauptungen. Begründen Sie Ihre Antworten.

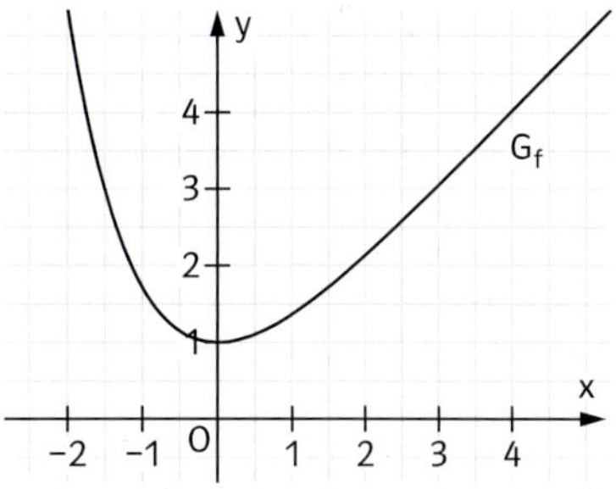

   a) Für jede Stammfunktion F zu f gilt: $F(x) \geqq 0$ für $x \in [-1;4]$
   b) Der Graph von F hat eine Wendestelle bei $x_0 = 0$.
   c) Es gibt kein $a, b \in [-1;4]$, sodass $F(b) = F(a)$ gilt.

Ergebnisse:

1. a) Der Graph von F hat die Minimumstelle $x_1 = 2$ und keine Wendestelle.
   b) Die erste Behauptung ist wahr, denn $f(2) = 0$ und die Steigung des Graphen von f an der Stelle 2 ist positiv ($f'(2) > 0$).
      Die zweite Behauptung ist falsch. Es gilt $f'(2) > 0$ und die Steigung nimmt beständig ab, d.h. $f''(2) < 0$ (der Graph von f ist eine Rechtskurve).
      Die dritte Behauptung lässt sich nicht beurteilen, da man über den Funktionswert $F(2)$ wegen der beliebigen Verschiebbarkeit des Graphen von F in Richtung der y-Achse keine Angaben hat.
   c) Abschätzen der Integrale über Flächen: $\int_{1{,}5}^{2} f(x)\,dx \approx -0{,}4$, $\int_{2}^{4} f(x)\,dx \approx 2{,}5$
      Daraus folgt: $F(1{,}5) \approx 3{,}4$; $F(4) \approx 5{,}5$
2. a) Die Behauptung ist falsch. Mit irgendeiner Stammfunktion F ist auch $F + c$, $c \in \mathbb{R}$, eine Stammfunktion von f. Daher könnte c so gewählt werden, dass es im betrachteten Intervall auch Funktionswerte von F gibt, die negativ sind.
   b) Die Behauptung ist wahr. Die Funktion f hat an der Stelle $x_0 = 0$ eine Extremstelle. Daher hat F an der Stelle $x_0 = 0$ eine Wendestelle.
   c) Die Behauptung ist wahr. $F'(x) = f(x) > 0$ für alle $x \in [-1;4]$. Daher ist F streng monoton wachsend.

Bestandsfunktionen

Eine Funktion f beschreibe einen Bestand in Abhängigkeit von der Zeit. Die Funktionswerte stehen oft für Anzahlen und die x-Werte sind meist Maßzahlen für Zeitpunkte in vorher vereinbarten Maßeinheiten.

Strenggenommen verlaufen Wachstumsvorgänge nicht stetig, da sich ein Bestand immer um mindestens ein Individuum verändert (es gibt keine halben Bakterien, Atome, Geräte usw.). Bei der Modellierung solcher Vorgänge verwendet man aber in aller Regel stetige Funktionen und rundet dann gegebenenfalls Ergebnisse bei der Berechnung von Funktionswerten auf natürliche Zahlen.

Die Vielfalt der möglichen Fragestellungen kann allein durch Beispiele nicht dargestellt werden. Sie müssen also immer selbst eine gewisse „Übersetzungsarbeit" für die jeweilige Aufgabenstellung leisten. Achten Sie darauf, welche Maßeinheiten in der Aufgabe vereinbart sind. Führen Sie die Berechnungen mit dem GTR einheitenfrei durch. Achten Sie bei der Rundung Ihrer Ergebnisse auf die Genauigkeit der gegebenen Daten. Geben Sie Endergebnisse unter Verwendung der festgelegten Maßeinheiten an.

F 45 Folgerungen aus einer bekannten Bestandsfunktion ziehen

***... da bin ich noch unsicher* ☐ *... das kann ich (jetzt)* ☐**

Der Funktionswert $f(x)$ einer Funktion f beschreibt eine Anzahl (den Bestand einer Größe) in Abhängigkeit von der Größe x.

Typische Aufgaben können durch geeignete mathematische Ansätze bearbeitet werden:
- Mit $f(x_0)$ berechnen Sie den Bestand zum Zeitpunkt x_0 Zeiteinheiten.
- Wenn Sie die Gleichung $f(x) = c,\ c \in \mathbb{R}$, lösen, beschreibt die Lösung x_0 den Zeitpunkt, zu dem der Bestand c Einheiten beträgt.
- Größte/kleinste Bestandszahlen ergeben sich als Extremwerte der Bestandsfunktion.
- Um eine Aussage über die langfristige Entwicklung des Bestands zu erhalten, berechnen Sie $\lim\limits_{x \to +\infty} f(x)$.
- Den Mittelwert des Bestands auf dem Intervall $[a;b]$ bestimmen Sie durch $\frac{1}{b-a} \cdot \int_a^b f(x)\,dx$.

Beispiel 1

Die Funktionsgleichung $f(x) = 3000 \cdot e^{-0{,}02 \cdot x}$ beschreibt den Bestand einer Population. Dabei bedeutet x die Maßzahl der in Stunden gemessenen Zeit und $f(x)$ die Anzahl der Individuen x Stunden nach Beobachtungsbeginn.

a) Wie groß ist der Bestand bei Beobachtungsbeginn?
Wie groß ist der Bestand nach 5 Stunden?
b) Wie viele Stunden nach Beobachtungsbeginn ist der Bestand kleiner als 2000 Individuen?
c) Wie entwickelt sich der Bestand auf lange Sicht?
d) Wie lange dauert es, bis der Bestand, der zum Zeitpunkt 4 Stunden vorhanden ist, um weitere 500 Individuen abgenommen hat?
e) Der Bestand nimmt in 3 Stunden um 150 Individuen ab.
Wie lange nach Beobachtungsbeginn endet dieses Zeitintervall?

Lösung:

a) $f(0) = 3000 \cdot e^{-0{,}02 \cdot 0} = 3000 \cdot e^0 = 3000$; $f(5) = 3000 \cdot e^{-0{,}02 \cdot 5} = 2714{,}512\ldots \approx 2700$
Bei Beobachtungsbeginn sind 3000 Individuen, nach 5 Stunden etwa 2700 Individuen vorhanden.
b) Bedingung: $f(x) < 2000$
Die Gleichung $3000 \cdot e^{-0{,}02 \cdot x} = 2000$ hat die Lösung $x_1 = 20{,}273\ldots$
Nach etwa 20,3 Stunden ist der Bestand kleiner als 2000 Individuen.
c) Aus $\lim\limits_{x \to +\infty} (e^{-0{,}02 \cdot x}) = 0$ folgt: $\lim\limits_{x \to +\infty} f(x) = \lim\limits_{x \to +\infty} (3000 \cdot e^{-0{,}02 \cdot x}) = 0$ (F 41)
Auf lange Sicht wird die Anzahl der Individuen auf den Wert 0 abnehmen.

d) Die Länge des Intervalls sei d Zeiteinheiten.
Bedingung: $f(4) - f(4+d) = 3000 \cdot e^{-0{,}02 \cdot 4} - 3000 \cdot e^{-0{,}02 \cdot (4+d)} = 500$
Die Gleichung hat die Lösung: $d = 9{,}955...$
Es dauert noch etwa 10 Stunden, bis der Bestand um weitere 500 Individuen abgenommen hat.
e) Dieses Zeitintervall beginne b Stunden nach Beobachtungsbeginn. Es endet dann $b+3$ Stunden nach Beobachtungsbeginn.
Bedingung: $f(b) - f(b+3) = 3000 \cdot e^{-0{,}02 \cdot b} - 3000 \cdot e^{-0{,}02 \cdot (b+3)} = 150$
Die Gleichung hat die Lösung $b = 7{,}623...$
Im Zeitintervall, das etwa 7,6 Stunden nach Beobachtungsbeginn anfängt und etwa 10,6 Stunden nach Beobachtungsbeginn endet, nimmt die Individuenzahl um 150 ab.

Beispiel 2

Die Funktionsgleichung $f(x) = 200 \cdot (e^{-0{,}2 \cdot x} - e^{-0{,}5 \cdot x})$, $x \in \mathbb{R}$, beschreibt die Wirkstoffmenge eines Medikaments im Blut. Dabei bedeutet x die Maßzahl der in Stunden gemessenen Zeit und f(x) die Maßzahl der in Milligramm gemessenen Masse x Stunden nach Beobachtungsbeginn.
Bearbeiten Sie die folgenden Aufgaben mithilfe des GTR.

a) Zu welchem Zeitpunkt ist die Wirkstoffmenge am größten und wie groß ist diese?
b) In welchem Zeitraum beträgt die Wirkstoffmenge mehr als 40 Milligramm?
c) Zu welchen Zeitpunkten nimmt die Wirkstoffmenge am stärksten ab bzw. zu?
d) Wann ändert sich die Wirkstoffmenge mit der Geschwindigkeit 30 Milligramm je Stunde?
e) In welchem Zeitraum nimmt die Wirkstoffmenge ab?
f) Wie groß ist die mittlere Wirkstoffmenge während der ersten 10 Stunden?
g) Es gibt zwei Zeitintervalle der Länge 3 Stunden, in denen die mittlere Wirkstoffmenge 50 Milligramm beträgt.
Bestimmen Sie eines dieser Intervalle.
h) Wie entwickelt sich die Wirkstoffmenge auf lange Sicht?

Lösung:

a) Mit dem GTR bestimmt man das Maximum und erhält: $x_1 = 3{,}054...$, $y_1 = 65{,}146...$
Etwa 3 Stunden nach Beobachtungsbeginn erreicht die Wirkstoffmenge ihren größten Wert von etwa 65,1 Milligramm.
b) Bedingung: $200 \cdot (e^{-0{,}2 \cdot x} - e^{-0{,}5 \cdot x}) > 40$
Die Lösungen der Gleichung $200 \cdot (e^{-0{,}2 \cdot x} - e^{-0{,}5 \cdot x}) = 40$ sind $x_2 = 0{,}915...$ und $x_3 = 7{,}488...$
Mit dem Graphen von f erkennt man: Zwischen etwa 0,9 Stunden und 7,5 Stunden nach Verabreichung des Medikaments beträgt die Wirkstoffmenge mehr als 40 Milligramm.
c) Die Änderungsrate eines Bestands (Wachstumsgeschwindigkeit) wird durch die erste Ableitung der Bestandsfunktion beschrieben.
Die stärkste Abnahme findet statt, wenn der Graph von f seine kleinste (negative) Steigung hat. Die Minimumstelle der Ableitungsfunktion f' ist $x_4 = 6{,}108...$
Die Wirkstoffmenge nimmt nach etwa 6,1 Stunden am stärksten ab.
Die stärkste Zunahme findet statt, wenn der Graph von f seine größte (positive) Steigung hat. Die Ableitungsfunktion f' hat für $x > 0$ keine lokale Maximumstelle, wohl aber an der Stelle $x_5 = 0$ ein globales Randmaximum. Die Wirkstoffmenge nimmt unmittelbar nach Verabreichung am stärksten zu.
d) Die Gleichung $f'(x) = 30$ hat die Lösung $x_6 = 0{,}914...$
Etwa 0,9 Stunden nach Beobachtungsbeginn nimmt die Wirkstoffmenge mit der Geschwindigkeit 30 Milligramm je Stunde zu.
e) Die Wirkstoffmenge nimmt ab, wenn die Bestandsänderung negativ ist, d.h. $f'(x) < 0$ gilt.
Die Gleichung $f'(x) = 0$ hat die Lösung $x_7 = 3{,}054...$
Dem Graphen entnimmt man, dass für alle größeren x-Werte als x_7 die Steigung negativ ist.
Die Wirkstoffmenge nimmt somit ab etwa 3 Stunden nach Verabreichung des Medikaments ab.

f) Die Fläche zwischen dem Graphen der Bestandsfunktion f, der x-Achse und den Geraden mit den Gleichungen $x = 0$ und $x = 10$ kann als gesamte Wirkstoffmenge interpretiert werden. Die mittlere Wirkstoffmenge m ergibt sich daher wie folgt (F 34):

$$m = \frac{1}{b-a} \cdot \int_a^b f(x)\,dx = \frac{1}{10} \cdot \int_0^{10} \left(200 \cdot (e^{-0{,}2 \cdot x} - e^{-0{,}5 \cdot x})\right) dx \overset{\text{GTR}}{=} 46{,}735\ldots$$

Während der ersten 10 Stunden befinden sich im Mittel ca. 47 Milligramm Wirkstoff im Blut.

g) Es gibt ein solches Intervall $[a; a+3]$, wenn es eine positive reelle Zahl a als Lösung von

$$\frac{1}{3} \cdot \int_a^{a+3} f(x)\,dx = \frac{1}{3} \cdot \int_a^{a+3} \left(200 \cdot (e^{-0{,}2 \cdot x} - e^{-0{,}5 \cdot x})\right) dx = 50 \text{ gibt.}$$

Man erhält $a_1 = 0{,}157\ldots$ und $a_2 = 4{,}533\ldots$

In den Zeitintervallen von 0,2 Stunden bis 3,2 Stunden und etwa 4,5 Stunden bis 7,5 Stunden beträgt die mittlere Wirkstoffmenge 50 Milligramm.$\cdot(e^{-0{,}2 \cdot x} - e^{-0{,}5 \cdot x})\,dx$

h) Aus $\lim\limits_{x \to +\infty} (e^{-0{,}2 \cdot x}) = 0$ und $\lim\limits_{x \to +\infty} (e^{-0{,}5 \cdot x}) = 0$ folgt: $\lim\limits_{x \to +\infty} f(x) = \lim\limits_{x \to +\infty} \left(200 \cdot (e^{-0{,}2 \cdot x} - e^{-0{,}5 \cdot x})\right) = 0$

(F 29) Auf lange Sicht wird die Wirkstoffmenge auf den Wert 0 abnehmen.

Aufgaben

1. Der abgebildete Graph beschreibt die exponentielle Abnahme eines Bestands. Auf der x-Achse ist die Anzahl der Zeitschritte, auf der y-Achse der Bestand angegeben.

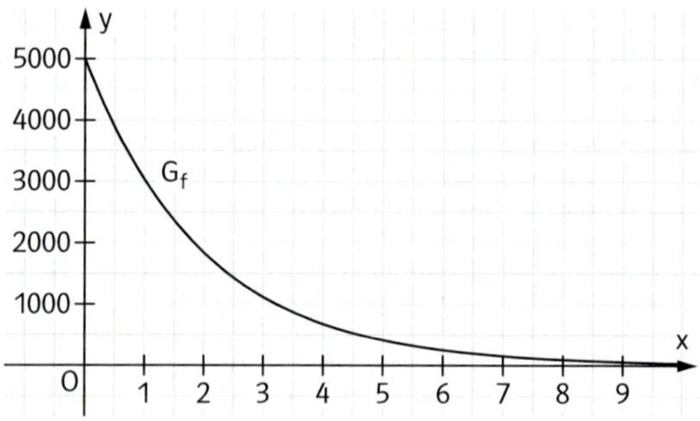

   a) Bestimmen Sie aus der Abbildung die Funktionsgleichung der Funktion f.

   Ein anderer Bestand entwickelt sich gemäß der Funktionsgleichung $f(x) = 5000 \cdot e^{-0{,}5 \cdot x}$; $x \in \mathbb{R}_0^+$.

   b) Berechnen Sie, wann der Bestand auf 2 % des Anfangsbestands zurückgegangen ist.

   c) Geben Sie eine Funktion an, die es erlaubt, die momentane Wachstumsgeschwindigkeit zu jedem Zeitpunkt zu berechnen.
   Berechnen Sie die Wachstumsgeschwindigkeit nach 5 Zeitschritten.

   d) In welchem Zeitintervall der Länge 2 Zeitschritte ist die Abnahme der Population erstmals kleiner als 200?

2. Ein Bestand wird beschrieben durch die Funktion f mit $f(x) = 30 + 20 \cdot e^{-0{,}04 \cdot x}$; $x \in \mathbb{R}$. Dabei bedeutet x die Anzahl der Zeitschritte ausgehend vom Beobachtungsbeginn und f(x) den zum jeweiligen Zeitpunkt vorhandenen Bestand.

   a) Weisen Sie nach, dass der Bestand ständig abnimmt.

   b) Bestimmen Sie den Bestand und die Wachstumsgeschwindigkeit nach 20 Zeitschritten.

   c) Ab wann ist der Bestand kleiner als 31?

   d) Wie viele Individuen gibt es durchschnittlich je Zeitschritt im Intervall [20; 30]?

Ergebnisse:

1. a) Die Funktionsgleichung lautet $f(x) = 5000 \cdot e^{-0{,}5 \cdot x}$; $x \in \mathbb{R}$ (b ist auf eine Nachkommastelle gerundet).

   b) Nach etwa 7,8 Zeitschritten hat der Bestand 2 % des Anfangsbestands erreicht.

   c) Die momentane Wachstumsgeschwindigkeit wird beschrieben durch $f'(x) = -2500 \cdot e^{-0{,}5 \cdot x}$.
   Nach 5 Zeitschritten beträgt die momentane Wachstumsgeschwindigkeit etwa −205 je Zeitschritt.

   d) Im Intervall [5,5; 7,5] nimmt der Bestand erstmals um 200 Individuen ab.

2. a) Es gilt für alle $x \in \mathbb{R}$: $f'(x) = 20 \cdot e^{-0,04 \cdot x} \cdot (-0,04) = -0,8 \cdot e^{-0,04 \cdot x} < 0$ (F 13; F 14)
   Die Funktion f ist streng monoton fallend, die Population nimmt somit ständig ab.
   b) Nach 20 Zeitschritten beträgt der Bestand etwa 39 Individuen.
   Die Wachstumsgeschwindigkeit beträgt nach 20 Zeitschritten etwa −0,36 je Zeitschritt.
   c) Nach etwa 75 Zeitschritten hat der Bestand auf weniger als 31 abgenommen.
   d) Auf dem Intervall [20;30] beträgt der Bestand im Mittel etwa 37,4 Individuen.

F 46 Folgerungen aus der momentanen Änderungsrate ziehen

... da bin ich noch unsicher ☐ ***... das kann ich (jetzt)*** ☐

Unter der Wachstumsgeschwindigkeit eines Wachstumsvorgangs versteht man die Änderung des Bestands in der gewählten Zeiteinheit. Man bildet den Quotienten aus dem Zuwachs/der Abnahme des Bestands und der Anzahl der Zeitschritte. Beginnt der Zuwachs/die Abnahme etwa zum Zeitpunkt x_0 Minuten und dauert die Beobachtung Δx Minuten, so beschreibt der Ausdruck

$$\frac{f(x_0 + \Delta x) - f(x_0)}{\Delta x}$$

die **durchschnittliche** Wachstumsgeschwindigkeit (durchschnittliche Änderungsrate) des Bestands auf dem Intervall Δx Minuten.

Da die verwendeten Wachstumsfunktionen differenzierbar sind, hat der obige Ausdruck einen Grenzwert, falls die Länge des Beobachtungszeitraums gegen 0 geht. Der Ausdruck

$$f'(x_0) = \lim_{\Delta x \to 0} \frac{f(x_0 + \Delta x) - f(x_0)}{\Delta x}$$

wird dann als **momentane** Wachstumsgeschwindigkeit (momentane Änderungsrate) des Bestands zum Zeitpunkt x_0 Minuten bezeichnet.

In etlichen Anwendungen ist mit „Bestand" keine Anzahl, sondern die Maßzahl einer Größe wie Länge, Masse, Flächeninhalt o.Ä. gemeint. Auch in diesen Fällen werden die Begriffe durchschnittliche und momentane Wachstumsgeschwindigkeit sinngemäß verwendet. Man spricht dann also beispielsweise von einer momentanen Änderungsrate von 3 Metern pro Sekunde, 50 Gramm je Stunde, 12 Quadratzentimetern je Tag usw. Ob und wie Sie in solchen Situationen Ergebnisse runden, hängt von der Fragestellung und der Genauigkeit der gegebenen Daten ab.

Die Fragestellungen zur Bestandsfunktion (F 45) können Sie sinngemäß auf die Funktion zur Beschreibung der momentanen Änderungsrate übertragen.

Der Funktionswert f(x) einer Funktion f beschreibt die momentane Änderungsrate einer Bestandsfunktion.

Weitere typische Fragestellungen können durch geeignete mathematische Ansätze bearbeitet werden:
- Zeiträume, in denen der Bestand abnimmt (zunimmt), erhalten Sie durch Lösen der Ungleichung $f(x) < 0$ $(f(x) > 0)$ (F 7).
- Sie erhalten den Bestand zu einem gegebenen Zeitpunkt t_0 durch $B_0 + \int_0^{t_0} f(x)\,dx$. Dabei ist B_0 der Bestand bei Beobachtungsbeginn.
- Sie erhalten den Zeitpunkt t_0, zu dem der Bestand den Wert c annimmt, indem Sie die Gleichung $B_0 + \int_0^{t} f(x)\,dx = c$ lösen.

Beispiel

Die Funktion f mit $f(x) = (0{,}1x^2 - 2x + 6) \cdot e^{0{,}01 \cdot x}$, $x \in \mathbb{R}$, $0 \leqq x \leqq 30$, beschreibt die momentane Änderungsrate des Ölvolumens in einem Tank. Der Bestand wird in der Einheit 1 Liter, die Zeit in der Einheit 1 Minute gemessen.

a) Wie groß ist die Änderungsrate des Ölvolumens zu Beobachtungsbeginn und nach 8 Minuten? Interpretieren Sie die Ergebnisse im Sachzusammenhang.

b) Ermitteln Sie, ob es Zeitpunkte gibt, zu denen die Änderungsrate 2 Liter je Minute beträgt.

c) Wann ist die Änderungsrate (Ab- bzw. Zunahme des Volumens) am kleinsten, wann am größten? Wie groß ist diese jeweils? Zeigen Sie zunächst, dass $f'(x) = (0{,}001x^2 + 0{,}18x - 1{,}94) \cdot e^{0{,}01x}$ die Ableitungsfunktion zu f ist.

d) Bei Beobachtungsbeginn enthält der Tank 100 Liter Öl.
Bestimmen Sie, wie viel Öl nach 25 Minuten im Tank ist.

e) In welchem Zeitraum nimmt das Ölvolumen im Tank ab?

f) Berechnen Sie die mittlere Änderungsrate des Ölvolumens in den ersten drei Minuten.

g) Es gibt zwei Zeitpunkte, zu denen im Öltank genauso viel Öl ist wie bei Beobachtungsbeginn. Berechnen Sie diese Zeitpunkte. Sie dürfen voraussetzen, dass F mit
$F(x) = (10x^2 - 2200x + 220\,600) \cdot e^{0{,}01x}$ eine Stammfunktion zu f ist.

Lösung:

a) Es gilt: $f(0) = 6$; $f(8) = -3{,}899\ldots$
Bei Beobachtungsbeginn ist die Änderungsrate 6 Liter je Minute, 8 Minuten später etwa −3,9 Liter je Minute. Dies bedeutet, dass bei Beobachtungsbeginn das Volumen im Tank zunimmt, nach 8 Minuten jedoch abnimmt.

b) Bedingung: $f(x) = 2$
Der GTR liefert die Lösungen $x_1 = 2{,}283\ldots$ und $x_2 = 17{,}535\ldots$
Etwa 2,3 Minuten und 17,5 Minuten nach Beobachtungsbeginn beträgt die Änderungsrate 2 Liter je Minute.

c) Man erhält im gegebenen Intervall das lokale und zugleich globale Minimum der Funktion f an der Stelle $x_3 = 10{,}199\ldots$ mit $f(x_3) = -4{,}425\ldots$ Die kleinste Änderungsrate (stärkste Volumenabnahme) beträgt etwa −4,4 Liter je Minute. Das globale Maximum ist das Randmaximum an der Stelle $x_4 = 30$. Die maximale Änderungsrate (stärkste Volumenzunahme) beträgt etwa 48,6 Liter je Minute.

d) Der Gesamtbestand ergibt sich aus dem bekannten Anfangsbestand und der Bestandsänderung auf dem jeweils gegebenen Intervall mit unterer Grenze 0.
Für den Gesamtbestand ergibt sich:

$$100 + \int_0^{25} f(x)\,dx = 100 + \int_0^{25} ((0{,}1x^2 - 2x + 6) \cdot e^{0{,}01 \cdot x})\,dx \overset{\text{GTR}}{=} 159{,}767\ldots$$

Nach 25 Minuten befinden sich etwa 160 Liter Öl im Tank.

e) Abnahme des Bestands bedeutet, dass die Bestandsänderung und damit die Änderungsrate negativ ist.
Es ist also das Intervall $[a;b]$ zu bestimmen, für das gilt: $f(x) < 0$
Die Gleichung $f(x) = 0$ hat die Lösungen $x_5 = 3{,}675\ldots$ und $x_6 = 16{,}324\ldots$
Der Graph zeigt, dass die Funktionswerte von f im Intervall $[x_5; x_6]$ negativ sind.
Das Ölvolumen im Tank nimmt im Zeitraum von etwa 3,7 Minuten bis etwa 16,3 Minuten ab.

f) Für die mittlere Änderungsrate von f gilt:

$$m = \frac{1}{b-a} \cdot \int_a^b f(x)\,dx = \frac{1}{3} \cdot \int_0^3 ((0{,}1x^2 - 2x + 6) \cdot e^{0{,}01 \cdot x})\,dx \overset{\text{GTR}}{=} 3{,}337\ldots \text{ (F 34)}$$

In den ersten drei Minuten beträgt die mittlere Änderungsrate des Volumens etwa 3,3 Liter je Minute.

g) Die gesamte Änderung des Ölvolumens auf dem Intervall $[0;b]$, $b > 0$, muss den Wert 0 haben. Der Gesamtbestand wird als orientierter Inhalt der Fläche zwischen dem Graphen von f und der x-Achse im Intervall $[0;b]$ interpretiert.

Bedingung: $\int_0^b f(x)\,dx = \int_0^b ((0{,}1x^2 - 2x + 6)\cdot e^{0{,}01\cdot x})\,dx = 0$

Der GTR liefert die Lösungen $x_7 = 8{,}147\ldots$ und $x_8 = 21{,}558\ldots$ Etwa 8,1 Minuten und 21,6 Minuten nach Beobachtungsbeginn ist genauso viel Öl im Tank wie bei Beobachtungsbeginn.

Aufgabe

Die Schneefallrate in einem ländlichen Gebiet lässt sich an einem bestimmten Tag modellieren durch die Funktion f mit $f(x) = \frac{20x}{x^2+4}$; $x \in \mathbb{R}$; $0 \leq x \leq 10$. Dabei bedeutet x die Anzahl der Stunden seit Beginn des Schneefalls und f(x) die Maßzahl der in Zentimeter je Stunde gemessenen Schneehöhenzunahme. Bei Beobachtungsbeginn beträgt die Schneehöhe bereits 15 Zentimeter. Bearbeiten Sie folgende Aufgaben.

a) Wann schneit es am stärksten? Wie groß ist zu diesem Zeitpunkt die Schneefallrate?
b) Zu welchen Zeitpunkten beträgt die Schneefallrate 2 Zentimeter je Stunde?
c) Wann nimmt die Schneefallrate am stärksten ab?
d) Wie hoch liegt der Schnee nach 8 Stunden?
e) Wie hoch würde der Schnee nach 8 Stunden liegen, wenn sich die Schneefallrate ab 4 Stunden nach Beginn des Schneiens nicht mehr ändern würde?
f) Auf einem zu Beobachtungsbeginn schneefreien Flachdach, das sich wegen schlechter Wärmedämmung von unten her erwärmt, schmilzt ein Teil des darauffallenden Schnees. Die Schmelzrate lässt sich durch die Funktion g mit $g(x) = 0{,}5x^2$, $x \in \mathbb{R}$, $0 \leq x \leq 10$, beschreiben. Welche maximale Schneehöhe ist auf diesem Dach zu erwarten?

Ergebnis:

a) Es schneit 2 Stunden nach Beginn des Schneefalls am stärksten. Die Schneefallrate beträgt zu diesem Zeitpunkt 5 Zentimeter je Stunde.
b) Die Schneefallrate hat etwa 0,4 Stunden und 9,6 Stunden nach Beginn des Schneefalls den Wert 2 Zentimeter je Stunde.
c) Die stärkste Abnahme der Schneefallrate ist etwa 3,5 Stunden nach Beginn des Schneefalls.
d) Nach 8 Stunden beträgt die Schneehöhe etwa 43,3 Zentimeter.
e) Die Schneefallrate nach 4 Stunden beträgt 4 Zentimeter je Stunde, die Schneehöhe zu diesem Zeitpunkt etwa 31,1 Zentimeter. Bei gleichbleibender Rate wäre nach insgesamt 8 Stunden eine Schneehöhe von etwa 47,1 Zentimeter erreicht.
f) Die Änderungsrate der Schneehöhe auf dem Flachdach lässt sich durch die Funktion h mit $h(x) = f(x) - g(x)$ beschreiben. Die Schneehöhe wächst, wenn $h(x) > 0$ gilt. Dies ist für $0 \leq x \leq 3{,}031\ldots$ der Fall. Als maximale Schneehöhe sind etwa 7,3 Zentimeter zu erwarten.

F 47 Die Differenzialgleichung des exponentiellen Wachstums verwenden

… da bin ich noch unsicher ☐ ***… das kann ich (jetzt)*** ☐

Jede Funktion f mit $f(x) = a\cdot e^{b\cdot x}$, $x \in \mathbb{R}$, $a \in \mathbb{R}^+$, $b \in \mathbb{R}\setminus\{0\}$, beschreibt ein exponentielles Wachstum.

Dabei bezeichnet:

- x die Anzahl der Zeitschritte von einem geeignet gewählten Anfangszeitpunkt an,
- a den Anfangsbestand f(0),
- b die Wachstumskonstante,
- f(x) den Bestand nach x Zeitschritten.

Wenn b positiv ist, so nimmt der Bestand dauernd zu. Ist b negativ, so nimmt er dauernd ab. Die momentane Änderungsrate des Bestands (die Wachstumsgeschwindigkeit) zum Zeitpunkt x (nach x Zeitschritten) wird durch f'(x) beschrieben: $f'(x) = b \cdot a \cdot e^{b \cdot x}$
Man erkennt: $f'(x) = b \cdot f(x)$
In Worten: Die momentane Änderungsrate des Bestands ist proportional zum momentanen Bestand.
Die Differenzialgleichung $f'(x) = b \cdot f(x)$ charakterisiert also das exponentielle Wachstum.

Beispiel 1

Die Änderungsrate eines exponentiell abnehmenden Bestands wird durch $f'(x) = -0{,}4 \cdot e^{-0{,}02 \cdot x}$, $x \in \mathbb{R}$, beschrieben.
Bestimmen Sie die Differenzialgleichung für dieses Wachstum und den Anfangsbestand f(0).

Lösung:

Die Differenzialgleichung kann wegen $b = -0{,}02$ sofort angegeben werden:
$f'(x) = -0{,}02 \cdot f(x)$.
Ferner gilt einerseits $f'(0) = (-0{,}02) \cdot f(0)$, andererseits $f'(0) = -0{,}4$.
Daraus folgt $f(0) = 20$.

Beispiel 2

Die Differenzialgleichung $f'(x) = 0{,}06 \cdot f(x)$ charakterisiert ein exponentielles Wachstum. Ermitteln Sie die Funktionsgleichung der zugehörigen Exponentialfunktion, wenn der Anfangsbestand 100 Individuen beträgt.

Lösung:

Jede Funktion f mit $f(x) = a \cdot e^{b \cdot x}$, $x \in \mathbb{R}, a \in \mathbb{R}^+, b \in \mathbb{R} \setminus \{0\}$, erfüllt bekanntlich diese Differenzialgleichung.
Wegen $f'(x) = a \cdot e^{b \cdot x} \cdot b = b \cdot f(x)$ ist $b = 0{,}06$ bekannt (F 13; F 14). Somit gilt: $f(x) = a \cdot e^{0{,}06 \cdot x}$
Ferner ist $a = f(0) = 100$ bekannt.
Die Funktionsgleichung lautet daher $f(x) = 100 \cdot e^{0{,}06 \cdot x}$.

Aufgabe

Das Wachstum einer Population wird durch die Differenzialgleichung $f'(x) = 0{,}04 \cdot f(x)$ beschrieben.

a) Zeigen Sie, dass die Funktion f mit $f(x) = a \cdot e^{b \cdot x}$; $x \in \mathbb{R}$; $a, b \in \mathbb{R}$; $a > 0$, diese Differenzialgleichung erfüllt, und bestimmen Sie b.
b) Weisen Sie nach, dass der Bestand ständig zunimmt.
c) Nach 10 Zeitschritten besteht die Population aus 300 Individuen. Wie groß war der Bestand bei Beobachtungsbeginn?
d) Geben Sie die Wachstumsgeschwindigkeit des Bestands nach 10 Zeitschritten an.

Ergebnis:

a) $f'(x) = b \cdot a \cdot e^{b \cdot x} = b \cdot f(x)$ (F 13; F 14); $b = 0{,}04$; daher: $f(x) = a \cdot e^{0{,}04 \cdot x}$
b) Da nach Voraussetzung $a > 0$ gelten soll und $e^{0{,}04 \cdot x} > 0$ für alle $x \in \mathbb{R}$, erhält man $f'(x) = 0{,}04 \cdot a \cdot e^{0{,}04 \cdot x} > 0$.
Die Funktion f ist daher streng monoton zunehmend.
c) Aus $f(10) = a \cdot e^{0{,}04 \cdot 10} = 300$ folgt $a \approx 201$.
Bei Beobachtungsbeginn waren etwa 201 Individuen vorhanden.
d) $f'(10) = 0{,}04 \cdot f(10) = 12$
Die Wachstumsgeschwindigkeit nach 10 Zeitschritten beträgt 12 Individuen je Zeitschritt.

F 48 Die Differenzialgleichung des beschränkten Wachstums verwenden

... da bin ich noch unsicher ☐ *... das kann ich (jetzt)* ☐

Jede Funktion f mit $f(x) = S - a \cdot e^{-b \cdot x}$, $x \in \mathbb{R}, a \in \mathbb{R} \setminus \{0\}^+, b \in \mathbb{R}^+$, beschreibt ein beschränktes Wachstum.

Dabei bezeichnet:

- x die Anzahl der Zeitschritte von einem geeignet gewählten Anfangszeitpunkt an,
- S die Sättigungsgrenze (erwartete maximale Größe des Bestands nach sehr vielen Zeitschritten),
- f(x) den Bestand nach x Zeitschritten.

$S - f(x)$ heißt Sättigungsmanko.

Für $x = 0$ ergibt sich unmittelbar $a = S - f(0)$.

Wenn a positiv ist, so nimmt der Bestand ständig zu (beschränktes Wachsen von unten an die Sättigungsgrenze).

Ist a negativ, so nimmt der Bestand ständig ab (beschränktes Fallen von oben an die Sättigungsgrenze).

Die momentane Änderungsrate des Bestands (die Wachstumsgeschwindigkeit) beim Zeitschritt x wird durch f′(x) beschrieben: $f'(x) = b \cdot a \cdot e^{-bx}$

Man erkennt: $f'(x) = b \cdot (S - f(x))$

In Worten: Die momentane Änderungsrate des Bestands ist proportional zum Sättigungsmanko.

Die Differenzialgleichung $f'(x) = b \cdot (S - f(x))$ charakterisiert also das beschränkte Wachstum.

Beispiel 1

Ein Bestand von anfangs 2 Millionen entwickelt sich bei beschränktem Wachstum nach der Differenzialgleichung $f'(x) = 0{,}5 \cdot (12 - f(x))$, $x \in \mathbb{R}_0^+$, wobei die Anzahl in der Einheit 1 Million angegeben wird und jeder Zeitschritt einem Jahr entspricht.

Bestimmen Sie eine Funktionsgleichung von f.

Lösung:

Für die Funktionsgleichung gilt allgemein: $f(x) = S - a \cdot e^{-b \cdot x}$

Der gegebenen Differenzialgleichung kann man unmittelbar die Sättigungsgrenze $S = 12$ und $b = 0{,}5$ entnehmen. Damit ergibt sich: $f(x) = 12 - a \cdot e^{-0{,}5 \cdot x}$

Mit $f(0) = 12 - a \cdot e^{-0{,}5 \cdot 0} = 12 - a \cdot e^0 = 12 - a = 2$ folgt $a = 10$.

Die gesuchte Funktionsgleichung heißt somit $f(x) = 12 - 10 \cdot e^{-0{,}5 \cdot x}$, $x \in \mathbb{R}$.

Beispiel 2

Ein Bestand von 200 vermehrt sich in jedem Zeitschritt um 30. Gleichzeitig sterben jeweils 10 % des Momentanbestands ab.

Stellen Sie die Differenzialgleichung für diesen Wachstumsvorgang auf und geben Sie eine Funktion an, die diese Differenzialgleichung erfüllt.

Lösung:

Der Bestand nimmt je Zeitschritt um 30 zu und um 10 % des Momentanbestands f(x) ab. Die Änderungsrate f′(x) lässt sich also beschreiben durch die Differenzialgleichung $f'(x) = 30 - 0{,}1 \cdot f(x)$.

Durch Ausklammern von 0,1, dem Faktor bei f(x), bringt man diese Gleichung auf die Standardform $f'(x) = b \cdot (S - f(x))$: $f'(x) = 0{,}1 \cdot (300 - f(x))$

Jetzt kann man $b = 0{,}1$ und $S = 300$ ablesen.

Damit erhält man die Funktion f mit $f(x) = S - a \cdot e^{-bx} = 300 - a \cdot e^{-0{,}1 \cdot x}$.

Den Parameter a erhält man unter Verwendung des Anfangsbestands f(0):

$f(0) = 300 - a \cdot e^{-0{,}1 \cdot 0} = 300 - a \cdot 1 = 200$, daher $a = 100$.

Die Lösungsfunktion ist f mit $f(x) = 300 - 100 \cdot e^{-0{,}1 \cdot x}$, $x \in \mathbb{R}$.

Aufgabe

In einen Wasserbehälter, der bereits 5000 Liter Wasser enthält, fließen in jeder Stunde 1000 Liter Wasser. Gleichzeitig nimmt das Wasservolumen in jeder Stunde um 5 % des momentanen Wasservolumens ab.

a) Bestimmen Sie die Differenzialgleichung für diesen Vorgang und die Funktion f, die das Wasservolumen im Behälter in Abhängigkeit von der Füllzeit beschreibt.
b) Wie viel Wasser ist nach 12 Stunden im Behälter?
c) Zu welchem Zeitpunkt sind 10 000 Liter Wasser im Behälter?
d) Wann ist der Behälter zu 90 % gefüllt?

Ergebnis:

a) $f'(x) = 1000 - 0{,}05 \cdot f(x)$; $f'(x) = 0{,}05 \cdot (20\,000 - f(x))$; daraus folgt $b = 0{,}05$ und $S = 20\,000$;
$f(x) = 20\,000 - a \cdot e^{-0{,}05 \cdot x}$; mit $f(0) = 5000$ ergibt sich $a = 15\,000$ und demnach
$f(x) = 20\,000 - 15\,000 \cdot e^{-0{,}05 \cdot x}$, x ist die Maßzahl der Zeit in der Einheit 1 Stunde, f(x) die Maßzahl des Volumens in der Einheit 1 Liter.
b) $f(12) = 20\,000 - 15\,000 \cdot e^{-0{,}05 \cdot 12} \approx 11\,768$
Nach 12 Stunden sind etwa 11 768 Liter Wasser im Behälter.
c) Aus $10\,000 = 20\,000 - 15\,000 \cdot e^{-0{,}05 \cdot x_1}$ folgt $x_1 \approx 8{,}1$.
Nach etwa 8,1 Stunden sind 10 000 Liter Wasser im Behälter.
d) Aus $0{,}9 \cdot 20\,000 = 20\,000 - 15\,000 \cdot e^{-0{,}05 \cdot x}$ folgt $x_2 \approx 40{,}3$. Nach etwa 40,3 Stunden ist der Behälter zu 90 % gefüllt.

Funktionenscharen

F 49 Eigenschaften von Graphen in Abhängigkeit vom Parameter bestimmen

… da bin ich noch unsicher ☐ ***… das kann ich (jetzt)*** ☐

Häufig kommen neben der Funktionsvariablen, meist x, noch sogenannte Formvariablen (Parameter) vor, die fast immer mit dem Buchstaben a bezeichnet werden. Auf diese Weise kann man mit einem einzigen aufgeschriebenen Funktionsterm beliebig viele „gleichartige" Funktionen beschreiben.
Bei der Untersuchung von Funktionenscharen geht man völlig analog vor wie bei der Untersuchung einzelner Funktionen. Man muss lediglich darauf achten, dass der Parameter a wie eine Konstante (konstanter Summand bzw. konstanter Faktor) behandelt wird. Als konstanter Faktor wird a beim Ableiten oder Integrieren beibehalten, als konstanter Summand entfällt a beim Ableiten.
Achten Sie bei allen Aufgaben dieser Art unbedingt auch auf den Definitionsbereich für den Parameter a. Oft ist es so, dass a nicht alle reellen Zahlen als Werte annehmen darf!

Hinweis

Mit dem GTR können Sie keine Graphenscharen untersuchen, sondern immer nur einzelne Graphen einer Schar. Die entsprechenden Fragestellungen müssen daher handschriftlich erledigt werden. Allerdings können Sie den GTR häufig zum Überprüfen Ihrer Ergebnisse einsetzen oder um Vermutungen über Eigenschaften der Schar zu gewinnen.

Beispiel 1

Die Funktionenschar f_a mit $f_a(x) = ax^2 - 4$, $x \in \mathbb{R}$, $a \in \mathbb{R}^+$, ist gegeben.
Bestimmen Sie die Nullstellen der Funktion f_a.
Für welchen Wert von a ist −4 eine solche Nullstelle?

Lösung:
Nullstellenermittlung: Aus $f_a(x) = 0$ folgt: $x_{1;2} = \pm\sqrt{\frac{4}{a}}$
(Hier erkennen Sie, dass die Einschränkung $a \in \mathbb{R}^+$ sinnvoll ist. Wäre $a = 0$ oder negativ, gäbe es keine Nullstelle.)
Bestimmung von a: $+\sqrt{\frac{4}{a}} = -4$ hat keine Lösung, $-\sqrt{\frac{4}{a}} = -4$ hat die Lösung $a = \frac{1}{4}$.

Beispiel 2
Bestimmen Sie die Extrempunkte des Graphen von f_a mit $f_a(x) = \frac{1}{3}x^3 - ax^2$, $x \in \mathbb{R}$, $a \in \mathbb{R}^+$.
Lösung:
Es gilt: $f_a'(x) = x^2 - 2ax$; $f_a''(x) = 2x - 2a$; aus $f_a'(x) = 0$ folgt: $x_1 = 0$, $x_2 = 2a$
Wegen $f_a''(0) = -2a < 0$, ist $x_1 = 0$ Maximumstelle. Der Hochpunkt ist $H_a(0\,|\,0)$.
Wegen $f_a''(2a) = 2a > 0$, ist $x_2 = 2a$ Minimumstelle. Der Tiefpunkt ist $T_a\left(2a\,\middle|\,-\frac{4}{3}a^3\right)$.
(Hier ist entscheidend, dass a positiv vorgegeben war. Wären für a nur negative Werte zugelassen gewesen, so würde beispielsweise $f_a''(0) = -2a > 0$ gelten und der Punkt $(0\,|\,0)$ wäre ein Tiefpunkt. Entsprechend würde aus $f_a''(2t) = 2a < 0$ der Hochpunkt $\left(2a\,\middle|\,-\frac{4}{3}a^3\right)$ folgen.)

Aufgaben
1. Wie muss man a wählen, $a \in \mathbb{R}^+$, damit die Fläche zwischen dem Graphen von f_a mit $f_a(x) = x + e^{a-x}$, $x \in \mathbb{R}$, und der x-Achse über dem Intervall $[0;a]$ den Inhalt 1 FE hat?
2. Gegeben sind die Funktionen f_a durch $f_a(x) = \frac{1}{2}e^{-ax}$, $x \in \mathbb{R}$, $a \in \mathbb{R}$.
   Wie muss man a wählen, damit der Graph der zugehörigen Funktion f_a im Schnittpunkt mit der y-Achse eine Normale mit der Steigung 1 hat? Geben Sie diese Normalengleichung an.

Ergebnisse:
1. Flächeninhaltsmaßzahl: $A_a = e^a + \frac{1}{2}a^2 - 1$ (F 24, F 26, F 27);
   Näherungswert für a: $a \approx 0{,}599$
2. Tangentensteigung in $Y\left(0\,\middle|\,\frac{1}{2}\right)$: $m_a = -\frac{1}{2}a$ (F 15); Normalensteigung in $Y\left(0\,\middle|\,\frac{1}{2}\right)$: $m_n = \frac{2}{a}$
   Für $a = 2$ hat die Normale die Steigung 1. Die Normalengleichung lautet: $y = x + \frac{1}{2}$

F 50 Ortskurven für besondere Punkte bei Funktionenscharen bestimmen

... da bin ich noch unsicher ☐ ***... das kann ich (jetzt)*** ☐

Wenn eine Funktionenschar f_a gegeben ist, dann werden im Allgemeinen die besonderen Punkte der Graphen (Schnittpunkte mit den Koordinatenachsen, Extrempunkte, Wendepunkte) Koordinaten haben, die vom Parameter a abhängen. Lässt man nun den Parameter a alle zugelassenen Werte durchlaufen, so hat dies zur Folge, dass die entsprechenden Punkte sich ebenfalls im Koordinatensystem bewegen. Es ist daher sinnvoll, danach zu fragen, auf welchem Graphen sich beispielsweise die Extrempunkte der Graphen einer Funktionenschar bewegen, wenn a alle zugelassenen Werte durchläuft. Diesen Graphen nennt man Ortskurve der Extrempunkte.

In solchen Fällen bestimmt man zuerst die Koordinaten x_a und y_a der jeweiligen Punkte in Abhängigkeit vom Parameter a, löst dann die Gleichung $x_a = x(a)$ nach a auf und setzt das Ergebnis in die andere Gleichung ein. Auf diese Weise entsteht eine Gleichung, die die Abhängigkeit der y-Koordinate y_a von der x-Koordinate x_a beschreibt. Dies ist die Gleichung der gesuchten Ortskurve. Diese Vorgehensweise bezeichnet man als Eliminieren des Parameters a.

Beispiel 1
Gegeben sind die Funktionen f_a mit $f_a(x) = \frac{1}{6}x^3 - ax^2 + a^3$, $x \in \mathbb{R}$, $a \in \mathbb{R}$.
Auf welchem Graphen bewegen sich die Wendepunkte W_a der zugehörigen Graphen, wenn a alle zugelassenen Werte durchläuft?

Lösung:

Ableitungen:

$f'_a(2ax) = \frac{1}{2}x^2 - 2ax$; $f''_a(x) = x - 2a$; $f'''_a(x) = 1$

Berechnung der Wendepunkte (F 21):

Aus $f''_a(x) = 0$ folgt $x_a = 2a$ und daraus $f'''_a(2a) = 1 \neq 0$. $x_a = 2a$ ist demnach Wendestelle der Funktion f_a.

Mit $y_a = f_a(2a) = \frac{1}{6}\cdot(2a)^3 - a\cdot(2a)^2 + a^3 = -\frac{5}{3}a^3$ ergibt sich der Wendepunkt $W_t\left(2a \middle| -\frac{5}{3}a^3\right)$.

Ortskurve der Wendepunkte:

Aus $x_a = 2a$ erhält man zunächst $a = \frac{1}{2}x_a$ und damit $y_a = -\frac{5}{3}\cdot\left(\frac{1}{2}x_a\right)^3 = -\frac{5}{24}{x_a}^3$.

Die Wendepunkte der Graphen von f_a bewegen sich auf dem Graphen von g mit $g(x) = -\frac{5}{24}x^3$, $x \in \mathbb{R}$.

Beispiel 2

Gegeben sind die Funktionen f_a mit $f_a(x) = \frac{1}{a} \cdot e^{-ax^2}$, $x \in \mathbb{R}$, $a \in \mathbb{R}^+$.

Der Graph jeder Funktion f_a schneidet den Graphen der zugehörigen Ableitungsfunktion f'_a in genau einem Punkt S_a.

Auf welchem Graphen bewegen sich diese Punkte S_a, wenn a alle zugelassenen Werte durchläuft?

Lösung:

Ableitung:

$f'_a(x) = \frac{1}{a}\cdot(-2ax)\cdot e^{-ax^2} = -2x\cdot e^{-ax^2}$

Berechnung der Koordinaten des Schnittpunkts S_a:

Aus $f_a(x) = f'_a(x)$ folgt:

$$\frac{1}{a}\cdot e^{-ax^2} = -2x\cdot e^{-ax^2} \quad |:e^{-ax^2}, \text{ da } e^{-ax^2} \neq 0$$

$$\frac{1}{a} = -2x$$

$$x_a = -\frac{1}{2a}$$

Ferner: $y_a = f_a(x_a) = \frac{1}{a}\cdot e^{-ax_a^2} = \frac{1}{a}\cdot e^{-\frac{1}{4a}}$

Ortskurve der Schnittpunkte:

Aus der x-Koordinate erhält man: $a = -\frac{1}{2x_a}$

Einsetzen in die y-Koordinate ergibt: $y_a = -2x_a\cdot e^{-\frac{1}{4}\cdot(-2x_a)} = -2x_a\cdot e^{\frac{1}{2}\cdot x_a}$

Der Schnittpunkt bewegt sich auf dem Graphen von g mit $g(x) = -2x\cdot e^{\frac{1}{2}\cdot x}$; $x \in \mathbb{R}$.

Aufgaben

1. Gegeben sind die Funktionen f_a mit $f_a(x) = \frac{4}{x^2} + a^3x$; $x \in \mathbb{R}^+$; $a \in \mathbb{R}^+$.
   Auf welchem Graphen bewegen sich die Tiefpunkte T_a der zugehörigen Graphen, wenn a alle zugelassenen Werte durchläuft?
2. Gegeben sind die Funktionen f_a mit $f_a(x) = (x + a)\cdot e^{-x}$; $x \in \mathbb{R}$; $a \in \mathbb{R}$.
   Auf welchem Graphen bewegen sich die Hochpunkte H_a der zugehörigen Graphen, wenn a alle zugelassenen Werte durchläuft?
3. Gegeben sind die Funktionen f_a mit $f_a(x) = ax^3 - x^2 - 1$; $x \in \mathbb{R}$; $a \in \mathbb{R}^+$.
   Auf welchem Graphen bewegen sich die Wendepunkte W_a der zugehörigen Graphen, wenn a alle zugelassenen Werte durchläuft?

Ergebnisse:

1. Tiefpunkte: $T_a\left(\frac{2}{a} \middle| 3a^2\right)$ (F 19); Gleichung des Graphen: $g(x) = \frac{12}{x^2}$; $x \in \mathbb{R}^+$
2. Hochpunkte: $H_a(1-a \,|\, e^{a-1})$ (F 19); Gleichung des Graphen: $g(x) = e^{-x}$; $x \in \mathbb{R}$
3. Wendepunkte: $W_a\left(\frac{1}{3a} \middle| -\frac{2}{27a^2} - 1\right)$ (F 21); Gleichung des Graphen: $g(x) = -\frac{2}{3}x^2 - 1$; $x \in \mathbb{R}^+$

Analytische Geometrie

Grundlegendes im Umgang mit Vektoren

F 51 Den Verbindungsvektor zweier Punkte aufstellen

… da bin ich noch unsicher ☐ … das kann ich (jetzt) ☐

Den Verbindungsvektor $\overrightarrow{AB}$ zweier gegebener Punkte A und B erhält man, indem man die Differenz der beiden Ortsvektoren $\vec{b}$ und $\vec{a}$ bildet. Es gilt: $\overrightarrow{AB} = \vec{b} - \vec{a}$.
Alternative: Man erhält die Koordinaten des Vektors $\overrightarrow{AB}$ als Differenz der Koordinaten von B und A.

⚠
$\overrightarrow{BA} = -\overrightarrow{AB}$. Vermeiden Sie bei der Differenzbildung Vorzeichenfehler.

Beispiel 1
Bestimmen Sie den Verbindungsvektor $\overrightarrow{AB}$ für A(−3|2|5) und B(−4|−6|7).
Lösung:

$$\overrightarrow{AB} = \begin{pmatrix} -4 \\ -6 \\ 7 \end{pmatrix} - \begin{pmatrix} -3 \\ 2 \\ 5 \end{pmatrix} = \begin{pmatrix} -4-(-3) \\ -6-2 \\ 7-5 \end{pmatrix} = \begin{pmatrix} -1 \\ -8 \\ 2 \end{pmatrix}$$

Beispiel 2
Wie lautet der Vektor $\overrightarrow{PQ}$ für P(4|−7|6) und Q(9|−4|6)?
Lösung:

$$\overrightarrow{PQ} = \begin{pmatrix} 9-4 \\ -4-(-7) \\ 6-6 \end{pmatrix} = \begin{pmatrix} 5 \\ 3 \\ 0 \end{pmatrix}$$

Aufgabe
Gegeben sind die Punkte S(−8|4|−7) und T(3|−3|7). Bestimmen Sie den Vektor $\overrightarrow{TS}$.
Ergebnis:

$$\overrightarrow{TS} = \begin{pmatrix} -11 \\ 7 \\ -14 \end{pmatrix}$$

F 52 Die Länge eines Vektors berechnen

… da bin ich noch unsicher ☐ … das kann ich (jetzt) ☐

Die Länge (den Betrag) eines Vektors berechnet man mithilfe des Satzes von Pythagoras.
Für $\vec{a} = \begin{pmatrix} a_1 \\ a_2 \\ a_3 \end{pmatrix}$ gilt: $|\vec{a}| = \sqrt{a_1^2 + a_2^2 + a_3^2}$

Beispiel
Berechnen Sie die Länge des Vektors $\vec{a} = \begin{pmatrix} 2 \\ -3 \\ 5 \end{pmatrix}$.
Lösung:
$|\vec{a}| = \sqrt{2^2 + (-3)^2 + 5^2} = \sqrt{4 + 9 + 25} = \sqrt{38}$

Aufgabe
Berechnen Sie die Länge der Vektoren $\vec{u} = \begin{pmatrix} -4 \\ 4 \\ 7 \end{pmatrix}$ und $\overrightarrow{PQ} = \begin{pmatrix} -4 \\ -5 \\ 3 \end{pmatrix}$.
Ergebnis:
$|\vec{u}| = 9$; $|\overrightarrow{PQ}| = \sqrt{50} \approx 7{,}07$

F 53 Eine Linearkombination von Vektoren berechnen

***... da bin ich noch unsicher* ☐ *... das kann ich (jetzt)* ☐**

Wenn man eine Linearkombination aus mehreren Vektoren berechnen will, dann muss man die Rechengesetze für die S-Multiplikation und die Addition von Vektoren anwenden.

Beispiel
Gegeben sind $\vec{a} = \begin{pmatrix} 2 \\ -1 \\ 3 \end{pmatrix}$; $\vec{b} = \begin{pmatrix} 4 \\ 0 \\ -3 \end{pmatrix}$ und $\vec{c} = \begin{pmatrix} -1 \\ 3 \\ 2 \end{pmatrix}$.

Berechnen Sie die Linearkombination $\vec{d} = 2\vec{a} - \vec{b} + 3\vec{c}$.

Lösung:

$$\vec{d} = 2 \cdot \begin{pmatrix} 2 \\ -1 \\ 3 \end{pmatrix} - \begin{pmatrix} 4 \\ 0 \\ -3 \end{pmatrix} + 3 \cdot \begin{pmatrix} -1 \\ 3 \\ 2 \end{pmatrix} = \begin{pmatrix} 2 \cdot 2 - 4 + 3 \cdot (-1) \\ 2 \cdot (-1) - 0 + 3 \cdot 3 \\ 2 \cdot 3 - (-3) + 3 \cdot 2 \end{pmatrix} = \begin{pmatrix} -3 \\ 7 \\ 15 \end{pmatrix}$$

Aufgaben

1. Berechnen Sie für $\vec{a} = \begin{pmatrix} -1 \\ -5 \\ 6 \end{pmatrix}$; $\vec{b} = \begin{pmatrix} 2 \\ -4 \\ -9 \end{pmatrix}$ und $\vec{c} = \begin{pmatrix} 3 \\ 5 \\ -4 \end{pmatrix}$ die Linearkombination $\vec{d} = 3\vec{a} - 4\vec{b} - 2\vec{c}$.
2. Berechnen Sie für $\vec{x} = \begin{pmatrix} 2 \\ 3 \\ -4 \end{pmatrix}$; $\vec{y} = \begin{pmatrix} -7 \\ 5 \\ -2 \end{pmatrix}$ und $\vec{z} = \begin{pmatrix} 6 \\ -4 \\ 3 \end{pmatrix}$ die Linearkombination $\vec{v} = -2\vec{x} + \vec{y} + 3\vec{z}$.

Ergebnisse:

1. $\vec{d} = \begin{pmatrix} -17 \\ -9 \\ 62 \end{pmatrix}$
2. $\vec{v} = \begin{pmatrix} 7 \\ -13 \\ 15 \end{pmatrix}$

F 54 Überprüfen, ob drei Vektoren in einer Ebene liegen

***... da bin ich noch unsicher* ☐ *... das kann ich (jetzt)* ☐**

Wenn drei Vektoren $\vec{a}$, $\vec{b}$ und $\vec{c}$ in einer Ebene liegen, dann kann man einen der Vektoren als Linearkombination der beiden anderen darstellen.
Man wählt also z. B. den Ansatz: $\vec{c} = r \cdot \vec{a} + s \cdot \vec{b}$.
Wenn man r und s eindeutig bestimmen kann, dann liegen die drei Vektoren in einer Ebene.
Falls es keine derartige Darstellung gibt, dann liegen die drei Vektoren nicht in einer Ebene.
Man nennt drei Vektoren, die nicht in einer Ebene liegen, auch „linear unabhängig".

Man erhält ein LGS aus drei Gleichungen mit den beiden Variablen r und s.
Um zu überprüfen, ob dieses LGS eine eindeutige Lösung hat, löst man zunächst das LGS, das z. B. aus den beiden ersten Gleichungen besteht (F 8).

Beispiel 1
Überprüfen Sie, ob die drei Vektoren $\vec{a} = \begin{pmatrix} -2 \\ 4 \\ -1 \end{pmatrix}$; $\vec{b} = \begin{pmatrix} 3 \\ -2 \\ 5 \end{pmatrix}$ und $\vec{c} = \begin{pmatrix} -4 \\ 16 \\ 5 \end{pmatrix}$ in einer Ebene liegen.

Lösung:
Ansatz: $\vec{c} = r \cdot \begin{pmatrix} -2 \\ 4 \\ -1 \end{pmatrix} + s \cdot \begin{pmatrix} 3 \\ -2 \\ 5 \end{pmatrix} = \begin{pmatrix} -4 \\ 16 \\ 5 \end{pmatrix}$

(I)	$-2r + 3s = -4$	(I)	$-2r + 3s = -4$
(II)	$4r - 2s = 16$	(II a) = 2·(I) + (II)	$4s = 8$
(III)	$-r + 5s = 5$		

Aus (II a) folgt: $s = 2$. Einsetzen in (I) liefert $r = 5$.
Anschließend muss man noch die Einsetzprobe mit Gleichung (III) machen: $-5 + 5 \cdot 2 = 5$
Die Werte $r = 5$ und $s = 2$ erfüllen auch die Gleichung (III).

Es gilt $\vec{c} = 5\vec{a} + 2\vec{b}$. Der Vektor $\vec{c}$ kann eindeutig als Linearkombination von $\vec{a}$ und $\vec{b}$ dargestellt werden. Demnach liegen die drei Vektoren in einer Ebene.
Alternative: Man kann auch zwei andere Gleichungen auswählen.

Beispiel 2
Überprüfen Sie, ob die drei Vektoren $\vec{u} = \begin{pmatrix} 20 \\ 11 \\ -6 \end{pmatrix}$; $\vec{v} = \begin{pmatrix} -5 \\ 3 \\ -4 \end{pmatrix}$ und $\vec{w} = \begin{pmatrix} 4 \\ -1 \\ -3 \end{pmatrix}$ in einer Ebene liegen.

Lösung:
Ansatz z.B.: $\vec{u} = r \cdot \begin{pmatrix} -5 \\ 3 \\ -4 \end{pmatrix} + s \cdot \begin{pmatrix} 4 \\ -1 \\ -3 \end{pmatrix} = \begin{pmatrix} 20 \\ 11 \\ -6 \end{pmatrix}$

Es ergibt sich folgendes LGS:
$$\begin{array}{ll} \text{(I)} & -5r + 4s = 20 \\ \text{(II)} & 3r - s = 11 \\ \text{(III)} & -4r - 3s = -6 \end{array}$$

Zunächst löst man das LGS z.B. aus den Gleichungen (II) und (III) und erhält $r = 3$ und $s = -2$.
Probe in (I): $-5 \cdot 3 + 4 \cdot (-2) = -23 \neq 20$; die Probe zeigt, dass das LGS keine Lösung hat.
Somit kann man den Vektor $\vec{u}$ nicht als Linearkombination der beiden anderen Vektoren darstellen. Also liegen die drei Vektoren nicht in einer Ebene.

Aufgabe
Überprüfen Sie jeweils, ob die drei Vektoren in einer Ebene liegen.

a) $\vec{a} = \begin{pmatrix} 3 \\ -2 \\ -3 \end{pmatrix}$; $\vec{b} = \begin{pmatrix} -2 \\ -1 \\ 4 \end{pmatrix}$ und $\vec{c} = \begin{pmatrix} 7 \\ 0 \\ -8 \end{pmatrix}$

b) $\vec{x} = \begin{pmatrix} -5 \\ 6 \\ 4 \end{pmatrix}$; $\vec{y} = \begin{pmatrix} -1 \\ -3 \\ 2 \end{pmatrix}$ und $\vec{z} = \begin{pmatrix} 3 \\ 2 \\ -4 \end{pmatrix}$

Ergebnis:
a) Die drei Vektoren liegen nicht in einer Ebene.
b) Es gilt: $\vec{x} = -4\vec{y} - 3\vec{z}$. Die drei Vektoren liegen also in einer Ebene.

F 55 Den Mittelpunkt einer Strecke berechnen

***... da bin ich noch unsicher* ☐ *... das kann ich (jetzt)* ☐**

Um den Mittelpunkt M einer gegebenen Strecke AB zu bestimmen, gibt es zwei Varianten.

Variante 1
Man erhält den Ortsvektor $\vec{m}$ des Mittelpunkts M, indem man zum Ortsvektor $\vec{a}$ von A den Vektor $\frac{1}{2}\overrightarrow{AB}$ addiert.
Es gilt: $\vec{m} = \vec{a} + \frac{1}{2}\overrightarrow{AB}$

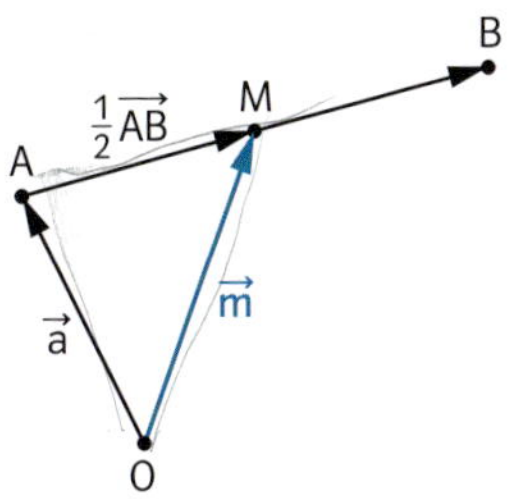

Variante 2
Man ersetzt in Variante 1 den Vektor $\overrightarrow{AB}$ durch $\vec{b} - \vec{a}$ (siehe F 51) und erhält:
$\vec{m} = \vec{a} + \frac{1}{2}(\vec{b} - \vec{a})$
Dies wird noch vereinfacht:
$\vec{m} = \vec{a} + \frac{1}{2}\vec{b} - \frac{1}{2}\vec{a} = \frac{1}{2}\vec{a} + \frac{1}{2}\vec{b} = \frac{1}{2}(\vec{a} + \vec{b})$

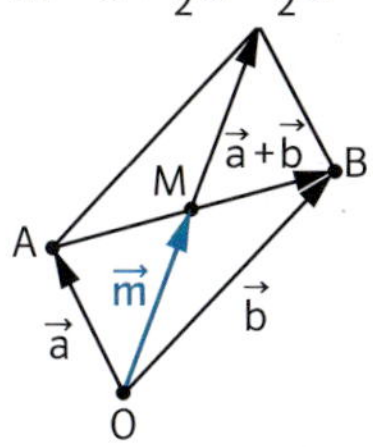

Variante 2 ist leicht zu merken, denn sie erinnert stark an die übliche Mittelwertbildung von zwei Zahlen.

Beispiel 1
Berechnen Sie für A(6 | −2 | 3) und B(4 | 3 | −5) die Koordinaten des Mittelpunkts der Strecke $\overline{AB}$.
Lösung:

$$\vec{m} = \begin{pmatrix} 6 \\ -2 \\ 3 \end{pmatrix} + \frac{1}{2} \cdot \begin{pmatrix} -2 \\ 5 \\ -8 \end{pmatrix} = \begin{pmatrix} 5 \\ 0{,}5 \\ -1 \end{pmatrix} \text{ und daher } M(5 \,|\, 0{,}5 \,|\, -1)$$

Beispiel 2
Berechnen Sie für C(4 | 3 | −5) und D(−1 | 3 | −2) die Koordinaten des Mittelpunkts der Strecke $\overline{CD}$.
Lösung:

$$\vec{m} = \frac{1}{2} \cdot \begin{pmatrix} 4 + (-1) \\ 3 + 3 \\ -5 + (-2) \end{pmatrix} = \frac{1}{2} \cdot \begin{pmatrix} 3 \\ 6 \\ -7 \end{pmatrix} = \begin{pmatrix} 1{,}5 \\ 3 \\ -3{,}5 \end{pmatrix} \text{ und daher } M(1{,}5 \,|\, 3 \,|\, -3{,}5)$$

Aufgabe
Berechnen Sie für P(−3 | 4 | 7) und Q(2 | −4 | −3) die Koordinaten des Mittelpunkts M der Strecke $\overline{PQ}$.
Ergebnis:
M(−0,5 | 0 | 2)

F 56 Ein Dreieck zu einem Parallelogramm ergänzen

... da bin ich noch unsicher ☐ ***... das kann ich (jetzt)*** ☐

Um ein gegebenes Dreieck ABC zu einem Parallelogramm ABCD zu ergänzen, muss man die Koordinaten des Punktes D berechnen. Diese Aufgabe lässt theoretisch drei verschiedene Lagen des Punktes D zu. Falls man jedoch die Bezeichnung der Eckpunkte des Parallelogramms wie üblich alphabetisch gegen den Uhrzeigersinn vereinbart, ist die Lage von D eindeutig.
Man erhält den Ortsvektor $\vec{d}$ von D, indem man den Vektor $\overrightarrow{BA}$ zum Ortsvektor $\vec{c}$ von C addiert:
$\vec{d} = \vec{c} + \overrightarrow{BA}$.
Alternativer Weg: $\vec{d} = \vec{a} + \overrightarrow{BC}$

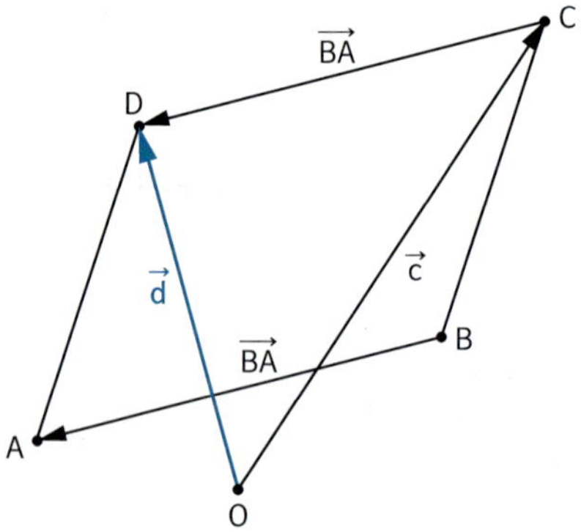

Beispiel
Bestimmen Sie einen Punkt D so, dass ABCD ein Parallelogramm ist, falls A(3 | 4 | −3), B(−1 | 2 | 4), C(2 | 3 | −2).
Lösung:

$$\overrightarrow{BA} = \begin{pmatrix} 3 - (-1) \\ 4 - 2 \\ -3 - 4 \end{pmatrix} = \begin{pmatrix} 4 \\ 2 \\ -7 \end{pmatrix}$$

$$\vec{d} = \begin{pmatrix} 2 \\ 3 \\ -2 \end{pmatrix} + \begin{pmatrix} 4 \\ 2 \\ -7 \end{pmatrix} = \begin{pmatrix} 6 \\ 5 \\ -9 \end{pmatrix} \text{ und daher } D(6 \,|\, 5 \,|\, -9)$$

Aufgabe
Das Dreieck PQR mit P(−2 | 1 | −5), Q(−3 | −1 | 2) und R(5 | 1 | 4) soll zu einem Parallelogramm PQRS ergänzt werden.
Berechnen Sie die Koordinaten des Punktes S.
Ergebnis:
S(6 | 3 | −3)

F 57 Überprüfen, ob drei Punkte auf derselben Geraden liegen

... da bin ich noch unsicher ☐ ***... das kann ich (jetzt)*** ☐

Um zu überprüfen, ob drei Punkte auf einer Geraden liegen, gibt es zwei Varianten. Liegen die Punkte nicht auf einer Geraden, dann sind sie die Eckpunkte eines Dreiecks.

Variante 1
Man wählt zwei der drei Punkte aus und bestimmt eine Parametergleichung der Geraden durch diese beiden Punkte (siehe F 62). Dann macht man für den dritten Punkt die Punktprobe mit dieser Geraden (siehe F 63).

Variante 2
Wenn die Verbindungsvektoren $\overrightarrow{AB}$ und $\overrightarrow{AC}$ Vielfache voneinander sind, dann liegen die drei Punkte A, B und C auf einer Geraden.

Beispiel 1
Überprüfen Sie, ob die drei Punkte A(−2 | 3 | 1), B(4 | −1 | 2) und C(−14 | 11 | −1) auf derselben Geraden liegen.
Lösung:

$$\overrightarrow{AB} = \begin{pmatrix} 4-(-2) \\ -1-\ 3 \\ 2-\ 1 \end{pmatrix} = \begin{pmatrix} 6 \\ -4 \\ 1 \end{pmatrix};\ \overrightarrow{AC} = \begin{pmatrix} -14-(-2) \\ 11-\ 3 \\ -1-\ 1 \end{pmatrix} = \begin{pmatrix} -12 \\ 8 \\ -2 \end{pmatrix};\ \text{es gilt: } \overrightarrow{AC} = -2\cdot\overrightarrow{AB}$$

Also liegen A, B und C auf einer Geraden.

Beispiel 2
Überprüfen Sie, ob die drei Punkte P(2 | 1 | 4), Q(−1 | 2 | −3) und R(5 | 2 | −1) die Eckpunkte eines Dreiecks sind.
Lösung:

$$\overrightarrow{PQ} = \begin{pmatrix} -1-2 \\ 2-1 \\ -3-4 \end{pmatrix} = \begin{pmatrix} -3 \\ 1 \\ -7 \end{pmatrix};\ \overrightarrow{PR} = \begin{pmatrix} 5-2 \\ 2-1 \\ -1-4 \end{pmatrix} = \begin{pmatrix} 3 \\ 1 \\ -5 \end{pmatrix};\ \text{also ist } \overrightarrow{PR} \text{ kein Vielfaches von } \overrightarrow{PQ}.$$

Daher liegen P, Q und R nicht auf einer Geraden, d.h., sie sind die Eckpunkte eines Dreiecks.

Aufgabe
Überprüfen Sie, ob die Punkte auf derselben Geraden liegen.
a) A(−4 | −3 | 2), B(4 | 3 | −3) und C(−6 | 5 | −2)
b) E(−5 | −6 | 3), F(3 | −8 | 9) und G(15 | −11 | 18)
Ergebnis:
a) A,B und C liegen nicht auf derselben Geraden (sind also Eckpunkte eines Dreiecks).
b) E, F und G liegen auf derselben Geraden. (Es gilt: $\overrightarrow{EG} = 2{,}5\cdot\overrightarrow{EF}$)

F 58 Das Skalarprodukt zweier Vektoren berechnen

... da bin ich noch unsicher ☐ ***... das kann ich (jetzt)*** ☐

Das Skalarprodukt zweier Vektoren $\vec{a}$ und $\vec{b}$ ist diejenige reelle Zahl, die wie folgt aus den beiden Vektoren berechnet wird:

$$\vec{a}\cdot\vec{b} = \begin{pmatrix} a_1 \\ a_2 \\ a_3 \end{pmatrix}\cdot\begin{pmatrix} b_1 \\ b_2 \\ b_3 \end{pmatrix} = a_1\cdot b_1 + a_2\cdot b_2 + a_3\cdot b_3$$

Es gilt:
Zwei Vektoren $\vec{a} = \begin{pmatrix} a_1 \\ a_2 \\ a_3 \end{pmatrix}$ und $\vec{b} = \begin{pmatrix} b_1 \\ b_2 \\ b_3 \end{pmatrix}$ sind genau dann zueinander orthogonal, $\vec{a} \perp \vec{b}$, wenn gilt: $\vec{a} \cdot \vec{b} = a_1b_1 + a_2b_2 + a_3b_3 = 0$

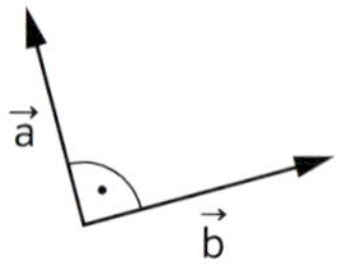

Das Skalarprodukt zweier Vektoren benötigt man vor allem bei der Berechnung von Winkeln zwischen Vektoren (siehe auch F 74).

Beispiel
Berechnen Sie für $\vec{a} = \begin{pmatrix} 3 \\ -4 \\ 2 \end{pmatrix}$, $\vec{b} = \begin{pmatrix} 5 \\ 3 \\ -3 \end{pmatrix}$ und $\vec{c} = \begin{pmatrix} 6 \\ 4 \\ -1 \end{pmatrix}$ die Skalarprodukte $\vec{a} \cdot \vec{b}$, $\vec{a} \cdot \vec{c}$ und $\vec{b} \cdot \vec{c}$.

Lösung:

$$\vec{a} \cdot \vec{b} = \begin{pmatrix} 3 \\ -4 \\ 2 \end{pmatrix} \cdot \begin{pmatrix} 5 \\ 3 \\ -3 \end{pmatrix} = 3 \cdot 5 + (-4) \cdot 3 + 2 \cdot (-3) = 15 - 12 - 6 = -3$$

$$\vec{a} \cdot \vec{c} = \begin{pmatrix} 3 \\ -4 \\ 2 \end{pmatrix} \cdot \begin{pmatrix} 6 \\ 4 \\ -1 \end{pmatrix} = 3 \cdot 6 + (-4) \cdot 4 + 2 \cdot (-1) = 18 - 16 - 2 = 0$$

$$\vec{b} \cdot \vec{c} = \begin{pmatrix} 5 \\ 3 \\ -3 \end{pmatrix} \cdot \begin{pmatrix} 6 \\ 4 \\ -1 \end{pmatrix} = 5 \cdot 6 + 3 \cdot 4 + (-3) \cdot (-1) = 30 + 12 + 3 = 45$$

Die Vektoren $\vec{a}$ und $\vec{c}$ sind also zueinander orthogonal.

Aufgabe
Berechnen Sie für $\vec{u} = \begin{pmatrix} -2 \\ 3 \\ -6 \end{pmatrix}$, $\vec{v} = \begin{pmatrix} 3 \\ -4 \\ -2 \end{pmatrix}$ und $\vec{w} = \begin{pmatrix} 8 \\ 5 \\ 2 \end{pmatrix}$ die Skalarprodukte $\vec{u} \cdot \vec{v}$, $\vec{u} \cdot \vec{w}$ und $\vec{v} \cdot \vec{w}$.

Ergebnis:
$\vec{u} \cdot \vec{v} = -6$; $\vec{u} \cdot \vec{w} = -13$; $\vec{v} \cdot \vec{w} = 0$.
Die Vektoren $\vec{v}$ und $\vec{w}$ sind also zueinander orthogonal.

F 59 Einen Normalenvektor einer in Parameterform gegebenen Ebene bestimmen

… da bin ich noch unsicher ☐ ***… das kann ich (jetzt)*** ☐

Wenn eine Ebene $E: \vec{x} = \vec{p} + r \cdot \vec{u} + s \cdot \vec{v}$ gegeben ist, kann man einen Normalenvektor $\vec{n}$ von E auf zwei Wegen bestimmen.

Weg 1: Man bestimmt einen Normalenvektor mithilfe eines LGS.
Der Normalenvektor $\vec{n}$ muss auf beiden Spannvektoren $\vec{u}$ und $\vec{v}$ senkrecht stehen.
Daher gilt: $\vec{n} \cdot \vec{u} = 0$ und $\vec{n} \cdot \vec{v} = 0$
Aus diesen beiden Bedingungen erhält man ein LGS mit zwei Gleichungen für die drei unbekannten Koordinaten des Normalenvektors $\vec{n}$. Dieses LGS hat unendlich viele Lösungen, da es unendlich viele mögliche Normalenvektoren von E gibt, denn die Länge von $\vec{n}$ ist beliebig. Man kann daher eine der drei Koordinaten des Normalenvektors nahezu frei, jedoch ungleich 0, wählen, bevor oder nachdem man das LGS gelöst hat.

Weg 2: Man bestimmt einen Normalenvektor mithilfe des Vektorprodukts (Kreuzprodukt).

Es gilt: $\vec{u} \times \vec{v} = \begin{pmatrix} u_2v_3 - u_3v_2 \\ u_3v_1 - u_1v_3 \\ u_1v_2 - u_2v_1 \end{pmatrix}$

Das Vektorprodukt $\vec{u} \times \vec{v}$ liefert einen Vektor, der senkrecht auf den beiden Vektoren $\vec{u}$ und $\vec{v}$ steht.
Man kann also den Vektor $\vec{n} = \vec{u} \times \vec{v}$ als Normalenvektor der Ebene verwenden.
(Zudem entspricht der Betrag des Vektors $\vec{u} \times \vec{v}$ dem Flächeninhalt des Parallelogramms, das von den beiden Vektoren $\vec{u}$ und $\vec{v}$ aufgespannt wird.)

Merkregel zur Berechnung des Vektorprodukts:

$$\begin{pmatrix} a_1 \\ a_2 \\ a_3 \end{pmatrix} \times \begin{pmatrix} b_1 \\ b_2 \\ b_3 \end{pmatrix} \qquad \begin{matrix} a_1 & b_1 \\ a_2 & b_2 \end{matrix} \qquad \vec{n} = \begin{pmatrix} n_1 \\ n_2 \\ n_3 \end{pmatrix} = \begin{pmatrix} a_2 b_3 - a_3 b_2 \\ a_3 b_1 - a_1 b_3 \\ a_1 b_2 - a_2 b_1 \end{pmatrix}$$

Fallende Diagonalen sind positiv,
steigende Diagonalen sind negativ zu werten.

Beispiel 1

Bestimmen Sie einen Normalenvektor der Ebene $E\colon \vec{x} = \begin{pmatrix} 3 \\ 2 \\ -4 \end{pmatrix} + r \cdot \begin{pmatrix} -1 \\ 3 \\ -2 \end{pmatrix} + s \cdot \begin{pmatrix} 4 \\ -2 \\ 3 \end{pmatrix}$.

Lösung:

Ansatz (Weg 1): $\vec{n} = \begin{pmatrix} n_1 \\ n_2 \\ n_3 \end{pmatrix}$; $\vec{u} = \begin{pmatrix} -1 \\ 3 \\ -2 \end{pmatrix}$; $\vec{v} = \begin{pmatrix} 4 \\ -2 \\ 3 \end{pmatrix}$

Es gilt:

$\vec{n} \cdot \vec{u} = \begin{pmatrix} n_1 \\ n_2 \\ n_3 \end{pmatrix} \cdot \begin{pmatrix} -1 \\ 3 \\ -2 \end{pmatrix} = -n_1 + 3n_2 - 2n_3 = 0$ (I) und $\vec{n} \cdot \vec{v} = \begin{pmatrix} n_1 \\ n_2 \\ n_3 \end{pmatrix} \cdot \begin{pmatrix} 4 \\ -2 \\ 3 \end{pmatrix} = 4n_1 - 2n_2 + 3n_3 = 0$ (II)

Das LGS aus (I) und (II) ergibt einen Zusammenhang zwischen den Koordinaten von $\vec{n}$ (F 8).
$4 \cdot (I) + (II)$ liefert: $10n_2 - 5n_3 = 0$ bzw. $n_3 = 2n_2$. Mit (I) folgt: $n_1 = -n_2$

Wählt man jetzt z. B. $n_2 = 1$, dann gilt: $\vec{n} = \begin{pmatrix} -1 \\ 1 \\ 2 \end{pmatrix}$

Beispiel 2

Bestimmen Sie einen Normalenvektor der Ebene $E\colon \vec{x} = \begin{pmatrix} 6 \\ 1 \\ -1 \end{pmatrix} + r \cdot \begin{pmatrix} 2 \\ 1 \\ -1 \end{pmatrix} + s \cdot \begin{pmatrix} -4 \\ -4 \\ 1 \end{pmatrix}$.

Lösung:

Ansatz (Weg 1): $\vec{n} = \begin{pmatrix} n_1 \\ n_2 \\ n_3 \end{pmatrix}$; $\vec{u} = \begin{pmatrix} 2 \\ 1 \\ -1 \end{pmatrix}$; $\vec{v} = \begin{pmatrix} -4 \\ -4 \\ 1 \end{pmatrix}$

Es gilt:

$\vec{n} \cdot \vec{u} = \begin{pmatrix} n_1 \\ n_2 \\ n_3 \end{pmatrix} \cdot \begin{pmatrix} 2 \\ 1 \\ -1 \end{pmatrix} = 2n_1 + n_2 - n_3 = 0$ (I) und $\vec{n} \cdot \vec{v} = \begin{pmatrix} n_1 \\ n_2 \\ n_3 \end{pmatrix} \cdot \begin{pmatrix} -4 \\ -4 \\ 1 \end{pmatrix} = -4n_1 - 4n_2 + n_3 = 0$ (II)

Wenn man einen GTR verwenden darf, dann bietet sich jetzt folgende Wegvariante an:
Man wählt eine der drei Koordinaten von $\vec{n}$, **bevor** man das LGS löst. Wählt man z. B. $n_3 = 1$, so hat man eine dritte Gleichung und der GTR kann das LGS eindeutig lösen.

Der GTR liefert: $n_1 = \frac{3}{4}$; $n_2 = -\frac{1}{2}$; $n_3 = 1$.

Ein Normalenvektor ist $\vec{n}^* = \begin{pmatrix} \frac{3}{4} \\ -\frac{1}{2} \\ 1 \end{pmatrix}$. Durch Multiplikation mit 4 erhält man ganzzahlige Koordinaten für den Normalenvektor: $\vec{n} = \begin{pmatrix} 3 \\ -2 \\ 4 \end{pmatrix}$.

Beispiel 3

Bestimmen Sie einen Normalenvektor der Ebene $E\colon \vec{x} = \begin{pmatrix} 4 \\ -3 \\ 2 \end{pmatrix} + r \cdot \begin{pmatrix} 2 \\ -3 \\ 4 \end{pmatrix} + s \cdot \begin{pmatrix} -3 \\ 1 \\ -2 \end{pmatrix}$.

Lösung:

Ansatz (Weg 2): $\vec{a} = \begin{pmatrix} 2 \\ -3 \\ 4 \end{pmatrix}$; $\vec{b} = \begin{pmatrix} -3 \\ 1 \\ -2 \end{pmatrix}$ $\begin{pmatrix} 2 \\ -3 \\ 4 \end{pmatrix} \begin{pmatrix} -3 \\ 1 \\ -2 \end{pmatrix}$ $\begin{matrix} 2 & -3 \\ -3 & 1 \end{matrix}$ $\vec{n} = \begin{pmatrix} (-3) \cdot (-2) - 4 \cdot 1 \\ 4 \cdot (-3) - 2 \cdot (-2) \\ 2 \cdot 1 - (-3) \cdot (-3) \end{pmatrix} = \begin{pmatrix} 2 \\ -8 \\ -7 \end{pmatrix}$

Aufgaben

1. Bestimmen Sie einen Normalenvektor der Ebene E: $\vec{x} = \begin{pmatrix} 3 \\ 2 \\ -3 \end{pmatrix} + r \cdot \begin{pmatrix} -3 \\ 2 \\ 4 \end{pmatrix} + s \cdot \begin{pmatrix} 2 \\ -1 \\ -2 \end{pmatrix}$.
2. 🖩 Bestimmen Sie einen Normalenvektor der Ebene E: $\vec{x} = \begin{pmatrix} 0 \\ 3 \\ -2 \end{pmatrix} + r \cdot \begin{pmatrix} -3 \\ 3 \\ -5 \end{pmatrix} + s \cdot \begin{pmatrix} 1 \\ -4 \\ 2 \end{pmatrix}$.

Ergebnisse:

1. $\vec{n} = \begin{pmatrix} 0 \\ 2 \\ -1 \end{pmatrix}$
2. $\vec{n} = \begin{pmatrix} -14 \\ 1 \\ 9 \end{pmatrix}$

F 60 Eine Gleichung einer Lotgeraden zu einer Ebene aufstellen

... da bin ich noch unsicher ☐ ... das kann ich (jetzt) ☐

Wenn man eine Gleichung einer Lotgeraden l zu einer gegebenen Ebene E durch einen vorgegebenen Punkt P aufstellen will, dann wählt man als ihren Richtungsvektor den Normalenvektor der Ebene. Als Stützpunkt wählt man den Punkt P, unabhängig davon, ob er auf E liegt oder nicht.

Beispiel 1

Bestimmen Sie eine Gleichung der Lotgeraden zur Ebene E: $2x_1 - 4x_2 + 4x_3 = 24$ durch den Punkt P(5 | 2 | −3).

Lösung:

$\vec{n} = \begin{pmatrix} 2 \\ -4 \\ 4 \end{pmatrix}$ und damit l: $\vec{x} = \begin{pmatrix} 5 \\ 2 \\ -3 \end{pmatrix} + r \cdot \begin{pmatrix} 2 \\ -4 \\ 4 \end{pmatrix}$

Beispiel 2

Bestimmen Sie die Koordinaten eines Punktes Q, der von der Ebene E: $-2x_1 + x_2 + 2x_3 = 16$ den Abstand 12 hat.

Lösung:

Man wählt einen beliebigen Punkt P der Ebene E aus, z.B. P(0 | 0 | 8). Dann bestimmt man die Lotgerade l zu E durch P sowie die Länge des Richtungsvektors von l. Auf l gibt es zwei zu E symmetrisch liegende Punkte, die von P den Abstand 12 haben.

l: $\vec{x} = \begin{pmatrix} 0 \\ 0 \\ 8 \end{pmatrix} + s \cdot \begin{pmatrix} -2 \\ 1 \\ 2 \end{pmatrix}$; es gilt: $|\vec{n}| = \left| \begin{pmatrix} -2 \\ 1 \\ 2 \end{pmatrix} \right| = \sqrt{(-2)^2 + 1^2 + 2^2} = 3$

$\vec{q} = \begin{pmatrix} 0 \\ 0 \\ 8 \end{pmatrix} + 4 \cdot \begin{pmatrix} -2 \\ 1 \\ 2 \end{pmatrix} = \begin{pmatrix} -8 \\ 4 \\ 16 \end{pmatrix}$; also Q(−8 | 4 | 16)

Da $d(Q; E) = 4 \cdot |\vec{n}|$ gilt, kann man für den Parameter s den Wert 4 oder −4 einsetzen, um einen Punkt Q, der von E den Abstand 12 hat, zu erhalten.

Aufgaben

1. Bestimmen Sie eine Gleichung der Lotgeraden zur Ebene E: $4x_1 - 4x_2 + 7x_3 = 18$ durch den Punkt P(−3 | 2 | 0).
2. Bestimmen Sie die Koordinaten eines Punktes R, der von der Ebene E: $2x_1 - 3x_2 + 6x_3 = 28$ den Abstand 21 hat.

Ergebnisse:

1. Eine Gleichung der Lotgeraden ist l: $\vec{x} = \begin{pmatrix} -3 \\ 2 \\ 0 \end{pmatrix} + r \cdot \begin{pmatrix} 4 \\ -4 \\ 7 \end{pmatrix}$.
2. Der Punkt R muss entweder auf der Ebene E_1: $2x_1 - 3x_2 + 6x_3 = 175$ oder auf der Ebene E_2: $2x_1 - 3x_2 + 6x_3 = -119$ liegen (F 65); (z.B. R(95 | 5 | 0)).

F 61 Punkte in das kartesische Koordinatensystem einzeichnen

... da bin ich noch unsicher ☐ *... das kann ich (jetzt)* ☐

Jeder gegebene Punkt $P(p_1 \,|\, p_2 \,|\, p_3)$ kann eindeutig in ein kartesisches Koordinatensystem eingezeichnet werden. Umgekehrt kann man einem eingezeichneten Punkt ohne weitere Hilfslinien nicht eindeutig seine Koordinaten zuordnen.

Beispiel 1

Zeichnen Sie die Punkte $A(3 \,|\, 0 \,|\, 0)$, $B(0 \,|\, -4 \,|\, 0)$, $C(0 \,|\, 0 \,|\, 5)$, $D(2 \,|\, 3 \,|\, -1)$, $E(3 \,|\, -4 \,|\, 5)$ und $F(6 \,|\, 5 \,|\, 1)$ in ein kartesisches Koordinatensystem ein.

Lösung:

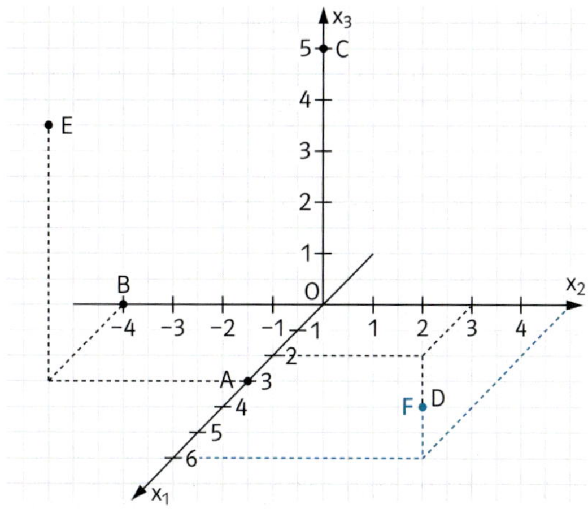

Beispiel 2

Ein Quader ist eindeutig festgelegt durch die Vorgabe der Eckpunkte $A(1 \,|\, -2 \,|\, 1)$, $B(1 \,|\, 6 \,|\, 1)$, $D(-6 \,|\, -2 \,|\, 1)$ und $E(1 \,|\, -2 \,|\, 4)$. Zeichnen Sie den Quader in ein kartesisches Koordinatensystem ein.

Lösung:

Zuerst werden diese vier Eckpunkte in ein kartesisches Koordinatensystem eingezeichnet. Dann werden die Koordinaten der weiteren vier Eckpunkte des Quaders bestimmt und der Quader vervollständigt.

Den Ortsvektor $\vec{c}$ von C erhält man, indem man den Vektor $\overrightarrow{AB}$ zum Ortsvektor von D addiert:

$$\vec{c} = \vec{d} + \overrightarrow{AB} = \begin{pmatrix} -6 \\ -2 \\ 1 \end{pmatrix} + \begin{pmatrix} 0 \\ 8 \\ 0 \end{pmatrix} = \begin{pmatrix} -6 \\ 6 \\ 1 \end{pmatrix};$$

$C(-6 \,|\, 6 \,|\, 1)$

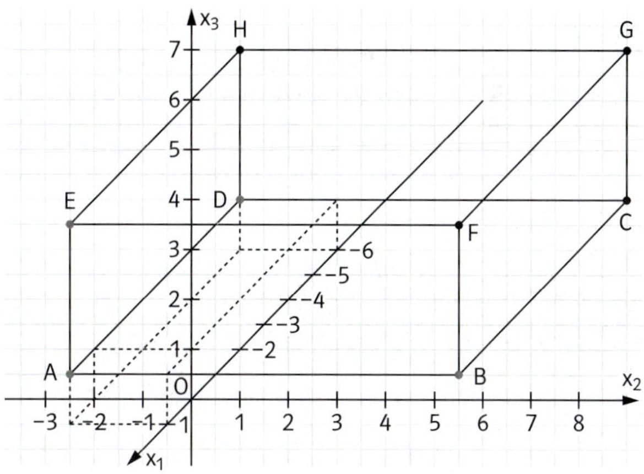

Um die Koordinaten der Punkte F, G und H zu erhalten, genügt es bei dieser speziellen Lage des Quaders, die x_3-Koordinate der Punkte B, C und D um 3 zu vergrößern. Also gilt: $F(1 \,|\, 6 \,|\, 4)$, $G(-6 \,|\, 6 \,|\, 4)$ und $H(-6 \,|\, -2 \,|\, 4)$.

Anmerkung: Natürlich könnte man auch wie bei Punkt C vorgehen.

Aufgaben

1. Die Eckpunkte einer dreiseitigen Pyramide sind $P(2 \,|\, 1 \,|\, -2)$, $Q(-3 \,|\, -1 \,|\, 0)$, $R(3 \,|\, 5 \,|\, -1)$ und $S(3 \,|\, 4 \,|\, 6)$.
   Zeichnen Sie die Pyramide in ein geeignetes kartesisches Koordinatensystem ein.

2. Ein Würfel hat die Kantenlänge 5 LE. Drei Eckpunkte des Würfels sind A(−1|3|1), B(4|3|1) und C(4|8|1).
Zeichnen Sie den Würfel in ein geeignetes kartesisches Koordinatensystem ein und geben Sie die Koordinaten der anderen fünf Eckpunkte des Würfels an.

Ergebnisse:

1.

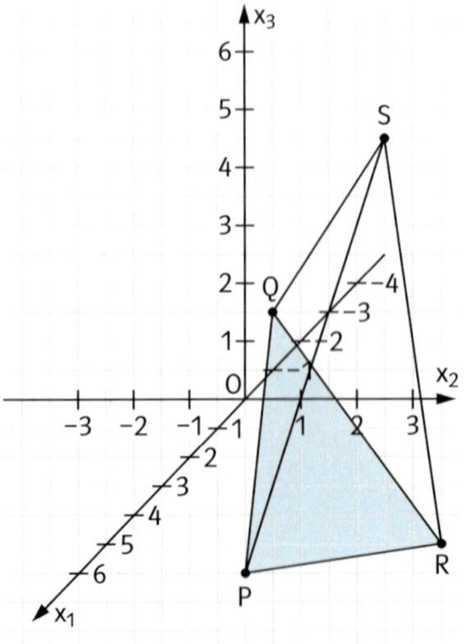

2. D(−1|8|1), E(−1|3|6), F(4|3|6), G(4|8|6), H(−1|8|6)

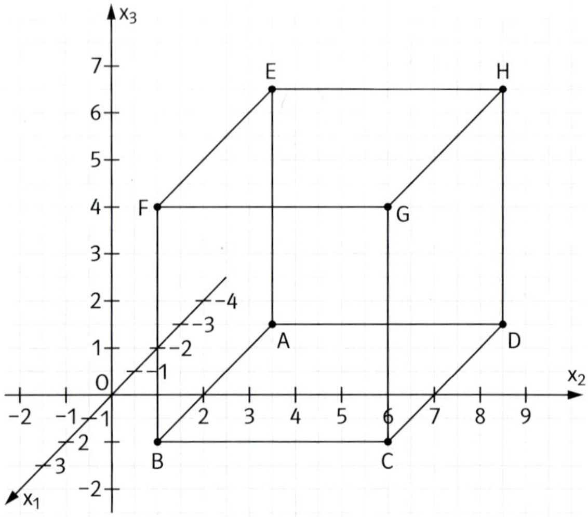

Gleichungen von Geraden und Ebenen

F 62 Eine Parametergleichung einer Geraden aufstellen

... da bin ich noch unsicher ☐ *... das kann ich (jetzt)* ☐

Es gibt zwei grundsätzliche Aufgabenstellungen. Im ersten Fall sind zwei Punkte gegeben, die auf der Geraden liegen. Im zweiten Fall kennt man einen Punkt, der auf der Geraden liegt, und einen Richtungsvektor der Geraden.

Fall 1: Gegeben sind die Punkte A und B.
Man wählt einen der beiden Punkte, z.B. A, als Stützpunkt der Geraden aus. Der Ortsvektor $\vec{a}$ ist dann ein Stützvektor der Geraden.
Als Richtungsvektor kann man den Vektor $\overrightarrow{AB}$ wählen.
Somit erhält man folgende Parametergleichung: $g: \vec{x} = \vec{a} + r \cdot \overrightarrow{AB}$

Fall 2: Gegeben sind eine Gerade $g: \vec{x} = \vec{q} + s \cdot \vec{u}$ und ein Punkt P, der nicht auf g liegt.
Gesucht ist die Parametergleichung der Parallelen h zu g durch P.
P dient als Stützpunkt, der Ortsvektor $\vec{p}$ als Stützvektor der Geraden h. Als Richtungsvektor von h kann man den Richtungsvektor von g wählen.
Somit erhält man folgende Parametergleichung: $h: \vec{x} = \vec{p} + r \cdot \vec{u}$

Beispiel 1

Bestimmen Sie eine Parametergleichung der Geraden g durch A(2|3|−4) und B(5|−1|2).

Mögliche Lösung:

$$\overrightarrow{AB} = \begin{pmatrix} 5-\ 2 \\ -1-\ 3 \\ 2-(-4) \end{pmatrix} = \begin{pmatrix} 3 \\ -4 \\ 6 \end{pmatrix};\ g\colon \vec{x} = \begin{pmatrix} 2 \\ 3 \\ -4 \end{pmatrix} + r \cdot \begin{pmatrix} 3 \\ -4 \\ 6 \end{pmatrix}$$

Beispiel 2

Bestimmen Sie eine Parametergleichung der Parallelen h zu g: $\vec{x} = \begin{pmatrix} 5 \\ -2 \\ -3 \end{pmatrix} + s \cdot \begin{pmatrix} 1 \\ -2 \\ 2 \end{pmatrix}$ durch P(4 | 1 | −3).

Mögliche Lösung:

Es gilt: $h\colon \vec{x} = \begin{pmatrix} 4 \\ 1 \\ -3 \end{pmatrix} + r \cdot \begin{pmatrix} 1 \\ -2 \\ 2 \end{pmatrix}$

Aufgaben

1. Bestimmen Sie eine Parametergleichung der Geraden g durch D(−4 | 2 | 5) und E(6 | −3 | 2).
2. Bestimmen Sie eine Parametergleichung der Parallelen h zu g: $\vec{x} = \begin{pmatrix} -6 \\ -1 \\ 3 \end{pmatrix} + s \cdot \begin{pmatrix} -1 \\ 2 \\ -7 \end{pmatrix}$ durch F(5 | −3 | −1).

Mögliche Ergebnisse:

1. $g\colon \vec{x} = \begin{pmatrix} -4 \\ 2 \\ 5 \end{pmatrix} + r \cdot \begin{pmatrix} 10 \\ -5 \\ -3 \end{pmatrix}$
2. $h\colon \vec{x} = \begin{pmatrix} 5 \\ -3 \\ -1 \end{pmatrix} + r \cdot \begin{pmatrix} -1 \\ 2 \\ -7 \end{pmatrix}$

F 63 Eine Punktprobe bei einer Geraden durchführen

… da bin ich noch unsicher ☐ ***… das kann ich (jetzt)*** ☐

Um rechnerisch zu überprüfen, ob ein Punkt P auf einer gegebenen Geraden g liegt, führt man eine Punktprobe durch. Dabei setzt man an Stelle des Vektors $\vec{x}$ in der Parametergleichung von g den Ortsvektor $\vec{p}$ von P ein. Dadurch erhält man drei Gleichungen für den Geradenparameter (z. B. r). Nur wenn alle drei Gleichungen den gleichen Wert für r liefern, liegt der Punkt P auf der Geraden g.

Beispiel 1

Überprüfen Sie, ob A(−1 | 2 | 3) auf g: $\vec{x} = \begin{pmatrix} 1 \\ 3 \\ -4 \end{pmatrix} + r \cdot \begin{pmatrix} 2 \\ 1 \\ -2 \end{pmatrix}$ liegt.

Lösung:

Einsetzen von $\vec{a}$ liefert: $\begin{pmatrix} -1 \\ 2 \\ 3 \end{pmatrix} = \begin{pmatrix} 1 \\ 3 \\ -4 \end{pmatrix} + r \cdot \begin{pmatrix} 2 \\ 1 \\ -2 \end{pmatrix}$ LGS:

(I) $-1 = 1 + 2r$ $\quad r = -1$
(II) $2 = 3 + r$ $\quad r = -1$
(III) $3 = -4 - 2r$ $\quad r = -3{,}5$

Demnach ist klar, dass der Punkt A nicht auf der Geraden g liegt.

Beispiel 2

Überprüfen Sie, ob B(4 | −5 | −6) auf h: $\vec{x} = \begin{pmatrix} -2 \\ 4 \\ -3 \end{pmatrix} + s \cdot \begin{pmatrix} -2 \\ 3 \\ 1 \end{pmatrix}$ liegt.

Lösung:

Einsetzen von $\vec{b}$ liefert: $\begin{pmatrix} 4 \\ -5 \\ -6 \end{pmatrix} = \begin{pmatrix} -2 \\ 4 \\ -3 \end{pmatrix} + s \cdot \begin{pmatrix} -2 \\ 3 \\ 1 \end{pmatrix}$ LGS:

(I) $4 = -2 - 2s$ $\quad s = -3$
(II) $-5 = 4 + 3s$ $\quad s = -3$
(III) $-6 = -3 + s$ $\quad s = -3$

Somit folgt, dass der Punkt B auf der Geraden h liegt.

Aufgabe

Überprüfen Sie rechnerisch, ob die Punkte P(1 | −1 | 6) und Q(−9 | 12 | 2) auf der Geraden

$g\colon \vec{x} = \begin{pmatrix} -3 \\ 5 \\ 4 \end{pmatrix} + r \cdot \begin{pmatrix} -2 \\ 3 \\ -1 \end{pmatrix}$ liegen.

Ergebnis:

P liegt auf g, Q liegt nicht auf g.

F 64 Eine Parametergleichung einer Ebene aufstellen

... da bin ich noch unsicher ☐ ***... das kann ich (jetzt)*** ☐

Es gibt drei Möglichkeiten, um eine Ebene E eindeutig festzulegen.

Möglichkeit 1: Gegeben sind drei Punkte A, B und C, die die Eckpunkte eines Dreiecks sind und auf der Ebene E liegen.
Eine Parametergleichung der Ebene ist $\vec{x} = \vec{a} + r \cdot (\vec{b} - \vec{a}) + s \cdot (\vec{c} - \vec{a})$.

Möglichkeit 2: Gegeben sind eine Gerade $g\colon \vec{x} = \vec{p} + r \cdot \vec{u}$ sowie ein Punkt Q, der nicht auf g liegt. Sowohl die Gerade g als auch der Punkt Q liegen auf der Ebene E.
Eine Parametergleichung der Ebene ist $\vec{x} = \vec{p} + r \cdot \vec{u} + s \cdot (\vec{q} - \vec{p})$.

Möglichkeit 3: Gegeben sind zwei Geraden $g\colon \vec{x} = \vec{p} + r \cdot \vec{u}$ und $h\colon \vec{x} = \vec{q} + s \cdot \vec{v}$ $(g \neq h)$, die nicht windschief zueinander sind und beide auf der Ebene E liegen.

a) Die beiden Geraden schneiden sich.
Eine Parametergleichung der Ebene ist $\vec{x} = \vec{p} + r \cdot \vec{u} + s \cdot \vec{v}$.

b) Die beiden Geraden sind parallel zueinander.
Eine Parametergleichung der Ebene ist $\vec{x} = \vec{p} + r \cdot \vec{u} + s \cdot (\vec{q} - \vec{p})$.

Beispiel 1

Bestimmen Sie eine Parametergleichung der Ebene E, die die drei Punkte A(3 | 1 | −2), B(−2 | 3 | 1) und C(8 | −2 | 3) enthält.

Lösung:

Man wählt einen der drei Punkte, z. B. A, als Stützpunkt aus. Die Vektoren $\overrightarrow{AB}$ und $\overrightarrow{AC}$ sind geeignete Spannvektoren der Ebene E.

Mit $\overrightarrow{AB} = \begin{pmatrix} -2 - 3 \\ 3 - 1 \\ 1 - (-2) \end{pmatrix} = \begin{pmatrix} -5 \\ 2 \\ 3 \end{pmatrix}$ und $\overrightarrow{AC} = \begin{pmatrix} 8 - 3 \\ -2 - 1 \\ 3 - (-2) \end{pmatrix} = \begin{pmatrix} 5 \\ -3 \\ 5 \end{pmatrix}$ erhält man die Parametergleichung

der Ebene $E\colon \vec{x} = \begin{pmatrix} 3 \\ 1 \\ -2 \end{pmatrix} + r \cdot \begin{pmatrix} -5 \\ 2 \\ 3 \end{pmatrix} + s \cdot \begin{pmatrix} 5 \\ -3 \\ 5 \end{pmatrix}$.

Beispiel 2

Bestimmen Sie eine Parametergleichung der Ebene E, die die Gerade $g\colon \vec{x} = \begin{pmatrix} 2 \\ -1 \\ 3 \end{pmatrix} + r \cdot \begin{pmatrix} -2 \\ 3 \\ 2 \end{pmatrix}$ und den Punkt P(3 | −2 | 4) enthält.

Lösung:

Man kann den Stützvektor $\vec{a}$ der Geraden g als Stützvektor für die Ebenengleichung wählen. Zudem kann man den Richtungsvektor $\vec{u}$ der Geraden als einen der beiden Spannvektoren der Ebene E verwenden. Als zweiter Spannvektor $\vec{v}$ der Ebene E dient der Verbindungsvektor zwischen dem Stützpunkt A der Geraden und dem Punkt P.

A(2 | −1 | 3), also $\overrightarrow{AP} = \begin{pmatrix} 3 - 2 \\ -2 - (-1) \\ 4 - 3 \end{pmatrix} = \begin{pmatrix} 1 \\ -1 \\ 1 \end{pmatrix} = \vec{v}$ und $E\colon \vec{x} = \begin{pmatrix} 2 \\ -1 \\ 3 \end{pmatrix} + r \cdot \begin{pmatrix} -2 \\ 3 \\ 2 \end{pmatrix} + s \cdot \begin{pmatrix} 1 \\ -1 \\ 1 \end{pmatrix}$

Beispiel 3
Die Geraden h: $\vec{x} = \begin{pmatrix} -1 \\ -2 \\ 2 \end{pmatrix} + s \cdot \begin{pmatrix} 2 \\ -3 \\ 1 \end{pmatrix}$ und i: $\vec{x} = \begin{pmatrix} -5 \\ 8 \\ 12 \end{pmatrix} + t \cdot \begin{pmatrix} 1 \\ -1 \\ 2 \end{pmatrix}$ schneiden sich.
Bestimmen Sie eine Parametergleichung der Ebene E, die die Geraden h und i enthält.
Lösung:
Man wählt einen der beiden Stützpunkte, z. B. den der Geraden h, als Stützpunkt der Ebene E. Da die beiden Richtungsvektoren keine Vielfachen voneinander sind, kann man sie als Spannvektoren von E verwenden.

$$E: \vec{x} = \begin{pmatrix} -1 \\ -2 \\ 2 \end{pmatrix} + s \cdot \begin{pmatrix} 2 \\ -3 \\ 1 \end{pmatrix} + t \cdot \begin{pmatrix} 1 \\ -1 \\ 2 \end{pmatrix}$$

Beispiel 4
Bestimmen Sie eine Parametergleichung der Ebene E, die die Geraden j: $\vec{x} = \begin{pmatrix} 3 \\ -1 \\ 2 \end{pmatrix} + r \cdot \begin{pmatrix} -2 \\ 2 \\ 1 \end{pmatrix}$ und l: $\vec{x} = \begin{pmatrix} 2 \\ 2 \\ -1 \end{pmatrix} + s \cdot \begin{pmatrix} 4 \\ -4 \\ -2 \end{pmatrix}$ enthält.
Lösung:
Man wählt einen der beiden Stützpunkte, z. B. den der Gerade j, als Stützpunkt der Ebene E. Da die beiden Richtungsvektoren Vielfache voneinander sind, kann man nur einen als Spannvektor von E verwenden. Als zweiten Spannvektor verwendet man den Verbindungsvektor der beiden Stützpunkte.
Die Stützpunkte lauten J(3 | −1 | 2) und L(2 | 2 | −1).

$$\overrightarrow{JL} = \begin{pmatrix} 2-3 \\ 2-(-1) \\ -1-2 \end{pmatrix} = \begin{pmatrix} -1 \\ 3 \\ -3 \end{pmatrix} = \vec{v} \qquad E: \vec{x} = \begin{pmatrix} 3 \\ -1 \\ 2 \end{pmatrix} + r \cdot \begin{pmatrix} -2 \\ 2 \\ 1 \end{pmatrix} + s \cdot \begin{pmatrix} -1 \\ 3 \\ -3 \end{pmatrix}$$

Aufgaben
1. Bestimmen Sie eine Parametergleichung der Ebene E, auf der die drei Punkte P(2 | −3 | 5), Q(−4 | 6 | −2) und R(2 | 2 | −3) liegen.
2. Sowohl die Gerade g: $\vec{x} = \begin{pmatrix} -1 \\ -2 \\ 2 \end{pmatrix} + r \cdot \begin{pmatrix} 2 \\ -3 \\ 1 \end{pmatrix}$ als auch der Punkt A(4 | 3 | −1) liegen auf der Ebene F.
   Bestimmen Sie eine Parametergleichung von F.
3. Die beiden Geraden h: $\vec{x} = \begin{pmatrix} 4 \\ -1 \\ -2 \end{pmatrix} + s \cdot \begin{pmatrix} -1 \\ 2 \\ -2 \end{pmatrix}$ und i: $\vec{x} = \begin{pmatrix} -2 \\ -5 \\ 4 \end{pmatrix} + t \cdot \begin{pmatrix} 3 \\ -6 \\ 6 \end{pmatrix}$ liegen auf der Ebene G.
   Bestimmen Sie eine Parametergleichung von G.

Ergebnisse:
1. $E: \vec{x} = \begin{pmatrix} 2 \\ -3 \\ 5 \end{pmatrix} + r \cdot \begin{pmatrix} -6 \\ 9 \\ -7 \end{pmatrix} + s \cdot \begin{pmatrix} 0 \\ 5 \\ -8 \end{pmatrix}$
2. $F: \vec{x} = \begin{pmatrix} -1 \\ -2 \\ 2 \end{pmatrix} + r \cdot \begin{pmatrix} 2 \\ -3 \\ 1 \end{pmatrix} + s \cdot \begin{pmatrix} 5 \\ 5 \\ -3 \end{pmatrix}$
3. $G: \vec{x} = \begin{pmatrix} 4 \\ -1 \\ -2 \end{pmatrix} + s \cdot \begin{pmatrix} -1 \\ 2 \\ -2 \end{pmatrix} + t \cdot \begin{pmatrix} -6 \\ -4 \\ 6 \end{pmatrix}$

F 65 Eine Punktprobe bei einer Ebene durchführen

… da bin ich noch unsicher ☐ ***… das kann ich (jetzt)*** ☐

Um rechnerisch zu überprüfen, ob ein Punkt P auf einer gegebenen Ebene E liegt, führt man eine Punktprobe durch. Die Durchführung der Punktprobe hängt von der Art der Ebenengleichung ab. Es gibt drei Möglichkeiten.

Möglichkeit 1: Die Ebenengleichung ist in Parameterform gegeben.
Man setzt anstelle des Vektors $\vec{x}$ in der Parametergleichung von E den Ortsvektor $\vec{p}$ von P ein. Dadurch erhält man drei Gleichungen für die beiden Parameter (z. B. r und s).
Nur wenn es ein Zahlenpaar (r; s) gibt, das alle drei Gleichungen erfüllt, liegt der Punkt P auf der Ebene E.

Möglichkeit 2: Die Ebenengleichung ist in Koordinatenform gegeben.
Man setzt die Koordinaten des Punktes in die Koordinatengleichung von E ein. Genau dann, wenn sich dadurch eine wahre Aussage ergibt, liegt der Punkt auf der Ebene.

Möglichkeit 3: Die Ebenengleichung ist in Normalenform gegeben.
Man setzt anstelle des Vektors $\vec{x}$ in der Normalengleichung von E den Ortsvektor $\vec{p}$ von P ein. Genau dann, wenn sich dadurch eine wahre Aussage ergibt, liegt der Punkt auf der Ebene.

Beispiel 1
Überprüfen Sie, ob die Punkte P(0|1|6) und Q(12|1|−20) auf der Ebene
$E: \vec{x} = \begin{pmatrix} 2 \\ 3 \\ -4 \end{pmatrix} + r \cdot \begin{pmatrix} 1 \\ -2 \\ 2 \end{pmatrix} + s \cdot \begin{pmatrix} 4 \\ -2 \\ -4 \end{pmatrix}$ liegen.

Lösung:
Punktprobe für P: $\begin{pmatrix} 0 \\ 1 \\ 6 \end{pmatrix} = \begin{pmatrix} 2 \\ 3 \\ -4 \end{pmatrix} + r \cdot \begin{pmatrix} 1 \\ -2 \\ 2 \end{pmatrix} + s \cdot \begin{pmatrix} 4 \\ -2 \\ -4 \end{pmatrix}$ LGS: (I) $-2 = r + 4s$ (II) $-2 = -2r - 2s$ (III) $10 = 2r - 4s$

Man löst ein LGS, das aus zwei der drei Gleichungen besteht (z. B. aus (II) und (III)) und überprüft durch Einsetzen des gefundenen Lösungspaares (r; s), ob auch die dritte Gleichung (hier: (I)) von diesem Lösungspaar erfüllt wird. Hier erhält man $s = -\frac{4}{3}$ und $r = \frac{7}{3}$ (F 8).
Probe in (I): $\frac{7}{3} + 4 \cdot \left(-\frac{4}{3}\right) = -3 \neq -2$; also liegt P nicht auf E.

Punktprobe für Q: $\begin{pmatrix} 12 \\ 1 \\ -20 \end{pmatrix} = \begin{pmatrix} 2 \\ 3 \\ -4 \end{pmatrix} + r \cdot \begin{pmatrix} 1 \\ -2 \\ 2 \end{pmatrix} + s \cdot \begin{pmatrix} 4 \\ -2 \\ -4 \end{pmatrix}$ LGS: (I) $10 = r + 4s$ (II) $-2 = -2r - 2s$ (III) $-16 = 2r - 4s$

Aus (II) und (III) erhält man $s = 3$ und $r = -2$ (F 8).
Probe in (I): $-2 + 4 \cdot 3 = 10$; also liegt Q auf E.

Beispiel 2
Überprüfen Sie, ob die Punkte A(4|2|8) und B(3|−1|4) auf der Ebene $E: 2x_1 - 4x_2 + 3x_3 = 24$ liegen.

Lösung:
Punktprobe für A: $2 \cdot 4 - 4 \cdot 2 + 3 \cdot 8 = 24$; $24 = 24$ ist eine wahre Aussage, also liegt A auf E.
Punktprobe für B: $2 \cdot 3 - 4 \cdot (-1) + 3 \cdot 4 = 22$; $22 = 24$ ist eine falsche Aussage, also liegt B nicht auf E.

Beispiel 3
Überprüfen Sie, ob die Punkte C(−1|3|−2) und D(2|3|8) auf der Ebene $E: \left[\vec{x} - \begin{pmatrix} 2 \\ -3 \\ 2 \end{pmatrix}\right] \cdot \begin{pmatrix} 1 \\ 2 \\ -2 \end{pmatrix} = 0$ liegen.

Lösung:
Punktprobe für C: $\left[\begin{pmatrix} -1 \\ 3 \\ -2 \end{pmatrix} - \begin{pmatrix} 2 \\ -3 \\ 2 \end{pmatrix}\right] \cdot \begin{pmatrix} 1 \\ 2 \\ -2 \end{pmatrix} = 0$ bzw. $\begin{pmatrix} -3 \\ 6 \\ -4 \end{pmatrix} \cdot \begin{pmatrix} 1 \\ 2 \\ -2 \end{pmatrix} = 0$,
also $-3 \cdot 1 + 6 \cdot 2 + (-4) \cdot (-2) = 0$
Da $17 = 0$ eine falsche Aussage ist, liegt C nicht auf E.

Punktprobe für D: $\left[\begin{pmatrix} 2 \\ 3 \\ 8 \end{pmatrix} - \begin{pmatrix} 2 \\ -3 \\ 2 \end{pmatrix}\right] \cdot \begin{pmatrix} 1 \\ 2 \\ -2 \end{pmatrix} = 0$ bzw. $\begin{pmatrix} 0 \\ 6 \\ 6 \end{pmatrix} \cdot \begin{pmatrix} 1 \\ 2 \\ -2 \end{pmatrix} = 0$ bzw. $0 \cdot 1 + 6 \cdot 2 + 6 \cdot (-2) = 0$
Da $0 = 0$ eine wahre Aussage ist, liegt D auf E.

Aufgaben

1. Überprüfen Sie, ob T(9 | −3 | 3) auf der Ebene E: $\vec{x} = \begin{pmatrix} -1 \\ 2 \\ -3 \end{pmatrix} + r \cdot \begin{pmatrix} 4 \\ -1 \\ 5 \end{pmatrix} + s \cdot \begin{pmatrix} -2 \\ 3 \\ 4 \end{pmatrix}$ liegt.
2. Liegt der Punkt S(−4 | 8 | −5) auf der Ebene F: $3x_1 + 2x_2 - 5x_3 = 30$?
3. Liegt der Punkt R(3 | 6 | 1) auf der Ebene E*: $\left[\vec{x} - \begin{pmatrix} -1 \\ 4 \\ -3 \end{pmatrix}\right] \cdot \begin{pmatrix} 3 \\ 4 \\ -5 \end{pmatrix} = 0$?

Ergebnisse:

1. T liegt auf E.
2. S liegt nicht auf F.
3. R liegt auf E*.

F 66 Eine Koordinatengleichung einer Ebene durch drei gegebene Punkte aufstellen

... da bin ich noch unsicher ☐ ***... das kann ich (jetzt)*** ☐

Drei Punkte, die nicht auf einer Geraden liegen, legen eine Ebene eindeutig fest. Man kann eine Koordinatengleichung dieser Ebene auf drei verschiedenen Wegen erhalten.

Weg 1: Man setzt die Koordinaten der drei Punkte in die allgemeine Koordinatengleichung $ax_1 + bx_2 + cx_3 = d$ der Ebene E ein und erhält ein LGS für die Koeffizienten a, b und c. Die Lösung des LGS hängt noch vom Parameter d ab, da eine Koordinatengleichung nie eindeutig ist.

Weg 2: Man bestimmt aus den Ortsvektoren der drei gegebenen Punkte zunächst zwei Spannvektoren der Ebene und daraus mithilfe des Vektorproduktes einen Normalenvektor der Ebene E (siehe F 59). Die Komponenten des Normalenvektors sind die Koeffizienten a, b und c der Koordinatengleichung der Ebene E. Danach bestimmt man d, indem man die Koordinaten eines Punktes in die Koordinatengleichung einsetzt.

Weg 3: Man stellt zunächst eine Parametergleichung der Ebene E auf (siehe F 64) und formt diese dann in eine Koordinatengleichung um. Dazu eliminiert man die Parameter aus der Parametergleichung und erhält einen Zusammenhang zwischen x_1, x_2 und x_3.

Beispiel 1

Bestimmen Sie eine Koordinatengleichung der Ebene E, auf der die drei Punkte A(4 | −2 | 1), B(−2 | 2 | 9) und C(0 | −6 | 3) liegen.

Lösung:

Ansatz für E: $ax_1 + bx_2 + cx_3 = d$

Einsetzen liefert folgendes LGS:

(I)	$4a - 2b + c = d$	(I)	$4a - 2b + c = d$
(II)	$-2a + 2b + 9c = d$	(II a)	$2b + 19c = 3d$
(III)	$-6b + 3c = d$	(III a)	$60c = 10d$

Man kann jetzt $d \neq 0$ beliebig wählen. Wählt man $d = 6$, folgt $c = 1$, $b = -0{,}5$ und $a = 1$ (F 8). Die Ebenengleichung ist E: $x_1 - 0{,}5x_2 + x_3 = 6$.

Variante: Man wählt zuerst z. B. $d = 1$ und löst das LGS mit dem GTR.

Man erhält $a = \frac{1}{6}$, $b = -\frac{1}{12}$, $c = \frac{1}{6}$. Anschließend multipliziert man die Koordinatengleichung mit 12 und erhält die Gleichung E: $2x_1 - x_2 + 2x_3 = 12$

Sonderfall: Falls der Ursprung (0 | 0 | 0) auf E liegt, ist $d = 0$. Man wählt dann für die Lösung mit dem GTR z. B. $c = 1$.

Beispiel 2

Bestimmen Sie eine Koordinatengleichung der Ebene E, auf der die drei Punkte P(2 | −3 | −2), Q(3 | 2 | −4) und R(0 | −13 | 6) liegen.

Lösung:

$\overrightarrow{PQ} = \begin{pmatrix} 1 \\ 5 \\ -2 \end{pmatrix}$; $\overrightarrow{PR} = \begin{pmatrix} -2 \\ -10 \\ 8 \end{pmatrix}$; Normalenvektor $\vec{n} = \overrightarrow{PQ} \times \overrightarrow{PR} = \begin{pmatrix} 20 \\ -4 \\ 0 \end{pmatrix}$ (vgl. F 59); E: $20x_1 - 4x_2 = d$

Punktprobe mit P liefert $20 \cdot 2 - 4 \cdot (-3) = d$, d.h. $d = 52$, und somit
E: $20x_1 - 4x_2 = 52$.

Anmerkung:
Man kann die Koordinatengleichung noch durch 4 dividieren und erhält E: $5x_1 - x_2 = 13$.

Beispiel 3
Bestimmen Sie eine Koordinatengleichung der Ebene E, auf der die drei Punkte F(3 | 2 | −1), G(2 | −3 | 5) und H(−3 | 2 | −4) liegen.
Lösung:

E: $\vec{x} = \begin{pmatrix} 3 \\ 2 \\ -1 \end{pmatrix} + r \cdot \begin{pmatrix} -1 \\ -5 \\ 6 \end{pmatrix} + s \cdot \begin{pmatrix} -6 \\ 0 \\ -3 \end{pmatrix}$ (F 64) Man erhält folgendes LGS:

(I) $x_1 = 3 - r - 6s$
(II) $x_2 = 2 - 5r$
(III) $x_3 = -1 + 6r - 3s$

Wenn man z. B. das LGS aus den Gleichungen (I) und (II) nach r und s auflöst (siehe F 8) und dann r und s in die Gleichung (III) einsetzt, erhält man den Zusammenhang zwischen x_1, x_2 und x_3.
Aus (I) und (II) folgt: $r = \frac{2}{5} - \frac{1}{5}x_2$ und $s = \frac{13}{30} + \frac{1}{30}x_2 - \frac{1}{6}x_1$
Einsetzen in (III) liefert: $x_3 = -1 + 6 \cdot \left(\frac{2}{5} - \frac{1}{5}x_2\right) - 3 \cdot \left(\frac{13}{30} + \frac{1}{30}x_2 - \frac{1}{6}x_1\right)$ bzw. $x_3 = \frac{1}{10} + \frac{1}{2}x_1 - \frac{13}{10}x_2$
Eine Koordinatengleichung von E lautet: $-5x_1 + 13x_2 + 10x_3 = 1$.

Aufgaben
1. Die Punkte A(3 | −1 | 3), B(9 | 1 | −3) und C(−2 | −4 | 4) liegen auf der Ebene E. Bestimmen Sie eine Koordinatengleichung der Ebene E.
2. Die Punkte P(5 | −2 | −3), Q(1 | −1 | −1) und R(9 | 6 | 1) liegen auf der Ebene F. Bestimmen Sie eine Koordinatengleichung der Ebene F.
3. Die Punkte S(6 | 2 | −5), T(−3 | −4 | 2) und U(12 | 6 | −4) liegen auf der Ebene G. Bestimmen Sie eine Koordinatengleichung der Ebene G.
4. Die Punkte A(4 | −3 | 7), B(2 | −3 | 5) und C(1 | −3 | −3) liegen auf der Ebene H. Bestimmen Sie eine Koordinatengleichung der Ebene H.

Mögliche Ergebnisse:
1. E: $2x_1 - 3x_2 + x_3 = 12$
2. F: $-x_1 + 2x_2 - 3x_3 = 0$
3. G: $2x_1 - 3x_2 = 6$
4. H: $x_2 = -3$

Schnittprobleme und Lagebeziehungen

F 67 Den Schnittpunkt zweier Geraden bestimmen

… da bin ich noch unsicher ☐ … das kann ich (jetzt) ☐

Um den Schnittpunkt S zweier Geraden g und h zu erhalten, setzt man die Terme der rechten Seiten der beiden Parametergleichungen gleich und erhält so eine Vektorgleichung. Diese Vektorgleichung liefert ein LGS mit drei Gleichungen für die beiden Geradenparameter. Man löst zunächst ein LGS aus zwei der drei Gleichungen und prüft, ob die ermittelten Parameterwerte auch die dritte Gleichung erfüllen (Probe).
(Bemerkung: Die beiden Parameter müssen unterschiedlich bezeichnet werden!)

⚠
Falls klar ist, dass ein Schnittpunkt S existiert, kann auf eine Probe verzichtet werden. Dann setzt man einen der beiden ermittelten Parameter in die entsprechende Geradengleichung ein und erhält die Koordinaten des Schnittpunkts S.

Sonderfall: Falls die beiden Geradengleichungen den gleichen Stützvektor besitzen, kann man den Schnittpunkt sofort ohne Rechnung angeben.

Beispiel 1
Berechnen Sie die Koordinaten des Schnittpunktes der Geraden g: $\vec{x} = \begin{pmatrix} -2 \\ 2 \\ -5 \end{pmatrix} + r \cdot \begin{pmatrix} 2 \\ -3 \\ 1 \end{pmatrix}$ und

h: $\vec{x} = \begin{pmatrix} -3 \\ 2 \\ -16 \end{pmatrix} + s \cdot \begin{pmatrix} -1 \\ 2 \\ 3 \end{pmatrix}$.

Lösung:
Gleichsetzen liefert: $\begin{pmatrix} -2 \\ 2 \\ -5 \end{pmatrix} + r \cdot \begin{pmatrix} 2 \\ -3 \\ 1 \end{pmatrix} = \begin{pmatrix} -3 \\ 2 \\ -16 \end{pmatrix} + s \cdot \begin{pmatrix} -1 \\ 2 \\ 3 \end{pmatrix}$ LGS:

$$\begin{array}{lrcr} \text{(I)} & 2r + s &=& -1 \\ \text{(II)} & -3r - 2s &=& 0 \\ \text{(III)} & r - 3s &=& -11 \end{array}$$

Aus den Gleichungen (I) und (II) folgt $r = -2$ und $s = 3$ (F 8).
Einsetzen in (III) ergibt: $-2 - 3 \cdot 3 = -11$; d.h.: $-11 = -11$; wahre Aussage

Einsetzen von z.B. $s = 3$ ergibt: $\vec{x} = \begin{pmatrix} -3 \\ 2 \\ -16 \end{pmatrix} + 3 \cdot \begin{pmatrix} -1 \\ 2 \\ 3 \end{pmatrix} = \begin{pmatrix} -6 \\ 8 \\ -7 \end{pmatrix}$; $S(-6\,|\,8\,|\,-7)$

Beispiel 2
Berechnen Sie die Koordinaten des Schnittpunktes der Geraden a: $\vec{x} = \begin{pmatrix} 3 \\ -4 \\ 1 \end{pmatrix} + r \cdot \begin{pmatrix} 5 \\ 2 \\ -4 \end{pmatrix}$ und

b: $\vec{x} = \begin{pmatrix} 3 \\ -4 \\ 1 \end{pmatrix} + s \cdot \begin{pmatrix} -2 \\ 6 \\ -1 \end{pmatrix}$.

Lösung:
Die Richtungsvektoren sind keine Vielfachen voneinander. Daher sind die Geraden a und b nicht identisch. Da bei beiden Geradengleichungen der gleiche Stützvektor auftritt, kann man den Schnittpunkt $S(3\,|\,-4\,|\,1)$ sofort ablesen.

Aufgaben
1. Untersuchen Sie, ob die beiden Geraden g und h sich schneiden. Berechnen Sie gegebenenfalls die Koordinaten des Schnittpunktes S.

   g: $\vec{x} = \begin{pmatrix} 6 \\ -3 \\ 2 \end{pmatrix} + r \cdot \begin{pmatrix} -1 \\ 4 \\ 3 \end{pmatrix}$; h: $\vec{x} = \begin{pmatrix} -2 \\ 2 \\ -6 \end{pmatrix} + s \cdot \begin{pmatrix} -2 \\ 5 \\ -2 \end{pmatrix}$

2. Die beiden Geraden a: $\vec{x} = \begin{pmatrix} 2 \\ -1 \\ -2 \end{pmatrix} + r \cdot \begin{pmatrix} -3 \\ 2 \\ -1 \end{pmatrix}$ und b: $\vec{x} = \begin{pmatrix} -1 \\ 3 \\ 3 \end{pmatrix} + s \cdot \begin{pmatrix} 3 \\ -1 \\ 4 \end{pmatrix}$ schneiden sich.

   Berechnen Sie die Koordinaten des Schnittpunktes S.

Ergebnisse:
1. g und h haben keinen Schnittpunkt.
2. $S(-7\,|\,5\,|\,-5)$

F 68 Die gegenseitige Lage zweier Geraden bestimmen

... da bin ich noch unsicher ☐ *... das kann ich (jetzt)* ☐

Es gibt drei mögliche Lagebeziehungen zwischen zwei gegebenen Geraden g und h. Die Geraden können sich in einem Punkt S schneiden, sie können parallel zueinander sein (im Sonderfall identisch) oder die beiden Geraden sind windschief zueinander.
Prinzipiell gibt es zwei Wege, die gegenseitige Lage zweier Geraden zu untersuchen.

Weg 1: Durch Gleichsetzen der Terme der beiden rechten Seiten der Parametergleichungen erhält man ein LGS für die beiden Geradenparameter (siehe F 67). Wenn dieses LGS:

- genau eine Lösung hat, dann schneiden sich die Geraden in einem Punkt S.
- unendlich viele Lösungen hat, dann sind die beiden Geraden identisch (also g = h).
- keine Lösung hat, dann sind die Geraden entweder parallel oder windschief.
  Wenn in diesem Fall die beiden Richtungsvektoren von g und h Vielfache voneinander sind, dann sind die beiden Geraden parallel zueinander, anderenfalls sind g und h windschief.

Weg 2: Wenn nur die Lage der Geraden zueinander interessiert, d.h. die Berechnung eines eventuell vorhandenen Schnittpunkts nicht verlangt wird, dann genügt eine zweistufige Vektorbetrachtung.

Man betrachtet die Richtungsvektoren $\vec{u}$ und $\vec{v}$ der Geraden g und h. Es gibt nun zwei Fälle:

Fall 1: Die Richtungsvektoren $\vec{u}$ und $\vec{v}$ sind Vielfache voneinander. Dann sind g und h parallel oder sogar identisch. Man betrachtet zusätzlich den Verbindungsvektor $\overrightarrow{PQ}$ der beiden Stützpunkte von g und h.
a) Wenn $\overrightarrow{PQ}$ ein Vielfaches von z.B. $\vec{u}$ ist, dann sind g und h identisch.
b) Wenn $\overrightarrow{PQ}$ kein Vielfaches von z.B. $\vec{u}$ ist, dann sind g und h parallel zueinander.
Alternativ könnte man auch mithilfe einer Punktprobe entscheiden, ob g und h parallel oder identisch sind.

Fall 2: Die Richtungsvektoren $\vec{u}$ und $\vec{v}$ sind keine Vielfachen voneinander. Dann schneiden sich g und h oder g und h sind windschief zueinander.
Man betrachtet zusätzlich den Verbindungsvektor $\overrightarrow{PQ}$ der beiden Stützpunkte von g und h. $\overrightarrow{PQ}$, $\vec{u}$ und $\vec{v}$ liegen auf einer Ebene, falls man den Vektor $\overrightarrow{PQ}$ als Linearkombination von $\vec{u}$ und $\vec{v}$ darstellen kann. Man setzt die Linearkombination wie folgt an:
$\overrightarrow{PQ} = a \cdot \vec{u} + b \cdot \vec{v}$.
Wenn man ein Lösungspaar (a ; b) findet, das die Gleichung erfüllt, dann liegen $\overrightarrow{PQ}$, $\vec{u}$ und $\vec{v}$ auf einer Ebene.
a) Wenn $\overrightarrow{PQ}$, $\vec{u}$ und $\vec{v}$ auf einer Ebene liegen, dann schneiden sich g und h.
b) Wenn $\overrightarrow{PQ}$, $\vec{u}$ und $\vec{v}$ nicht auf einer Ebene liegen, dann sind g und h windschief (vgl. F 53).

Beispiel

Welche Lage haben die drei Geraden g, h und i jeweils zueinander?

$$g: \vec{x} = \begin{pmatrix} 2 \\ -3 \\ 1 \end{pmatrix} + r \cdot \begin{pmatrix} 1 \\ 2 \\ -2 \end{pmatrix}; \quad h: \vec{x} = \begin{pmatrix} 0 \\ 3 \\ 2 \end{pmatrix} + s \cdot \begin{pmatrix} -2 \\ -4 \\ 4 \end{pmatrix}; \quad i: \vec{x} = \begin{pmatrix} 1 \\ -8 \\ 6 \end{pmatrix} + t \cdot \begin{pmatrix} 2 \\ 1 \\ -1 \end{pmatrix}$$

Lösung:

Lage von g und h: $\begin{pmatrix} 2 \\ -3 \\ 1 \end{pmatrix} + r \cdot \begin{pmatrix} 1 \\ 2 \\ -2 \end{pmatrix} = \begin{pmatrix} 0 \\ 3 \\ 2 \end{pmatrix} + s \cdot \begin{pmatrix} -2 \\ -4 \\ 4 \end{pmatrix}$

LGS:
(I) $r + 2s = -2$
(II) $2r + 4s = 6$
(III) $-2r - 4s = 1$

Aus (I) und (II) erhält man keine Lösung (F 8). Da die Richtungsvektoren von g und h Vielfache voneinander sind, gilt: g und h sind parallel zueinander.

Lage von g und i: $\begin{pmatrix} 2 \\ -3 \\ 1 \end{pmatrix} + r \cdot \begin{pmatrix} 1 \\ 2 \\ -2 \end{pmatrix} = \begin{pmatrix} 1 \\ -8 \\ 6 \end{pmatrix} + t \cdot \begin{pmatrix} 2 \\ 1 \\ -1 \end{pmatrix}$

LGS:
(I) $r - 2t = -1$
(II) $2r - t = -5$
(III) $-2r + t = 5$

Aus (I) und (II) folgt $r = -3$ und $t = -1$ (F 8).
Einsetzen in (III) ergibt: $-2 \cdot (-3) + (-1) = 5$
Da eine wahre Aussage entsteht, schneiden sich g und i in einem Punkt S.
$t = -1$ liefert $S(-1 \mid -9 \mid 7)$.

Lage von h und i: $\begin{pmatrix}0\\3\\2\end{pmatrix}+s\cdot\begin{pmatrix}-2\\-4\\4\end{pmatrix}=\begin{pmatrix}1\\-8\\6\end{pmatrix}+t\cdot\begin{pmatrix}2\\1\\-1\end{pmatrix}$ LGS: $\begin{array}{ll}\text{(I)} & -2s-2t=1\\ \text{(II)} & -4s-t=-11\\ \text{(III)} & 4s+t=4\end{array}$

Aus (II) und (III) erhält man keine Lösung (F 8). Da die Richtungsvektoren von h und i keine Vielfachen voneinander sind, gilt: h und i sind windschief zueinander.

Aufgaben

1. Untersuchen Sie die gegenseitige Lage von g: $\vec{x}=\begin{pmatrix}2\\2\\-5\end{pmatrix}+r\cdot\begin{pmatrix}-3\\2\\1\end{pmatrix}$ und h: $\vec{x}=\begin{pmatrix}-4\\-4\\10\end{pmatrix}+s\cdot\begin{pmatrix}6\\-4\\-2\end{pmatrix}$.
2. Untersuchen Sie die Lage, die a: $\vec{x}=\begin{pmatrix}0\\20\\-14\end{pmatrix}+s\cdot\begin{pmatrix}-3\\-6\\6\end{pmatrix}$ und b: $\vec{x}=\begin{pmatrix}-4\\6\\-1\end{pmatrix}+t\cdot\begin{pmatrix}2\\-2\\1\end{pmatrix}$ zueinander haben und berechnen Sie gegebenenfalls die Koordinaten des Schnittpunkts S von a und b.

Ergebnisse:

1. g und h sind parallel.
2. $S(-6|8|-2)$

F 69 Die gegenseitige Lage einer Geraden und einer Ebene bestimmen, ...

... da bin ich noch unsicher ☐ *... das kann ich (jetzt)* ☐

Die Verfahren zur Bestimmung der Lagebeziehung hängen stark von der Gleichungsform ab, in der die Ebene E gegeben ist. Normalerweise liegt entweder eine Parametergleichung oder eine Koordinatengleichung der Ebene vor.
Falls die Ebene in Normalenform gegeben ist, kann man diese schnell in eine Koordinatenform umschreiben (siehe dazu auch F 66).

F 69 a ... wenn die Ebene in Koordinatenform gegeben ist

... da bin ich noch unsicher ☐ *... das kann ich (jetzt)* ☐

Man setzt die Koordinaten des Vektors $\vec{x}$ der Parameterdarstellung der Geraden in die Koordinatengleichung der Ebene ein. Dadurch erhält man **eine** Gleichung für den Geradenparameter. Wenn diese Gleichung genau eine Lösung besitzt, dann schneidet die Gerade die Ebene in einem Punkt S. Die Koordinaten dieses Schnittpunkts S erhält man, indem man den Wert des Geradenparameters in die Geradengleichung einsetzt.
Wenn die Gleichung unendlich viele Lösungen hat, dann liegt die Gerade auf der Ebene E.
Wenn die Gleichung keine Lösung besitzt, dann ist die Gerade parallel zur Ebene.

Beispiel

Untersuchen Sie, welche Lage die Ebene E: $3x_1-6x_2+6x_3=18$ jeweils zu den Geraden
g: $\vec{x}=\begin{pmatrix}2\\-4\\-1\end{pmatrix}+r\cdot\begin{pmatrix}3\\1\\-1\end{pmatrix}$, h: $\vec{x}=\begin{pmatrix}-2\\-1\\3\end{pmatrix}+s\cdot\begin{pmatrix}2\\2\\1\end{pmatrix}$ und i: $\vec{x}=\begin{pmatrix}4\\1\\-2\end{pmatrix}+t\cdot\begin{pmatrix}8\\3\\-1\end{pmatrix}$ hat.

Lösung:

Lage von E zu g: $\vec{x}=\begin{pmatrix}x_1\\x_2\\x_3\end{pmatrix}=\begin{pmatrix}2\\-4\\-1\end{pmatrix}+r\cdot\begin{pmatrix}3\\1\\-1\end{pmatrix}$

Einsetzen liefert: $3\cdot(2+3r)-6\cdot(-4+r)+6\cdot(-1-r)=18$; $-3r+24=18$, also $r=2$

Der Schnittpunkt S hat den Ortsvektor $\vec{s}=\begin{pmatrix}2\\-4\\-1\end{pmatrix}+2\cdot\begin{pmatrix}3\\1\\-1\end{pmatrix}=\begin{pmatrix}8\\-2\\-3\end{pmatrix}$, also $S(8|-2|-3)$.

Lage von E zu h: $\vec{x}=\begin{pmatrix}x_1\\x_2\\x_3\end{pmatrix}=\begin{pmatrix}-2\\-1\\3\end{pmatrix}+s\cdot\begin{pmatrix}2\\2\\1\end{pmatrix}$

Einsetzen liefert: $3\cdot(-2+2s)-6\cdot(-1+2s)+6\cdot(3+s)=18$ bzw. $18+0\cdot s=18$
Diese Gleichung hat unendlich viele Lösungen und die Gerade h liegt somit auf der Ebene E.

Lage von E zu i: $\vec{x}=\begin{pmatrix}x_1\\x_2\\x_3\end{pmatrix}=\begin{pmatrix}4\\1\\-2\end{pmatrix}+t\cdot\begin{pmatrix}8\\3\\-1\end{pmatrix}$

Einsetzen liefert: $3\cdot(4+8t)-6\cdot(1+3t)+6\cdot(-2-t)=18$ bzw. $-6+0\cdot t=18$
Diese Gleichung hat keine Lösung und die Gerade i ist daher parallel zur Ebene E.

F 69b ... wenn die Ebene in Parameterform gegeben ist

... da bin ich noch unsicher ☐ ***... das kann ich (jetzt)*** ☐

Durch Gleichsetzen der Terme der rechten Seiten der beiden Parametergleichungen erhält man ein LGS (siehe auch F 8) für die beiden Ebenenparameter und den Geradenparameter.
Wenn dieses LGS
- genau eine Lösung hat, dann schneiden sich die Gerade und die Ebene in einem Punkt S,
- unendlich viele Lösungen hat, dann liegt die Gerade auf der Ebene,
- keine Lösung hat, dann sind die Gerade und die Ebene parallel zueinander.

⚠
Gegebenenfalls muss man den Geradenparameter vorher umbenennen, damit man ein LGS mit drei verschiedenen Variablen erhält.

Beispiel
Untersuchen Sie, welche Lage die Ebene E: $\vec{x}=\begin{pmatrix}2\\-1\\4\end{pmatrix}+r\cdot\begin{pmatrix}3\\0\\-2\end{pmatrix}+s\cdot\begin{pmatrix}-1\\2\\3\end{pmatrix}$ jeweils zu den Geraden g, h und i hat.

g: $\vec{x}=\begin{pmatrix}4\\2\\2\end{pmatrix}+t\cdot\begin{pmatrix}3\\-2\\4\end{pmatrix}$; h: $\vec{x}=\begin{pmatrix}16\\-5\\-10\end{pmatrix}+t\cdot\begin{pmatrix}8\\2\\-3\end{pmatrix}$; i: $\vec{x}=\begin{pmatrix}-3\\3\\-7\end{pmatrix}+t\cdot\begin{pmatrix}3\\6\\5\end{pmatrix}$

Lösung:
Lage von E zu g:

Gleichsetzen: $\begin{pmatrix}2\\-1\\4\end{pmatrix}+r\cdot\begin{pmatrix}3\\0\\-2\end{pmatrix}+s\cdot\begin{pmatrix}-1\\2\\3\end{pmatrix}=\begin{pmatrix}4\\2\\2\end{pmatrix}+t\cdot\begin{pmatrix}3\\-2\\4\end{pmatrix}$

LGS:
$$\begin{array}{lrcl}\text{(I)} & 3r-s-3t &=& 2\\ \text{(II)} & 2s+2t &=& 3\\ \text{(III)} & -2r+3s-4t &=& -2\end{array}$$

Das LGS liefert $r=1{,}5$, $s=1$ und $t=0{,}5$ (F 8). Somit schneiden sich die Ebene E und die Gerade g. Die Koordinaten des Schnittpunkts S erhält man, wenn man den berechneten Wert des Geradenparameters t in die Geradengleichung einsetzt:

$\vec{s}=\begin{pmatrix}4\\2\\2\end{pmatrix}+\frac{1}{2}\cdot\begin{pmatrix}3\\-2\\4\end{pmatrix}=\begin{pmatrix}5{,}5\\1\\4\end{pmatrix}$; $S(5{,}5\,|\,1\,|\,4)$

Lage von E zu h:

Gleichsetzen: $\begin{pmatrix}2\\-1\\4\end{pmatrix}+r\cdot\begin{pmatrix}3\\0\\-2\end{pmatrix}+s\cdot\begin{pmatrix}-1\\2\\3\end{pmatrix}=\begin{pmatrix}16\\-5\\-10\end{pmatrix}+t\cdot\begin{pmatrix}8\\2\\-3\end{pmatrix}$

LGS:
$$\begin{array}{lrcl}\text{(I)} & 3r-s-8t &=& 14\\ \text{(II)} & 2s-2t &=& -4\\ \text{(III)} & -2r+3s+3t &=& -14\end{array}$$

Dieses LGS hat unendlich viele Lösungen (F 8). Daraus folgt, dass die Gerade h auf der Ebene E liegt.

Lage von E zu i:

Gleichsetzen: $\begin{pmatrix} 2 \\ -1 \\ 4 \end{pmatrix} + r \cdot \begin{pmatrix} 3 \\ 0 \\ -2 \end{pmatrix} + s \cdot \begin{pmatrix} -1 \\ 2 \\ 3 \end{pmatrix} = \begin{pmatrix} -3 \\ 3 \\ -7 \end{pmatrix} + t \cdot \begin{pmatrix} 3 \\ 6 \\ 5 \end{pmatrix}$ LGS:
(I) $3r - s - 3t = -5$
(II) $2s - 6t = 4$
(III) $-2r + 3s - 5t = -11$

Das LGS hat keine Lösung (F 8). Daraus folgt, dass E und i zueinander parallel sind.

Aufgaben

1. Untersuchen Sie jeweils die Lage der Geraden und der Ebene E: $3x_2 - 2x_3 = 10$ zueinander.
   a) g: $\vec{x} = \begin{pmatrix} 4 \\ -2 \\ 5 \end{pmatrix} + r \cdot \begin{pmatrix} -5 \\ 3 \\ -2 \end{pmatrix}$ b) h: $\vec{x} = \begin{pmatrix} 7 \\ -2 \\ -8 \end{pmatrix} + t \cdot \begin{pmatrix} -1 \\ 4 \\ 6 \end{pmatrix}$
2. Untersuchen Sie die Lage der Geraden i zur Ebene F. Bestimmen Sie gegebenenfalls die Koordinaten des Schnittpunkts von F und i.
   F: $\vec{x} = \begin{pmatrix} 2 \\ -1 \\ 3 \end{pmatrix} + r \cdot \begin{pmatrix} 3 \\ 3 \\ -4 \end{pmatrix} + s \cdot \begin{pmatrix} -1 \\ 2 \\ 2 \end{pmatrix}$; i: $\vec{x} = \begin{pmatrix} -2 \\ -2 \\ 5 \end{pmatrix} + t \cdot \begin{pmatrix} 5 \\ 8 \\ -2 \end{pmatrix}$
3. Welche Lage haben die Ebene G und die Gerade j zueinander?
   G: $\vec{x} = \begin{pmatrix} 4 \\ -2 \\ 5 \end{pmatrix} + r \cdot \begin{pmatrix} 2 \\ -1 \\ -4 \end{pmatrix} + s \cdot \begin{pmatrix} 1 \\ 2 \\ -3 \end{pmatrix}$; j: $\vec{x} = \begin{pmatrix} 2 \\ -5 \\ 6 \end{pmatrix} + r \cdot \begin{pmatrix} 3 \\ -4 \\ -5 \end{pmatrix}$

Ergebnisse:

1. a) S(−6 | 4 | 1)   b) Die Gerade h liegt auf der Ebene E.
2. S(3 | 6 | 3)
3. G und j sind parallel zueinander. (⚠ Geradenparameter vorher umbenennen!)

F 70 Die Lage zweier Punkte bezüglich einer Ebene bestimmen

... da bin ich noch unsicher ☐ ***... das kann ich (jetzt)*** ☐

Zwei Punkte A und B liegen entweder auf der gleichen Seite einer Ebene E oder sie liegen auf verschiedenen Seiten von E. Rechnerisch kann man die Lage bezüglich einer Ebene schnell überprüfen, wenn die Ebene in der Normalenform oder in der Hesse'schen Normalenform einer Koordinatengleichung gegeben ist.
Wenn man die Koordinaten eines Punktes P, der auf der Ebene E liegt, in die Ebenengleichung einsetzt, dann ergibt die linke Seite der Gleichung den Wert 0 (Punktprobe). Setzt man die Koordinaten eines Punktes A, der nicht auf der Ebene E liegt, in die Ebenengleichung ein, dann ist der Wert der linken Seite entweder positiv oder negativ.
Zwei Punkte, bei denen dieser Wert das gleiche Vorzeichen hat, liegen auf der gleichen Seite bezüglich E. Ist das Vorzeichen jedoch verschieden, dann liegen die beiden Punkte auf verschiedenen Seiten bezüglich E.

Beispiel

Überprüfen Sie, welche der drei Punkte A(−1 | 3 | 6), B(4 | −3 | 5) und C(6 | 3 | −4) auf derselben Seite der Ebene E: $\frac{2x_1 + 3x_2 - 4x_3 - 24}{\sqrt{2^2 + 3^2 + (-4)^2}} = 0$ liegen.

Lösung:

Einsetzen in die linke Seite ergibt für A den Wert $\frac{-2+9-24-24}{\sqrt{29}} = \frac{-41}{\sqrt{29}} < 0$, für B den Wert $\frac{8-9-20-24}{\sqrt{29}} = \frac{-45}{\sqrt{29}} < 0$ und für C den Wert $\frac{12+9+16-24}{\sqrt{29}} = \frac{13}{\sqrt{29}} > 0$ (F 80, Beispiel 2).
Somit liegen A und B auf der gleichen Seite der Ebene E. C liegt auf der anderen Seite.

Aufgaben

1. Untersuchen Sie, wie die beiden Punkte A(−3|1|4) und B(−4|5|−3) bezüglich der Ebene E: $2x_1 + 2x_2 - x_3 = 3$ liegen.
2. Untersuchen Sie, wie die beiden Punkte P(2|−4|7) und Q(8|1|6) bezüglich der Ebene E: $\left[\vec{x} - \begin{pmatrix} 3 \\ -2 \\ 4 \end{pmatrix}\right] \cdot \begin{pmatrix} -4 \\ 6 \\ -6 \end{pmatrix} = 0$ liegen.

Ergebnisse:

1. A und B liegen auf verschiedenen Seiten bezüglich E.
2. P und Q liegen auf der gleichen Seite bezüglich E.

Geometrische Anwendungsaufgaben

F 71 Aufgaben zum Schattenwurf bearbeiten, ...

... da bin ich noch unsicher ☐ ... das kann ich (jetzt) ☐

Bei Aufgaben zum Schattenwurf hängt der Lösungsweg davon ab, ob der Schatten durch Licht von einer punktförmigen Lichtquelle oder durch Sonnenstrahlen erzeugt wird.
In beiden Fällen muss man die Gleichung einer sogenannten „Lichtgeraden" aufstellen.

F 71a ... wenn die Lichtquelle punktförmig ist

... da bin ich noch unsicher ☐ ... das kann ich (jetzt) ☐

Um den Schattenpunkt P' eines Punktes P zu erhalten, muss man die Lichtgerade g durch den Punkt P mit der Ebene E schneiden, in der der Schatten zu sehen ist. Dabei ist die Lichtgerade g die Gerade durch die punktförmige Lichtquelle L und den Punkt P.

Beispiel 1

Das Licht einer Lampe, die sich im Punkt L(3|−8|12) befindet, erzeugt einen Schatten des Punktes P(1|−4|8) auf dem Boden (Ebene E: $x_3 = 0$).
Bestimmen Sie die Koordinaten des Schattenpunktes P'.

Lösung:

Gleichung der Lichtgeraden LP: $\vec{x} = \begin{pmatrix} 3 \\ -8 \\ 12 \end{pmatrix} + r \cdot \begin{pmatrix} -2 \\ 4 \\ -4 \end{pmatrix}$

Bedingung: $x_3 = 0$ bzw. $12 - 4r = 0$; also $r = 3$

Somit gilt für P': $\vec{p'} = \begin{pmatrix} 3 \\ -8 \\ 12 \end{pmatrix} + 3 \cdot \begin{pmatrix} -2 \\ 4 \\ -4 \end{pmatrix} = \begin{pmatrix} -3 \\ 4 \\ 0 \end{pmatrix}$; Schattenpunkt P'(−3|4|0)

Beispiel 2

Eine Lampe befindet sich im Punkt L(−1|−6|13). Der Schatten des Punktes Q(7|−10|11) liegt auf der Ebene E: $x_1 + 2x_2 + 2x_3 = 3$.
Bestimmen Sie die Koordinaten des Schattenpunktes Q'.

Lösung:

Gleichung der Lichtgeraden LQ: $\vec{x} = \begin{pmatrix} -1 \\ -6 \\ 13 \end{pmatrix} + r \cdot \begin{pmatrix} 8 \\ -4 \\ -2 \end{pmatrix}$

Schnitt mit E: $-1 + 8r + 2 \cdot (-6 - 4r) + 2 \cdot (13 - 2r) = 3$ bzw. $13 - 4r = 3$; also $r = 2{,}5$ (F 69a)

Somit gilt für Q': $\vec{q'} = \begin{pmatrix} -1 \\ -6 \\ 13 \end{pmatrix} + 2{,}5 \cdot \begin{pmatrix} 8 \\ -4 \\ -2 \end{pmatrix} = \begin{pmatrix} 19 \\ -16 \\ 8 \end{pmatrix}$; Schattenpunkt Q'(19|−16|8)

F 71b ... wenn die Sonne die Lichtquelle ist

... da bin ich noch unsicher ☐ ... das kann ich (jetzt) ☐

Um den Schattenpunkt P′ eines Punktes P zu erhalten, muss man die Lichtgerade g durch den Punkt P mit der Ebene E schneiden, in der der Schatten zu sehen ist. Da die Lichtstrahlen des Sonnenlichts parallel zueinander einfallen, kennt man einen Richtungsvektor der Lichtgeraden. Als Stützpunkt der Lichtgerade dient der Punkt P.

Beispiel 1

Das Sonnenlicht hat die Richtung des Vektors $\vec{u} = \begin{pmatrix} 3 \\ -4 \\ -2 \end{pmatrix}$.

Der Schatten des Punktes $R(-7|6|8)$ befindet sich auf dem Boden ($E: x_3 = 0$).
Bestimmen Sie die Koordinaten des Schattenpunktes R′.

Lösung:
Gleichung der Lichtgeraden g: $\vec{x} = \begin{pmatrix} -7 \\ 6 \\ 8 \end{pmatrix} + r \cdot \begin{pmatrix} 3 \\ -4 \\ -2 \end{pmatrix}$

Bedingung: $x_3 = 0$ bzw. $8 - 2r = 0$; also $r = 4$

Somit gilt für R′: $\vec{r'} = \begin{pmatrix} -7 \\ 6 \\ 8 \end{pmatrix} + 4 \cdot \begin{pmatrix} 3 \\ -4 \\ -2 \end{pmatrix} = \begin{pmatrix} 5 \\ -10 \\ 0 \end{pmatrix}$; Schattenpunkt $R'(5|-10|0)$

Beispiel 2

Das Sonnenlicht hat die Richtung des Vektors $\vec{v} = \begin{pmatrix} 2 \\ -2 \\ -1 \end{pmatrix}$.

Der Schatten des Punktes $S(-6|4|10)$ befindet sich auf der Ebene $E: 4x_1 - x_2 - 2x_3 = 12$.
Bestimmen Sie die Koordinaten des Schattenpunktes S′.

Lösung:
Gleichung der Lichtgeraden g: $\vec{x} = \begin{pmatrix} -6 \\ 4 \\ 10 \end{pmatrix} + t \cdot \begin{pmatrix} 2 \\ -2 \\ -1 \end{pmatrix}$

Schnitt mit E: $4 \cdot (-6 + 2t) - (4 - 2t) - 2 \cdot (10 - t) = 12$ bzw. $-48 + 12t = 12$; also $t = 5$ (F 69 a)

Somit gilt für S′: $\vec{s'} = \begin{pmatrix} -6 \\ 4 \\ 10 \end{pmatrix} + 5 \cdot \begin{pmatrix} 2 \\ -2 \\ -1 \end{pmatrix} = \begin{pmatrix} 4 \\ -6 \\ 5 \end{pmatrix}$; Schattenpunkt $S'(4|-6|5)$

Aufgaben

1. Eine punktförmige Lichtquelle befindet sich im Punkt $L(3|-4|6)$.
   Bestimmen Sie den Schattenpunkt des Punktes $P(-5|3|4)$ auf dem Fußboden ($E: x_3 = 0$).
2. Das Sonnenlicht hat die Richtung des Vektors $\vec{u} = \begin{pmatrix} -3 \\ 6 \\ -1 \end{pmatrix}$.

a) Bestimmen Sie den Schattenpunkt des Punktes $Q(3|5|6)$ auf dem Fußboden ($E: x_3 = 0$).
b) Bestimmen Sie den Schattenpunkt des Punktes $R(-5|2|4)$ auf der Ebene $E: 2x_1 + 2x_2 - x_3 = 4$.

Ergebnisse:
1. $P'(-21|17|0)$ 2. a) $Q'(-15|41|0)$ b) $R'(-11|14|2)$

F 72 Positionen von Objekten auf Geraden in Abhängigkeit von der Zeit bestimmen

... da bin ich noch unsicher ☐ ... das kann ich (jetzt) ☐

Bahnen von Objekten (z.B. Flugzeugen) werden häufig durch Geraden modelliert. Beim Aufstellen der Parametergleichungen der Geraden spielen die Geschwindigkeiten der Objekte eine entscheidende Rolle. Man verwandelt die Parametergleichungen der beiden Geraden in Gleichungen, die die Position der Flugzeuge zu einem beliebigen Zeitpunkt angeben.

Das heißt, beide Gleichungen enthalten denselben Parameter t für die Zeit. Die Länge der verwendeten Richtungsvektoren hängt von der jeweiligen Geschwindigkeit des Flugzeuges ab.

Beispiel

Flugzeug 1 bewegt sich mit der Geschwindigkeit $v_1 = 540\,\frac{km}{h}$ längs der Geraden g.

Flugzeug 2 bewegt sich mit der Geschwindigkeit $v_2 = 720\,\frac{km}{h}$ längs der Geraden h.

$$g: \vec{x} = \begin{pmatrix} -2 \\ 8 \\ 6 \end{pmatrix} + r \cdot \begin{pmatrix} 2 \\ -2 \\ -1 \end{pmatrix}; \quad h: \vec{x} = \begin{pmatrix} 12 \\ -4 \\ 8 \end{pmatrix} + s \cdot \begin{pmatrix} -4 \\ 4 \\ -2 \end{pmatrix}$$

Die Längeneinheit auf allen Koordinatenachsen ist 1 km.
Bei Beobachtungsbeginn befindet sich Flugzeug 1 im Punkt $F_1(-2|8|6)$ und Flugzeug 2 im Punkt $F_2(12|-4|8)$. Beide Flugzeuge befinden sich im Sinkflug.
Geben Sie die Positionen der beiden Flugzeuge zu einem beliebigen Zeitpunkt t (in Minuten) an.

Lösung:

Die Länge des Richtungsvektors der Geraden g muss nun so angepasst werden, dass das Flugzeug 1 in einem Zeitschritt von einer Minute die Strecke 9 km zurücklegt, da $v_1 = 540\,\frac{km}{h} = 9\,\frac{km}{min}$ gilt.

Die Länge des Vektors $\begin{pmatrix} 2 \\ -2 \\ -1 \end{pmatrix}$ beträgt $\sqrt{2^2 + (-2)^2 + (-1)^2} = \sqrt{9} = 3$ (F 52).

Da das Flugzeug 1 in einer Minute aber 9 km zurücklegt, muss der Richtungsvektor die Länge 9 haben. Also multipliziert man den gegebenen Richtungsvektor von g mit der Zahl 3.

Für die Position von Flugzeug 1 nach t Minuten gilt demnach: $\vec{x} = \begin{pmatrix} -2 \\ 8 \\ 6 \end{pmatrix} + t \cdot \begin{pmatrix} 6 \\ -6 \\ -3 \end{pmatrix}$

Die Länge des Richtungsvektors der Geraden h muss nun so angepasst werden, dass das Flugzeug 2 in einem Zeitschritt von einer Minute die Strecke 12 km zurücklegt, da $v_2 = 720\,\frac{km}{h} = 12\,\frac{km}{min}$ gilt.

Die Länge des Vektors $\begin{pmatrix} -4 \\ 4 \\ -2 \end{pmatrix}$ beträgt $\sqrt{(-4)^2 + 4^2 + (-2)^2} = \sqrt{36} = 6$.

Da das Flugzeug 2 in einer Minute aber 12 km zurücklegt, muss der Richtungsvektor die Länge 12 haben. Also multipliziert man den gegebenen Richtungsvektor von h mit der Zahl 2.

Für die Position von Flugzeug 2 nach t Minuten gilt demnach: $\vec{x} = \begin{pmatrix} 12 \\ -4 \\ 8 \end{pmatrix} + t \cdot \begin{pmatrix} -8 \\ 8 \\ -4 \end{pmatrix}$

(Da die x_3-Koordinaten der beiden Richtungsvektoren negativ sind, sind sie zur Beschreibung des Sinkflugs geeignet.)

Aufgabe

U-Boot 1 bewegt sich mit der Geschwindigkeit $v_1 = 9\,\frac{km}{h}$ längs der Geraden g.
U-Boot 2 bewegt sich mit der Geschwindigkeit $v_2 = 9\,\frac{m}{s}$ längs der Geraden h.

$$g: \vec{x} = \begin{pmatrix} -200 \\ 800 \\ -600 \end{pmatrix} + r \cdot \begin{pmatrix} -8 \\ 0 \\ 6 \end{pmatrix}; \quad h: \vec{x} = \begin{pmatrix} 1200 \\ -400 \\ -100 \end{pmatrix} + s \cdot \begin{pmatrix} 3{,}5 \\ -2 \\ -2 \end{pmatrix}$$

(Längeneinheit 1 m, Zeiteinheit 1 s)
Bei Beobachtungsbeginn befindet sich U-Boot 1 im Punkt $B_1(-200|800|-600)$ und U-Boot 2 im Punkt $B_2(1200|-400|-100)$.
U-Boot 1 steigt in Richtung der Meeresoberfläche ($x_3 = 0$) auf, U-Boot 2 entfernt sich von der Meeresoberfläche.
Geben Sie die Positionen der beiden U-Boote in Abhängigkeit vom Zeitpunkt t an.

Ergebnis:

U-Boot 1: $\vec{x} = \begin{pmatrix} -200 \\ 800 \\ -600 \end{pmatrix} + t \cdot \begin{pmatrix} -2 \\ 0 \\ 1{,}5 \end{pmatrix}$; U-Boot 2: $\vec{x} = \begin{pmatrix} 1200 \\ -400 \\ -100 \end{pmatrix} + t \cdot \begin{pmatrix} 7 \\ -4 \\ -4 \end{pmatrix}$.

F 73 Den momentanen und den kleinsten Abstand bewegter Objekte bestimmen

... da bin ich noch unsicher ☐ ***... das kann ich (jetzt)*** ☐

Wenn die Positionen zweier bewegter Objekte (z. B. Flugzeuge) in Abhängigkeit von der Zeit gegeben sind (siehe F 72), dann kann man zu jedem Zeitpunkt den momentanen Abstand dieser beiden Objekte bestimmen. Zudem kann man auch den minimalen Abstand dieser beiden Objekte bestimmen und den Zeitpunkt, wann dieser erreicht wird.

Beispiel

Gegeben sind die Positionen von zwei Flugzeugen in Abhängigkeit von der in Minuten gemessenen Zeit. Die Längeneinheit auf allen Koordinatenachsen ist 1 km.

Flugzeug 1: $\vec{x} = \begin{pmatrix} -2 \\ 8 \\ 6 \end{pmatrix} + t \cdot \begin{pmatrix} 6 \\ -6 \\ -3 \end{pmatrix}$; Flugzeug 2: $\vec{x} = \begin{pmatrix} 12 \\ -4 \\ 8 \end{pmatrix} + t \cdot \begin{pmatrix} -8 \\ 8 \\ -4 \end{pmatrix}$

a) Bestimmen Sie den Abstand der beiden Flugzeuge für $t = 0{,}5$.

b) Bestimmen Sie den kleinsten Abstand, den die beiden Flugzeuge auf ihrem Flug zueinander haben.

Lösung:

a) Position von F_1: $\vec{f_1} = \begin{pmatrix} -2 \\ 8 \\ 6 \end{pmatrix} + 0{,}5 \cdot \begin{pmatrix} 6 \\ -6 \\ -3 \end{pmatrix} = \begin{pmatrix} 1 \\ 5 \\ 4{,}5 \end{pmatrix}$; Position von F_2: $\vec{f_2} = \begin{pmatrix} 12 \\ -4 \\ 8 \end{pmatrix} + 0{,}5 \cdot \begin{pmatrix} -8 \\ 8 \\ -4 \end{pmatrix} = \begin{pmatrix} 8 \\ 0 \\ 6 \end{pmatrix}$

Verbindungsvektor der Positionen für $t = 0{,}5$: $\vec{a} = \vec{f_2} - \vec{f_1} = \begin{pmatrix} 8-1 \\ 0-5 \\ 6-4{,}5 \end{pmatrix} = \begin{pmatrix} 7 \\ -5 \\ 1{,}5 \end{pmatrix}$

Die Länge dieses Vektors ist der gesuchte Abstand: $|\vec{a}| = \sqrt{7^2 + (-5)^2 + 1{,}5^2} = \sqrt{76{,}25} \approx 8{,}73$

Zum Zeitpunkt 0,5 Minuten haben die Flugzeuge etwa den Abstand 8,73 Kilometer.

b) Zuerst wird der momentane Abstand der beiden Flugzeuge zu einem beliebigen Zeitpunkt t bestimmt.

Verbindungsvektor der Positionen zum Zeitpunkt t:

$$\vec{a} = \vec{f_2} - \vec{f_1} = \begin{pmatrix} 12 - 8t - (-2 + 6t) \\ -4 + 8t - (8 - 6t) \\ 8 - 4t - (6 - 3t) \end{pmatrix} = \begin{pmatrix} 14 - 14t \\ -12 + 14t \\ 2 - t \end{pmatrix}$$

Die Länge dieses Vektors ist der gesuchte Abstand:

$d(t) = |\vec{a}| = \sqrt{(14 - 14t)^2 + (-12 + 14t)^2 + (2 - t)^2}$

Damit hat man die Distanzfunktion d, mit der man zu einem beliebigen Zeitpunkt t den momentanen Abstand der beiden Flugzeuge berechnen kann.

Will man jetzt den kleinstmöglichen Abstand bestimmen, so muss man ein Minimum der Distanzfunktion d bestimmen.

Dazu bestimmt man mithilfe des GTR den Tiefpunkt des Graphen von d.

Nach etwa 0,93 min wird der Abstand minimal. Er beträgt etwa 1,77 km.

Aufgabe

Für die Positionen zweier U-Boote in Abhängigkeit von der in Sekunden gemessenen Zeit gilt:

U-Boot 1: $\vec{x} = \begin{pmatrix} -200 \\ 800 \\ -1600 \end{pmatrix} + t \cdot \begin{pmatrix} -2 \\ 0 \\ 1{,}5 \end{pmatrix}$; U-Boot 2: $\vec{x} = \begin{pmatrix} 200 \\ 600 \\ -100 \end{pmatrix} + t \cdot \begin{pmatrix} 7 \\ -4 \\ -4 \end{pmatrix}$

Die Längeneinheit auf allen Koordinatenachsen ist 1 m.

a) Bestimmen Sie den momentanen Abstand zum Zeitpunkt 120 s.

b) Bestimmen Sie den minimalen Abstand der beiden U-Boote.

Ergebnis:

a) $|\vec{a}| \approx 1833\,\text{m}$

b) Nach ca. 30,3 s ist der Abstand minimal. Er beträgt ca. 1528 m.

Winkel

F 74 Den Winkel zwischen Vektoren berechnen

... da bin ich noch unsicher ☐ ***... das kann ich (jetzt)*** ☐

Mithilfe des Skalarproduktes (siehe F 58) kann man den Winkel zwischen zwei Vektoren $\vec{a}$ und $\vec{b}$ berechnen. Für die Winkelweite φ des Winkels zwischen zwei Vektoren gilt:

$$\cos\varphi = \frac{\vec{a}\cdot\vec{b}}{|\vec{a}|\cdot|\vec{b}|} \quad \text{und} \quad 0° \leqq \varphi \leqq 180°$$

Sonderfall: Aus $\vec{a}\cdot\vec{b} = 0$ folgt sofort $\varphi = 90°$; d.h. $\vec{a} \perp \vec{b}$.

Beispiel 1

Berechnen Sie die Winkel zwischen je zwei der Vektoren $\vec{a} = \begin{pmatrix} 2 \\ -1 \\ 3 \end{pmatrix}$, $\vec{b} = \begin{pmatrix} 3 \\ 6 \\ -6 \end{pmatrix}$ und $\vec{c} = \begin{pmatrix} 4 \\ 2 \\ -2 \end{pmatrix}$.

Lösung:

Winkel zwischen $\vec{a}$ und $\vec{b}$: $\cos\alpha = \frac{\vec{a}\cdot\vec{b}}{|\vec{a}|\cdot|\vec{b}|} = \frac{\begin{pmatrix} 2 \\ -1 \\ 3 \end{pmatrix}\cdot\begin{pmatrix} 3 \\ 6 \\ -6 \end{pmatrix}}{\sqrt{2^2+(-1)^2+3^2}\cdot\sqrt{3^2+6^2+(-6)^2}} = \frac{6-6-18}{\sqrt{14}\cdot 9} = \frac{-2}{\sqrt{14}} \approx -0{,}5345$

$\alpha \approx 122{,}3°$

Winkel zwischen $\vec{a}$ und $\vec{c}$: $\cos\beta = \frac{\vec{a}\cdot\vec{c}}{|\vec{a}|\cdot|\vec{c}|} = \frac{\begin{pmatrix} 2 \\ -1 \\ 3 \end{pmatrix}\cdot\begin{pmatrix} 4 \\ 2 \\ -2 \end{pmatrix}}{\sqrt{2^2+(-1)^2+3^2}\cdot\sqrt{4^2+2^2+(-2)^2}} = \frac{8-2-6}{\sqrt{14}\cdot\sqrt{24}} = \frac{0}{\sqrt{336}} = 0$

$\beta = 90°$

Winkel zwischen $\vec{b}$ und $\vec{c}$: $\cos\gamma = \frac{\vec{b}\cdot\vec{c}}{|\vec{b}|\cdot|\vec{c}|} = \frac{\begin{pmatrix} 3 \\ 6 \\ -6 \end{pmatrix}\cdot\begin{pmatrix} 4 \\ 2 \\ -2 \end{pmatrix}}{\sqrt{3^2+6^2+(-6)^2}\cdot\sqrt{4^2+2^2+(-2)^2}} = \frac{12+12+12}{9\cdot\sqrt{24}} = \frac{2}{\sqrt{6}} \approx 0{,}8165$

$\gamma \approx 35{,}3°$

Beispiel 2

Winkel im Dreieck

Gegeben ist das Dreieck mit den Eckpunkten A(1 | −1 | −5), B(3 | 2 | −4) und C(5 | −1 | −2).

Bestimmen Sie die Größe des Innenwinkels α des Dreiecks.

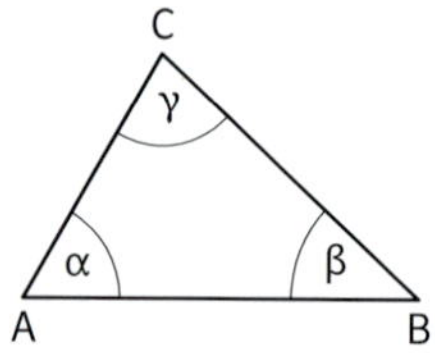

Lösung:

Die beiden Dreiecksseiten, die am Winkel α anliegen, sind durch die Vektoren $\overrightarrow{AB}$ und $\overrightarrow{AC}$ gegeben.

$\overrightarrow{AB} = \begin{pmatrix} 2 \\ 3 \\ 1 \end{pmatrix}$; $\overrightarrow{AC} = \begin{pmatrix} 4 \\ 0 \\ 3 \end{pmatrix}$; $|\overrightarrow{AB}| = \sqrt{14}$; $|\overrightarrow{AC}| = 5$

$$\cos\alpha = \frac{\overrightarrow{AB}\cdot\overrightarrow{AC}}{|\overrightarrow{AB}|\cdot|\overrightarrow{AC}|} = \frac{8+0+3}{\sqrt{14}\cdot 5} = \frac{11}{5\cdot\sqrt{14}}$$

$\alpha \approx 54{,}0°$

Aufgaben

1. Gegeben sind die Vektoren $\vec{u} = \begin{pmatrix} 1 \\ -4 \\ 2 \end{pmatrix}$; $\vec{v} = \begin{pmatrix} -7 \\ -4 \\ 4 \end{pmatrix}$; $\vec{w} = \begin{pmatrix} -8 \\ 6 \\ -8 \end{pmatrix}$.

   Berechnen Sie die Winkel zwischen je zwei der gegebenen Vektoren.
2. Bestimmen Sie im Dreieck mit den Eckpunkten A(3 | 3 | 5), B(5 | 1 | 5) und C(5 | 5 | 3) die Größe des Innenwinkels γ.

Ergebnisse:

1. Winkel zwischen $\vec{u}$ und $\vec{v}$: ca. 65,7°; Winkel zwischen $\vec{u}$ und $\vec{w}$: ca. 144,9°; Winkel zwischen $\vec{v}$ und $\vec{w}$: 90°
2. $\gamma \approx 39{,}2°$

F 75 Den Schnittwinkel zwischen Geraden berechnen

… da bin ich noch unsicher ☐ ***… das kann ich (jetzt)*** ☐

Der Schnittwinkel zweier Geraden kann mithilfe des Winkels zwischen den beiden Richtungsvektoren der Geraden bestimmt werden. Dabei ist jedoch zu beachten, dass der Schnittwinkel zweier Geraden so definiert ist, dass für seine Winkelweite gilt: $\varphi \leqq 90°$.
Man bestimmt zunächst die Winkelweite α des Winkels zwischen den beiden Richtungsvektoren (siehe F 74) und erhält, falls $\alpha \leqq 90°$ ist, direkt die Winkelweite φ des Schnittwinkels: $\varphi = \alpha$
Falls $\alpha > 90°$ gilt, ist der Schnittwinkel der Nebenwinkel von α, d.h., es gilt: $\varphi = 180° - \alpha$

Da $\cos(180° - \alpha) = -\cos\alpha$, erhält man mit $\cos\varphi = \frac{|\vec{u} \cdot \vec{v}|}{|\vec{u}| \cdot |\vec{v}|}$ stets direkt die Winkelweite φ des Schnittwinkels.

Beispiel 1

Bestimmen Sie den Schnittwinkel der Geraden g: $\vec{x} = \begin{pmatrix} 4 \\ -4 \\ 2 \end{pmatrix} + r \cdot \begin{pmatrix} 1 \\ -2 \\ -3 \end{pmatrix}$ und h: $\vec{x} = \begin{pmatrix} 3 \\ -2 \\ 5 \end{pmatrix} + s \cdot \begin{pmatrix} 4 \\ 6 \\ -2 \end{pmatrix}$.

Lösung:

Richtungsvektoren: $\vec{u} = \begin{pmatrix} 1 \\ -2 \\ -3 \end{pmatrix}$ und $\vec{v} = \begin{pmatrix} 4 \\ 6 \\ -2 \end{pmatrix}$

Winkel zwischen $\vec{u}$ und $\vec{v}$: $\cos\alpha = \frac{\begin{pmatrix} 1 \\ -2 \\ -3 \end{pmatrix} \cdot \begin{pmatrix} 4 \\ 6 \\ -2 \end{pmatrix}}{\sqrt{1^2 + (-2)^2 + (-3)^2} \cdot \sqrt{4^2 + 6^2 + (-2)^2}} = \frac{-2}{\sqrt{14} \cdot \sqrt{56}} = \frac{-1}{14}$; $\alpha \approx 94{,}1°$

Winkel zwischen g und h: $\varphi = 180° - \alpha \approx 85{,}9°$

Beispiel 2

Bestimmen Sie den Schnittwinkel der Geraden g: $\vec{x} = \begin{pmatrix} 5 \\ 2 \\ -1 \end{pmatrix} + r \cdot \begin{pmatrix} 2 \\ -1 \\ -2 \end{pmatrix}$ und h: $\vec{x} = \begin{pmatrix} 3 \\ 3 \\ 1 \end{pmatrix} + s \cdot \begin{pmatrix} 3 \\ 5 \\ 4 \end{pmatrix}$.

Lösung:

Richtungsvektoren: $\vec{u} = \begin{pmatrix} 2 \\ -1 \\ -2 \end{pmatrix}$ und $\vec{v} = \begin{pmatrix} 3 \\ 5 \\ 4 \end{pmatrix}$

Winkel zwischen g und h: $\cos\varphi = \frac{\left|\begin{pmatrix} 2 \\ -1 \\ -2 \end{pmatrix} \cdot \begin{pmatrix} 3 \\ 5 \\ 4 \end{pmatrix}\right|}{\sqrt{2^2 + (-1)^2 + (-2)^2} \cdot \sqrt{3^2 + 5^2 + 4^2}} = \frac{|-7|}{3 \cdot \sqrt{50}} \approx 0{,}3300$; $\varphi \approx 70{,}7°$

Aufgaben

1. Berechnen Sie den Schnittwinkel zwischen g und h.

   g: $\vec{x} = \begin{pmatrix} 3 \\ 4 \\ -2 \end{pmatrix} + r \cdot \begin{pmatrix} 5 \\ -2 \\ -3 \end{pmatrix}$; h: $\vec{x} = \begin{pmatrix} -7 \\ 8 \\ 4 \end{pmatrix} + s \cdot \begin{pmatrix} 2 \\ -1 \\ 6 \end{pmatrix}$

2. Berechnen Sie den Schnittwinkel zwischen a und b.

   a: $\vec{x} = \begin{pmatrix} -1 \\ -5 \\ 6 \end{pmatrix} + r \cdot \begin{pmatrix} 4 \\ 3 \\ -1 \end{pmatrix}$; b: $\vec{x} = \begin{pmatrix} 11 \\ 4 \\ 3 \end{pmatrix} + s \cdot \begin{pmatrix} 5 \\ -2 \\ 2 \end{pmatrix}$

Ergebnisse:

1. $\varphi \approx 81{,}3°$
2. $\varphi \approx 65{,}8°$

F 76 Den Schnittwinkel zwischen Ebenen berechnen, ...

... da bin ich noch unsicher ☐ ... das kann ich (jetzt) ☐

Der Schnittwinkel zweier Ebenen kann mithilfe des Winkels zwischen den beiden Normalenvektoren der Ebenen bestimmt werden. Dabei ist jedoch zu beachten, dass der Schnittwinkel zweier Ebenen so definiert ist, dass für seine Winkelweite gilt: $\varphi \leqq 90°$.

Man bestimmt zunächst die Winkelweite α des Winkels zwischen den Normalenvektoren (siehe F 74) und erhält, falls $\alpha \leqq 90°$ ist, direkt die Winkelweite des Schnittwinkels: $\varphi = \alpha$. Falls $\alpha > 90°$ gilt, ist der Schnittwinkel der Nebenwinkel von α, d.h. $\varphi = 180° - \alpha$.

Da $\cos(180° - \alpha) = -\cos\alpha$, erhält man mit $\cos\varphi = \frac{|\vec{n_1} \cdot \vec{n_2}|}{|\vec{n_1}| \cdot |\vec{n_2}|}$ stets direkt die Winkelweite φ des Schnittwinkels.

F 76a ... wenn beide Ebenen in Koordinatenform gegeben sind

... da bin ich noch unsicher ☐ ... das kann ich (jetzt) ☐

Beispiel

Bestimmen Sie den Schnittwinkel der Ebenen $E_1\colon\ 2x_1 - x_2 + 2x_3 = 9$ und $E_2\colon\ x_1 + 2x_2 + 3x_3 = 24$

Lösung:

Die Normalenvektoren kann man direkt ablesen: $\vec{n_1} = \begin{pmatrix} 2 \\ -1 \\ 2 \end{pmatrix}$ und $\vec{n_2} = \begin{pmatrix} 1 \\ 2 \\ 3 \end{pmatrix}$

Für den Winkel zwischen $\vec{n_1}$ und $\vec{n_2}$ gilt: $\cos\alpha = \frac{\vec{n_1} \cdot \vec{n_2}}{|\vec{n_1}| \cdot |\vec{n_2}|} = \frac{\begin{pmatrix} 2 \\ -1 \\ 2 \end{pmatrix} \cdot \begin{pmatrix} 1 \\ 2 \\ 3 \end{pmatrix}}{\sqrt{2^2 + (-1)^2 + 2^2} \cdot \sqrt{1^2 + 2^2 + 3^2}} = \frac{2 - 2 + 6}{3 \cdot \sqrt{14}} = \frac{2}{\sqrt{14}}$

Daraus folgt $\alpha \approx 57{,}7°$ und $\varphi = \alpha \approx 57{,}7°$.

F 76b ... wenn eine Ebene in Parameter-, die andere in Koordinatenform gegeben ist

... da bin ich noch unsicher ☐ ... das kann ich (jetzt) ☐

Beispiel

Bestimmen Sie den Schnittwinkel der Ebenen $E_1\colon\ \vec{x} = \begin{pmatrix} 2 \\ -1 \\ -3 \end{pmatrix} + r \cdot \begin{pmatrix} 1 \\ -2 \\ 2 \end{pmatrix} + s \cdot \begin{pmatrix} 4 \\ 2 \\ -1 \end{pmatrix}$ und $E_2\colon\ 3x_1 - 2x_2 + x_3 = 12$.

Lösung:

Zuerst muss man einen Normalenvektor $\vec{n_1}$ der Ebene E_1 bestimmen. Dies erreicht man am schnellsten mithilfe des Vektorprodukts (siehe F 59) der beiden Spannvektoren der Ebene.

$$\vec{n_1} = \begin{pmatrix} 1 \\ -2 \\ 2 \end{pmatrix} \times \begin{pmatrix} 4 \\ 2 \\ -1 \end{pmatrix} = \begin{pmatrix} -2 \\ 9 \\ 10 \end{pmatrix};\quad \vec{n_2} = \begin{pmatrix} 3 \\ -2 \\ 1 \end{pmatrix}$$

Für den Winkel zwischen $\vec{n_1}$ und $\vec{n_2}$ gilt:

$$\cos\alpha = \frac{\vec{n_1} \cdot \vec{n_2}}{|\vec{n_1}| \cdot |\vec{n_2}|} = \frac{\begin{pmatrix} -2 \\ 9 \\ 10 \end{pmatrix} \cdot \begin{pmatrix} 3 \\ -2 \\ 1 \end{pmatrix}}{\sqrt{(-2)^2 + 9^2 + 10^2} \cdot \sqrt{3^2 + (-2)^2 + 1^2}} = \frac{-6 - 18 + 10}{\sqrt{185} \cdot \sqrt{14}} = \frac{-14}{\sqrt{185} \cdot \sqrt{14}} \approx -0{,}2751$$

Daraus folgt $\alpha \approx 106{,}0°$ und somit $\varphi = 180° - \alpha \approx 74{,}0°$.

Alternativ erhält man mit $\cos\varphi = \left|\frac{-14}{\sqrt{185} \cdot \sqrt{14}}\right| \approx 0{,}2751$ sofort $\varphi \approx 74{,}0°$.

Aufgaben

1. Bestimmen Sie den Schnittwinkel der beiden Ebenen
   $E_1: 8x_1 - 3x_2 + 4x_3 = 24$ und $E_2: -3x_1 + 5x_2 + 4x_3 = 60$.
2. Bestimmen Sie den Schnittwinkel der beiden Ebenen
   $E_1: 5x_1 + 2x_2 - 4x_3 = 20$ und $E_2: \vec{x} = \begin{pmatrix} 3 \\ 1 \\ -2 \end{pmatrix} + r \cdot \begin{pmatrix} 4 \\ 0 \\ -3 \end{pmatrix} + s \cdot \begin{pmatrix} -2 \\ 2 \\ 1 \end{pmatrix}$.

Ergebnisse:

1. $\varphi \approx 69{,}8°$
2. $\varphi \approx 88{,}3°$

F 77 Den Winkel zwischen einer Geraden und einer Ebene berechnen

... da bin ich noch unsicher ☐ ... das kann ich (jetzt) ☐

Der Schnittwinkel einer Ebene und einer Geraden kann mithilfe des Winkels zwischen dem Normalenvektor $\vec{n}$ der Ebene und dem Richtungsvektor $\vec{u}$ der Geraden bestimmt werden. Dabei ist jedoch zu beachten, dass der Schnittwinkel so definiert ist, dass für seine Winkelweite $\varphi \leqq 90°$ gilt. Man bestimmt zunächst die Winkelweite α des Winkels zwischen dem Normalenvektor (F 59) und dem Richtungsvektor und erhält, falls $\alpha \leqq 90°$ ist, die Winkelweite φ mithilfe der Beziehung $\varphi = 90° - \alpha$. Falls $\alpha > 90°$ gilt, ist $\varphi = \alpha - 90°$.
Wegen $\cos(90° - \alpha) = \sin\alpha$, erhält man die Winkelweite φ sofort mit $\sin\varphi = \frac{|\vec{n} \cdot \vec{u}|}{|\vec{n}| \cdot |\vec{u}|}$.

Beispiel 1

Bestimmen Sie den Schnittwinkel zwischen der Geraden $g: \vec{x} = \begin{pmatrix} 4 \\ 1 \\ 4 \end{pmatrix} + s \cdot \begin{pmatrix} -1 \\ 2 \\ 5 \end{pmatrix}$ und der Ebene $E: 3x_1 - 4x_2 + x_3 = 12$.

Lösung:

$\vec{n} = \begin{pmatrix} 3 \\ -4 \\ 1 \end{pmatrix}$; $\vec{u} = \begin{pmatrix} -1 \\ 2 \\ 5 \end{pmatrix}$

Es gilt: $\sin\varphi = \frac{|\vec{n} \cdot \vec{u}|}{|\vec{n}| \cdot |\vec{u}|} = \frac{\left|\begin{pmatrix} 3 \\ -4 \\ 1 \end{pmatrix} \cdot \begin{pmatrix} -1 \\ 2 \\ 5 \end{pmatrix}\right|}{\sqrt{3^2 + (-4)^2 + 1^2} \cdot \sqrt{(-1)^2 + 2^2 + 5^2}} = \frac{|-6|}{\sqrt{26} \cdot \sqrt{30}} \approx 0{,}2148$, also $\varphi \approx 12{,}4°$.

Beispiel 2

Bestimmen Sie den Schnittwinkel zwischen der Geraden $g: \vec{x} = \begin{pmatrix} -2 \\ 3 \\ -5 \end{pmatrix} + r \cdot \begin{pmatrix} 3 \\ 4 \\ -2 \end{pmatrix}$ und der Ebene $E: 2x_1 - 3x_2 + 4x_3 = 24$.

Lösung:

$\vec{n} = \begin{pmatrix} 2 \\ -3 \\ 4 \end{pmatrix}$; $\vec{u} = \begin{pmatrix} 3 \\ 4 \\ -2 \end{pmatrix}$

Es gilt: $\cos\alpha = \frac{\vec{n} \cdot \vec{u}}{|\vec{n}| \cdot |\vec{u}|} = \frac{\begin{pmatrix} 2 \\ -3 \\ 4 \end{pmatrix} \cdot \begin{pmatrix} 3 \\ 4 \\ -2 \end{pmatrix}}{\sqrt{2^2 + (-3)^2 + 4^2} \cdot \sqrt{3^2 + 4^2 + (-2)^2}} = \frac{-14}{\sqrt{29} \cdot \sqrt{29}} \approx -0{,}4828$

Daraus folgt $\alpha \approx 118{,}9°$ und somit $\varphi = \alpha - 90° \approx 28{,}9°$.

Aufgaben

1. Unter welchem Winkel schneiden sich
   $E: x_1 - 5x_2 - 3x_3 = 30$ und
   $g: \vec{x} = \begin{pmatrix} -2 \\ 3 \\ 8 \end{pmatrix} + r \cdot \begin{pmatrix} 4 \\ 3 \\ -1 \end{pmatrix}$?
2. Unter welchem Winkel schneiden sich
   $F: 2x_1 + 4x_2 - x_3 = 16$ und
   $h: \vec{x} = \begin{pmatrix} 1 \\ -5 \\ 9 \end{pmatrix} + r \cdot \begin{pmatrix} 3 \\ -4 \\ 2 \end{pmatrix}$?

Ergebnisse:

1. $\varphi \approx 15{,}4°$
2. $\varphi \approx 29{,}1°$

F 78 Den Winkel zwischen Flächen und Kanten von Körpern berechnen

... da bin ich noch unsicher ☐ *... das kann ich (jetzt)* ☐

Im Gegensatz zu den Schnittwinkeln bei Ebenen und Geraden (Objekte ohne Begrenzung) können die Winkel zwischen Kanten und Flächen von Körpern auch stumpf sein.

a) Winkel zwischen zwei Kanten des Körpers
Die Weite des Winkels zwischen den Kanten PQ und PR berechnet man mithilfe der Vektoren $\overrightarrow{PQ}$ und $\overrightarrow{PR}$ (siehe F 74).
⚠ **P ist der gemeinsame Punkt beider Kanten.**

b) Winkel zwischen einer Kante und einer Fläche des Körpers
Da man bei der Berechnung eines Normalenvektors (F 59) der Seitenfläche die Orientierung des Normalenvektors in der Regel nicht kennt, muss man sich anschaulich klarmachen, ob der gesuchte Winkel zwischen der Kante und der Seitenfläche spitz oder stumpf ist.

c) Winkel zwischen zwei Flächen des Körpers
Da man bei der Berechnung der beiden Normalenvektoren (F 59) der Flächen die Orientierung der Normalenvektoren in der Regel nicht kennt, muss man sich anschaulich klarmachen, ob der gesuchte Winkel zwischen den beiden Flächen spitz oder stumpf ist.

Beispiel

Gegeben ist die Pyramide ABCS mit A(3 | 2 | 0), B(−2 | 3 | 0), C(−1 | −4 | 0) und S(2 | 6 | 8).

a) Berechnen Sie die Winkelweite φ des Winkels zwischen den Kanten BC und BS.

b) Berechnen Sie die Winkelweite φ des Winkels zwischen der Kante CS und der Seitenfläche ABS der Pyramide.

c) Berechnen Sie die Winkelweite φ des Winkels zwischen der Grundfläche ABC und der Seitenfläche ABS der Pyramide.

Lösung:

a) $\cos\varphi = \frac{\overrightarrow{BC}\cdot\overrightarrow{BS}}{|\overrightarrow{BC}|\cdot|\overrightarrow{BS}|} = \frac{\begin{pmatrix}1\\-7\\0\end{pmatrix}\cdot\begin{pmatrix}4\\3\\8\end{pmatrix}}{\sqrt{1^2+(-7)^2+0^2}\cdot\sqrt{4^2+3^2+8^2}} = \frac{-17}{\sqrt{50}\cdot\sqrt{89}} \approx -0{,}2548$; also $\varphi \approx 104{,}8°$

b) Da die Seitenfläche ABS „nach außen überhängt", ist der gesuchte Winkel spitz (siehe Skizze).
Normalenvektor der Fläche ABS:

$\overrightarrow{BA} = \begin{pmatrix}5\\-1\\0\end{pmatrix}$; $\overrightarrow{BS} = \begin{pmatrix}4\\3\\8\end{pmatrix}$

$\vec{n} = \overrightarrow{BA} \times \overrightarrow{BS} = \begin{pmatrix}5\\-1\\0\end{pmatrix} \times \begin{pmatrix}4\\3\\8\end{pmatrix} = \begin{pmatrix}-8\\-40\\19\end{pmatrix}$ (F 59)

$\sin\varphi = \frac{|\overrightarrow{CS}\cdot\vec{n}|}{|\overrightarrow{CS}|\cdot|\vec{n}|}$

$= \frac{\left|\begin{pmatrix}3\\10\\8\end{pmatrix}\cdot\begin{pmatrix}-8\\-40\\19\end{pmatrix}\right|}{\sqrt{3^2+10^2+8^2}\cdot\sqrt{(-8)^2+(-40)^2+19^2}}$

$= \frac{|-272|}{\sqrt{173}\cdot\sqrt{2025}} \approx 0{,}4596$

Daraus folgt: $\varphi \approx 27{,}4°$

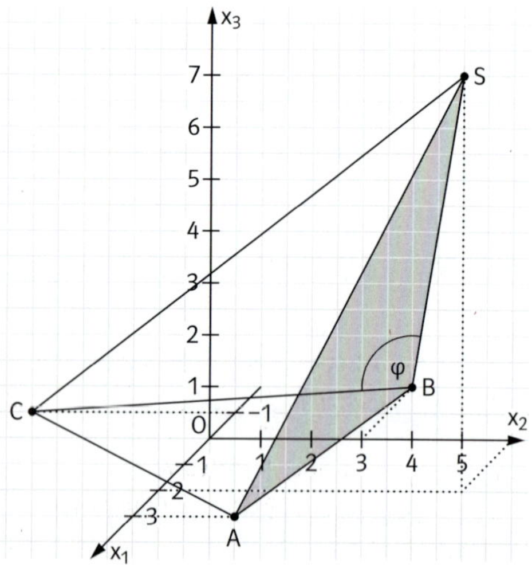

c) Da die Seitenfläche ABS nach außen überhängt, ist der gesuchte Winkel stumpf (siehe Skizze).
Normalenvektor $\vec{n^*}$ der Fläche ABC:

$$\overrightarrow{BA} = \begin{pmatrix} 5 \\ -1 \\ 0 \end{pmatrix},\ \overrightarrow{BC} = \begin{pmatrix} 1 \\ -7 \\ 0 \end{pmatrix};\ \overrightarrow{n^*} = \overrightarrow{BA} \times \overrightarrow{BC} = \begin{pmatrix} 5 \\ -1 \\ 0 \end{pmatrix} \times \begin{pmatrix} 1 \\ -7 \\ 0 \end{pmatrix} = \begin{pmatrix} 0 \\ 0 \\ -34 \end{pmatrix}$$

$$\cos\gamma = \frac{\overrightarrow{n^*}\cdot\vec{n}}{|\overrightarrow{n^*}|\cdot|\vec{n}|} = \frac{\begin{pmatrix} 0 \\ 0 \\ -34 \end{pmatrix}\cdot\begin{pmatrix} -8 \\ -40 \\ 19 \end{pmatrix}}{\sqrt{0^2+0^2+(-34)^2}\cdot\sqrt{(-8)^2+(-40)^2+19^2}} = \frac{-646}{34\cdot 45} \approx -0{,}4222$$

Daraus folgt $\gamma \approx 115{,}0°$. Da der gesuchte Winkel stumpf sein muss, gilt: $\varphi = \gamma \approx 115{,}0°$

Aufgabe

Gegeben ist die Pyramide PQRS mit $P(4\,|-3\,|\,0)$, $Q(-1\,|\,5\,|\,0)$, $R(-3\,|-1\,|\,0)$ und $S(5\,|\,7\,|\,6)$.

a) Berechnen Sie den Winkel zwischen den Kanten PR und RQ.

b) Berechnen Sie den Winkel zwischen der Kante RS und der Grundfläche PQR.

c) Berechnen Sie den Winkel zwischen der Grundfläche PQR und der Seitenfläche PQS.

Ergebnis:

a) $\varphi \approx 87{,}5°$ b) $\varphi \approx 27{,}9°$ c) $\varphi \approx 135{,}7°$

Abstände

F 79 Den Abstand zweier Punkte berechnen

… da bin ich noch unsicher ☐ … das kann ich (jetzt) ☐

Den Abstand zweier Punkte P und Q erhält man, indem man die Länge des Verbindungsvektors $\overrightarrow{PQ}$ bestimmt (siehe F 52).

Beispiel

Berechnen Sie den Abstand der Punkte $P(5\,|-6\,|\,3)$ und $Q(-2\,|\,3\,|-4)$.

Lösung:

$$\overrightarrow{PQ} = \begin{pmatrix} -7 \\ 9 \\ -7 \end{pmatrix};\ |\overrightarrow{PQ}| = \sqrt{(-7)^2+9^2+(-7)^2} = \sqrt{179}$$

Aufgabe

Gegeben ist das Dreieck ABC mit $A(4\,|-2\,|\,3)$, $B(-3\,|\,5\,|-4)$ und $C(-5\,|-6\,|\,4)$.
Berechnen Sie die Seitenlängen des Dreiecks.

Ergebnis:

$|\overrightarrow{AB}| = \sqrt{147} \approx 12{,}12$; $|\overrightarrow{AC}| = \sqrt{98} \approx 9{,}90$; $|\overrightarrow{BC}| = \sqrt{189} \approx 13{,}75$

F 80 Den Abstand eines Punktes von einer Ebene berechnen

… da bin ich noch unsicher ☐ … das kann ich (jetzt) ☐

Um den Abstand eines Punktes von einer Ebene zu bestimmen, ist es ratsam, die Ebenengleichung gegebenenfalls in Koordinaten- oder Normalenform umzuwandeln. Es gibt zwei Wege, um den Abstand zu berechnen, einen anschaulichen Weg und einen formalen Weg mithilfe der Hesse'schen Normalenform der Ebenengleichung.

Weg 1: Man bestimmt zunächst eine Parametergleichung der Lotgerade l zur Ebene E durch den Punkt P (F 60). Dazu kann man den Normalenvektor der Ebene als Richtungsvektor verwenden. Anschließend berechnet man den Schnittpunkt S von l und E.
Der Abstand der beiden Punkte P und S (siehe F 79) ist der gesuchte Abstand des Punktes P von E.

Weg 2: Man bestimmt zunächst die Hesse'sche Normalenform der Ebenengleichung. Anschließend setzt man die Koordinaten bzw. den Ortsvektor von P in die Hesse'sche Normalenform ein.
Der Betrag der linken Seite der Gleichung ist der gesuchte Abstand des Punktes P von E.

Beispiel 1

Berechnen Sie den Abstand des Punktes $P(3|4|-4)$ von der Ebene $E\colon 2x_1 - 2x_2 + x_3 = 21$.

Lösung (Weg 1):

$\vec{n} = \begin{pmatrix} 2 \\ -2 \\ 1 \end{pmatrix}$; Lotgerade l durch P: $\vec{x} = \begin{pmatrix} 3 \\ 4 \\ -4 \end{pmatrix} + r \cdot \begin{pmatrix} 2 \\ -2 \\ 1 \end{pmatrix}$

Schnittpunkt: $2 \cdot (3 + 2r) - 2 \cdot (4 - 2r) - 4 + r = 21$ bzw. $-6 + 9r = 21$; also $r = 3$ und $S(9|-2|-1)$

$\overrightarrow{PS} = \begin{pmatrix} 6 \\ -6 \\ 3 \end{pmatrix}$; $|\overrightarrow{PS}| = \sqrt{6^2 + (-6)^2 + 3^2} = \sqrt{81} = 9$

Der Punkt P hat von der Ebene E den Abstand 9.

Beispiel 2

Berechnen Sie den Abstand des Punktes $P(2|-3|-6)$ von der Ebene $E\colon 3x_1 + 4x_2 - 5x_3 = 60$.

Lösung (Weg 2):

Aufstellen der Hesse'schen Normalenform der Ebenengleichung:

Aus $3x_1 + 4x_2 - 5x_3 = 60$ folgt $3x_1 + 4x_2 - 5x_3 - 60 = 0$

Länge des Normalenvektors von E: $|\vec{n}| = \sqrt{3^2 + 4^2 + (-5)^2} = \sqrt{50}$

Hesse'sche Normalenform von E: $\frac{3x_1 + 4x_2 - 5x_3 - 60}{\sqrt{50}} = 0$

Abstandsberechnung: $d(P;E) = \frac{|3 \cdot 2 + 4 \cdot (-3) - 5 \cdot (-6) - 60|}{\sqrt{50}} = \frac{|-36|}{\sqrt{50}} = \frac{36}{\sqrt{50}} \approx 5{,}09$

Aufgaben

1. Bestimmen Sie den Abstand des Punktes $A(4|-1|5)$ von der Ebene $E\colon 4x_1 - 3x_2 = 30$.
2. Bestimmen Sie den Abstand des Punktes $B(-3|-2|6)$ von der Ebene $E\colon \left[\vec{x} - \begin{pmatrix} -6 \\ 3 \\ -7 \end{pmatrix}\right] \cdot \begin{pmatrix} -1 \\ -2 \\ 2 \end{pmatrix} = 0$.

Ergebnisse:

1. $d(A;E) = 2{,}2$
2. $d(B;E) = 11$

F 81 Den Abstand eines Punktes von einer Geraden berechnen

... da bin ich noch unsicher ☐ *... das kann ich (jetzt)* ☐

Um den Abstand eines Punktes von einer Geraden zu bestimmen, gibt es mehrere Wege. Drei sehr unterschiedliche Wege werden hier gezeigt. Welchen der Wege man einsetzt, hängt auch davon ab, ob man einen GTR verwenden darf oder nicht.

Weg 1: Verwendung einer Hilfsebene

Zuerst bestimmt man die Gleichung einer Hilfsebene H, die senkrecht zur Geraden g ist und den Punkt P enthält. Dabei kann man den Richtungsvektor von g als Normalenvektor von H verwenden.

Dann bestimmt man den Schnittpunkt S von g und H. Der gesuchte Abstand des Punktes P von der Geraden g ist die Länge der Strecke PS.

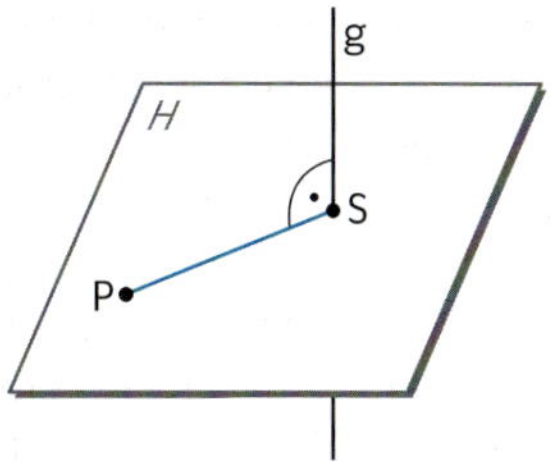

Weg 2: Bestimmung des Abstandes mithilfe einer Zielfunktion

Man bestimmt zuerst den Verbindungsvektor von P zu einem beliebigen Punkt X der Geraden g. Anschließend berechnet man die Länge des Vektors $\overrightarrow{PX}$ in Abhängigkeit vom Geradenparameter r. Die Länge ist also eine Funktion d mit der Variablen r. Die Funktion d ist die Zielfunktion. Man bestimmt das Minimum von d z. B. grafisch mithilfe des GTR.

Weg 3: Bestimmung des Abstandes mithilfe des Vektorprodukts

Den Flächeninhalt eines Parallelogramms erhält man als Produkt aus der Länge der Grundseite und der zugehörigen Höhe.

In der Skizze bedeutet dies: $A = |\vec{u}| \cdot d$.

Andererseits gilt: $A = |\overrightarrow{QP} \times \vec{u}|$ (siehe F 59)

Somit gilt: $d = \frac{|\overrightarrow{QP} \times \vec{u}|}{|\vec{u}|}$

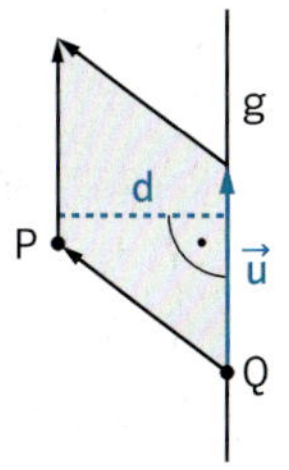

Beispiel 1

Bestimmen Sie den Abstand des Punktes P(−3 | 4 | 6) von der Geraden $g: \vec{x} = \begin{pmatrix} 2 \\ -3 \\ -8 \end{pmatrix} + r \cdot \begin{pmatrix} 2 \\ -4 \\ 4 \end{pmatrix}$.

Lösung:

Hilfsebene H: $2x_1 - 4x_2 + 4x_3 = d$

Punktprobe für P liefert: $2 \cdot (-3) - 4 \cdot 4 + 4 \cdot 6 = 2 = d$; also H: $2x_1 - 4x_2 + 4x_3 = 2$

Schnittpunkt von g und H: $2 \cdot (2 + 2r) - 4 \cdot (-3 - 4r) + 4 \cdot (-8 + 4r) = 2$; $-16 + 36r = 2$; $r = \frac{1}{2}$ (F 69 a)

$\vec{s} = \begin{pmatrix} 2 \\ -3 \\ -8 \end{pmatrix} + \frac{1}{2} \cdot \begin{pmatrix} 2 \\ -4 \\ 4 \end{pmatrix} = \begin{pmatrix} 3 \\ -5 \\ -6 \end{pmatrix}$, also S(3 | −5 | −6); $\overrightarrow{PS} = \begin{pmatrix} 6 \\ -9 \\ -12 \end{pmatrix}$

Abstand: $|\overrightarrow{PS}| = \sqrt{6^2 + (-9)^2 + (-12)^2} = \sqrt{261} \approx 16{,}16$; $d(P; g) \approx 16{,}16$

Beispiel 2

Bestimmen Sie den Abstand des Punktes P(4 | −2 | 1) von der Geraden $g: \vec{x} = \begin{pmatrix} -4 \\ 5 \\ -1 \end{pmatrix} + r \cdot \begin{pmatrix} 2 \\ -1 \\ 2 \end{pmatrix}$.

Lösung:

Es gilt: $\overrightarrow{QX} = \vec{x} - \vec{q} = \begin{pmatrix} 2r - 8 \\ -r + 7 \\ 2r - 2 \end{pmatrix}$; Zielfunktion d: $d(r) = |\overrightarrow{QX}| = \sqrt{(2r - 8)^2 + (-r + 7)^2 + (2r - 2)^2}$

Der GTR liefert ein Minimum für $r = 3$. Der Abstand ist 6.

Beispiel 3

Bestimmen Sie den Abstand des Punktes P(−4 | −3 | 5) von der Geraden $g: \vec{x} = \begin{pmatrix} -2 \\ -4 \\ 7 \end{pmatrix} + r \cdot \begin{pmatrix} 6 \\ 6 \\ -3 \end{pmatrix}$.

Lösung:

$\overrightarrow{QP} = \vec{p} - \vec{q} = \begin{pmatrix} -2 \\ 1 \\ -2 \end{pmatrix}$; $\overrightarrow{QP} \times \vec{u} = \begin{pmatrix} -2 \\ 1 \\ -2 \end{pmatrix} \times \begin{pmatrix} 6 \\ 6 \\ -3 \end{pmatrix} = \begin{pmatrix} 9 \\ -18 \\ -18 \end{pmatrix}$ (F 59)

$|\overrightarrow{QP} \times \vec{u}| = \sqrt{9^2 + (-18)^2 + (-18)^2} = \sqrt{729} = 27$; $|\vec{u}| = \sqrt{6^2 + 6^2 + (-3)^2} = \sqrt{81} = 9$

$d = \frac{|\overrightarrow{QP} \times \vec{u}|}{|\vec{u}|} = \frac{27}{9} = 3$; $d(P; g) = 3$

Aufgaben

Bestimmen Sie jeweils den Abstand der gegebenen Punkte von der Geraden.

a) A(0|−4|2), B(−2|5|1)

$$h: \vec{x} = \begin{pmatrix} 4 \\ -2 \\ -3 \end{pmatrix} + s \cdot \begin{pmatrix} 4 \\ -4 \\ -2 \end{pmatrix}$$

b) 🖩 C(3|−4|2), D(−2|6|7)

$$g: \vec{x} = \begin{pmatrix} -5 \\ 3 \\ 1 \end{pmatrix} + t \cdot \begin{pmatrix} 4 \\ -8 \\ 8 \end{pmatrix}$$

Ergebnis:

a) $d(A;h) = 6$; $d(B;h) = 1$

b) $d(C;g) = 5\sqrt{2} \approx 7{,}07$; $d(D;g) = 3\sqrt{5} \approx 6{,}71$

F 82 Den Abstand zweier paralleler Geraden berechnen

... da bin ich noch unsicher ☐ ***... das kann ich (jetzt)*** ☐

Gegeben sind zwei zueinander parallele Geraden g und h.
Da jeder Punkt auf der Geraden g den gleichen Abstand von der Geraden h hat, ist der Abstand von g und h gleich dem Abstand eines beliebigen Punktes auf g von der Geraden h.
Ist P ein Punkt auf g, dann gilt: $d(g;h) = d(P;h)$.
Man kann z. B. den Abstand des Stützpunktes von g zur Geraden h bestimmen.

Beispiel

Bestimmen Sie den Abstand der beiden parallelen Geraden g und h.

$$g: \vec{x} = \begin{pmatrix} -3 \\ 2 \\ 5 \end{pmatrix} + r \cdot \begin{pmatrix} 1 \\ -2 \\ 2 \end{pmatrix}; \quad h: \vec{x} = \begin{pmatrix} 2 \\ -1 \\ 4 \end{pmatrix} + s \cdot \begin{pmatrix} 2 \\ -4 \\ 4 \end{pmatrix}.$$

Lösung:

Es gilt:

$$d(g;h) = d(P;h) \text{ mit } P(-3|2|5); \; \overrightarrow{QP} = \vec{p} - \vec{q} = \begin{pmatrix} -5 \\ 3 \\ 1 \end{pmatrix}; \; \overrightarrow{QP} \times \vec{u} = \begin{pmatrix} -5 \\ 3 \\ 1 \end{pmatrix} \times \begin{pmatrix} 2 \\ -4 \\ 4 \end{pmatrix} = \begin{pmatrix} 16 \\ 22 \\ 14 \end{pmatrix}$$ (F 59)

$$\left|\overrightarrow{QP} \times \vec{u}\right| = \sqrt{16^2 + 22^2 + 14^2} = \sqrt{936} = 6 \cdot \sqrt{26}; \quad |\vec{u}| = \sqrt{2^2 + (-4)^2 + 4^2} = \sqrt{36} = 6$$

$$d = \frac{\left|\overrightarrow{QP} \times \vec{u}\right|}{|\vec{u}|} = \frac{6 \cdot \sqrt{26}}{6} = \sqrt{26}; \quad d(P;h) = d(g;h) = \sqrt{26} \approx 5{,}10$$

Aufgabe

Bestimmen Sie den Abstand der beiden parallelen Geraden g und h.

$$g: \vec{x} = \begin{pmatrix} 4 \\ 9 \\ -10 \end{pmatrix} + s \cdot \begin{pmatrix} 4 \\ -4 \\ 7 \end{pmatrix}; \quad h: \vec{x} = \begin{pmatrix} -8 \\ 3 \\ 5 \end{pmatrix} + t \cdot \begin{pmatrix} -8 \\ 8 \\ -14 \end{pmatrix}$$

Ergebnis:

$d(g;h) = 18$

F 83 Den Abstand zweier windschiefer Geraden berechnen ...

... da bin ich noch unsicher ☐ ***... das kann ich (jetzt)*** ☐

F 83 a ... ohne Angabe der Punkte mit minimalem Abstand

... da bin ich noch unsicher ☐ ***... das kann ich (jetzt)*** ☐

Es gibt einen anschaulichen Weg unter Verwendung einer Hilfsebene, um den Abstand zweier zueinander windschiefer Geraden g und h zu berechnen.
Für jedes Paar windschiefer Geraden g und h lässt sich immer eine Ebene H finden, die zum einen parallel zu g ist und zum anderen die Gerade h enthält. Man erhält einen Normalenvektor $\vec{n}$ der

Ebene H, indem man das Vektorprodukt der beiden Richtungsvektoren von g und h bildet. Als Stützpunkt für die Ebene H kann man den Stützpunkt der Geraden h verwenden. Anschließend bestimmt man den Abstand eines beliebigen Punktes von g (z. B. des Stützpunktes von g) von der Hilfsebene H.
Man kann also das Problem des Abstandes zweier windschiefer Geraden auf das Problem des Abstandes eines Punktes von einer Ebene zurückführen (siehe F 80).

Beispiel
Bestimmen Sie den Abstand der beiden windschiefen Geraden

$g\colon \vec{x} = \begin{pmatrix} 3 \\ -4 \\ 5 \end{pmatrix} + r \cdot \begin{pmatrix} 3 \\ -3 \\ 6 \end{pmatrix}$ und $h\colon \vec{x} = \begin{pmatrix} -3 \\ 6 \\ 1 \end{pmatrix} + s \cdot \begin{pmatrix} -1 \\ 2 \\ -2 \end{pmatrix}$.

Lösung:

$\vec{n} = \vec{u} \times \vec{v} = \begin{pmatrix} 3 \\ -3 \\ 6 \end{pmatrix} \times \begin{pmatrix} -1 \\ 2 \\ -2 \end{pmatrix} = \begin{pmatrix} -6 \\ 0 \\ 3 \end{pmatrix}$ (F 59)

Hilfsebene $H\colon -6x_1 + 3x_3 = d$; Punktprobe für $P(-3|6|1)$ liefert: $(-6)\cdot(-3) + 3\cdot 1 = 21 = d$
$H\colon -6x_1 + 3x_3 = 21$

Hesse'sche Normalenform von $H\colon \frac{-6x_1 + 3x_3 - 21}{\sqrt{(-6)^2 + 3^2}} = 0$ bzw. $H\colon \frac{-6x_1 + 3x_3 - 21}{\sqrt{45}} = 0$ (F 80, Beispiel 2).

Abstand $Q(3|-4|5)$ zu $H\colon d(Q;H) = \frac{|(-6)\cdot 3 + 3\cdot 5 - 21|}{\sqrt{45}} = \frac{|-24|}{\sqrt{45}} = \frac{24}{3\cdot\sqrt{5}} = \frac{8}{\sqrt{5}} \approx 3{,}58$

Die beiden Geraden g und h haben näherungsweise den Abstand 3,58.

Aufgabe
Bestimmen Sie den Abstand der beiden windschiefen Geraden $g\colon \vec{x} = \begin{pmatrix} 10 \\ 6 \\ -10 \end{pmatrix} + s \cdot \begin{pmatrix} 2 \\ 3 \\ -4 \end{pmatrix}$

und $h\colon x = \begin{pmatrix} 16 \\ -15 \\ 20 \end{pmatrix} + t \cdot \begin{pmatrix} 2 \\ 2 \\ -8 \end{pmatrix}$.

Ergebnis:
$d(g;h) = 18$

F 83b ... mit Angabe der Punkte mit minimalem Abstand

***... da bin ich noch unsicher* ☐ *... das kann ich (jetzt)* ☐**

Wenn nach den Punkten auf g und h, die den kleinsten Abstand voneinander haben, gefragt wird, kann man den folgenden Weg wählen.
Man bildet den Verbindungsvektor zwischen zwei beliebigen Punkten G auf g und H auf h.
Dieser Vektor enthält noch die beiden Geradenparameter r und s.
Der gesuchte Vektor $\overrightarrow{GH}$ muss auf den beiden Richtungsvektoren von g und h jeweils senkrecht stehen.
Somit erhält man folgenden Ansatz: $\overrightarrow{GH} \cdot \vec{u} = 0$ und $\overrightarrow{GH} \cdot \vec{v} = 0$
Dieser Ansatz liefert ein LGS mit zwei Gleichungen für die Parameter r und s.
Wenn man die richtigen Punkte G und H bestimmt hat, gilt: $d(G;H) = d(g;h)$.
Man muss dann nur noch den Abstand der beiden Punkte G und H berechnen.

Beispiel

Bestimmen Sie den Abstand der beiden windschiefen Geraden

$g: \vec{x} = \begin{pmatrix} 15 \\ 12 \\ 10 \end{pmatrix} + r \cdot \begin{pmatrix} 6 \\ 2 \\ 1 \end{pmatrix}$ und $h: \vec{x} = \begin{pmatrix} 10 \\ -4 \\ -3 \end{pmatrix} + s \cdot \begin{pmatrix} 4 \\ 2 \\ -4 \end{pmatrix}$.

Geben Sie auch die Punkte auf g und h an, die den kleinsten Abstand voneinander haben.

Lösung:

$$\overrightarrow{GH} = \begin{pmatrix} 10+4s-(15+6r) \\ -4+2s-(12+2r) \\ -3-4s-(10+r) \end{pmatrix} = \begin{pmatrix} 4s-6r-5 \\ 2s-2r-16 \\ -4s-r-13 \end{pmatrix}$$

(I): $\overrightarrow{GH} \cdot \vec{u} = \begin{pmatrix} 4s-6r-5 \\ 2s-2r-16 \\ -4s-r-13 \end{pmatrix} \cdot \begin{pmatrix} 6 \\ 2 \\ 1 \end{pmatrix} = 24s-36r-30+4s-4r-32-4s-r-13 = 24s-41r-75 = 0$

(II): $\overrightarrow{GH} \cdot \vec{v} = \begin{pmatrix} 4s-6r-5 \\ 2s-2r-16 \\ -4s-r-13 \end{pmatrix} \cdot \begin{pmatrix} 4 \\ 2 \\ -4 \end{pmatrix} = 16s-24r-20+4s-4r-32+16s+4r+52 = 36s-24r = 0$

LGS: (I) $24s-41r = 75$

(II) $36s-24r = 0$ Man erhält $s=-2$; $r=-3$. (siehe **F 8**)

$\vec{g} = \begin{pmatrix} 15 \\ 12 \\ 10 \end{pmatrix} + (-3) \cdot \begin{pmatrix} 6 \\ 2 \\ 1 \end{pmatrix} = \begin{pmatrix} -3 \\ 6 \\ 7 \end{pmatrix}$, also $G(-3|6|7)$; $\vec{h} = \begin{pmatrix} 10 \\ -4 \\ -3 \end{pmatrix} + (-2) \cdot \begin{pmatrix} 4 \\ 2 \\ -4 \end{pmatrix} = \begin{pmatrix} 2 \\ -8 \\ 5 \end{pmatrix}$, also $H(2|-8|5)$

$\overrightarrow{GH} = \begin{pmatrix} 5 \\ -14 \\ -2 \end{pmatrix}$; $|\overrightarrow{GH}| = \sqrt{5^2+(-14)^2+(-2)^2} = \sqrt{225} = 15$

Die Geraden g und h haben den Abstand 15.

Aufgabe

Bestimmen Sie die Punkte auf $g: \vec{x} = \begin{pmatrix} -7 \\ -1 \\ -4 \end{pmatrix} + r \cdot \begin{pmatrix} 2 \\ 3 \\ 4 \end{pmatrix}$ und $h: \vec{x} = \begin{pmatrix} 8 \\ -2 \\ 39 \end{pmatrix} + s \cdot \begin{pmatrix} 1 \\ -1 \\ 12 \end{pmatrix}$ die voneinander den kleinsten Abstand haben und geben Sie diesen Abstand an.

Ergebnis:

$G(-3|5|4)$, $H(5|1|3)$; $d(G;H) = 9$

F 84 Den Abstand einer Geraden von einer Ebene berechnen

***... da bin ich noch unsicher* ☐ *... das kann ich (jetzt)* ☐**

Der Begriff „Abstand einer Geraden von einer Ebene" ist nur sinnvoll, wenn die Gerade g parallel zur Ebene E ist. Dann haben alle Punkte von g denselben Abstand von Ebene E. Man kann also den Abstand eines beliebigen Punktes von g (z. B. des Stützpunktes) von E bestimmen und hat damit auch den Abstand von g und E bestimmt.

Das Abstandsproblem Gerade – Ebene lässt sich also auf das Abstandsproblem Punkt – Ebene zurückführen (siehe **F 80**).

Beispiel

Bestimmen Sie den Abstand der Geraden $g: \vec{x} = \begin{pmatrix} -3 \\ 8 \\ 4 \end{pmatrix} + r \cdot \begin{pmatrix} 5 \\ 3 \\ -4 \end{pmatrix}$ von der Ebene

$E: 2x_1 - 2x_2 + x_3 = 12$

Lösung:

Hesse'sche Normalenform von E: $\frac{2x_1 - 2x_2 + x_3 - 12}{\sqrt{2^2 + (-2)^2 + 1^2}} = 0$ (**F 80**, Beispiel 2)

$P(-3|8|4)$ liegt auf g.

$d(P;E) = \frac{|2\cdot(-3) - 2\cdot 8 + 4 - 12|}{3} = \frac{|-30|}{3} = \frac{30}{3} = 10$
Somit gilt: $d(g;E) = d(P;E) = 10$

Aufgabe
Bestimmen Sie den Abstand von $h: \vec{x} = \begin{pmatrix} 5 \\ -4 \\ 5 \end{pmatrix} + s\cdot\begin{pmatrix} 8 \\ 3 \\ -3 \end{pmatrix}$ und $E: 3x_1 - 6x_2 + 2x_3 = 21$.
Ergebnis:
$d(h;E) = 4$

F 85 Den Abstand zweier Ebenen berechnen

... da bin ich noch unsicher ☐ ***... das kann ich (jetzt)*** ☐

Der Begriff „Abstand zwischen zwei Ebenen E und E*" ist nur sinnvoll, wenn die beiden Ebenen parallel zueinander sind. Dann haben alle Punkte von E* denselben Abstand von Ebene E. Man kann also den Abstand eines beliebigen Punktes, der auf E* liegt, von E bestimmen und hat damit auch den Abstand von E* und E bestimmt.
Das Abstandsproblem Ebene – Ebene lässt sich also auf das Abstandsproblem Punkt – Ebene zurückführen (siehe F 80).

Beispiel 1
Bestimmen Sie den Abstand der beiden Ebenen
$E: -2x_1 + 4x_2 - 4x_3 = -32$ und $E^*: 3x_1 - 6x_2 + 6x_3 = 30$.
Lösung:
Man bestimmt zunächst einen Punkt P, der auf E* liegt, z.B. $P(0|0|5)$.
Hesse'sche Normalenform von E: $\frac{-2x_1 + 4x_2 - 4x_3 + 32}{\sqrt{(-2)^2 + 4^2 + (-4)^2}} = 0$ (F 80, Beispiel 2)
$d(P;E) = \frac{|-2\cdot 0 + 4\cdot 0 - 4\cdot 5 + 32|}{6} = \frac{|12|}{6} = \frac{12}{6} = 2$
Somit gilt: $d(E^*;E) = d(P;E) = 2$

Beispiel 2
Bestimmen Sie den Abstand der beiden Ebenen
$E: 6x_1 - 2x_2 + 3x_3 = 42$ und $E^*: \vec{x} = \begin{pmatrix} -5 \\ 3 \\ 5 \end{pmatrix} + r\cdot\begin{pmatrix} 2 \\ 0 \\ -4 \end{pmatrix} + s\cdot\begin{pmatrix} -3 \\ 3 \\ 8 \end{pmatrix}$.
Lösung:
Der Punkt $Q(-5|3|5)$ liegt auf E*.
Hesse'sche Normalenform von E: $\frac{6x_1 - 2x_2 + 3x_3 - 42}{\sqrt{6^2 + (-2)^2 + 3^2}} = 0$ (F 80, Beispiel 2)
$d(Q;E) = \frac{|6\cdot(-5) - 2\cdot 3 + 3\cdot 5 - 42|}{7} = \frac{|-63|}{7} = \frac{63}{7} = 9$
Somit gilt: $d(E^*;E) = d(Q;E) = 9$

Aufgaben
1. Bestimmen Sie den Abstand der beiden Ebenen E und F.
   $E: -4x_1 + x_2 - 8x_3 = 39$; $F: 8x_1 - 2x_2 + 16x_3 = 48$
2. Bestimmen Sie den Abstand der beiden Ebenen E und E*.
   $E: 4x_1 - 8x_2 + x_3 = 72$; $E^*: \vec{x} = \begin{pmatrix} -3 \\ 2 \\ 1 \end{pmatrix} + s\cdot\begin{pmatrix} 1 \\ 0 \\ -4 \end{pmatrix} + t\cdot\begin{pmatrix} -5 \\ -2 \\ 4 \end{pmatrix}$

Ergebnisse:
1. $d(E;F) = 7$
2. $d(E;E^*) = 11$

Spiegeln im Raum

F 86 Einen Punkt an einer Ebene spiegeln

***... da bin ich noch unsicher* ☐ *... das kann ich (jetzt)* ☐**

Um einen Punkt P an einer Ebene E zu spiegeln, benötigt man eine Gleichung der Lotgeraden l zur Ebene E durch P (siehe F 60).
Man setzt zunächst das Schnittproblem für die Lotgerade l und die Ebene E an. Dabei genügt es, den Parameter für den Schnittpunkt S zu bestimmen, die Koordinaten von S muss man nicht berechnen.
Das Doppelte dieses Parameterwerts setzt man in die Parametergleichung von l ein. Als Ergebnis erhält man den Ortsvektor $\vec{p'}$ des Bildpunktes P′ von P.

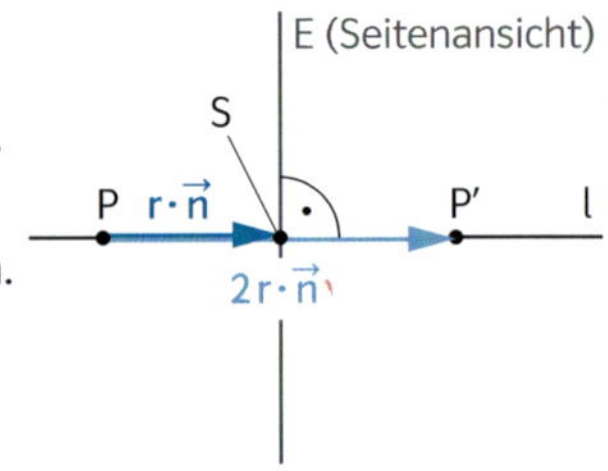

Beispiel 1

Der Punkt P(−3 | 16 | −8) wird an der Ebene $E\colon 2x_1 - 6x_2 + 3x_3 = 21$ gespiegelt.
Bestimmen Sie die Koordinaten des Bildpunktes P′.

Lösung:

Normalenvektor von E: $\vec{n} = \begin{pmatrix} 2 \\ -6 \\ 3 \end{pmatrix}$; Lotgerade l durch P: $\vec{x} = \begin{pmatrix} -3 \\ 16 \\ -8 \end{pmatrix} + r \cdot \begin{pmatrix} 2 \\ -6 \\ 3 \end{pmatrix}$

Schnittproblem: $2 \cdot (-3 + 2r) - 6 \cdot (16 - 6r) + 3 \cdot (-8 + 3r) = 21$; $-126 + 49r = 21$; $r = 3$ (F 69a)

Bestimmung von P′: $\vec{p'} = \begin{pmatrix} -3 \\ 16 \\ -8 \end{pmatrix} + 2 \cdot 3 \cdot \begin{pmatrix} 2 \\ -6 \\ 3 \end{pmatrix} = \begin{pmatrix} 9 \\ -20 \\ 10 \end{pmatrix}$; P′(9 | −20 | 10)

Beispiel 2

Gegeben sind der Punkt Q(−1 | 4 | 10) und sein Bildpunkt Q′(−7 | −6 | 8).
Bestimmen Sie eine Gleichung der Ebene E, an der man Q spiegeln muss, um Q′ zu erhalten.

Lösung:

Der Mittelpunkt M der Strecke $\overline{QQ'}$ muss auf der Spiegelebene E liegen.

Für den Mittelpunkt M gilt (siehe F 55): $\vec{m} = \frac{1}{2} \cdot \begin{pmatrix} -1 + (-7) \\ 4 + (-6) \\ 10 + 8 \end{pmatrix} = \frac{1}{2} \cdot \begin{pmatrix} -8 \\ -2 \\ 18 \end{pmatrix} = \begin{pmatrix} -4 \\ -1 \\ 9 \end{pmatrix}$; M(−4 | −1 | 9)

Der Verbindungsvektor $\overrightarrow{QQ'}$ muss senkrecht auf der gesuchten Ebene E stehen. Daher kann $\overrightarrow{QQ'}$ als Normalenvektor der Ebene verwendet werden.

$\overrightarrow{QQ'} = \begin{pmatrix} -7 + (-1) \\ -6 - 4 \\ 8 - 10 \end{pmatrix} = \begin{pmatrix} -6 \\ -10 \\ -2 \end{pmatrix}$; $\vec{n} = \begin{pmatrix} -6 \\ -10 \\ -2 \end{pmatrix}$

Koordinatengleichung von E: $-6x_1 - 10x_2 - 2x_3 = d$
Punktprobe für M: $-6 \cdot (-4) - 10 \cdot (-1) - 2 \cdot 9 = d$; $d = 16$; $E\colon -6x_1 - 10x_2 - 2x_3 = 16$

Aufgaben

1. Der Punkt A(−2 | 14 | 9) wird an der Ebene $E\colon 3x_1 - 6x_2 - 6x_3 = 18$ gespiegelt. Bestimmen Sie die Koordinaten des Bildpunktes A′.
2. Der Punkt B(−2 | 14 | 9) wird an einer Ebene E gespiegelt. Der Bildpunkt ist B′(6 | 4 | −3). Bestimmen Sie eine Koordinatengleichung der Ebene E.

Ergebnisse:

1. A′(10 | −10 | −15)
2. $E\colon -8x_1 + 10x_2 + 12x_3 = 110$

F 87 Einen Punkt an einem Punkt spiegeln

… da bin ich noch unsicher ☐ … das kann ich (jetzt) ☐

Bei einer Punktspiegelung liegen der Punkt P, der gespiegelt werden soll, das Spiegelzentrum Z und der Bildpunkt P′ auf einer Geraden. Dabei liegt Z genau in der Mitte zwischen den Punkten P und P′.

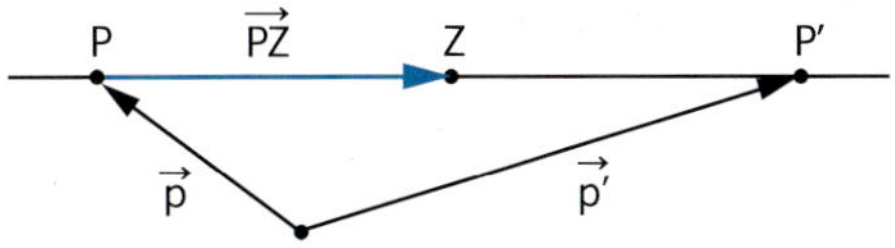

Weg 1: Man erhält den Ortsvektor $\vec{p}\,'$, indem man zum Ortsvektor $\vec{p}$ zweimal den Vektor $\overrightarrow{PZ}$ addiert.
Es gilt also: $\vec{p}\,' = \vec{p} + 2 \cdot \overrightarrow{PZ}$

Weg 2: Man bestimmt P′ so, dass Z die Mitte der Strecke PP′ ist (siehe F 55).

Beispiel 1

Der Punkt $P(2\,|\,-3\,|\,5)$ wird am Punkt $Z(-4\,|\,2\,|\,-3)$ gespiegelt.
Bestimmen Sie die Koordinaten des Bildpunktes P′.

Lösung:

$\overrightarrow{PZ} = \begin{pmatrix} -6 \\ 5 \\ -8 \end{pmatrix}$ und damit $\vec{p}\,' = \begin{pmatrix} 2 \\ -3 \\ 5 \end{pmatrix} + 2 \cdot \begin{pmatrix} -6 \\ 5 \\ -8 \end{pmatrix} = \begin{pmatrix} -10 \\ 7 \\ -11 \end{pmatrix}$, also $P'(-10\,|\,7\,|\,-11)$

Beispiel 2

Der Punkt $P(-5\,|\,3\,|\,7)$ wird am Punkt $Z(-6\,|\,-4\,|\,2)$ gespiegelt.
Bestimmen Sie die Koordinaten des Bildpunktes P′.

Lösung:

Mit $P'(p_1'\,|\,p_2'\,|\,p_3')$ erhält man folgenden Ansatz für die Koordinaten des Mittelpunktes:

$z_1 = \frac{1}{2} \cdot (p_1 + p_1')$; $z_2 = \frac{1}{2} \cdot (p_2 + p_2')$; $z_3 = \frac{1}{2} \cdot (p_3 + p_3')$

$p_1' = 2z_1 - p_1$; $p_2' = 2z_2 - p_2$; $p_3' = 2z_3 - p_3$

$p_1' = -7$; $p_2' = -11$; $p_3' = -3$

Somit ist $P'(-7\,|\,-11\,|\,-3)$ der Bildpunkt.

Aufgabe

Die Punkte $A(-9\,|\,-4\,|\,7)$ und $B(8\,|\,-5\,|\,-6)$ werden am Punkt $Z(-3\,|\,1\,|\,0)$ gespiegelt.
Bestimmen Sie die Koordinaten der Bildpunkte A′ und B′.

Ergebnis:

$A'(3\,|\,6\,|\,-7)$ und $B'(-14\,|\,7\,|\,6)$

F 88 Einen Punkt an einer Geraden spiegeln

… da bin ich noch unsicher ☐ … das kann ich (jetzt) ☐

Um einen Punkt P an einer Geraden g zu spiegeln, muss man das Lot von P auf die Gerade g bestimmen.
Den Lotfußpunkt F erhält man z. B. durch den Schnitt einer geeigneten Hilfsebene H mit der Geraden g (siehe F 60).
Diese Hilfsebene H steht senkrecht auf der Geraden g und enthält den Punkt P.
Als Normalenvektor von H dient der Richtungsvektor von g.
Anschließend spiegelt man den Punkt P an diesem Lotfußpunkt F (siehe F 87).

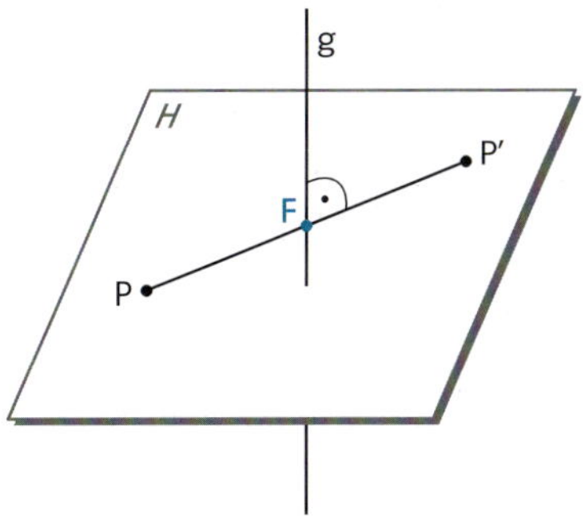

Beispiel
Der Punkt P(−2|1|3) wird an der Geraden $g\colon \vec{x} = \begin{pmatrix} 3 \\ 5 \\ -4 \end{pmatrix} + r \cdot \begin{pmatrix} 1 \\ 2 \\ -2 \end{pmatrix}$ gespiegelt.
Bestimmen Sie die Koordinaten des Bildpunktes P′.
Lösung:
Hilfsebene H: $x_1 + 2x_2 - 2x_3 = d$
Punktprobe mit P liefert $-2 + 2 \cdot 1 - 2 \cdot 3 = d = -6$ und somit H: $x_1 + 2x_2 - 2x_3 = -6$.
Schnitt von g mit H: $(3 + r) + 2 \cdot (5 + 2r) - 2 \cdot (-4 - 2r) = -6$; $21 + 9r = -6$, also $r = -3$ (F 69a)

Lotfußpunkt F: $\vec{x} = \begin{pmatrix} 3 \\ 5 \\ -4 \end{pmatrix} + (-3) \cdot \begin{pmatrix} 1 \\ 2 \\ -2 \end{pmatrix} = \begin{pmatrix} 0 \\ -1 \\ 2 \end{pmatrix}$, also F(0|−1|2)

P an F spiegeln: $\overrightarrow{PF} = \begin{pmatrix} 2 \\ -2 \\ -1 \end{pmatrix}$; $\vec{p'} = \begin{pmatrix} -2 \\ 1 \\ 3 \end{pmatrix} + 2 \cdot \begin{pmatrix} 2 \\ -2 \\ -1 \end{pmatrix} = \begin{pmatrix} 2 \\ -3 \\ 1 \end{pmatrix}$ (F 87), also P′(2|−3|1)

Aufgabe
Die Punkte A(3|−5|6) und B(−8|12|3) werden an der Geraden $g\colon \vec{x} = \begin{pmatrix} -4 \\ 2 \\ -1 \end{pmatrix} + s \cdot \begin{pmatrix} 3 \\ -2 \\ 1 \end{pmatrix}$ gespiegelt. Bestimmen Sie die Koordinaten der Bildpunkte A′ und B′.
Ergebnis:
A′(7|−3|−2) und B′(−12|0|−9)

Ebenenscharen und Geradenscharen

F 89 Die Lage von in Koordinatenform gegebenen Ebenenscharen beschreiben

***... da bin ich noch unsicher* ☐ *... das kann ich (jetzt)* ☐**

Eine Ebenenschar hängt in der Regel von einem Parameter (in seltenen Fällen auch von mehreren Parametern) ab. Dabei sind die Gleichungen der Ebenenscharen meist in Koordinatenform gegeben.
Oft haben die Ebenen einer gegebenen Schar eine besondere Lage zueinander. Z. B. kommen häufig Ebenenscharen vor, bei denen alle Scharebenen parallel zueinander sind. Man nennt solche Scharen auch Parallelenscharen. Oft sind auch Scharen gegeben, bei denen alle Scharebenen eine bestimmte Gerade g enthalten. Man spricht dann auch von einem Ebenenbüschel. Ebenenscharen, bei denen die Ebenen keine besondere Lage zueinander haben, kommen nur selten vor.

Welche besondere Lage die Scharebenen zueinander haben, erkennt man an den Stellen der Koordinatengleichung, an denen der Scharparameter a auftritt.
a) Falls der Scharparameter nur auf der rechten Seite der Koordinatengleichung auftritt, dann haben alle Scharebenen den gleichen Normalenvektor und sind parallel zueinander.
b) Kommt der Parameter nur auf der linken Seite der Koordinatengleichung vor, dann kann man noch keine allgemeine Aussage über die Lage der Ebenen zueinander machen. Man muss den jeweiligen Einzelfall betrachten.

Beispiel 1
Gegeben ist die Ebenenschar $E_a\colon 2x_1 + 2x_2 - x_3 = a$; $a \in \mathbb{R}$.
a) Welche Lage haben die Scharebenen zueinander?
b) Auf welcher Scharebene liegt der Punkt P(1|3|−5)?
c) Von welchen Scharebenen hat der Punkt A(−1|2|4) den Abstand 6?

Lösung:

a) Alle Scharebenen besitzen den Normalenvektor $\vec{n} = \begin{pmatrix} 2 \\ 2 \\ -1 \end{pmatrix}$.
Daher sind alle Scharebenen parallel zueinander.

b) Jeder vorgegebene Punkt P kann also nur auf einer der Scharebenen liegen.
Punktprobe ergibt: $2 \cdot 1 + 2 \cdot 3 - (-5) = a$, also $13 = a$. Somit liegt P auf der Ebene E_{13}.

c) Hesse'sche Normalenform von E_a: $\frac{2x_1 + 2x_2 - x_3 - a}{3} = 0$
Für den Abstand gilt: $d(A; E_a) = \frac{|2 \cdot (-1) + 2 \cdot 2 - 4 - a|}{3} = \frac{|-2-a|}{3} = 6$ (**F 80**)
Aus $|-2-a| = 18$ folgt $a_1 = 16$ und $a_2 = -20$ (**F 6**).
Der Punkt A hat von E_{16} und E_{-20} den Abstand 6.

Beispiel 2

Gegeben ist die Ebenenschar E_k: $k \cdot x_1 - 2x_2 + 2k \cdot x_3 = 6$; $k \in \mathbb{R}$.
Welche Lage haben die Scharebenen zueinander?

Lösung:

Für jeden Wert von k hat die Ebene E_k einen anderen Normalenvektor. Daher sind die Scharebenen nicht parallel zueinander. Man bestimmt zwei Punkte, die auf allen Scharebenen liegen. Deren Koordinaten müssen so gewählt werden, dass sich beim Einsetzen in die Ebenengleichung für alle k eine wahre Aussage ergibt.
Der Punkt $Q(0|-3|0)$ liegt auf allen Scharebenen, da $k \cdot 0 - 2 \cdot (-3) + 2k \cdot 0 = 6$ für alle k eine wahre Aussage ist.
Zudem liegt der Punkt $R(2|-3|-1)$ auf allen Scharebenen, denn es gilt:
$k \cdot 2 - 2 \cdot (-3) + 2k \cdot (-1) = 2k + 6 - 2k = 6$ für alle k.
Wenn aber zwei Punkte Q und R auf allen Scharebenen liegen, dann liegt auch die Gerade (QR):
$\vec{x} = \begin{pmatrix} 0 \\ -3 \\ 0 \end{pmatrix} + r \cdot \begin{pmatrix} 2 \\ 0 \\ -1 \end{pmatrix}$ auf allen Scharebenen (**F 62**). Daher liegt hier ein Ebenenbüschel vor.

Aufgaben

1. Gegeben ist die Ebenenschar E_a: $-x_1 - 2x_2 + x_3 = 4a - 2$; $a \in \mathbb{R}$.
   a) Welche Lage haben die Scharebenen zueinander?
   b) Von welchen Scharebenen hat der Punkt $P(12|-10|2)$ den Abstand $4\sqrt{6}$?
2. Gegeben ist die Ebenenschar E_t: $3x_1 - t \cdot x_2 + 4t \cdot x_3 = 24$; $t \in \mathbb{R}$.
   a) Bestimmen Sie alle Punkte, die auf allen Scharebenen liegen.
   b) Auf welcher der Scharebenen liegt der Punkt $Q(-2|5|5)$?

Ergebnisse:

1. a) Es liegt eine Parallelenschar vor. b) E_{-3} und E_9.
2. a) Die Gerade g: $\vec{x} = \begin{pmatrix} 8 \\ 0 \\ 0 \end{pmatrix} + r \cdot \begin{pmatrix} 0 \\ 4 \\ 1 \end{pmatrix}$ liegt auf allen Scharebenen. b) Q liegt auf E_2.

F 90 Die Lage einer Ebenenschar bezüglich einer Geraden untersuchen

… da bin ich noch unsicher ☐ ***… das kann ich (jetzt)*** ☐

Wenn man eine Ebenenschar E_a mit einer Geraden schneidet, hängt der Schnittpunkt vom Scharparameter a ab. Dabei ist zu beachten, dass es eventuell Werte für a geben kann, für die kein Schnittpunkt existiert bzw. die Gerade g in einer der Ebenen liegt.

Beispiel

Gegeben ist die Ebenenschar E_t: $4x_1 + 2t \cdot x_2 - 2t \cdot x_3 = 12$ $(t \in \mathbb{R})$ und die Gerade

$g: \vec{x} = \begin{pmatrix} 1 \\ 9 \\ -1 \end{pmatrix} + r \cdot \begin{pmatrix} -1 \\ 2 \\ -3 \end{pmatrix}$.

Untersuchen Sie, für welche Werte von t die Ebene E_t die Gerade g schneidet.

Lösung:

Schnittproblem ansetzen: $4 \cdot (1 - r) + 2t \cdot (9 + 2r) - 2t \cdot (-1 - 3r) = 12$,

also $4 + 20t + (10t - 4) \cdot r = 12$ (**F 69 a**)

Für $t = 0{,}4$ gilt: $4 + 20 \cdot 0{,}4 + 0 \cdot r = 12$ bzw. $12 + 0 \cdot r = 12$

Also gibt es unendlich viele Lösungen, daher liegt die Gerade g in der Ebene $E_{0,4}$.

Für $t \neq 0{,}4$ gilt: $r = \frac{8 - 20t}{10t - 4} = -2$.

Also gibt es eine eindeutige Lösung und zwar unabhängig von t. Somit haben alle anderen Scharebenen mit g denselben Schnittpunkt S.

Schnittpunkt S: $\vec{s} = \begin{pmatrix} 1 \\ 9 \\ -1 \end{pmatrix} + (-2) \cdot \begin{pmatrix} -1 \\ 2 \\ -3 \end{pmatrix} = \begin{pmatrix} 3 \\ 5 \\ 5 \end{pmatrix}$, also $S(3|5|5)$

Aufgabe

Gegeben ist die Ebenenschar E_k: $2x_1 + 4x_2 - 4x_3 = k$; $k \in \mathbb{R}$, und die Gerade $g: \vec{x} = \begin{pmatrix} 4 \\ 2 \\ 5 \end{pmatrix} + t \cdot \begin{pmatrix} -6 \\ 5 \\ 2 \end{pmatrix}$.

Untersuchen Sie die Lage von g und E_k in Abhängigkeit von k.

Ergebnis:

Für $k = -4$ liegt die Gerade g in E_{-4}; für $k \neq -4$ existiert kein Schnittpunkt, d.h., $g \parallel E_k$.

F 91 Die Lage von Geradenscharen beschreiben

... da bin ich noch unsicher ☐ *... das kann ich (jetzt)* ☐

Eine Geradenschar hängt in der Regel von einem Parameter (in seltenen Fällen auch von mehreren Parametern) ab.

Oft haben die Geraden einer gegebenen Schar eine besondere Lage zueinander. Z.B. kommen häufig Geradenscharen vor, bei denen alle Schargeraden parallel zueinander sind. Man nennt solche Scharen auch Parallelenscharen.

Oft sind Scharen gegeben, bei denen alle Schargeraden einen bestimmten Punkt P enthalten. Man spricht dann von einem Geradenbüschel.

Geradenscharen, bei denen die Geraden keine besondere Lage zueinander haben, werden nur selten betrachtet.

Welche besondere Lage die Schargeraden zueinander haben, erkennt man an den Stellen der Parametergleichung, an denen der Scharparameter a auftritt.

a) Falls der Parameter nur im Stützvektor auftritt, handelt es sich um eine Parallelenschar.

b) Tritt der Parameter nur im Richtungsvektor auf, dann liegt ein Geradenbüschel vor.

Beispiel 1

Gegeben ist die Geradenschar g_a: $\vec{x} = \begin{pmatrix} 2a \\ -3 \\ 3-a \end{pmatrix} + r \cdot \begin{pmatrix} -2 \\ 2 \\ 1 \end{pmatrix}$; $a \in \mathbb{R}$.

a) Welche Lage haben die Schargeraden zueinander?

b) Alle Schargeraden liegen in einer Ebene E. Bestimmen Sie eine Gleichung dieser Ebene E.

c) Liegt der Punkt $P(12|-7|-3)$ auf einer der Schargeraden?

Lösung:

a) Da jede Schargerade denselben Richtungsvektor besitzt, sind alle Schargeraden parallel zueinander. Die Lage der einzelnen Geraden wird allein durch den Stützpunkt $Q_a(2a\,|-3\,|\,3-a)$ festgelegt.

b) Eine Gleichung dieser Ebene E erkennt man, indem man den Stützvektor der Gleichung der Geradenschar in zwei Vektoren aufspaltet, wobei einer dieser Vektoren den Parameter a nicht enthält:

$$\vec{x} = \begin{pmatrix} 2a \\ -3 \\ 3-a \end{pmatrix} + r\cdot\begin{pmatrix} -2 \\ 2 \\ 1 \end{pmatrix} = \begin{pmatrix} 0+2a \\ -3+0\cdot a \\ 3-a \end{pmatrix} + r\cdot\begin{pmatrix} -2 \\ 2 \\ 1 \end{pmatrix} = \begin{pmatrix} 0 \\ -3 \\ 3 \end{pmatrix} + \begin{pmatrix} 2a \\ 0\cdot a \\ -a \end{pmatrix} + r\cdot\begin{pmatrix} -2 \\ 2 \\ 1 \end{pmatrix}$$

$$E\colon \vec{x} = \begin{pmatrix} 0 \\ -3 \\ 3 \end{pmatrix} + a\cdot\begin{pmatrix} 2 \\ 0 \\ -1 \end{pmatrix} + r\cdot\begin{pmatrix} -2 \\ 2 \\ 1 \end{pmatrix}$$

c) Ansatz: $\begin{pmatrix} 12 \\ -7 \\ -3 \end{pmatrix} = \begin{pmatrix} 2a \\ -3 \\ 3-a \end{pmatrix} + r\cdot\begin{pmatrix} -2 \\ 2 \\ 1 \end{pmatrix}$ LGS: (I) $-2r = 12-2a$ (II) $2r = -4$ (III) $r = a-6$

Aus (II) folgt $r = -2$. In (I) und in (III) eingesetzt ergibt sich jeweils $a = 4$.
Somit liegt der Punkt P auf der Geraden g_4.

Beispiel 2

Gegeben ist die Geradenschar $g_k\colon \vec{x} = \begin{pmatrix} -3 \\ 4 \\ 1 \end{pmatrix} + r\cdot\begin{pmatrix} k-1 \\ -2 \\ 2k \end{pmatrix}$; $k \in \mathbb{R}$.

a) Welche Lage haben die Schargeraden zueinander?

b) Alle Schargeraden liegen in einer Ebene E.
Bestimmen Sie eine Gleichung dieser Ebene E.

c) Gibt es eine Schargerade, die zur Geraden $h\colon \vec{x} = \begin{pmatrix} 4 \\ -3 \\ 3 \end{pmatrix} + t\cdot\begin{pmatrix} 3 \\ -6 \\ 12 \end{pmatrix}$ parallel ist?

Lösung:

a) Da jede Schargerade denselben Stützvektor besitzt, gehen alle Schargeraden durch den Punkt $P(-3\,|\,4\,|\,1)$. Es handelt sich also um ein Geradenbüschel.

b) Eine Gleichung dieser Ebene E erhält man, indem man den Richtungsvektor der Gleichung der Geradenschar in zwei Vektoren aufspaltet:

$$\vec{x} = \begin{pmatrix} -3 \\ 4 \\ 1 \end{pmatrix} + r\cdot\begin{pmatrix} k-1 \\ -2 \\ 2k \end{pmatrix} = \begin{pmatrix} -3 \\ 4 \\ 1 \end{pmatrix} + r\cdot\left[\begin{pmatrix} k \\ 0\cdot k \\ 2k \end{pmatrix} + \begin{pmatrix} -1 \\ -2 \\ 0 \end{pmatrix}\right] = \begin{pmatrix} -3 \\ 4 \\ 1 \end{pmatrix} + r\cdot\begin{pmatrix} k \\ 0\cdot k \\ 2k \end{pmatrix} + r\cdot\begin{pmatrix} -1 \\ -2 \\ 0 \end{pmatrix}$$

$$E\colon \vec{x} = \begin{pmatrix} -3 \\ 4 \\ 1 \end{pmatrix} + r\cdot k\cdot\begin{pmatrix} 1 \\ 0 \\ 2 \end{pmatrix} + r\cdot\begin{pmatrix} -1 \\ -2 \\ 0 \end{pmatrix}$$

Bezeichnet man nun das Produkt $r\cdot k$ mit s, dann erkennt man die Gleichung einer Ebene.

$$E\colon \vec{x} = \begin{pmatrix} -3 \\ 4 \\ 1 \end{pmatrix} + s\cdot\begin{pmatrix} 1 \\ 0 \\ 2 \end{pmatrix} + r\cdot\begin{pmatrix} -1 \\ -2 \\ 0 \end{pmatrix}$$

c) Wenn h zu g_k parallel ist, dann müssen die beiden Richtungsvektoren Vielfache voneinander sein.

Es muss gelten: $\begin{pmatrix} 3 \\ -6 \\ 12 \end{pmatrix} = a\cdot\begin{pmatrix} k-1 \\ -2 \\ 2k \end{pmatrix}$; aus der zweiten Zeile folgt sofort: $a = 3$

Weiter muss gelten: $3 = 3\cdot(k-1)$ und $12 = 3\cdot 2k$. Beide Gleichungen sind nur für $k = 2$ erfüllt. Somit ist die Schargerade g_2 parallel zur Geraden h.

Aufgaben

1. Gegeben ist die Geradenschar g_t: $\vec{x} = \begin{pmatrix} 5 \\ -3 \\ 4 \end{pmatrix} + r \cdot \begin{pmatrix} 2-t \\ 3t \\ -2 \end{pmatrix}$; $t \in \mathbb{R}$.
   a) Beschreiben Sie die Lage der Schargeraden zueinander.
   b) Geht eine der Schargeraden durch den Punkt $P(-1|24|1)$, wenn ja, welche?
2. Gegeben ist die Geradenschar g_a: $\vec{x} = \begin{pmatrix} 3-a \\ 2 \\ 2a \end{pmatrix} + r \cdot \begin{pmatrix} -2 \\ 3 \\ -1 \end{pmatrix}$; $a \in \mathbb{R}$.
   a) Beschreiben Sie die Lage der Schargeraden zueinander.
   b) Alle Schargeraden liegen in einer Ebene E. Bestimmen Sie eine Gleichung dieser Ebene E.

Ergebnisse:

1. a) Die Geraden g_t bilden ein Geradenbüschel durch den Punkt $A(5|-3|4)$.
   b) Die Gerade g_6 geht durch den Punkt $P(-1|24|1)$ $[t = 6$ und $r = 1{,}5]$.
2. a) Alle Schargeraden sind parallel zueinander.
   b) E: $\vec{x} = \begin{pmatrix} 3 \\ 2 \\ 0 \end{pmatrix} + r \cdot \begin{pmatrix} -2 \\ 3 \\ -1 \end{pmatrix} + s \cdot \begin{pmatrix} -1 \\ 0 \\ 2 \end{pmatrix}$

F 92 Die Lage einer Geradenschar zu einer Ebene untersuchen

… da bin ich noch unsicher ☐ ***… das kann ich (jetzt)*** ☐

Wenn man eine Geradenschar g_a mit einer Ebene E schneidet, hängt der Schnittpunkt vom Scharparameter a ab. Dabei ist zu beachten, dass es eventuell Werte für a geben kann, für die kein Schnittpunkt existiert bzw. eine der Geraden g_a in der Ebene liegt.

Beispiel

Gegeben ist die Geradenschar g_a: $\vec{x} = \begin{pmatrix} 2 \\ -1 \\ 6 \end{pmatrix} + r \cdot \begin{pmatrix} 2a-3 \\ -4a \\ 2a \end{pmatrix}$, $a \in \mathbb{R}$, und die Ebene E: $2x_1 - 2x_2 - 3x_3 = 24$.

Untersuchen Sie die Lage von g_a und E in Abhängigkeit von a.

Lösung:

Schnittproblem ansetzen: $2 \cdot (2 + (2a-3) \cdot r) - 2 \cdot (-1 - 4ar) - 3 \cdot (6 + 2ar) = 24$ (F 69 a);

Hieraus ergibt sich $-12 + (6a-6) \cdot r = 24$ bzw. $(6a-6) \cdot r = 36$ bzw. $6 \cdot (a-1) \cdot r = 36$; daraus folgt: $(a-1) \cdot r = 6$

Für $a = 1$ gilt: $0 \cdot r = 6$

Also gibt es keine Lösung, d.h., die Schargerade g_1 ist parallel zu E.

Für $a \neq 1$ gilt: $r = \frac{6}{a-1}$

Schnittpunkt S_a: $\vec{s_a} = \begin{pmatrix} 2 \\ -1 \\ 6 \end{pmatrix} + \frac{6}{a-1} \cdot \begin{pmatrix} 2a-3 \\ -4a \\ 2a \end{pmatrix} = \begin{pmatrix} 2 \\ -1 \\ 6 \end{pmatrix} + \begin{pmatrix} \frac{12a-18}{a-1} \\ \frac{-24a}{a-1} \\ \frac{12a}{a-1} \end{pmatrix} = \begin{pmatrix} \frac{2a-2}{a-1} + \frac{12a-18}{a-1} \\ -\frac{a-1}{a-1} + \frac{-24a}{a-1} \\ \frac{6a-6}{a-1} + \frac{12a}{a-1} \end{pmatrix} = \begin{pmatrix} \frac{14a-20}{a-1} \\ \frac{-25a+1}{a-1} \\ \frac{18a-6}{a-1} \end{pmatrix}$

Für $a \neq 1$ schneidet g_a die Ebene E im Punkt $S_a\left(\frac{14a-20}{a-1} \middle| \frac{-25a+1}{a-1} \middle| \frac{18a-6}{a-1}\right)$.

Aufgabe

Gegeben ist die Schar g_a: $\vec{x} = \begin{pmatrix} 3 \\ 2 \\ -1 \end{pmatrix} + s \cdot \begin{pmatrix} 2a \\ 4-a \\ 3a \end{pmatrix}$, $a \in \mathbb{R}$, und E: $-x_1 + 2x_2 + 4x_3 = 13$.

Bestimmen Sie die Schnittpunkte von g_a mit der Ebene E in Abhängigkeit von a.

Ergebnis:

Für $a = -1$ ist die Gerade g_a parallel zu E, d.h., es existiert kein Schnittpunkt.

Für $a \neq -1$ erhält man den Schnittpunkt $S_a\left(\frac{7a+3}{a+1} \middle| \frac{10}{a+1} \middle| \frac{5a-1}{a+1}\right)$.

Stochastik

Grundlagen zur Bestimmung von Wahrscheinlichkeiten

F 93 Wahrscheinlichkeiten bei Laplace-Experimenten berechnen

… da bin ich noch unsicher ☐ … das kann ich (jetzt) ☐

Laplace-Experimente sind Zufallsexperimente, bei denen alle Ergebnisse gleich wahrscheinlich sind. Man spricht auch von einer „Gleichverteilung“. Wenn das Zufallsexperiment also n verschiedene Ergebnisse besitzt, dann ist die Wahrscheinlichkeit P für jedes dieser Ergebnisse $\frac{1}{n}$.
Die Wahrscheinlichkeit für ein Ereignis A erhält man bei einer Gleichverteilung mithilfe der Formel von Laplace:

$$P(A) = \frac{\text{Anzahl der Ergebnisse, bei denen A eintritt}}{\text{Anzahl aller möglichen Ergebnisse}}$$

Beispiel 1

Ein idealer Würfel wird einmal geworfen.
A: Die Augenzahl ist gerade. B: Die Augenzahl ist kleiner als 3.
Bestimmen Sie die Wahrscheinlichkeiten für die Ereignisse A und B.

Lösung:

Es gilt: $P(A) = \frac{3}{6} = \frac{1}{2}$ und $P(B) = \frac{2}{6} = \frac{1}{3}$

Beispiel 2

Ein Glücksrad mit zehn gleich großen Sektoren ist mit den Zahlen 1 bis 10 beschriftet.
Das Glücksrad wird einmal gedreht.
C: Die Zahl ist kleiner als 8. D: Die Zahl ist durch 3 teilbar.
Bestimmen Sie die Wahrscheinlichkeiten für die Ereignisse C und D.

Lösung:

$P(C) = \frac{7}{10}$ und $P(D) = \frac{3}{10}$

Aufgaben

1. Aus einem Skatblatt (4 „Farben“: Karo, Herz, Pik und Kreuz; Werte: 7, 8, 9, 10, Bube, Dame, König und Ass) wird eine Karte gezogen.
   Bestimmen Sie die Wahrscheinlichkeiten folgender Ereignisse:
   A: Der Wert ist „König“. B: Die Farbe ist „Herz“. C: Der Wert ist „10“ oder die Farbe ist „Pik“.
2. In einer Urne liegen 20 Kugeln, die mit den Zahlen 1 bis 20 beschriftet sind.
   Aus der Urne wird eine Kugel gezogen.
   Bestimmen Sie die Wahrscheinlichkeiten folgender Ereignisse:
   D: Die Zahl ist gerade. E: Die Zahl ist größer als 12. F: Die Zahl ist kleiner als 7 oder ungerade.

Ergebnisse:

1. $P(A) = \frac{1}{8}$; $P(B) = \frac{1}{4}$; $P(C) = \frac{11}{32}$
2. $P(D) = \frac{1}{2}$; $P(E) = \frac{2}{5}$; $P(F) = \frac{13}{20}$

F 94 Wahrscheinlichkeiten bei mehrstufigen Zufallsexperimenten berechnen

***... da bin ich noch unsicher* ☐ *... das kann ich (jetzt)* ☐**

Bei mehrstufigen Zufallsexperimenten muss man darauf achten, ob es sich um ein Ziehen mit oder ohne Zurücklegen handelt.

1. **Ziehen mit Zurücklegen**
   Beim Ziehen mit Zurücklegen ändern sich die Wahrscheinlichkeiten von Zug zu Zug nicht.
2. **Ziehen ohne Zurücklegen**
   Beim Ziehen ohne Zurücklegen ändern sich die Wahrscheinlichkeiten für die Ergebnisse mit jedem Zug.

Um die Wahrscheinlichkeit eines Ereignisses A zu berechnen, kann man entweder mithilfe kombinatorischer Überlegungen die benötigte Anzahl der Ergebnisse bestimmen oder die Pfadregeln (siehe F 95) anwenden.

Beispiel 1

Ein idealer Würfel wird dreimal geworfen.
A: Die Augensumme beträgt 9.
B: Es treten drei gerade Augenzahlen auf.
C: Die Augensumme ist kleiner als 7.
Bestimmen Sie die Wahrscheinlichkeiten für die Ereignisse A, B und C.

Lösung:

Insgesamt gibt es $6 \cdot 6 \cdot 6 = 216$ mögliche Ergebnisse.

Welche Ergebnisse liefern die Augensumme 9?
$1 + 2 + 6 = 9$ Es gibt 6 Möglichkeiten (126; 162; 216; 261; 612; 621)
$1 + 3 + 5 = 9$ Es gibt 6 Möglichkeiten
$1 + 4 + 4 = 9$ Es gibt 3 Möglichkeiten (144; 441; 414)
$2 + 2 + 5 = 9$ Es gibt 3 Möglichkeiten
$2 + 3 + 4 = 9$ Es gibt 6 Möglichkeiten
$3 + 3 + 3 = 9$ Es gibt 1 Möglichkeit
Dies sind zusammen 25 Möglichkeiten, also gilt: $P(A) = \frac{25}{216} \approx 0{,}1157$

Wenn man die drei geraden Zahlen 2, 4 und 6 nicht unterscheidet, sondern nur die zwei Ergebnisse gerade (g) und ungerade (u) unterscheidet, dann gibt es nur acht mögliche Ergebnisse:
ggg; ggu; gug; ugg; guu; ugu; uug; uuu
Das Ereignis B tritt nur bei einem dieser Ergebnisse ein. Somit gilt: $P(B) = \frac{1}{8}$

Welche Ergebnisse liefern eine Augensumme kleiner als 7?
$1 + 1 + 1 = 3$ Es gibt 1 Möglichkeit
$1 + 1 + 2 = 4$ Es gibt 3 Möglichkeiten (112; 121; 211)
$1 + 1 + 3 = 5$ Es gibt 3 Möglichkeiten
$1 + 2 + 2 = 5$ Es gibt 3 Möglichkeiten
$1 + 1 + 4 = 6$ Es gibt 3 Möglichkeiten
$1 + 2 + 3 = 6$ Es gibt 6 Möglichkeiten (123; 132; 213; 231; 312; 321)
$2 + 2 + 2 = 6$ Es gibt 1 Möglichkeit
Dies sind zusammen 20 Möglichkeiten. Also gilt: $P(C) = \frac{20}{216} = \frac{5}{54} \approx 0{,}0926$

Beispiel 2

In einer Urne befinden sich acht Kugeln, die mit den Zahlen 1 bis 8 beschriftet sind. Aus dieser Urne werden zwei Kugeln ohne Zurücklegen gezogen.
D: Es werden zwei gerade Zahlen gezogen.
E: Die Summe der beiden Zahlen beträgt 10.
F: Die erste gezogene Zahl ist um mindestens 3 größer als die zweite gezogene Zahl.
Bestimmen Sie die Wahrscheinlichkeiten für die Ereignisse D, E und F.

Lösung:

Insgesamt gibt es $8 \cdot 7 = 56$ mögliche Ergebnisse.

Bei folgenden Ergebnissen tragen beide Kugeln gerade Zahlen:
24; 26; 28; 42; 46; 48; 62; 64; 68; 82; 84; 86
Dies sind zwölf Möglichkeiten. Also gilt: $P(D) = \frac{12}{56} = \frac{3}{14} \approx 0{,}2143$

Bei folgenden Ergebnissen beträgt die Summe der gezogenen Zahlen 10:
2+8; 3+7; 4+6; 6+4; 7+3; 8+2
Dies sind sechs Möglichkeiten. Also gilt: $P(E) = \frac{6}{56} = \frac{3}{28} \approx 0{,}1071$

Bei folgenden Ergebnissen ist die erste gezogene Zahl mindestens um 3 größer als die zweite:
85; 84; 83; 82; 81; 74; 73; 72; 71; 63; 62; 61; 52; 51; 41
Dies sind 15 Möglichkeiten. Also gilt: $P(F) = \frac{15}{56} \approx 0{,}2679$

Aufgaben

1. Aus einem Kartenspiel werden folgende Karten ausgewählt: vier Buben, drei Damen und zwei Könige. Dann werden drei Karten ohne Zurücklegen gezogen.
   A: Alle drei Karten haben den gleichen Wert. B: Zwei Karten zeigen „Dame".
   Berechnen Sie die Wahrscheinlichkeiten für die Ereignisse A und B.
2. Ein ideales Tetraeder ist mit den Zahlen 1 bis 4 beschriftet. Das Tetraeder wird viermal geworfen.
   C: Die Augensumme beträgt höchstens 6. D: Alle vier Wurfergebnisse sind verschieden.
   Berechnen Sie die Wahrscheinlichkeiten für die Ereignisse C und D.

Ergebnisse:

1. $P(A) = \frac{4\cdot3\cdot2 + 3\cdot2\cdot1}{9\cdot8\cdot7} = \frac{30}{504} = \frac{5}{84} \approx 0{,}595$; $P(B) = \frac{3\cdot2\cdot6\cdot3}{9\cdot8\cdot7} = \frac{108}{504} = \frac{3}{14} \approx 0{,}2143$
2. $P(C) = \frac{1+4+10}{4^4} = \frac{15}{256} \approx 0{,}0586$; $P(D) = \frac{4\cdot3\cdot2\cdot1}{4^4} = \frac{24}{256} = \frac{3}{32} \approx 0{,}0938$

Die Pfadregeln und ihre Anwendungen

F 95 Die Pfadregeln bei gegebenen Wahrscheinlichkeiten anwenden

… da bin ich noch unsicher ☐ ***… das kann ich (jetzt)*** ☐

Ein Hilfsmittel, um Aufgaben zu mehrstufigen Zufallsexperimenten zu bearbeiten, sind Baumdiagramme. Jeder Pfad eines Baumdiagramms entspricht einem möglichen Ergebnis des mehrstufigen Zufallsexperiments.
Es gibt zwei sogenannte Pfadregeln:
1) Entlang eines Pfades werden die Wahrscheinlichkeiten multipliziert.
2) Die Wahrscheinlichkeiten aller Pfade, die zu einem Ereignis A gehören, werden addiert.

Tipp

Oft ist es ratsam, aus Zeitgründen nicht das komplette Baumdiagramm zu betrachten, sondern nur den für die Aufgabe benötigten Teil.

Beispiel 1

Ein idealer Würfel wird dreimal geworfen.
A: Die Augenzahl 6 erscheint zweimal; B: Die Augenzahl 6 erscheint mindestens einmal.
Berechnen Sie die Wahrscheinlichkeit für die Ereignisse A und B.

Lösung:

Beim Baumdiagramm unterscheidet man nur die Fälle:
6 oder $\overline{6}$ (keine 6)

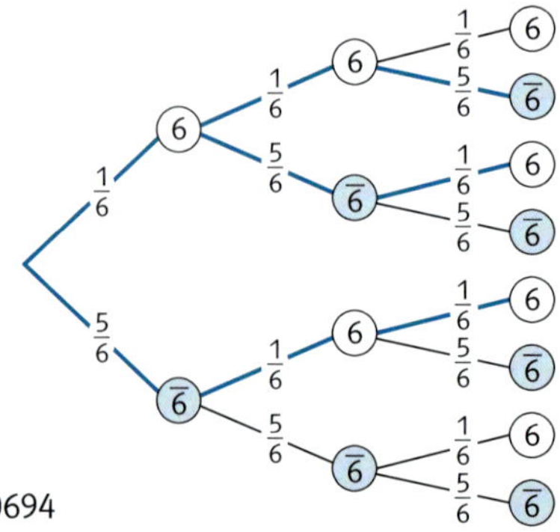

$p(6\,6\,\overline{6}) = \frac{1}{6} \cdot \frac{1}{6} \cdot \frac{5}{6} = \frac{5}{216}$

$p(6\,\overline{6}\,6) = \frac{1}{6} \cdot \frac{5}{6} \cdot \frac{1}{6} = \frac{5}{216}$

$p(\overline{6}\,6\,6) = \frac{5}{6} \cdot \frac{1}{6} \cdot \frac{1}{6} = \frac{5}{216}$

Drei Pfade (farbig markiert) repräsentieren das Ereignis A:

$P(A) = \frac{5}{216} + \frac{5}{216} + \frac{5}{216} = 3 \cdot \frac{5}{216} = \frac{5}{72} \approx 0{,}0694$

Die Wahrscheinlichkeit des Ereignisses B erhält man mithilfe des Gegenereignisses $\overline{B}$:
$\overline{B}$: Die Augenzahl 6 erscheint bei keinem der Würfe. Dafür steht nur der Pfad $\overline{6} - \overline{6} - \overline{6}$.

$P(B) = 1 - P(\overline{B}) = 1 - \frac{5}{6} \cdot \frac{5}{6} \cdot \frac{5}{6} = 1 - \frac{125}{216} = \frac{91}{216} \approx 0{,}4213$

Beispiel 2

Aus einem Kartenspiel werden folgende Karten ausgewählt: vier Könige, drei Damen und zwei Buben. Dann werden Karten ohne Zurücklegen gezogen. Es wird so lange gezogen, bis zweimal König gezogen worden ist. Dann ist das Spiel beendet.
Berechnen Sie die Wahrscheinlichkeit des Ereignisses C: Das Spiel ist spätestens nach vier Zügen beendet.

Lösung:

Es ist ratsam nur die Pfade des Baumdiagramms zu zeichnen, die das Ereignis C repräsentieren. Man erhält hier ein Baumdiagramm mit unterschiedlich langen Pfaden.

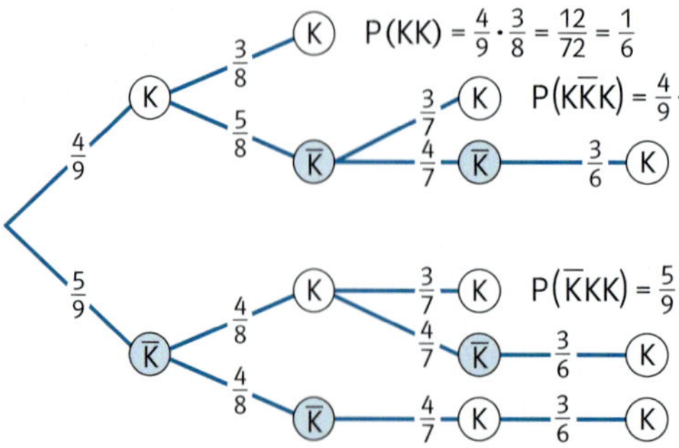

$P(KK) = \frac{4}{9} \cdot \frac{3}{8} = \frac{12}{72} = \frac{1}{6}$

$P(K\overline{K}K) = \frac{4}{9} \cdot \frac{5}{8} \cdot \frac{3}{7} = \frac{60}{504} = \frac{5}{42}$

$P(K\overline{K}\,\overline{K}K) = \frac{4}{9} \cdot \frac{5}{8} \cdot \frac{4}{7} \cdot \frac{3}{6} = \frac{240}{3024} = \frac{5}{63}$

$P(\overline{K}KK) = \frac{5}{9} \cdot \frac{4}{8} \cdot \frac{3}{7} = \frac{60}{504} = \frac{5}{42}$

$P(\overline{K}K\overline{K}K) = \frac{5}{9} \cdot \frac{4}{8} \cdot \frac{4}{7} \cdot \frac{3}{6} = \frac{240}{3024} = \frac{5}{63}$

$P(\overline{K}\,\overline{K}KK) = \frac{5}{9} \cdot \frac{4}{8} \cdot \frac{4}{7} \cdot \frac{3}{6} = \frac{240}{3024} = \frac{5}{63}$

Somit gilt: $P(C) = \frac{1}{6} + 2 \cdot \frac{5}{42} + 3 \cdot \frac{5}{63} = \frac{9}{14} \approx 0{,}6429$

Aufgaben

1. Ein Glücksrad hat acht gleich große Sektoren, auf denen die Zahlen 1 bis 8 stehen. Das Glücksrad wird dreimal gedreht.
   Berechnen Sie die Wahrscheinlichkeiten der folgenden Ereignisse:
   A: Die Zahl 4 tritt mindestens einmal auf. B: Alle drei Zahlen sind verschieden.
   C: Zwei der Zahlen sind kleiner als 4.
2. In einer Urne befinden sich fünf weiße und zwei rote Kugeln. Aus der Urne werden ohne Zurücklegen Kugeln gezogen. Das Spiel ist beendet, sobald eine rote Kugel gezogen wird. Berechnen Sie die Wahrscheinlichkeit, dass das Spiel frühestens nach dem dritten Zug beendet ist.

Ergebnisse:
1. $P(A) = 1 - \frac{7}{8} \cdot \frac{7}{8} \cdot \frac{7}{8} = \frac{169}{512} \approx 0{,}3301$; $P(B) = \frac{8}{8} \cdot \frac{7}{8} \cdot \frac{6}{8} = \frac{21}{32} \approx 0{,}6563$; $P(C) = 3 \cdot \frac{3}{8} \cdot \frac{3}{8} \cdot \frac{5}{8} = \frac{135}{512} \approx 0{,}2637$
2. $P = 1 - \left(\frac{2}{7} + \frac{5}{7} \cdot \frac{2}{6}\right) = 1 - \frac{11}{21} = \frac{10}{21} \approx 0{,}4762$

F 96 Die Pfadregeln bei unbekannten Wahrscheinlichkeiten anwenden

... da bin ich noch unsicher ☐ ***... das kann ich (jetzt)*** ☐

Die Pfadregeln kann man auch bei noch unbekannten Wahrscheinlichkeiten anwenden. Dabei wird aus der bekannten Wahrscheinlichkeit für einen oder mehrere Pfade auf die unbekannte Wahrscheinlichkeit geschlossen.

Beispiel 1 🖩
Ein Notstromaggregat funktioniert mit einer Wahrscheinlichkeit p, wenn es benötigt wird.
Die Wahrscheinlichkeit für das Ereignis A: „Das Aggregat funktioniert bei drei Einsätzen zweimal" beträgt 0,21.
Wie groß ist p?
Lösung:
Drei Pfade repräsentieren das Ereignis, nämlich $\bar{f} - f - f$, $f - \bar{f} - f$ und $f - f - \bar{f}$.
Dabei bedeutet f „Aggregat funktioniert" und $\bar{f}$ „Aggregat funktioniert nicht".
Jeder dieser drei Pfade besitzt die gleiche Wahrscheinlichkeit $p \cdot p \cdot (1 - p)$.
Somit gilt: $3 \cdot p \cdot p \cdot (1 - p) = 0{,}21$ bzw. $p \cdot p \cdot (1 - p) = 0{,}07$ bzw. $p^2 - p^3 = 0{,}07$
Diese Gleichung löst man näherungsweise mit dem GTR. Der GTR liefert die Lösungen:
$p_1 \approx -0{,}2378$; $p_2 \approx 0{,}3211$; $p_3 \approx 0{,}9167$
Für p gilt: $0 < p < 1$. Daher ist der Wert p_1 keine Lösung, er liegt nicht in der Definitionsmenge.
Also gilt entweder $p \approx 0{,}3211$ oder $p \approx 0{,}9167$.

Beispiel 2
In einer Urne sind insgesamt 10 Kugeln, wovon r Kugeln rot sind. Es werden zwei Kugeln ohne Zurücklegen aus der Urne gezogen. Die Wahrscheinlichkeit, dabei mindestens eine rote Kugel zu ziehen, beträgt $\frac{13}{15}$.
Wie viele rote Kugeln befinden sich in der Urne?
Lösung:
X sei die Anzahl der gezogenen roten Kugeln. Es gilt: $P(X \geqq 1) = \frac{13}{15}$
Mit $P(X \geqq 1) = 1 - P(X = 0)$ folgt: $1 - P(X = 0) = \frac{13}{15}$. Somit gilt $P(X = 0) = \frac{2}{15}$.
Andererseits gilt: $P(X = 0) = \frac{10 - r}{10} \cdot \frac{9 - r}{9}$
Ansatz: $\frac{10 - r}{10} \cdot \frac{9 - r}{9} = \frac{2}{15}$ bzw. $(10 - r) \cdot (9 - r) = 12$
$90 - 19r + r^2 = 12$ bzw. $r^2 - 19r + 78 = 0$
Diese quadratische Gleichung hat die Lösungen $r_1 = 13$ und $r_2 = 6$.
Da jedoch $r \leqq 10$ gelten muss, folgt: Es befinden sich 6 rote Kugeln in der Urne.

Aufgaben
1. Vier baugleiche Pumpen füllen ein Wasserbecken. Die Pumpen arbeiten unabhängig voneinander und fallen jeweils mit der Wahrscheinlichkeit p aus.
   Die Wahrscheinlichkeit, dass mindestens eine der Pumpen ausfällt, beträgt 15 %.
   Bestimmen Sie die Ausfallwahrscheinlichkeit p einer Pumpe.
2. Ein Glücksrad hat drei Sektoren: einen roten Sektor, einen weißen Sektor und einen schwarzen Sektor. Das Glücksrad wird dreimal gedreht.
   Die Wahrscheinlichkeit für mindestens einmal „Schwarz" beträgt 70 %.
   Bestimmen Sie den Mittelpunktswinkel des schwarzen Sektors.

Ergebnisse:

1. $p = 1 - \sqrt[4]{0{,}85} \approx 0{,}0398$; $p \approx 4\,\%$

2. $p = 1 - \sqrt[3]{0{,}3} \approx 0{,}3306$; $\alpha = p \cdot 360° \approx 119°$

Anwendungen rund um Glücksspiele

F 97 Erwartungswert und Standardabweichung einer Zufallsvariablen berechnen

... da bin ich noch unsicher ☐ ***... das kann ich (jetzt)*** ☐

Der Erwartungswert μ ist der Wert, den eine Zufallsvariable X auf lange Sicht im Durchschnitt annimmt. Um den Erwartungswert von X zu berechnen, multipliziert man die Wahrscheinlichkeit p(X) mit X für jeden Wert, den X annehmen kann. Anschließend bildet man die Summe dieser Produkte.
Es gilt: $\mu = p(X_1) \cdot X_1 + p(X_2) \cdot X_2 + \ldots + p(X_n) \cdot X_n$
Die Standardabweichung σ beschreibt, welche Streuung die Wahrscheinlichkeitsverteilung um den Erwartungswert μ hat.

Es gilt: $\sigma = \sqrt{(X_1 - \mu)^2 \cdot P(X_1) + (X_2 - \mu)^2 \cdot P(X_2) + \ldots + (X_n - \mu)^2 \cdot P(X_n)}$

Tipp

Kann die Zufallsvariable den Wert 0 annehmen, so kann man bei der Bestimmung des Erwartungswerts auf die Berechnung von P(0) verzichten.

Beispiel 1

Ein idealer Würfel wird dreimal geworfen. Die Zufallsvariable X gibt die Anzahl der Sechsen an. Berechnen Sie den Erwartungswert und die Standardabweichung von X.

Lösung:

Es gilt: $X \in \{0;1;2;3\}$. Für die Wahrscheinlichkeiten gilt:

k	0	1	2	3
p(X)	$\left(\frac{5}{6}\right)^3 = \frac{125}{216}$	$3 \cdot \frac{1}{6} \cdot \left(\frac{5}{6}\right)^2 = \frac{25}{72}$	$3 \cdot \left(\frac{1}{6}\right)^2 \cdot \frac{5}{6} = \frac{5}{72}$	$\left(\frac{1}{6}\right)^3 = \frac{1}{216}$

Erwartungswert: $\mu = \frac{125}{216} \cdot 0 + \frac{25}{72} \cdot 1 + \frac{5}{72} \cdot 2 + \frac{1}{216} \cdot 3 = \frac{36}{72} = 0{,}5$

Standardabweichung: $\sigma = \sqrt{(0 - 0{,}5)^2 \cdot \frac{125}{216} + (1 - 0{,}5)^2 \cdot \frac{25}{72} + (2 - 0{,}5)^2 \cdot \frac{5}{72} + (3 - 0{,}5)^2 \cdot \frac{1}{216}} = \sqrt{\frac{15}{6}}$
$\approx 0{,}645$

Beispiel 2

In einer Urne sind vier rote und sechs weiße Kugeln. Bei einem Spiel werden aus der Urne Kugeln ohne Zurücklegen gezogen. Das Spiel ist beendet, sobald eine weiße Kugel gezogen wird. Die Zufallsvariable X gibt an, nach wie vielen Zügen das Spiel beendet ist.
Berechnen Sie den Erwartungswert von X.

Lösung:

Es gilt: $X \in \{1;2;3;4;5\}$. Für die Wahrscheinlichkeiten gilt:

k	1	2	3	4	5
p(X)	$\frac{6}{10} = \frac{3}{5}$	$\frac{4}{10} \cdot \frac{6}{9} = \frac{4}{15}$	$\frac{4}{10} \cdot \frac{3}{9} \cdot \frac{6}{8} = \frac{1}{10}$	$\frac{4}{10} \cdot \frac{3}{9} \cdot \frac{2}{8} \cdot \frac{6}{7} = \frac{1}{35}$	$\frac{4}{10} \cdot \frac{3}{9} \cdot \frac{2}{8} \cdot \frac{1}{7} \cdot \frac{6}{6} = \frac{1}{210}$

Erwartungswert: $E(X) = \frac{3}{5} \cdot 1 + \frac{4}{15} \cdot 2 + \frac{1}{10} \cdot 3 + \frac{1}{35} \cdot 4 + \frac{1}{210} \cdot 5 = \frac{11}{7} \approx 1{,}571$

Standardabweichung: $\sigma = \sqrt{\left(1 - \frac{11}{7}\right)^2 \cdot \frac{3}{5} + \left(2 - \frac{11}{7}\right)^2 \cdot \frac{4}{15} + \left(3 - \frac{11}{7}\right)^2 \cdot \frac{1}{10} + \left(4 - \frac{11}{7}\right)^2 \cdot \frac{1}{35} + \left(5 - \frac{11}{7}\right)^2 \cdot \frac{1}{210}}$
$= \frac{\sqrt{33}}{7} \approx 0{,}821$

Aufgaben

1. Ein ideales Tetraeder, das mit den Zahlen 1 bis 4 beschriftet ist, wird zweimal geworfen. Die Zufallsvariable X gibt die Augensumme der beiden Würfe an. Bestimmen Sie den Erwartungswert und die Standardabweichung von X.
2. Ein Kartenset besteht aus drei Königen, vier Damen und zwei Buben. Aus dem Kartenset werden ohne Zurücklegen drei Karten gezogen. Die Zufallsvariable X gibt die Anzahl der gezogenen Damen an. Bestimmen Sie den Erwartungswert und die Standardabweichung von X.

Ergebnisse:

1. $\mu = 5;\ \sigma = \frac{\sqrt{10}}{2} \approx 1{,}581$
2. $\mu = \frac{4}{3};\ \sigma = \frac{\sqrt{5}}{3} \approx 0{,}745$

F 98 Entscheiden, ob ein Glücksspiel fair ist

... da bin ich noch unsicher ☐ *... das kann ich (jetzt)* ☐

Ein Glücksspiel wird als fair bezeichnet, wenn man auf lange Sicht genauso viel gewinnt wie man verliert. Man kann dies auf zwei Arten überprüfen:

1. Man berechnet den Erwartungswert für den Gewinn bei einem Spiel. Ist dieser Erwartungswert null, dann ist das Spiel fair. (Bei dieser Betrachtung werden Verluste als negative Gewinne gewertet.)
2. Man berechnet den Erwartungswert für die Auszahlung bei einem Spiel. Ist dieser Erwartungswert genauso groß wie der Einsatz für ein Spiel, dann ist das Spiel fair.

Beispiel 1

Ein Glücksspiel wird mit zwei idealen Würfeln gespielt. Der Einsatz beträgt 1,50 €. Es gilt folgender Auszahlungsplan:

Beide Augenzahlen unterscheiden sich um 1: 2 €
Pasch: 3 €
Die Augensumme ist 10: 5 €

Werden zwei Bedingungen gleichzeitig erfüllt, dann wird nur der größere Betrag ausbezahlt.
Überprüfen Sie, ob das Glücksspiel fair ist.

Lösung:

Der Gewinn bei einem Spiel sei X. Es gilt $X \in \{-1{,}5; 0{,}5; 1{,}5; 3{,}5\}$
Für die Wahrscheinlichkeiten gilt:

X	$-1{,}5$	$0{,}5$	$1{,}5$	$3{,}5$
p(X)	$1 - \frac{10+5+3}{36} = \frac{1}{2}$	$\frac{2 \cdot 5}{36} = \frac{5}{18}$	$\frac{5}{36}$	$\frac{3}{36} = \frac{1}{12}$

Somit gilt für den Erwartungswert: $\mu = \frac{1}{2} \cdot (-1{,}5) + \frac{5}{18} \cdot 0{,}5 + \frac{5}{36} \cdot 1{,}5 + \frac{1}{12} \cdot 3{,}5 = -\frac{1}{9}$

Man verliert bei jedem Spiel auf lange Sicht durchschnittlich ca. 0,11 €.
Das Spiel ist also nicht fair.

Beispiel 2

Ein Glücksspiel wird mit einem Glücksrad gespielt. Das Glücksrad hat drei farbige Sektoren mit folgender Wahrscheinlichkeitsverteilung:

Farbe	Rot	Blau	Gelb
p	$\frac{4}{9}$	$\frac{1}{6}$	$\frac{7}{18}$

Das Glücksrad wird dreimal gedreht. Der Einsatz beträgt 1 €. Es gibt folgenden Auszahlungsplan:
Drei verschiedene Farben: 3 €; Zweimal Blau: 6 €; Dreimal Blau: 14 €
Überprüfen Sie, ob das Glücksspiel fair ist.

Lösung:
Der ausgezahlte Betrag bei einem Spiel sei X €. Es gilt: $X \in \{0;3;6;14\}$
Für X ergibt sich folgende Wahrscheinlichkeitsverteilung:

X	0	3	6	14
p(X)	$1-\left(\frac{14}{81}+\frac{5}{72}+\frac{1}{216}\right)=\frac{61}{81}$	$6\cdot\frac{4}{9}\cdot\frac{1}{6}\cdot\frac{7}{18}=\frac{14}{81}$	$3\cdot\left(\frac{1}{6}\right)^2\cdot\frac{5}{6}=\frac{5}{72}$	$\left(\frac{1}{6}\right)^3=\frac{1}{216}$

Somit gilt für den Erwartungswert: $\mu = \frac{61}{81}\cdot 0 + \frac{14}{81}\cdot 3 + \frac{5}{72}\cdot 6 + \frac{1}{216}\cdot 14 = 1$
Da die durchschnittliche Auszahlung pro Spiel genauso groß ist wie der Einsatz, ist das Spiel fair.

Aufgaben

1. Ein Glücksspiel wird mit einem Glücksrad mit vier Sektoren gespielt, in denen die Zahlen 1 bis 4 stehen. Die Mittelpunktswinkel der Sektoren haben folgende Winkelweiten:

Zahl	1	2	3	4
Winkelweite	120°	90°	90°	60°

   Das Glücksrad wird zweimal gedreht. Der Einsatz beträgt 1,50 €.
   Es gilt folgender Auszahlungsplan:
   Zwei gerade Zahlen: 4 €; Zwei Einsen: 6 €; Zwei Vieren: 9 €
   Werden zwei Bedingungen gleichzeitig erfüllt, dann wird nur der größere Betrag ausbezahlt.
   Überprüfen Sie, ob das Spiel fair ist.
2. Ein Glücksspiel wird mit einem idealen Würfel gespielt. Der Würfel wird dreimal geworfen.
   Der Einsatz pro Spiel beträgt 1 €. Es gilt folgender Auszahlungsplan:
   Drei ungerade Augenzahlen: 3 €; Zwei Sechsen: 6 €; Drei Sechsen: 24 €
   Überprüfen Sie, ob das Spiel fair ist.

Ergebnisse:

1. $\mu = \frac{103}{144}\cdot 0 + \frac{7}{48}\cdot 4 + \frac{1}{9}\cdot 6 + \frac{1}{36}\cdot 9 = 1{,}5$. Das Spiel ist fair.
2. $\mu = \frac{173}{216}\cdot(-1) + \frac{1}{8}\cdot 2 + \frac{5}{72}\cdot 5 + \frac{1}{216}\cdot 23 = -\frac{7}{72} \approx -0{,}097$. Das Spiel ist nicht fair.

F 99 Ein Glücksspiel so anpassen, dass es fair wird

***… da bin ich noch unsicher* ☐ *… das kann ich (jetzt)* ☐**

Wenn man ein Glücksspiel, das noch nicht fair ist, so anpassen will, dass es fair wird, dann bieten sich drei Möglichkeiten an.

1. Man passt den Einsatz des Spiels so an, dass er gleich dem Erwartungswert für die Auszahlung ist.
2. Man passt einen (oder mehrere) der Auszahlungsbeträge an, damit der Erwartungswert für die Auszahlung gleich groß wie der Einsatz ist.
3. Man verändert die Wahrscheinlichkeit für eine Gewinnklasse oder ergänzt eine neue Gewinnklasse, damit der Erwartungswert für die Auszahlung gleich dem Einsatz ist.

Beispiel 1

Auf einem Glücksrad mit vier gleich großen Sektoren ist auf einem der Sektoren eine Krone abgebildet. Es wird ein Glücksspiel gespielt, bei dem das Glücksrad dreimal gedreht wird. Es soll folgender Auszahlungsplan gelten:
Genau eine „Krone": 2 €; Zwei „Kronen": 4 €; Drei „Kronen": 6 €
Wie groß muss der Einsatz bei diesem Spiel sein, damit es fair ist?

Lösung:
Der ausgezahlte Betrag bei einem Spiel sei X €. Es gilt: $X \in \{0;2;4;6\}$
Für die Wahrscheinlichkeiten gilt:

X	0	2	4	6
p(X)	$1-\left(\frac{27}{64}+\frac{9}{64}+\frac{1}{64}\right)=\frac{27}{64}$	$3\cdot\frac{1}{4}\cdot\left(\frac{3}{4}\right)^2=\frac{27}{64}$	$3\cdot\left(\frac{1}{4}\right)^2\cdot\frac{3}{4}=\frac{9}{64}$	$\left(\frac{1}{4}\right)^3=\frac{1}{64}$

Somit gilt für den Erwartungswert: $\mu=\frac{27}{64}\cdot 0+\frac{27}{64}\cdot 2+\frac{9}{64}\cdot 4+\frac{1}{64}\cdot 6=1{,}5$
Wenn der Einsatz des Spiels 1,50 € beträgt, dann ist das Spiel fair.

(**Tipp**: Man könnte auf die Berechnung von $P(X=0)$ auch verzichten, da das Produkt $P(X=0)\cdot 0$ immer 0 ergibt.)

Beispiel 2
Mit einem idealen Würfel wird ein Glücksspiel vereinbart. Der Würfel wird zweimal geworfen. Der Einsatz beträgt 2,50 €. Es soll folgender Auszahlungsplan gelten:
Augensumme 6: a € — Genau eine Sechs: 3 €
Augensumme kleiner als 4: 9 € — Zwei Sechsen: 15 €
Bestimmen Sie a so, dass das Spiel fair ist.
Lösung:
Der ausgezahlte Betrag bei einem Spiel sei X €. Es gilt: $X \in \{0;3;9;15;a\}$
Für die Wahrscheinlichkeiten gilt:

X	0	a	3	9	15
p(X)	$1-\left(\frac{5}{36}+\frac{10}{36}+\frac{3}{36}+\frac{1}{36}\right)=\frac{17}{36}$	$\frac{5}{36}$	$2\cdot\frac{1}{6}\cdot\frac{5}{6}=\frac{5}{18}$	$\frac{3}{36}=\frac{1}{12}$	$\frac{1}{36}$

Für den Erwartungswert gilt: $\mu=\frac{17}{36}\cdot 0+\frac{5}{36}\cdot a+\frac{5}{18}\cdot 3+\frac{1}{12}\cdot 9+\frac{1}{36}\cdot 15=\frac{5}{36}\cdot a+2.$
Es muss $\frac{5}{36}\cdot a+2=2{,}5$ bzw. $\frac{5}{36}\cdot a=0{,}5$ gelten, woraus $a=3{,}6$ folgt.
Damit das Spiel fair wird, muss der Auszahlungsbetrag für „Augensumme 6“ 3,60 € betragen.

Beispiel 3
In einer Urne liegen drei rote, drei schwarze und vier weiße Kugeln. Es wird folgendes Glücksspiel vereinbart. Aus der Urne werden drei Kugeln ohne Zurücklegen gezogen. Der Einsatz beträgt 1,50 €. Zunächst wird folgender Auszahlungsplan vereinbart:
Genau eine rote Kugel: 2 € — Drei rote Kugeln: 12 €
a) Zeigen Sie, dass das Spiel nicht fair ist.
b) Es soll eine weitere Gewinnklasse eingeführt werden, damit das Spiel fair wird.
Man könnte zum Beispiel die neue Gewinnklasse „drei weiße Kugeln“ einführen und die Auszahlung a € so wählen, dass das Spiel fair wird.
Bestimmen Sie a so, dass das Spiel fair wird.
Lösung:
a) Der ausgezahlte Betrag bei einem Spiel sei X €. Es gilt: $X \in \{0;2;12\}$
Für die Wahrscheinlichkeiten gilt:

X	0	2	12
p(X)	$1-\left(\frac{21}{40}+\frac{1}{120}\right)=\frac{7}{15}$	$3\cdot\frac{3}{10}\cdot\frac{7}{9}\cdot\frac{6}{8}=\frac{21}{40}$	$\frac{3}{10}\cdot\frac{2}{9}\cdot\frac{1}{8}=\frac{1}{120}$

Somit gilt für den Erwartungswert: $\mu=\frac{7}{15}\cdot 0+\frac{21}{40}\cdot 2+\frac{1}{120}\cdot 12=\frac{23}{20}=1{,}15.$
Das Spiel ist demnach nicht fair.

b) Damit das Spiel fair wird, muss gelten: p(drei weiße Kugeln)·a = 1,50 − 1,15 = 0,35
Es gilt: p(drei weiße Kugeln) = $\frac{4}{10} \cdot \frac{3}{9} \cdot \frac{2}{8} = \frac{1}{30}$ (F 95)
Somit muss $\frac{1}{30} \cdot a = 0{,}35$ gelten, woraus $a = 10{,}50$ folgt.

Aufgaben

1. Ein Glücksspiel wird mit einem idealen Tetraeder, das mit den Zahlen 1 bis 4 beschriftet ist, gespielt. Das Tetraeder wird dreimal geworfen. Der Einsatz beträgt 2 €.
   Es gilt folgender Auszahlungsplan:
   Genau eine Eins: 2 €; Zwei Einsen: 6 €; Drei Einsen: z €
   Bestimmen Sie den Auszahlungsbetrag z € so, dass das Spiel fair ist.
2. Ein Kartenset besteht aus zwei Königen, drei Damen und vier Buben. Mit dem Kartenset wird ein Glücksspiel angeboten, bei dem drei Karten ohne Zurücklegen gezogen werden. Der Einsatz beträgt 1 €. Bisher wurde folgender Auszahlungsplan vereinbart:
   Drei verschiedene Karten: 2 €; Dreimal „Bube“: 6 €
   Das Spiel ist nicht fair.
   Bestimmen Sie eine weitere Gewinnklasse für den Auszahlungsplan, damit das Spiel fair wird.

Ergebnisse:

1. $\mu = \frac{27}{16} + \frac{1}{64} \cdot z = 2$ liefert $z = 20$.
2. $\mu = \frac{6}{7}$; also: $p \cdot a = \frac{1}{7}$. Z.B. p(dreimal „Dame“) $= \frac{1}{84}$ und $a = 12$
   Es kann auch eine andere Gewinnklasse ergänzt werden, wodurch sich a ändert.

Binomialverteilungen

F 100 Wahrscheinlichkeiten bei binomialverteilten Zufallsgrößen bestimmen

... da bin ich noch unsicher ☐ ... das kann ich (jetzt) ☐

Bei einer binomialverteilten Zufallsvariable X berechnet man die Wahrscheinlichkeit $P(X = k)$ entweder mithilfe der Formel von Bernoulli oder benutzt einen speziellen GTR-Befehl.

$P(X = k) = \binom{n}{k} \cdot p^k \cdot (1-p)^{n-k}$ (Formel von Bernoulli)

$\binom{n}{k} = \frac{n!}{k! \cdot (n-k)!}$ ist der sogenannte Binomialkoeffizient.

Dabei ist n die Länge der Bernoulli-Kette, k die Anzahl der Treffer und p die Trefferwahrscheinlichkeit.

Damit eine Binomialverteilung vorliegt, müssen zwei Bedingungen erfüllt sein:

1. Es muss ein sogenanntes Bernoulli-Experiment, also ein Zufallsexperiment mit genau zwei möglichen Ergebnissen („Treffer“ und „Niete“) vorliegen.
2. Die n gleichen Bernoulli-Experimente müssen unabhängig voneinander sein, d.h. die Trefferwahrscheinlichkeit p darf sich nicht verändern.

Wenn man die Wahrscheinlichkeit für $P(X \leq k)$ berechnen muss, ist die Berechnung mithilfe der Formel von Bernoulli viel zu aufwendig. Man müsste die Formel (k + 1)-mal anwenden:
$P(X \leq k) = P(X = 0) + P(X = 1) + P(X = 2) + \ldots + P(X = k)$

Mithilfe des GTR kann man diese aufsummierten (kumulierten) Wahrscheinlichkeiten leicht mit einem speziellen Befehl bestimmen.

Wenn man die Wahrscheinlichkeit für $P(X \geq k)$ berechnen muss, dann kann man über die Wahrscheinlichkeit für das Gegenereignis $P(X < k) = P(X \leq k-1)$ zur Lösung gelangen.

Die Wahrscheinlichkeit des Gegenereignisses lässt sich wieder mithilfe der kumulierten Wahrscheinlichkeit mit dem GTR leicht berechnen.
Es gilt: $P(X \geqq k) = 1 - P(X \leqq k-1)$

Die Wahrscheinlichkeit $P(j \leqq X \leqq k)$ kann man als Differenz zweier kumulierter Wahrscheinlichkeiten berechnen. Es gilt: $P(j \leqq X \leqq k) = P(X \leqq k) - P(X \leqq j-1)$

Hinweis
Bei manchen Graphikrechnern kann man sowohl $P(X \geqq k)$ als auch $P(j \leqq X \leqq k)$ direkt berechnen.

⚠
Beachten Sie die jeweilige Formulierung der Aufgabenstellung, insbesondere, ob es mindestens (höchstens) k oder mehr als (weniger als) k heißt.

Beispiel 1
Gegeben ist die Binomialverteilung $B_{30;0,4}$.
Bestimmen Sie die Wahrscheinlichkeit für zehn und für 14 Treffer.
Lösung:
Formel von Bernoulli:
$P(X=10) = \binom{30}{10} \cdot 0{,}4^{10} \cdot 0{,}6^{20} \approx 0{,}1152$; $P(X=14) = \binom{30}{14} \cdot 0{,}4^{14} \cdot 0{,}6^{16} \approx 0{,}1101$
Man könnte die Wahrscheinlichkeit auch mit einem GTR-Befehl bestimmen.

Beispiel 2
Gegeben ist die Binomialverteilung $B_{50;0,6}$.
Berechnen Sie die Wahrscheinlichkeit für höchstens 32 Treffer.
Lösung:
$P(X \leqq 32) \approx 0{,}7631$

Beispiel 3
Gegeben ist die Binomialverteilung $B_{100;0,7}$.
Berechnen Sie die Wahrscheinlichkeit für mindestens 65 Treffer.
Lösung:
$P(X \geqq 65) = 1 - P(X \leqq 64) \approx 0{,}8839$

Beispiel 4
Gegeben ist die Binomialverteilung $B_{80;0,3}$.
Berechnen Sie die Wahrscheinlichkeit, dass die Anzahl der Treffer mindestens 18, aber höchstens 30 beträgt.
Lösung:
$P(18 \leqq X \leqq 30) = P(X \leqq 30) - P(X \leqq 17) \approx 0{,}8882$

Aufgaben
1. Gegeben ist die Binomialverteilung $B_{120;0,4}$. Berechnen Sie folgende Wahrscheinlichkeiten:
   a) $P(X=50)$ b) $P(X \leqq 45)$ c) $P(X \geqq 40)$
   d) $P(X<60)$ e) $P(X>35)$ f) $P(30<X<55)$
2. Ein Basketballprofi verwandelt nach einer langjährigen Statistik durchschnittlich 70 % aller Freiwürfe. Der Profi wirft im Training 30 Freiwürfe.
   Berechnen Sie folgende Wahrscheinlichkeiten:
   a) Der Profi verwandelt mehr als 20 Freiwürfe.
   b) Der Profi verwandelt höchstens 25 Freiwürfe.

c) Der Profi verwandelt die ersten fünf Freiwürfe.
d) Der Profi verwandelt die ersten drei Freiwürfe und zudem noch mindestens 15 weitere Freiwürfe.

Ergebnisse:

1. a) 0,0688 b) 0,3225 c) 0,9447
   d) 0,9833 e) 0,9910 f) 0,8862
2. a) 0,5888 b) 0,9698 c) $0{,}7^5 \approx 0{,}1681$
   d) $0{,}7^3 \cdot P(X \geqq 15) = 0{,}7^3 \cdot (1 - P(X \leqq 14)) \approx 0{,}3307$
   Beachten Sie, dass ab dem vierten Freiwurf eine $B_{27;0,7}$-Verteilung vorliegt.

F 101 Erwartungswert und Standardabweichung einer Binomialverteilung bestimmen

... da bin ich noch unsicher ☐ *... das kann ich (jetzt)* ☐

Den Erwartungswert μ und die Standardabweichung σ lassen sich bei einer Binomialverteilung, wenn die Länge n der Bernoulli-Kette und die Trefferwahrscheinlichkeit p gegeben sind, leicht berechnen. Es gibt aber auch Aufgaben, bei denen der Erwartungswert und die Standardabweichung gegeben sind und die Länge n der Bernoulli-Kette und die Trefferanzahlwahrscheinlichkeit p gesucht sind.
Es gilt $\mu = n \cdot p$ und $\sigma = \sqrt{n \cdot p \cdot (1-p)}$.

Hinweis
Der Erwartungswert μ und die Standardabweichung σ müssen im Gegensatz zur Zufallsvariable X keine natürlichen Zahlen sein.

Beispiel 1
Berechnen Sie jeweils den Erwartungswert und die Standardabweichung folgender Binomialverteilungen.
a) $n = 100;\ p = 0{,}2$ b) $n = 100;\ p = 0{,}8$ c) 🖩 $n = 200;\ p = 0{,}3$ d) 🖩 $n = 48;\ p = 0{,}2$

Lösung:
a) $\mu = n \cdot p = 100 \cdot 0{,}2 = 20;\quad \sigma = \sqrt{n \cdot p \cdot (1-p)} = \sqrt{100 \cdot 0{,}2 \cdot 0{,}8} = \sqrt{16} = 4$
b) $\mu = n \cdot p = 100 \cdot 0{,}8 = 80;\quad \sigma = \sqrt{n \cdot p \cdot (1-p)} = \sqrt{100 \cdot 0{,}8 \cdot 0{,}2} = \sqrt{16} = 4$
c) $\mu = n \cdot p = 200 \cdot 0{,}3 = 60;\quad \sigma = \sqrt{n \cdot p \cdot (1-p)} = \sqrt{200 \cdot 0{,}3 \cdot 0{,}7} = \sqrt{42} \approx 6{,}481$
d) $\mu = n \cdot p = 48 \cdot 0{,}2 = 9{,}6;\quad \sigma = \sqrt{n \cdot p \cdot (1-p)} = \sqrt{48 \cdot 0{,}2 \cdot 0{,}8} = \sqrt{7{,}68} \approx 2{,}771$

Beispiel 2 🖩
Die Zufallsvariable einer Binomialverteilung hat den Erwartungswert 300 bei einer Standardabweichung von 15.
Bestimmen Sie die Länge n der Bernoulli-Kette und die Trefferwahrscheinlichkeit p.

Lösung:
Aus $\mu = n \cdot p$ folgt $n = \frac{\mu}{p}$. Setzt man dies in die Gleichung $\sigma = \sqrt{n \cdot p \cdot (1-p)}$ ein, so folgt
$\sigma = \sqrt{\frac{\mu}{p} \cdot p \cdot (1-p)} = \sqrt{\mu \cdot (1-p)}$.
Quadrieren auf beiden Seiten der Gleichung liefert $\sigma^2 = \mu \cdot (1-p)$.
Diese Gleichung wird jetzt nach p aufgelöst:
$1 - p = \frac{\sigma^2}{\mu}$ bzw. $p = 1 - \frac{\sigma^2}{\mu}$
Einsetzen von μ und σ ergibt $p = 1 - \frac{15^2}{300} = 1 - \frac{225}{300} = \frac{1}{4}$.
Damit folgt $n = \frac{\mu}{p} = \frac{300}{\frac{1}{4}} = 1200$.

Beispiel 3

Gegeben ist eine Binomialverteilung mit den Parametern $n = 200$ und $p = 0{,}2$.

a) Berechnen Sie die Wahrscheinlichkeit, dass die Zufallsvariable X um höchstens 5% vom Erwartungswert abweicht.

Lösung:

Für den Erwartungswert gilt $\mu = n \cdot p = 200 \cdot 0{,}2 = 40$.

5% von 40 sind $40 \cdot 0{,}05 = 2$.

Gesucht ist demnach die Wahrscheinlichkeit $P(38 \leqq X \leqq 42)$.

$P(38 \leqq X \leqq 42) = P(X \leqq 42) - P(X \leqq 37) \approx 0{,}3413$.

b) Berechnen Sie die Wahrscheinlichkeit, dass die Zufallsvariable X höchstens um die Standardabweichung vom Erwartungswert abweicht.

Lösung:

Für die Standardabweichung gilt $\sigma = \sqrt{n \cdot p \cdot (1-p)} = \sqrt{200 \cdot 0{,}2 \cdot 0{,}8} = \sqrt{32} \approx 5{,}657$.

Also muss X im Intervall $[40 - 5{,}657; 40 + 5{,}657] = [34{,}343; 45{,}657]$ liegen.

Da X eine natürliche Zahl sein muss, ist die Wahrscheinlichkeit $P(35 \leqq X \leqq 45)$ gesucht.

$P(35 \leqq X \leqq 45) = P(X \leqq 45) - P(X \leqq 35) \approx 0{,}6693$.

Hinweis

Es gibt auch GTR-Modelle mit denen man die Wahrscheinlichkeit $P(35 \leqq X \leqq 45)$ direkt, d.h. ohne Differenzbildung, berechnen kann.

Beispiel 4

Gegeben ist eine Binomialverteilung mit den Parametern $n = 500$ und $p = 0{,}3$.
Um wie viel darf die Zufallsvariable X höchstens vom Erwartungswert μ abweichen, damit die Wahrscheinlichkeit für diese Abweichung unter 50% liegt?

Lösung:

Für den Erwartungswert gilt $\mu = n \cdot p = 500 \cdot 0{,}3 = 150$.

Wenn X um a vom Erwartungswert abweicht, muss X im Intervall $[150 - a; 150 + a]$ liegen.
Dabei muss a eine natürliche Zahl sein.

Bedingung: $P(150 - a \leqq X \leqq 150 + a) < 0{,}5$ bzw. $P(X \leqq 150 + a) - P(X \leqq 149 - a) < 0{,}5$

Man erzeugt eine Wertetabelle für $P(X \leqq 150 + a) - P(X \leqq 149 - a)$ mit variablem a.

a	5	6	7
$P(X \leqq 150 + a) - P(X \leqq 149 - a)$	0,4085	0,4741	0,5358

In der Wertetabelle wird letztmals für $a = 6$ die Bedingung $P(X \leqq 150 + a) - P(X \leqq 149 - a) < 0{,}5$ erfüllt.

Die Zufallsvariable X darf also höchstens um 6 vom Erwartungswert abweichen.

Beispiel 5

Ein Glücksrad hat zwei Sektoren. Ein Sektor ist rot, der andere schwarz. Bei einem Glücksspiel wird das Glücksrad gedreht und man gewinnt, falls der Pfeil auf den roten Sektor zeigt.
Wie groß muss der Mittelpunktswinkel des roten Sektors sein, damit man auf lange Sicht bei einer Serie von 20 Spielen achtmal gewinnt?

Lösung:

Der Erwartungswert μ soll den Wert 8 haben, d.h. $\mu = 20 \cdot p = 8$.

Somit muss die Trefferwahrscheinlichkeit p den Wert 0,4 besitzen.

Für die Winkelweite α gilt: $\alpha = 0{,}4 \cdot 360° = 144°$

3

Aufgaben

1. Berechnen Sie jeweils den Erwartungswert und die Standardabweichung folgender Binomialverteilungen.
   a) $n = 400;\ p = 0{,}8$ b) $n = 10\,000;\ p = 0{,}1$ c) 🖩 $n = 60;\ p = 0{,}25$ d) 🖩 $n = 20;\ p = 0{,}32$
2. 🖩 Die Zufallsvariable einer Binomialverteilung hat den Erwartungswert 150 bei einer Standardabweichung von 10.
   Bestimmen Sie die Länge n der Bernoulli-Kette und die Trefferwahrscheinlichkeit p.
3. 🖩 Gegeben ist eine Binomialverteilung mit den Parametern $n = 500$ und $p = 0{,}12$.
   Berechnen Sie die Wahrscheinlichkeit, dass die Zufallsvariable X höchstens um die Standardabweichung vom Erwartungswert abweicht.
4. 🖩 Gegeben ist eine Binomialverteilung mit den Parametern $n = 3000$ und $p = 0{,}4$.
   Um wie viel darf die Zufallsvariable X höchstens vom Erwartungswert μ abweichen, damit die Wahrscheinlichkeit für diese Abweichung unter 90 % liegt?

Ergebnisse:

1. a) $\mu = 320;\ \sigma = 8$ b) $\mu = 10\,000;\ \sigma = 30$
   c) $\mu = 15;\ \sigma = \sqrt{11{,}25} \approx 3{,}354$ d) $\mu = 6{,}4;\ \sigma = \sqrt{4{,}352} \approx 2{,}086$
2. $p = \frac{1}{3};\ n = 450$
3. $\mu = 60;\ \sigma = \sqrt{52{,}8} \approx 7{,}266;\ P(53 \leq X \leq 67) \approx 0{,}6982$
4. $\mu = 1200;\ P(1200 - a \leq X \leq 1200 + a) < 0{,}9;$ Wertetabelle liefert $a = 43$.

F 102 Den Einfluss von n und p auf den Graphen einer Binomialverteilung verstehen

***... da bin ich noch unsicher* ☐ *... das kann ich (jetzt)* ☐**

Wenn man die Länge n der Bernoulli-Kette und Trefferwahrscheinlichkeit p variiert, dann verändert sich der zugehörige Graph der Binomialverteilung.
Es treten drei typische Aufgabenstellungen auf.

1. Man muss zu einem gegebenen Graphen einer Binomialverteilung die Parameter n oder p, oder beide bestimmen.
2. Es sind einige Graphen und einige Binomialverteilungen gegeben. Man muss die Graphen den jeweiligen Binomialverteilungen zuordnen. (Welcher Graph gehört zu welcher Binomialverteilung?)
3. Eine Binomialverteilung und der dazugehörige Graph ist gegeben. Man muss beschreiben, wie sich der Graph bei Variation von n bzw. p verändert.

Hinweis

Bei manchen Aufgaben soll man anhand des Graphen auch Aussagen über den Erwartungswert μ der zugehörigen Binomialverteilung machen.

Beispiel 1

Gegeben ist der Graph einer Binomialverteilung $B_{n;p}$. Bestimmen Sie aus dem Graphen die Parameter n und p.

Lösung:

Da die Säulen links von der höchsten Säule höher sind als die Säulen rechts davon, muss p kleiner als 0,5 sein. Da der Unterschied jedoch nicht sehr groß ist, liegt p wohl nur knapp unter 0,5.
Die höchste Säule liegt in der Nähe des Erwartungswerts, es gilt also $7 < \mu < 9$.
Also gilt $7 < n \cdot p < 9$. Somit wäre z. B. $\mu \approx 8$.
Für $p \approx 0{,}4$ folgt: $n \approx \frac{\mu}{p} = \frac{8}{0{,}4} = 20$

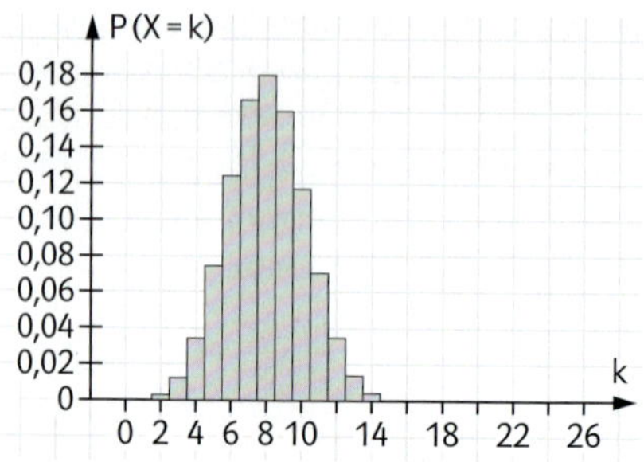

Die Probe für $n = 20$ und $p = 0{,}4$ liefert
$B_{20;0,4}(8) \approx 0{,}18$. Dies stimmt gut mit dem Wert im Graph überein.

Beispiel 2

Gegeben sind die sechs Binomialverteilungen $B_{20;075}$, $B_{35;0,4}$, $B_{30;0,5}$, $B_{50;0,3}$, $B_{20;0,7}$ und $B_{25;0,5}$ sowie die Graphen zweier dieser sechs Binomialverteilungen.
Ordnen Sie den beiden Graphen die richtige Binomialverteilung zu. Begründen Sie ihre Zuordnung.

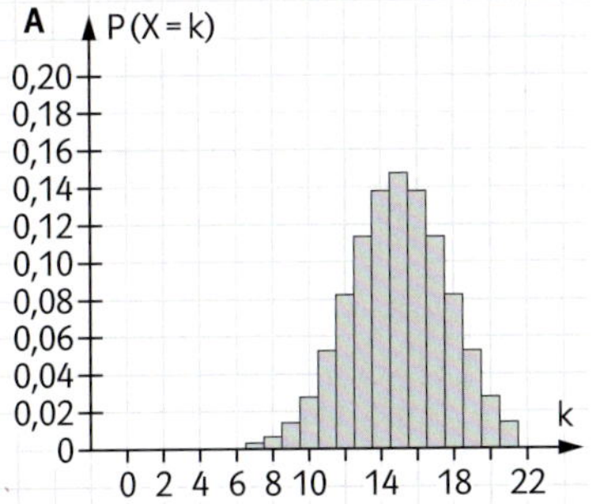

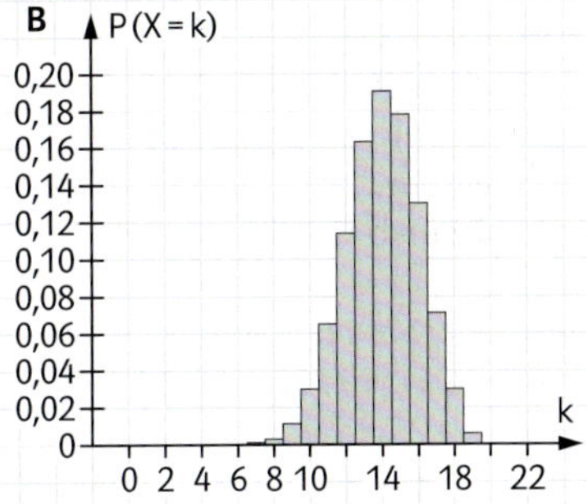

Lösung:

Der Graph A zeigt eine symmetrische Verteilung, somit muss $p = 0{,}5$ gelten. Der Erwartungswert der Verteilung $B_{25;0,5}$ beträgt $25 \cdot 0{,}5 = 12{,}5$, der Erwartungswert der Verteilung $B_{30;0,5}$ beträgt $30 \cdot 0{,}5 = 15$.
Wenn der Erwartungswert 12,5 ist, dann müssen bei einer symmetrischen Verteilung für $k = 12$ und $k = 13$ die Säulen am größten sein. Dies ist bei Graph A nicht der Fall, denn die höchste Säule ist bei $k = 15$.
Demnach gehört Graph A zur Verteilung $B_{30;0,5}$.
Der Graph B zeigt eine Verteilung, bei der die Säulen rechts vom höchsten Wert größer sind als die Säulen auf der linken Seite. Daher muss die Wahrscheinlichkeit p größer als 0,5 sein. Somit kommen nur noch die beiden Verteilungen $B_{20;0,75}$ und $B_{20;0,7}$ in Frage. Da die Säule für $k = 14$ am größten ist, muss für den Erwartungswert gelten: $13 < \mu < 15$.
Der Erwartungswert der Verteilung $B_{20;0,75}$ beträgt $20 \cdot 0{,}75 = 15$, der Erwartungswert der Verteilung $B_{20;0,7}$ beträgt $20 \cdot 0{,}7 = 14$.
Demnach gehört Graph B zur Verteilung $B_{20;0,7}$.

Beispiel 3

Gegeben ist der Graph der Binomialverteilung $B_{50;0,5}$.

a) Beschreiben Sie, wie sich der Graph der Verteilung verändert, wenn man den Parameter n verändert und dabei p beibehält.

b) Beschreiben Sie, wie sich der Graph der Verteilung verändert, wenn man den Parameter p verändert und dabei n beibehält.

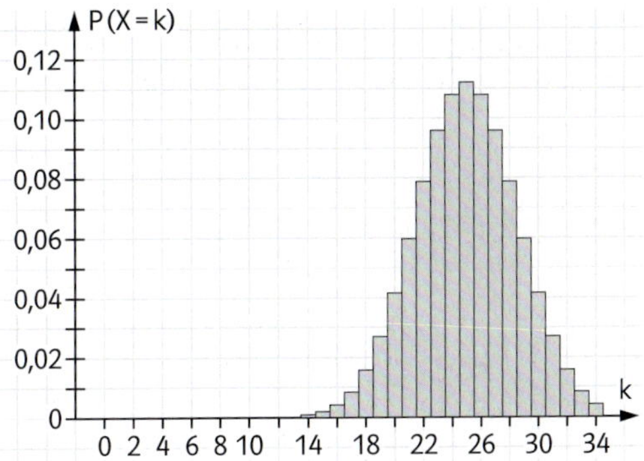

Lösung:

a) Wenn man den Parameter p beibehält handelt es sich weiterhin um eine symmetrische Verteilung.
Wird $n > 50$ gewählt, dann wandert die höchste Säule nach rechts, denn der Erwartungswert $\mu = n \cdot p$ wird mit wachsendem n größer.
Insgesamt werden die Säulen jedoch niedriger, da die Anzahl der Säulen steigt, die Gesamthöhe aller Säulen jedoch nach wie vor 1 beträgt.
Der Graph wird also breiter und flacher und wandert nach rechts.

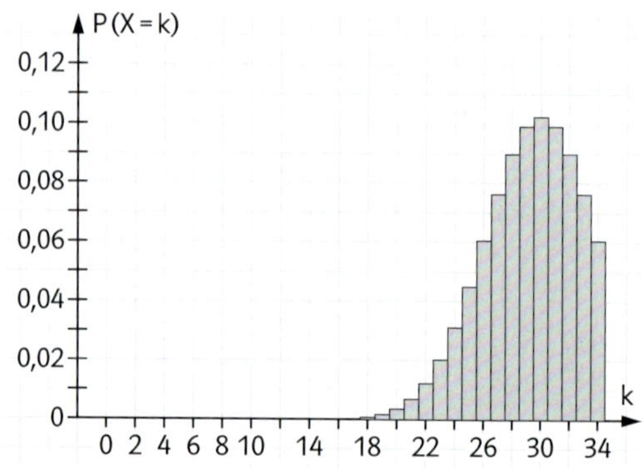

Wird $n < 50$ gewählt, dann wandert die höchste Säule nach links, denn der Erwartungswert $\mu = n \cdot p$ wird mit fallendem n kleiner.
Insgesamt werden die Säulen jedoch höher, da die Anzahl der Säulen kleiner wird, die Gesamthöhe aller Säulen jedoch nach wie vor 1 beträgt.
Der Graph wird also schmaler und höher und wandert nach links.

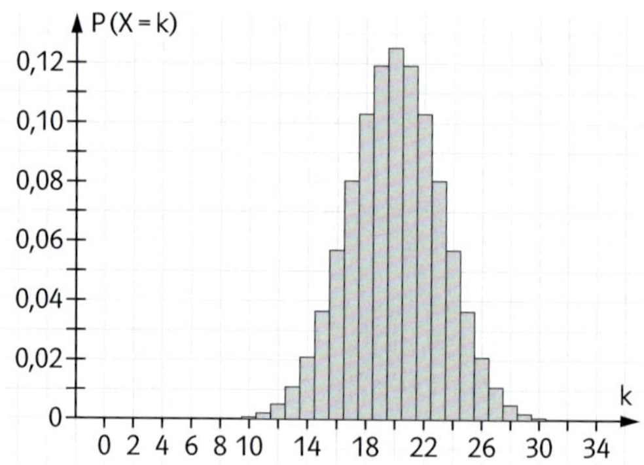

b) Wenn man den Parameter p verändert, dann liegt keine symmetrische Verteilung mehr vor. Somit ist auch der Graph nicht mehr symmetrisch. Wird p kleiner als 0,5, dann sind die Säulen links der höchsten Säule höher als die entsprechenden Säulen mit dem gleichen Abstand zur höchsten Säule auf der rechten Seite.
Der Erwartungswert $\mu = n \cdot p$ wird mit sinkendem p kleiner. Somit wandert auch die höchste Säule weiter nach links. Da die Trefferwahrscheinlichkeit p sinkt werden große Trefferanzahlen k immer unwahrscheinlicher und kleine Trefferanzahlen k immer wahrscheinlicher. Somit werden die Säulen links vom Erwartungswert immer höher und die Säulen rechts vom Erwartungswert immer niedriger. Der Graph wird also mit sinkendem p immer „unsymmetrischer", wobei die linke Seite immer mehr dominiert. Zudem wandert der Graph immer weiter nach links.

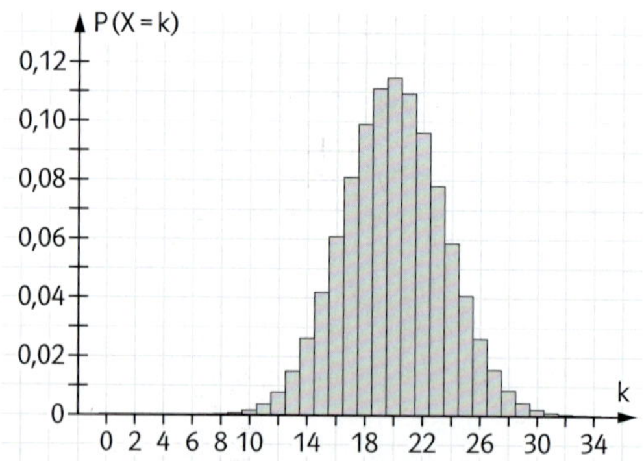

Wird p größer als 0,5, dann sind die Säulen rechts der höchsten Säule höher als die entsprechenden Säulen mit dem gleichen Abstand zur höchstens Säule auf der linken Seite.
Der Erwartungswert $\mu = n \cdot p$ wird mit wachsendem p größer. Somit wandert auch die höchste Säule weiter nach rechts. Da die Trefferwahrscheinlichkeit p steigt, werden große Treffer-Anzahlen k immer wahrscheinlicher und kleine Treffer-Anzahlen k immer unwahrscheinlicher. Somit werden die Säulen rechts vom Erwartungswert immer höher und die Säulen links vom Erwartungswert immer niedriger. Der Graph wird also mit steigendem p immer „unsymmetrischer", wobei die rechte Seite immer mehr dominiert. Zudem wandert der Graph immer weiter nach rechts.

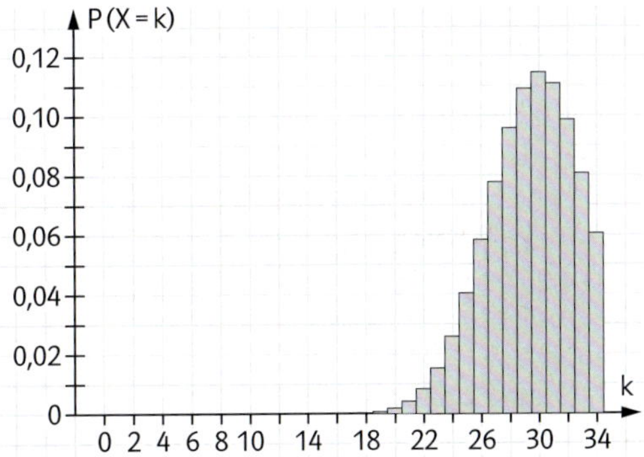

Aufgaben

1. Gegeben sind die Graphen zweier Binomialverteilungen. Bestimmen Sie aus dem Graph jeweils die Parameter n und p.

a)

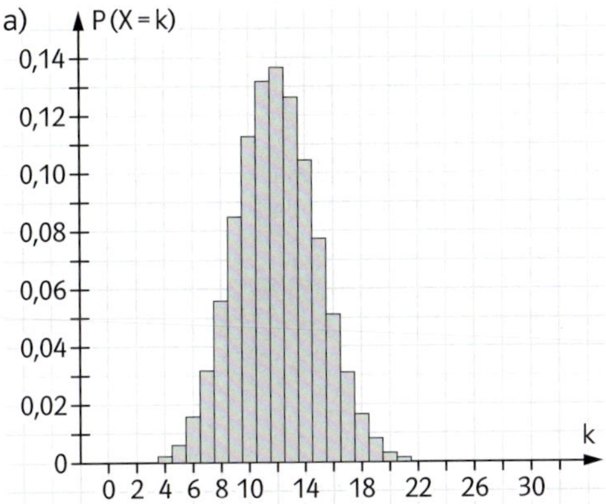

b)

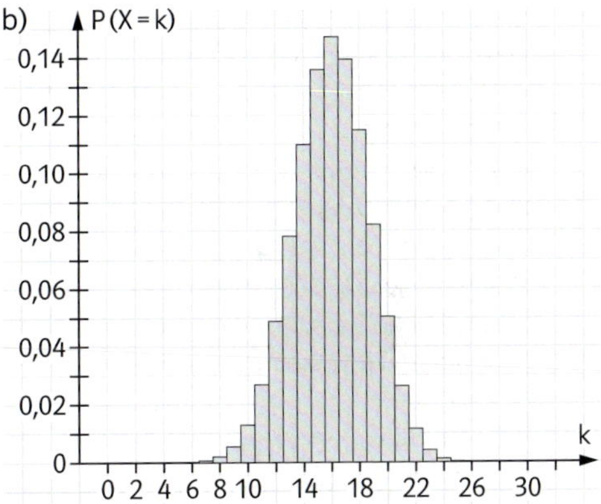

2. Gegeben sind die sechs Binomialverteilungen $B_{40;0,8}$, $B_{50;0,75}$, $B_{75;0,5}$, $B_{100;0,3}$, $B_{80;0,4}$ und $B_{70;0,6}$ sowie die Graphen zweier dieser sechs Binomialverteilungen.
Ordnen Sie den beiden Graphen die richtige Binomialverteilung zu. Begründen Sie ihre Zuordnung.

A

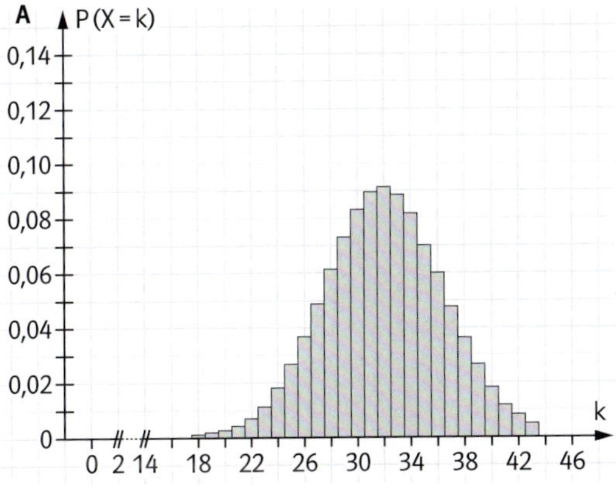

B

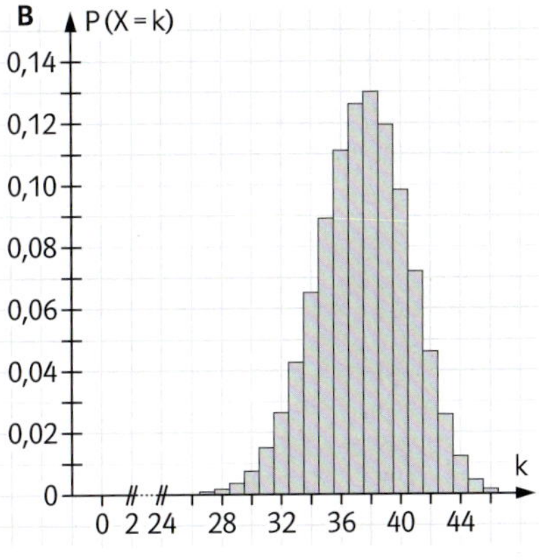

3. Gegeben ist der Graph der Binomialverteilung $B_{20;0,4}$. Beschreiben und begründen Sie, wie sich der Graph verändert, falls man
   a) den Parameter n verdoppelt.
   b) den Parameter p verdoppelt.
   c) den Parameter n verdoppelt und den Parameter p halbiert.
   d) den Parameter n halbiert und den Parameter p verdoppelt.

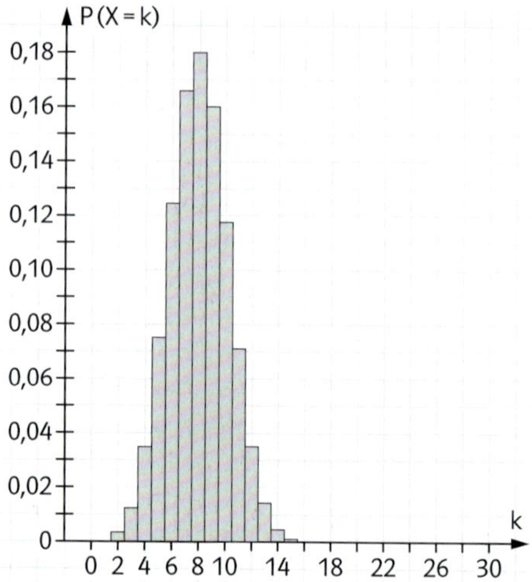

Ergebnisse:

1. a) p muss kleiner als 0,5 sein, für den Erwartungswert gilt $11 < \mu < 13$. $p = 0,3$; $n = 40$
   b) p muss etwas größer als 0,5 sein, für den Erwartungswert gilt $17 < \mu < 19$. $p = 0,6$; $n = 30$
2. Für Graph A muss p etwas kleiner als 0,5 sein, für den Erwartungswert gilt $31 < \mu < 33$. $n = 80$; $p = 0,4$
   Für Graph B gilt für den Erwartungswert $37 < \mu < 39$. Da der Graph nicht symmetrisch ist, gilt $p \neq 0,5$. Somit folgt $n = 50$; $p = 0,75$.
3. a) Für den Erwartungswert folgt $\mu = 40 \cdot 0,4 = 16$. Der Graph wandert nach links, die höchste Säule ist bei $k = 16$. Zudem wird der Graph flacher.
   b) Für den Erwartungswert folgt $\mu = 20 \cdot 0,8 = 16$. Der Graph wandert nach links, die höchste Säule ist bei $k = 16$. Zudem sind die Säulen rechts von $k = 16$ höher als die Säulen links von $k = 16$.
   c) Der Erwartungswert bleibt gleich ($\mu = 40 \cdot 0,2 = 8$). Somit ist die Säule bei $k = 8$ nach wie vor die höchste Säule. Allerdings sind jetzt die Säulen links von $k = 8$ deutlich höher als die Säulen rechts von $k = 8$. Zudem wird der Graph breiter und flacher.
   d) Der Erwartungswert bleibt gleich ($\mu = 10 \cdot 0,8 = 8$). Somit ist die Säule bei $k = 8$ nach wie vor die höchste Säule. Allerdings sind jetzt die Säulen rechts von $k = 8$ deutlich höher als die Säulen links von $k = 8$. Zudem wird der Graph schmaler und höher.

F 103 Die Länge n einer Bernoulli-Kette bestimmen

… da bin ich noch unsicher ☐ ***… das kann ich (jetzt)*** ☐

Es gibt Aufgaben, bei denen die Wahrscheinlichkeit für die Trefferanzahl k und die Trefferwahrscheinlichkeit p bekannt sind und die Länge n der Bernoulli-Kette gesucht ist.

Beispiel 1

Wie oft muss man einen idealen Würfel mindestens werfen, um mit einer Wahrscheinlichkeit von mindestens 90 % mindestens eine 1 zu erzielen?

Lösung:

X sei die Anzahl der geworfenen Einsen.

Es muss gelten: $P(X \geqq 1) = 1 - P(X = 0) = 1 - \left(\frac{5}{6}\right)^n \geqq 0,9$

Aus $\left(\frac{5}{6}\right)^n \leqq 0,1$ folgt $n \cdot \log\left(\frac{5}{6}\right) \leqq \log(0,1)$

Division durch $\log\left(\frac{5}{6}\right)$ liefert: $n \geqq \frac{\log(0,1)}{\log\left(\frac{5}{6}\right)}$ bzw. $n \geqq 12,629$

Beachten Sie, dass das Kleinerzeichen wegen $\log\left(\frac{5}{6}\right) < 0$ umgedreht werden muss.

Da n eine natürliche Zahl sein muss, folgt $n \geqq 13$.

Man muss den Würfel also mindestens 13-mal werfen.

Beispiel 2

Wie oft muss man aus einem Skatspiel mindestens eine Karte mit Zurücklegen ziehen, damit man mit einer Wahrscheinlichkeit von mindestens 80 % mindestens dreimal „Pik" zieht?

Lösung:

X sei die Anzahl der gezogenen Pik-Karten. Es liegt eine $B_{n;0,25}$-Verteilung vor.
Bedingung: $P(X \geqq 3) \geqq 0{,}8$. Aus $P(X \geqq 3) = 1 - P(X \leqq 2) \geqq 0{,}8$ folgt: $P(X \leqq 2) \leqq 0{,}2$
Man erzeugt eine Wertetabelle für $P(X \leqq 2)$ mit variablem n.

n	15	16	17
$P(X \leqq 2)$	0,2361	0,1971	0,1637

In der Wertetabelle wird erstmals für $n = 16$ die Bedingung $P(X \leqq 2) \leqq 0{,}2$ erfüllt.
Man muss also mindestens 16-mal eine Karte ziehen.

Aufgaben

1. Ein ideales Tetraeder ist mit den Ziffern 1 bis 4 beschriftet.
   Wie oft darf man das Tetraeder höchstens werfen, damit die Wahrscheinlichkeit, mindestens eine 4 zu werfen, höchstens 70 % beträgt?
2. Mit der Wahrscheinlichkeit $p = 0{,}8$ hat ein Patient einen Kariesbefund.
   Wie viele Karteikarten muss man mindestens zufällig aus der Patientenkartei entnehmen, damit man mit einer Wahrscheinlichkeit von mindestens 95 % mindestens drei Patienten mit Kariesbefund hat?
3. Im Baumarkt gibt es ein preisgünstiges Sonderangebot von Bauteilen. Einen Nachteil gibt es jedoch: Im Durchschnitt funktionieren 30 % dieser Bauteile nicht wie erwünscht. Eva benötigt für eine Schaltung zwölf funktionierende Bauteile.
   Wie viele Bauteile muss sie mindestens kaufen, damit sie mit mindestens 99 % Wahrscheinlichkeit mindestens zwölf funktionierende Bauteile zur Verfügung hat?

Ergebnisse:

1. $1 - \left(\frac{3}{4}\right)^n \leqq 0{,}7$. Man darf das Tetraeder höchstens viermal werfen.
2. $B_{n;0,8}$, $P(X \geqq 3) = 1 - P(X \leqq 2) \geqq 0{,}95$. Man muss mindestens sechs Karteikarten ziehen.
3. $B_{n;0,7}$, $P(X \geqq 12) = 1 - P(X \leqq 11) \geqq 0{,}99$. Sie muss mindestens 25 Bauteile kaufen.

Signifikanztests

F 104 Einen linksseitigen Signifikanztest durchführen

... da bin ich noch unsicher ☐ *... das kann ich (jetzt)* ☐

Bei einem linksseitigen Signifikanztest untersucht man eine **Nullhypothese H_0: $p \geqq p_0$**.
Man entnimmt dazu eine Stichprobe vom Umfang n. Mithilfe einer Entscheidungsregel entscheidet man dann, ob H_0 aufgrund des Ergebnisses der Stichprobe abgelehnt werden kann oder nicht. Die andere Hypothese heißt **Gegenhypothese H_1: $p < p_0$**.
Den Ablehnungsbereich von H_0 nennt man oft $\overline{A}$. Liegt ein Testergebnis (Trefferanzahl X) im Ablehnungsbereich von H_0, dann bedeutet dies, dass man die Hypothese H_0 ablehnt.
H_0 wird also für kleine Werte von X abgelehnt, $\overline{A} = \{0; 1; 2; ....; g\}$. Daher spricht man von einem linksseitigen Test.

Es gibt folgende zwei Aufgabenstellungen:

1. Man legt die Entscheidungsregel über den Ablehnungsbereich von H_0 ohne Rechnung fest.
   Dann kann man die Wahrscheinlichkeit für einen Fehler 1. Art (d. h. eine wahre Nullhypothese

irrtümlich abzulehnen) bei bekannter Wahrscheinlichkeit $p \geqq p_0$ berechnen. (Man nennt diese Wahrscheinlichkeit auch das Risiko 1. Art.) Man kann zudem bei noch nicht bekannter Wahrscheinlichkeit p das maximale Risiko 1. Art bestimmen. Ist bei wahrer Gegenhypothese H_1 die Wahrscheinlichkeit $p < p_0$ bekannt, kann man auch die Wahrscheinlichkeit für einen Fehler 2. Art (d.h. eine falsche Nullhypothese irrtümlich nicht abzulehnen) berechnen. (Man nennt diese Wahrscheinlichkeit auch das Risiko 2. Art.)

2. Man legt das Signifikanzniveau fest (oft 5%; 1%) und berechnet damit den Ablehnungsbereich der Nullhypothese H_0 und formuliert gegebenenfalls die zugehörige Entscheidungsregel. Das Signifikanzniveau ist der maximal geduldete Wert für das Risiko 1. Art. Manchmal wird das Signifikanzniveau auch als maximale Irrtumswahrscheinlichkeit bezeichnet. Man kann das Risiko 1. Art bei bekannter Wahrscheinlichkeit $p \geqq p_0$ berechnen. Ebenso kann man bei noch unbekannter Wahrscheinlichkeit p das maximale Risiko 1. Art bestimmen.
   Ist bei wahrer Gegenhypothese H_1 die tatsächliche Wahrscheinlichkeit $p < p_0$ bekannt, kann man auch das Risiko 2. Art berechnen.

Beispiel 1

Franz behauptet, dass bei einer verbeulten Münze die Wahrscheinlichkeit für Wappen mindestens 0,65 beträgt. Clara testet daraufhin die Münze, indem sie die Münze 60-mal wirft. Sie legt bei ihrem Test fest, dass sie die Behauptung von Franz ablehnt, falls die Münze höchstens 35-mal Wappen zeigt.

a) Wie groß ist bei ihrem Test die Wahrscheinlichkeit, einen Fehler 1. Art zu begehen, falls die Wahrscheinlichkeit für Wappen 0,7 beträgt?
b) Wie groß ist bei ihrem Test die Wahrscheinlichkeit, einen Fehler 1. Art zu begehen, höchstens?
c) Wie groß ist das Risiko 2. Art, falls die Wahrscheinlichkeit für Wappen 0,6 beträgt?

Lösung:

a) Nullhypothese H_0: $p \geqq 0{,}65$; Gegenhypothese H_1: $p < 0{,}65$
   Es liegt eine $B_{60;0,7}$-Verteilung vor. Clara lehnt die Nullhypothese für $X \leqq 35$ ab.
   $P(X \leqq 35) \approx 0{,}0362$. Das Risiko 1. Art beträgt in diesem Fall ca. 3,6%.
b) Im Extremfall liegt eine $B_{60;0,65}$-Verteilung vor.
   $P(X \leqq 35) \approx 0{,}1714$.
   Das Risiko 1. Art beträgt bei ihrem Test demnach maximal ca. 17,1%.
c) Es liegt eine $B_{60;0,6}$-Verteilung vor. Clara lehnt die Nullhypothese für $X > 35$ nicht ab.
   $P(X > 35) = 1 - P(X \leqq 35) \approx 0{,}5558$. Das Risiko 2. Art beträgt in diesem Fall ca. 55,6%.

Beispiel 2

Stichprobenumfang: $n = 90$; Signifikanzniveau: $\alpha = 5\%$
Nullhypothese H_0: $p \geqq 0{,}3$; Gegenhypothese H_1: $p < 0{,}3$

a) Bestimmen Sie den Ablehnungsbereich von H_0 und formulieren Sie die zugehörige Entscheidungsregel.
b) Berechnen Sie das Risiko 1. Art, falls $p = 0{,}35$ gilt.
c) Berechnen Sie die Wahrscheinlichkeit, einen Fehler 2. Art zu begehen, falls $p = 0{,}2$ gilt.

Lösung:

a) H_0 wird für kleine Werte von X (Anzahl der Treffer) abgelehnt.
   Im Extremfall liegt eine $B_{90;0,3}$-Verteilung vor.
   Es muss gelten: $P(X \leqq g) \leqq 0{,}05$.
   Man sucht den größten Wert von g, der diese Bedingung erfüllt.
   Man erstellt eine Wertetabelle:

g	18	19	20
$P(X \leqq g)$	0,0223	0,0390	0,0645

Somit folgt $g = 19$. Der Ablehnungsbereich von H_0 lautet: $\overline{A} = \{0;1;2;\ldots;19\}$.
Man sieht in der Tabelle auch, dass das Risiko 1. Art bei diesem Ablehnungsbereich $\overline{A}$ höchstens ca. 3,9% beträgt.
Alternative, falls der GTR über einen inversen Binomialbefehl verfügt:
Man kann das größtmögliche g ohne Tabelle mit dem GTR bestimmen. Zunächst liefert der GTR die kleinste Trefferzahl, für die gilt: $P(X \leqq k) > 0{,}05$. Folglich gilt: $k = g + 1$
Man muss also nur noch vom Ergebnis 1 subtrahieren. In diesem Beispiel erhält man $k = 20$ und somit $g = 19$.
Eine weitere Alternative ist die näherungsweise Bestimmung der Grenze g mithilfe der Sigmaregeln.
Es gilt $P(\mu - 1{,}64\sigma \leqq X \leqq \mu + 1{,}64\sigma) \approx 90\%$. Geht man nun näherungsweise von einem symmetrischen Graphen der Binomialverteilung $B_{90;0,3}$ aus, dann gilt $P(X \leqq \mu - 1{,}64\sigma - 1) \approx 5\%$.
Es gilt: $\mu = n \cdot p = 90 \cdot 0{,}3 = 27$; $\sigma = \sqrt{n \cdot p \cdot (1-p)} = \sqrt{90 \cdot 0{,}3 \cdot 0{,}7} = \sqrt{18{,}9} \approx 4{,}347$
Mit $\mu - 1{,}64\sigma \approx 19{,}87$ und $\mu + 1{,}64\sigma \approx 34{,}13$ folgt $P(19{,}87 \leqq X \leqq 34{,}13) = P(20 \leqq X \leqq 34) \approx 90\%$.
Somit gilt näherungsweise $P(X \leqq 19) \approx 5\%$.
Die Grenze des Ablehnungsbereichs ist also $g = 19$ und somit $\overline{A} = \{0;1;2;\ldots;19\}$.

b) Es liegt eine $B_{90;0,35}$-Verteilung vor. Man lehnt die Nullhypothese für $X \leqq 19$ ab.
$P(X \leqq 19) \approx 0{,}0030$. Das Risiko 1. Art beträgt in diesem Fall ca. 0,3%.

c) Es liegt eine $B_{90;0,2}$-Verteilung vor. Man lehnt die Nullhypothese für $X > 19$ nicht ab.
$P(X > 19) = 1 - P(X \leqq 19) \approx 0{,}3383$. Die Wahrscheinlichkeit, einen Fehler 2. Art zu begehen, beträgt in diesem Fall ca. 33,8%.

Aufgaben

1. Eine Firma behauptet, dass mindestens 85% der produzierten Bauteile in Ordnung sind. Ein Kunde will die Aussage der Firma überprüfen und führt einen Test durch. Er entnimmt der Produktion eine Stichprobe vom Umfang 100 und legt ein Signifikanzniveau von 5% fest, um die Nullhypothese H_0: $p \geqq 0{,}85$ zu testen.
   a) Bestimmen Sie den Ablehnungsbereich von H_0.
   b) Berechnen Sie die Wahrscheinlichkeit, einen Fehler 1. Art zu begehen, falls 87% der Bauteile in Ordnung sind.
   c) Berechnen Sie die Wahrscheinlichkeit, einen Fehler 2. Art zu begehen, falls 80% der Bauteile in Ordnung sind.
2. Eine Firma beauftragt eine Werbeagentur, um ihr neues Produkt bekannt zu machen. Nach Durchführung der Werbekampagne behauptet die Werbeagentur, dass mindestens 50% der Bevölkerung das Produkt kennen. Ein Mitarbeiter der Firma will diese Behauptung testen und macht eine Umfrage unter 50 zufällig ausgewählten Personen. Er legt fest, dass er der Behauptung der Agentur widerspricht, falls weniger als 20 Personen das Produkt kennen.
   a) Berechnen Sie die maximale Wahrscheinlichkeit für einen Fehler 1. Art.
   b) Berechnen Sie das Risiko 2. Art, falls nur 35% der Bevölkerung das Produkt kennen.

Ergebnisse:

1. a) Extremfall $B_{100;0,85}$; $P(X \leqq g) \leqq 0{,}05$; $\overline{A} = \{0;1;2;\ldots;78\}$
   b) Es liegt eine $B_{100;0,87}$-Verteilung vor.
   Wahrscheinlichkeit für einen Fehler 1. Art: $P(X \leqq 78) \approx 0{,}0088$ (ca. 0,9%)
   c) Es liegt eine $B_{100;0,80}$-Verteilung vor.
   Wahrscheinlichkeit für einen Fehler 2. Art: $P(X > 78) \approx 0{,}6540$ (ca. 65,4%)
2. a) Extremfall $B_{50;0,5}$; Risiko 1. Art: $P(X \leqq 19) \approx 0{,}0595$ (ca. 6,0%)
   b) Es liegt eine $B_{50;0,35}$-Verteilung vor. Risiko 2. Art: $P(X > 19) \approx 0{,}2736$ (ca. 27,4%)

F 105 Einen rechtsseitigen Signifikanztest durchführen

... da bin ich noch unsicher ☐ *... das kann ich (jetzt)* ☐

Bei einem rechtsseitigen Signifikanztest untersucht man eine **Nullhypothese H_0: $p \leqq p_0$**.
Man entnimmt dazu eine Stichprobe vom Umfang n. Mithilfe einer Entscheidungsregel entscheidet man dann, ob H_0 aufgrund des Ergebnisses der Stichprobe abgelehnt werden kann oder nicht.
Die andere Hypothese heißt **Gegenhypothese H_1: $p > p_0$**.
Den Ablehnungsbereich von H_0 nennt man oft $\overline{A}$. Liegt ein Testergebnis (Trefferanzahl X) im Ablehnungsbereich von H_0, dann bedeutet dies, dass man die Hypothese H_0 ablehnt.
H_0 wird also für große Werte von X abgelehnt, $\overline{A} = \{g+1; g+2; \ldots; n\}$. Daher spricht man von einem rechtsseitigen Test.

Es gibt folgende zwei Aufgabenstellungen:

1. Man legt die Entscheidungsregel über den Ablehnungsbereich von H_0 ohne Rechnung fest. Dann kann man die Wahrscheinlichkeit für einen Fehler 1. Art (d.h. eine wahre Nullhypothese irrtümlich abzulehnen) bei bekannter Wahrscheinlichkeit $p \leqq p_0$ berechnen. (Man nennt diese Wahrscheinlichkeit auch das Risiko 1. Art.)
   Man kann zudem bei noch nicht bekannter Wahrscheinlichkeit p das maximale Risiko 1. Art bestimmen. Ist bei wahrer Gegenhypothese H_1 die Wahrscheinlichkeit $p > p_0$ bekannt, kann man auch die Wahrscheinlichkeit für einen Fehler 2. Art (d.h. eine falsche Nullhypothese irrtümlich nicht abzulehnen) berechnen. (Man nennt diese Wahrscheinlichkeit auch das Risiko 2. Art.)
2. Man legt das Signifikanzniveau fest (oft 5%; 1%) und berechnet damit den Ablehnungsbereich der Nullhypothese H_0 und formuliert gegebenenfalls die zugehörige Entscheidungsregel. Das Signifikanzniveau ist der maximal geduldete Wert für das Risiko 1. Art. Manchmal wird das Signifikanzniveau auch als maximale Irrtumswahrscheinlichkeit bezeichnet. Man kann das Risiko 1. Art bei bekannter Wahrscheinlichkeit $p \leqq p_0$ berechnen. Ebenso kann man bei noch unbekannter Wahrscheinlichkeit p das maximale Risiko 1. Art bestimmen. Ist bei wahrer Gegenhypothese H_1 die tatsächliche Wahrscheinlichkeit $p > p_0$ bekannt, kann man auch das Risiko 2. Art berechnen.

Beispiel 1

Karl behauptet, dass die Wahrscheinlichkeit dafür, dass ein Marmeladenbrot mit der Marmeladenseite nach unten auf den Teppich fällt, höchstens 0,5 beträgt.
Sabine macht daraufhin einen Test, indem sie 40 Marmeladenbrote fallen lässt. Sie vereinbart mit Karl, dass seine Behauptung abgelehnt wird, falls mindestens 25 Marmeladenbrote mit der Marmeladenseite nach unten landen.

a) Wie groß ist bei ihrem Test die Wahrscheinlichkeit, einen Fehler 1. Art zu begehen, falls $p = 0{,}45$ gilt?
b) Wie groß ist bei ihrem Test das Risiko 1. Art höchstens?
c) Wie groß ist bei ihrem Test die Wahrscheinlichkeit, einen Fehler 2. Art zu begehen, falls $p = 0{,}6$ gilt?

Lösung:

a) Nullhypothese H_0: $p \leqq 0{,}5$; Gegenhypothese H_1: $p > 0{,}5$
   Es liegt eine $B_{40;0,45}$-Verteilung vor. Sabine lehnt die Nullhypothese für $X \geqq 25$ ab.
   Man erhält $P(X \geqq 25) = 1 - P(X \leqq 24) \approx 0{,}0196$.
   Die Wahrscheinlichkeit, einen Fehler 1. Art zu begehen, beträgt in diesem Fall ca. 2,0%.
b) Im Extremfall liegt eine $B_{40;0,5}$-Verteilung vor.
   Man erhält $P(X \geqq 25) = 1 - P(X \leqq 24) \approx 0{,}0769$
   Das Risiko 1. Art beträgt bei ihrem Test demnach höchstens ca. 7,7%.

c) Es liegt eine $B_{40;0,6}$-Verteilung vor. Sabine lehnt die Nullhypothese für $X < 25$ nicht ab.
Man erhält $P(X < 25) = P(X \leqq 24) \approx 0{,}5598$.
Die Wahrscheinlichkeit, einen Fehler 2. Art zu begehen, beträgt in diesem Fall ca. 56,0 %.

Beispiel 2

Stichprobenumfang: $n = 150$; Signifikanzniveau: $\alpha = 5\,\%$
Nullhypothese H_0: $p \leqq 0{,}8$; Gegenhypothese H_1: $p > 0{,}8$

a) Wie lautet die Entscheidungsregel?
b) Berechnen Sie das maximale Risiko 1. Art bei diesem Test.
c) Bestimmen Sie die Wahrscheinlichkeit, einen Fehler 2. Art zu begehen, falls $p = 0{,}9$ gilt.

Lösung:

a) Man bestimmt den Ablehnungsbereich von H_0.
Im Extremfall liegt eine $B_{150;0,8}$-Verteilung vor. Es muss gelten: $P(X \geqq g + 1) \leqq 0{,}05$
$P(X \geqq g + 1) = 1 - P(X \leqq g) \leqq 0{,}05$, somit muss gelten: $P(X \leqq g) \geqq 0{,}95$
Man sucht den kleinsten Wert von g, der diese Bedingung erfüllt.
Man erstellt eine Wertetabelle:

g	127	128	129
$P(X \leqq g)$	0,9410	0,9628	0,9776

Somit folgt $g = 128$. Der Ablehnungsbereich von H_0 lautet: $\overline{A} = \{129; 130; \ldots; 150\}$
Man kann natürlich auch eine Wertetabelle von $1 - P(X \leqq g)$ berechnen und überprüfen, ab welchem Wert von g der Wert von $1 - P(X \leqq g)$ kleiner als 0,05 ist.

Eine Alternative, falls der GTR über einen inversen Binomialbefehl verfügt, ist die Bestimmung von $g + 1$ aus der Bedingung $P(X \leqq g) \geqq 0{,}95$.

Eine weitere Alternative ist die näherungsweise Bestimmung der Grenze g mithilfe der Sigmaregeln.
Es gilt $P(\mu - 1{,}64\sigma \leqq X \leqq \mu + 1{,}64\sigma) \approx 90\,\%$. Geht man nun näherungsweise von einem symmetrischen Graphen der Binomialverteilung $B_{150;0,8}$ aus, dann gilt $P(X \geqq \mu + 1{,}64\sigma + 1) \approx 5\,\%$.
Es gilt: $\mu = n \cdot p = 150 \cdot 0{,}8 = 120$; $\sigma = \sqrt{n \cdot p \cdot (1 - p)} = \sqrt{150 \cdot 0{,}8 \cdot 0{,}2} = \sqrt{24} \approx 4{,}899$
Mit $\mu - 1{,}64\sigma \approx 111{,}97$ und $\mu + 1{,}64\sigma \approx 128{,}03$ folgt
$P(111{,}97 \leqq X \leqq 128{,}03) = P(112 \leqq X \geqq 128) \approx 90\,\%$. Somit gilt näherungsweise $P(X \geqq 129) \approx 5\,\%$.
Die Grenze des Ablehnungsbereichs ist also $g = 129$ und somit $\overline{A} = \{129; 130; \ldots; 150\}$.

b) Im Extremfall liegt eine $B_{150;0,8}$-Verteilung vor.
Man erhält $P(X \geqq 129) = 1 - P(X \leqq 128) \approx 0{,}0372$.
Das Risiko 1. Art beträgt demnach maximal ca. 3,7 %.

c) Es liegt eine $B_{150;0,9}$-Verteilung vor. Man lehnt die Nullhypothese für $X \leqq 128$ nicht ab.
$P(X \leqq 128) \approx 0{,}0440$. Die Wahrscheinlichkeit, einen Fehler 2. Art zu begehen, beträgt in diesem Fall ca. 4,4 %.

Aufgaben

1. Bei einem Glücksspiel wird ein Tetraeder mit den Zahlen 1 bis 4 eingesetzt. Eva behauptet, das Tetraeder sei nicht ideal, es liefere mit einer Wahrscheinlichkeit von höchstens 15 % eine 4. Tom bezweifelt Evas Aussage und schlägt einen Signifikanztest mit einem Signifikanzniveau von 5 % vor. Tom wirft das Tetraeder 100-mal und notiert sich, wie oft die Zahl 4 auftritt.
   a) Bestimmen Sie den Ablehnungsbereich, falls Evas Behauptung die Nullhypothese ist.
   b) Welche Entscheidung wird gefällt, falls Tom 20-mal die 4 erhält?
   c) Berechnen Sie die Wahrscheinlichkeit, einen Fehler 1. Art zu begehen, falls $p = 0{,}12$ gilt.
   d) Berechnen Sie die Wahrscheinlichkeit, einen Fehler 2. Art zu begehen, falls das Tetraeder ideal ist.
2. Ein Großhändler bestellt 500 000 Schrauben. Der Hersteller der Schrauben behauptet, dass durchschnittlich höchstens 5 % seiner Schrauben einen Fehler haben. Um diese Behauptung

zu überprüfen, entnimmt ein Arbeiter des Großhändlers eine Stichprobe von 200 Schrauben und überprüft sie auf Fehler. Der Großhändler schickt die Lieferung zurück, falls der Arbeiter mehr als 15 Schrauben mit einem Fehler in der Stichprobe findet.

a) Berechnen Sie das maximale Risiko 1. Art bei diesem Test.

b) Berechnen Sie bei diesem Test die Wahrscheinlichkeit für einen Fehler 1. Art, falls $p = 4\%$ beträgt.

c) Berechnen Sie die Wahrscheinlichkeit, einen Fehler 2. Art zu begehen, falls $p = 10\%$ gilt.

Ergebnisse:

1. a) Extremfall $B_{100;0,15}$; $P(X \geqq g+1) = 1 - P(X \leqq g) \leqq 0{,}05$; $\overline{A} = \{22; 23; \ldots; 100\}$

   b) $20 \notin \overline{A}$, Tom kann die Hypothese von Eva nicht ablehnen.

   c) Es liegt eine $B_{100;0,12}$-Verteilung vor.
   Wahrscheinlichkeit für einen Fehler 1. Art: $P(X \geqq 22) \approx 0{,}0034$ (ca. 0,3%)

   d) Es liegt eine $B_{100;0,25}$-Verteilung vor.
   Wahrscheinlichkeit für einen Fehler 2. Art: $P(X \leqq 21) \approx 0{,}2114$ (ca. 21,1%)

2. a) Extremfall $B_{200;0,05}$; $P(X > 15) = 1 - P(X \leqq 15) \approx 0{,}0444$
   Das Risiko 1. Art beträgt höchstens ca. 4,4%.

   b) Es liegt eine $B_{200;0,04}$-Verteilung vor. $P(X > 15) = 1 - P(X \leqq 15) \approx 0{,}0070$
   Die Wahrscheinlichkeit, einen Fehler 1. Art zu begehen, beträgt ca. 0,7%.

   c) Es liegt eine $B_{200;0,10}$-Verteilung vor. $P(X \leqq 15) \approx 0{,}1431$
   Die Wahrscheinlichkeit, einen Fehler 2. Art zu begehen, beträgt ca. 14,3%.

F 106 Einen zweiseitigen Signifikanztest durchführen

... da bin ich noch unsicher ☐ ***... das kann ich (jetzt)*** ☐

Bei einem zweiseitigen Signifikanztest untersucht man eine **Nullhypothese** $\mathbf{H_0: p = p_0}$.
Man entnimmt dazu eine Stichprobe vom Umfang n. Mithilfe einer Entscheidungsregel entscheidet man dann, ob H_0 aufgrund des Ergebnisses der Stichprobe abgelehnt werden kann oder nicht.
Die andere Hypothese heißt Gegenhypothese $\mathbf{H_1: p \neq p_0}$.
Den Ablehnungsbereich von H_0 nennt man oft $\overline{A}$. Liegt ein Testergebnis (Trefferanzahl X) im Ablehnungsbereich von H_0, dann bedeutet dies, dass man die Hypothese H_0 ablehnt.
H_0 wird für sehr kleine und für sehr große Werte von X abgelehnt,
$\overline{A} = \{0; 1; \ldots; g_l\} \cup \{g_r; g_r + 1; \ldots; n\}$, daher spricht man von einem zweiseitigen Test.

Es gibt folgende zwei Aufgabenstellungen:

1. Man legt die Entscheidungsregel über den Ablehnungsbereich von H_0 ohne Rechnung fest. Dann kann man die Wahrscheinlichkeit für einen Fehler 1. Art (d.h. eine wahre Nullhypothese irrtümlich abzulehnen) für $p = p_0$ berechnen. (Man nennt diese Wahrscheinlichkeit auch das Risiko 1. Art.)
   Ist bei wahrer Gegenhypothese H_1 die Wahrscheinlichkeit $p \neq p_0$ bekannt, kann man auch die Wahrscheinlichkeit für einen Fehler 2. Art (d.h. eine falsche Nullhypothese irrtümlich nicht abzulehnen) berechnen. (Man nennt diese Wahrscheinlichkeit auch das Risiko 2. Art.)
2. Man legt das Signifikanzniveau fest (oft 5%; 1%) und berechnet damit den Ablehnungsbereich der Nullhypothese H_0. Das Signifikanzniveau ist der maximal geduldete Wert für das Risiko 1. Art.
   Manchmal wird das Signifikanzniveau auch als maximale Irrtumswahrscheinlichkeit bezeichnet. Dazu teilt man das Signifikanzniveau meist symmetrisch auf, um die beiden Teilbereiche des Ablehnungsbereichs zu bestimmen.
   Man kann das Risiko 1. Art für $p = p_0$ berechnen.
   Ist bei wahrer Gegenhypothese H_1 die tatsächliche Wahrscheinlichkeit $p \neq p_0$ bekannt, kann man auch das Risiko 2. Art berechnen.

Hinweis
Um einen zweiseitigen Signifikanztest durchzuführen, macht man im Prinzip einen linksseitigen und einen rechtsseitigen Test jeweils mit dem halben Signifikanzniveau.

Beispiel 1
Maria behauptet, dass ein Spielwürfel ideal sei. Anna macht daraufhin einen Test, indem sie den Würfel 150-mal wirft und sich notiert, wie oft eine 6 auftritt. Sie vereinbart mit Maria, dass ihre Behauptung abgelehnt wird, falls weniger als 20 oder mehr als 30 Sechsen auftreten.

a) Berechnen Sie bei Ihrem Test die Wahrscheinlichkeit, einen Fehler 1. Art zu begehen.

b) Berechnen Sie bei Ihrem Test die Wahrscheinlichkeit, einen Fehler 2. Art zu begehen, falls die Zahl 6 eine Wahrscheinlichkeit von 20 % hat.

Lösung:

a) Nullhypothese H_0: $p = \frac{1}{6}$; Gegenhypothese H_1: $p \neq \frac{1}{6}$

Es liegt eine $B_{150;\frac{1}{6}}$-Verteilung vor. Anna lehnt die Nullhypothese für $X < 20$ oder $X > 30$ ab.

Man erhält $P(X < 20) = P(X \leqq 19) \approx 0{,}1115$ und $P(X > 30) = 1 - P(X \leqq 30) \approx 0{,}1158$

$P(X < 20) + P(X > 30) \approx 0{,}2273.$

Die Wahrscheinlichkeit, einen Fehler 1. Art zu begehen, beträgt in diesem Fall ca. 22,7 %.

b) Es liegt eine $B_{150;0,2}$-Verteilung vor. Anna lehnt die Nullhypothese für $20 \leqq X \leqq 30$ nicht ab.

Man erhält $P(20 \leqq X \leqq 30) = P(X \leqq 30) - P(X \leqq 19) \approx 0{,}5359.$

Die Wahrscheinlichkeit, einen Fehler 2. Art zu begehen, beträgt in diesem Fall ca. 53,6 %.

Beispiel 2
Stichprobenumfang $n = 300$, Signifikanzniveau $\alpha = 5\,\%$

Nullhypothese H_0: $p = 0{,}6$, Gegenhypothese H_1: $p \neq 0{,}6$

a) Wie lautet die Entscheidungsregel?

b) Berechnen Sie bei diesem Test die Wahrscheinlichkeit, einen Fehler 1. Art zu begehen.

c) Bestimmen Sie die Wahrscheinlichkeit, einen Fehler 2. Art zu begehen, falls $p = 0{,}5$ gilt.

Lösung:

a) Man bestimmt den Ablehnungsbereich von H_0.

Es liegt eine $B_{300;0,6}$-Verteilung vor.

Für den linken Teilbereich muss gelten: $P(X \leqq g_l) \leqq \frac{\alpha}{2} = 0{,}025$

Man sucht den größten Wert von g_l, der diese Bedingung erfüllt.

Man erstellt eine Wertetabelle:

g_l	162	163	164
$P(X \leqq g_l)$	0,0201	0,0265	0,0345

Somit folgt $g_l = 162$.

Für den rechten Teilbereich muss gelten: $P(X \geqq g_r) = 1 - P(X \leqq g_r - 1) \leqq \frac{\alpha}{2} = 0{,}025$

Man sucht den kleinsten Wert von $g_r - 1$, der diese Bedingung erfüllt.

Man erstellt eine Wertetabelle:

$g_r - 1$	196	197	198
$1 - P(X \leqq g_r - 1)$	0,0252	0,0189	0,0140

Der Tabelle entnimmt man $g_r - 1 = 197$, demnach gilt: $g_r = 198$.

Der Ablehnungsbereich von H_0 lautet: $\overline{A} = \{0;1;2;\ldots;162\} \cup \{198;199;\ldots;300\}$.

Falls der GTR über einen inversen Binomialbefehl verfügt, ist die Bestimmung von g_l alternativ auch ohne Tabelle möglich. Zunächst liefert der GTR die kleinste Trefferzahl für die gilt: $P(X \leqq k) \geqq 0{,}025$. Folglich gilt: $k = g_l + 1$

Man muss also nur noch vom Ergebnis 1 subtrahieren. In diesem Beispiel erhält man $k = 163$ und somit $g_l = 162$.

Bestimmung von g_r aus der Bedingung $P(X \leqq g_r - 1) \geqq 0{,}975$.

In diesem Beispiel erhält man $g_r - 1 = 197$, also gilt $g_r = 198$.

Eine weitere Alternative ist die näherungsweise Bestimmung der Grenze g mithilfe der Sigmaregeln.
Es gilt $P(\mu - 1{,}96\sigma \leqq X \leqq \mu + 1{,}96\sigma) \approx 95\,\%$. Geht man nun näherungsweise von einem symmetrischen Graphen der Binomialverteilung $B_{300;0,6}$ aus, dann gilt $P(X \leqq \mu - 1{,}96\sigma - 1) \approx 2{,}5\,\%$ und $P(X \geqq \mu + 1{,}96\sigma + 1) \approx 2{,}5\,\%$.
Es gilt: $\mu = n \cdot p = 300 \cdot 0{,}6 = 180$; $\sigma = \sqrt{n \cdot p \cdot (1-p)} = \sqrt{300 \cdot 0{,}6 \cdot 0{,}4} = \sqrt{72} \approx 8{,}485$
Mit $\mu - 1{,}96\sigma \approx 163{,}37$ und $\mu + 1{,}96\sigma \approx 196{,}63$ folgt $P(163{,}37 \leqq X \leqq 196{,}63) = P(163 \leqq X \leqq 196)$
$\approx 95\,\%$.
Somit gilt näherungsweise $P(X \leqq 162) \approx 2{,}5\,\%$ und $P(X \geqq 197) \approx 2{,}5\,\%$.
Die Grenzen des Ablehnungsbereichs sind also $g_l = 162$ und $g_r = 197$.
Somit ist: $\overline{A} = \{0; 1; 2; \ldots; 162\} \cup \{197; 198; \ldots; 300\}$.

b) Es liegt eine $B_{300;0,6}$-Verteilung vor.
Man erhält $P(X \leqq 162) + P(X \geqq 198) = P(X \leqq 162) + 1 - P(X \leqq 197) \approx 0{,}0390$.
Die Wahrscheinlichkeit, einen Fehler 1. Art zu begehen, beträgt demnach ca. 3,9 %.

c) Es liegt eine $B_{300;0,5}$-Verteilung vor. Man lehnt die Nullhypothese für $163 \leqq X \leqq 197$ nicht ab.
$P(163 \leqq X \leqq 197) = P(X \leqq 197) - P(X \leqq 162) \approx 0{,}0744$.
Die Wahrscheinlichkeit, einen Fehler 2. Art zu begehen, beträgt in diesem Fall ca. 7,4 %.

Aufgaben

1. Adrian behauptet, dass ein Tetraeder, der für ein Glücksspiel verwendet wird, ideal sei. Marion macht daraufhin einen Test, indem sie den Tetraeder 200-mal wirft und sich notiert, wie oft eine 4 auftritt. Sie vereinbart mit Adrian, dass seine Behauptung abgelehnt wird, falls weniger als 45 oder mehr als 55 Vieren auftreten.
   a) Berechnen Sie bei diesem Test die Wahrscheinlichkeit, einen Fehler 1. Art zu begehen.
   b) Berechnen Sie bei diesem Test die Wahrscheinlichkeit, einen Fehler 2. Art zu begehen, falls die Zahl 4 eine Wahrscheinlichkeit von 20 % hat.
2. Die Behauptung, dass die Wahrscheinlichkeit für die Geburt eines Jungen 0,5 beträgt, soll getestet werden. Dazu wird bei 1000 Geburten das Geschlecht des Neugeborenen erfasst und ein Signifikanzniveau von 5 % vereinbart.
   a) Formulieren Sie die Entscheidungsregel für diesen Test.
   b) Berechnen Sie bei diesem Test die Wahrscheinlichkeit, einen Fehler 1. Art zu begehen.
   c) Berechnen Sie bei diesem Test die Wahrscheinlichkeit, einen Fehler 2. Art zu begehen, falls die Wahrscheinlichkeit für eine Jungengeburt 0,514 beträgt.

Ergebnisse:

1. a) $B_{200;0,25}$, $P(X \leqq 44) + 1 - P(X \leqq 55) \approx 0{,}3691$, die Wahrscheinlichkeit, einen Fehler 1. Art zu begehen, beträgt ca. 36,9 %.
   b) $B_{200;0,2}$, $P(X \leqq 55) - P(X \leqq 44) \approx 0{,}2072$, die Wahrscheinlichkeit, einen Fehler 2. Art zu begehen, beträgt ca. 20,7 %.
2. a) $B_{1000;0,5}$, $P(X \leqq g_l) \leqq 0{,}025$, $g_l = 468$, $P(X \geqq g_r) = 1 - P(X \leqq g_r - 1) \leqq 0{,}025$, $g_r = 532$
   Die Behauptung wird abgelehnt, falls man höchstens 468 oder mindestens 532 Jungengeburten registriert.
   b) Es liegt eine $B_{1000;0,5}$-Verteilung vor. $P(X \leqq 468) + 1 - P(X \leqq 531) \approx 0{,}0463$.
   Die Wahrscheinlichkeit, einen Fehler 1. Art zu begehen, beträgt ca. 4,6 %.
   c) Es liegt eine $B_{1000;0,514}$-Verteilung vor. $P(X \leqq 531) - P(X \leqq 468) \approx 0{,}8639$.
   Die Wahrscheinlichkeit, einen Fehler 2. Art zu begehen, beträgt ca. 86,4 %.

F 107 Die Nullhypothese bei einem Signifikanztest geeignet wählen

... da bin ich noch unsicher ☐ ***... das kann ich (jetzt)*** ☐

Es gibt Aufgaben bei denen, unter bestimmten Voraussetzungen, die Nullhypothese eines Signifikanztests noch geeignet gewählt werden muss.
Dabei sind folgende Aspekte zu beachten:
- Eine Nullhypothese kann durch einen Signifikanztest niemals gestützt sondern nur gegebenenfalls abgelehnt werden.
- Wenn das Ergebnis der Stichprobe nicht im Ablehnungsbereich liegt, dann erhält man keinerlei signifikante Informationen. Man ist dann quasi genauso „schlau" wie vor dem Test.
- Nur das Risiko 1. Art ist kalkulierbar und durch das Signifikanzniveau beschränkbar. Das Risiko 2. Art hat man bei einem Signifikanztest nicht „im Griff".

Daraus ergeben sich zwei Kriterien, nach denen man eine Nullhypothese geeignet wählt:

Kriterium 1: Wenn man (aus welchen Gründen auch immer) eine Hypothese unterstützen möchte, muss man diese Hypothese als Gegenhypothese H_1 wählen. Die Hypothese, die man (aus welchen Gründen auch immer) ablehnen möchte, muss als Nullhypothese gewählt werden.

Kriterium 2: Der Fehler, dessen Auftreten man beim Testen möglichst vermeiden möchte, muss zum Fehler 1. Art werden. Dann kann man nur die Wahrscheinlichkeit, einen Fehler 1. Art zu begehen (also das Risiko 1. Art), mithilfe des Signifikanzniveaus begrenzen. Die Wahl der Nullhypothese H_0 hängt also davon ab, welcher Fehler für den Testdesigner die schwerwiegenderen Konsequenzen hätte.

Es gibt folgende zwei Aufgabenstellungen:
1. Man kennt die Zielsetzung der Person, die den Test designt. Man weiß also, welcher Fehler die schwerwiegenderen Konsequenzen für den Testdesigner hätte. Man wählt die Nullhypothese H_0 geeignet, um diese Zielsetzung zu verfolgen.
2. Man kennt bereits die Wahl der Nullhypothese und muss begründen, welcher von zwei gegebenen Zielsetzungen diese Wahl der Nullhypothese gerecht wird.

Beispiel 1

Franz behauptet, dass höchstens 30 % aller Schülerinnen und Schüler der Schule im Normalfall mit dem Fahrrad zur Schule kommen. Eva behauptet, dass es mehr als 30 % sind.
Paul mag den „Besserwisser" Franz nicht und möchte mithilfe eines Signifikanztests dessen Behauptung entkräften und damit Evas Behauptung stützen.
Begründen Sie, wie er die Nullhypothese wählen muss.

Lösung:

Da Paul Evas Hypothese stützen möchte, muss er (siehe Kriterium 1) die Behauptung von Franz als Nullhypothese wählen, also $H_0: p \leqq 0{,}3$. Ein Signifikanztest kann signifikant nur eine Nullhypothese ablehnen, niemals bestätigen.

Beispiel 2

Ein Hersteller behauptet: „Höchstens 3 % der Schrauben haben nicht die richtige Länge." Ein Baumarkt bezieht eine große Menge dieser Schrauben. Ein Abteilungsleiter bezweifelt diese Aussage und teilt dies seinem Chef mit. Die beiden vereinbaren, einen Signifikanztest mit einer Stichprobe von 200 Schrauben durchzuführen.
Dabei soll die Wahrscheinlichkeit, dass der Hersteller zu Unrecht beschuldigt wird, etwas Falsches zu behaupten, auf 5 % begrenzen werden.
Begründen Sie, wie hierfür die Nullhypothese gewählt werden muss.

Lösung:
Der Hersteller wird zu Unrecht beschuldigt, falls seine Behauptung stimmt, aber in der Stichprobe relativ viele Schrauben mit einer falschen Länge sind.
Da durch das Signifikanzniveau nur das Risiko 1. Art (die Irrtumswahrscheinlichkeit) begrenzt werden kann, muss man die Behauptung des Herstellers als Nullhypothese wählen (siehe Kriterium 2).
$H_0: p \leqq 0{,}03$; $H_1: p > 0{,}03$

Beispiel 3
Ein Möbelbauer bezieht von einem Lieferanten regelmäßig große Mengen an Schrauben in unterschiedlicher Qualität. Von der besten Sorte weiß man, dass mindestens 98 % der Schrauben in Ordnung sind, bei der schlechteren Sorte sind dies weniger. Die beste Sorte wird im Produktionsprozess an den Stellen verwendet, wo es ganz besonders auf Qualität ankommt, die anderen Sorten dort, wo dies nicht ganz so wichtig ist.
Eine ganze Palette der Schrauben steht nun bei dem Möbelbauer. Leider sind die Informationen, ob es sich um die beste Sorte oder um eine der anderen Sorten handelt, beim Möbelbauer verloren gegangen. Wird die beste Sorte dort eingesetzt, wo auch eine Sorte mit schlechterer Qualität ausgereicht hätte, entstehen dem Möbelbauer zusätzliche Kosten. Wird eine schlechtere Sorte dort eingesetzt, wo die beste Sorte vorgesehen ist, leidet die Qualität der hergestellten Teile.
Der Möbelbauer will nun mithilfe eines Hypothesentests (Signifikanzniveau 5 %) entscheiden, welche Qualitätssorte Schrauben diese Palette enthält. Er wählt als Nullhypothese $H_0: p < 0{,}98$.
Vor der Konzeption des Testes stellte der Möbelbauer die beiden folgenden Überlegungen an.
A: Wenn die Qualität der hergestellten Teile leidet, dann entsteht uns ein Imageverlust, das möchten wir möglichst vermeiden.
B: Wenn wir die teuren Schrauben überall einsetzen, dann entstehen uns zusätzliche Kosten, das möchten wir möglichst vermeiden.
Für eine dieser beiden Überlegungen kann die Wahrscheinlichkeit des Eintretens mit der vom Möbelbauer gewählten Nullhypothese auf 5 % begrenzt werden.
Entscheiden Sie, welche der beiden Überlegungen dies ist. Begründen Sie Ihre Entscheidung.
Lösung:
Durch das Signifikanzniveau wird die Wahrscheinlichkeit für einen Fehler 1. Art begrenzt. Ein Fehler 1. Art entsteht, falls H_0 wahr ist, aber aufgrund des Tests abgelehnt wird. Im Sachzusammenhang bedeutet dies, dass es sich um Schrauben geringerer Qualität handelt, dies aber aufgrund des Testes abgelehnt wird. Der Möbelbauer würde also Teile mit geringerer Qualität bauen und einen Imageververlust erleiden.
Somit lässt sich die Wahrscheinlichkeit für das Eintreten der Überlegung A durch diesen Test auf 5 % begrenzen.

Aufgaben
1. Eine Firma entwickelt einen neuen Impfstoff und macht dazu Tierversuche mit Ratten. Mit dem Impfstoff dürfen keine klinischen Studien an Menschen durchgeführt werden, wenn sich im Tierversuch in mindestens 2 % der Fälle unerwünschte Nebenwirkungen zeigen. In diesem Fall kommt der Impfstoff nicht auf den Markt und die Firma kann trotz der hohen Entwicklungskosten mit diesem Impfstoff keinen Gewinn erzielen.
   Ob man davon ausgehen kann, klinische Studien an Menschen durchzuführen, soll mithilfe eines Signifikanztests bei einem Stichprobenumfang von 1000 entschieden werden.
   Begründen Sie, wie die Firma die Nullhypothese wählen muss, damit die Wahrscheinlichkeit, dass die Firma den Impfstoff nicht auf den Markt bringen kann, obwohl der Impfstoff kaum Nebenwirkungen hat, auf 1 % begrenzt werden kann.

2. Ein Wirt überlegt, da er ein Wiesengrundstück an einem neu angelegten Radweg besitzt, ob er dort einen Biergarten einrichten soll. Er geht davon aus, dass sich der Biergarten lohnen würde, wenn mindestens 10 % der Radtouristen in seinen Biergarten einkehren würden. Seine Tochter, die im Mathematikunterricht gerade Signifikanztests kennengelernt hat, schlägt ihm vor, einen Signifikanztest durchzuführen. Bei ihrem Test lautet die Nullhypothese: „Mindestens 10 % der Radtouristen würden in den Biergarten einkehren."
In der Diskussion, die der Wirt mit seiner Tochter vor dem Testdesign führte, erläuterte er ihr folgende beiden Überlegungen:
   (I) Wenn wir den Biergarten einrichten, obwohl dann weniger als 10 % der Radtouristen tatsächlich einkehren, dann machen wir Verluste, da wir ja zunächst relativ viel Geld investieren müssten.
   (II) Wenn wir den Biergarten nicht einrichten, obwohl mindestens 10 % der Radtouristen tatsächlich einkehren, dann verzichten wir auf einen guten Gewinn.
Für eine dieser beiden Überlegungen kann die Wahrscheinlichkeit des Eintretens mit der von seiner Tochter gewählten Nullhypothese auf 5 % begrenzt werden.
Entscheiden Sie, welche der beiden Überlegungen dies ist. Begründen Sie Ihre Entscheidung.

Ergebnisse:

1. Der Impfstoff kommt fälschlicherweise nicht auf den Markt, falls tatsächlich weniger als 2 % der Ratten Nebenwirkungen haben, aber in der Stichprobe relativ viele Ratten mit Nebenwirkungen sind. Da durch das Signifikanzniveau nur das Risiko 1. Art (die Irrtumswahrscheinlichkeit) begrenzt werden kann, muss dieser Fehler zum Fehler 1. Art werden (siehe Kriterium 2). Die Firma muss also die Nullhypothese H_0: $p < 0{,}02$ wählen.
2. Durch das Signifikanzniveau wird die Wahrscheinlichkeit für einen Fehler 1. Art begrenzt. Ein Fehler 1. Art entsteht, falls H_0 wahr ist, aber aufgrund des Tests abgelehnt wird. Im Sachzusammenhang bedeutet dies, dass tatsächlich mindestens 10 % der Radtouristen in den Biergarten einkehren würden, dies aber aufgrund der Stichprobe nicht erkannt wird (da H_0 abgelehnt wurde). Der Wirt würde also fälschlicherweise auf einen guten Gewinn verzichten. Somit lässt sich die Wahrscheinlichkeit für das Eintreten der Überlegung (II) durch diesen Test auf 5 % begrenzen.

Stetige Verteilungen

F 108 Nachweisen, dass eine Wahrscheinlichkeitsdichte vorliegt

... da bin ich noch unsicher ☐ *... das kann ich (jetzt)* ☐

Um bei einer stetig verteilten Zufallsvariable x Wahrscheinlichkeiten berechnen zu können, benötigt man eine Wahrscheinlichkeitsdichte. Eine Wahrscheinlichkeitsdichte ist eine Funktion f, durch deren Integration man Wahrscheinlichkeiten erhält.
Damit eine Funktion f eine Wahrscheinlichkeitsdichte über einem Intervall $I = [a;b]$ ist, muss sie zwei Bedingungen erfüllen:

1. $f(x) \geqq 0$ für alle $x \in I$
2. $\int_a^b f(x)\,dx = 1$

Eine typische Aufgabe ist es, zu überprüfen, ob eine gegebene Funktion f eine Wahrscheinlichkeitsdichte über einem Intervall $I = [a;b]$ ist.
Bei einem zweiten Aufgabentyp muss ein Parameter so angepasst werden, dass eine Wahrscheinlichkeitsdichte vorliegt.

Beispiel 1

Gegeben ist eine stetige Zufallsgröße x mit der zugehörigen Dreiecksverteilung f auf dem Intervall [0;5].

$$f(x) = \begin{cases} \frac{2}{15}x & \text{für } 0 \leqq x \leqq 3 \\ -0{,}2x + 1 & \text{für } 3 < x \leqq 5 \end{cases}$$

Zeigen Sie, dass die Bedingungen für eine Wahrscheinlichkeitsdichte erfüllt sind.

Lösung:

1. Für $0 \leqq x \leqq 3$ gilt $\frac{2}{15}x \geqq 0$, für $3 < x \leqq 5$ gilt $1 - 0{,}2x \geqq 0$.
2. Die Berechnung der Dreiecksfläche kann auch elementar, d.h. ohne Integralrechnung, erfolgen.
   Höhe des Dreiecks: $h = f(3) = \frac{2}{15} \cdot 3 = \frac{2}{5} = 0{,}4$
   Grundseite des Dreiecks: $g = 5 - 0 = 5$
   Flächeninhalt des Dreiecks: $A = \frac{1}{2} \cdot g \cdot h = \frac{1}{2} \cdot \frac{2}{5} \cdot 5 = 1$
   Somit sind beide Bedingungen erfüllt, f ist eine Wahrscheinlichkeitsdichte.

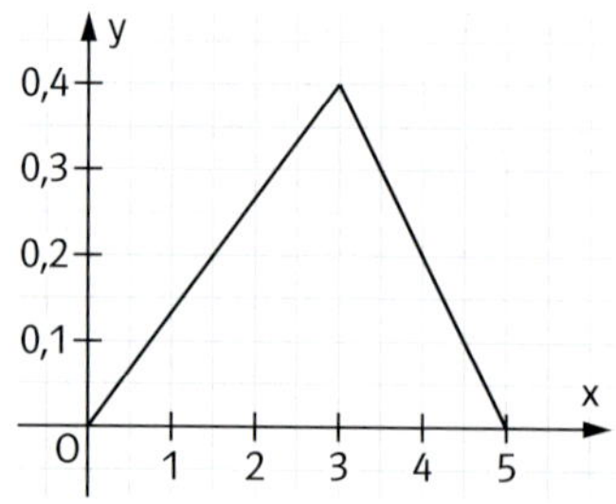

Beispiel 2

Eine stetige Zufallsgröße x hat auf dem Intervall [0;π] die Wahrscheinlichkeitsdichte f mit $f(x) = a \cdot \sin(x)$.

Bestimmen Sie den Wert des Parameters a.

Lösung:

1. Da sin(x) für $0 \leqq x \leqq \pi$ nicht negativ ist, muss der Parameter a positiv sein.
2. Es muss gelten: $\int_a^b f(x)\,dx = \int_0^\pi a \cdot \sin(x)\,dx = [-a \cdot \cos(x)]_0^\pi = -a \cdot \cos(\pi) - (-a \cdot \cos(0))$
   $= a + a = 2a = 1$
   Somit muss $a = 0{,}5$ gewählt werden, damit eine Wahrscheinlichkeitsdichte vorliegt.

Aufgaben

1. Weisen Sie nach, dass die Funktion f mit $f(x) = 0{,}5 \cdot e^{-0{,}5x}$ auf dem Intervall [0;+∞) eine Wahrscheinlichkeitsdichte ist.
2. Die Dreiecksverteilung f ist eine Wahrscheinlichkeitsdichte auf dem Intervall [3;7].
   Dabei gilt $f(3) = f(7) = 0$ und f hat bei $x_1 = 5$ das Maximum.
   Bestimmen Sie den Funktionsterm von f.

Ergebnisse:

1. $0{,}5 \cdot e^{-0{,}5x} > 0$ für alle $x \in I$;
   $\int_0^u 0{,}5 \cdot e^{-0{,}5x}dx = [-e^{-0{,}25x}]_0^u = -e^{-0{,}5u} - (-e^0) = 1 - e^{-0{,}5u}, \quad \lim_{x \to \infty} (1 - e^{-0{,}5u}) = 1$
2. Flächeninhalt des Dreiecks $A = \frac{1}{2} \cdot f(5) \cdot (7-3) = 2 \cdot f(5) = 1$, also gilt $f(5) = 0{,}5$
   $$f(x) = \begin{cases} 0{,}25x - 0{,}75 & \text{für } 3 \leqq x \leqq 5 \\ -0{,}25x + 1{,}75 & \text{für } 5 < x \leqq 7 \end{cases}$$

F 109 Wahrscheinlichkeiten bei stetigen Verteilungen berechnen

***... da bin ich noch unsicher* ☐ *... das kann ich (jetzt)* ☐**

Bei einer stetig verteilten Zufallsvariable x sind die Werte der Zufallsvariablen reelle Zahlen. Diese liegen im Unterschied zur diskreten Zufallsvariablen beliebig dicht auf einem Intervall (oder auf der Menge der reellen Zahlen).

Die Wahrscheinlichkeit, dass die Zufallsvariable x in einem Intervall [a ; b] liegt, berechnet man, indem man den Flächeninhalt der Fläche unter dem Graphen der Wahrscheinlichkeitsdichte f bestimmt.

Diese Flächenberechnung erfolgt entweder mithilfe der Integralrechnung oder elementarer Flächeninhaltsformeln.

Es gilt: $P(r \leqq x \leqq s) = \int_r^s f(x)\,dx$

Hinweise

Bei einer stetigen Verteilung gilt $P(x = k) = 0$ für alle $k \in [a;b]$.

Bei einer stetigen Verteilung gilt $P(r < x < s) = P(r \leqq x \leqq s)$.

Beispiel 1

Gegeben ist auf dem Intervall $I = [-2;3]$ die Wahrscheinlichkeitsdichte f mit $f(x) = 0{,}04x + 0{,}18$.

Berechnen Sie folgende Wahrscheinlichkeiten:

a) $P(x < 2)$ b) $P(x \geqq 1)$ c) $P(-1 < x \leqq 2{,}5)$

Lösung:

a) $P(x < 2) = \int_{-2}^{2} (0{,}04x + 0{,}18)\,dx = [0{,}02x^2 + 0{,}18x]_{-2}^{2} = 0{,}08 + 0{,}36 - (0{,}08 - 0{,}36)$
$= 0{,}44 - (-0{,}28) = 0{,}72$

b) $P(x \geqq 1) = \int_{1}^{3} (0{,}04x + 0{,}18)\,dx = [0{,}02x^2 + 0{,}18x]_{1}^{3} = 0{,}18 + 0{,}54 - (0{,}02 + 0{,}18)$
$= 0{,}72 - 0{,}2 = 0{,}52$

c) $P(-1 < x \leqq 2{,}5) = \int_{-1}^{2{,}5} (0{,}04x + 0{,}18)\,dx = [0{,}02x^2 + 0{,}18x]_{-1}^{2{,}5} = 0{,}125 + 0{,}45 - (0{,}02 - 0{,}18)$
$= 0{,}575 - (-0{,}16) = 0{,}735$

Alternative Berechnung:

Da die Wahrscheinlichkeitsdichte f eine lineare Funktion ist, kann man die zu berechnenden Flächen auch ohne Integralrechnung bestimmen. Es handelt sich hier um Trapezflächen.

b) Das Trapez hat die Höhe $h = 3 - 1 = 2$

Die parallelen Seiten haben die Längen:

$f(1) = 0{,}22$ und $f(3) = 0{,}3$

Flächeninhalt des Trapez: $A = \frac{0{,}22 + 0{,}3}{2} \cdot 2 = 0{,}52$

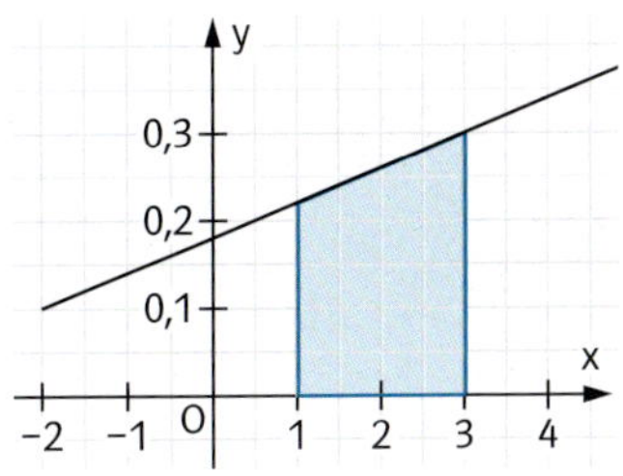

Beispiel 2

Gegeben ist der Graph einer Dreiecksverteilung f einer stetigen Zufallsvariablen x.

Bestimmen Sie folgende Wahrscheinlichkeiten mithilfe des Graphen von f.

a) $P(x < 1)$

b) $P(x \geqq 3)$

c) $P(0{,}5 < x < 1{,}5)$

d) $P(1 \leqq x < 3{,}5)$

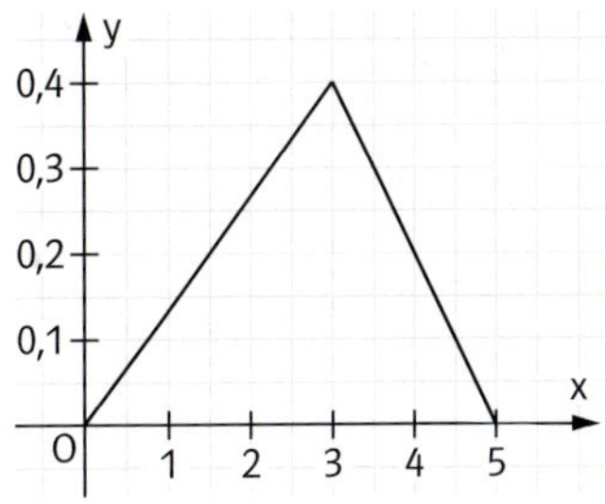

Lösung:

a) Die Wahrscheinlichkeit $P(x < 1)$ entspricht der Dreiecksfläche a. Die Höhe $h = f(1)$ des Dreiecks entnimmt man dem Graphen.
Aus $f(1) = 0{,}2$ folgt
$A_a = 0{,}5 \cdot 1 \cdot 0{,}2 = 0{,}1$
$P(x < 1) = 0{,}1.$

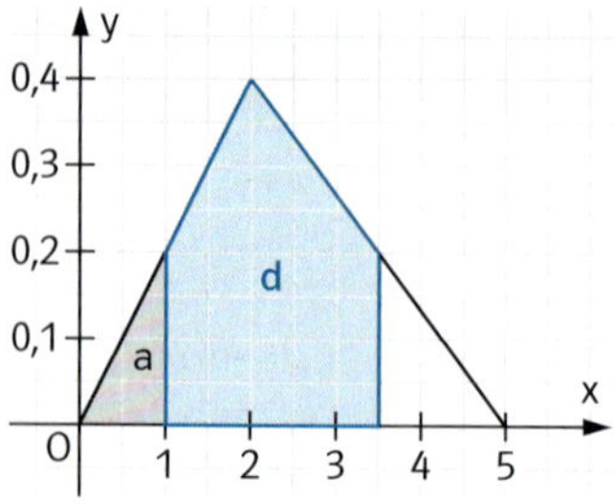

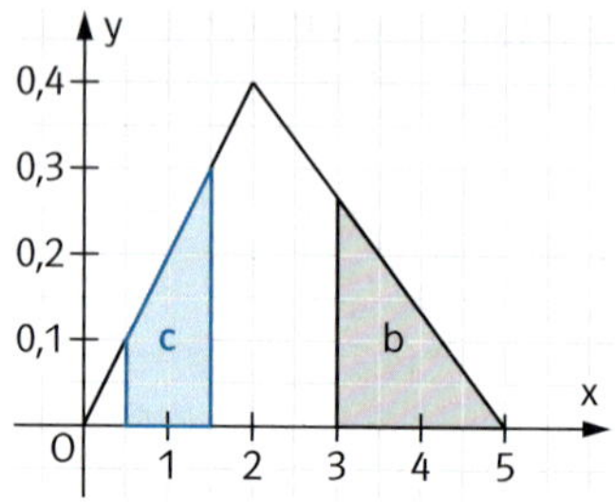

b) Die Wahrscheinlichkeit $P(x \geqq 3)$ entspricht der Dreiecksfläche b. Die Höhe des Dreiecks $h = f(3)$ entnimmt man näherungsweise dem Graphen. Aus $f(3) \approx 0{,}27$ folgt $A_b \approx 0{,}5 \cdot 2 \cdot 0{,}27 = 0{,}27$.
$P(x \geqq 3) \approx 0{,}27.$
Alternativ kann man f(3) auch mithilfe des 2. Strahlensatzes berechnen.
Es gilt: $\frac{f(3)}{f(2)} = \frac{f(3)}{0{,}4} = \frac{5-3}{5-2} = \frac{2}{3}$
Daraus folgt $f(3) = \frac{2}{3} \cdot 0{,}4 = \frac{2}{3} \cdot \frac{2}{5} = \frac{4}{15}$. Damit gilt $A_b = \frac{1}{2} \cdot 2 \cdot \frac{4}{15}$ und somit $P(x \geqq 3) = \frac{4}{15}$.

c) Die Wahrscheinlichkeit $P(0{,}5 < x < 1{,}5)$ entspricht der Trapezfläche c.
Die Höhe des Trapezes ist $h = 1{,}5 - 0{,}5 = 1$.
Für den Flächeninhalt des Trapezes gilt: $A_c = \frac{f(0{,}5) + f(1{,}5)}{2} \cdot 1$
Die Funktionswerte $f(0{,}5)$ und $f(1{,}5)$ entnimmt man dem Graphen: $f(0{,}5) = 0{,}1$; $f(1{,}5) = 0{,}3$
Aus $A_c = \frac{0{,}1 + 0{,}3}{2} \cdot 1 = 0{,}2$ folgt $P(0{,}5 < x < 1{,}5) = 0{,}2$.

d) Die Wahrscheinlichkeit $P(1 \leqq x < 3{,}5)$ entspricht der Fünfecksfläche d. Den Flächeninhalt A_d dieses Fünfecks berechnet man, indem man das Fünfeck in zwei Trapeze zerlegt.
Flächeninhalt des linken Trapezes: $A_{d_1} = \frac{f(1) + f(2)}{2} \cdot (2 - 1) = \frac{0{,}2 + 0{,}4}{2} \cdot 1 = 0{,}3$
Flächeninhalt des rechten Trapezes: $A_{d_2} = \frac{f(1) + f(3{,}5)}{2} \cdot (3{,}5 - 2) = \frac{0{,}4 + 0{,}2}{2} \cdot 1{,}5 = 0{,}45$
Flächeninhalt des Fünfecks: $A_d = 0{,}3 + 0{,}45 = 0{,}75$
Also gilt: $P(1 \leqq x < 3{,}5) = 0{,}75$

Beispiel 3

Gegeben ist auf dem Intervall $I = [1; e]$ die Wahrscheinlichkeitsdichte f mit $f(x) = \ln(x)$.
Berechnen Sie folgende Wahrscheinlichkeiten:
a) $P(x \leqq 2)$ b) $P(x > 1{,}5)$ c) $P(1{,}5 \leqq x \leqq 2{,}5)$

Lösung:
a) $P(x \leqq 2) = \int_1^2 \ln(x)\,dx \approx 0{,}3863$
b) $P(x > 1{,}5) = \int_{1{,}5}^{e} \ln(x)\,dx \approx 0{,}8918$
c) $P(1{,}5 \leqq x \leqq 2{,}5) = \int_{1{,}5}^{2{,}5} \ln(x)\,dx \approx 0{,}6825$

Beispiel 4

Eine Zufallsgröße x ist exponentialverteilt mit Parameter $\lambda = 0{,}25$.
Berechnen Sie folgende Wahrscheinlichkeiten:
a) $P(x < 2)$ b) $P(x \geqq 3)$ c) $P(1 \leqq x < 4)$

Lösung:
Die Wahrscheinlichkeitsdichte f hat den Funktionsterm $f(x) = 0{,}25 \cdot e^{-0{,}25x}$ mit $x \in I = \mathbb{R}_0^+$.

a) $P(x < 2) = \int_0^2 0{,}25 \cdot e^{-0{,}25x}\,dx = [-e^{-0{,}25x}]_0^2 = -e^{-0{,}5} - (-e^0) = 1 - e^{-0{,}5} \approx 0{,}3935$

b) $P(x \geqq 3) = \int_3^u 0{,}25 \cdot e^{-0{,}25x} dx = [-e^{-0{,}25x}]_3^u = -e^{-0{,}25u} - (-e^{-0{,}75}) = e^{-0{,}75} - e^{-0{,}25u}$;

$\lim\limits_{u \to \infty} (e^{-0{,}75} - e^{-0{,}25u}) = e^{-0{,}75} \approx 0{,}4724$

c) $P(1 \leqq x < 4) = \int_1^4 0{,}25 \cdot e^{-0{,}25x} dx = [-e^{-0{,}25x}]_1^4 = -e^{-1} - (-e^{-0{,}25}) = e^{-0{,}25} - e^{-1} \approx 0{,}4109$

Alternativ kann man die auftretenden Integrale mit dem GTR berechnen, ohne selbst die Stammfunktion zu bestimmen. Bei b) genügt es, für die obere Grenze eine große Zahl z. B. 100 einzusetzen, um einen sehr guten Näherungswert zu erhalten.

Aufgaben

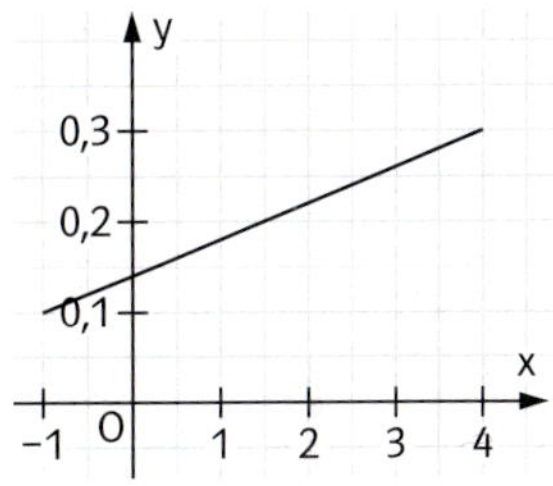

1. Gegeben ist der Graph einer linearen Wahrscheinlichkeitsdichte f einer stetigen Zufallsvariablen x.
   Bestimmen Sie folgende Wahrscheinlichkeiten mithilfe des Graphen von f.
   a) $P(x \leqq 1{,}5)$
   b) $P(0{,}25 \leqq x < 2{,}75)$
2. Die Wahrscheinlichkeitsdichte f einer stetigen Verteilung ist dreiecksförmig auf dem Intervall [4; 12] definiert.
   Die Funktion f hat bei $x = 7$ ihren größten Wert.
   Berechnen Sie folgende Wahrscheinlichkeiten:
   a) $P(x > 10)$ b) $P(5 \leqq x < 6)$ c) $P(5 < x \leqq 8)$
3. 🖩 Gegeben ist die Wahrscheinlichkeitsdichte f mit $f(x) = \frac{1}{24} \cdot (x-4)^2$ auf dem Intervall [2; 8].
   Berechnen Sie folgende Wahrscheinlichkeiten:
   a) $P(x \leqq 5)$ b) $P(x \geqq 4)$ c) $P(3 < x \leqq 7)$
4. 🖩 Eine Zufallsgröße x ist exponentialverteilt mit Parameter $\lambda = 0{,}4$.
   Berechnen Sie folgende Wahrscheinlichkeiten:
   a) $P(x \leqq 2{,}5)$ b) $P(x > 4)$ c) $P(2 \leqq x < 3)$

Ergebnisse:

1. a) $A_a = \frac{f(-1) + f(1{,}5)}{2} \cdot 2{,}5 = \frac{0{,}1 + 0{,}2}{2} \cdot 2{,}5 = \frac{3}{8} = 0{,}375$

   b) $A_b = \frac{f(0{,}25) + f(2{,}75)}{2} \cdot 2{,}5 = \frac{0{,}15 + 0{,}25}{2} \cdot 2{,}5 = 0{,}5$

2. $f(7) = \frac{1}{4}$;
   a) $\frac{1}{2} \cdot 2 \cdot f(10) = \frac{1}{10}$

   b) $\frac{f(5) + f(6)}{2} \cdot 1 = \frac{1}{8}$
   c) $\frac{f(5) + f(7)}{2} \cdot 2 + \frac{f(7) + f(8)}{2} \cdot 1 = \frac{9}{40}$

3. a) $\int_2^5 \frac{1}{24}(x-4)^2 dx = \frac{1}{8}$ b) $\int_4^8 \frac{1}{24}(x-4)^2 dx = \frac{8}{9}$ c) $\int_3^7 \frac{1}{24}(x-4)^2 dx = \frac{7}{18}$

4. $f(x) = 0{,}4 \cdot e^{-0{,}4x}$;
   a) $\int_0^{2{,}5} 0{,}4 \cdot e^{-0{,}4x} dx \approx 0{,}6321$

   b) $\int_4^{100} 0{,}4 \cdot e^{-0{,}4x} dx \approx 0{,}2019$
   c) $\int_2^3 0{,}4 \cdot e^{-0{,}4x} dx \approx 0{,}1481$

F 110 Erwartungswert und Standardabweichung bei stetigen Verteilungen berechnen

... da bin ich noch unsicher ☐ *... das kann ich (jetzt)* ☐

Bei einer stetig verteilten Zufallsvariable x mit der Wahrscheinlichkeitsdichte f über dem Intervall [a ; b] sind der Erwartungswert und die Standardabweichung wie folgt definiert.

Erwartungswert $\mu = \int_a^b x \cdot f(x)\,dx$; Standardabweichung $\sigma = \sqrt{\int_a^b (x-\mu)^2 \cdot f(x)\,dx}$

Beispiel 1

Gegeben ist auf dem Intervall $I = [0;4]$ die Wahrscheinlichkeitsdichte f mit $f(x) = -\frac{1}{8}x + \frac{1}{2}$.
Berechnen Sie den Erwartungswert und die Standardabweichung von x.

Lösung:

$$\mu = \int_0^4 x \cdot \left(-\tfrac{1}{8}x + \tfrac{1}{2}\right) dx = \int_0^4 \left(-\tfrac{1}{8}x^2 + \tfrac{1}{2}x\right) dx = \left[-\tfrac{1}{24}x^3 + \tfrac{1}{4}x^2\right]_0^4 = -\tfrac{8}{3} + 4 - 0 = \tfrac{4}{3} \approx 1{,}33$$

$$\sigma = \sqrt{\int_0^4 \left(x - \tfrac{4}{3}\right)^2 \cdot \left(-\tfrac{1}{8}x + \tfrac{1}{2}\right) dx} = \sqrt{\int_0^4 \left(x^2 - \tfrac{8}{3}x + \tfrac{16}{9}\right) \cdot \left(-\tfrac{1}{8}x + \tfrac{1}{2}\right) dx} = \sqrt{\int_0^4 \left(-\tfrac{1}{8}x^3 + \tfrac{5}{6}x^2 - \tfrac{14}{9}x + \tfrac{8}{9}\right) dx}$$

$$= \sqrt{\left[-\tfrac{1}{32}x^4 + \tfrac{5}{18}x^3 - \tfrac{7}{9}x^2 + \tfrac{8}{9}x\right]_0^4} = \sqrt{-8 + \tfrac{160}{9} - \tfrac{112}{9} + \tfrac{32}{9} - 0} = \sqrt{\tfrac{8}{9}} = \tfrac{2}{3}\sqrt{2} \approx 0{,}943$$

Beispiel 2 🖩

Gegeben ist auf dem Intervall $I = \left[0; \frac{\pi}{2}\right]$ die Wahrscheinlichkeitsdichte f mit $f(x) = \cos(x)$.
Berechnen Sie den Erwartungswert und die Standardabweichung von x.

Lösung:

$$\mu = \int_0^{\frac{\pi}{2}} x \cdot \cos(x)\,dx \approx 0{,}571; \quad \sigma = \sqrt{\int_0^{\frac{\pi}{2}} (x - 0{,}571)^2 \cdot \cos(x)\,dx} \approx \sqrt{0{,}1416} \approx 0{,}376$$

Beispiel 3 🖩

Eine Zufallsgröße x ist exponentialverteilt mit der Wahrscheinlichkeitsdichte f mit $f(x) = 0{,}2 \cdot e^{-0{,}2x}$.
Berechnen Sie den Erwartungswert und die Standardabweichung von x.

Lösung:

Bei einer Exponentialverteilung gilt: $\mu = \sigma = \frac{1}{\lambda}$
Hier gilt $\lambda = 0{,}2 = \frac{1}{5}$, also folgt $\mu = \sigma = 5$.

Aufgaben

1. Eine Zufallsgröße x ist exponentialverteilt mit der Wahrscheinlichkeitsdichte f und dem Parameter λ.
   Geben Sie jeweils den Erwartungswert und die Standardabweichung von x an.
   a) $\lambda = 2$ b) $\lambda = 0{,}4$ c) $\lambda = 0{,}08$
2. 🖩 Gegeben ist die Wahrscheinlichkeitsdichte f mit $f(x) = \frac{1}{18} \cdot \sqrt{x-1}$ auf dem Intervall [1 ; 10].
   Berechnen Sie den Erwartungswert und die Standardabweichung von x.
3. Gegeben ist die Wahrscheinlichkeitsdichte f mit $f(x) = \frac{4}{\pi} \cdot \frac{1}{x^2+1}$ auf dem Intervall [0 ; 1].
   Berechnen Sie den Erwartungswert und die Standardabweichung von x.

Ergebnisse:

1. a) $\mu = \sigma = 0{,}5$ b) $\mu = \sigma = 2{,}5$ c) $\mu = \sigma = 12{,}5$
2. $\mu = 6{,}4$; $\sigma \approx 2{,}357$
3. $\mu \approx 0{,}441$; $\sigma \approx 0{,}280$

Normalverteilungen

F 111 Wahrscheinlichkeiten und Intervallgrenzen bei einer Normalverteilung berechnen

... da bin ich noch unsicher ☐ ***... das kann ich (jetzt)*** ☐

Bei einer gegebenen Normalverteilung $\varphi_{\mu;\sigma}$ mit Zufallsvariable x berechnet man die Wahrscheinlichkeiten mithilfe eines speziellen GTR-Befehls. Beim Einsatz dieses GTR-Befehls wird das Integral $\int_a^b \varphi_{\mu;\sigma}(x)\,dx$ näherungsweise berechnet.

Eine Stammfunktion der Gauß'schen Glockenfunktion $\varphi_{\mu;\sigma} = \frac{1}{\sigma\cdot\sqrt{2\pi}}\cdot e^{-\frac{(x-\mu)^2}{2\sigma^2}}$ kann man nicht angeben. Daher muss das Integral numerisch, also mithilfe des GTR-Befehls berechnet werden.

In der Regel gibt es drei GTR-Befehle, die mit der Normalverteilung zusammenhängen.

1. Ein Befehl zur Berechnung von Funktionswerten der Wahrscheinlichkeitsdichte $\varphi_{\mu;\sigma}$.
2. Ein Befehl zur Berechnung von Wahrscheinlichkeiten $P(r \leqq x \leqq s) = \int_r^s \varphi_{\mu;\sigma}(x)\,dx$.

   Dabei gibt man die Parameter μ und σ und die Werte von r und s ein.

   Tipp
   Bei der Berechnung von $P(x \leqq s)$ gibt man als untere Grenze r z. B. den Wert –100 ein.
   Bei der Berechnung von $P(x \geqq r)$ gibt man als obere Grenze s z. B. den Wert 100 ein.
   (Da man den „Wert" ∞ nicht in den Befehl eingeben kann.)
3. Ein Befehl zur Berechnung der Intervallgrenzen r bzw. s, den sog. „Inv Normal-Befehl"

   Hinweis
   Verschiedene GTR-Modelle haben unterschiedliche „Inv Normal-Befehle". Bei manchen Modellen können nur linksseitige Intervallgrenzen bestimmt werden. Dann muss man bei der Suche nach rechtsseitigen oder zentralen Intervallgrenzen die Symmetrie des Graphen von $\varphi_{\mu;\sigma}$ ausnutzen.

Hinweise
Bei einer Normalverteilung gilt $P(x = k) = 0$ für alle $k \in (-\infty; +\infty)$.
Bei einer Normalverteilung gilt $P(r < x < s) = P(r \leqq x \leqq s)$.

Beispiel 1 🖩
Eine Zufallsvariable ist normalverteilt mit $\mu = 10$ und $\sigma = 2$.
Berechnen Sie die Wahrscheinlichkeiten:

a) $P(x < 12)$
b) $P(x \geqq 7)$
c) $P(6 < x \leqq 13)$
d) $P(\mu - \sigma \leqq x \leqq \mu + \sigma)$

Lösung:

a) $P(x < 12) \approx 0{,}8413$
b) $P(x \geqq 7) \approx 0{,}9332$
c) $P(6 < x \leqq 13) \approx 0{,}9104$
d) $P(8 \leqq x \leqq 12) \approx 0{,}6827$

Beispiel 2 🖩
Bestätigen Sie die Sigmaregeln für eine normalverteilte Zufallsvariable x für drei Wertepaare für μ und σ.

Lösung:
Die Werte werden mit dem GTR-Befehl (siehe 2.) berechnet.

Wahrscheinlichkeit	$\mu = 5;\ \sigma = 2$	$\mu = 20;\ \sigma = 3$	$\mu = 100;\ \sigma = 20$
$P(\mu - \sigma \leqq x \leqq \mu + \sigma)$	$\approx 0{,}6827 = 68{,}27\,\%$	$\approx 0{,}6827 = 68{,}27\,\%$	$\approx 0{,}6827 = 68{,}27\,\%$
$P(\mu - 2\sigma \leqq x \leqq \mu + 2\sigma)$	$\approx 0{,}9545 = 95{,}45\,\%$	$\approx 0{,}9545 = 95{,}45\,\%$	$\approx 0{,}9545 = 95{,}45\,\%$
$P(\mu - 3\sigma \leqq x \leqq \mu + 3\sigma)$	$\approx 0{,}9973 = 99{,}73\,\%$	$\approx 0{,}9973 = 99{,}73\,\%$	$\approx 0{,}9973 = 99{,}73\,\%$

Die Werte für μ und σ werden in $\mu - k \cdot \sigma$ eingesetzt und dann wird mit dem „Inv Normal-Befehl" (siehe 3.) der Wert berechnet. Anschließend wird die Gleichung nach k aufgelöst.
Beispielsweise erhält man für $\mu = 20;\ \sigma = 3;\ P(20 - k \cdot 3 \leqq x \leqq 20 + k \cdot 3) = 0{,}9$ mit dem GTR $20 - k \cdot 3 \approx 15{,}0654$. Somit gilt $3k \approx 4{,}9346$ und damit $k \approx 1{,}6449$.

Wahrscheinlichkeit	$\mu = 5;\ \sigma = 2$	$\mu = 20;\ \sigma = 3$	$\mu = 100;\ \sigma = 20$
$P(\mu - k \cdot \sigma \leqq x \leqq \mu + k \cdot \sigma) = 0{,}9$	$k \approx 1{,}6449$	$k \approx 1{,}6449$	$k \approx 1{,}6449$
$P(\mu - k \cdot \sigma \leqq x \leqq \mu + k \cdot \sigma) = 0{,}95$	$k \approx 1{,}9600$	$k \approx 1{,}9600$	$k \approx 1{,}9600$
$P(\mu - k \cdot \sigma \leqq x \leqq \mu + k \cdot \sigma) = 0{,}99$	$k \approx 2{,}5758$	$k \approx 2{,}5758$	$k \approx 2{,}5758$

Hinweis
Im Gegensatz zur Binomialverteilung, bei der die Sigmaregeln nur näherungsweise gelten, sind bei der Normalverteilung die Sigmaregeln exakt, unabhängig von der Wahl von μ und σ.

Beispiel 3
Eine Zufallsvariable ist normalverteilt mit $\mu = 100$ und $\sigma = 6$.
Bestimmen Sie k so, dass gilt:
a) $P(x < k) = 0{,}2$ b) $P(x \geqq k) = 0{,}4$ c) $P(\mu - k \leqq x \leqq \mu + k) = 0{,}8$

Lösung:

a) Man berechnet die Intervallgrenze direkt mit dem „Inv Normal-Befehl". Diesen sog. „left tail" kann man mit jedem GTR-Modell direkt berechnen.
„left tail" bedeutet, dass die gesuchte Teilfläche am linken Ende der Gesamtfläche unter dem Graphen liegt.
Dabei bestimmt der GTR die obere Grenze des Integrals so, dass die getönte Fläche den Flächeninhalt 0,2 besitzt.
Der GTR liefert als obere Grenze $x \approx 94{,}95$.

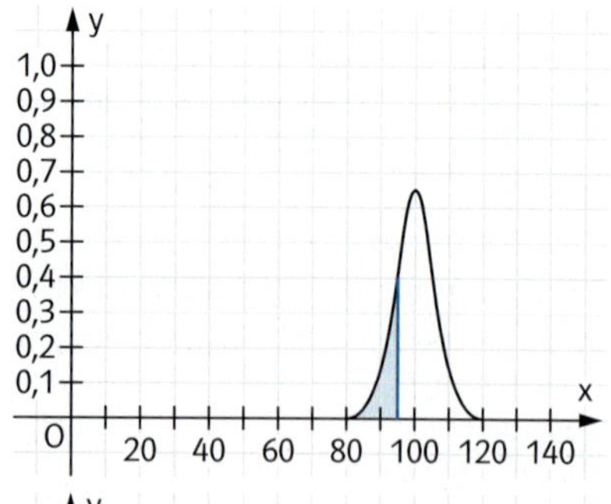

b) Bei GTR-Modellen, die den sog. „right tail" nicht direkt bestimmen können, muss man mithilfe des Gegenereignisses das gestellte Problem auf ein „left tail"-Problem umformulieren.
Man muss eigentlich die untere Grenze des Integrals so bestimmen, dass der Flächeninhalt der getönten Fläche 0,4 beträgt.
Dies ist äquivalent dazu, die obere Grenze des Integrals so zu bestimmen, dass der Flächeninhalt der nicht getönten Fläche $1 - 0{,}4 = 0{,}6$ beträgt.
Der GTR liefert als obere Grenze $x \approx 101{,}52$.

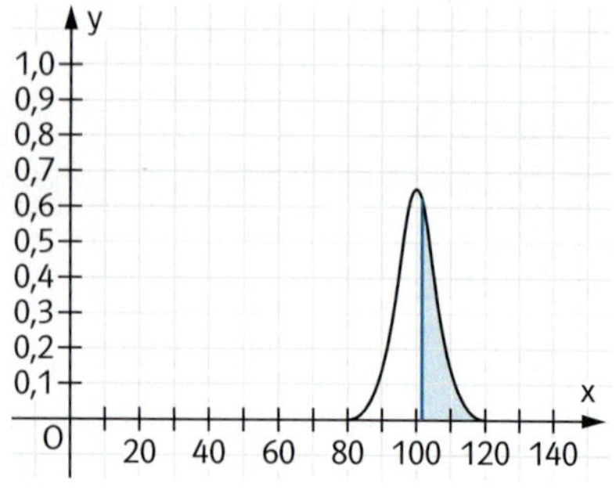

c) Bei GTR-Modellen, die den sog. „central tail" nicht direkt bestimmen können, muss man mithilfe der Symmetrie des Graphen das gestellte Problem auf ein „left tail"-Problem umformulieren.
Um k zu bestimmen, genügt es, eine der beiden Grenzen des Integrals zu ermitteln. Dabei muss das Integral, das dem Flächeninhalt der getönten Fläche entspricht, 0,8 betragen.
Dies ist äquivalent dazu, die obere Grenze des Integrals so zu bestimmen, dass der Flächeninhalt der linken nicht getönten
Fläche $\frac{1-0{,}8}{2} = 0{,}1$ beträgt.
Der GTR liefert als obere Grenze $x \approx 92{,}31$.
Aus $100 - k \approx 92{,}31$ folgt $k \approx 7{,}69$.

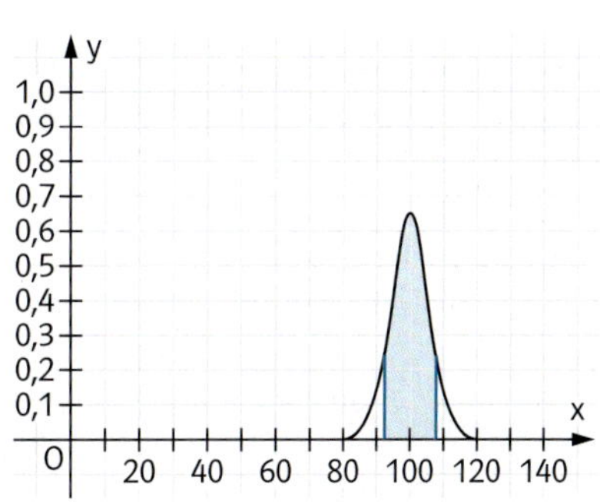

Hinweis
Bei GTR-Modellen, die alle drei Varianten des „Inv Normal-Befehls" zur Verfügung haben, kann man alle drei Teilaufgaben direkt, also ohne weitere Umformulierungen, direkt bestimmen.

Aufgaben

1. Eine Zufallsgröße x ist normalverteilt mit $\mu = 4$ und $\sigma = 3$.
Berechnen Sie die Wahrscheinlichkeiten:
a) $P(x < 4)$ b) $P(x \geqq 5)$ c) $P(4{,}5 < x \leqq 6{,}5)$
2. Eine Zufallsgröße x ist normalverteilt mit $\mu = 50$ und $\sigma = 4{,}2$.
Bestimmen Sie k so, dass gilt:
a) $P(x < k) = 0{,}6$ b) $P(x \geqq k) = 0{,}3$ c) $P(\mu - k < x \leqq \mu + k) = 0{,}7$

Ergebnisse:

1. a) 0,5 b) 0,3694 c) 0,2315
2. a) $k \approx 51{,}06$ b) $k \approx 52{,}20$ c) $k \approx 4{,}35$

F 112 Weiterführende Aufgaben zu Normalverteilungen bearbeiten

... da bin ich noch unsicher ☐ ***... das kann ich (jetzt)*** ☐

Zu Normalverteilungen gibt es eine Reihe weiterführende, tiefergehende Aufgaben. Einerseits gibt es Anwendungsaufgaben, andererseits werden auch Aufgaben gestellt, bei denen man gegebene Graphen von Normalverteilungen zuordnen muss. Außerdem gibt es Umkehraufgaben und Aufgaben zum Satz von Moivre-Laplace.

Beispiel 1
Gegeben sind die Graphen von drei Wahrscheinlichkeitsdichten $\varphi_{\mu;\sigma}$.

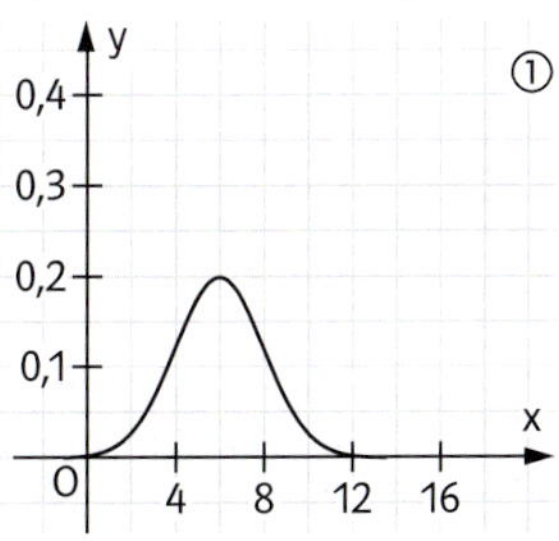

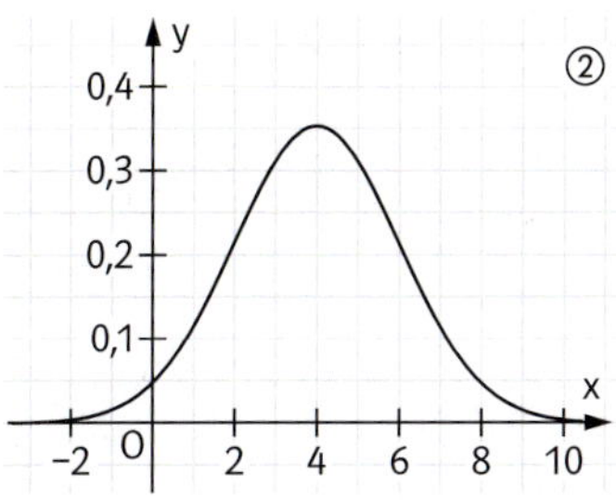

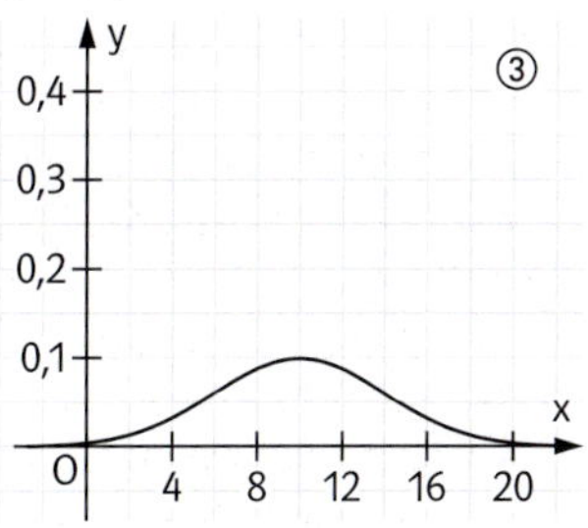

Ordnen Sie den Graphen jeweils die richtige der folgenden Wahrscheinlichkeitsdichten zu.
A: $\varphi_{10;2}$ B: $\varphi_{6;1}$ C: $\varphi_{4;2}$ D: $\varphi_{10;4}$ E: $\varphi_{6;3}$ F: $\varphi_{4;1}$ G: $\varphi_{10;1}$ H: $\varphi_{6;2}$ I: $\varphi_{4;3}$

Lösung:

Graph 1 hat seine Extremstelle bei $x_1 = 6$. Daher muss für den Erwartungswert der gesuchten Normalverteilung gelten $\mu = 6$. Es kommen also nur noch die Wahrscheinlichkeitsdichten unter B, E und H infrage. Die Wendestellen des Graphen liegen ungefähr bei $x_2 = 4$ bzw. $x_3 = 8$. Bei jeder Normalverteilung liegen die Wendestellen bei $\mu - \sigma$ bzw. $\mu + \sigma$.
Somit muss $\sigma = 2$ sein.
Zu Graph 1 gehört also die Wahrscheinlichkeitsdichte $\varphi_{6;2}$.
Graph 2 hat seine Extremstelle bei $x_1 = 4$. Daher folgt $\mu = 4$. Es kommen also nur noch die Wahrscheinlichkeitsdichten unter C, F und I infrage. Die Wendestellen des Graphen liegen ungefähr bei $x_2 = 2$ bzw. $x_3 = 6$. Somit muss $\sigma = 2$ sein.
Zu Graph 2 gehört also die Wahrscheinlichkeitsdichte $\varphi_{4;2}$.
Graph 3 hat seine Extremstelle bei $x_1 = 10$. Daher muss $\mu = 10$ gelten. Es kommen also nur noch die Wahrscheinlichkeitsdichten unter A, D und G infrage. Die Wendestellen des Graphen liegen ungefähr bei $x_2 = 6$ bzw. $x_3 = 14$. Somit muss $\sigma = 4$ sein.
Zu Graph 3 gehört also die Wahrscheinlichkeitsdichte $\varphi_{10;4}$.

Beispiel 2

Langjährige Aufzeichnungen der Durchschnittstemperatur im Monat April in Stuttgart ergeben einen Mittelwert von 8,0 °C bei einer Standardabweichung von 2 K. Der April 2011 hatte in Stuttgart eine Durchschnittstemperatur von 12,4 °C. Peter behauptet, dass dies ein klares Anzeichen für die globale Erwärmung der Erdatmosphäre sei. Eva sagt, dass diese Durchschnittstemperatur noch im Rahmen der üblichen Schwankungen liegt.
Berechnen Sie unter der Annahme von normalverteilten Durchschnittstemperaturen die Wahrscheinlichkeit dafür, dass die Durchschnittstemperatur im Monat April in Stuttgart mindestens 12,4 °C beträgt.
Nehmen Sie zu den Aussagen von Peter und Eva Stellung.

Lösung:

Aufgrund der Annahme liegt hier eine $\varphi_{8;2}$-Verteilung vor. Sei x die Durchschnittstemperatur im Monat April in Stuttgart. Die Wahrscheinlichkeit $P(x \geqq 12{,}4)$ berechnet man mit dem GTR.
Der GTR liefert: $P(x \geqq 12{,}4) \approx 0{,}0139$. Da die Wahrscheinlichkeit für eine Durchschnittstemperatur von mindestens 12,4 °C nur bei ca. 1,4 % liegt, ist es nicht sehr wahrscheinlich, dass dieser hohe Wert noch im Rahmen der üblichen Schwankungen liegt.

Beispiel 3

Serienmäßig hergestellte Kondensatoren haben laut Hersteller eine Qualitätsnorm für ihre Kapazität von 10 µF ± 0,5 µF. Aufgrund einer hohen Anzahl von Stichproben kann davon ausgegangen werden, dass die Kapazität der Kondensatoren normalverteilt ist mit einem Erwartungswert von 10 µF bei einer Standardabweichung von 0,3 µF.
Mit welcher Wahrscheinlichkeit erfüllt ein zufällig aus der Produktion entnommener Kondensator seine Qualitätsnorm nicht?

Lösung:

Laut Qualitätsnorm gilt für die Kapazität x eines Kondensators $9{,}5 \leqq x \leqq 10{,}5$. Es liegt eine $\varphi_{10;0,3}$-Verteilung vor. Man muss also die Wahrscheinlichkeit $P(9{,}5 \leqq x \leqq 10{,}5)$ mit dem GTR berechnen.
Der GTR liefert $P(9{,}5 \leqq x \leqq 10{,}5) \approx 0{,}9044$.
Der Kondensator erfüllt die Qualitätsnorm mit einer Wahrscheinlichkeit von ca. 90,4 %. Die Wahrscheinlichkeit, dass er die Norm nicht erfüllt, liegt demnach bei ca. 9,6 %.

Beispiel 4

Die Länge x von Schrauben sei normalverteilt mit $\mu = 60\,\text{mm}$ und $\sigma = 1\,\text{mm}$.
Für welche Längengenauigkeit (60 mm ± g) kann der Hersteller mit einer Wahrscheinlichkeit von 99 % garantieren?

Lösung:

Es liegt eine $\varphi_{60;1}$-Verteilung vor. Es soll gelten: $P(60 - g \leqq x \leqq 60 + g) = 0{,}99$. Man bestimmt die Grenze g entweder mit dem „Inv Normal-Befehl" oder mithilfe des Solvers des GTR.
Bei GTR-Modellen, die den sog. „central tail" nicht direkt bestimmen können, muss man mithilfe der Symmetrie des Graphen das gestellte Problem auf ein „left tail"-Problem umformulieren.
Um g zu bestimmen, genügt es, eine der beiden Grenzen des Integrals $\int_{60-g}^{60+g} \varphi_{60;1}(x)\,dx$ zu ermitteln. Dabei muss das Integral den Wert 0,99 haben. Dies ist äquivalent dazu, die obere Grenze des Integrals $\int_{-\infty}^{60-g} \varphi_{60;1}(x)\,dx$ so zu bestimmen, dass sein Wert $\frac{1-0{,}99}{2} = 0{,}005$ beträgt.
Der GTR liefert als obere Grenze $x \approx 57{,}42$. Aus $60 - g \approx 57{,}42$ folgt $g \approx 2{,}58$.
Der Hersteller kann also mit einer Wahrscheinlichkeit von 99 % eine Längengenauigkeit von 60 mm ± 2,58 mm garantieren.

Hinweis

GTR-Modelle, die den sog. „central tail" direkt bestimmen können, liefern direkt die beiden Grenzen $x_1 \approx 57{,}42$ und $x_2 \approx 62{,}58$.

Beispiel 5

Eine Zufallsvariable x ist normalverteilt mit $\sigma = 2$. Es gilt $P(8 < x < 10) = 0{,}1$.
Bestimmen Sie den Erwartungswert μ.

Lösung:

Den Erwartungswert kann man entweder durch gezieltes Probieren (mit dem GTR) erhalten, oder man bestimmt μ mithilfe des Solvers des GTR. Man vermutet zwei Lösungen für den Erwartungswert, eine liegt sicher unter 8 und eine sicher über 10.
Der GTR liefert zwei Werte $\mu_1 \approx 5{,}59$ und $\mu_2 \approx 12{,}41$.

Beispiel 6

Eine Zufallsgröße Z ist binomialverteilt. Mithilfe des Satzes von Moivre-Laplace kann man näherungsweise auch Einzelwahrscheinlichkeiten für Z berechnen.
Berechnen Sie zunächst die exakte Wahrscheinlichkeit und dann den Näherungswert.
Berechnen Sie den prozentualen Fehler, der dabei jeweils entsteht.

a) $n = 12;\ p = 0{,}25;\ P(Z = 4)$ b) $n = 10\,000;\ p = 0{,}2;\ P(Z = 2000)$

Lösung:

a) Man berechnet mit dem GTR die Wahrscheinlichkeit $P(Z = 4)$. GTR liefert $P(Z = 4) \approx 0{,}1936$.
Bei einer Binomialverteilung gilt:
$\mu = n \cdot p = 12 \cdot 0{,}25 = 3$ und $\sigma = \sqrt{n \cdot p \cdot (1-p)} = \sqrt{12 \cdot 0{,}25 \cdot 0{,}75} = 1{,}5$
Die Näherung von Moivre-Laplace liefert: $P(Z = 4) \approx \varphi_{3;1,5}(4) \approx 0{,}2130$
Prozentuale Abweichung: $\frac{0{,}2130 - 0{,}1936}{0{,}1936} \cdot 100\,\% \approx 10{,}0\,\%$

b) Der GTR liefert $P(Z = 2000) \approx 0{,}0099736$
Es gilt: $\mu = n \cdot p = 10\,000 \cdot 0{,}2 = 2000$ und $\sigma = \sqrt{n \cdot p \cdot (1-p)} = \sqrt{10\,000 \cdot 0{,}2 \cdot 0{,}8} = 40$
Die Näherung von Moivre-Laplace liefert: $P(Z = 2000) \approx \varphi_{2000;40}(2000) \approx 0{,}0099731$
Prozentuale Abweichung: $\frac{0{,}0099736 - 0{,}0099731}{0{,}0099736} \cdot 100\,\% \approx 0{,}005\,\%$

Hinweis
Der Satz von Moivre-Laplace liefert nur für $\sigma \geqq 3$ hinreichend gute Näherungswerte. Diese Bedingung ist in Teilaufgabe a) nicht erfüllt. Daher weicht der Näherungswert um 10 % ab.

Beispiel 7
Eine Zufallsgröße Y ist binomialverteilt.
Berechnen Sie zunächst die exakte Wahrscheinlichkeit, dann mithilfe des Satzes von Moivre-Laplace einen Näherungswert ohne Beachtung der Stetigkeitskorrektur und abschließend einen Näherungswert mit Beachtung der Stetigkeitskorrektur.
Berechnen Sie jeweils die prozentuale Abweichung vom exakten Wert.

a) $n = 25;\ p = 0{,}2;\ P(3 \leqq Y \leqq 8)$

b) $n = 400;\ p = 0{,}2;\ P(50 \leqq Y \leqq 90)$

Lösung:

a) exakter Wert: $P(3 \leqq Y \leqq 8) = P(Y \leqq 8) - P(Y \leqq 2) \approx 0{,}8550$

Es gilt: $\mu = n \cdot p = 25 \cdot 0{,}2 = 5$ und $\sigma = \sqrt{n \cdot p \cdot (1-p)} = \sqrt{25 \cdot 0{,}2 \cdot 0{,}8} = \sqrt{4} = 2$

Näherungswert ohne Stetigkeitskorrektur: $\int_3^8 \varphi_{5;2}(x)\,dx \approx 0{,}7745$

Prozentuale Abweichung: $\frac{0{,}8550 - 0{,}7745}{0{,}8550} \cdot 100\,\% \approx 9{,}42\,\%$

Näherungswert mit Stetigkeitskorrektur: $\int_{2,5}^{8,5} \varphi_{5;2}(x)\,dx \approx 0{,}8543$

Prozentuale Abweichung: $\frac{0{,}8550 - 0{,}8543}{0{,}8550} \cdot 100\,\% \approx 0{,}08\,\%$

b) exakter Wert: $P(50 \leqq Y \leqq 90) = P(Y \leqq 90) - P(Y \leqq 49) \approx 0{,}9039$

Es gilt: $\mu = n \cdot p = 400 \cdot 0{,}2 = 80$ und $\sigma = \sqrt{n \cdot p \cdot (1-p)} = \sqrt{400 \cdot 0{,}2 \cdot 0{,}8} = \sqrt{64} = 8$

Näherungswert ohne Stetigkeitskorrektur: $\int_{50}^{90} \varphi_{80;8}(x)\,dx \approx 0{,}8943$

Prozentuale Abweichung: $\frac{0{,}9039 - 0{,}8943}{0{,}9039} \cdot 100\,\% \approx 1{,}06\,\%$

Näherungswert mit Stetigkeitskorrektur: $\int_{49,5}^{90,5} \varphi_{80;8}(x)\,dx \approx 0{,}9053$

Prozentuale Abweichung: $\frac{0{,}9053 - 0{,}9039}{0{,}9039} \cdot 100\,\% \approx 0{,}15\,\%$

Hinweis
Für sehr große Werte von n bzw. μ erhält man auch ohne Stetigkeitskorrektor recht gute Näherungswerte. In der Teilaufgabe a) ist diese Bedingung jedoch noch nicht hinreichend gut erfüllt.

Aufgaben
1. Gegeben sind die Graphen von zwei Wahrscheinlichkeitsdichten $\varphi_{\mu;\sigma}$.
   Bestimmen Sie jeweils den Erwartungswert und die Standardabweichung.

a)
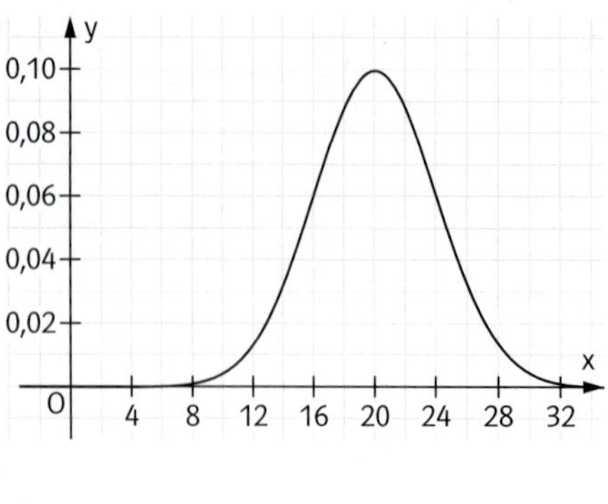

b)
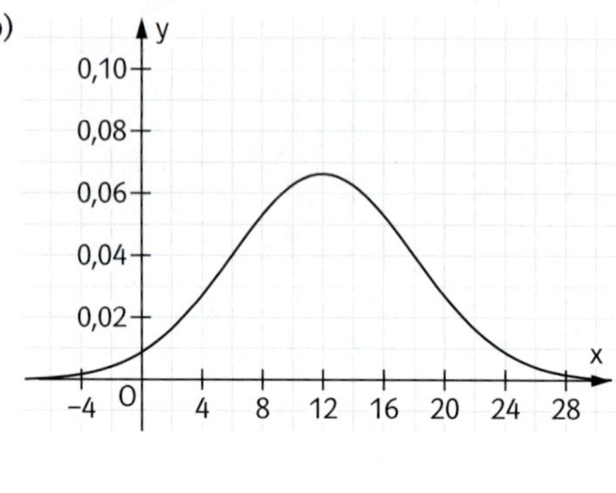

2. Die Geburtsgröße x von Neugeborenen in einem fiktiven Land ist normalverteilt mit einem Erwartungswert von 53 cm und einer Standardabweichung von 2,5 cm.
   a) Wie viel Prozent der Neugeborenen weichen in ihrer Größe um höchstens 10 % vom Erwartungswert der Geburtsgröße ab?
   b) In welchem symmetrischen Intervall um den Erwartungswert liegen 60 % der Neugeborenen? (Runden Sie die Intervallgrenzen auf ganze Millimeter!)
3. Der Durchmesser d von Stahlstangen einer Produktionscharge ist normalverteilt und hat den Erwartungswert 24 mm. Die Wahrscheinlichkeit, dass der Durchmesser im Intervall [20 ; 30] liegt beträgt 75 %.
   Bestimmen Sie die Standardabweichung σ dieser Normalverteilung.
4. Das Geburtsgewicht x von Neugeborenen in einem fiktiven Land ist normalverteilt mit einem Erwartungswert von 3600 g und einer Standardabweichung von 400 g.
   a) Berechnen Sie die Wahrscheinlichkeit dafür, dass ein Neugeborenes mindestens ein Geburtsgewicht von 4 kg hat.
   b) In welchem Intervall um den Erwartungswert liegen 85 % der Werte? (Runden Sie die Intervallgrenzen auf ganze Gramm!)
   c) Die 5 % der Neugeborenen mit dem niedrigsten Geburtsgewicht bezeichnet man als „untergewichtig".
   Ab welchem Geburtsgewicht gilt demnach ein Neugeborenes als untergewichtig? (Runden Sie auf ganze Gramm!)
5. Eine Zufallsgröße X ist binomialverteilt mit $n = 100$ und $p = 0{,}3$. Mithilfe des Satzes von Moivre-Laplace kann man näherungsweise auch Einzelwahrscheinlichkeiten für X berechnen.
   a) Berechnen Sie zunächst die exakte Wahrscheinlichkeit $P(X = 25)$ und dann den Näherungswert.
   b) Berechnen Sie den prozentualen Fehler, der dabei entsteht.
6. Eine Zufallsgröße X ist binomialverteilt mit $n = 150$ und $p = 0{,}4$.
   a) Berechnen Sie $P(45 \leqq X \leqq 55)$ exakt.
   b) Bestimmen Sie mithilfe des Satzes von Moivre-Laplace einen Näherungswert für $P(45 \leqq X \leqq 55)$ mit Stetigkeitskorrektur und bestimmen Sie den prozentualen Fehler.

Ergebnisse:

1. a) $\mu = 20;\ \sigma = 4$ b) $\mu = 12;\ \sigma = 6$
2. a) $P(47{,}7 \leqq x \leqq 58{,}3) \approx 0{,}9660 \approx 96{,}6\,\%$ b) $I = [50{,}9\,\text{cm}\,;55{,}1\,\text{cm}]$
3. $\sigma \approx 4{,}23\,\text{mm}$
4. a) $P(x \geqq 4000) \approx 0{,}1587$ b) $I = [3024\,\text{g}\,;4176\,\text{g}]$
   c) Neugeborene mit einem Geburtsgewicht von höchstens 2942 g gelten als untergewichtig.
5. a) exakter Wert: $P(X = 25) \approx 0{,}0496$; Näherungswert: $\varphi_{30;\sqrt{21}} \approx 0{,}0480$
   b) prozentuale Abweichung: ca. 3,23 %
6. a) $P(45 \leqq X \leqq 55) \approx 0{,}2231$
   b) $\int_{44{,}5}^{55{,}5} \varphi_{60;6}(x)\,dx \approx 0{,}2217$; prozentuale Abweichung: ca. 0,72 %

Stochastische Prozesse

F 113 Stochastische Prozesse beschreiben und darstellen

... da bin ich noch unsicher ☐ *... das kann ich (jetzt)* ☐

Im Wesentlichen gibt es drei Arten einen stochastischen Prozess zu beschreiben bzw. darzustellen. Es gibt die verbale Beschreibung, die Angabe der Übergangsmatrix U und die grafische Darstellung mithilfe eines sog. Übergangsdiagramms.
Es werden immer wieder Aufgaben gestellt, bei denen man diese drei Arten ineinander überführen muss.
Die folgende Übersicht zeigt alle sechs Überführungsmöglichkeiten auf.

Art der Darstellung	verbal	Übergangsmatrix	Übergangsdiagramm
verbal	–	+	+
Übergangsmatrix	+	–	+
Übergangsdiagramm	+	+	–

F 113 a Verbale Beschreibung und Übergangsmatrix ineinander überführen

... da bin ich noch unsicher ☐ *... das kann ich (jetzt)* ☐

Es gibt Aufgaben, bei denen oft in einem relativ langen Text die vorhandenen Zustände und deren Übergangswahrscheinlichkeiten verbal beschrieben sind. Um die weiteren Fragestellungen rechnerisch besser bewältigen zu können ist es sinnvoll die Übergangsmatrix U des Prozesses aufzustellen.
Andererseits gibt es auch gelegentlich Aufgaben, bei denen die Übergangsmatrix U des stochastischen Prozesses gegeben ist und man verbale Aussagen (Interpretationen) über die Übergangswahrscheinlichkeiten zwischen den Zuständen machen soll. Dabei beschränkt man sich manchmal, auch aus Zeitgründen, auf die Interpretation einer Zeile oder Spalte der Übergangsmatrix U.

Beispiel 1:
Das Elektron eines Wasserstoffatoms befindet sich hauptsächlich in einem von drei Energieniveaus. Dem Grundzustand G, dem ersten angeregten Zustand A_1 und dem zweiten angeregten Zustand A_2. (G wird Zustand 1, A_1 Zustand 2 und A_2 Zustand 3 genannt.) Das Elektron kann mit einer gewissen Wahrscheinlichkeit durch Absorption bzw. Emission von Lichtquanten zwischen diesen Energieniveaus wechseln oder aber es bleibt auf seinem Energieniveau.
Im Folgenden betrachtet man eine große Menge von Wasserstoffatomen.
Ein Elektron wechselt aus dem Zustand G mit einer Wahrscheinlichkeit von 20 % in den Zustand A_1 und mit einer Wahrscheinlichkeit von 15 % in den Zustand A_2.
Ein Elektron wechselt aus dem Zustand A_1 mit einer Wahrscheinlichkeit von 25 % in den Zustand A_2 und mit einer Wahrscheinlichkeit von 35 % in den Zustand G.
Ein Elektron wechselt aus dem Zustand A_2 mit einer Wahrscheinlichkeit von 30 % in den Zustand A_1 und mit einer Wahrscheinlichkeit von 45 % in den Zustand G.
Bestimmen Sie die Übergangsmatrix U, die diesen stochastischen Prozess beschreibt.
Lösung:

Da es drei Zustände gibt, hat die gesuchte Matrix U die Form: $U = \begin{pmatrix} u_{11} & u_{12} & u_{13} \\ u_{21} & u_{22} & u_{23} \\ u_{31} & u_{32} & u_{33} \end{pmatrix}$

Man muss also die 9 Elemente von U aus dem Text entnehmen. Die Elemente von U sind die Übergangswahrscheinlichkeiten zwischen den drei Zuständen. Zum Beispiel ist das Element u_{21} die Wahrscheinlichkeit mit der der Zustand 2 (Zeilennummer) aus dem Zustand 1 (Spaltennummer) hervorgeht. Die Zeilennummer gehört also zum Zielzustand und die Spaltennummer zum Ausgangszustand. Somit gilt hier $u_{21} = 20\,\% = 0{,}2$.
Das Element u_{22} steht für die Wahrscheinlichkeit, dass das Elektron im Zustand 2 verbleibt. Diese Wahrscheinlichkeit steht zwar nicht direkt im Text, kann aber leicht über das Gegenereignis berechnet werden. Hier gilt $u_{22} = 100\,\% - 25\,\% - 35\,\% = 1 - 0{,}25 - 0{,}35 = 0{,}4$.
Das Element u_{23} ist die Wahrscheinlichkeit, mit der der Zustand 2 aus dem Zustand 3 hervorgeht. Hier gilt $u_{23} = 30\,\% = 0{,}3$. Analog ergeben sich die weiteren 6 Elemente von U.

Die Übergangsmatrix lautet $U = \begin{pmatrix} 0{,}65 & 0{,}35 & 0{,}45 \\ 0{,}2 & 0{,}4 & 0{,}3 \\ 0{,}15 & 0{,}25 & 0{,}25 \end{pmatrix}$

Tipp
Machen Sie immer kurz im Kopf die Probe, ob die Spaltensumme für alle Spalten jeweils 1 beträgt.

Beispiel 2
Gegeben ist die Übergangsmatrix U eines stochastischen Prozesses.

$$U = \begin{pmatrix} 0{,}5 & 0 & 0{,}5 & 0{,}4 \\ 0 & 0 & 0{,}4 & 0{,}2 \\ 0{,}2 & 1 & 0 & 0{,}2 \\ 0{,}3 & 0 & 0{,}1 & 0{,}2 \end{pmatrix}$$

Interpretieren Sie die Übergangsmatrix dieses stochastischen Prozesses.

Lösung:
Bei diesem stochastischen Prozess gibt es vier Zustände Z_1, Z_2, Z_3 und Z_4.
Die Übergangswahrscheinlichkeit von Z_1 in den Zustand Z_3 beträgt 0,2 (20 %), die von Z_1 in den Zustand Z_4 0,3 (30 %). Ein Übergang von Z_1 direkt nach Z_2 ist nicht möglich. Mit einer Wahrscheinlichkeit von 0,5 (50 %) verlässt das System den Zustand Z_1 nicht.
Wenn sich das System im Zustand Z_2 befindet dann wechselt es im nächsten Prozessschritt auf jeden Fall (100 %) in den Zustand Z_3.
Die Übergangswahrscheinlichkeit von Z_3 in den Zustand Z_1 beträgt 0,5 (50 %), die von Z_3 in den Zustand Z_2 0,4 (40 %). Ein Verbleiben im Zustand Z_3 ist nicht möglich. Mit einer Wahrscheinlichkeit von 0,1 (10 %) wechselt das System vom Zustand Z_3 in den Zustand Z_4.
Die Übergangswahrscheinlichkeit von Z_4 in den Zustand Z_1 beträgt 0,4 (40 %), die von Z_4 in die Zustände Z_2 und Z_3 beträgt jeweils 0,2 (20 %). Ein Verbleiben im Zustand Z_4 hat eine Wahrscheinlichkeit von 0,2 (20 %).

Aufgaben

1. In einem Land sind nur vier Parteien A,B, C und D zur Wahl zugelassen. Ein Wähler ändert seine Stimmabgabe von Wahl zu Wahl mit einer gewissen Wahrscheinlichkeit, oder er bleibt einer Partei treu.
   Die Wähler der Partei A bleiben zu 60 % ihrer Partei treu. Sie wechseln mit einer Wahrscheinlichkeit von 15 % zur Partei B und mit einer Wahrscheinlichkeit von 20 % zur Partei C.
   Die Wähler der Partei B wechseln zu 30 % zu A und zu 15 % zu C. Ein Wechsel zur Partei D kommt nicht vor.
   Die Wähler der Partei C wechseln zu jeder anderen Partei mit der Wahrscheinlichkeit 10 %.
   Die Wähler der Partei D bleiben ihrer Partei zu 85 % treu. 5 % wechseln zur Partei A und 10 % zur Partei B.
   Bestimmen Sie die Übergangsmatrix zu diesem stochastischen Prozess.

2. Gegeben ist die Übergangsmatrix U eines stochastischen Prozesses.

$$U = \begin{pmatrix} 0,4 & 0 & 0,3 \\ 0 & 1 & 0,4 \\ 0,6 & 0 & 0,3 \end{pmatrix}$$

Interpretieren Sie die Übergangsmatrix dieses stochastischen Prozesses.

Ergebnisse:

1. $$U = \begin{pmatrix} 0,6 & 0,3 & 0,1 & 0,05 \\ 0,15 & 0,55 & 0,1 & 0,1 \\ 0,2 & 0,15 & 0,7 & 0 \\ 0,05 & 0 & 0,1 & 0,85 \end{pmatrix}$$

2. Bei diesem stochastischen Prozess gibt es drei Zustände Z_1, Z_2 und Z_3.
Die Übergangswahrscheinlichkeit von Z_1 in den Zustand Z_3 beträgt 0,6. Ein Verbleib im Zustand Z_1 hat die Wahrscheinlichkeit 0,4. Ein Wechsel von Z_1 in den Zustand Z_2 kommt nicht vor. Der Zustand Z_2 kann nicht verlassen werden, es handelt sich um einen absorbierenden Zustand.
Die Übergangswahrscheinlichkeit von Z_3 in den Zustand Z_1 beträgt 0,3, die in den Zustand Z_2 0,4.
Mit einer Wahrscheinlichkeit von 0,3 bleibt das System im Zustand Z_3.

F 113 b Verbale Beschreibung und Übergangsdiagramm ineinander überführen

... da bin ich noch unsicher ☐ ***... das kann ich (jetzt)*** ☐

Es gibt Aufgaben, bei denen oft in einem relativ langen Text die vorhandenen Zustände und deren Übergangswahrscheinlichkeiten verbal beschrieben sind. Um eine bessere Übersicht über den Prozess zu erhalten ist es sinnvoll ein Übergangsdiagramm zu erstellen.
Andererseits gibt es auch gelegentlich Aufgaben, bei denen ein Übergangsdiagramm eines stochastischen Prozesses gegeben ist und man verbale Aussagen (Interpretationen) über den Prozess machen soll.

Beispiel 1

Bei einem Hütchenspiel liegt eine Erbse unter einer von drei Schalen. Der Einsatz eines Spiels wird verdoppelt, wenn der Spieler errät unter welcher Schale sich die Erbse befindet, ansonsten ist der Einsatz 1 € verloren, höhere Einsätze werden halbiert. Als Einsatz bei diesem Spiel sind nur die Beträge 1 €, 2 € und 4 € erlaubt.
Franz und seine Freunde haben jeweils einen Euro. Jeder setzt bei diesem Spiel wie folgt:
Es wird immer das ganze Geld, das man hat gesetzt und man steigt aus, wenn man 8 € oder alles verloren hat.
Erstellen Sie ein Übergangsdiagramm für diesen Prozess.

Lösung:

Bei diesem Prozess gibt es fünf Zustände. Z_1: 0 €, Z_2: 1 €, Z_3: 2 €, Z_4: 4 € und Z_5: 8 €.
Die Wahrscheinlichkeit zu gewinnen beträgt $\frac{1}{3}$, die zu verlieren $\frac{2}{3}$.
Nach den Setzregeln der Freunde ist der Prozess beendet, falls der Zustand Z_1 oder Z_5 erreicht wird. Es handelt sich um Endzustände oder sog. absorbierende Zustände. Daher muss in beiden Fällen auf dem Pfeil der Wert 1 stehen. Pfeile die nach rechts weisen bedeuten, dass der Zustand nach einem Gewinn verlassen wird. Daher muss auf all diesen Pfeilen der Wert $\frac{1}{3}$ stehen.
Pfeile die nach links weisen bedeuten, dass der Zustand nach einem Verlust verlassen wird. Daher muss auf all diesen Pfeilen der Wert $\frac{2}{3}$ stehen.

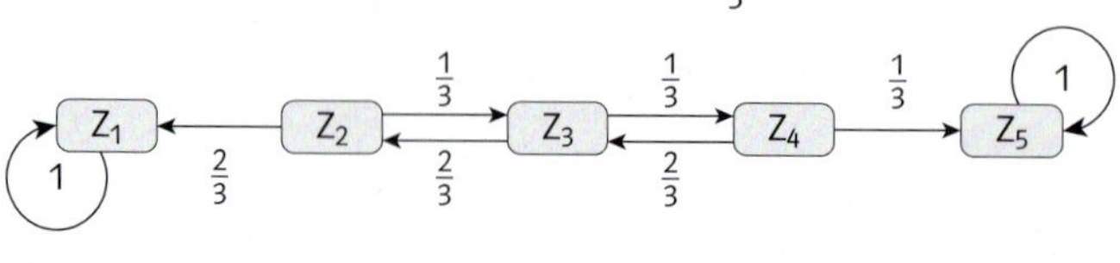

Tipp

Machen Sie die Probe. Die Summe aller Zahlen, die auf Pfeilen stehen, die an einem Zustand beginnen, muss immer 1 sein.

Beispiel 2

Gegeben ist das Übergangsdiagramm eines stochastischen Prozesses.

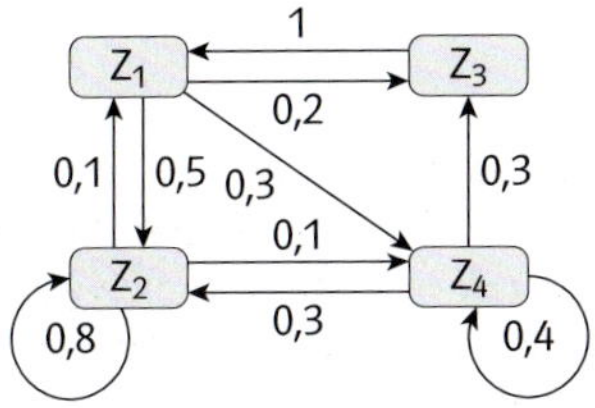

Interpretieren Sie das Übergangsdiagramm dieses stochastischen Prozesses.

Lösung:

Bei diesem stochastischen Prozess gibt es vier Zustände Z_1, Z_2, Z_3 und Z_4.
Die Übergangswahrscheinlichkeit von Z_1 in den Zustand Z_2 beträgt 0,5, die von Z_1 in den Zustand Z_3 0,2 und die von Z_1 nach Z_4 0,3. Ein Verbleib im Zustand Z_1 ist nicht möglich.
Mit einer Wahrscheinlichkeit von 0,8 verlässt das System den Zustand Z_2 nicht.
Die Übergangswahrscheinlichkeit von Z_2 in den Zustand Z_1 beträgt 0,1, die von Z_2 in den Zustand Z_4 ebenfalls 0,1. Ein Übergang von Z_2 in den Zustand Z_3 ist nicht möglich.
Wenn sich das System im Zustand Z_3 befindet dann wechselt es im nächsten Prozessschritt auf jeden Fall, also mit der Wahrscheinlichkeit 1, in den Zustand Z_1.
Die Übergangswahrscheinlichkeit von Z_4 in den Zustand Z_2 beträgt 0,3, die von Z_4 in den Zustand Z_3 ebenfalls 0,3. Ein Übergang von Z_4 in den Zustand Z_1 ist nicht möglich.
Mit einer Wahrscheinlichkeit von 0,4 verbleibt das System im Zustand Z_4.

Aufgaben

1. In einem Land gibt es vier Stromanbieter (A, B, C und D). Am Ende jedes Jahres wird Bilanz gezogen und festgestellt, wer seinen Stromanbieter gewechselt hat und wer nicht.
   Aufgrund langjähriger Statistiken kann man Wahrscheinlichkeiten für den Wechsel zwischen den vier Stromanbietern angeben.
   Vom Stromanbieter A wechseln 20% zu B und 15% zu C. Ein Wechsel von A nach D kommt nicht vor. Vom Anbieter B wechseln 10% zu A, 25% zu C und 60% bleiben Anbieter B treu. Vom Stromanbieter C wechselt niemand zu A, aber 30% zu B und 10% zu D.
   Vom Stromanbieter D wechseln nur 15% zu A, alle anderen Kunden bleiben D treu.
   Zeichnen Sie ein Übergangsdiagramm zu diesem stochastischen Prozess.
2. Gegeben ist das Übergangsdiagramm eines stochastischen Prozesses.

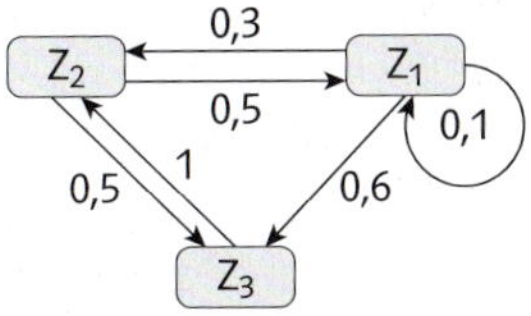

   Interpretieren Sie das Übergangsdiagramm dieses stochastischen Prozesses.

Ergebnisse:

1.

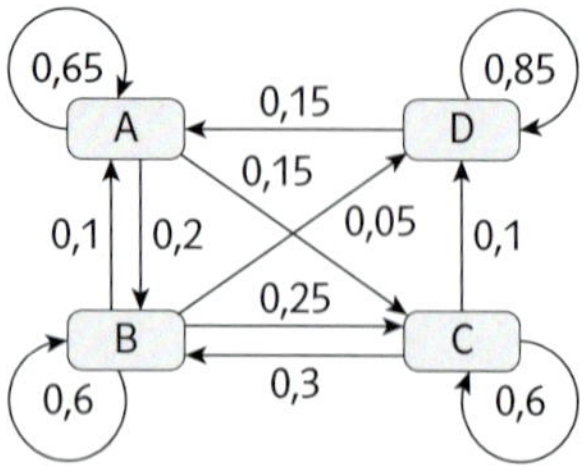

2. Bei diesem stochastischen Prozess gibt es drei Zustände Z_1, Z_2 und Z_3.
   Die Übergangswahrscheinlichkeit von Z_1 in den Zustand Z_2 beträgt 0,3, die von Z_1 in den Zustand Z_3 0,6. Ein Verbleib im Zustand Z_1 hat die Wahrscheinlichkeit 0,1.
   Die Übergangswahrscheinlichkeit von Z_2 in den Zustand Z_1 beträgt 0,5, die von Z_2 in den Zustand Z_3 ebenfalls 0,5. Ein Verbleib im Zustand Z_2 ist nicht möglich.
   Wenn sich das System im Zustand Z_3 befindet dann wechselt es im nächsten Prozessschritt auf jeden Fall, also mit der Wahrscheinlichkeit 1, in den Zustand Z_2.

F 113 c Übergangsdiagramm und Übergangsmatrix ineinander überführen

... da bin ich noch unsicher ☐ ***... das kann ich (jetzt)*** ☐

Es gibt Aufgaben, bei denen der stochastische Prozess mithilfe eines Übergangsdiagrammes übersichtlich dargestellt ist. Um Berechnungen effektiver durchführen zu können ist es ratsam aus diesem Übergangsdiagramm die Übergangsmatrix U zu bestimmen.
Andererseits gibt es auch gelegentlich Aufgaben, bei denen die Übergangsmatrix U gegeben ist und ein Übergangsdiagramm zu diesem stochastischen Prozesses gezeichnet werden soll.

Beispiel 1

Gegeben ist das Übergangsdiagramm eines stochastischen Prozesses.

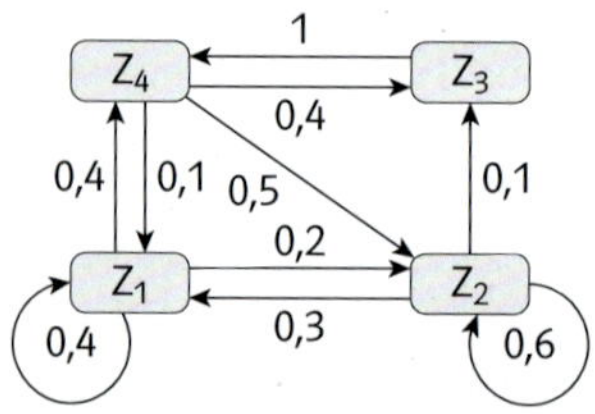

Bestimmen Sie die Übergangsmatrix U dieses stochastischen Prozesses.

Lösung:

Gesucht ist die Matrix $U = \begin{pmatrix} u_{11} & u_{12} & u_{13} & u_{14} \\ u_{21} & u_{22} & u_{23} & u_{24} \\ u_{31} & u_{32} & u_{33} & u_{34} \\ u_{41} & u_{42} & u_{43} & u_{44} \end{pmatrix}$.

Die 16 Elemente von U müssen entweder direkt aus dem Diagramm auf den Pfeilen abgelesen werden, oder das Element ist Null, falls es keinen Pfeil zwischen den Zuständen gibt.
Am effektivsten geht man spaltenweise vor. In der ersten Spalte stehen die Übergangswahrscheinlichkeiten vom Zustand Z_1 in die vier Zustände Z_1 bis Z_4.
Man entnimmt dem Diagramm:

$u_{11} = 0{,}4;\ u_{12} = 0{,}3;\ u_{13} = 0;\ u_{14} = 0{,}1$
$u_{21} = 0{,}2;\ u_{22} = 0{,}6;\ u_{23} = 0;\ u_{24} = 0{,}5$
$u_{31} = 0;\ u_{32} = 0{,}1;\ u_{33} = 0;\ u_{34} = 0{,}4$
$u_{41} = 0{,}4;\ u_{42} = 0;\ u_{43} = 1;\ u_{44} = 0$

Somit gilt $U = \begin{pmatrix} 0{,}4 & 0{,}3 & 0 & 0{,}1 \\ 0{,}2 & 0{,}6 & 0 & 0{,}5 \\ 0 & 0{,}1 & 0 & 0{,}4 \\ 0{,}4 & 0 & 1 & 0 \end{pmatrix}$

Beispiel 2

Gegeben ist die Übergangsmatrix U eines stochastischen Prozesses.

$U = \begin{pmatrix} 0 & 1 & 0{,}5 \\ 0{,}4 & 0 & 0{,}3 \\ 0{,}6 & 0 & 0{,}2 \end{pmatrix}$

Zeichnen Sie ein Übergangsdiagramm zu diesem stochastischen Prozess.

Lösung:

Bei diesem stochastischen Prozess gibt es drei Zustände Z_1, Z_2 und Z_3.

Die Matrix U hat sechs Elemente, die von Null verschieden sind, daher muss das Diagramm sechs Pfeile besitzen. Da in der Hauptdiagonale nur das Element u_{33} nicht Null ist, ist genau einer dieser Pfeile ein reflexiver Pfeil. Am effektivsten geht man wieder spaltenweise vor und zeichnet zunächst alle Pfeile, die an einem der Zustände beginnen. Dabei kann man im Kopf auch gleich die Probe machen, denn die Summe aller Zahlen auf diesen Pfeilen muss 1 sein.

Es ergibt sich folgendes Übergangsdiagramm:

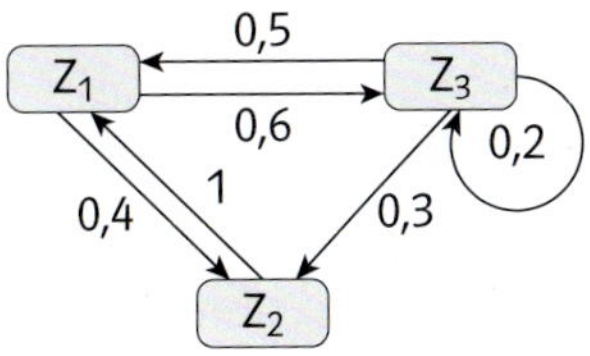

Aufgaben

1. Gegeben ist die Übergangsmatrix U eines stochastischen Prozesses.

   $U = \begin{pmatrix} 0{,}8 & 0 & 0{,}3 & 0 & 0 \\ 0 & 1 & 0{,}2 & 0 & 0 \\ 0 & 0 & 0 & 0{,}6 & 0 \\ 0 & 0 & 0{,}5 & 0 & 1 \\ 0{,}2 & 0 & 0 & 0{,}4 & 0 \end{pmatrix}$

   Zeichnen Sie ein Übergangsdiagramm für diesen stochastischen Prozess.
2. Gegeben ist ein Übergangsdiagramm eines stochastischen Prozesses.

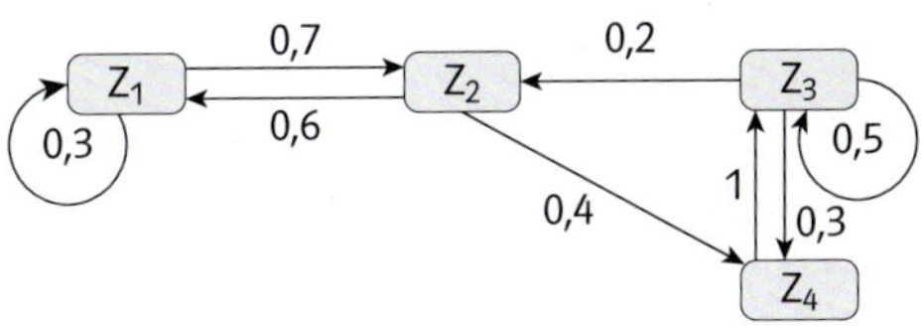

   Bestimmen Sie die Übergangsmatrix U für diesen stochastischen Prozess.

Ergebnisse:

1.

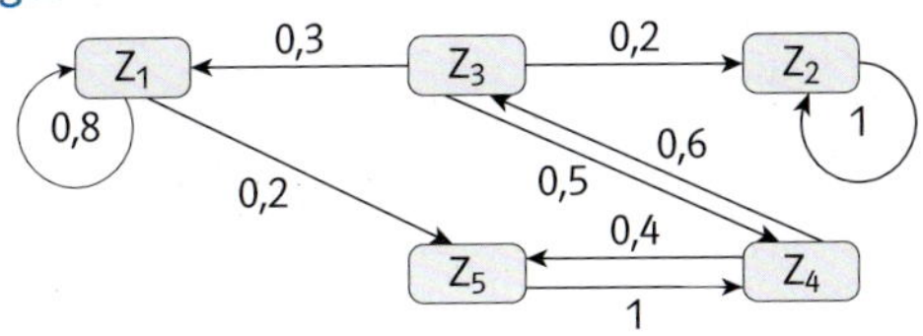

2. $U = \begin{pmatrix} 0{,}3 & 0{,}6 & 0 & 0 \\ 0{,}7 & 0 & 0{,}2 & 0 \\ 0 & 0 & 0{,}5 & 1 \\ 0 & 0{,}4 & 0{,}3 & 0 \end{pmatrix}$

F 114 Eine Übergangsmatrix mit einem Zustandsvektor multiplizieren

… da bin ich noch unsicher ☐ ***… das kann ich (jetzt)*** ☐

Eine wichtige Grundfertigkeit bei stochastischen Prozessen ist die Berechnung eines neuen Zustandsvektors $\overrightarrow{v_{k+1}}$ aus einem gegebenen Zustandsvektor $\overrightarrow{v_k}$. Für diese Berechnung benötigt man die Übergangsmatrix U. Es gilt: $\overrightarrow{v_{k+1}} = U \cdot \overrightarrow{v_k}$

Die Multiplikation eines Vektors mit einer Matrix müssen Sie sowohl von Hand als auch mit dem GTR beherrschen.

Hinweise

1. Übergangsmatrizen bei stochastischen Prozessen sind quadratische Matrizen mit nicht negativen Elementen, deren Spaltensummen immer den Wert 1 besitzen.
2. Die Komponenten der Zustandsvektoren (auch Zustandsverteilungen genannt) sind Wahrscheinlichkeiten, daher müssen sie aus dem Intervall $I = [0;1]$ sein und die Summe aller Komponenten muss 1 betragen.

Beispiel 1

Gegeben sind die Übergangsmatrix U und die Startverteilung $\overrightarrow{v_0}$ bei einem stochastischen Prozess.

$$U = \begin{pmatrix} 0{,}6 & 0 & 0{,}5 & 0{,}2 \\ 0 & 1 & 0{,}5 & 0{,}1 \\ 0{,}3 & 0 & 0 & 0{,}3 \\ 0{,}1 & 0 & 0 & 0{,}4 \end{pmatrix}; \quad \overrightarrow{v_0} = \begin{pmatrix} 0{,}2 \\ 0{,}5 \\ 0 \\ 0{,}3 \end{pmatrix}$$

Berechnen Sie die Zustandsverteilung $\overrightarrow{v_1}$.

Um die Komponenten des Zustandsvektors $\overrightarrow{v_1}$ zu bestimmen, muss man das Skalarprodukt aus den Zeilen der Übergangsmatrix U und dem Startvektor $\overrightarrow{v_0}$ bilden.

$$\overrightarrow{v_1} = U \cdot \overrightarrow{v_0} = \begin{pmatrix} 0{,}6 & 0 & 0{,}5 & 0{,}2 \\ 0 & 1 & 0{,}5 & 0{,}1 \\ 0{,}3 & 0 & 0 & 0{,}3 \\ 0{,}1 & 0 & 0 & 0{,}4 \end{pmatrix} \cdot \begin{pmatrix} 0{,}2 \\ 0{,}5 \\ 0 \\ 0{,}3 \end{pmatrix} = \begin{pmatrix} 0{,}6 \cdot 0{,}2 + 0 \cdot 0{,}5 + 0{,}5 \cdot 0 + 0{,}2 \cdot 0{,}3 \\ 0 \cdot 0{,}2 + 1 \cdot 0{,}5 + 0{,}5 \cdot 0 + 0{,}1 \cdot 0{,}3 \\ 0{,}3 \cdot 0{,}2 + 0 \cdot 0{,}5 + 0 \cdot 0 + 0{,}3 \cdot 0{,}3 \\ 0{,}1 \cdot 0{,}2 + 0 \cdot 0{,}5 + 0 \cdot 0 + 0{,}4 \cdot 0{,}3 \end{pmatrix} = \begin{pmatrix} 0{,}18 \\ 0{,}53 \\ 0{,}15 \\ 0{,}14 \end{pmatrix}$$

Tipp

Die Teilprodukte, die den Wert 0 ergeben, kann man natürlich auch weglassen.

Beispiel 2

Gegeben sind die Übergangsmatrix U und der Zustandsvektor $\overrightarrow{v_3}$ bei einem stochastischen Prozess.

$$U = \begin{pmatrix} 0 & 0{,}5 & 1 & 0{,}2 & 0 & 0 \\ 0{,}3 & 0 & 0 & 0{,}2 & 0 & 0{,}1 \\ 0{,}2 & 0{,}2 & 0 & 0 & 0{,}6 & 0{,}1 \\ 0 & 0{,}3 & 0 & 0{,}3 & 0 & 0{,}1 \\ 0{,}1 & 0 & 0 & 0{,}2 & 0{,}4 & 0 \\ 0{,}4 & 0 & 0 & 0{,}1 & 0 & 0{,}7 \end{pmatrix}; \quad \overrightarrow{v_3} = \begin{pmatrix} 0{,}1 \\ 0 \\ 0{,}3 \\ 0{,}2 \\ 0{,}3 \\ 0{,}1 \end{pmatrix}$$

Berechnen Sie den Zustandsvektor $\overrightarrow{v_4}$.

Mit dem GTR erstellt man sich eine Maske für eine 6 × 6-Matrix und trägt die 36 Elemente ein. Dann erstellt man eine Maske für einen Vektor mit 6 Zeilen und trägt die 6 Komponenten ein. Anschließend multipliziert man die Matrix mit dem Vektor.

Der GTR liefert:

$$\overrightarrow{v_4} = U \cdot \overrightarrow{v_3} = \begin{pmatrix} 0 & 0{,}5 & 1 & 0{,}2 & 0 & 0 \\ 0{,}3 & 0 & 0 & 0{,}2 & 0 & 0{,}1 \\ 0{,}2 & 0{,}2 & 0 & 0 & 0{,}6 & 0{,}1 \\ 0 & 0{,}3 & 0 & 0{,}3 & 0 & 0{,}1 \\ 0{,}1 & 0 & 0 & 0{,}2 & 0{,}4 & 0 \\ 0{,}4 & 0 & 0 & 0{,}1 & 0 & 0{,}7 \end{pmatrix} \cdot \begin{pmatrix} 0{,}1 \\ 0 \\ 0{,}3 \\ 0{,}2 \\ 0{,}3 \\ 0{,}1 \end{pmatrix} = \begin{pmatrix} 0{,}34 \\ 0{,}08 \\ 0{,}21 \\ 0{,}07 \\ 0{,}17 \\ 0{,}13 \end{pmatrix}$$

Aufgaben

1. Gegeben sind die Übergangsmatrix U und die Startverteilung $\vec{v_0}$ bei einem stochastischen Prozess.

$$U = \begin{pmatrix} 0{,}9 & 0{,}2 & 0{,}2 & 0 & 0 \\ 0 & 0{,}2 & 0{,}5 & 0 & 0{,}4 \\ 0 & 0{,}2 & 0 & 0{,}5 & 0{,}3 \\ 0 & 0{,}2 & 0{,}3 & 0 & 0{,}2 \\ 0{,}1 & 0{,}2 & 0 & 0{,}5 & 0{,}1 \end{pmatrix}; \quad \vec{v_0} = \begin{pmatrix} 0{,}4 \\ 0{,}1 \\ 0{,}3 \\ 0 \\ 0{,}2 \end{pmatrix}$$

Berechnen Sie die Zustandsverteilung $\vec{v_1}$.

2. 🖩 Gegeben sind die Übergangsmatrix U und der Zustandsvektor $\vec{v_2}$ bei einem stochastischen Prozess.

$$U = \begin{pmatrix} 0{,}3 & 0{,}5 & 0 & 0 & 0{,}1 & 0{,}6 \\ 0{,}1 & 0 & 0{,}3 & 0 & 0{,}1 & 0 \\ 0{,}2 & 0{,}5 & 0 & 0 & 0{,}2 & 0{,}1 \\ 0 & 0 & 0{,}3 & 0 & 0{,}2 & 0{,}2 \\ 0{,}1 & 0 & 0{,}4 & 0 & 0{,}1 & 0{,}1 \\ 0{,}3 & 0 & 0 & 1 & 0{,}3 & 0 \end{pmatrix}; \quad \vec{v_2} = \begin{pmatrix} 0{,}15 \\ 0 \\ 0{,}25 \\ 0{,}2 \\ 0{,}1 \\ 0{,}3 \end{pmatrix}$$

Berechnen Sie die Zustandsvektor $\vec{v_3}$.

Ergebnisse:

1. $\vec{v_1} = \begin{pmatrix} 0{,}44 \\ 0{,}25 \\ 0{,}08 \\ 0{,}15 \\ 0{,}08 \end{pmatrix}$

2. $\vec{v_3} = \begin{pmatrix} 0{,}235 \\ 0{,}1 \\ 0{,}08 \\ 0{,}155 \\ 0{,}155 \\ 0{,}275 \end{pmatrix}$

F 115 Eine stochastische Matrix mit einer stochastischen Matrix multiplizieren

… da bin ich noch unsicher ☐ … das kann ich (jetzt) ☐

Wenn man aus einem gegebenen Zustandsvektors $\vec{v_k}$ und der gegebenen Übergangsmatrix U den Zustandsvektors $\overrightarrow{v_{k+m}}$ (mit $m \geqq 2$) bestimmen will, muss man nicht unbedingt schrittweise vorgehen. Man kann $\overrightarrow{v_{k+m}} = U \cdot U \cdot \ldots \cdot U \cdot \vec{v_k} = U^m \cdot \vec{v_k}$ auch direkt berechnen.
Dazu muss man die Matrix U^m berechnen.
Die Potenz U^m ist ein Spezialfall der allgemeinen Matrizenmultiplikation. Da bei stochastischen Prozessen nur stochastische Übergangsmatrizen vorkommen, beschränken wir uns hier auf die Multiplikation von stochastischen Matrizen.

Beispiel 1

Gegeben sind zwei verschiedene stochastische Matrizen A und B.
Berechnen Sie die Produktmatrix $C = A \cdot B$.

Lösung:

$$A = \begin{pmatrix} 0{,}6 & 0 & 0{,}5 & 0{,}2 \\ 0 & 1 & 0{,}5 & 0{,}1 \\ 0{,}3 & 0 & 0 & 0{,}3 \\ 0{,}1 & 0 & 0 & 0{,}4 \end{pmatrix}; \quad B = \begin{pmatrix} 0{,}2 & 0{,}3 & 1 & 0{,}6 \\ 0{,}4 & 0{,}2 & 0 & 0{,}1 \\ 0 & 0{,}5 & 0 & 0{,}1 \\ 0{,}4 & 0 & 0 & 0{,}2 \end{pmatrix}; \quad C = A \cdot B = \begin{pmatrix} c_{11} & c_{12} & c_{13} & c_{14} \\ c_{21} & c_{22} & c_{23} & c_{24} \\ c_{31} & c_{32} & c_{33} & c_{34} \\ c_{41} & c_{42} & c_{43} & c_{44} \end{pmatrix}$$

Die 16 Elemente der Produktmatrix $C = A \cdot B$ erhält man, indem man das Skalarprodukt aus jeder Zeile der Matrix A mit jeder Spalte der Matrix B berechnet.

Man erhält z. B. das Element c_{24}, in dem man das Skalarprodukt der 2. Zeile von A mit der 4. Spalte von B berechnet: $c_{24} = 0 \cdot 0{,}6 + 1 \cdot 0{,}1 + 0{,}5 \cdot 0{,}1 + 0{,}1 \cdot 0{,}2 = 0{,}17$

Somit folgt: $C = A \cdot B = \begin{pmatrix} 0{,}2 & 0{,}43 & 0{,}6 & 0{,}45 \\ 0{,}44 & 0{,}45 & 0 & 0{,}17 \\ 0{,}18 & 0{,}09 & 0{,}3 & 0{,}24 \\ 0{,}18 & 0{,}03 & 0{,}1 & 0{,}14 \end{pmatrix}$

Hinweise

1. Das Produkt zweier stochastischen Matrizen ist wieder eine stochastische Matrix.
2. Die Matrizenmultiplikation ist nicht kommutativ. D.h. es gilt im allgemeinen $A \cdot B \neq B \cdot A$.

$$C^* = B \cdot A = \begin{pmatrix} 0{,}48 & 0{,}3 & 0{,}25 & 0{,}61 \\ 0{,}25 & 0{,}2 & 0{,}3 & 0{,}14 \\ 0{,}01 & 0{,}5 & 0{,}25 & 0{,}09 \\ 0{,}26 & 0 & 0{,}2 & 0{,}16 \end{pmatrix}$$

Beispiel 2

Gegeben ist die Übergangsmatrix U bei einem stochastischen Prozess.

$$U = \begin{pmatrix} 0{,}4 & 0{,}2 & 0{,}5 \\ 0{,}2 & 0{,}7 & 0 \\ 0{,}4 & 0{,}1 & 0{,}5 \end{pmatrix}$$

Berechnen Sie die Matrix U^2.

Lösung:

Es gilt: $c_{11} = 0{,}4 \cdot 0{,}4 + 0{,}2 \cdot 0{,}2 + 0{,}5 \cdot 0{,}4 = 0{,}4$

$c_{12} = 0{,}4 \cdot 0{,}2 + 0{,}2 \cdot 0{,}7 + 0{,}5 \cdot 0{,}1 = 0{,}27$ usw.

$$U^2 = U \cdot U = \begin{pmatrix} 0{,}4 & 0{,}2 & 0{,}5 \\ 0{,}2 & 0{,}7 & 0 \\ 0{,}4 & 0{,}1 & 0{,}5 \end{pmatrix} \cdot \begin{pmatrix} 0{,}4 & 0{,}2 & 0{,}5 \\ 0{,}2 & 0{,}7 & 0 \\ 0{,}4 & 0{,}1 & 0{,}5 \end{pmatrix} = \begin{pmatrix} 0{,}4 & 0{,}27 & 0{,}45 \\ 0{,}22 & 0{,}53 & 0{,}1 \\ 0{,}38 & 0{,}2 & 0{,}45 \end{pmatrix}$$

Beispiel 3

Gegeben sind die Übergangsmatrix U bei einem stochastischen Prozess.

$$U = \begin{pmatrix} 0{,}3 & 0 & 1 & 0{,}6 \\ 0{,}4 & 0{,}5 & 0 & 0{,}1 \\ 0{,}1 & 0 & 0 & 0{,}2 \\ 0{,}2 & 0{,}5 & 0 & 0{,}1 \end{pmatrix}$$

Berechnen Sie die Matrix U^5.

Lösung:

Mit dem GTR erstellt man sich eine Maske für eine 4 × 4-Matrix und trägt die 16 Elemente ein und speichert sie z.B. unter dem Buchstaben A ab.
Anschließend berechnet man mit dem GTR die Matrix U^5 (Eingabe: $MatA^5$).
Der GTR liefert:

$$U^5 = \begin{pmatrix} 0{,}33971 & 0{,}3373 & 0{,}3423 & 0{,}33904 \\ 0{,}32194 & 0{,}3238 & 0{,}3194 & 0{,}3208 \\ 0{,}08487 & 0{,}0841 & 0{,}0851 & 0{,}08528 \\ 0{,}25348 & 0{,}2548 & 0{,}2532 & 0{,}25488 \end{pmatrix} \approx \begin{pmatrix} 0{,}340 & 0{,}337 & 0{,}342 & 0{,}339 \\ 0{,}322 & 0{,}324 & 0{,}319 & 0{,}321 \\ 0{,}085 & 0{,}084 & 0{,}085 & 0{,}085 \\ 0{,}253 & 0{,}255 & 0{,}253 & 0{,}255 \end{pmatrix}$$

Hinweis

Oft ist es ratsam, die Elemente der mit dem GTR berechneten Matrix U^m sinnvoll zu runden.

Aufgaben

1. Gegeben ist die Übergangsmatrix U bei einem stochastischen Prozess.

$$U = \begin{pmatrix} 0 & 0{,}2 & 0{,}5 \\ 0{,}4 & 0{,}4 & 0{,}5 \\ 0{,}6 & 0{,}4 & 0 \end{pmatrix}$$

   Berechnen Sie die Matrix U^3.

2. Gegeben ist die Übergangsmatrix U bei einem stochastischen Prozess.

$$U = \begin{pmatrix} 0{,}3 & 1 & 0 & 0 & 0{,}2 \\ 0{,}2 & 0 & 0{,}5 & 0 & 0{,}2 \\ 0 & 0 & 0{,}5 & 0 & 0{,}2 \\ 0 & 0 & 0 & 1 & 0{,}2 \\ 0{,}5 & 0 & 0 & 0 & 0{,}2 \end{pmatrix}$$

   Berechnen Sie den die Matrix U^{10}.

Ergebnisse:

1. $U^2 = \begin{pmatrix} 0{,}38 & 0{,}28 & 0{,}1 \\ 0{,}46 & 0{,}44 & 0{,}4 \\ 0{,}16 & 0{,}28 & 0{,}5 \end{pmatrix}$; $U^3 = \begin{pmatrix} 0{,}172 & 0{,}228 & 0{,}33 \\ 0{,}416 & 0{,}428 & 0{,}45 \\ 0{,}412 & 0{,}344 & 0{,}22 \end{pmatrix}$

2. $U^{10} \approx \begin{pmatrix} 0{,}231 & 0{,}245 & 0{,}274 & 0 & 0{,}201 \\ 0{,}119 & 0{,}125 & 0{,}140 & 0 & 0{,}103 \\ 0{,}070 & 0{,}074 & 0{,}082 & 0 & 0{,}060 \\ 0{,}425 & 0{,}392 & 0{,}319 & 1 & 0{,}500 \\ 0{,}155 & 0{,}164 & 0{,}184 & 0 & 0{,}135 \end{pmatrix}$

F 116 Einen Zustandsvektor eines mehrstufigen stochastischen Prozessen bestimmen

... da bin ich noch unsicher ☐ ***... das kann ich (jetzt)*** ☐

Manchmal muss man mehrere Stufen eines stochastischen Prozesses hintereinander ausführen. Dabei muss man aus einem gegebenen Zustandsvektors $\overrightarrow{v_k}$ und der gegebenen Übergangsmatrix U den Zustandsvektors $\overrightarrow{v_{k+m}}$ (mit $m \geqq 2$) bestimmen.

Es gilt: $\overrightarrow{v_{k+1}} = U \cdot \overrightarrow{v_k}$ (1)
Prinzipiell gibt es zwei Wege, um $\overrightarrow{v_{k+m}}$ zu bestimmen.

Weg 1: Man setzt in die Gleichung (1) die gegebenen Größen U und $\overrightarrow{v_k}$ ein und berechnet zunächst den Zustandsvektor $\overrightarrow{v_{k+1}}$. Analog zu Gleichung (1) gilt natürlich auch $\overrightarrow{v_{k+2}} = U \cdot \overrightarrow{v_{k+1}}$. Wenn man in diese Gleichung den Zustandsvektor $\overrightarrow{v_{k+1}}$ einsetzt, erhält man den Zustandsvektor $\overrightarrow{v_{k+2}}$. So kann man schrittweise zum gewünschten Zustandsvektor $\overrightarrow{v_{k+m}}$ gelangen.
Weg 2: Setzt man die Gleichung (1) in die Gleichung $\overrightarrow{v_{k+2}} = U \cdot \overrightarrow{v_{k+1}}$ ein, so erhält man $\overrightarrow{v_{k+2}} = U \cdot U \cdot \overrightarrow{v_k}$.
Das Produkt $U \cdot U$ ist ebenfalls eine quadratische Matrix und man schreibt kurz U^2.
Somit gilt $\overrightarrow{v_{k+2}} = U^2 \cdot \overrightarrow{v_k}$. Analog gilt: $\overrightarrow{v_{k+m}} = U \cdot U \cdot \ldots \cdot U \cdot \overrightarrow{v_k} = U^m \cdot \overrightarrow{v_k}$.
Man kann also zuerst die Matrix U^m berechnen und dann mit einem weiteren Schritt direkt den gesuchten Zustandsvektor $\overrightarrow{v_{k+m}}$.

Hinweis

Der Weg über die Matrix U^m ist nur dann effektiv, wenn man diese Matrix mit dem GTR berechnen darf. Ansonsten ist die Bestimmung der Matrix U^m von Hand viel aufwändiger als Weg 1.

Beispiel 1

Gegeben sind die Übergangsmatrix U und der Startvektor $\overrightarrow{v_0}$ bei einem stochastischen Prozess.

$$U = \begin{pmatrix} 0 & 1 & 0{,}4 & 0{,}2 \\ 0{,}6 & 0 & 0{,}1 & 0{,}1 \\ 0{,}1 & 0 & 0{,}5 & 0{,}3 \\ 0{,}3 & 0 & 0 & 0{,}4 \end{pmatrix}; \quad \overrightarrow{v_0} = \begin{pmatrix} 0{,}5 \\ 0 \\ 0{,}25 \\ 0{,}25 \end{pmatrix}$$

Bestimmen Sie den Zustandsvektor $\overrightarrow{v_3}$.

Lösung (Weg 1):

Einsetzen in Gleichung (1) (k = 0) liefert im ersten Schritt:

$$\overrightarrow{v_1} = U \cdot \overrightarrow{v_0} = \begin{pmatrix} 0 & 1 & 0{,}4 & 0{,}2 \\ 0{,}6 & 0 & 0{,}1 & 0{,}1 \\ 0{,}1 & 0 & 0{,}5 & 0{,}3 \\ 0{,}3 & 0 & 0 & 0{,}4 \end{pmatrix} \cdot \begin{pmatrix} 0{,}5 \\ 0 \\ 0{,}25 \\ 0{,}25 \end{pmatrix} = \begin{pmatrix} 0{,}15 \\ 0{,}35 \\ 0{,}25 \\ 0{,}25 \end{pmatrix}$$

Einsetzen in Gleichung (1) (k = 1) liefert im zweiten Schritt:

$$\overrightarrow{v_2} = U \cdot \overrightarrow{v_1} = \begin{pmatrix} 0 & 1 & 0{,}4 & 0{,}2 \\ 0{,}6 & 0 & 0{,}1 & 0{,}1 \\ 0{,}1 & 0 & 0{,}5 & 0{,}3 \\ 0{,}3 & 0 & 0 & 0{,}4 \end{pmatrix} \cdot \begin{pmatrix} 0{,}15 \\ 0{,}35 \\ 0{,}25 \\ 0{,}25 \end{pmatrix} = \begin{pmatrix} 0{,}5 \\ 0{,}14 \\ 0{,}215 \\ 0{,}145 \end{pmatrix}$$

Einsetzen in Gleichung (1) (k = 2) liefert im dritten Schritt:

$$\overrightarrow{v_3} = U \cdot \overrightarrow{v_2} = \begin{pmatrix} 0 & 1 & 0{,}4 & 0{,}2 \\ 0{,}6 & 0 & 0{,}1 & 0{,}1 \\ 0{,}1 & 0 & 0{,}5 & 0{,}3 \\ 0{,}3 & 0 & 0 & 0{,}4 \end{pmatrix} \cdot \begin{pmatrix} 0{,}5 \\ 0{,}14 \\ 0{,}215 \\ 0{,}145 \end{pmatrix} = \begin{pmatrix} 0{,}255 \\ 0{,}336 \\ 0{,}201 \\ 0{,}208 \end{pmatrix}$$

Der Zustandsvektor lautet $\vec{v_3} = \begin{pmatrix} 0{,}255 \\ 0{,}336 \\ 0{,}201 \\ 0{,}208 \end{pmatrix}$.

Beispiel 2

Gegeben sind die Übergangsmatrix U und der Zustandsvektor $\vec{v_2}$ bei einem stochastischen Prozess.

$$U = \begin{pmatrix} 0 & 0{,}6 & 0 & 0{,}2 & 0{,}4 \\ 0{,}4 & 0 & 1 & 0 & 0{,}2 \\ 0{,}2 & 0 & 0 & 0{,}2 & 0{,}2 \\ 0 & 0{,}4 & 0 & 0{,}2 & 0 \\ 0{,}2 & 0 & 0 & 0{,}4 & 0{,}2 \end{pmatrix}; \quad \vec{v_2} = \begin{pmatrix} 0{,}5 \\ 0 \\ 0 \\ 0{,}5 \\ 0 \end{pmatrix}$$

Bestimmen Sie den Zustandsvektor $\vec{v_6}$.

Lösung (Weg 2):

Man definiert im GTR die Matrix U, indem man die Elemente eingibt und die Matrix unter einem Buchstaben (z.B. U) abspeichert. Analog gibt man den Zustandsvektor $\vec{v_2}$ ein und speichert ihn unter einem Buchstaben (z.B. A) ab.

Anschließend gibt man in den GTR ein: $U^4 \cdot \vec{v_2}$ (also z.B. $\text{MatU}^4 \cdot \text{VctA}$)

Der GTR liefert: $\vec{v_6} = \begin{pmatrix} 0{,}2112 \\ 0{,}2184 \\ 0{,}1008 \\ 0{,}1192 \\ 0{,}1288 \end{pmatrix}$

Aufgaben

1. Gegeben sind die Übergangsmatrix U und der Zustandsvektor $\vec{v_1}$ bei einem stochastischen Prozess.

$$U = \begin{pmatrix} 0{,}5 & 0{,}25 & 0 & 0 & 0{,}75 \\ 0{,}25 & 0 & 0{,}25 & 1 & 0 \\ 0 & 0{,}5 & 0{,}25 & 0 & 0 \\ 0{,}25 & 0 & 0{,}25 & 0 & 0{,}25 \\ 0 & 0{,}25 & 0{,}25 & 0 & 0 \end{pmatrix}; \quad \vec{v_1} = \begin{pmatrix} 0{,}8 \\ 0 \\ 0 \\ 0{,}2 \\ 0 \end{pmatrix}$$

   Berechnen Sie den Zustandsvektor $\vec{v_4}$.

2. Gegeben sind die Übergangsmatrix U und der Startvektor $\vec{v_0}$ bei einem stochastischen Prozess.

$$U = \begin{pmatrix} 0{,}4 & 0{,}2 & 0{,}6 & 0 \\ 0{,}2 & 0{,}4 & 0 & 1 \\ 0 & 0{,}2 & 0{,}4 & 0 \\ 0{,}4 & 0{,}2 & 0 & 0 \end{pmatrix}; \quad \vec{v_0} = \begin{pmatrix} 0{,}2 \\ 0{,}5 \\ 0{,}1 \\ 0{,}2 \end{pmatrix}$$

   Berechnen Sie den Zustandsvektor $\vec{v_2}$.

Ergebnisse:

1. $\vec{v_4} = \begin{pmatrix} 0{,}3 \\ 0{,}225 \\ 0{,}2 \\ 0{,}15 \\ 0{,}125 \end{pmatrix}$

2. $\vec{v_1} = \begin{pmatrix} 0{,}24 \\ 0{,}44 \\ 0{,}14 \\ 0{,}18 \end{pmatrix}; \quad \vec{v_2} = \begin{pmatrix} 0{,}268 \\ 0{,}404 \\ 0{,}144 \\ 0{,}184 \end{pmatrix}$

F 117 Eine Grenzverteilung bei einem stochastischen Prozess bestimmen

… da bin ich noch unsicher ☐ ***… das kann ich (jetzt)*** ☐

Es gibt stochastische Prozesse, bei denen sich die Zustandsverteilungen mit der Zeit stabilisieren. Das bedeutet, dass sich die Folge der Zustandsvektoren $\vec{v_k}$ einem Grenzvektor $\vec{g}$ annähert. Man spricht auch von einer Grenzverteilung.

Für diesen Grenzvektor (Grenzverteilung) muss folgende Bedingung erfüllt sein: $U \cdot \vec{g} = \vec{g}$ (*)

Man unterscheidet drei Fälle von stochastischen Prozessen:
1. Prozesse, bei denen sich unabhängig von der Startverteilung immer dieselbe Grenzverteilung ergibt,
2. Prozesse, bei denen es zu jeder Startverteilung eine Grenzverteilung gibt, diese jedoch von der Startverteilung abhängt,
3. Prozesse, bei denen es nicht zu jeder Startverteilung eine Grenzverteilung gibt.

Prinzipiell gibt es zwei Wege, um die Grenzverteilung $\vec{g}$ zu bestimmen. Dabei kommt es auch darauf an, ob die Grenzverteilung von der Wahl der Startverteilung abhängt oder nicht.

Hinweis
Wenn die Grenzverteilung unabhängig von der Startverteilung ist, dann spricht man auch von einer stabilen Verteilung.

Weg 1: Für die Verteilung $\vec{v_k}$ gilt $\vec{v_k} = U^k \cdot \vec{v_0}$. Wenn eine sog. Grenzmatrix G existiert, dann streben die Potenzen von U für große Werte von k gegen diese Grenzmatrix G. In der Praxis berechnet man mit dem GTR für ein großes k die Matrix U^k und überprüft, ob sich für ein noch größes k^* die Matrix U^{k^*} auf Rechnergenauigkeit nicht mehr wesentlich von U^k unterscheidet. Das heißt, falls $U^{k^*} \approx U^k$ gilt, dann gilt für die Grenzmatrix $G \approx U^k$. Dabei sollte man sowohl gerade als auch ungerade Zahlen für k wählen, damit man eine eventuell vorhandene „zyklische" Verteilung erkennen kann.
Die Grenzverteilung $\vec{g}$ erhält man dann mittels $g = G \cdot \vec{v_0}$ aus der Startverteilung $\vec{v_0}$.

Weg 2: Wenn man schon weiß, dass es eine stabile Verteilung $\vec{g}$ gibt, dann kann man diese stabile Verteilung mithilfe eines LGS bestimmen.

Die Gleichung (*) lautet ausführlich geschrieben $U \cdot \vec{g} = \begin{pmatrix} u_{1;1} & u_{1;2} & \cdot & \cdot & u_{1;n} \\ u_{2;1} & u_{2;2} & \cdot & \cdot & u_{2;n} \\ \cdot & \cdot & & & \cdot \\ \cdot & \cdot & & & \cdot \\ u_{n;1} & u_{n;2} & & & u_{n;n} \end{pmatrix} \cdot \begin{pmatrix} g_1 \\ g_2 \\ \cdot \\ \cdot \\ g_n \end{pmatrix} = \begin{pmatrix} g_1 \\ g_2 \\ \cdot \\ \cdot \\ g_n \end{pmatrix}$.

Man erhält ein LGS für die Komponenten g_i $(i = 1; 2; \ldots; n)$ des Vektors $\vec{g}$.

Das LGS lautet:

$$\begin{aligned} u_{1;1} \cdot g_1 + u_{1;2} \cdot g_2 + \ldots + u_{1;n} \cdot g_n &= g_1 \\ u_{2;1} \cdot g_1 + u_{2;2} \cdot g_2 + \ldots + u_{2;n} \cdot g_n &= g_2 \\ &\cdot \\ &\cdot \\ u_{n;1} \cdot g_1 + u_{n;2} \cdot g_2 + \ldots + u_{n;n} \cdot g_n &= g_n \end{aligned}$$

Man kann dieses LGS noch in ein homogenes LGS umformen und die Lösungen mithilfe des Gauß'schen Algorithmus oder mithilfe des GTR lösen.

$$\begin{aligned} (u_{1;1} - 1) \cdot g_1 + u_{1;2} \cdot g_2 + \ldots + u_{1;n} \cdot g_n &= 0 \\ u_{2;1} \cdot g_1 + (u_{2;2} - 1) \cdot g_2 + \ldots + u_{2;n} \cdot g_n &= 0 \\ &\cdot \\ &\cdot \\ u_{n;1} \cdot g_1 + u_{n;2} \cdot g_2 + \ldots + (u_{n;n} - 1) \cdot g_n &= 0 \end{aligned}$$

Zusätzlich zum homogenen LGS muss auch noch die grundlegende Bedingung, die für alle Verteilungen gelten muss, erfüllt sein, nämlich: $g_1 + g_2 + \ldots + g_n = 1$ (1)

Es können jetzt zwei Fälle auftreten:
1. Das homogene LGS hat unendlich viele Lösungen, die nur von einem Parameter abhängen. Von diesen unendlich vielen Lösungen erfüllt jedoch nur eine die Gleichung (1). Damit ist die Grenzverteilung $\vec{g}$, unabhängig von der Startverteilung, eindeutig bestimmt.
2. Das homogene LGS hat unendlich viele Lösungen, die jedoch von mindestens zwei Parametern abhängen.

Durch die Gleichung (1) lassen sich nicht alle Parameter gleichzeitig eindeutig bestimmen. Die Grenzverteilung $\vec{g}$ hängt also noch mindestens von einem Parameter und somit von der Startverteilung ab.

Hinweise

1. Das vorliegende homogene LGS hat immer unendlich viele Lösungen, es kann also nicht nur die triviale Lösung (0; 0; …; 0) besitzen.
2. Der Weg 1 ist nur dann effektiv, wenn man die Potenzen der Matrix U mit dem GTR berechnen darf. Ansonsten ist die Bestimmung der Matrix U^k für große k von Hand viel zu aufwändig.

Beispiel 1

Gegeben ist die Übergangsmatrix U eines stochastischen Prozesses. Es gibt eine stabile Verteilung $\vec{g}$.

$$U = \begin{pmatrix} 0{,}4 & 0{,}2 & 0{,}6 \\ 0{,}2 & 0{,}6 & 0{,}1 \\ 0{,}4 & 0{,}2 & 0{,}3 \end{pmatrix}$$

Bestimmen Sie die stabile Verteilung $\vec{g}$.

Lösung (Weg 2):

Einsetzen in Gleichung $U \cdot \vec{g} = \vec{g}$ liefert $\begin{pmatrix} 0{,}4 & 0{,}2 & 0{,}6 \\ 0{,}2 & 0{,}6 & 0{,}1 \\ 0{,}4 & 0{,}2 & 0{,}3 \end{pmatrix} \cdot \begin{pmatrix} g_1 \\ g_2 \\ g_3 \end{pmatrix} = \begin{pmatrix} g_1 \\ g_2 \\ g_3 \end{pmatrix}$

Somit ergibt sich folgendes homogenes LGS für g_1, g_2 und g_3:

$$\begin{aligned} -0{,}6g_1 + 0{,}2g_2 + 0{,}6g_3 &= 0 \quad \text{(I)} \\ 0{,}2g_1 - 0{,}4g_2 + 0{,}1g_3 &= 0 \quad \text{(II)} \\ 0{,}4g_1 + 0{,}2g_2 - 0{,}7g_3 &= 0 \quad \text{(III)} \end{aligned}$$

Aus $(I) + 3 \cdot (II)$ und $2 \cdot (I) + 3 \cdot (III)$ folgt:

$$\begin{aligned} -0{,}6g_1 + 0{,}2g_2 + 0{,}6g_3 &= 0 \quad \text{(I)} \\ -g_2 + 0{,}9g_3 &= 0 \quad \text{(II')} \\ g_2 - 0{,}9g_3 &= 0 \quad \text{(III'')} \end{aligned}$$

Aus $(II') + (III')$ folgt:

$$\begin{aligned} -0{,}6g_1 + 0{,}2g_2 + 0{,}6g_3 &= 0 \quad \text{(I)} \\ -g_2 + 0{,}9g_3 &= 0 \quad \text{(II')} \\ 0g_3 &= 0 \quad \text{(III'')} \end{aligned}$$

Aus (III'') folgt sofort, dass das homogene LGS unendlich viele Lösungen hat.

Setzt man z.B. $g_3 = r$, dann folgt $g_2 = 0{,}9r$ und $g_1 = 1{,}3r$. $(r \in \mathbb{R})$

Setzt man diese vom Parameter r abhängigen Lösungen in die Gleichung (1) ein, dann folgt aus $g_1 + g_2 + g_3 = 1$ sofort $1{,}3r + 0{,}9r + r = 3{,}2r = 1$.

Aus $r = \frac{5}{16}$ folgt $g_1 = 1{,}3 \cdot \frac{5}{16} = \frac{13}{32} = 0{,}40625$, $g_2 = 0{,}9 \cdot \frac{5}{16} = \frac{9}{32} = 0{,}28125$ und $g_3 = \frac{5}{16} = 0{,}3125$.

Die stabile Verteilung lautet $\vec{g} = \begin{pmatrix} \frac{13}{32} \\ \frac{9}{32} \\ \frac{5}{16} \end{pmatrix} = \begin{pmatrix} 0{,}40625 \\ 0{,}28125 \\ 0{,}3125 \end{pmatrix}$.

Da $U \cdot \vec{g} = \vec{g}$ gelten muss, kann man relativ schnell eine Probe machen.

Hier gilt $U \cdot \vec{g} = \begin{pmatrix} 0{,}4 & 0{,}2 & 0{,}6 \\ 0{,}2 & 0{,}6 & 0{,}1 \\ 0{,}4 & 0{,}2 & 0{,}3 \end{pmatrix} \cdot \begin{pmatrix} \frac{13}{32} \\ \frac{9}{32} \\ \frac{5}{16} \end{pmatrix} = \begin{pmatrix} 0{,}4 \cdot \frac{13}{32} + 0{,}2 \cdot \frac{9}{32} + 0{,}6 \cdot \frac{5}{16} \\ 0{,}2 \cdot \frac{13}{32} + 0{,}6 \cdot \frac{9}{32} + 0{,}1 \cdot \frac{5}{16} \\ 0{,}4 \cdot \frac{13}{32} + 0{,}2 \cdot \frac{9}{32} + 0{,}3 \cdot \frac{5}{16} \end{pmatrix} = \begin{pmatrix} \frac{13}{32} \\ \frac{9}{32} \\ \frac{5}{16} \end{pmatrix} = \vec{g}$

Die Probe stimmt.

Beispiel 2

Gegeben sind die Übergangsmatrix U und die Startverteilungen $\overrightarrow{v_0}$ und $\overrightarrow{v_0^*}$ bei einem stochastischen Prozess.

$$U = \begin{pmatrix} 0 & 0{,}4 & 0 & 0 & 0{,}2 & 0{,}2 \\ 0{,}5 & 0 & 0 & 0 & 0{,}2 & 0{,}2 \\ 0 & 0{,}2 & 1 & 0 & 0{,}3 & 0{,}3 \\ 0{,}25 & 0 & 0 & 1 & 0{,}3 & 0{,}3 \\ 0{,}25 & 0{,}4 & 0 & 0 & 0 & 0 \end{pmatrix}; \quad \overrightarrow{v_0} = \begin{pmatrix} 0{,}2 \\ 0 \\ 0{,}4 \\ 0{,}4 \\ 0 \end{pmatrix}; \quad \overrightarrow{v_0^*} = \begin{pmatrix} 0{,}5 \\ 0 \\ 0{,}5 \\ 0 \\ 0 \end{pmatrix}$$

Bestimmen Sie die Grenzverteilung $\vec{g}$ für die Startverteilung $\overrightarrow{v_0}$ und für die Startverteilung $\overrightarrow{v_0^*}$.

Lösung (Weg 1):

Man definiert im GTR die Matrix U, indem man die Elemente eingibt und die Matrix unter einem Buchstaben (z. B. U) abspeichert. Analog gibt man die Startverteilungen $\overrightarrow{v_0}$ bzw. $\overrightarrow{v_0^*}$ ein und speichert sie als Vektor jeweils unter einem Buchstaben (z. B. A und B) ab.

Anschließend berechnet man mit dem GTR einige Potenzen von U. Z. B. U^{30} und U^{45}.

Der GTR liefert: $U^{30} \approx \begin{pmatrix} 0 & 0 & 0 & 0 & 0 \\ 0 & 0 & 0 & 0 & 0 \\ 0{,}402 & 0{,}557 & 1 & 0 & 0{,}492 \\ 0{,}598 & 0{,}443 & 0 & 1 & 0{,}508 \\ 0 & 0 & 0 & 0 & 0 \end{pmatrix}$ und $U^{45} \approx \begin{pmatrix} 0 & 0 & 0 & 0 & 0 \\ 0 & 0 & 0 & 0 & 0 \\ 0402 & 0{,}557 & 1 & 0 & 0{,}492 \\ 0{,}598 & 0{,}443 & 0 & 1 & 0{,}508 \\ 0 & 0 & 0 & 0 & 0 \end{pmatrix}$

Somit gilt für die Grenzmatrix $G \approx \begin{pmatrix} 0 & 0 & 0 & 0 & 0 \\ 0 & 0 & 0 & 0 & 0 \\ 0{,}402 & 0{,}557 & 1 & 0 & 0{,}492 \\ 0{,}598 & 0{,}443 & 0 & 1 & 0{,}508 \\ 0 & 0 & 0 & 0 & 0 \end{pmatrix}$.

Für die Startverteilung $\overrightarrow{v_0}$ ergibt sich die Grenzverteilung $\vec{g} = U \cdot \overrightarrow{v_0}$.

Der GTR liefert: $\vec{g} \approx \begin{pmatrix} 0 \\ 0 \\ 0{,}480 \\ 0{,}520 \\ 0 \end{pmatrix}$.

Für die Startverteilung $\overrightarrow{v_0^*}$ ergibt sich die Grenzverteilung $\overrightarrow{g^*} = U \cdot \overrightarrow{v_0^*}$.

Der GTR liefert: $\overrightarrow{g^*} \approx \begin{pmatrix} 0 \\ 0 \\ 0{,}701 \\ 0{,}299 \\ 0 \end{pmatrix}$.

Dabei wurde jeweils auf drei Dezimalen gerundet.

In diesem Fall hängt die Grenzverteilung von der Startverteilung ab. Es gibt also keine stabile Verteilung.

Beispiel 3

Gegeben ist die Übergangsmatrix U bei einem stochastischen Prozess.

$$U = \begin{pmatrix} 0 & 0 & 1 \\ 0 & 1 & 0 \\ 1 & 0 & 0 \end{pmatrix}$$

Untersuchen Sie, ob es für die Startverteilung $\overrightarrow{v_0} = \begin{pmatrix} 0{,}2 \\ 0{,}3 \\ 0{,}5 \end{pmatrix}$ eine Grenzverteilung $\vec{g}$ gibt.

Lösung (Weg 1):

Man berechnet zunächst einige Potenzen von U. Dabei stellt man fest, dass es darauf ankommt, ob man bei der Berechnung von Uk eine gerade oder ungerade Zahl für k wählt.

Es ergibt sich: $U^k = \begin{pmatrix} 0 & 0 & 1 \\ 0 & 1 & 0 \\ 1 & 0 & 0 \end{pmatrix} = U$, falls k ungerade ist

$U^k = \begin{pmatrix} 1 & 0 & 0 \\ 0 & 1 & 0 \\ 0 & 0 & 1 \end{pmatrix} = E$, falls k gerade ist

Somit gilt: $U^k \cdot \overrightarrow{v_0} = \begin{pmatrix} 0 & 0 & 1 \\ 0 & 1 & 0 \\ 1 & 0 & 0 \end{pmatrix} \cdot \begin{pmatrix} 0{,}2 \\ 0{,}3 \\ 0{,}5 \end{pmatrix} = \begin{pmatrix} 0{,}5 \\ 0{,}3 \\ 0{,}2 \end{pmatrix}$, falls k ungerade ist

$U^k \cdot \overrightarrow{v_0} = \begin{pmatrix} 1 & 0 & 0 \\ 0 & 1 & 0 \\ 0 & 0 & 1 \end{pmatrix} \cdot \begin{pmatrix} 0{,}2 \\ 0{,}3 \\ 0{,}5 \end{pmatrix} = \begin{pmatrix} 0{,}2 \\ 0{,}3 \\ 0{,}5 \end{pmatrix}$, falls k ungerade ist

Für die Startverteilung $\overrightarrow{v_0}$ gibt es also keine Grenzverteilung, sondern man erhält eine sog. „zyklische" Verteilung. Die Verteilung wechselt immer zwischen $\begin{pmatrix} 0{,}5 \\ 0{,}3 \\ 0{,}2 \end{pmatrix}$ und $\begin{pmatrix} 0{,}2 \\ 0{,}3 \\ 0{,}5 \end{pmatrix}$ hin und her.

Hinweis

Es gibt nur eine Startverteilung $\overrightarrow{v_0^*}$, für die es eine Grenzverteilung gibt. Für die Startverteilung $\overrightarrow{v_0^*} = \begin{pmatrix} 0{,}5 \\ 0 \\ 0{,}5 \end{pmatrix}$ ergibt sich für alle k $U^k \cdot \overrightarrow{v_0^*} = \begin{pmatrix} 0{,}5 \\ 0 \\ 0{,}5 \end{pmatrix} = \overrightarrow{v_0^*}$. Somit gilt $\vec{g} = \overrightarrow{v_0^*}$.

Es gibt also nur eine stabile Startverteilung.

Aufgaben

1. Gegeben sind die Übergangsmatrix U und die Startverteilung $\overrightarrow{v_0}$ bei einem stochastischen Prozess.

$$U = \begin{pmatrix} 0{,}5 & 0{,}25 & 0 & 0 & 0{,}75 \\ 0{,}25 & 0 & 0{,}25 & 1 & 0 \\ 0 & 0{,}5 & 0{,}25 & 0 & 0 \\ 0{,}25 & 0 & 0{,}25 & 0 & 0{,}25 \\ 0 & 0{,}25 & 0{,}25 & 0 & 0 \end{pmatrix}; \quad \overrightarrow{v_0} = \begin{pmatrix} 0{,}3 \\ 0 \\ 0 \\ 0{,}6 \\ 0{,}1 \end{pmatrix}$$

Bestimmen Sie die Grenzverteilung $\vec{g}$ zu dieser Startverteilung.

2. Gegeben ist die Übergangsmatrix U eines stochastischen Prozesses.

$$U = \begin{pmatrix} 0{,}6 & 0{,}2 & 0{,}6 & 0 \\ 0{,}2 & 0{,}4 & 0 & 1 \\ 0 & 0{,}2 & 0{,}4 & 0 \\ 0{,}2 & 0{,}2 & 0 & 0 \end{pmatrix}$$

Bestimmen Sie die stabile Verteilung $\vec{g}$.

Ergebnisse:

1. $\vec{g} \approx \begin{pmatrix} 0{,}299 \\ 0{,}266 \\ 0{,}177 \\ 0{,}147 \\ 0{,}111 \end{pmatrix}$

2. $\vec{g} \approx \begin{pmatrix} \frac{15}{41} \\ \frac{15}{41} \\ \frac{5}{41} \\ \frac{6}{41} \end{pmatrix}$

F 118 Den Vorgänger eines Zustandsvektors bestimmen

... da bin ich noch unsicher ☐ ***... das kann ich (jetzt)*** ☐

Eine weitere wichtige Grundfertigkeit bei stochastischen Prozessen ist die Bestimmung eines alten Zustandsvektors $\overrightarrow{v_k}$ aus einem gegebenen neuen Zustandsvektors $\overrightarrow{v_{k+1}}$ und der Übergangsmatrix U.

Es gilt: $\overrightarrow{v_{k+1}} = U \cdot \overrightarrow{v_k}$ (1)

Prinzipiell gibt es zwei Wege, um $\vec{v_k}$ zu bestimmen.

Weg 1: Man setzt in die Gleichung (1) die gegebenen Größen U und $\overrightarrow{v_{k+1}}$ ein. Dadurch erhält man ein LGS für die Komponenten des Vektors $\vec{v_k}$. Dieses LGS löst man entweder von Hand mithilfe des Gauß'schen Algorithmus oder mithilfe des GTR.
Weg 2: Man bestimmt die inverse Matrix U^{-1} zur Übergangsmatrix U. Multipliziert man die beiden Seiten von Gleichung (I) mit U^{-1}, dann folgt $U^{-1}\cdot\overrightarrow{v_{k+1}} = \vec{v_k}$.

Hinweise

1. Ausführlich lautet die rechte Seite von Gleichung (1) nach der Multiplikation mit U^{-1} wie folgt:
   $U^{-1}\cdot U\cdot\vec{v_k} = E\cdot\vec{v_k} = \vec{v_k}$
   Dabei ist E die Einheitsmatrix (in der Hauptdiagonalen stehen nur Einsen, alle anderen Elemente der Matrix sind Null).
2. Der Weg über die inverse Matrix ist nur dann effektiv, wenn man diese inverse Matrix mit dem GTR berechnen darf. Ansonsten ist die Bestimmung der inversen Matrix von Hand viel aufwändiger als Weg 1.

Beispiel 1

Gegeben sind die Übergangsmatrix U und der Zustandsvektor $\vec{v_1}$ bei einem stochastischen Prozess.

$$U = \begin{pmatrix} 0{,}4 & 0 & 0{,}5 & 0{,}2 \\ 0{,}3 & 0 & 0 & 0{,}4 \\ 0{,}1 & 1 & 0{,}5 & 0{,}3 \\ 0{,}2 & 0 & 0 & 0{,}1 \end{pmatrix}; \quad \vec{v_1} = \begin{pmatrix} 0{,}19 \\ 0{,}13 \\ 0{,}61 \\ 0{,}07 \end{pmatrix}$$

Bestimmen Sie den Startvektor $\vec{v_0}$.

Lösung (Weg 1):

Einsetzen in Gleichung (1) (k = 0) liefert:

$$\vec{v_1} = U\cdot\vec{v_0} = \begin{pmatrix} 0{,}19 \\ 0{,}13 \\ 0{,}61 \\ 0{,}07 \end{pmatrix} = \begin{pmatrix} 0{,}4 & 0 & 0{,}5 & 0{,}2 \\ 0{,}3 & 0 & 0 & 0{,}4 \\ 0{,}1 & 1 & 0{,}5 & 0{,}3 \\ 0{,}2 & 0 & 0 & 0{,}1 \end{pmatrix}\cdot\begin{pmatrix} v_{0;1} \\ v_{0;2} \\ v_{0;3} \\ v_{0;4} \end{pmatrix} = \begin{pmatrix} 0{,}4\cdot v_{0;1} + 0\cdot v_{0;2} + 0{,}5\cdot v_{0;3} + 0{,}2\cdot v_{0;4} \\ 0{,}3\cdot v_{0;1} + 0\cdot v_{0;2} + 0\cdot v_{0;3} + 0{,}4\cdot v_{0;4} \\ 0{,}1\cdot v_{0;1} + 1\cdot v_{0;2} + 0{,}5\cdot v_{0;3} + 0{,}3\cdot v_{0;4} \\ 0{,}2\cdot v_{0;1} + 0\cdot v_{0;2} + 0\cdot v_{0;3} + 0{,}1\cdot v_{0;4} \end{pmatrix}$$

Man erhält also folgendes LGS für die Komponenten $v_{0;i}$ (i = 1; 2; 3; 4) des Vektors $\vec{v_0}$.

$$\begin{pmatrix} 0{,}4\cdot v_{0;1} + 0\cdot v_{0;2} + 0{,}5\cdot v_{0;3} + 0{,}2\cdot v_{0;4} = 0{,}19 \\ 0{,}3\cdot v_{0;1} + 0\cdot v_{0;2} + 0\cdot v_{0;3} + 0{,}4\cdot v_{0;4} = 0{,}13 \\ 0{,}1\cdot v_{0;1} + 1\cdot v_{0;2} + 0{,}5\cdot v_{0;3} + 0{,}3\cdot v_{0;4} = 0{,}61 \\ 0{,}2\cdot v_{0;1} + 0\cdot v_{0;2} + 0\cdot v_{0;3} + 0{,}1\cdot v_{0;4} = 0{,}07 \end{pmatrix} \quad \begin{matrix} \text{(I)} \\ \text{(II)} \\ \text{(III)} \\ \text{(IV)} \end{matrix}$$

Da dieses LGS relativ viele Nullen enthält, genügt eine Umformung, um das LGS auf Stufenform zu bringen. Aus $2\cdot(\text{II}) - 3\cdot(\text{IV})$ folgt:

$$\begin{pmatrix} 0{,}4\cdot v_{0;1} + 0\cdot v_{0;2} + 0{,}5\cdot v_{0;3} + 0{,}2\cdot v_{0;4} = 0{,}19 \\ 0\cdot v_{0;1} + 0\cdot v_{0;2} + 0\cdot v_{0;3} + 0{,}5\cdot v_{0;4} = 0{,}05 \\ 0{,}1\cdot v_{0;1} + 1\cdot v_{0;2} + 0{,}5\cdot v_{0;3} + 0{,}3\cdot v_{0;4} = 0{,}61 \\ 0{,}2\cdot v_{0;1} + 0\cdot v_{0;2} + 0\cdot v_{0;3} + 0{,}1\cdot v_{0;4} = 0{,}07 \end{pmatrix} \quad \begin{matrix} \text{(I)} \\ \text{(II')} \\ \text{(III)} \\ \text{(IV)} \end{matrix}$$

Aus (II') folgt sofort $v_{0;4} = 0{,}1$.

Einsetzen in (IV) liefert $0{,}2\cdot v_{0;1} + 0{,}01 = 0{,}07$ und somit $v_{0;1} = 0{,}3$.
Einsetzen in (I) liefert $0{,}12 + 0{,}5\cdot v_{0;3} + 0{,}02 = 0{,}19$ und somit $v_{0;3} = 0{,}1$.
Einsetzen in (III) liefert $0{,}03 + 1\cdot v_{0;2} + 0{,}05 + 0{,}03 = 0{,}61$ und somit $v_{0;2} = 0{,}5$.

Der Startvektor lautet $\vec{v_0} = \begin{pmatrix} 0{,}3 \\ 0{,}5 \\ 0{,}1 \\ 0{,}1 \end{pmatrix}$.

Beispiel 2 🖩

Gegeben sind die Übergangsmatrix U und der Zustandsvektor $\vec{v_3}$ bei einem stochastischen Prozess.

$$U = \begin{pmatrix} 0{,}1 & 0{,}4 & 0 & 0{,}1 & 0{,}2 & 0{,}3 \\ 0{,}2 & 0{,}1 & 1 & 0{,}3 & 0 & 0 \\ 0{,}2 & 0{,}2 & 0 & 0 & 0{,}5 & 0{,}1 \\ 0 & 0 & 0 & 0{,}2 & 0{,}1 & 0{,}2 \\ 0{,}1 & 0{,}3 & 0 & 0{,}2 & 0{,}1 & 0 \\ 0{,}4 & 0 & 0 & 0{,}2 & 0{,}1 & 0{,}4 \end{pmatrix}; \quad \vec{v_3} = \begin{pmatrix} 0{,}21 \\ 0{,}19 \\ 0{,}11 \\ 0{,}1 \\ 0{,}19 \\ 0{,}2 \end{pmatrix}$$

Bestimmen Sie den Zustandsvektor $\vec{v_2}$.

Lösung (Weg 2):

Man definiert im GTR die Matrix U, indem man die Elemente eingibt und die Matrix unter einem Buchstaben (z. B. U) abspeichert. Analog gibt man den Zustandsvektor $\vec{v_3}$ ein und speichert ihn unter einem Buchstaben (z. B. A) ab.

Anschließend gibt man in den GTR ein: $U^{-1} \cdot \vec{v_3}$ (also z. B. MatU$^{-1}\cdot$VctA)

Der GTR liefert: $\vec{v_2} = \begin{pmatrix} 0{,}2 \\ 0{,}3 \\ 0 \\ 0{,}4 \\ 0 \\ 0{,}1 \end{pmatrix}$

Tipp

Sie können natürlich jederzeit die Probe machen und mit dem GTR $U \cdot \vec{v_2}$ berechnen und so feststellen, ob das Ergebnis tatsächlich der gegebene Zustandsvektor $\vec{v_3}$ ist.

Aufgaben

1. 🖩 Gegeben sind die Übergangsmatrix U und der Zustandsvektor $\vec{v_1}$ bei einem stochastischen Prozess.

$$U = \begin{pmatrix} 0{,}6 & 0{,}1 & 0{,}4 & 0{,}3 & 0 \\ 0{,}2 & 0{,}2 & 0{,}1 & 0 & 0{,}1 \\ 0 & 0{,}3 & 0{,}1 & 0{,}2 & 0{,}2 \\ 0 & 0{,}2 & 0{,}4 & 0 & 0{,}6 \\ 0{,}2 & 0{,}2 & 0 & 0{,}5 & 0{,}1 \end{pmatrix}; \quad \vec{v_1} = \begin{pmatrix} 0{,}5 \\ 0{,}14 \\ 0{,}06 \\ 0{,}08 \\ 0{,}22 \end{pmatrix}$$

Berechnen Sie den Startvektor $\vec{v_0}$.

2. Gegeben sind die Übergangsmatrix U und der Zustandsvektor $\vec{v_5}$ bei einem stochastischen Prozess.

$$U = \begin{pmatrix} 0{,}3 & 0{,}4 & 0 & 0{,}3 \\ 0{,}2 & 0 & 1 & 0{,}3 \\ 0 & 0{,}4 & 0 & 0{,}2 \\ 0{,}5 & 0{,}2 & 0 & 0{,}2 \end{pmatrix}; \quad \vec{v_5} = \begin{pmatrix} 0{,}25 \\ 0{,}35 \\ 0{,}06 \\ 0{,}34 \end{pmatrix}$$

Berechnen Sie den Zustandsvektor $\vec{v_4}$.

Ergebnisse:

1. $\vec{v_0} = \begin{pmatrix} 0{,}6 \\ 0 \\ 0{,}2 \\ 0{,}2 \\ 0 \end{pmatrix}$

2. $\vec{v_4} = \begin{pmatrix} 0{,}6 \\ 0{,}1 \\ 0{,}2 \\ 0{,}1 \end{pmatrix}$

F 119 Weiterführende Aufgaben zu stochastischen Prozessen bearbeiten

... da bin ich noch unsicher ☐ *... das kann ich (jetzt)* ☐

Zu stochastischen Prozessen gibt es eine Reihe weiterführende, tiefergehende Aufgaben. Einerseits gibt es typische Anwendungsaufgaben, andererseits werden sog. „Umkehraufgaben", zum Beispiel zur Bestimmung von Parametern, gestellt.

Beispiel 1

Ein sehr großes Unternehmen kauft 19300 neue PKW, die als Firmenwägen den Mitarbeitern, hauptsächlich Außendienstmitarbeitern, zur Verfügung gestellt werden.
In jedem Motor befindet sich zur Motorsteuerung ein sog. „Zahnriemen". Der Zahnriemen eines Motors muss laut Hersteller nach einer bestimmten Kilometerlaufleistung oder spätestens nach 5 Jahren, um Motorschäden vorzubeugen, ausgetauscht werden. Wenn ein Zahnriemen vorher defekt ist, wird er sofort durch einen neuen Zahnriemen ersetzt.
In einer Modellierung soll vereinfacht davon ausgegangen werden, dass kein PKW aus einem anderen Grund als Firmenwagen nicht mehr zur Verfügung steht.
Die Zahnriemen werden im Modell in fünf Altersstufen eingeteilt, deren Anteile an der Gesamtzahl der Zahnriemen am Ende eines Kalenderjahres ermittelt werden:
M_1 ist der Anteil der Zahnriemen in ihrem ersten Betriebsjahr
M_2 ist der Anteil der Zahnriemen in ihrem zweiten Betriebsjahr
...
M_5 ist der Anteil der Zahnriemen in ihrem fünften Betriebsjahr

Die fünf Altersstufen werden zu einer Verteilung $\vec{v} = \begin{pmatrix} M_1 \\ M_2 \\ M_3 \\ M_4 \\ M_5 \end{pmatrix}$ zusammengefasst.

Die Matrix U beschreibt die Entwicklung der Verteilung der Zahnriemenanteile von Jahr zu Jahr:

$$U = \begin{pmatrix} 0{,}1 & 0{,}2 & 0{,}5 & 0{,}7 & \triangle \\ 0{,}9 & 0 & 0 & 0 & \triangle \\ 0 & 0{,}8 & 0 & 0 & \triangle \\ 0 & 0 & 0{,}5 & 0 & \triangle \\ 0 & 0 & 0 & 0{,}3 & \triangle \end{pmatrix}$$

a) 1. In der Matrix U ist die 5. Spalte noch nicht ausgefüllt worden.
Geben Sie die 5. Spalte der Matrix U an.
2. Interpretieren Sie die 4. Spalte der Matrix U im Sachzusammenhang.
b) Zeichnen Sie ein Übergangsdiagramm zu diesem stochastischen Prozess.
c) Berechnen Sie die Anzahl der Zahnriemen in den einzelnen Altersstufen nach zwei Jahren.
d) Zeigen Sie, dass die Gleichung für $U \cdot \vec{v} = k \cdot \vec{v}$ für $k \neq 1$ keine Lösung besitzt.
e) Bestimmen Sie den Prozentsatz der PKW, die nach drei Kalenderjahren mindestens einen Zahnriemenwechsel hatten.

Lösung:

a) 1. Da der Zahnriemen nach spätestens fünf Jahren ausgewechselt wird, lautet die 5. Spalte $\begin{pmatrix} 1 \\ 0 \\ 0 \\ 0 \\ 0 \end{pmatrix}$.
2. 70 % der Zahnriemen, die im vierten Betriebsjahr sind, werden in diesem Jahr ausgewechselt.
30 % der Zahnriemen, die im vierten Betriebsjahr sind, werden im nächsten Jahr in ihrem fünften Betriebsjahr sein.

b) 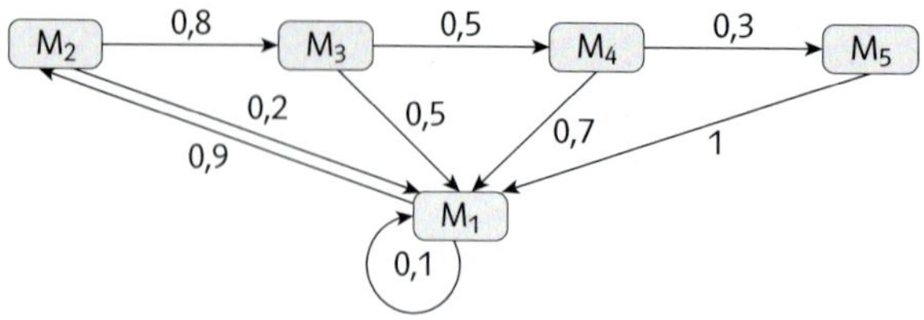

c) Für die Zustandsverteilung nach zwei Jahren gilt: $\vec{v_2} = U^2 \cdot \vec{v_0}$ mit $\vec{v_0} = \begin{pmatrix} 1 \\ 0 \\ 0 \\ 0 \\ 0 \end{pmatrix}$.

Der GTR liefert $\vec{v_2} = \begin{pmatrix} 0{,}19 \\ 0{,}09 \\ 0{,}72 \\ 0 \\ 0 \end{pmatrix}$ für die Verteilung der Anteile.

Will man jedoch die absoluten Anzahlen, dann muss man diese Anteile noch mit der Gesamtzahl von 19 300 multiplizieren.

$19\,300 \cdot \vec{v_2} = \begin{pmatrix} 3667 \\ 1737 \\ 13\,896 \\ 0 \\ 0 \end{pmatrix}$.

Nach Ablauf des zweiten Kalenderjahres werden sich im dritten Kalenderjahr 3667 Zahnriemen in ihrem ersten, 1737 Zahnriemen in ihrem zweiten und 13 896 Zahnriemen in ihrem dritten Betriebsjahr befinden.

Alternativer Lösungsweg:
Man kann die absoluten Anzahlen auch dadurch erhalten, indem man als Startverteilung nicht den Vektor $\vec{v_0}$ mit den Anteilen verwendet, sondern den Vektor $\vec{v_0}^*$ mit den absoluten Anzahlen als Startverteilung $\vec{v_0}$ wählt.

Mit $v_0^* = \begin{pmatrix} 19\,300 \\ 0 \\ 0 \\ 0 \\ 0 \end{pmatrix}$ und $\vec{v_2} = U^2 \cdot \vec{v_0}^* = \begin{pmatrix} 3667 \\ 1737 \\ 13\,896 \\ 0 \\ 0 \end{pmatrix}$ erhält man die absoluten Anzahlen.

d) Die Gleichung $U \cdot \vec{v} = k \cdot \vec{v}$ liefert ein LGS für die Komponenten des Vektors $\vec{v}$.

$$U \cdot \vec{v} = \begin{pmatrix} 0{,}1 & 0{,}2 & 0{,}5 & 0{,}7 & 1 \\ 0{,}9 & 0 & 0 & 0 & 0 \\ 0 & 0{,}8 & 0 & 0 & 0 \\ 0 & 0 & 0{,}5 & 0 & 0 \\ 0 & 0 & 0 & 0{,}3 & 0 \end{pmatrix} \cdot \begin{pmatrix} v_1 \\ v_2 \\ v_3 \\ v_4 \\ v_5 \end{pmatrix} = \begin{pmatrix} 0{,}1\vec{v_1} + 0{,}2\vec{v_2} + 0{,}5\vec{v_3} + 0{,}7\vec{v_4} + \vec{v_5} \\ 0{,}9\vec{v_1} \\ 0{,}8\vec{v_2} \\ 0{,}5\vec{v_3} \\ 0{,}3\vec{v_4} \end{pmatrix} = \begin{pmatrix} k \cdot v_1 \\ k \cdot v_2 \\ k \cdot v_3 \\ k \cdot v_4 \\ k \cdot v_5 \end{pmatrix} = k \cdot \vec{v}$$

Addiert man alle fünf Gleichung so folgt: $v_1 + v_2 + v_3 + v_4 + v_5 = k \cdot (v_1 + v_2 + v_3 + v_4 + v_5)$
Da die Summe der Komponenten v_1 bis v_5 nicht 0 ist, folgt sofort $1 = k$.
Somit besitzt die Gleichung $U \cdot \vec{v} = k \cdot \vec{v}$ für $k \neq 1$ keine Lösung.

e) Im ersten Kalenderjahr haben 10 % der PKW einen Zahnriemenwechsel.
Im zweiten Kalenderjahr gibt es PKW, deren Zahnriemen zum ersten Mal und PKW, deren Zahnriemen schon zum zweiten Mal gewechselt wird. Letztere sind schon berücksichtigt.
Der Anteil der PKW mit ersten Wechsel ist $0{,}9 \cdot 0{,}2 = 0{,}18 = 18\,\%$.
Im dritten Kalenderjahr gibt es PKW, deren Zahnriemen zum ersten Mal, PKW deren Zahnriemen zum zweiten Mal und PKW, deren Zahnriemen schon zum dritten Mal gewechselt wird.
Die beiden Mehrfachwechsel sind schon berücksichtigt.
Der Anteil der PKW mit ersten Wechsel ist $0{,}9 \cdot 0{,}8 \cdot 0{,}5 = 0{,}36 = 36\,\%$.
Der Anteil der PKW mit mindestens einem Zahnriemenwechsel beträgt $10\,\% + 18\,\% + 36\,\% = 64\,\%$.

Alternative und elegantere Lösung:
Man berechnet mit dem GTR die Verteilung nach drei Jahren. Der Anteil der Zahnriemen, die sich im nächsten Jahr im vierten Betriebsjahr befinden werden, ist die Vektorkomponente v_4. Dieser Anteil ist identisch mit dem Anteil der PKW die noch den Originalzahnriemen haben. Der gesuchte Anteil ergibt sich, mithilfe des Gegenereignisses, zu $1 - v_4$.

Aus $\vec{v_3} = U^3 \cdot \vec{v_0} = \begin{pmatrix} 0{,}397 \\ 0{,}171 \\ 0{,}072 \\ 0{,}36 \\ 0 \end{pmatrix}$ folgt $\vec{v_4} = 0{,}36$ und somit $1 - \vec{v_4} = 0{,}64 = 64\,\%$.

Beispiel 2

In einer großen Klinik werden 500 neue Rauchmelder eingebaut. Diese Rauchmelder haben eine Batterie, die mit der Zeit ausgetauscht werden muss. Der Haustechniker tauscht eine Batterie sofort aus, wenn der Rauchmelder eine schwache Batterie (durch ein Piepsen) signalisiert. Außerdem gibt es eine Vorschrift die Batterie spätestens nach drei Jahren routinemäßig auszutauschen. Bei der mathematischen Modellierung wird vereinfacht davon ausgegangen, dass keiner der Rauchmelder aus anderen Gründen ausfällt.
Die eingebauten Batterien werden im Modell in drei Altersstufen eingeteilt, deren Anzahlen am Ende eines Kalenderjahres ermittelt werden:
B_1 ist die Anzahl der Batterien in ihrem ersten Betriebsjahr,
B_2 ist die Anzahl der Batterien in ihrem zweiten Betriebsjahr,
B_3 ist die Anzahl der Batterien in ihrem dritten Betriebsjahr.

Die drei Altersstufen werden zu einer Verteilung $\vec{v} = \begin{pmatrix} B_1 \\ B_2 \\ B_3 \end{pmatrix}$ zusammengefasst.

Das Modell kann durch folgendes Übergangsdiagramm veranschaulicht werden.
Dabei gilt $0 < a < 1$.

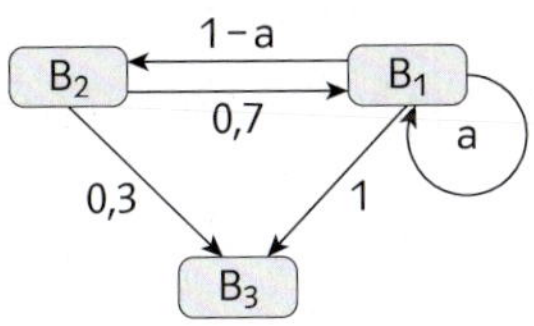

a) 1. Geben Sie die Übergangsmatrix für diesen stochastischen Prozess an.
   2. Erläutern Sie die Bedeutung des Parameters a im Sachzusammenhang.
b) Berechnen Sie für $a = 0{,}4$ die Anzahlen der Batterien nach drei Kalenderjahren in den einzelnen Altersstufen.
c) Bestimmen Sie a so, dass nach zwei Kalenderjahren die Anzahl der Batterien, die im nächsten Kalenderjahr in ihrem zweiten Betriebsjahr sind, gleich groß ist wie die Anzahl der Batterien, die dann in ihrem dritten Betriebsjahr sind.

Lösung:

a) 1. Die Elemente der Übergangsmatrix U kann man direkt dem Übergangsdiagramm entnehmen.

$$U = \begin{pmatrix} a & 0{,}7 & 1 \\ 1-a & 0 & 0 \\ 0 & 0{,}3 & 0 \end{pmatrix}$$

   2. Der Parameter a gibt an, wie groß die Wahrscheinlichkeit ist, dass eine Batterie im Laufe des ersten Betriebsjahres ausgetauscht werden muss.

b) Mit $a = 0{,}4$ und der Startverteilung $\vec{v_0} = \begin{pmatrix} 500 \\ 0 \\ 0 \end{pmatrix}$ folgt für die Verteilung $\vec{v_3}$:

$$\vec{v_3} = U^3 \cdot \vec{v_0} = \begin{pmatrix} 0{,}4 & 0{,}7 & 1 \\ 0{,}6 & 0 & 0 \\ 0 & 0{,}3 & 0 \end{pmatrix}^3 \cdot \begin{pmatrix} 500 \\ 0 \\ 0 \end{pmatrix} = \begin{pmatrix} 290 \\ 174 \\ 36 \end{pmatrix}$$

Im nächsten Kalenderjahr werden 290 Batterien in ihrem ersten Betriebsjahr, 174 Batterien in ihrem zweiten und 36 Batterien in ihrem dritten Betriebsjahr sein.

c) Zunächst muss man die Verteilung $\vec{v_2}$ nach zwei Kalenderjahren berechnen. Da man U^2, wegen des Parameters a, nicht mit dem GTR berechnen kann, sollte man hier schrittweise vorgehen.

$$\vec{v_1} = U \cdot \vec{v_0} = \begin{pmatrix} a & 0{,}7 & 1 \\ 1-a & 0 & 0 \\ 0 & 0{,}3 & 0 \end{pmatrix} \cdot \begin{pmatrix} 500 \\ 0 \\ 0 \end{pmatrix} = \begin{pmatrix} 500\,a \\ 500 - 500\,a \\ 0 \end{pmatrix}$$

$$\vec{v_2} = U \cdot \vec{v_1} = \begin{pmatrix} a & 0{,}7 & 1 \\ 1-a & 0 & 0 \\ 0 & 0{,}3 & 0 \end{pmatrix} \cdot \begin{pmatrix} 500\,a \\ 500 - 500\,a \\ 0 \end{pmatrix} = \begin{pmatrix} 500\,a^2 - 350\,a + 350 \\ 500\,a - 500\,a^2 \\ 150 - 150\,a \end{pmatrix}$$

Es muss die Bedingung $500\,a - 500\,a^2 = 150 - 150\,a$ erfüllt werden.
Dies liefert die quadratische Gleichung $500\,a^2 - 650\,a + 150 = 0$ bzw. $a^2 - 1{,}3\,a + 0{,}3 = 0$
Die Lösungen dieser quadratischen Gleichung lauten:

$a_{1;2} = \frac{13}{20} \pm \sqrt{\left(\frac{13}{20}\right)^2 - \frac{3}{10}} = \frac{13}{20} \pm \sqrt{\frac{49}{400}} = \frac{13}{20} \pm \frac{7}{20}$ also $a_1 = 1$ und $a_2 = 0{,}3$

Da die Lösung a_1 nicht im Definitionsbereich des Parameters a liegt, ist hier nur die Lösung a_2 sinnvoll.

Hinweis

Man kann hier leicht die Probe machen, indem man in $\vec{v_2}$ den Wert $a = 0{,}3$ einsetzt.

$$\vec{v_2} = \begin{pmatrix} 500 \cdot 0{,}3^2 - 350 \cdot 0{,}3 + 350 \\ 500 \cdot 0{,}3 - 500 \cdot 0{,}3^2 \\ 150 - 150 \cdot 0{,}3 \end{pmatrix} = \begin{pmatrix} 290 \\ 105 \\ 105 \end{pmatrix}$$

Beispiel 3

In einem Land gibt es eine Agentur, die jedes Jahr die 7000 Restaurants in vier Güteklassen einteilt. Es gibt Restaurants mit einem Stern, mit zwei Sternen, mit drei Sternen und ohne Stern. Die Einteilung erfolgt immer am Ende eines Kalenderjahres.
Bei der mathematischen Modellierung wird vereinfachend davon ausgegangen, dass die Gesamtanzahl der Restaurants konstant bleibt.
Langjährige Statistik ermöglicht es Wahrscheinlichkeiten für den Wechsel zwischen den Güteklassen anzugeben.
Die Wahrscheinlichkeit, dass ein Restaurant ohne Stern im nächsten Jahr einen Stern erhält beträgt 25%. Es gibt keine Restaurants, die auf Anhieb sofort zwei oder drei Sterne erhalten.
Die Wahrscheinlichkeit, dass ein Restaurant mit einem Stern im nächsten Jahr seinen Stern verliert beträgt 15%, die Wahrscheinlichkeit, dass das Restaurant im nächsten Jahr zwei Sterne hat beträgt 20%. Keines der Restaurants mit einem Stern erhält im nächsten Jahr drei Sterne.
Die Wahrscheinlichkeit, dass ein Restaurant mit zwei Sternen im nächsten Jahr einen Stern verliert beträgt 25%, die Wahrscheinlichkeit, dass das Restaurant beide Sterne verliert beträgt 5%. 60% der Restaurants mit zwei Sternen gehören auch im nächsten Jahr zu dieser Klasse.
Die Wahrscheinlichkeit, dass ein Restaurant mit drei Sternen im nächsten Jahr einen Stern verliert beträgt 30%, die Wahrscheinlichkeit, dass es sogar zwei Sterne verliert beträgt 5%. Keines der Restaurants mit drei Sternen verliert im nächsten Jahr alle Sterne.
Zu Beginn des Jahres 2017 gibt es in dem Land 4000 Restaurants ohne Stern, 1500 mit einem Stern, 1000 mit zwei Sternen und 500 mit drei Sternen.

a) Geben Sie eine Übergangsmatrix U für diesen stochastischen Prozess an.

b) Berechnen Sie die Anzahl der Restaurants in den einzelnen Klassen zu Beginn des Jahres 2020 und zu Beginn des Jahres 2030.
c) Bei diesem stochastischen Prozess gibt es eine stabile Verteilung.
Bestimmen Sie diese stabile Verteilung.
d) Wie viele Restaurants steigen in den Jahren 2017 und 2018 zweimal in Folge um einen Stern auf?

Lösung:

a) Es ergibt sich folgende Übergangsmatrix $U = \begin{pmatrix} 0{,}75 & 0{,}15 & 0{,}05 & 0 \\ 0{,}25 & 0{,}65 & 0{,}25 & 0{,}05 \\ 0 & 0{,}2 & 0{,}6 & 0{,}3 \\ 0 & 0 & 0{,}1 & 0{,}65 \end{pmatrix}$

b) Vom Jahr 2017 bis zum Jahr 2020 vergehen drei Jahre. Man muss also ausgehend vom Startvektor $\vec{v_0}$ mit dem GTR den Vektor $\vec{v_3}$ berechnen.

$$\vec{v_3} = U^3 \cdot \vec{v_0} = \begin{pmatrix} 0{,}75 & 0{,}15 & 0{,}05 & 0 \\ 0{,}25 & 0{,}65 & 0{,}25 & 0{,}05 \\ 0 & 0{,}2 & 0{,}6 & 0{,}3 \\ 0 & 0 & 0{,}1 & 0{,}65 \end{pmatrix}^3 \cdot \begin{pmatrix} 4000 \\ 1500 \\ 1000 \\ 500 \end{pmatrix} = \begin{pmatrix} 2580 \\ 2700 \\ 1352 \\ 368 \end{pmatrix}$$

Dabei wurden die Anzahlen gerundet (wobei allerdings darauf geachtet wurde, dass sich die Gesamtzahl durch das Runden nicht verändert).
Zu Beginn des Jahres 2020 haben 2580 Restaurants keinen Stern, 2700 Restaurants einen Stern, 1352 Restaurants zwei Sterne und 368 Restaurants drei Sterne.
Vom Jahr 2017 bis zum Jahr 2030 vergehen 13 Jahre. Man muss also ausgehend vom Startvektor $\vec{v_0}$ mit dem GTR den Vektor $\vec{v_{13}}$ berechnen.

$$\vec{v_{13}} = U^{13} \cdot \vec{v_0} = \begin{pmatrix} 0{,}75 & 0{,}15 & 0{,}05 & 0 \\ 0{,}25 & 0{,}65 & 0{,}25 & 0{,}05 \\ 0 & 0{,}2 & 0{,}6 & 0{,}3 \\ 0 & 0 & 0{,}1 & 0{,}65 \end{pmatrix}^{13} \cdot \begin{pmatrix} 4000 \\ 1500 \\ 1000 \\ 500 \end{pmatrix} = \begin{pmatrix} 2029 \\ 2759 \\ 1729 \\ 368 \end{pmatrix}$$

Dabei wurden die Anzahlen gerundet.
Zu Beginn des Jahres 2030 haben 2029 Restaurants keinen Stern, 2759 Restaurants einen Stern, 1729 Restaurants zwei Sterne und 483 Restaurants drei Sterne.

c) Für eine stabile Verteilung $\vec{g}$ muss gelten: $U \cdot \vec{g} = \vec{g}$ und $g_1 + g_2 + g_3 + g_4 = 7000$ (*)

$$U \cdot \vec{g} = \begin{pmatrix} 0{,}75 & 0{,}15 & 0{,}05 & 0 \\ 0{,}25 & 0{,}65 & 0{,}25 & 0{,}05 \\ 0 & 0{,}2 & 0{,}6 & 0{,}3 \\ 0 & 0 & 0{,}1 & 0{,}65 \end{pmatrix} \cdot \begin{pmatrix} g_1 \\ g_2 \\ g_3 \\ g_4 \end{pmatrix} = \begin{pmatrix} 0{,}75 g_1 + 0{,}15 g_2 + 0{,}05 g_3 \\ 0{,}25 g_1 + 0{,}65 g_2 + 0{,}25 g_3 + 0{,}05 g_4 \\ 0{,}2 g_2 + 0{,}6 g_3 + 0{,}3 g_4 \\ 0{,}1 g_3 + 0{,}65 g_4 \end{pmatrix} = \begin{pmatrix} g_1 \\ g_2 \\ g_3 \\ g_4 \end{pmatrix}$$

Man erhält ein homogenes LGS der Form:

$$\left.\begin{aligned} -0{,}25 g_1 + 0{,}15 g_2 + 0{,}05 g_3 + 0 g_4 &= 0 \\ 0{,}25 g_1 - 0{,}35 g_2 + 0{,}25 g_3 - 0{,}05 g_4 &= 0 \\ 0 g_1 + 0{,}2\ g_2 - 0{,}4\ g_3 + 0{,}3\ g_4 &= 0 \\ 0 g_1 + 0 g_2 + 0{,}1\ g_3 + 0{,}65 g_4 &= 0 \end{aligned}\right\} \text{ Dieses LGS löst man mit dem GTR.}$$

Dieses LGS löst man mit dem GTR.
Der GTR liefert: $g_1 = 4r$; $g_2 = 5{,}5r$; $g_3 = 3{,}5r$; $g_4 = r$ $(r \in \mathbb{R})$
Einsetzen in (*) liefert: $4r + 5{,}5r + 3{,}5r + r = 7000$
$14r = 7000$
Es gilt $r = 500$ und damit $g_1 = 2000$; $g_2 = 2750$; $g_3 = 1750$; $g_4 = 500$.

d) Zwei Jahre in Folge einen Stern hinzugewinnen, können nur Restaurants mit einem oder mit keinem Stern.
Anzahl der Restaurants ohne Stern, die am Ende des Jahres 2017 einen Stern gewinnen:
$4000 \cdot 0{,}25 = 1000$

Anzahl von diesen 1000 Restaurants, die am Ende des Jahres 2018 nochmals einen Stern gewinnen: $1000 \cdot 0{,}2 = 200$

Anzahl der Restaurants mit einem Stern, die am Ende des Jahres 2017 einen Stern gewinnen: $1500 \cdot 0{,}2 = 300$

Anzahl von diesen 300 Restaurants, die am Ende des Jahres 2018 nochmals einen Stern gewinnen: $300 \cdot 0{,}1 = 30$

Insgesamt gewinnen also $200 + 30 = 230$ Restaurants in jedem der beiden Jahre einen Stern.

Aufgaben

1. In einem Staat werden Firmen nach ihrer Produktivität bewertet. Es gibt drei Bewertungsniveaus.
   Niveau A steht für eine schlechte Produktivität, Niveau B für eine mittlere Produktivität und Niveau C für eine gute Produktivität. Am Ende jedes Jahres wird jede der 120 000 Firmen neu bewertet.
   Langjährige Erfahrungen ermöglichen es, Wahrscheinlichkeiten für den Wechsel zwischen den Niveaus anzugeben.
   Von den Firmen mit Niveau A steigen 30 % ins Niveau B und 10 % direkt ins Niveau C auf.
   Von den Firmen mit Niveau B steigen 20 % ins Niveau C auf und 20 % ins Niveau A ab.
   Von den Firmen mit Niveau C steigen 10 % ins Niveau B ab. Ein direkter Abstieg von C nach A findet nicht statt.
   Im Jahr 2017 hatten 24 000 Firmen Niveau A, 60 000 Firmen Niveau B und 36 000 Firmen Niveau C.
   Bei der mathematischen Modellierung wird davon ausgegangen, dass sich die Gesamtanzahl der Firmen nicht verändert und keine neuen Firmen gegründet werden.
   a) Zeichnen Sie ein Übergangsdiagramm für diesen stochastischen Prozess.
   b) Wie viele Firmen werden sich demnach im Jahr 2020 jeweils in den drei Niveaus befinden?
   c) Wie wird sich die Anzahl der Firmen in den drei Niveaus langfristig entwickeln?
   d) Wie viele Firmen haben zu Beginn des Jahres 2019 das gleiche Niveau wie im Jahr 2017?
2. Ein stochastischer Prozess für den Zustand von 29 000 Maschinen kann mit folgendem Übergangsdiagramm beschrieben werden.

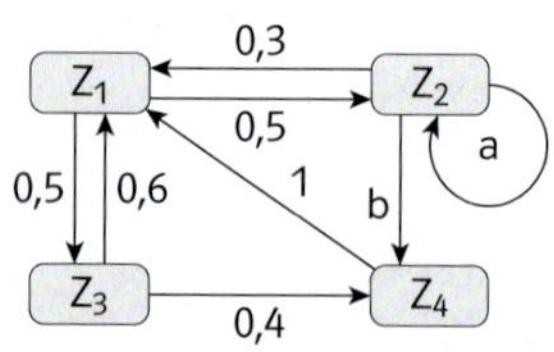

   Dabei gilt: $0 < a < 1$ und $0 < b < 1$.
   Zu Beginn des Prozesses befinden sich 50 % der Maschinen im Zustand 1, 30 % im Zustand 2 und 20 % im Zustand 3.
   a) Geben Sie b in Abhängigkeit von a an.
   b) Geben Sie die Übergangsmatrix für diesen stochastischen Prozess an.
   c) Bestimmen Sie für $a = 0{,}2$ die Verteilung nach zwei Jahren.

d) Wie muss man den Parameter a wählen, damit die stabile Verteilung $\vec{g} = \begin{pmatrix} 10\,000 \\ 10\,000 \\ 5000 \\ 4000 \end{pmatrix}$ lautet?

Ergebnisse:

1. a)

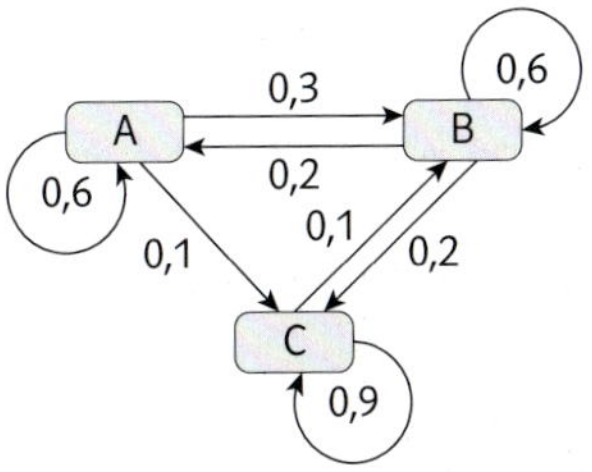

b) Im Jahr 2020 befinden sich 23 256 Firmen in Niveau A, 37 380 Firmen in Niveau B und 59 364 Firmen in Niveau C.

c) Berechnungen von $\vec{v_k} = U^k \cdot \vec{v_0}$ für einige große Werte von k mit dem GTR liefert die Grenzverteilung

$$\vec{g} = \begin{pmatrix} 15\,000 \\ 30\,000 \\ 75\,000 \end{pmatrix}.$$

Langfristig werden sich 15 000 Firmen in Niveau A, 30 000 Firmen in Niveau B und 75 000 Firmen in Niveau C befinden.

d) Firmen mit Niveau A und keiner Veränderung: $24\,000 \cdot 0{,}6 \cdot 0{,}6 = 8640$
Firmen mit Niveau A und einem Aufstieg und einem Abstieg: $24\,000 \cdot 0{,}3 \cdot 0{,}2 = 1440$
Firmen mit Niveau B und keiner Veränderung: $60\,000 \cdot 0{,}6 \cdot 0{,}6 = 21\,600$
Firmen mit Niveau B und einem Aufstieg und einem Abstieg:
$60\,000 \cdot 0{,}2 \cdot 0{,}1 + 60\,000 \cdot 0{,}2 \cdot 0{,}3 = 4800$
Firmen mit Niveau C und keiner Veränderung: $36\,000 \cdot 0{,}9 \cdot 0{,}9 = 29\,160$
Firmen mit Niveau C und einem Aufstieg und einem Abstieg: $36\,000 \cdot 0{,}1 \cdot 0{,}2 = 720$
Zu Beginn des Jahres 2019 haben 66 360 Firmen das gleiche Niveau wie im Jahr 2017.

2. a) Es muss gelten $0{,}3 + a + b = 1$. Daraus folgt $b = 0{,}7 - a$.

b) $U = \begin{pmatrix} 0 & 0{,}3 & 0{,}6 & 1 \\ 0{,}5 & a & 0 & 0 \\ 0{,}5 & 0 & 0 & 0 \\ 0 & 0{,}7 - a & 0{,}4 & 0 \end{pmatrix}$

c) $\vec{v_2} = \begin{pmatrix} 0 & 0{,}3 & 0{,}6 & 1 \\ 0{,}5 & 0{,}2 & 0 & 0 \\ 0{,}5 & 0 & 0 & 0 \\ 0 & 0{,}5 & 0{,}4 & 0 \end{pmatrix}^2 \cdot \begin{pmatrix} 14\,500 \\ 8700 \\ 5800 \\ 0 \end{pmatrix} = \begin{pmatrix} 13\,717 \\ 4843 \\ 3045 \\ 7395 \end{pmatrix}$

d) Ansatz: $U \cdot \vec{g} = \vec{g}$

Einsetzen liefert: $U \cdot \vec{g} = \begin{pmatrix} 0 & 0{,}3 & 0{,}6 & 1 \\ 0{,}5 & a & 0 & 0 \\ 0{,}5 & 0 & 0 & 0 \\ 0 & 0{,}7 - a & 0{,}4 & 0 \end{pmatrix} \cdot \begin{pmatrix} 10\,000 \\ 10\,000 \\ 5000 \\ 4000 \end{pmatrix} = \begin{pmatrix} 10\,000 \\ 5000 + 10\,000a \\ 5000 \\ 9000 - 10\,000a \end{pmatrix} = \begin{pmatrix} 10\,000 \\ 10\,000 \\ 5000 \\ 4000 \end{pmatrix}$

Aus $5000 + 10\,000a = 10\,000$ folgt $a = 0{,}5$.
(Alternativ: Aus $9000 - 10\,000a = 4000$ folgt $a = 0{,}5$).